The Simple Plant Isoquinolines

The
Simple Plant
Isoquinolines

Alexander T. Shulgin
Wendy E. Perry

TRANSFORM PRESS

Copyright © 2002 by Alexander T. Shulgin and Wendy E. Perry
Printed in the United States of America
All rights reserved. No part of this book
may be reproduced in any form without written
permission. For information, contact:

TRANSFORM PRESS
BOX 13675
BERKELEY, CA
94712

Fax: 925-934-5999

Additional copies may be purchased for $40.00 (+ $5.00 p/h US).
California residents add $2.90 sales tax.

Cover by Frani Halperin

First Edition
ISBN 0-9630096-2-1

Definitions:

Consider botany. What is a taxon? It is the name which identifies a plant. A taxon is made of two parts. First, there is the genus, which is a general name given to a group of closely related plants. Second, there is the species, which is the distinguishing name given to a specific plant in that group. A taxon is always written in italics. Thus, for example, *Pachycereus pecten-aboriginum* is the name of a cactus.

Consider chemistry. What are isoquinolines? These are chemical structures built around a two-ring compound. This compound, Isoquinoline, consists of a benzene ring and pyridine ring fused together at a specific bond. There is a pattern of substitution that gives an isoquinoline its absolute definition. Thus, for example, Salsoline is an isoquinoline, which is a major component of the *Pachycereus pecten-aboriginum* plant.

One can identify a plant by what it looks like, or by what is in it. One can identify a natural compound by its structure, or by what plant it is in. Know one, find the other. This reference book has been designed to make this cross-identification easier to achieve.

TABLE OF CONTENTS

Foreword I	vi
Foreword II	xi
Introduction	xiii
Trivial Name Index	1
Structural Index	
Unsubstituted	39
Monosubstituted	41
Disubstituted	
5,6- 5,7- and 5,8-substituted	46
6,7-HO,HO-substituted	47
6,7-HO,MeO-substituted	52
6,7-MeO,HO-substituted	88
6,7-MeO,MeO-substituted	161
6,7-MDO-substituted	245
6,8-substituted	347
7,8-substituted	349
Trisubstituted	
5,6,7-substituted	372
5,6,8-substituted	425
6,7,8-substituted	426
Tetrasubstituted	455
Taxon Index	458
Plant Families Appendix	602
Isobenzofuranone Appendix	610
Journal Names Appendix	616

FOREWORD I

The passion of my life over the last forty years has been a compelling interest in psychedelic drugs. They have given me not only an exciting area of research and discovery, but also a personal understanding of just who I am and why I am. Certainly these guides and sacraments will eventually play an accepted role in our community and in our culture. Almost all of these drugs have either been isolated from psychoactive plants, or are the results of subtle variations of the molecular structures of these isolates.

I have always looked at these plants and the compounds they contain in the same way that the Romans dreamt of their ultimate empire. It was Caesar who acknowledged that all of Gaul was divided into three parts and to understand it, to conquer it, each part had to be respected as a separate entity. It is exactly the same way with understanding the world of psychedelic drugs. There are three domains of inquiry that must be studied independently before one can begin to appreciate just how they might integrate into a single concept. These three are now, I believe, coming together.

One part is the large collection of psychoactive compounds known as the phenethylamines. The first known plant psychedelic was mescaline, or 3,4,5-trimethoxyphenethylamine. This simple one-ring alkaloid was discovered in the North American dumpling cactus Peyote (*Anhalonium williamsii*) in the late nineteenth century, and is now known to be a component of over fifty other cacti. Over a dozen other cactus phenethylamines have been isolated and identified, and there are perhaps a hundred synthetic analogues that are now also known to be psychedelic in action. This body of information has been published by my wife Ann and me as a book entitled "PIHKAL: A Chemical Love Story." PIHKAL stands for Phenethylamines I Have Known and Loved.

An almost-as-large chemical group contains the tryptamines. N,N-Dimethyltryptamine (DMT), its 5-hydroxy analogue (bufotenine) and the O-methyl ether homologue 5-methoxy-N,N-dimethyltryptamine (5-MeO-DMT) are widely distributed in the world of natural plants. There are also the well-established mushroom alkaloids 4-phosphoryloxy-N,N-dimethyltryptamine (psilocybin, and the dephosphorylated indolol psilocin) and the mono- and didemethylated homologues baeocysteine and norbaeocysteine. These seven natural alkaloids have provided the template for perhaps two dozen analogue structures that are now well-established psychedelic agents. Ann and I have written a companion volume to PIHKAL called "TIHKAL: The Continuation" (TIHKAL stands for Tryptamines I have Known and Loved), which has brought together most of these natural and synthetic tryptamines into a single reference site.

The remaining third of the above Gallic synthesis deals with what I had originally called the "Q" compounds, as distinguished from the "P" compounds and the "T" compounds (the phenethylamines and the tryptamines). The actual parent structural element is the isoquinoline ring system, and my initial plan was to give this third book a name similar to the first two. IIHKAL wouldn't do it, but QIHKAL shows a good bit of class, at least in my opinion. Or maybe THIQIHKAL because most of them are really tetrahydroisoquinolines. Well, all these names are now on hold, as Ann is uncomfortable with them. No name has yet been decided upon, but ideas such as The Third Book, or Book Three, are under consideration. Names like these resound with a rather striking arrogance, if nothing else.

To understand the relationship of the isoquinolines to the phenethylamines and the tryptamines, the concept of ring closure must be used. This is a sort of synthetic scorpion sting at the molecular level. A tryptamine has an indole ring as its centerpiece and from it there extends a floppy two-carbon chain terminated by an amino nitrogen atom. A small but very important family of plant alkaloids is the product of this amine exploiting a carbon atom from somewhere, and making a new six-membered ring by that "sting" reaction back onto the parent indole ring. This family has the name, β-carbolines, and the formed compound is 1,2,3,4-tetrahydro-β-carboline.

tryptamine → 1,2,3,4-tetrahydro-β-carboline

A phenethylamine has a benzene ring as its centerpiece and it, too, has a floppy two-carbon chain extending out from it and also terminating in an amino group. In a reaction that is exactly analogous to that of the tryptamines, this amine can pick up a carbon atom and bend back to react with the parent benzene ring forming a six-member ring. This is the origin of the isoquinoline family of natural products, and the formed compound is 1,2,3,4-tetrahydroisoquinoline.

phenethylamine → 1,2,3,4-tetrahydroisoquinoline

As mentioned above, this third part of the plant psychedelic alkaloid world involves tetrahydroisoquinolines and is the substance of our third book. A very reasonable appendix to be written for this book would be a search of the chemical literature for the known isoquinolines that might be of interest as pharmacological agents. There are certainly many plant products, as well as a monster inventory of synthetics, some of which are made based on plant examples, but many others are simply laboratory creations of the imaginative chemist.

It was soon apparent that this compilation would become unmanageably large. The first major trimming was the elimination of the compounds that were synthetic, and the limitation of the listing to those compounds that have been reported as plant products. These isoquinolines could play the dual role of serving not only as potential contributors to the action of psychoactive plants but also as prototypes for the synthesis of new materials that might themselves be biologically active.

But even this restriction to only plant compounds was not sufficiently severe. There seemed to be no end to existing isoquinoline treasures. As I wandered deeper into the literature, I kept finding an ever-increasing inventory of research papers that described fantastic stuff. As a totally make-believe example, pretend that there was a compound named Dogabinine that has only been found in the Dogabic tree in the Twathtu rainforest, which the natives say cures leprosy, and which has a complex chemical structure that just happens to carry an isoquinoline ring in its lower southwest corner. To include all such monsters would make the appendix many thousands or even tens of thousands of pages long. And if you were to add into this compilation all the known derivatives, extensions and chemical modifications of Dogabinine, then you would have a review entity that would be several volumes in length. If such a collection were to exist, I would have it in my library right now. But it does not exist and it may never exist.

Some middle ground, some rational compromise, had to be found. I wanted this collection to present all isoquinolines that are known to be plant alkaloids, but respecting carefully defined restrictions that exclude horror monsters such as Dogabinine. The final compromise was to establish separate entries for all the known two-ring isoquinolines that are from natural sources, including those that carry a third ring as a substituent (such as a benzyl group) at the 1-position. And within each of these entries, there are included all natural alkaloids that can be seen as products of a hypothetical attack of an ortho hydrogen of this substituent on some other position of the isoquinoline nucleus. This "ortho-X attack" is exactly defined and illustrated in the Foreword that follows. All plant sources are recorded (or representative sources if there are too many) and literature citations are also included in each entry.

But even with these restrictions, this "appendix" to a third book was becoming larger and larger, and it soon became apparent that it was totally inappropriate. There would be far too many pages for a minor appendix in a book that is to be dedicated to cactus and isoquinolines. And by the time my stream-of-consciousness commentary was added in the text where I felt it should be added, the mass increased to the extent that it had to be a reference book in its own right.

Voila. Let's try to get all that information together into a single modest package and make it available to the chemists and botanists who might want it. Should it be a review article in Chemical Reviews or the Journal of Natural Products? Several factors said "No." Most botanical review surveys are not searchable except by taxon name (that would assume that you would know the plant from which it came) or by some complex and maddening Chemical Abstracts entry that dealt with some alphabetization that demanded the knowledge of the structure and the way the structure would be listed. And most review articles also insist on a tidy format that is without editorial comment and does not contain volunteered ideas and extrapolations.

An obvious solution became apparent. Create a single reference book to contain all this information. Use the chemical substituents as an alphabet. Visually travel around the structural image of the molecule in a logical direction, address the substituent groups in some logical way which will be called alphabetical, and progress until you find the target you are searching for, or until you find an empty hole where it would have been had it been known. So this book has come into existence simply to meet this need, and to relieve the potential "Third Book" readership of a killer of an appendix.

The nature of the substituents and, especially, the connection between simple benzylated isoquinolines and the nature of the cyclized products of ortho attacks, are the heart and substance of this review book.

One additional comment is essential in this introduction. The extensive literature searching, and commingling of the accumulated plant and chemical data, taxed my capability and exceeded my patience. This was indeed a compilation that was essential to my current cactus research for the third book, but the task of its organization created a disruptive interference to my exploration of new psychedelics in unanalyzed cacti. The early help given me by Ann's daughter Wendy quickly evolved into her playing an indispensable role as my co-author. The final organization and structuring of this book has been largely the result of her dedicated labor. It is an honor to share the authorship with her as, without her help, this book would not exist today.

Alexander T. Shulgin

FOREWORD II

When Sasha and I began this project it was meant to be an appendix for the next book in the series of PIHKAL and TIHKAL. It became so big that we knew after some time it could not be an appendix; it was its own book. So here it is, a collection of all the information we've compiled over the last two years. It's been a daunting project at times. If we had included all the variations of isoquinolines that we had originally planned to, this book would have been a series of volumes. Along the way we had to make decisions about what was important to keep in, what we could leave out, what our focus was, what our intentions were. We pared down constantly, finally settling on the criteria that Sasha has laid down in the introduction.

It is my belief that what we have put together here will be of great use to anyone interested in this particular field of botany and chemistry. We have tried to make the information as easy to find and review as possible, taking into consideration what it was like for us to search through the literature. Hopefully this compilation will make others' work much easier. We found so many mistakes in the literature, and even in the Chemical Abstracts, that we had to make educated guesses as to the correct way something was spelled, or what a certain substituent was on a given ring; sometimes we simply made comments in the text about a particular discrepancy. We welcome corrections and comments that come to us, as we surely have made errors ourselves.

What I observed while going through the literature was enlightening. What stood out for me was how much of the plant research done on isoquinolines has been in countries other than the United States. As many people know, the state of objective, independent scientific research in this country is a sad one. Research is at the mercy of special interests, government funding, and of harsh regulations and restrictions. It's rare to have a situation where a scientist is free to explore and discover, much less encouraged to do so. We are left to rely on research done in countries where the scientists' findings are not bought and paid for in advance, as happens in this country too often. Sasha is a rare chemist indeed, working independently for so long, free of those controls, and following his passion to discover tools to understand the mind and the brain in the face of much misunderstanding and misguided assumptions about psychoactive materials. As it is now, the pharmaceutical industry is bridging the gap between what is socially and legally acceptable to do to one's brain chemistry in order to feel well, and what is currently considered unacceptable, which is using chemical or plant medicines to look at why one is not feeling well to begin with.

There is great hypocrisy, fear, and thoughtlessness afoot in the United States regarding psychoactive drugs. Their benefits and potential uses are lost in the rhetoric of the "drug war," and in the fear that it generates. There are many examples of healthy and informed use of psychoactive medicines throughout the world, and throughout the ages. They have been used in the past, and are being used today, as healing tools. We need that kind of thinking in this country, we need that kind of healing.

Hypocrisy exists in the laws regarding alcohol and tobacco, which are legal, and are the most damaging and widely abused drugs in our culture. Many pharmaceutical drugs are not without their dangers and abuses as well (it's a fact that far more Americans die from pharmaceutical drugs than illegal drugs). What are the fears of psychoactive drugs really based on? I encourage those who start with the arguments of brain damage caused by this or that drug to obtain the actual scientific papers that make those claims (not just the titles of the papers) and read them carefully. They will find much misinformation due to political pressure, economics, and fear.

It's been a blessing to work with Sasha, who is not only a brilliant chemist but a fantastic teacher. I had no background in chemistry when I began working with him; he has taught me so much. His passion and enthusiasm for chemistry is infectious; he has made it a delight to learn, and has shown me how magical it all is. It is magical, and mysterious, this world we live in and the stuff that it and we are made up of. It should be cherished, protected, and explored, with honesty and courage.

Wendy E. Perry

INTRODUCTION

For this book to serve as a completely satisfactory reference, it must be structured so that a reader who comes to it with one specific word in mind that is related to the simple, natural isoquinolines, can immediately locate all other related entries. Total cross-referencing is needed. As a way to simplify this type of search, the main part of this book is actually a collection of three indices. Each index is arranged alphabetically, very much like a dictionary. The first index lists the common trivial names, the second lists the structures of the compounds themselves and the plants that contain them, and the third lists the taxonomic names of these plants and the compounds that have been found in them.

Part 1: Trivial names of the plant alkaloids:

All of the known simple plant isoquinolines have been entered into this index under their common, or trivial names. Originally, there was a linear structure code attached to the trivial name entry which allowed the reader to immediately deduce the chemical structure and to access the compound directly in the structural index. It became apparent that a single page reference would do as well. Each trivial name thus leads to the chemical structure, the plants that contain that compound, and appropriate literature references.

Many compounds have a number of trivial names. These may be pure synonyms for a single compound, or they may distinguish different structural or optical isomers. The quaternary amine alkaloid salts present an unusual problem. There are three naming procedures that are frequently encountered. The quaternary salt may have a distinct one-word name. Here there is no problem. However, the other two examples are two- or three-word names, with the anion involved being incorporated into the second word. As the fourth alkyl group on the nitrogen is usually a methyl group, the anion name would take one of two forms. If the parent tertiary amine is, say, the alkaloid Canadine, then the methyl quaternary salt could be called either N-Methylcanadinium iodide or Canadine methiodide. Both are faulted in that the presence of the iodide anion in the product is the work of the analyst, and it is not what was originally present in the plant. And if five people were to independently isolate this plant product and characterize it as a salt using the anions chloride, iodide, picrate, perchlorate and oxalate (all commonly found in botanical papers) it would demand five different index entries for a single plant alkaloid. In this present compilation, N-Methylcanadine quat will be the name used. But some quaternary amines are internally tetra-substituted. With compounds such as the berberines where the c-ring is aromatic, there is no external "methyl" group to call upon. Here, using Caseadinium iodide as an example, the anion will also be dropped and it will be listed as Caseadinium quat.

Part 2: Structural formulae of the plant alkaloids:

The second, and major, index is the collection of structures and their plant sources. This section is also organized in an alphabetical way, but clearly the use of the classical A to Z order does not apply to the various arrangements of atoms. Let's say you have the structure of a simple isoquinoline in mind, and you would like to know if it is a known plant alkaloid. The classic academic process is to head over to the University library and start going through the many collected indices of the Chemical Abstracts, and search it out by what you hope is the right chemical name. But sadly the rules of naming are continuously changing. Sometimes 5,6,7,8-tetramethoxy precedes 1,2,3,4-tetrahydro, and sometimes it follows it. Sometimes 6,7-methylenedioxy-1,2,3,4-tetrahydroisoquinoline is filed in just that way, but sometimes it is filed under benzodioxolo[4,5-g]5,6,7,8-tetrahydroisoquinoline. And just what are the Chemical Abstracts' structural naming rules and numbering systems for four-ring systems such as aporphines, isopavines or berberines?

The "alphabet" used in this structural index is totally indifferent to the capricious and arbitrary rules laid down by the Chemical Abstracts. Quite simply, it is based on the location of the substituents and their identity in the nuclear isoquinoline skeleton before it is distorted by a hypothetical "ortho attack." The definition of this "atomic" alphabet is the substance of this introduction. The nature and variety of this "ortho attack" is addressed here as well.

Part 3: Botanical names for the plants that contain these alkaloids:

All plants have been entered into the third index alphabetically, according to genus and species. Under each of these taxa are listed the trivial (or chemical) names of the alkaloids reported to be in that plant.

Introduction   xv

Part 4: Appendices:

There are three appendices located at the end of this volume. The first is a listing of the botanical families that are mentioned in this book, and the Genera that each contains. Second is an analysis of the non-intuitive process used by Chemical Abstracts to create the name of an isofuranone-substituted isoquinoline. The third is the list of actual journal names that are given only as initials in the references in the structural index.

THE ATOMIC ALPHABETIZATION OF COMPOUNDS

There are two "alphabets" used in the organization of this book. Both the index of trivial names and the listing of the botanical binomials use the English A to Z, 26-letter convention, like a dictionary, and the words can be of any length. The listing of compounds in the structural index is also "alphabetical," but it employs a hierarchy of positional locations and structural substituents as its alphabet. Each structure is a five-lettered "word" and the priority follows the rules of the dictionary. With the structure being sought in mind, one must go through the list of compounds with the first "letter" (substituent) in mind, and then the second "letter" is located, and on, and on. Below is a list of the priorities each substituent ("letter") follows.

(1) POSITION ON THE AROMATIC RING

Here is the primary assignment of numbered positions, and the assignment of letters to the individual bonds, of the isoquinoline ring:

The first "letter" of the chemical name of the structure being sought is created from the position of the substituents on the aromatic benzene ring. There are four positions available (5,6,7,8), and they are alphabetically arranged from small to large and from few to many.

This is the order:

none	5	5,6	5,6,7	5,6,7,8
	6	5,7	5,6,8	
	7	5,8	5,7,8	
	8	6,7	6,7,8	
		6,8		
		7,8		

Thus a compound with a 5,6-disubstitution pattern is to be found in this dictionary immediately following the 8-monosubstituted entries and immediately before the 5,7-disubstituted entries. All numbering has been taken exclusively from the assignments given to the isoquinoline ring. There are situations such as the methylenedioxy-isoquinolines where the nature of the substituent constitutes a new ring. In this case, as in many others, Chemical Abstracts would assign totally different numbers to these four positions on the aromatic ring. Currently correct numbering systems are ignored here, and the primitive 5,6,7 and 8 positional identifiers are used exclusively. This first letter of the structural alphabet is used as a heading for the appropriate subsection of the second index, the structural formula group.

(2) THE SUBSTITUENTS ON THE AROMATIC RING

The second "letter" of the chemical name is the actual substituent or substituents found at the positions designated by the numbers above. There are only three substituents to be considered in this chemical alphabetical sequence; they are, in order:

code used:	atomic connections:	common name:
HO	HO-	(hydroxy)
MeO	CH_3O-	(methoxy)
MDO	-OCH_2O-	(methylenedioxy)

The HO- group is exactly what it appears to be. It is a hydrogen atom bonded to an oxygen atom which is, in turn, bonded (at least in the case of the second letter of this chemical alphabet) to one or more of the available positions on the aromatic ring of the isoquinoline, i.e., the 5,6,7 and/or the 8 positions. The MeO- group, as drawn, is an ab-

Introduction   xvii

breviation for a slightly more complex structure, a methyl group (H₃C- or -CH₃) bonded to an oxygen atom which is, as above, attached to one (or more) of the four positions of this aromatic ring. The MDO, or methylenedioxy group, is yet a bit more complex. It is unique in that it is a double-ended substituent. It is a short chain that involves an oxygen atom (O) connected to a methylene group (CH₂) connected in turn to another oxygen atom. Drawn out as a collection of atoms it is -OCH₂O- and thus requires two adjacent substituent positions and must be associated with two numbers.

Let's use the 5,6 substitution position as an illustration template, and we'll introduce some substitution second "letter" examples, in alphabetical order:

    5,6 HO HO   — precedes —
    5,6 HO MeO   — precedes —
    5,6 MeO HO   — precedes —
    5,6 MeO MeO   — precedes —
    5,6 MDO

A few things are obvious. Where a thing is located (shown by the number or numbers) has priority over what a thing is (the substituent or substituents). This same locating and identifying code will be used for the benzyl group on the 1-position, but with some extensions which will be explained below.

There is, of course, a fourth allowable substituent. This is H (a hydrogen atom), but it is automatically assumed to be on every numbered position not carrying one of the three given oxygenated examples. It is generally accepted, in the creation of a name to represent a chemical structure, that if there is no substituent specified on the aromatic ring the substituent is hydrogen, and is not entered. The presentation of the entry

    5,6   MeO HO — without this exclusion, would have been
    5,6,7,8 MeO HO H H

What about substituents that are groups other than HO, MeO or MDO (and of course the unsubstituted H)? Homologues of MeO such as ethoxy and benzyloxy (EtO, BzO), alkyl groups such as methyl, phenyl, halides, carboxy or substituted carboxy groups, esters of phenols, nitrogen-containing groups such as nitro or amino derivatives, thio compounds, all are regularly encountered as substituents of isoquinolines in the chemical literature. And since almost all of them are products of synthesis rather than plant products, they are ignored in this compilation. There is an occasional exception, like an O-acetyl derivative that appears to have been isolated from some natural source.

There are plant alkaloids known that can, within the plants' environment, undergo extensive oxidation. In the aporphine group, a compound such as Norcorydine can go to the quinone, all four rings completely aromatic and a carbonyl at the 7-position where the hydroxy group once was. This is the base Pancoridine. So a quinonic carbonyl can appear in the aromatic ring. But its origin was a hydroxy group. So, for all practical purposes, we are staying with the three substituents mentioned above (other than hydrogen). The substituents that are on the benzene ring are listed on the first line in the box at the upper left corner of each compound's entry, in the sequence that corresponds to the number or numbers at the top of the page.

```
⟶    6-MeO    7-HO
      3,4-MeO,MeO-benzyl
      H         IQ
```

(3) THE 1-POSITION

The third "letter" of this alphabet is the substituent that is found at the 1-position of the isoquinoline ring. This is the first involvement of the pyridine ring position of the isoquinoline system, so a number of new factors must be considered. There are always two substituents at this position but, depending on the degree of aromaticity of this ring, one of them might be meaningless. And, as there are two substituents, there must be a rule that ranks them. If they are different, the heavier will precede the lighter. This lighter one will be a hydrogen or a methyl group (abbreviated Me). And occasionally there will be a substituent that embraces both substituents as a single thing. And again, as above, there will be occasions where the unnamed substituent is simply hydrogen, and is not mentioned.

Here is the sequence that will be used, listed by what the substituents really are, and by how they will be entered.

Introduction

Heavier substituent at the 1-position:	Lighter substituent at the 1-position:	Appearance of this third chemical letter:
H	H	H
Me	H	Me
Me	Me	Me,Me
OH	H	OH or (=O)
OH	Me	OH,Me
R	H	R
R	Me	R,Me
R	HO	R,HO

In those cases where there are two different substituents, this carbon atom becomes chiral. Most natural products have optical activity, but in many plant analyses, the optical rotation is not reported and probably not measured. In the literature there is no way to distinguish between an unknown rotation and a racemate. In these cases, all plant sources for a given isoquinoline have been commingled without regard to the reported optical activity, unless it is known.

The "R" that is mentioned above is one of five aromatic systems, and these are usually substituted themselves. These aromatic systems and their numbering are ranked as shown below:

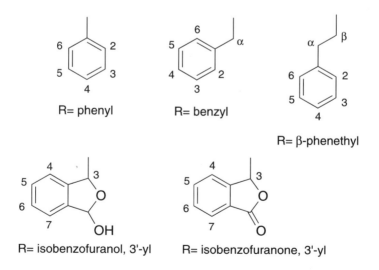

The priorities for both the numbering and the substituents follow the same patterns established for the first and second chemical letters.

Numbering priority:

none	2	2,3	2,3,4	2,3,4,5	2,3,4,5,6
	3	2,4	2,3,5	2,3,4,6	
	4	2,5	2,3,6	2,3,5,6	
		2,6	2,4,5		
		3,4	2,4,6		
		3,5	3,4,5		

And once the numbers have been decided upon, then the substituent is chosen from the following sequence:

HO
MeO
MDO

Again, there are many known compounds that have phenyl, benzyl or phenethyl rings at the 1-position with substitutions other than these three (and the understood and unstated hydrogen atom of course). And, as with the 5,6,7,8 substitution story, most of these are synthetic products and are not part of this book. The few unusual substitutions that are known to be in compounds from natural sources, such as the formyl (CHO) and the carboxyl group (CO_2H), will be included. The rule of organization is: a group bonded with a carbon atom has priority over a group bonded with an oxygen atom.

Occasionally there is a carbon or an oxygen substituent found on the alpha-carbon atom of the benzyl group. This is taken into account in the alphabetization. These substituents have the following priority:

Mono-substituted	Di-substituted
Me (methyl)	Me,Me (dimethyl)
HO (hydroxy)	Me,HO (methyl, hydroxy)
AcO (acetoxy)	=CH_2 (methenyl)
MeO (methoxy)	=O (oxo) or (keto)
NH_2 (amino)	

The presence of a carbonyl at the 1-position introduces an ambiguity. In most cases, the structure of the 1-keto product can be redrawn as a 1-hydroxy tautomer with the inclusion of a double bond in the piperidine ring to balance the equation. When this situation occurs, the compound will be entered as the keto tautomer.

Introduction

This third letter of the atomic alphabet, the 1-position, is entered on the second line in the box found at the upper left corner of each entry.

⟶
6-MeO	7-HO
3,4-MeO,MeO-benzyl	
H	IQ

(4) THE 2-POSITION

The fourth "letter" in this chemical alphabet is the substituent at the 2-position, the nitrogen atom, of the isoquinoline ring. The primary substituents found here are the hydrogen and methyl groups, and they are arranged by increasing number:

H
Me
Me (+)
Me,Me(+)
CHO   (formyl)
CO_2H (carboxy)
Ac ($COCH_3$) (acetyl)
$CONH_2$ (carbamoyl, or urea)
CO_2Me (carbomethoxy)
CO_2Et (carboethoxy)

An "H" as the fourth letter does not necessarily mean that there is a hydrogen at this position. It is an indicator of the absence of any substitution on the nitrogen. This, as with the absence or presence of a (+) charge at that position in the methylated examples, reflects the aromaticity of the pyridine ring. This is discussed below in section (5). There are also found, occasionally, amide functions on this nitrogen atom.

Oxidation at this position is frequently found. Hydroxylamines and N-oxides are entered either as footnotes to their non-oxygenated counterparts or as entries in their own right. There are about a dozen plant isoquinolines that have benzyl substituents on the nitrogen atom. They are included in this collection.

This fourth letter of the atomic alphabet is found at the left side of the third line in the box at the upper left corner of each entry.

```
┌─────────────────────────────┐
│  6-MeO      7-HO            │
│  3,4-MeO,MeO-benzyl         │
│  H          IQ              │
└─────────────────────────────┘
              ↑
```

(5) HYDROGENATION

The fifth letter of the chemical alphabet is the simple statement of the degree of hydrogenation of the pyridine ring, and the three codes are ranked in the order of increased aromaticity.

THIQ	tetrahydroisoquinoline
DHIQ	dihydroisoquinoline
IQ	isoquinoline

THIQ is 1,2,3,4-tetrahydroisoquinoline. Both double bonds in the pyridine ring are hydrogenated. If the fourth letter is an "H," there is indeed a hydrogen on the nitrogen. If there are methyl groups there, a single methyl will be without a charge, but two methyls will require a (+) charge.

DHIQ is specifically 3,4-dihydroisoquinoline. If the fourth letter is an "H," there is no substitution on the nitrogen, even though there will be an H written on the third line on the left side. If there is a methyl group indicated, there must be a (+) associated with it. There is an occasional natural dihydroisoquinoline in which the hydrogenation is at the 1,2-positions and the unsaturation is at the 3,4-positions. These have been entered as a footnote under the THIQ compound as 3,4-ene.

Introduction

IQ is the completely aromatic compound. Again, in this case, if the 4th letter is indicated as an H, there is no substituent on that nitrogen position and if there is a methyl there, it must have a (+) on it.

This last letter is noted as a THIQ, DHIQ or IQ on the right-hand side of the third line in the box at the upper-left corner of the compound's entry.

```
6-MeO     7-HO
3,4-MeO,MeO-benzyl
H         IQ
```
↑

THE ORTHO ATTACK

One of the little appreciated but totally fascinating properties shared by perhaps a dozen of the classes of four-ring isoquinolines is that most of them can be visualized as resulting from an "ortho attack," from the 2- or 6-hydrogen atom of the 1-substituent (usually a benzyl group) to some specifically identified position of the isoquinoline ring. These conversions may certainly have biosynthetic reality. But they have a great deal more importance for this book in that they allow a simple and foolproof way of organizing the compounds in text. To locate the target compound under which the four-ring material will be found, simply mentally note the 1-benzylisoquinoline that constitutes its chemical skeleton. The bond forming the fourth ring can be identified as going from an ortho-position of the benzyl to some numbered atom on the isoquinoline. Below they are illustrated and identified as to the alkaloidal class name. One must keep in mind that the benzyl ring has two ortho hydrogens. If it is not symmetrically substituted, the normal numbering priority sequence is used, and that will dictate whether the ortho hydrogen employed in the attack is a 2- or a 6-hydrogen. The examples below show ortho (2,X) attacks. It should be understood that the substitution pattern on the benzyl ring could require that they be called ortho (6,X) attacks. The ortho attacks will be indicated in each section in a separate box from the first. Thus, the first box in each section is the parent compound, and any additional boxes will be modifications, such as an ortho attack, an N-oxide, or other changes.

Spirobenzylisoquinolines

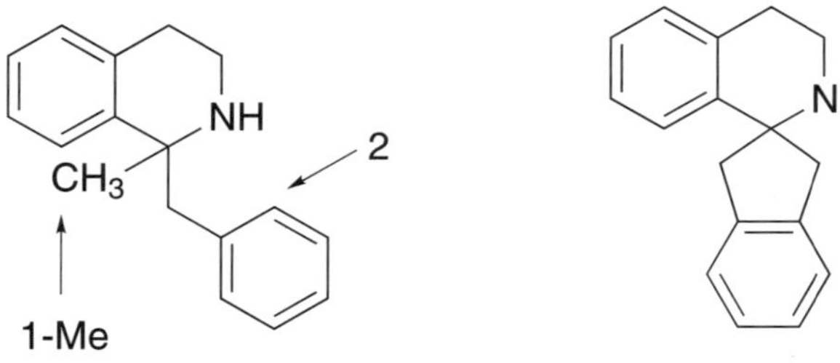

The ortho (2,1-Me) attack

This family is classified in this collection as an ortho-attack on a 1,1-disubstituted tetrahydroisoquinoline where there is a methyl, or some other group (an ortho (2,1-XX) attack).

Dibenzopyrrocolines

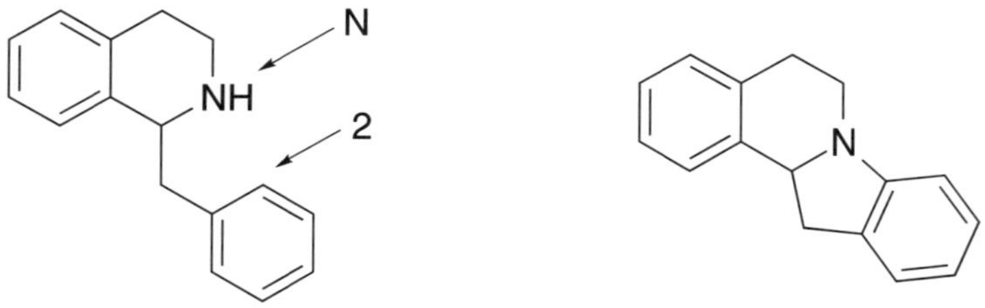

The ortho (2,N) attack

Here the hypothetical 2,N (or 2,2) attack produces a five-membered ring. The tetracyclic product is treated here as an isoquinoline, but it can also be seen as a disubstituted dihydroindole. The usual chemical classification is that of a substituted pyrrocoline, the name for the heterocycle that is the middle two rings of this system.

Introduction

Protoberberines (Berberines) and Protopines

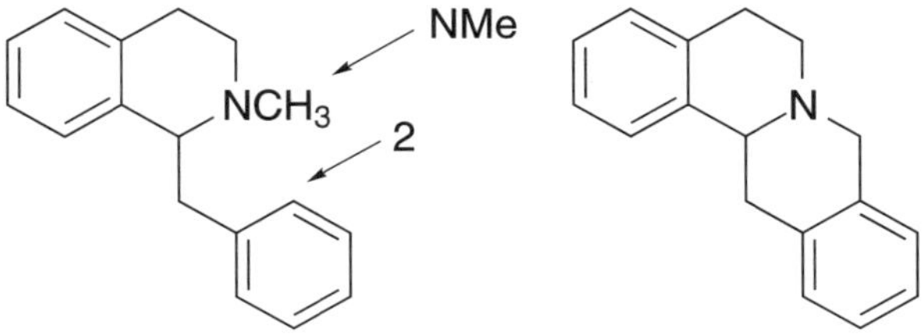

The ortho (2,N-Me) attack

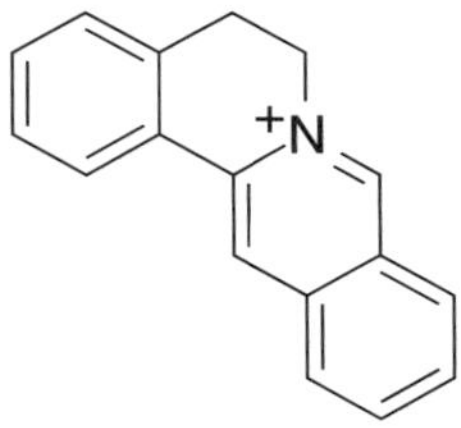

with ring C aromatic

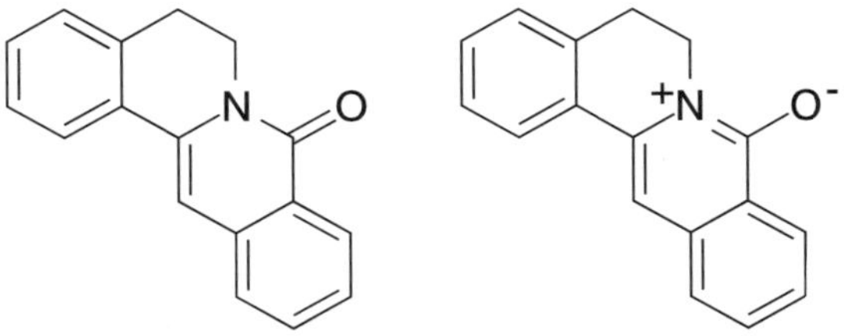

The N-methyl oxo and oxy forms

This is one of the more common ortho attacks, and gives rise to the protoberberines and, with a minor substitution change, the protopines. I have always assumed that the protoberberines were the saturated precursor alkaloids (proto- meaning early or source) which upon aromatization gave the berberines with an aromatic ring "C." It now looks as if the entire group is often simply called the protoberberines. In the four-ring protoberberine with the ring "C" aromatized, the hydroxylation of the carbon atom that was the original N-methyl group leads to a group of compounds called 8-oxy (or 8-oxo) berberines. This tautomeric interconversion is shown above.

If there is a hydroxy group as well as a benzyl group on the 1-position and there are two N-methyls in the THIQ ring (the quaternary salt), another family can be explored through this 2,N-Me attack. These alkaloids are of the protopine class, but to understand their structures little tautomeric manipulation is needed.

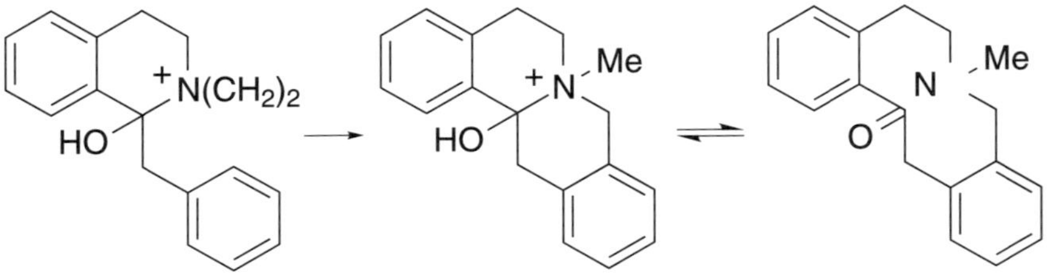

an ortho (2,N-Me) attack

Tautomeric equilibrium

A tautomer is a bit of structural sophistication. One can move the electrons around, without moving any of the atoms, and some end up with quite a different looking thing. Which is it? It's a bit like the problem with the duality of the photon. It is a particle and it is a wave, both. It pretty much depends on how you look at it. The middle structure, with an O^- and an N^+, should be rather soluble in water. It is an ionic doubly charged molecule, after all. But the structure on the right is a ketone and an amine, and would probably be lipophilic, and wouldn't dissolve in water. Is it water soluble? Hard to use that as a way of telling the structure because just the act of putting it in water might shift the electrons towards the ionic configuration. As they say in quantum mechanics, you can't observe anything without changing it in some way. These compounds will be portrayed in the 4-ring structure with the O^- shown as a hydroxy group in the structural index.

Pavines

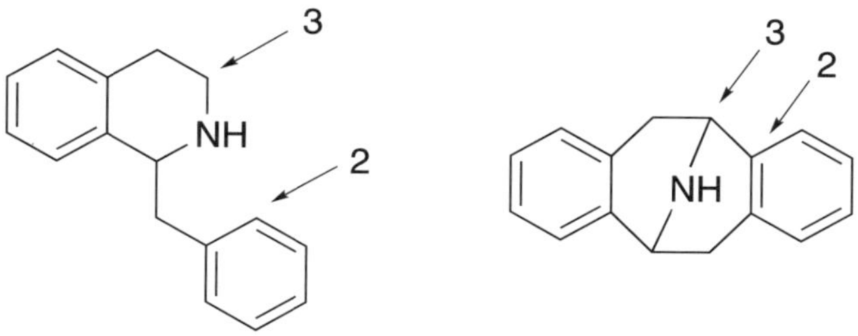

The ortho (2,3) attack

The pavine family, created by the ortho-3 attack, has an unusual property not shared by any other isoquinoline group. The pavine can be viewed in either of two ways, left to right, or right to left. This is best seen in the above structural diagram on the right. View the left-hand benzene ring as the aromatic ring of the THIQ, and then go to the first carbon atom at the 4 o'clock position. The nitrogen bond in the center demarks the second ring of the isoquinoline, with the 1-position being the point between these two locations, at the bottom. The carbon bond out to the right of this point shows the benzyl group.

Now view the right-hand benzene ring as the aromatic ring of the isoquinoline, and then go to the carbon atom at the 10 o'clock position. The nitrogen bond in the center demarks the second ring of the isoquinoline; the point above is the 1-position, and the carbon bond out to the left is the benzyl group.

Thus any pavine with different substituents on the two benzene rings could result from an ortho (2,3) attack of either of two different isoquinolines. These items are entered both ways in this book. And in the case of pavines here, and the isopavines below, if there is a methyl group on the nitrogen, it will be represented by the abbreviation Me instead of CH_3.

Isopavines

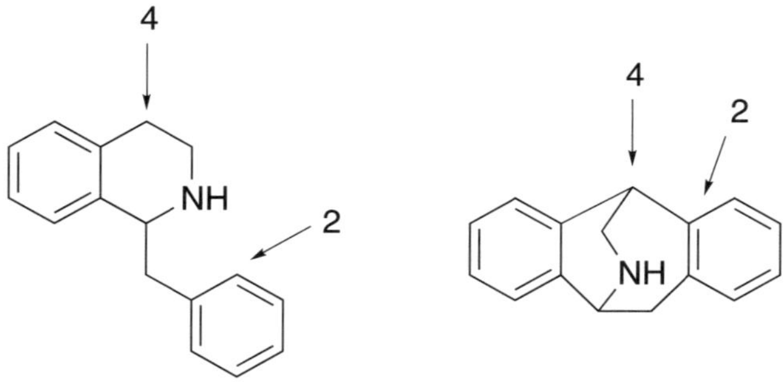

The ortho (2,4) attack

Unlike the pavines, the unusual internal N-bridged heterocycle of the isopavines admits to an isoquinoline classification in just one direction.

Morphanans

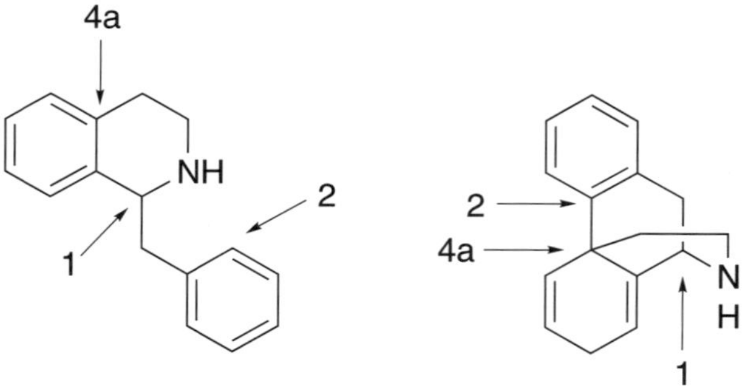

The ortho (2,4a) attack

This ortho-4a attack, forming the carbon skeleton of the morphine molecule, is one that is not easily visualized by non-chemists. It requires an out-of-plane manipulation to bring the benzyl group into conjunction with the ring-juncture 4a carbon atom. The 1-benzyl-isoquinoline is shown in its conventional form on the left. To picture the attack, mentally take hold of the benzyl group and bring it back,

Introduction   xxix

out of the plane of the paper, to where the 2-position is pointing directly at the 4a-position. This is the only one of the ortho attacks that is superficially not an oxidation. The consequence is that the aromatic resonance status of the benzenoid ring of the THIQ is permanently lost. The location of the residual double bonds and other electrons depends totally on the substitution pattern of the isoquinoline aromatic ring. Once the attack has been achieved, the plant world makes many further chemical steps, leading to a host of alkaloids related to thebaine and morphine, both of which contain an additional heterocyclic furan ring. They lie beyond the scope of this compilation. An unnatural, but fascinating compound is the (+) isomer of the product of this attack with a 4-methoxybenzyl on the 1-position, a methyl on the nitrogen, and hydrogenation of the residual benzene ring of the parent isoquinoline. This product is the broadly abused antitussive, dextromethorphan, or DXM.

Another family of alkaloids, the Hasubanans, are often lumped together with the Morphinans because of a superficially similar morphology. As an illustration:

Sinoacutine (a Morphinan)   Cepharamine (a Hasubanan)

They are actually indoles, not isoquinolines, and so they are not included in this listing.

Azafluoranthenes

The ortho (2,8) attack (with a 1-phenyl)

Although most ring-substituents on the 1-position of the natural tetrahydroisoquinolines are substituted benzyl groups or isobenzofuranones, occasionally a phenyl group is observed, bound directly to the isoquinoline ring. An ortho (2,8) attack leads directly to the indino[1,2,3-ij]isoquinolines, known commonly as the azafluoranthenes.

Aporphines

The ortho (2,8) attack (with a 1-benzyl)

This family is viewed as an ortho-attack on the 8-position of the isoquinoline ring. This produces a four-ring system known as an aporphine.

Well over a hundred years ago it was discovered that morphine, when treated with a strong acid, gave rise to the compound apomorphine, an aporphine. It is now known that the lower of the two aromatic rings of apomorphine is the result of the rearomatization of the benzyl group, which was compromised by the ortho-4a attack mentioned above. But at the time it was thought to be a simple conversion, and for a long while the structure of apomorphine was thought to represent the skeleton of morphine itself.

Cularines

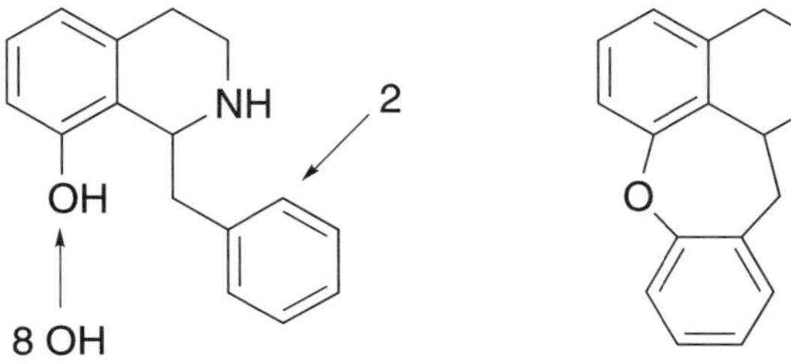

The ortho (2,8-OH) attack

Here is the generation of a 7-membered oxygen-containing heterocycle.

Proaporphines

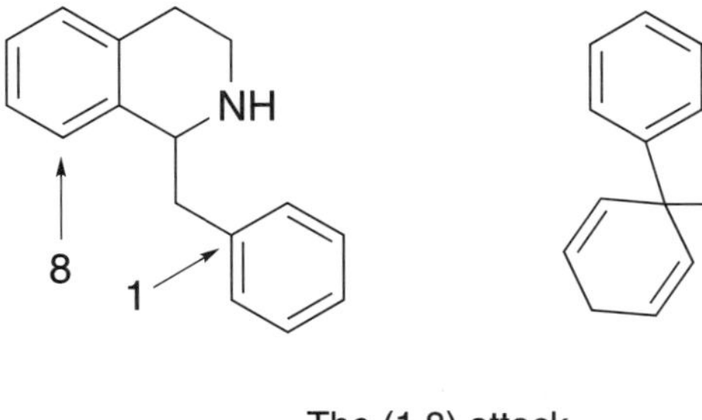

The (1,8) attack

This is a 1,1-spirobenzyl intermediate to what is quite likely the entire family of the aporphines. The "pro" part of the name suggests that this is a biosynthetic precursor to these alkaloids. Very often there is a keto function at the 4-position of the benzyl group (equivalent to a hydroxyl group on the original benzyl), to facilitate the spiro loss of aromaticity needed to achieve this type of coupling. This is directly analogous to the (2,4a) attacks needed to get into the morphinans, where a ketonic presentation of an aromatic hydroxyl group permits the bonding to occur.

5-phenylfurano[2,3,4-ij]isoquinolines

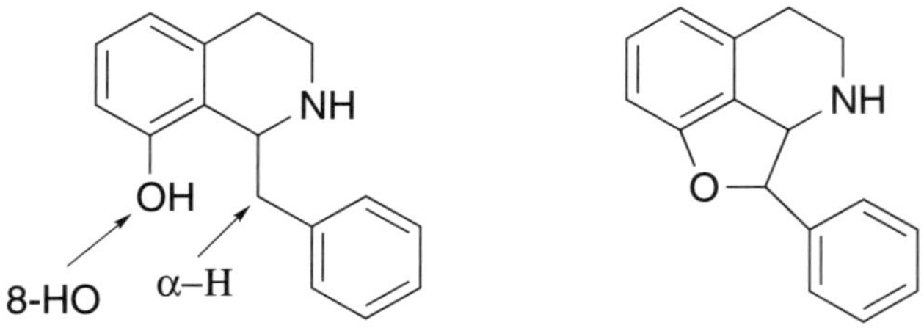

The α,8-HO attack

There are several reports of tetrahydroisoquinolines with a fused furan ring that could be argued (for the sake of the classification used in this collection) as an oxidative attack by the α-hydrogen of the 1-benzyl onto the 8-HO substituent, in a manner similar to the formation of a seven-membered ether ring seen in the cularines. It can also be seen as a similar oxidative attack from an α-hydroxy group (a commonly encountered benzyl substituent) on the 8-hydrogen position. The first of these two mechanisms (illustrated above) is used in this collection.

THE SECOISOQUINOLINES

The prefix "seco" is an unusual term occasionally encountered in the literature of natural products. Just as the term "ortho-attack" indicates the generation of a new ring, the term "seco" indicates the destruction of a ring. A secoisoquinoline is formed from a 1-substituted tetrahydroisoquinoline by the loss of the 1,2-bond. Transferring a hydrogen atom from the α-carbon to the nitrogen, and reshuffling the electrons, results in the formation of a new double bond.

Phenethylamines

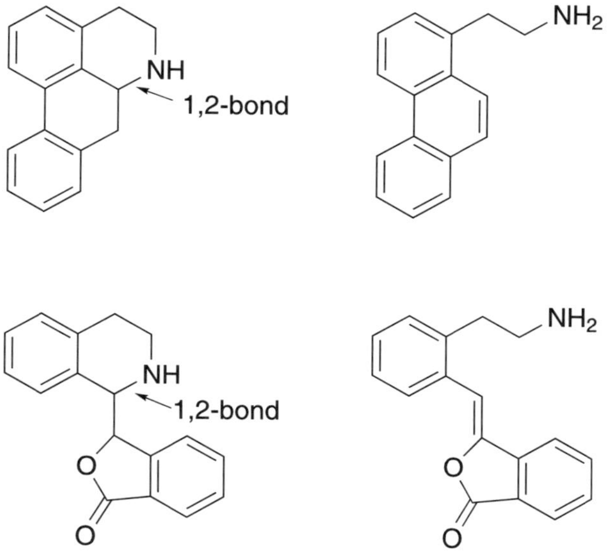

1,2-bond

1,2-bond

1,2 seco bond loss

In an appendix to the book "TIHKAL: The Continuation" there were listed a number of the phenethylamines known to be in the cactus family. These were all of classical simplicity with the phenyl ring substituted with one or more hydroxys and methoxys, and an occasional methylenedioxy group. There was also an occasional hydroxy group on the beta position of the chain, and on the nitrogen atom there were zero, one, or two methyl groups. There was no mention made of a subclass of phenethylamines which are intimately associated with the isoquinolines. The chemical term "seco" is a clever device for maintaining a structural relationship between two chemicals after having, magically, removed a structural bond. Illustrated here is an aporphine with the electrons from that 1,2-bond having been rearranged into the middle ring. It would probably be chemically classified as an aminoethyl-substituted phenanthrene, rather than a phenethylamine which had been fused (2,3a) with a naphthalene, but in this book it will be listed in the section describing the parent 1-benzyl-tetrahydroisoquinoline, modified with an ortho attack if appropriate, followed by a 1,2-seco bond removal.

With the simpler 1-benzyl derivatives (those which have not undergone any ortho-attack), the removal of the 1,2-bond usually produces a 2-styryl substituted phenethylamine. Again, this would be located in the entry that described the parent isoquinoline.

The second illustration above is a phthalide THIQ, and these phenethylamines are sometimes referred to as secophthalideisoquinolines. Here, the oxygen atom of the original isofuranone ring is substituted on the newly formed double bond. This structure can easily open up to the corresponding ketonic carboxylic acid. These seco-modifications of the attacked isoquinoline (first example, illustrated with an aporphine) and the simpler 1-substituted isoquinolines (second example, as illustrated by the isobenzofuranone) are the only ones included in this book. The standard phenethylamines that are commonly found in cacti, compounds which are not from these seco-mechanisms, have been tabulated in TIHKAL and will not be repeated here.

There have been many compounds excluded from this compilation, but to give examples would increase the mass of this collection without any useful information. They are, in a general hand-waving sense, those compounds not explicitly allowed in the above inclusion criteria.

To all rules, there are always exceptions. These have been made to allow unexpected natural isoquinolines that just happen to present unexpected substituents that nature for some reason chose to contribute to this collection. Mention has been made of an occasional carbonyl group disrupting the aromaticity of the benzene ring (this is the basis of the quinonic isoquinolines). The nitrogen atom (position 2) occasionally displays an amide group (these have been entered at the fourth letter of the structural alphabet). Several natural compounds demand a hydroxyl or methoxyl function at the isoquinoline 3- or 4-positions. When this occurs, the compound is listed as a footnote under the parent structure.

More difficult to generalize, are the isoquinolines with new rings resulting from biosynthetic attacks from here to there that are excluded from this study. In a broad, inclusive statement the line has again been drawn to exclude everything that has not been included above.

Originally it was intended to list every plant in which these natural isoquinolines are found, documented with a literature reference. The project became unmanageable in that some of the more common alkaloids have been found in literally hundreds of plants. So, in some cases, if there are many species from one Genus, the plant listing will be condensed to mention the particular Genus, the family, plus a literature reference; e.g., *Corydalis* spp. (Papaveraceae) jnp 51, 262 '88. This way the broadness of distribution is established. Also, there are sections in the structural index where there is a compound that has one or more synonyms. In some instances, synonyms of what are supposed to be the "same" compound have been given different lists of plants. So, it could be that different names are given to represent different optical isomers, we don't know. But in most cases the differentiation was respected, the lists of plants to a given name were kept separate within a given section.

For much of the plant information we are most grateful for being allowed access to the NAPRALERT (sm) database at the University of Illinois at Chicago, and would highly recommend the use of their services if more detailed information is wanted. In particular, we appreciate the help of Douglas Trainor there. Also, we'd like to give great thanks to Jim Bauml, the Senior Biologist at the Arboretum of Los Angeles County, for helping to resolve many plant name and family issues, Amy Rasmussen for her supurb proofreading skills, and Frani Halperin for her artwork on the cover of this book.

TRIVIAL NAME INDEX

Acetonyl-reframidine	312
N-Acetylanolobine	263
N-Acetylanonaine	252
N-Acetylanhalamine	431
N-Acetylanhalonine	445
N-Acetylasimilobine	57
O-Acetylfumaricine	165
N-Acetyllaurelliptine	133
N-Acetyllaurolitsine	68
N-Acetyl-3-methoxynornantenine	407
N-Acetyl-3-methoxynornuciferine	396
N-Acetylnornantenine	229
N-Acetylnornuciferine	172
N-Acetyl-seco-N-methyllaurotetanine	196
N-Acetylstepharine	181
O-Acetylsukhodianine	282
N-Acetylxylopine	269
Actinodaphnine	284
Acutifolidine	85
Adlumiceine	243
Adlumiceine enol lactone	243
Adlumidiceine	344
Adlumidiceine enol lactone	344
Adlumidine	340
Adlumine	241
Aducaine	139
Aequaline	70
Alborine	450
Alkaloid Fk-5	108
Alkaloid PO-3	96
Allocryptopine	327
α-Allocryptopine	327
Alpinone	223

Amurensine	292
Amurensinine	301
Amurine	154
Amurinol I	155
Analobine	262
Anaxagoreine	59
Anhalamine	429
Anhalidine	431
Anhalinine	439
Anhalonidine	432
Anhalonine	443
Anhalotine	432
Anibacanine	93
Anicanine	175
Anisocycline	403
Annocherine A	104
Annocherine B	105
Annolatine	107
Annonelliptine	388
Anolobine	262
Anomoline	388
Anomuricine	376
Anomurine	399
Anonaine	246
Aobamine	324
Aobamidine	344
Apocavidine	157
Apocrotonosine	60
Apocrotsparine	100
Apoglaziovine	103
Aporeine	248
Aporheine	248
Aporpheine	248
Argemonine	213
Argemonine metho hydroxide	218
Argemonine N-oxide	214
Argentinine	56
Argentinine N-oxide	56
Arizonine	354
Armepavine	178
Arosine	152
Arosinine	133

Trivial Name Index

Artabonatine A	255
Artabonatine B	410
Artavenustine	63
Aryapavine	449
Asimilobine	54
Asimilobine-2-O-β-D-glucoside	55
Atheroline	199
Atherospermidine	411
Atherosperminine	172
Atherosperminine N-oxide	172
Aurotensine	114
Ayuthianine	261
Backebergine	161
Baicaline	424
Belemine	264
2-Benzazine	39
1-Benzylisoquinoline	39
Berberastine	299
Berbericine	297
Berbericinine	210
Berberilycine	300
Berberine	297
Berberrubine	285
Berbervirine	324
Berbine	40
Berbin-8-one	285
Berbithine	321
Berbitine	321
Berlambine	299
Bernumicine	53
Bernumidine	165
Bernumine	53
Beroline	285
Bharatamine	91
Bicuculline	342
Bicucullinidine	243
Bicucullinine	345
Biflorine	329
Bisnorargemonine	71, 122
Boldine	67
Boldine methiodide	68
Bracteoline	138

Breoganine	349
Bromcholitin	214
Bulbocapnine	286
Bulbocapnine methiodide	288
Bulbocapnine N-oxide	286
Bulbodoine	326
Buxifoline	412
Caaverine	91
Californine	311
Californidine	314
Calycinine	318
Calycotomine	166
Canadaline	296
Canadine	296
α-Canadine	296
β-Canadine	296
Canadinic acid	324
Canelilline	93
Capaurimine	436
Capaurine	437
Capaurine N-oxide	437
Capnoidine	340
Capnosine	90
Capnosinine	162
N-Carbamoylanonaine	251
N-Carbamoylasimilobine	57
N-Carboxamidostepharine	182
Carlumine	242
Carnegine	164
Carpoxidine	305
Caryachine	82, 287
Caryachine methiodide	83, 288
Caseadine	365
Caseadine N-oxide	365
Caseadinium quat	365
Caseamine	362
Caseamine N-oxide	362
Caseanadine	364
Caseanidine	364
Caseanine	207
Cassamedine	419
Cassameridine	317

Trivial Name Index 5

Cassyfiline	415
Cassyformine	415
Cassythicine	287
Cassythidine	418
Cassythine	415
Cataline	217
Catalpifoline	205
Cavidine	230
Celtine	363
Celtisine	349
Cephakicine	426
Cephamonine	428
Cephamuline	428
Cephasugine	426
Cerasodine	137
Cerasonine	147
Chakranine	197
Cheilanthifoline	81
Cherianoine	427
Cinnamolaurine	275
Cissaglaberrimine	382
Cissamine	128
Clarkeanidine	359
Claviculine	349
Coclanoline B	191
Coclaurine	97
Cocsarmine	204
Codamine	141
Codamine N-oxide	141
Colchiethanamine	85
Colchiethine	85
Colletine	106
Columbamine	143
Constrictosine	42
Coptisine	309
Coramine	121
Coreximine	121
Corftaline	335
Corgoine	89
Corledine	86
Corlumidine	86
Corlumine	242

Corphthaline	335
Corunnine	152
Corybrachylobine	221
Corybulbine	79
Corycavidine	328
Corycavamine	331
Corycavine	331
Corycularicine	353
Corydaldine	239
Corydalidzine	72
Corydaline	220
Corydalisol	321
Corydalispirone	332
Corydalmine	202
Corydalmine methochloride	221
Corydalmine N-oxide	203
Corydecumbine	335
Corydine	143
Corydine methine	152
Corydine N-oxide	145
Corydinine	329
Corygovanine	154
Corymotine	221
Corynoxidine	209
Corypalline	88
Corypalmine	74
Coryphenanthrine	217
Coryrutine	338
Corysamine	315
Corysolidine	157
Corystewartine	326
Corytenchine	196
Corytenchirine	196
Corytensine	340
Corytuberine	120
Coryximine	325
Cotarnine	447
Cotarnoline	445
Coulteroberbinone	448
Coulteropine	448
Crabbine	194
Crassifoline	359

Trivial Name Index

Crassifoline methine	361
Crebanine	281
Crebanine N-oxide	281
Cristadine	134
Crotoflorine	99
Crotonosine	60
Crotsparine	99
Crotsparinine	99
Crychine	311
Crykonisine	178
Cryprochine	179
Cryptaustoline	146
Cryptocavine	233
Cryptodorine	307
Cryptopine	233
Cryptopleurospermine	334
Cryptostyline I	167
Cryptostyline II	167
Cryptostyline III	168
Cryptowolidine	82
Cryptowoline	154
Cryptowolinol	158
Cucoline	65
Culacorine	349
Cularicine	353
Cularidine	350
Cularidine N-oxide	351
Cularimine	363
Cularine	366
Cularine N-oxide	366
Cyclanoline	128
α-Cyclanoline	128
β-Cyclanoline	128
Danguyelline	377
Dasymachaline	305
Dauricoside	63
Decumbenine	335
Decumbenine-C	334
Decumbensine	340
epi-α-Decumbensine	340
Deglucopterocereine	372
Deglucopterocereine N-oxide	372

Dehassiline	108
1,2-Dehydroanhalamine	430
1,2-Dehydroanhalidinium quat	432
1,2-Dehydroanhalonidine	433
Dehydroanonaine	247
Dehydroboldine	67
Dehydrocapaurimine	437
Dehydrocavidine	230
Dehydrocheilanthifoline	81
Dehydrocorybulbine	79
Dehydrocorydaline	221
Dehydrocorydalmine	203
Dehydrocorydine	146
Dehydrocorypalline	88
Dehydrocorytenchine	196
Dehydrocrebanine	281
Dehydrodicentrine	302
Dehydrodiscretamine	70
Dehydrodiscretine	76
Dehydroformouregine	396
Dehydroglaucentrine	146
Dehydroglaucine	216
Dehydroguattescine	271
1,2-Dehydroheliamine	161
1,2,3,4-Dehydroheliamine	161
Dehydroisoboldine	127
3,4-Dehydroisocorydione	238
Dehydroisocorypalmine	143
Dehydroisolaureline	268
Dehydroisothebaine	95
1,2-Dehydrolemaireocereine	370
Dehydrolirinidine	92
Dehydronantenine	227
Dehydroneolitsine	312
6,6α-Dehydronorglaucine	206
6,6α-Dehydronorlaureline	277
Dehydronornuciferine	169
1,2-Dehydronortehuanine	391
1,2-Dehydronorweberine	455
Dehydronuciferine	171
Dehydroocopodine	323
Dehydroocoteine	417

Trivial Name Index

1,2-Dehydropachycereine	456
1,2,3,4-Dehydropachycereine	457
1,2-Dehydropellotinium quat	435
Dehydrophanostenine	293
Dehydrophoebine	406
Dehydropredicentrine	78
Dehydropseudocheilanthifoline	154
Dehydroremerine	250
α-Dehydroreticuline	114
Dehydroroemerine	250
1,2-Dehydrosalsolidine	164
Dehydrostephalagine	409
Dehydrostephanine	260
Dehydrostesakine	280
Dehydrothalicmine	417
Dehydrothalicsimidine	402
Dehydroxylopine	267
Dehydroxyushinsunine	248
Delporphine	378
6-O-Demethyladlumidine	160
6-O-Demethyladlumine	86
N-Demethylamurine	153
8-Demethylargemonine	147, 203
Demethylcoclaurine	47
N-Demethylcolletine	105
10-O-Demethylcorydine	137
3'-O-Demethylcularine	360
10-O-Demethyldiscretine	71
11-O-Demethyldiscretine	66
Demethyleneberberine	50
N-Demethylfumaritine	157
O-7'-Demethyl-β-hydrastine	335
9-O-Demethylimeluteine	393
N-Demethylisocorytuberine	134
N-Demethyllinoferine	201
O-4-Demethylmuramine	200
3'-Demethylpapaverine	190
7-Demethylpapaverine	140
N-Demethylstephalagine	409
3-O-Demethylthalicthuberine	84
2-Demethylthalimonine	237, 423
9-Demethylthalimonine	84, 423

10-Demethylxylopinine	203
Densiberine	217
Deoxythalidastine	267
7-O-Desmethylisosalsolidine	90
Desmethylnarcotine	446
O-Desmethylweberine	455
N,O-Diacetyl-3-hydroxynornuciferine	375
N,O-Diacetylisopiline	386
N,O-Diacetylnoroliveroline	257
Dicentrine	301
Dicentrinone	306
Didehydroaporheine	250
Didehydroocoteine	417
Didehydroglaucine	216
Didehydroroemerine	250
5,6-Dihydroconstrictosine	42
Dihydrocoptisine	309
5,6-Dihydro-3,5-di-O-methylconstrictosine	43
Dihydroguattescine	271
Dihydroimenine	397
8,9-Dihydroisoroemerialinone	202
Dihydrolinaresine	322
Dihydromelosmine	387
1,2-Dihydro-6,7-methylenedioxy-1-oxoisoquinoline	333
3,4-Dihydro-1-methyl-5,6,7-trimethoxyisoquinoline	392
3,4-Dihydronigellimine	164
8,14-Dihydronorsalutaridine	110
Dihydronudaurine	155
Dihydroorientalinone	135
11,12-Dihydroorientalinone	135
β-Dihydropallidine	124
Dihydropalmatine	209
Dihydroparfumidine	165
Dihydrorugosinone	322
8,14-Dihydrosalutaridine	119
Dihydrosecoquettamine	357
4,6-Dihydroxy-3-methoxymorphinandien-7-one	49
4,6-Dihydroxy-2-methyltetrahydroisoquinoline	41
3,9-Dihydroxynornuciferine	376
5,6-Dimethoxy-2,2-dimethyl-1-(4-hydroxybenzyl)-1,2,3,4-THIQ quat	46
6,8-Dimethoxy-1,3-dimethylisoquinoline	348
6,7-Dimethoxy-N,N-dimethyl-1-(2-methoxy-4-hydroxybenzyl)-THIQ	188

Trivial Name Index

1,2-Dimethoxy-11-hydroxyaporphine	175
1,2-Dimethoxy-3-hydroxynoraporphine	373
1,2-Dimethoxy-3-hydroxy-5-oxonoraporphine	373
2,9-Dimethoxy-3-hydroxypavinane	44, 106
6,7-Dimethoxy-1-(6',7'-methylenedioxyisobenzofuranol, 3'-yl)-2,2-dimethyl-1,2,3,4-THIQ	244
6,7-Dimethoxy-1-(3,4-methylenedioxyphenyl)-2-methyl-DHIQ	168
6,7-Dimethoxy-1-(3,4-methylenedioxyphenyl)-2-methyl-IQ	168
6,7-Dimethoxy-1-(4-methoxybenzyl)-IQ	184
6,8-Dimethoxy-1-methyl-3-hydroxymethylisoquinoline	348
6,7-Dimethoxy-2-methylisocarbostyril	240
6,7-Dimethoxy-N-methylisoquinoline	240
6,7-Dimethoxy-2-methylisoquinolium quat	162
N,O-Dimethylactinodaphnine	301
N,O-Dimethylarmepavine	185
O,O-Dimethylboldine	214
N,O-Dimethylcassyfiline	323
O,O-Dimethylcissamine	218
3,5-Di-O-methylconstrictosine	43
O,O-Dimethylcorytuberine	212
N,O-Dimethylcrotonosine	179
N,O-Dimethylcrotsparine	179
O,O-Dimethylcyclanoline	218
N,O-Dimethylhernovine	76
O,O-Dimethylisoboldine	214
N,O-Dimethylisocorydine	218
N,N-Dimethyllindcarpine	68
O,N-Dimethylliriodendronine	93
O,O-Dimethyllongifolonine	186
O,O'-Dimethylmagnoflorine	218
O,O-Dimethylmunitagine	212, 371
N,O-Dimethylnandigerine	300
N,O-Dimethyloreoline	180
N,O-Dimethyloridine	180
N,N-Dimethylpavinium quat	218
N,O-Dimethylthaicanine	403
Dinorargemonine	71, 122
Discolorine	48
Discretamine	70
Discretine	76
Discoguattine	320
Domesticine	155

Domestine	226
Doryafranine	279
Doryanine	334
Doryfornine	160
Doryphornine	160
Doryphornine methyl ether	240
Duguespixine	58
Duguetine	305
Duguevanine	419
Duguexine	264
Duguexine N-oxide	264
Dysoxyline	239
Egenine	340
Elmerrillicine	411
Enneaphylline	360
Epiberberine	225
Epiglaufidine	145
10-Epilitsericine	274
6-Epioreobeiline	124
14-Episinomenine	66
Episteporphine	249
Escholamidine	293
Escholamine	312
Escholidine	293
Escholine	129
Escholinine (also see under Romneine)	303
Eschscholtzidine	225, 301
Eschscholtzidine methiodide	228, 304
Eschscholtzine	311
Eschscholtzine N-oxide	311
Eschscholtzinone	317
Eximine	301
Evoeuropine	178
α-Fagarine	327
Filiformine	416
Fissiceine	289
Fissicesine	183
Fissicesine N-oxide	183
Fissilandione	326
Fissisaine	378
Fissistigine A	318
Fissistigine B	348

Trivial Name Index

Fissistigine C	147
Fissoldine	318
FK-3000	425
Flavinantine	138
Flavinine	134
Floripavidine	56
Floripavine	118
Formouregine	395
N-Formylanhalamine	430
N-Formylanhalinine	440
N-Formylanhalonidine	436
N-Formylanhalonine	445
N-Formylanonaine	251
N-Formylbuxifoline	413
7-Formyldehydrohernanergine	290
N-Formyldehydronornuciferine	173
7-Formyldehydrothalicsimidine	405
N-Formylduguevanine	420
N-Formylhernangerine	294
N-Formyl-O-methylanhalonidine	442
N-Formylnornantenine	229
N-Formylnornuciferine	173
N-Formylovigerine	314
N-Formylpurpureine	404
N-Formylputerine	269
N-Formylstepharine	181
N-Formylxylopine	269
Fugapavine	275
Fumaflorine	236
Fumaflorine methyl ester	236
Fumaramidine	243
Fumaramine	346
Fumaricine	165
Fumaridine	339
Fumariline	283
Fumarine	329
Fumaritine	108
Fumaritine N-oxide	108
Fumarizine	324
Fumarophycinol	108
Fumschleicherine	346
Fuzitine	189

Gandharamine	182
Gentryamine A	348
Gentryamine B	347
Gigantine	373
Gindarine	207
Glaucentrine	143
Glaucine	214
Glaucine methine	219
Glaucine methiodide	219
Glaucinone	222
Glaufidine	145
Glaufine	63
Glaufinine	201
Glaunidine	152
Glaunine	199
Glauvent	214
Glauvine	152
Glaziovine	102
Gnoscapine	452
Gorchacoine	358
Gortschakoine	358
Goudotianine	376
Gouregine	455
Govadine	137
Govanine	146
Groenlandicine	81
Guacolidine	318
Guacoline	320
Guadiscidine	265
Guadiscine	273
Guadiscoline	320
Guatterine	410
Guatterine N-oxide	410
Guattescidine	265
Guattescine	271
Guattouregidine	387
Guattouregine	388
Gusanlung A	285
Gusanlung B	297
Gusanlung C	44
Gusanlung D	248
α-Hainanine	79

Trivial Name Index

Heliamine	161
Hemiargyrine	122
Henderine	446
Hernagine	201
Hernandia base	290
Hernandia base II	290
Hernandia base IV	306
Hernandia base VIII	292
Hernandonine	316
Hernangerine	290
Hernovine (also see under Ovigerine)	69
Hexahydrofugapavine	276
Hexahydromecambrine	276
Hexahydrothalicminine	415
Higenamine	47
β-Homochelidonine	327
Homolaudanosine	239
Homolinearisine	61
Homomoschatoline	396
Humosine-A	340
Hunnemanine	289
Hydrastidine	335
Hydrastine	336
α-Hydrastine	337
β-Hydrastine	336
Hydrastinimide	339
Hydrastinine	333
Hydrocotarnine	447
Hydrohydrastinine	245
4-Hydroxyanonaine	247
4-Hydroxybulbocapnine	287
4-Hydroxycrebanine	281
7-Hydroxydehydroglaucine	222
3-Hydroxy-6α,7-dehydronuciferine	374
8-Hydroxydehydroroemerine	259
4-Hydroxydicentrine	302
4-Hydroxyeschscholtzidine	235, 382
3-Hydroxyglaucine	380
N-Hydroxyhernangerine	294
4β-Hydroxyisocorydine	194
2'-Hydroxylaudanosine	234
10-Hydroxyliriodenine	277

1α-Hydroxymagnocurarine	105
13β-Hydroxy-N-methylstylopine quat	318
Hydroxynantenine	230
3-Hydroxynantenine	381
4-Hydroxynantenine	224
3-Hydroxynornantenine	380
4-Hydroxynornantenine	224
3-Hydroxynornuciferine	373
N-Hydroxynorthalicthuberine	227
3-Hydroxynuciferine	374
N-Hydroxyovigerine	314
8-Hydroxypseudocoptisine	311
4-Hydroxysarcocapnidine	360
4-Hydroxysarcocapnine	365
8-Hydroxystephenanthrine	259
8-Hydroxystephenanthrine N-oxide	259
13β-Hydroxystylopine	316
3-Hydroxy-2,9,10-trimethoxytetrahydroprotoberberine	74
4-Hydroxywilsonirine	140
Hyndarin	207
Hypecoumine	334
Imeluteine	393
Imenine	397
Intebrimine	163
Intebrine	334
Isoanhalamine	427
Isoanhalidine	427
Isoanhalonidine	427
Isoapocavidine	84
Isoautumnaline	86
Isobackebergine	370
Isoboldine	124
Isocalycinine	318
Isocanadine	300
Isococlaurine	59
Isocoptisine	311
Isocoreximine	66
Isocorybulbine	150
Isocorydine	192
Isocorydine N-oxide	194
Isocorydione	238
Isocoryne	336

Trivial Name Index

Isocorypalline	52
Isocorypalmine	141
Isocorypalmine N-oxide	142
Isocorytuberine	137
Isocularine	364
Isodomesticine	83
Isofugapavine	276
Isoguattouregidine	384
Isohydrastidine	335
Isolaureline	268
Isolaureline N-oxide	268
Isomoschatoline	375
Isonorargemonine	77, 194
Isonortehuanine	391
Isonorweberine	456
Isooconovine	389
Isoorientalinone	135
Isopachycereine	457
Isopacodine	73
Isopellotine	428
Isopiline	385
Isopycnarrhine	52
Isoquinoline	39
Isoremerine	248
Isoroemerialinone	201
Isosalsolidine	164
Isosalsolidine N-oxide	164
Isosalsoline	90
Isosalutaridine	123
Isoscoulerine	65
Isosendaverine	52
Isosevanine	284
Isosinoacutine	137
Isotembetarine	361
Isothebaidine	94
Isothebaine	95
Isouvariopsine	279
Isovelucryptine	62
Izmirine	87
Jaculadine	60
Jacularine	99
Jatrorrhizine	75

Juziphine	355
Juziphine N-oxide	356
Juzirine	100
Kamaline	57
Kikemanine	202
Kuafumine	414
Kukoline	65
Laetanine	69
Laetine	80
Lambertine	303
Lanuginosine	273
Lastourvilline	50
Latericine	102
Laudane	191
Laudanidine	191
Laudanine	191
Laudanosine	207
Laudanosoline	49
Lauformine	274
Launobine	284
Laureline	279
Laurelliptine	111
Laurepukine	263
Laurifoline	132
Laurolitsine	64
Lauroscholtzine	195
Laurotetanine	190
Lauterine	279
Ledeborine	157
Ledecorine	323
Lemaireocereine	370
Leonticine	357
Leucoline	39
Leucoxine	321
Leucoxylonine	421
Leucoxylonine N-oxide	421
Limousamine	351
Linaresine	322
Lincangenine	379
Lindcarpine	64
Linearisine	61
Liridinine	383

Trivial Name Index

Liridine	396
Lirinidine	92
Lirinine	374
Lirinine N-oxide	374
Liriodendronine	47
Liriodenine	257
Lirioferine	204
Liriotulipiferine	72
Litsedine	295
Litseferine	290
Litsericine	274
Litsoeine	190
Longifolidine	370
Longifolonine	100
Longimammamine	45
Longimammatine	42
Longimammidine	45
Longimammosine	41
Lophocereine	91
Lophocerine	91
Lophophorine	444
Lophotine salt	444
Lotusine	62
Luteanine	192
Luteidine	159
Luxandrine	49
Lysicamine	170
Machigline	289
Machiline	97
Macleyine	329
Macrantaldehyde	451
Macrantaline	449
Macrantoridine	449
Magnococline	358
Magnocurarine	104
Magnoflorine	129
Magnoporphine	218
Majarine	297
Manibacanine	175
Marshaline	324
Mecambridine	450
Mecambrine	275

Mecambroline	276
Melosmidine	399
Melosmine	387
Menisperine	197
Mescalotam	442
α-N-Methopapaverberbine	448
Methoxyatherosperminine	395
Methoxyatherosperminine N-oxide	395
1-Methoxyberberine	447
10-Methoxycaaverine	105
3-Methoxyglaucine	402
3-Methoxyguattescidine	412
Methoxyhydrastine	452
10-Methoxyliriodenine	279
11-Methoxyliriodenine	273
3-Methoxynordomesticine	390
3-Methoxynuciferine	395
3-Methoxyoxoputerine	414
13-Methoxy-8-oxyberberine	305
4-Methoxypalmatine	403
Methoxypolysignine	217
3-Methoxyputerine	412
8-Methoxyuvariopsine	282
N-Methylactinodaphnine	287
N-Methyladlumine	242
3-Methylallocryptopine	328
O-Methylanhalidine	440
N-Methylanhalidine quat	432
O-Methylanhalonidine	441
N-Methylanhalonidine	434
α-8-Methylanibacanine	94
N-Methylanolobine	263
O-Methylanolobine	266
N-Methylanonaine	248
N-Methylapocrotsparine	103
N-Methylarmepavine	181
O-Methylarmepavine	185
O-Methylarmepavine N-oxide	185
N-Methylasimilobine	55
N-Methylasimilobine-2-O-β-D-glucopyranoside	55
N-Methylasimilobine-2-O-α-L-rhamnopyranoside	561
O-Methylatheroline	220

N-Methylboldine	68
O-Methylbracteoline	149
N-Methylbulbocapnine	288
O-Methylbulbocapnine	300
α-O-Methylbulbocapnine N-oxide	300
β-O-Methylbulbocapnine N-oxide	300
N-Methylbuxifoline	413
N-Methylcalifornine	314
N-Methylcalycinine	319
O-Methylcalycinine	320
N-Methylcanadine	303
O-Methylcapaurine	442
O-Methylcaryachine	225, 301
N-Methylcaryachinium quat	83, 288
N-Methylcassyfiline	415
O-Methylcassyfiline	416
N-Methylcassythine	415
O-Methylcassythine	416
N-Methylcheilanthifoline quat	83
O-Methylcinnamolaurine	279
N-Methylcoclaurine	100
O-7-Methylcoclaurine	176
13-Methylcolumbamine	151
3-O-Methylconstrictosine	43
N-Methylcoreximine	132
O-Methylcorledine	241
N-Methylcorydaldine	239
N-Methylcorydaline quat	221
N-Methylcorydalmine quat	204
N-Methylcorydine	151
O-Methylcorydine	212
O-Methylcorydine N-oxide	212
N-Methylcorypalline	89
O-Methylcorypalline	162
1-Methylcorypalline	90
2-Methylcorypallinium	89
N-Methylcorypalmine	79
11-Methylcorytuberine	143
N-Methylcrotonosine	61
N-Methylcrotsparine	102
N-Methylcrotsparinine	103
N-Methylcrychine	314

O-Methylcularicine	368
N-Methylcularine	361
N-Methyldanguyelline	377
O-Methyldehydroisopiline	394
N-Methyldihydroberberine quat	304
O-Methyl-8,9-dihydroisoorientalinone	202
O-Methyldihydrosecoquettamine	358
O-Methyldomesticine	155
N-Methyldomesticinium	156
N-Methylduguevanine	420
N-Methylelmerrillicine	411
O-Methylelmerrillicine	412
6,7-Methylendioxy-1-(4-methoxybenzyl)-IQ	278
6,7-Methylendioxy-1-(4-methoxybenzyl)-THIQ	277
6,7-Methylendioxy-1-(4-methoxy-a-hydroxybenzyl)-3,4-DHIQ	278
2,3-Methylenedioxy-4,8,9-trimethoxy-N-methylpavinane	235, 416
N-Methyl-10-epilitsericine	276
N-Methylescholtzine	314
O-Methylflavinantine	147
N-Methylfissoldine	319
7-Methyl-N-formyldehydroanonaine	252
O-Methylfumarophycine	165
O-Methylfumarophycinol	165
N-Methylglaucine	219
N-Methylheliamine	162
N-Methylhernangerine	292
N-Methylhernangerine β-N-oxide	292
N-Methylhernovine	71
10-O-Methylhernovine	73
N-Methylhigenamine	48
N-Methylhigenamine, 7-O-β-D-glucopyranoside	48
N-Methylhigenamine N-oxide	48
N-Methylhydrasteine	338
N-Methylhydrasteine imide	339
N-Methylhydrastine	338
N-Methyl-β-hydrastine quat	337
O-Methylisoboldine	149
N-Methylisococlaurine	60
N-Methylisocorydine	197
N-Methylisocorypalmine quat	151
O-Methylisomoschatoline	396
O-Methylisoorientalinone	201

O-Methylisopiline	394
N-Methylisopiline	385
N-Methylisosalsoline	90
1-O-Methylisothebaidine	175
N-Methylisothebaine	96
N-Methylisothebainium cation	96
O-Methylisovelucryptine	189
N-Methyllaudanidinium iodide	197
N-Methyllauformine	276
N-Methyllaunobine	286
N-Methyllaurelliptine	124
9-O-Methyllaurolitsine	73
N-Methyllaurotetanine	195
N-Methyllaurotetanine N-oxide	196
O-Methylledecorine	324
N-Methyllindcarpine	66
O-Methyllirinine	395
N-Methyllitsericine	276
N-Methyllophophorine quat	444
N-Methylmecambridine	450
2-Methyl-1-(4-methoxybenzyl)-6,7-methylenedioxyisoquinolinium quat	278
N-Methyl-10-O-methylhernovine	76
O-Methylmoschatoline	396
N-Methylnandigerine	292
N-Methylnandigerine β-N-oxide	292
N-Methylnantenine	228
N-Methyl-α-narcotine	454
O-Methylnarcotoline	452
N-Methylneocaryachine quat	288, 369
O-Methylnorarmepavine	184
9-O-Methylnorboldine	73
8-O-Methyloblongine	371
N-Methyloreophiline salt	450
O-Methylorientalinone	201
N-Methylovigerine	310
N-Methyloxohydrasteine	339
O-Methyloxopukateine	273
N-Methylpachycereine	457
N-Methylpachypodanthine	256
N-Methylpachypodanthine N-oxide	256
N-Methylpalaudium quat	197

O-Methylpallidine	147
O-Methylpallidine N-oxide	149
O-Methylpallidinine	149
13-Methylpalmatine	221
N-Methylpapaveraldine	220
N-Methylpapaverine quat	217
N-Methylpavine	213
O-Methylpellotine	442
N-Methylpellotine quat	435
O-Methylpeyoruvic acid	441
O-Methylpeyoxylic acid	441
O-Methylplatycerine	212, 371
N-Methylplatycerinium quat	197, 367
O-Methylprechilenine	332
O-Methylpreocoteine	402
O-Methylprzewalskiinone	220
8α-Methylpseudoanibacanine	94
8β-Methylpseudoanibacanine	94
N-Methylpseudolaudanine	78
O-Methylpukateine	267
N-Methylputerine	267
N-Methylsecoglaucine	219
O-Methylseverzine	241
N-Methylsinactine	228
N-Methylsparsiflorine	103
N-Methylstenantherine	398
N-Methylstepharine	179
O-Methylstepharinosine	187
N-Methylstylopinium quat	313
α-N-Methylstylopinium quat	313
β-N-Methylstylopinium quat	313
N-Methyltetrahydrocolumbamine	151
1-Methyl-1,2,3,4-tetrahydroisoquinoline	39
N-Methyltetrahydropalmatine	218
N-Methyltetrahydropapaverine	207
N-Methylthaicanine	380
O-Methylthaicanine	402
N-Methylthalbaicaline	380
O-Methylthalicmidine	214
N-Methylthalidaldine	408
O-Methylthalisopavine	214
N-Methyl-2,3,6-trimethoxymorphinandien-7-one N-oxide	149

Trivial Name Index

N-Methylushinsunine	255
O-Methylvelucryptine	186
N-Methylviguine	245
N-Methylxylopine	268
N-Methylxylopine N-oxide	268
N-Methylzenkerine	106
Michelalbine	253
Michelanugine	270
Micheline A	254
Micheline B	257
Michepressine	276
Miltanthaline	436
Milthanthine	179
Mocrispatine	50
Mollinedine	307
Moschatoline	383
Munitagine	117, 362
Muramine	222
Nandazurine	156
Nandigerine	290
Nandinine	285
Nantenine	226
Narceimine	345
Narceine	454
Narceine imide	454
Narceinone	454
Narcosine	452
Narcotine	452
α-Narcotine	452
β-Narcotine	453
Narcotinediol	451
Narcotine hemiacetal	452
Narcotoline	446
Narcotolinol	446
Narlumicine	345
Narlumidine	345
Neocaryachine	286, 368
Neolitsine	312
Nigellimine	164
Nigellimine N-oxide	164
Nokoensine	437
Noramurine	153

Noranicanine	174
Norannuradhapurine	280
Norargemonine	147, 203
Norarmepavine	176
N-Norarmepavine	176
Noratherosperminine	171
Norboldine	64
Norbracteoline	134
Norbulbocapnine	284
Norcanelilline	93
Norcarnegine	163
Norcinnamolaurine	274
Norcoclaurine	47
Norcorydine	139
Norcorypalline	88
Norcularicine	352
Norcularidine	350
Nordelporphine	377
Nordicentrine	295
Nordomesticine	153
Norfissilandione	325
Norfumaritine	157
Norglaucine	206
Norgorchacoine	358
Norguattevaline	376
Norimeluteine	393
Norisoboldine	111
Norisocorydine	189
Norisocorydione	237
Norisocorytuberine	134
Norisocularine	363
Norisodomesticine	80
Norjusiphine	354
Norjuziphine	354
N-Norlaudanosine	205
Norlaureline	277
Norleucoxylonine	421
Norliridinine	383
Norlirioferine	201
Nornantenine	223
Nornarceine	453
Norneolitsine	307

Trivial Name Index 27

Nornuciferidine	173
Nornuciferine	169
Nornuciferine I	92
O-Nornuciferine	55
Noroconovine	400
Noroliveridine	270
Noroliverine	272
Noroliveroline	253
Nororientaline	133
Nororientinine	95
Noroxyhydrastinine	332
Norpachyconfine	58
Norpachystaudine	256
Norpallidine	111
Norphoebine	405
Norpredicentrine	73
Norpreocoteine	389
Norprotosinomenine	63
Norpurpureine	401
Norreframidine	307
Norreticuline	109
Norrufescine	392
Norsalutaridine	110
Norsarcocapnine	363
Norsarcocapnidine	359
Norsecocularidine	351
Norsecocularine	366
Norsecosarcocapnidine	360
Norsecosarcocapnine	364
Norsinoacutine	110
Norsonodione	237
Norstephalagine	409
Norstephanine	260
Nortehuanine	391
Northalicmine	416
Northalicthuberine	227
Northalifoline	159
Norushinsunine	253
Noruvariopsamine	186
Norweberine	455
Noryuziphine	354
Noscapalin	452

Noscapine	452
α-Noscapine	452
Noscopine hemiacetal	452
Nuciferidine	174
Nuciferin	170
Nuciferine	170
Nuciferoline	181
Nudaurine	155
Nummularine	53
Oblongine	356
Obovanine	262
Ochotensidine	327
Ochotensimine	238
Ochotensine	87
Ocobotrine	120
Ocokryptine	423
Ocominarine	325
Ocominarone	422
Oconovine	401
Ocopodine	323
Ocoteine	417
Ocotominarine	422
Ocoxylonine	420
Oduocine	418
Oliveridine	270
Oliveridine N-oxide	270
Oliverine	272
Oliverine N-oxide	272
Oliveroline	254
Oliveroline β-N-oxide	254
Ophiocarpine	305
Ophiocarpinone	306
Opian	452
Opianine	452
Oreobeiline	124
Oreoline	99
Oreophiline	450
Oridine	99
Orientaline	135
Orientalinone	135
Orientidine	183
Orientine	184

Trivial Name Index

Orientinine	96
Oureguattidine	386
Ovigerine	306
Oxoanolobine	266
Oxoasimilobine	58
7-Oxobaicaline	425
8-Oxoberberrubine	285
Oxobuxifoline	414
8-Oxocanadine	297
Oxocompostelline	369
8-Oxocoptisine	310
Oxocrebanine	283
13-Oxocryptopine	233
Oxocularidine	352
Oxocularicine	353
Oxocularine	368
7-Oxodehydroasimilobine	58
Oxodicentrine	306
Oxoduocine	419
Oxoglaucine	220
Oxohydrastinine	333
Oxoisocalycinine	319
8-Oxoisocorypalmine	142
Oxolaureline	279
Oxolaurenine	279
Oxo-N-methylhydrasteine	339
13-Oxomuramine	223
Oxonantenine	231
Oxonuciferine	170
Oxophoebine	407
8-Oxopolyalthiaine	158
13-Oxoprotopine	331
Oxopukateine	266
Oxopurpureine	404
Oxoputerine	273
Oxosarcocapnidine	362
Oxosarcocapnine	367
Oxosarcophylline	352
Oxostephanine	261
Oxostephanosine	259
8-Oxotetrahydropalmatine	209
8-Oxotetrahydrothalifendine	291

8-Oxothaicanine	379
Oxoushinsunine	257
Oxoxylopine	273
Oxyberberine	299
N-Oxycodamine	141
8-Oxycoptisine	310
Oxydehydrocorybulbine	80
N-Oxyduguexine	264
N-Oxyguatterine	410
Oxyhydrastinine	333
N-Oxyoliveridine	270
Oxynarcotine	453
N-Oxypachyconfine	59
Oxypalmatine	211
13-Oxyprotopine	331
N-Oxyspixianine	319
8-Oxythalifendine	292
Pachycereine	456
Pachyconfine	59
Pachyconfine N-oxide	59
Pachypodanthine	256
Pachystaudine	257
Pacodine	140
Palaudine	190
Pallidine	123
Pallidinine	124
Palmatine	210
Palmatrubine	192
Pancoridine	140
Pancorinine	140
Papaveraldine	219
Papaveraldinium quat	220
Papaverine	206
Papaveroxidine	452
Papaveroxine	451
Papaveroxinoline	451
Papracine	339
Papracinine	107
Paprafumine	346
Papraine	51
Papraline	245
Parfumidine	166

Parfumine	107
Pavine	205
Pectenine	164
Pellotine	434
Peruvianine	176
Peshawarine	345
Pessoine	109
Petaline	358
Petaline methine	357
Peyoglutam	438
Peyophorine	445
Peyoruvic acid	434
Peyotine quat	435
Peyotline	434
Peyoxylic acid	434
Phanostenine	293
Phellodendrine	132
Phoebe base	66
Phoebe base II	62
Phoebine	406
Phyllocryptine	288
Phyllocryptonine	289
Pilocereine	240
Platycerine	192, 365
Polyalthine	413
Polyberbine	321
Polycarpine	235
Polygospermine	405
Polysignine	186
Polysuavine	265
Prechilenine	329
Predicentrine	77
Preocoteine	389
Preocoteine N-oxide	389
Prepseudopalmanine	223
Proaporphine	40
Promucosine	182
Pronuciferine	179
Protopine	329
Protosinomenine	65
Protothalipine	200
Pseudoanibacanine	94

Pseudoberberine	300
Pseudocheilanthifoline	154
Pseudocolumbamine	146
Pseudocoptisine	311
Pseudojatrorrhizine	76
Pseudolaudanine	73
Pseudomanibacanine	175
Pseudopalmatine	213
Pseudoprotopine	331
Pseudorine	78
Pseudoronine	78
Psilopine	411
Pterocereine	372
Pukateine	263
Pulchine	106
Purpureine	402
Puterine	266
Pycnarrhine	88
Quettamine	357
Raddeanamine	232
Raddeanidine	232
Raddeanine	231
Raddeanone	232
Refractamide	307
Reframidine	311
Reframine	226
Reframine methiodide	228
Reframoline	83
Rehybrine	135
Remerin	248
Remerine	248
Remerine N-oxide	249
Remeroline	263
Remrefidine	250
Remrefine	228
Reticuline	111
Reticuline N-oxide	114
Rhopalotine	145
Roefractine	62
Roehybrine	135
Roemecarine	74
Roemecarine N-oxide	74

α-Roemehybrine	136
Roemeramine	275
Roemerialinone	201
Roemerine	248
Roemerine N-oxide	249
Roemerolidine	264
Roemeroline	263
Roemrefidine	250
Roemrefine	228
Rogersine	195
Romneine (also see under Escholinine)	295
Romucosine	252
Romucosine G	404
Romucosine H	199
Rotundine	71, 122, 207
Rufescine	393
Rugosinone	322
Rurrebanidine	375
Rurrebanine	396
Sal	47
Salsolidine	163
Salsoline	52
Salsolinol	47
Salutaridine	118
Salutaridine N-oxide	119
Salutarine	118
Sanjoinine Ia	169
Sanjoinine Ib	189
Sanjoinine E	170
Sanjoinine K	97
Sarcocapnidine	359
Sarcocapnidine N-oxide	360
Sarcocapnine	364
cis-Sarcocapinine N-oxide	364
Sarcophylline	350
Sauvagnine	323
Saxoguattine	200
Schefferine	202
Scoulerine	114
Sebiferine	147
Secocularidine	351
Secocularine	367

Secoglaucine	217
Secophoebine	406
Secoquettamine	357
Secosarcocapnine	367
Secosarcocapnidine	361
Secoxanthoplanine	198
Sendaverine	89
Sendaverine N-oxide	89
Setigeridine	231
Setigerine	222
Sevanine	153
Severzine	160
Sewerzine	160
Siamine	347
Siaminine A	347
Siaminine B	347
Sibiricine	317
Sinactine	224
Sinacutine	118
Sinoacutine	118
Sinococuline	426
Sinomendine	41
Sinomenine	65
Sonodione	238
Sparsiflorine	100
Spermatheridine	257
Spiduxine	236
Spinosine	188
Spixianine	319
Spixianine N-oxide	319
Splendaboline	398
Splendidine	174
Srilankine	78
Stenantherine	398
Stephabinamine	436
Stephabine	438
Stephadiolamine β-N-oxide	255
Stephalagine	409
Stephanine	260
Stepharanine	136
Stepharine	177
Stepharinosine	187

Stephenanthrine	251
Stephenanthrine N-oxide	251
Stephodeline	429
Stepholidine	136
Steporphine	249
Stesakine	280
Stesakine-9-O-β-D-glucopyranoside	280
Stipitatine	372
Stylophylline	337
Stylopine	307
Suavedol	102
Suaveoline	188
Subsessiline	398
Sukhodianine	282
Sukhodianine-β-N-oxide	282
Takatonine	400
Tannagine	429
Taxilamine	234
Tehuanine	391
Tehuanine N-oxide	392
Telazoline	92
Teliglazine	386
Telikovine	174
Telitoxine	167
Tembetarine	127
Tepenine	371
Tetradehydrocapaurine	437
Tetradehydrocheilanthifoline	81
Tetradehydroscoulerine	117
Tetrahydroberberine	296
Tetrahydroberberrubine	285
Tetrahydrocolumbamine	141
Tetrahydrocoptisine	307
Tetrahydrocorysamine	315
Tetrahydrojatrorrhizine	74
Tetrahydropalmatine	207
Tetrahydropalmatrubine	191
Tetrahydropapaverine	205
Tetrahydroprotoberberine	40
Tetrahydropseudoberberine	300
Tetrahydrosinacutine	120
Tetrahydrostephabine	438

Thaicanine	379
Thailandine	261
Thaipetaline	378
Thalactamine	408
Thalbaicalidine	380
Thalbaicaline	379
Thalflavine	425
Thalicmidine	149
Thalicmidine methine	152
Thalicmidine N-oxide	150
Thalicmine	417
Thalicminine	418
Thalicsimidine	402
Thalicpureine	403
Thalicthuberine	228
Thalicthuberine N-oxide	229
Thalictricavine	304
Thalictricine	294
Thalictrimine	327
Thalictrine	129
Thalictrisine	294
Thalictuberine	228
Thalidastine	291
Thalidicine	138
Thalidine	123
Thalifaurine	82
Thalifendine	291
Thalifendlerine	399
Thalifoline	160
Thalihazine	407
Thalimicrinone	400
Thalimonine	237, 424
Thalimonine N-oxide	237, 424
Thaliporphine	149
Thaliporphine methine	152
Thalisopavine	194
Thalisopynine	401
Thaliphendine	291
Thalphenine	159
Thalprzewalskiinone	200
Trichoguattine	252
Triclisine	166

Trivial Name Index

Tridictyophylline	438
3,10,11-Trihydroxy-1,2-methylenedioxynoraporphine	382
Trilobinine	158
2,3,7-Trimethoxy-8,9-methylenedioxy-N-methylpavinane	235, 416
5,6,7-Trimethoxy-N-methylisoquinolinium quat	392
1,2,11-Trimethoxy-6α-noraporphine	183
2,3,6-Trimethoxy-N-normorphinandien-7-one	139
1,2,3-Trimethoxy-5-oxonoraporphine	394
N,O,O-Trimethyllaurelliptine	214
N,O,O-Trimethylsparsiflorine	185
Tritopine	191
Tuduranine	178
Tuliferoline	396
Turcamine	354
Turcomanidine	188
Turcomanine	109
Uberine	46
Umbellatin	297
Ushinsunine	254
Ushinsunine β-N-oxide	254
Uthongine	283
Uvariopsamine	187
Uvariopsamine N-oxide	187
Uvariopsine	268
Vaillantine	51
Velucryptine	106
Veronamine	399
Viguine	245
Weberidine	44
Weberine	456
Wilsonirine	139
Worenine	316
Xanthaline	219
Xanthopetaline	292
Xanthoplanine	198
Xanthopuccine	296
Xyloguyelline	384
Xylopine	266
Xylopinine	212
Xylopinine N-oxide	213
Yenhusomidine	234
Yenhusomine	234

Yuanhunine	205
Yuzirine	100
Yuziphine	355
Zanoxyline	185
Zanthoxyphylline	184
Zenkerine	105
Zijinlongine	449
Zippelianine	428
Zizyphusine	51

UNSUBSTITUTED ISOQUINOLINES

H	
H	IQ

Isoquinoline
Leucoline
2-Benzazine

Cistanche salsa (Orobanchaceae) yh 8, 522 '88
Nicotiana tabacum cv (Solanaceae) abc 41, 377 '77
Papaver somniferum (Papaveraceae) abf 21, 201 '84
Spigelia anthelmia (Loganiaceae) pm 52, 378 '86

Me	
H	THIQ

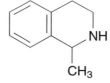

1-Methyl-1,2,3,4-tetrahydroisoquinoline

Pachycereus weberi (Cactaceae) ac 57, 109 '85

benzyl	
H	IQ

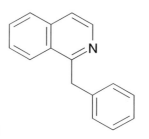

1-Benzylisoquinoline

Thalictrum spp. (Ranunculaceae) yfz 10, 72 '90

benzyl	
Me	THIQ

8,8a-Secoberbine
Not a natural product.
syn 9, 887 '92

| with a (2,N-Me) attack: |

Tetrahydroprotoberberine
Berbine

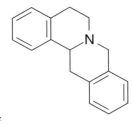

Berberis beaniana (Berberidaceae) tl 25, 951 '84
Fumaria officinalis (Papaveraceae) abs 4

4-HO-benzyl	
Me	THIQ

Compound unknown

| with a (1,8) attack: |

Proaporphine

Phoebe formosana (Lauraceae) pptp 27, 65 '93

5-SUBSTITUTED ISOQUINOLINES

5-MeO	
2,3-MeO,MeO-α,α-Me,HO-benzyl	
H	IQ

Compound unknown

with a (6,8) attack:

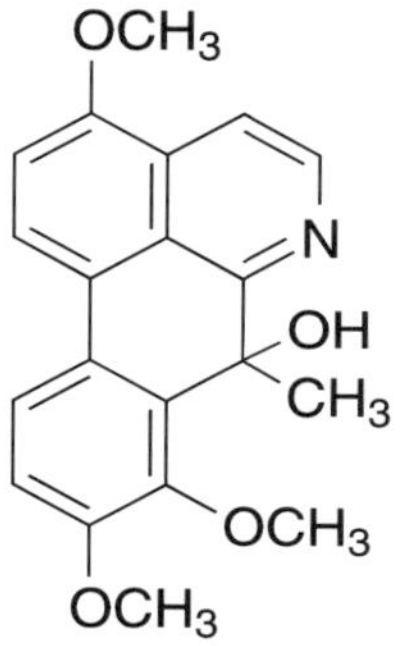

Sinomendine

Sinomenium acutum (Menispermaceae)
jnp 57, 1033 '94

6-SUBSTITUTED ISOQUINOLINES

6-HO	
H	
Me	THIQ

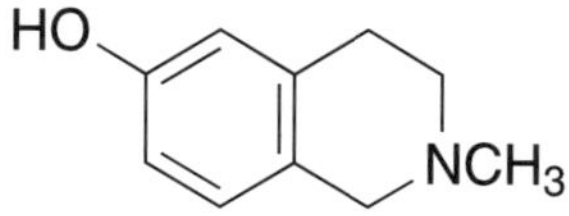

Longimammosine

Dolichothele longimamma (Cactaceae) joc 41, 319 '76

with a 4-hydroxy group:

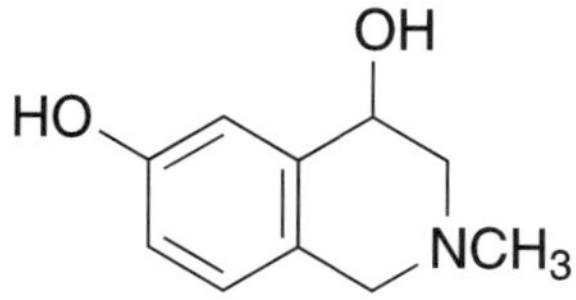

4,6-Dihydroxy-2-methyltetrahydroisoquinoline

Theobroma cacao (Sterculiaceae) llyd 41, 130 '78

6-HO	
4-HO-benzyl, HO	Compound unknown
Me THIQ	

with a (2,N-Me) attack and loss of hydrogen:

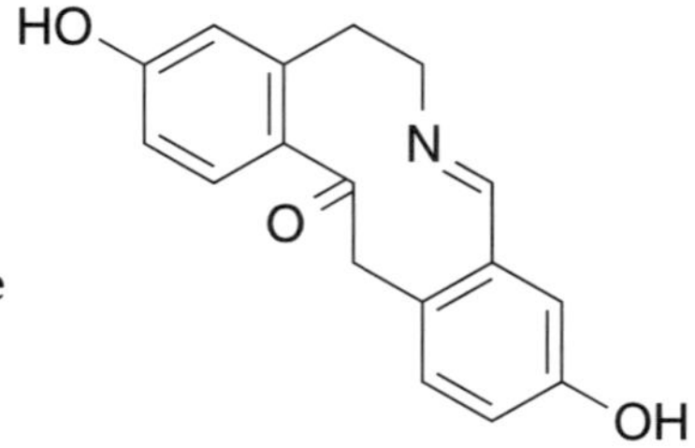

5,6-Dihydroconstrictosine

Aristolochia constricta (Aristolochiaceae)
aa 13, 737 '83

with a 3,4-ene:

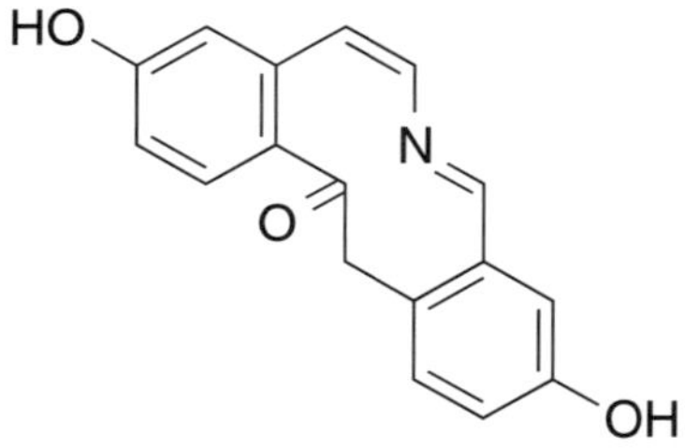

Constrictosine

Aristolochia constricta (Aristolochiaceae)
aa 13, 737 '83

6-MeO	
H	**Longimammatine**
H THIQ	

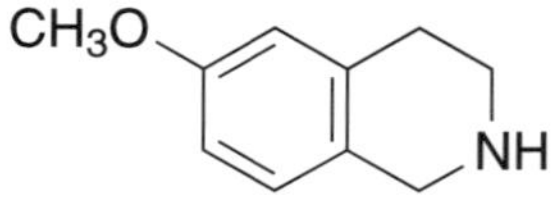

Dolichothele longimamma (Cactaceae) joc 41, 319 '76
Dolichothele uberiformis (Cactaceae) joc 41, 319 '76

Structural Index - Monosubstituted 43

| 6-MeO 4-HO-benzyl, HO Me THIQ |

Not a natural product.
tet 37, 3175 '81

| with a (2,N-Me) attack, loss of hydrogen, and a 3,4-ene: |

3-O-Methylconstrictosine

Aristolochia constricta (Aristolochiaceae) aa 13, 737 '83

| 6-MeO 4-MeO-benzyl, HO Me THIQ |

Not a natural product.
joc 44, 3730 '79

| with a (2,N-Me) attack and loss of hydrogen: |

5,6-Dihydro-3,5-di-O-methylconstrictosine

Aristolochia constricta (Aristolochiaceae) aa 13, 737 '83

| and a 3,4-ene: |

3,5-Di-O-methylconstrictosine

Aristolochia constricta (Aristolochiaceae) aa 13, 737 '83

7-SUBSTITUTED ISOQUINOLINES

7-HO	
4-HO-benzyl	
H	THIQ

Compound unknown

with a 1,2 seco,
with an N-carbomethoxy:

Gusanlung C

Arcangelisia gusanlung (Menispermaceae)
   phy 39, 439 '95

7-MeO	
H	
H	THIQ

Weberidine

Pachycereus weberi (Cactaceae) ac 57, 109 '85

7-MeO	
3,4-MeO,HO-benzyl	
Me	THIQ

Compound unknown

with a (6,3) attack:

2,9-Dimethoxy-3-hydroxypavinane

Argemone munita (Papaveraceae) joc 38, 3701 '73

also under: 6,7 MeO HO R Me THIQ
R= 4-MeO-benzyl   (2,3) attack

8-SUBSTITUTED ISOQUINOLINES

8-HO	
H	
Me	THIQ

Longimammidine

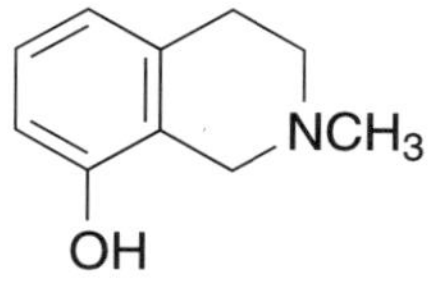

Dolichothele longimamma (Cactaceae) joc 41, 319 '76
Dolichothele uberiformis (Cactaceae) llyd 40, 173 '77
Theobroma cacao (Sterculiaceae) llyd 41, 130 '78

with a 4-hydroxy group:

Longimammamine

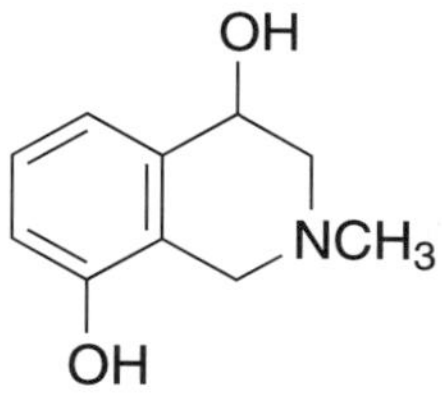

Dolichothele longimamma (Cactaceae) joc 41, 319 '76
Dolichothele uberiformis (Cactaceae) llyd 40, 173 '77

5,6-DISUBSTITUTED ISOQUINOLINES

5-MeO	6-MeO
4-HO-benzyl	
Me,Me+	THIQ

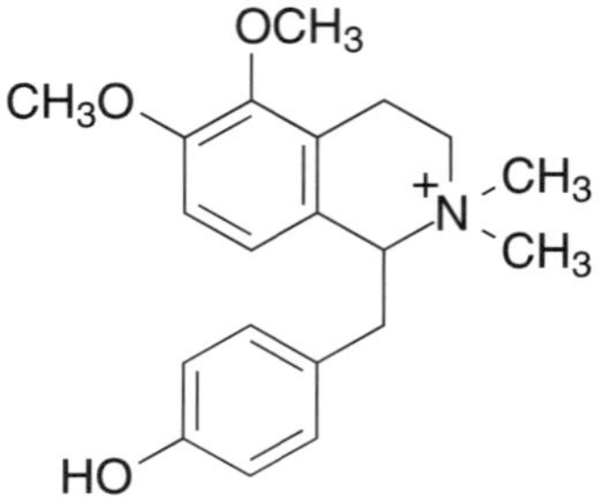

5,6-Dimethoxy-2,2-dimethyl-1-(4-hydroxybenzyl)-1,2,3,4-THIQ quat

Desmos yunnanensis (Annonaceae) tcyyk 12, 1 '00

5,7-DISUBSTITUTED ISOQUINOLINES

5-MeO	7-HO
H	
Me	THIQ

Uberine

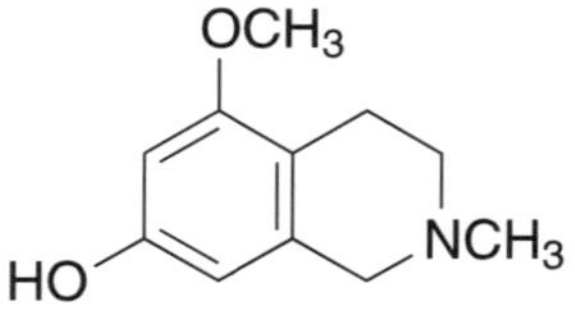

Dolichothele uberiformis (Cactaceae) jnp 40, 173 '77

5,8-DISUBSTITUTED ISOQUINOLINES

None found in plants

6,7-DIHYDROXYSUBSTITUTED ISOQUINOLINES

6-HO	7-HO
Me	
H	THIQ

Salsolinol
Sal

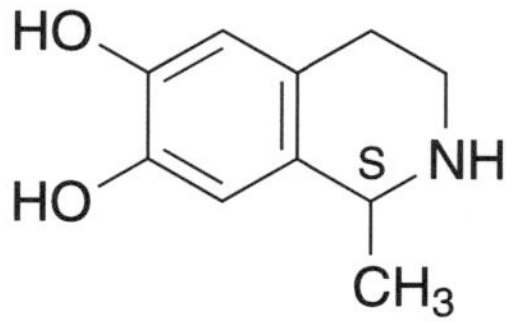

Aconitum carmichaeli (Ranunculaceae) yx 17, 792 '82
Musa paradisiaca (Musaceae) jafc 24, 189 '76
Theobroma cacao (Sterculiaceae) jafc 24, 900 '76

6-HO	7-HO
α-keto-benzyl	
H	IQ

Compound unknown

with a (2,8) attack: **Liriodendronine**

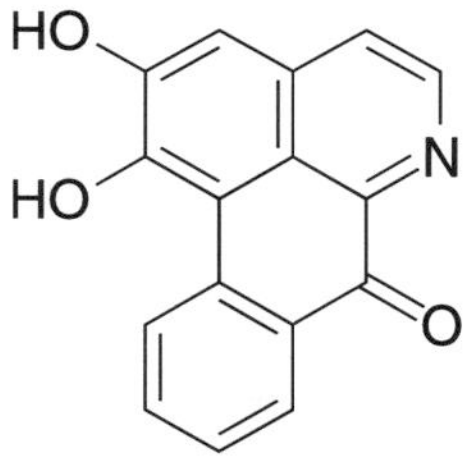

Liriodendron tulipifera (Magnoliaceae)
    phy 16, 2015 '77

6-HO	7-HO
4-HO-benzyl	
H	THIQ

Higenamine
Norcoclaurine
Demethylcoclaurine

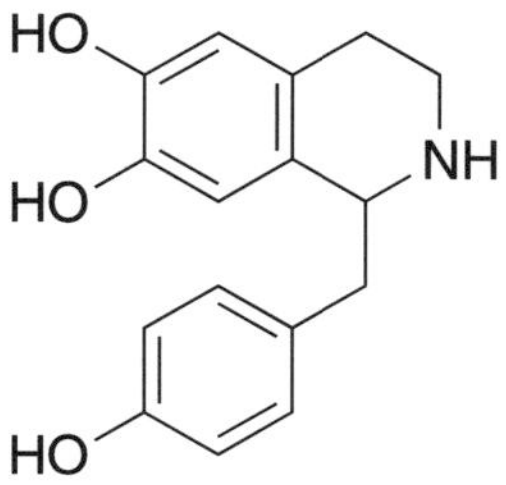

Aconitum carmichaelii (Ranunculaceae) kjp 29, 129 '98
Aconitum japonicum (Ranunculaceae) jnp 44, 53 '81
Aconitum koreanum (Ranunculaceae) kjp 29, 129 '98
Aconitum kusnezoffii (Ranunculaceae) kjp 29, 129 '98

Aconitum napiforme (Ranunculaceae) kjp 29, 129 '98
Annona reticulata (Annonaceae) tl 28, 1251 '87
Annona squamosa (Annonaceae) jnp 44, 53 '81
Asiasarum heterotropoides (Aristolochiaceae) cpb 26, 2284 '78
Asiasarum sieboldii (Aristolochiaceae) cpj 44, 211 '92
Euodia rutaecarpa (Rutaceae) book 1
Gnetum parvifolium (Gnetaceae) jnp 62, 1025 '99
Nelumbo nucifera (Nymphaeaceae) cpb 18, 2564 '70

6-HO	7-HO
4-HO-benzyl	
Me	THIQ

(dl)-N-Methylhigenamine

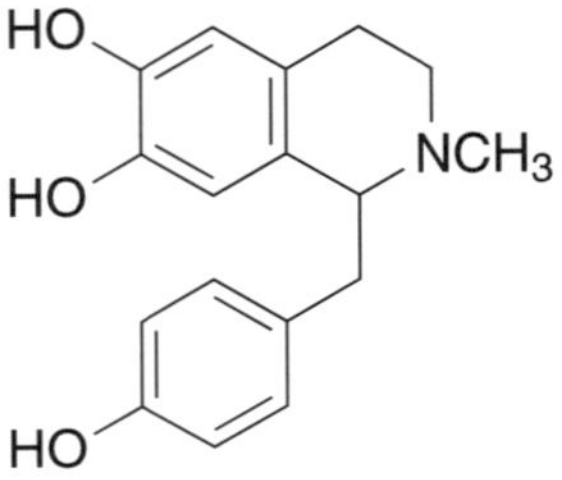

Gnetum parvifolium (Gnetaceae) jnp 62, 1025 '99

the N-oxide:

(-)-N-Methylhigenamine N-Oxide

Gnetum parvifolium (Gnetaceae) jnp 62, 1025 '99

with a (1,8) attack,
and reduction of a double bond and of
the carbonyl group in the benzyl ring:

Discolorine

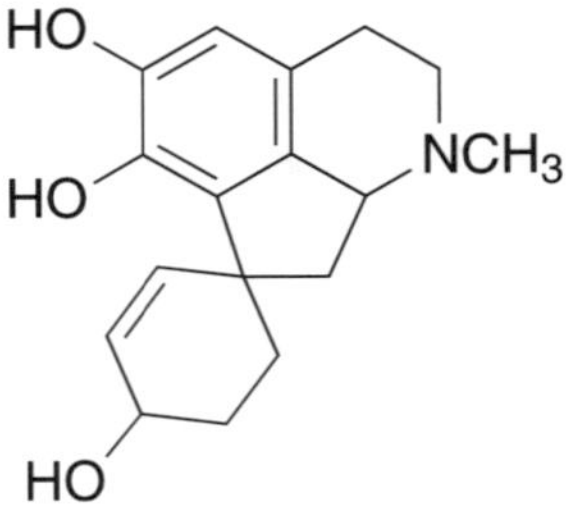

Croton discolor (Euphorbiaceae) rlq 1, 140 '70
Croton plumieri (Euphorbiaceae) rlq 1, 140 '70

the glucoside at the 7-OH position:

N-Methylhigenamine, 7-O-β-D-glucopyranoside

Phellodendron amurense (Rutaceae) phy 35, 209 '94

Structural Index - 6,7-HO,HO-Substituted

6-HO	7-HO
4-MeO-benzyl	
Me,Me+	THIQ

Luxandrine

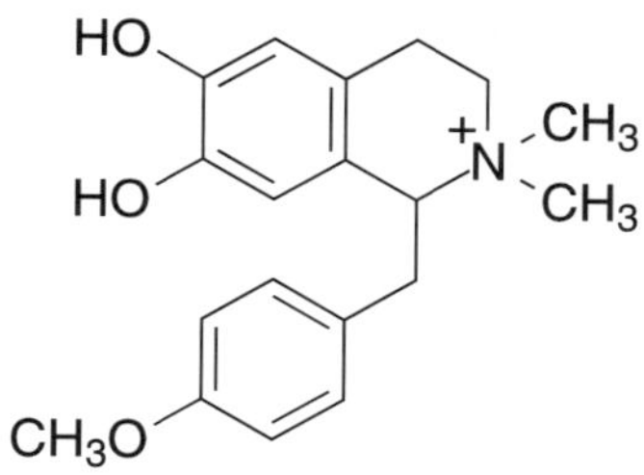

Pseudoxandra sclerocarpa (Annonaceae) phy 25, 2693 '86

6-HO	7-HO
3,4-HO,HO-benzyl	
Me	THIQ

Laudanosoline

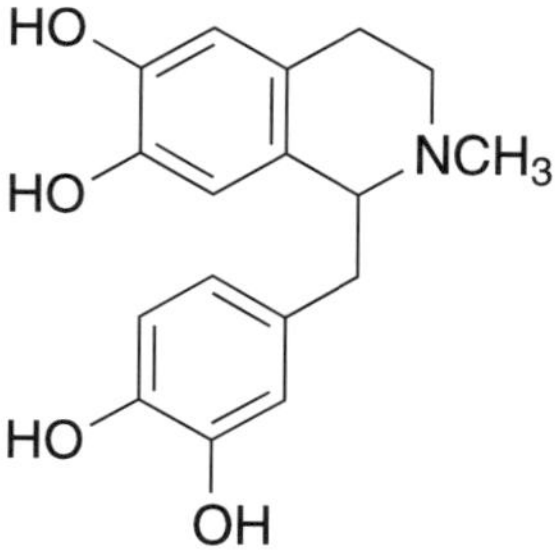

Papaver somniferum (Papaveraceae) book 4

6-HO	7-HO
3,4-HO,MeO-benzyl	
H	THIQ

Compound unknown

with a (2,4a) attack:

4,6-Dihydroxy-3-methoxymorphinandien-7-one

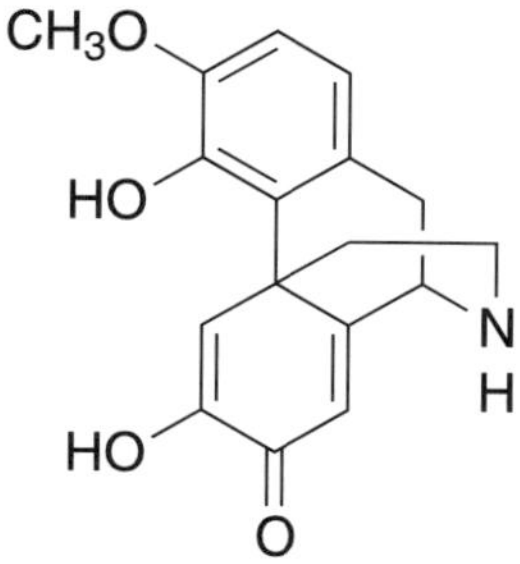

Croton bonplandianus (Euphorbiaceae)
  phy 20, 683 '81

6-HO	7-HO
3,4-HO,MeO-benzyl	
Me	THIQ

Compound unknown

with a (2,4a) attack:

Mocrispatine

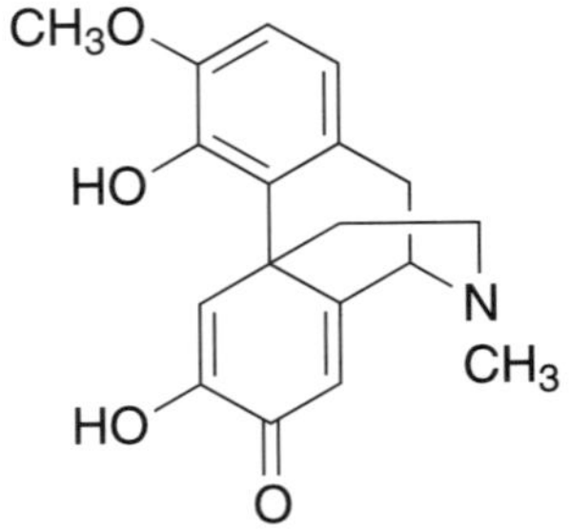

Monodora crispata (Annonaceae) aua 17, 105 '81

6-HO	7-HO
3,4-MeO,MeO-benzyl	
Me	THIQ

Tetrahydroprotopapaverine
Not a natural product.
jcspt 2, 1696 '80

with a (2,N-Me) attack
and aromatization of the c-ring:

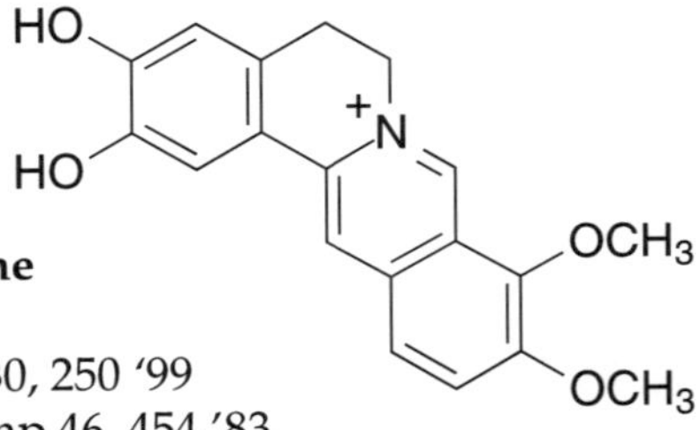

Demethyleneberberine

Stephania venosa (Menispermaceae) zh 30, 250 '99
Thalictrum javanicum (Ranunculaceae) jnp 46, 454 '83

with a (6,8) attack:

Lastourvilline

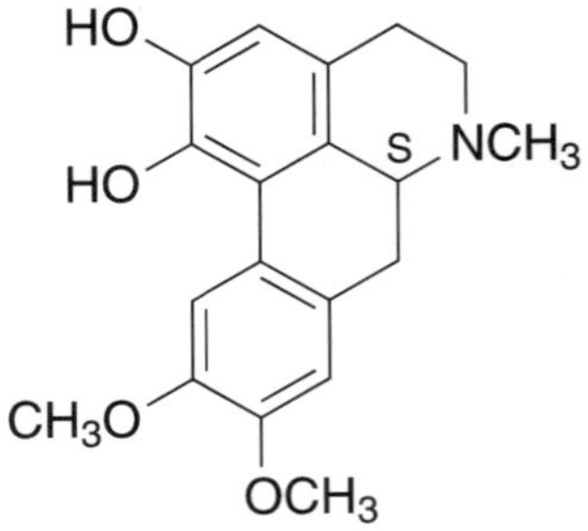

Artabotrys lastourvillensis (Annonaceae)
    jnp 48, 460 '85
Fumaria indica (Papaveraceae)
    phy 31, 2869 '92
Glaucium leiocarpum (Papaveraceae)
    pm 65, 492 '99

Structural Index - 6,7-HO,HO-Substituted

6-HO	7-HO
3,4-MeO,MeO-benzyl	
Me,Me+	THIQ

Compound unknown

---

with a (2,8) attack:

Zizyphusine

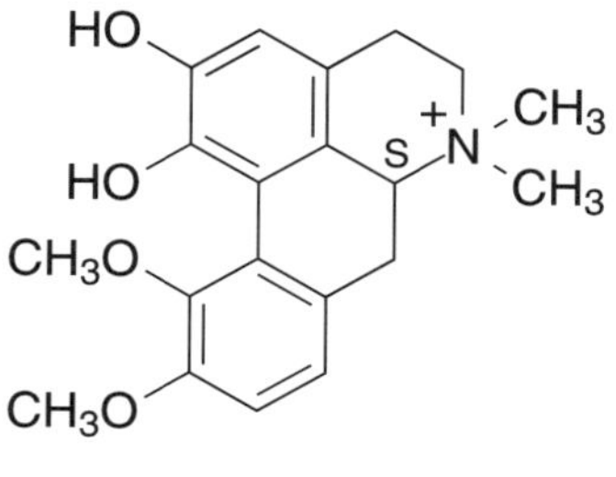

Nandina domestica (Berberidaceae)
  nmt 50, 427 '96
Ziziphus fructus (Rhamnaceae)
  apr 10, 208 '87
Ziziphus jujuba (Rhamnaceae)
  apr 12, 263 '89
Ziziphus spinosa (Rhamnaceae) kjp 16, 44 '85

6-HO	7-HO
6',7'-MDO-isobenzofuranone, 3'-yl	
Me	THIQ

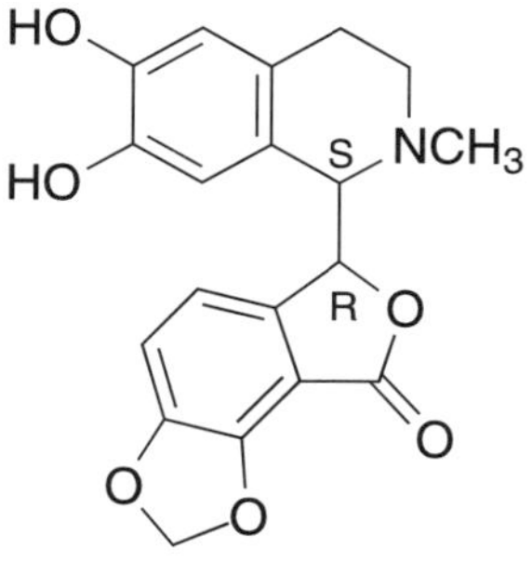

Papraine

Fumaria indica (Papaveraceae) het 29, 1091 '89

6-HO	7-HO
3,4-MeO,MeO-benzyl, HO	
Me,Me+	THIQ

Compound unknown

---

with a (2,N-Me) attack:

Vaillantine

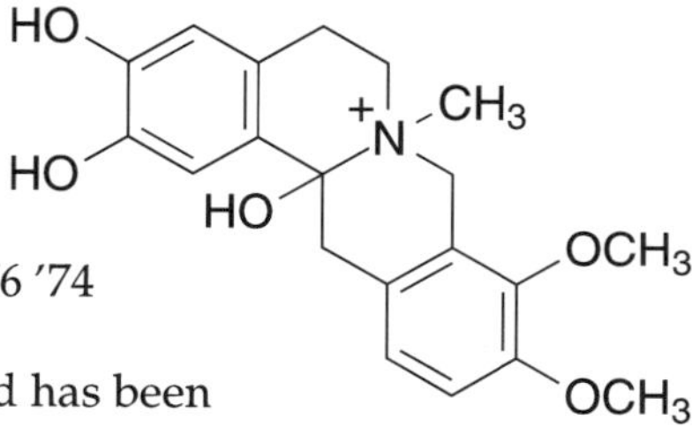

Fumaria vaillantii (Papaveraceae) kps 476 '74

The assigned structure of this compound has been challenged: jnp 45, 241 '82

6,7-HO-MeO-ISOQUINOLINES

6-HO	7-MeO
H	
Me	THIQ

Isocorypalline

Berberis oblonga (Berberidaceae) cnc 11, 563 '75
Corydalis stricta (Papaveraceae) kps 19, 461 '83
Stephania cepharantha (Menispermaceae) nm 52, 541 '98

6-HO	7-MeO
H	
Me+	DHIQ

Isopycnarrhine

Popowia pisocarpa (Annonaceae) jnp 49, 1028 '86

6-HO	7-MeO	
H		
4-MeO-benzyl		THIQ

Isosendaverine

Corydalis sp. (Papaveraceae) phy 36, 241 '94
Ceratocapnos heterocarpa (Papaveraceae) phy 36, 241 '94

6-HO	7-MeO
Me	
H	THIQ

Salsoline

Alangium lamarckii (Alangiaceae) pms 5 '80
Corispermum leptopyrum (Chenopodiaceae) app 34, 421 '77
Desmodium tiliaefolium (Fabaceae) phy 12, 193 '73

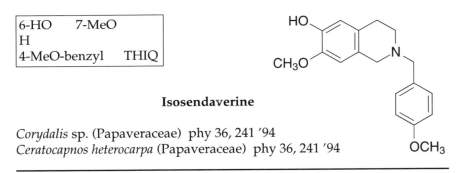

Structural Index - 6,7-HO,MeO-Substituted

Echinocereus merkerii (Cactaceae) jps 58, 1413 '69
Genista purgens (Fabaceae) nr
Pachycereus pecten-aboriginum (Cactaceae) aps 15, 127 '78
Salsola arbuscula (Chenopodiaceae) ber 67, 878 '34
Salsola kali (Chenopodiaceae) book 6
Salsola pestifera (Chenopodiaceae) iant 2, 86 '85
Salsola richteri (Chenopodiaceae) rr 16, 86 '80

6-HO	7-MeO	
Me		
3,4-HO,MeO-benzyl	THIQ	

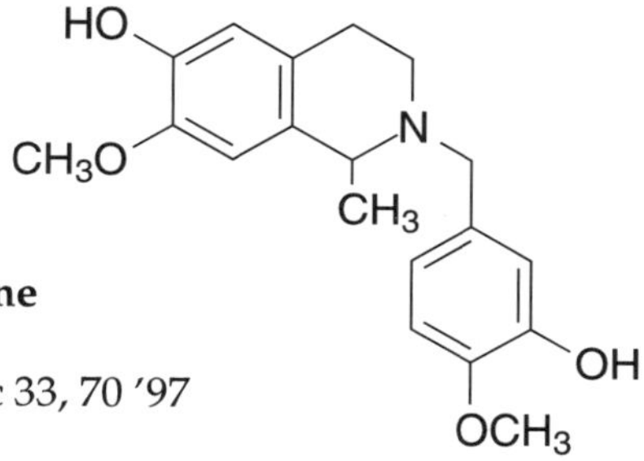

Nummularine

Berberis nummularia (Berberidaceae) cnc 33, 70 '97

6-HO	7-MeO	
Me		
3,4-MeO,MeO-benzyl	THIQ	

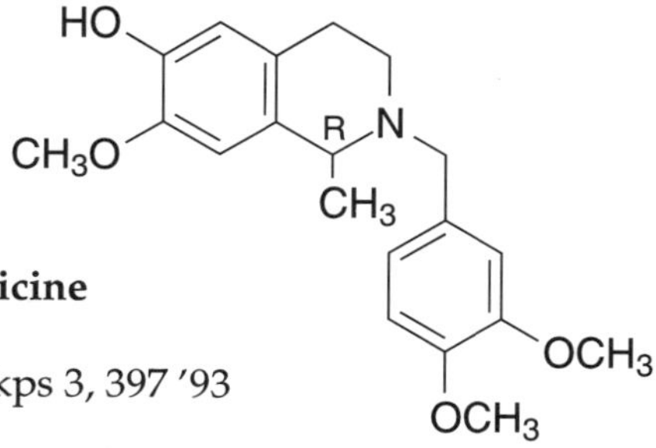

Bernumicine

Berberis nummularia (Berberidaceae) kps 3, 397 '93

6-HO	7-MeO	
Me		
3,4-MDO-benzyl	THIQ	

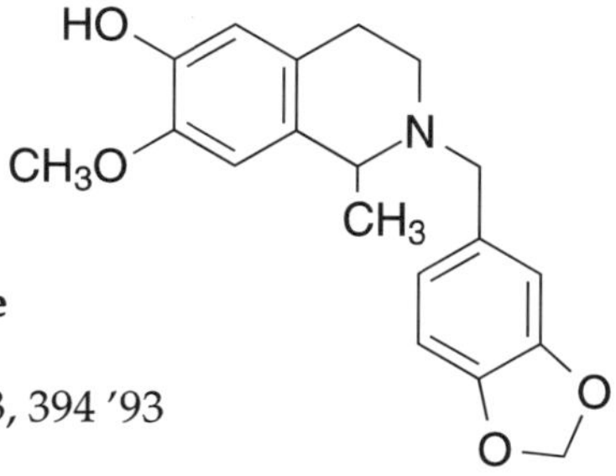

Bernumine

Berberis nummularia (Berberidaceae) kps 3, 394 '93

6-HO	7-MeO
benzyl	
H	THIQ

Not a natural product.
joc 49, 581 '84

| with a (2,8) attack: | **(-)-Asimilobine** |

Anaxagorea spp. (Annonaceae) pm 41, 48 '81
Annona cherimolia (Annonaceae) jccs 44, 313 '97
Annona squamosa (Annonaceae) cpj 46, 439 '94
Annona spp. (Annonaceae) fit 65, 87 '94
Anomianthus spp. (Annonaceae) bs&e 26, 139 '98
Artabotrys spp. (Annonaceae) jbas 15, 59 '91
Asimina spp. (Annonaceae) yz 85, 77 '65
Cananga odorata (Annonaceae) jccs 46, 607 '99
Cardiopetalum spp. (Annonaceae) pm 57, 581 '91
Cymbopetalum spp. (Annonaceae) pm 50, 517 '84
Desmos spp. (Annonaceae) jnp 45, 617 '82
Disepalum spp. (Annonaceae) phy 29, 3845 '90
Fissistigma spp. (Annonaceae) abs 3
Glossocalyx spp. (Monimiaceae) jnp 48, 833 '85
Goniothalamus spp. (Annonaceae) abs 3
Guatteria spp. (Annonaceae) jnp 46, 335 '83
Hexalobus spp. (Annonaceae) lac 1982, 1623 '82
Laurelia philippiana (Monimiaceae) phy 21, 773 '82
Liriodendron spp. (Magnoliaceae) cnc 13, 602 '77
Magnolia spp. (Magnoliaceae) phy 23, 188 '84
Meiogyne spp. (Annonaceae) phy 26, 537 '87
Melodorum spp. (Annonaceae) ajc 24, 2187 '71
Monocyclanthus spp. (Annonaceae) jnp 54, 1331 '91
Nelumbo spp. (Nymphaeaceae) jnp 50, 773 '87
Ocotea spp. (Lauraceae) fes 30, 479 '75
Oncodostigma spp. (Annonaceae) pmp 20, 251 '86
Orophea spp. (Annonaceae) bs&e 27, 111 '99
Phoebe spp. (Lauraceae) jccs 40, 209 '93
Polyalthia suberosa (Annonaceae) jbas 16, 99 '92
Popowia spp. (Annonaceae) jnp 49, 1028 '86
Rollinia spp. (Annonaceae) jnp 49, 1028 '86

Structural Index - 6,7-HO,MeO-Substituted

Siparuna spp. (Monimiaceae) pm 59, 100 '93
Stephania spp. (Menispermaceae) yhhp 21, 223 '86
Talauma spp. (Magnoliaceae) apf 43, 189 '85
Uvaria spp. (Annonaceae) nm 51, 272 '97
Xylopia spp. (Annonaceae) pmp 16, 253 '82
Ziziphus spp. (Rhamnaceae) pjsr 30, 81 '78

glucoside at the 6-HO position:

(-)-Asimilobine-2-O-β-D-glucoside

Stephania pierrei (Menispermaceae) jnp 56, 1468 '93

6-HO	7-MeO
benzyl	
Me	THIQ

Not a natural product.
jhc 4, 417 '67

with a (2,8) attack:

N-Methylasimilobine
O-Nornuciferine

Annona cherimolia (Annonaceae) jccs 44, 313 '97
Annona spp. (Annonaceae) phy 49, 2015 '98
Colubrina spp. (Rhamnaceae) pm 27, 304 '75
Duguetia spp. (Annonaceae) jnp 50, 664 '87
Monocyclanthus spp. (Annonaceae) jnp 54, 1331 '91
Nelumbo spp. (Nymphaeaceae) jps 66, 1627 '77
Oxymitra spp. (Annonaceae) phy 30, 1265 '91
Papaver spp. (Papaveraceae) dsa 7, 93 '83
Stephania cepharantha (Menispermaceae) jnp 63, 477 '00
Xylopia spp. (Annonaceae) jnp 44, 551 '81
Ziziphus spp. (Rhamnaceae) apr 12, 263 '89

glucoside at the 6-HO position:

(-)-N-Methylasimilobine-2-O-β-D-glucopyranoside

Stephania cepharantha (Menispermaceae) jnp 63, 477 '00

> rhamnoside at the 6-HO position:

Floripavidine
N-Methylasimilobine-2-O-α-L–rhamnopyranoside

Papaver armeniacum (Papaveraceae) dsa 7, 93 '83
Papaver fugax (Papaveraceae) dsa 7, 93 '83
Papaver tauricolum (Papaveraceae) dsa 7, 93 '83

> 6-HO   7-MeO
> benzyl
> Me,Me+ THIQ

Compound unknown

> with a (2,8) attack
> and a 1,2 seco:

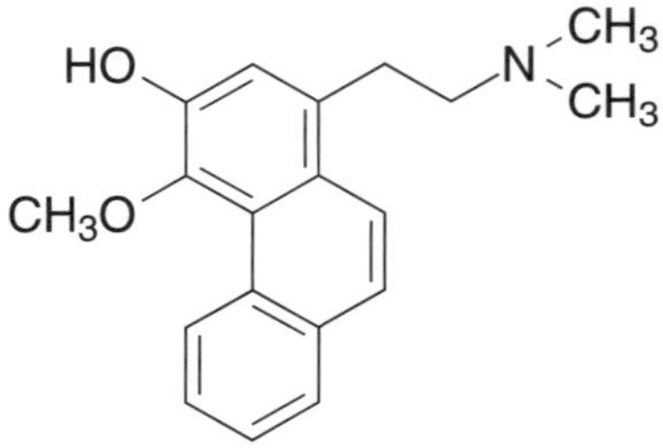

Argentinine

Annona montana (Annonaceae)
    pnsc 3, 63 '79
Aristolochia argentina (Aristolochiaceae) aaqa 60, 309 '72
Enantia chlorantha (Annonaceae) pm 9, 296 '75
Guatteria discolor (Annonaceae) jnp 47, 353 '84
Guatteria foliosa (Annonaceae) jnp 57, 890 '94
Guatteria goudotiana (Annonaceae) phy 30, 2781 '91
Monocyclanthus vignei (Annonaceae) jnp 57, 1033 '94
Phaeanthus vietnamensis (Annonaceae) fit 62, 315 '91
Popowia pisocarpa (Annonaceae) jnp 49, 1028 '86

> the N-oxide:

Argentinine N-Oxide

Monocyclanthus vignei (Annonaceae) jnp 57, 1033 '94

Structural Index - 6,7-HO,MeO-Substituted

6-HO	7-MeO
benzyl	
Ac	THIQ

Compound unknown

with a (2,8) attack:

(−)-N-Acetylasimilobine

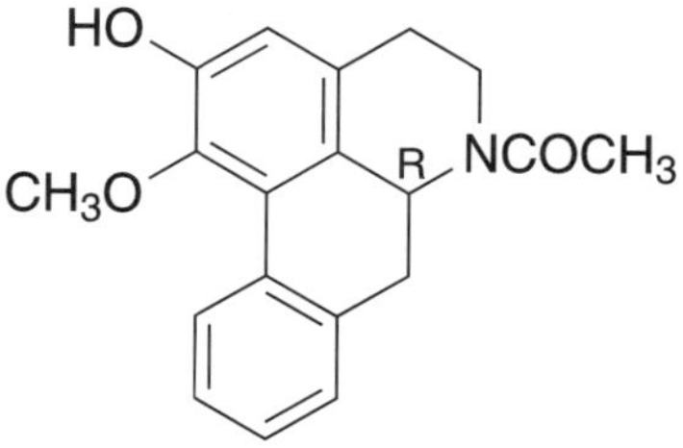

Liriodendron tulipifera (Magnoliaceae)
 phy 15, 547 '76
Zanthoxylum simulans (Rutaceae)
 phy 36, 237 '94

6-HO	7-MeO
benzyl	
$CONH_2$	THIQ

Compound unknown

with a (2,8) attack:

N-Carbamoylasimilobine

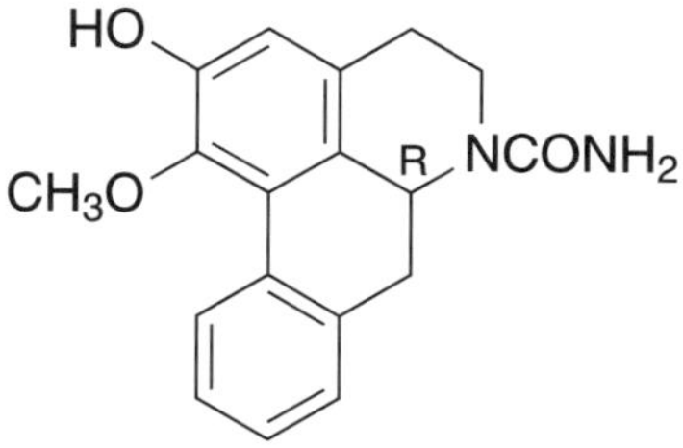

Hexalobus crispiflorus (Annonaceae)
 jnp 46, 761 '83

6-HO	7-MeO
benzyl	
CO_2Et	THIQ

Compound unknown

with a (2,8) attack,
glucoside at the 6-HO position:

Kamaline

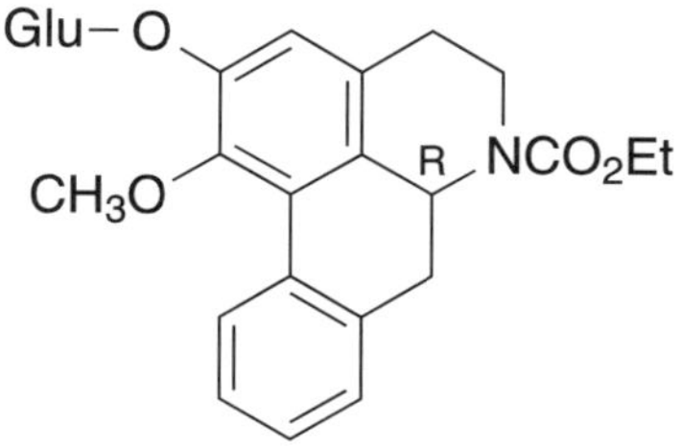

Stephania venosa (Menispermaceae)
 phy 36, 1053 '94

The Simple Plant Isoquinolines

6-HO	7-MeO
α-keto-benzyl	
H	IQ

Compound unknown

with a (2,8) attack:

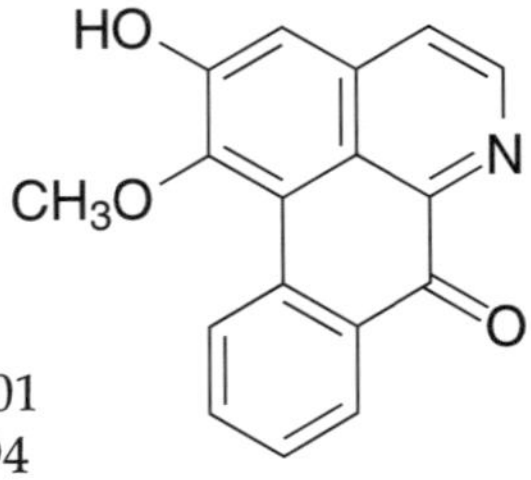

Oxoasimilobine
7-Oxodehydroasimilobine

Annona cherimolia (Annonaceae) jccs 46, 77 '99
Dasymaschalon rostratum (Annonaceae) zzz 26, 39 '01
Monocyclanthus vignei (Annonaceae) jnp 57, 1033 '94

6-HO	7-MeO
α-Me-benzyl	
CHO	THIQ

Compound unknown

with a (2,8) attack
and an α,1-ene:

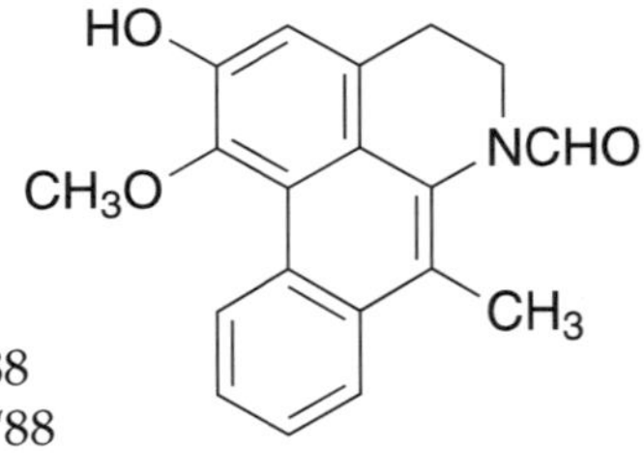

Duguespixine

Duguetia spixiana (Annonaceae) jnp 51, 389 '88
Guatteria sagotiana (Annonaceae) jnp 51, 389 '88

6-HO	7-MeO
α-HO-benzyl	
H	THIQ

Compound unknown

with a (2,8) attack:

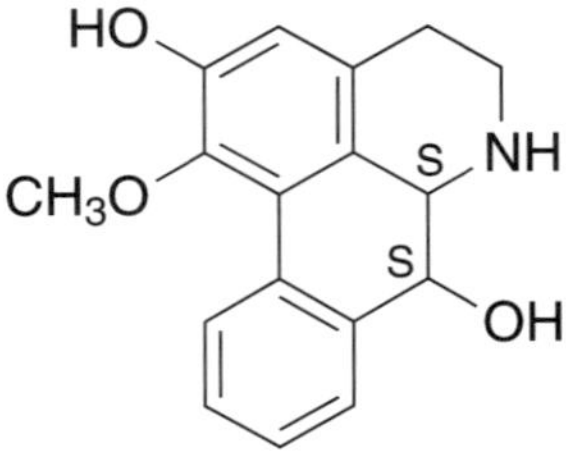

Norpachyconfine

Duguetia spixiana (Annonaceae) jnp 50, 664 '87

(−)-Anaxagoreine

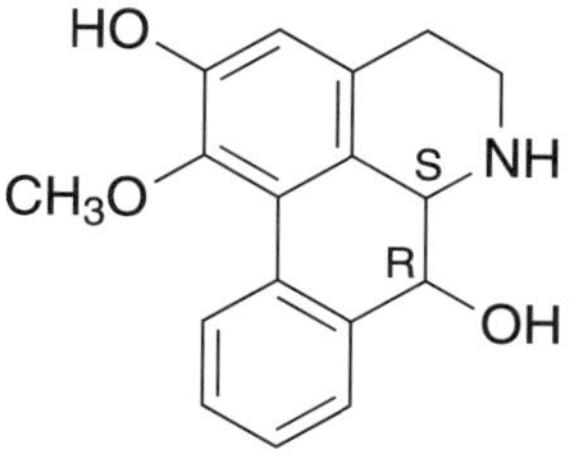

Anaxagorea sp. (Annonaceae) pm 41, 48 '81
Cananga odorata (Annonaceae) jccs 46, 607 '99

6-HO	7-MeO
α-HO-benzyl	
Me	THIQ

Compound unknown

with a (2,8) attack:

Pachyconfine

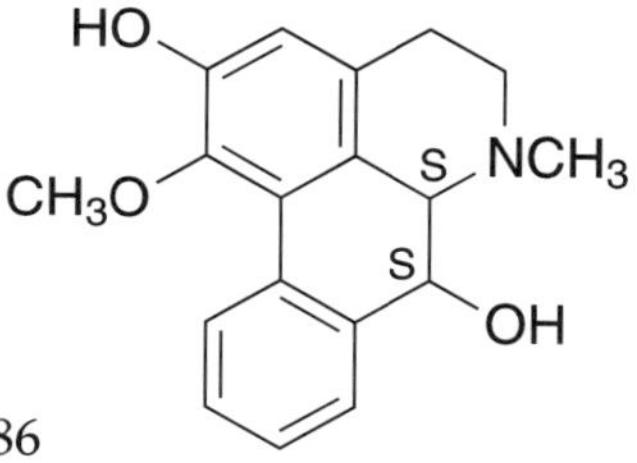

Duguetia spixiana (Annonaceae) jnp 50, 664 '87
Guattteria sagotiana (Annonaceae) jnp 49, 1078 '86
Pachypodanthium confine (Annonaceae) apf 35, 65 '77

the N-oxide:

N-Oxypachyconfine
Pachyconfine N-oxide

Duguetia spixiana (Annonaceae) jnp 50, 664 '87

6-HO	7-MeO
4-HO-benzyl	
H	THIQ

(+)-Isococlaurine

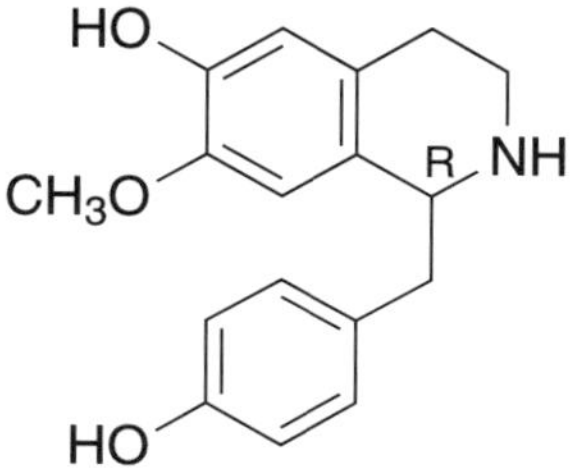

Desmos yunnanensis (Annonaceae) tcyyk 12, 1 '00

> with a (1,8) attack:

Crotonosine

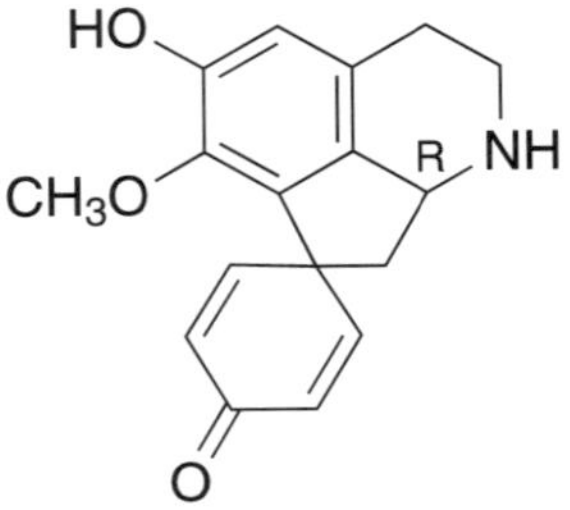

Croton cumingii (Euphorbiaceae) llyd 32, 1 '69
Croton discolor (Euphorbiaceae) llyd 32, 1 '69
Croton linearis (Euphorbiaceae) llyd 32, 1 '69
Croton plumieri (Euphorbiaceae) phy 8, 777 '69

> and reduction of the 2,3 double bond
> and of the carbonyl group
> in the benzyl ring:

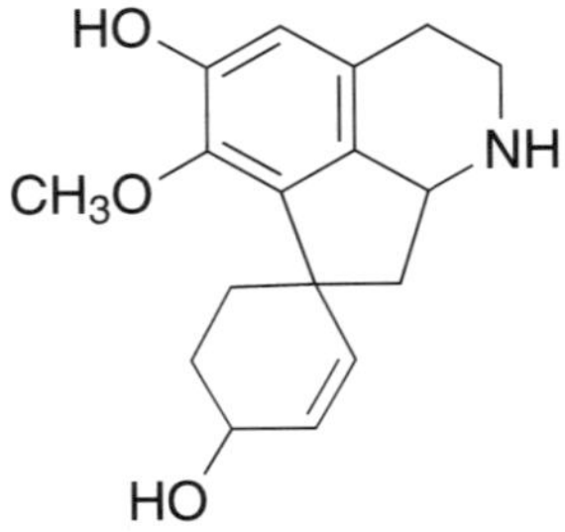

Jaculadine

Croton discolor (Euphorbiaceae) rlq 1, 140 '70
Croton plumieri (Euphorbiaceae) rlq 1, 140 '70

> with a (2,8) attack:

Apocrotonosine

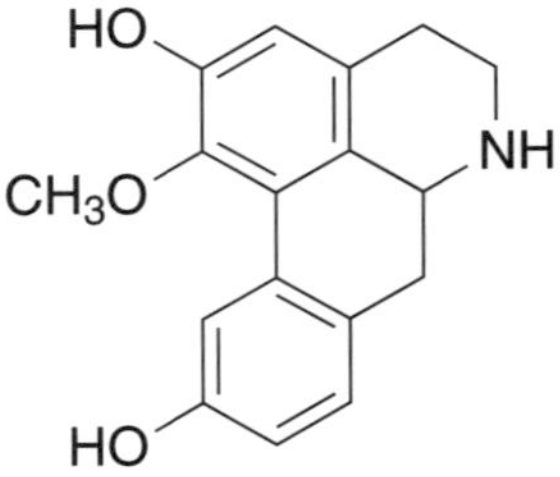

Croton sp. (Euphorbiaceae) jnp 38, 275 '75

> 6-HO   7-MeO
> 4-HO-benzyl
> Me   THIQ

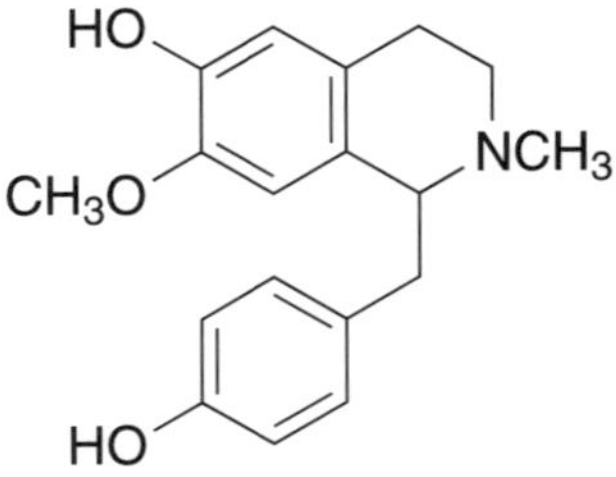

N-Methylisococlaurine

(+)-isomer:
Desmos yunnanensis (Annonaceae) tcyyk 12, 1 '00

(-)-isomer:
Phoebe minutiflora (Lauraceae) cpj 49, 217 '97

isomer not specified:
Nelumbo nucifera (Nymphaeaceae) phy 12, 699 '73

with a (1,8) attack:

N-Methylcrotonosine

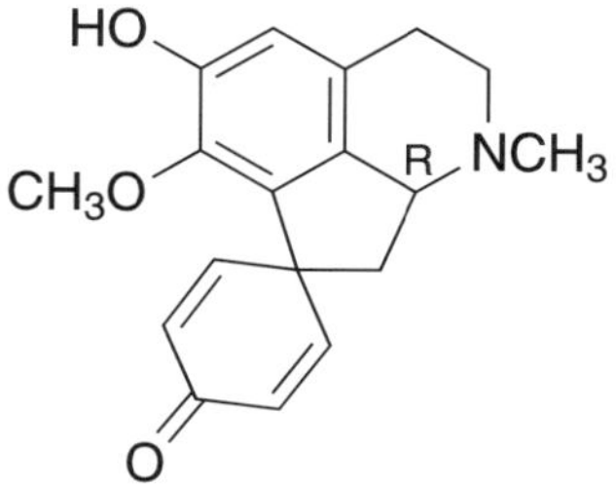

(-)-isomer:
Croton discolor (Euphorbiaceae) rlq 1, 140 '70
Croton plumieri (Euphorbiaceae) phy 8, 777 '69
Meconopsis cambrica (Papaveraceae) jnp 44, 67 '81
Papaver triniaefolium (Papaveraceae) pm 63, 575 '97

isomer not specified:
Anomianthus dulcis (Annonaceae) bs&e 26, 139 '98
Croton cumingii (Euphorbiaceae) llyd 32, 1 '69
Croton linearis (Euphorbiaceae) llyd 32, 1 '69
Orophea hexandra (Annonaceae) bs&e 27, 111 '99
Papaver fugax (Papaveraceae) pm 41, 105 '81

The earliest isolation of this base from the *Croton* species (pcs 261 '64) was a mixture of alkaloids that was given the name Homolinearisine. Subsequent purification showed it to be N-Methylcrotonosine (jcs 1676 '66).

and reduction of a double bond in the benzyl ring:

Linearisine

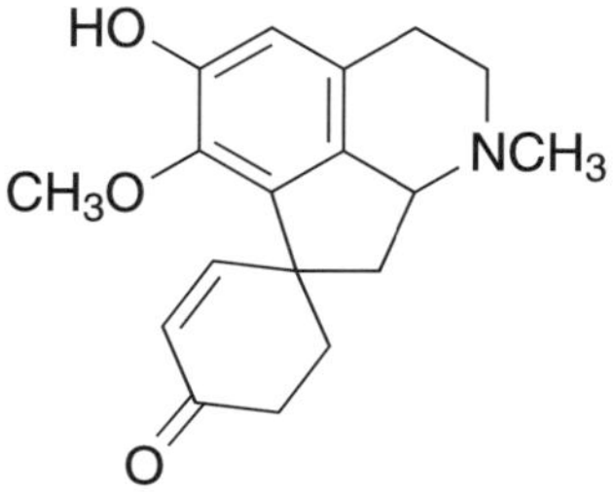

Croton discolor (Euphorbiaceae) rlq 1, 140 '70
Croton linearis (Euphorbiaceae) llyd 32, 1 '69
Croton plumieri (Euphorbiaceae) phy 8, 777 '69

The Simple Plant Isoquinolines

6-HO   7-MeO
4-HO-benzyl
Me,Me+   THIQ

Lotusine

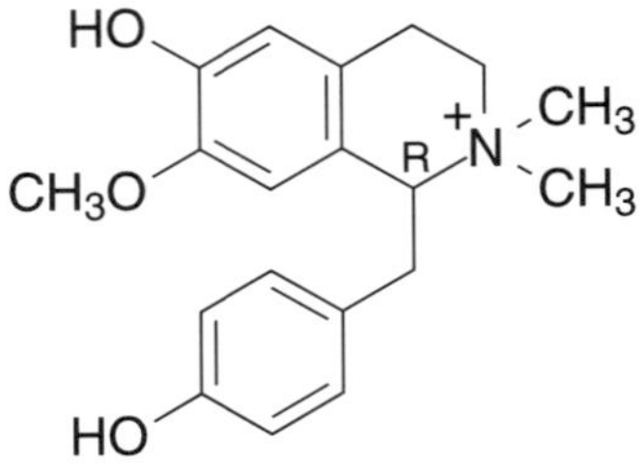

Nelumbo nucifera (Nymphaeaceae)
   zzz 16, 673 '91
Tiliacora racemosa (Menispermaceae)
   jics 57, 773 '80

6-HO   7-MeO
4-MeO-benzyl
Me   THIQ

(+)-Roefractine

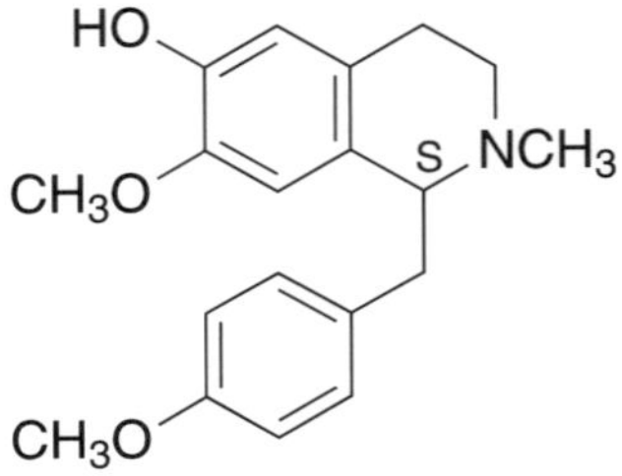

Roemeria refracta (Papaveraceae)
   jnp 53, 666 '90

---

with a (2,8) attack:

Phoebe base II

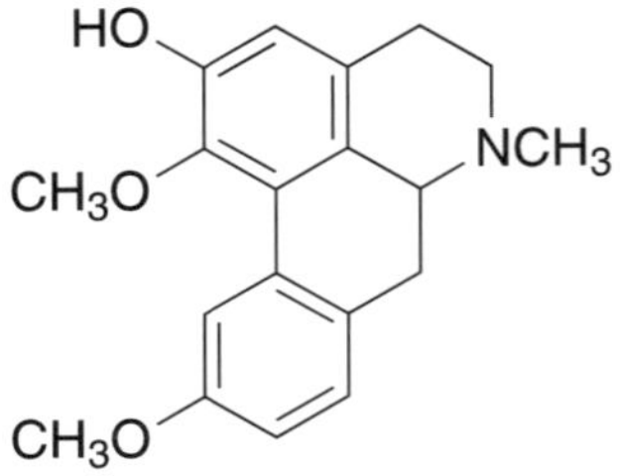

Phoebe sp. (Lauraceae) jnp 38, 275 '75

6-HO   7-MeO
4-MeO-α-keto-benzyl
H   DHIQ

Isovelucryptine

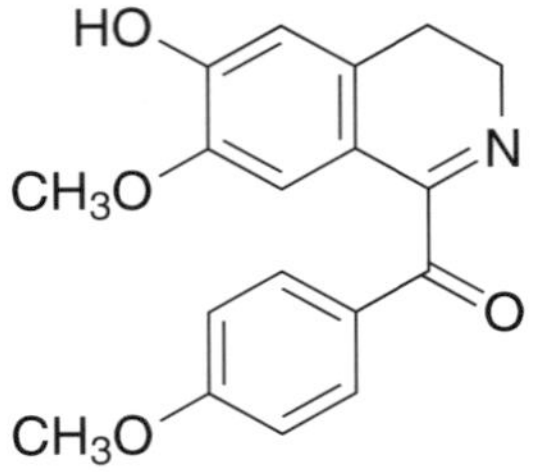

Cryptocarya velutinosa (Lauraceae)
   jnp 52, 516 '89

Structural Index - 6,7-HO,MeO-Substituted

6-HO	7-MeO
3,4-HO,HO-benzyl	
Me	THIQ

Compound unknown

with a (2,8) attack:

Glaufine

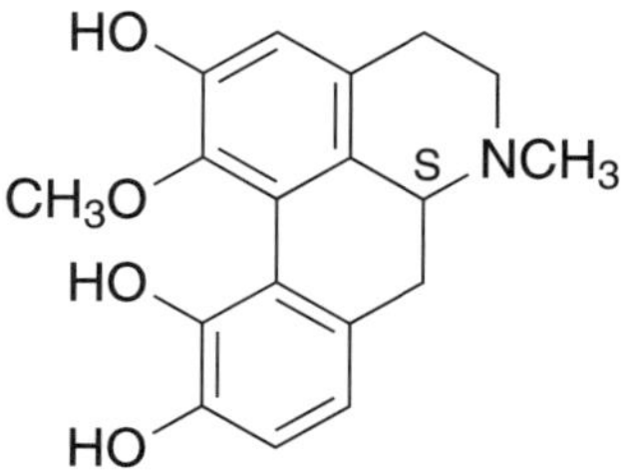

Glaucium fimbrilligerum (Papaveraceae) kps 4, 493 '83

with a (6,N-Me) attack:

(-)-Artavenustine

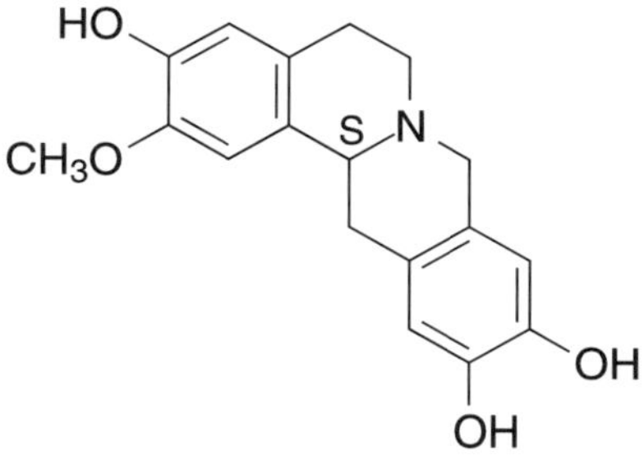

Artabotrys venustus (Annonaceae) jnp 49, 602 '86

and a glucoside on the 3-HO of the original benzyl group:

Dauricoside

Menispermum dauricum (Menispermaceae) cpb 41, 1866 '93

6-HO	7-MeO
3,4-HO,MeO-benzyl	
H	THIQ

(+)-Norprotosinomenine

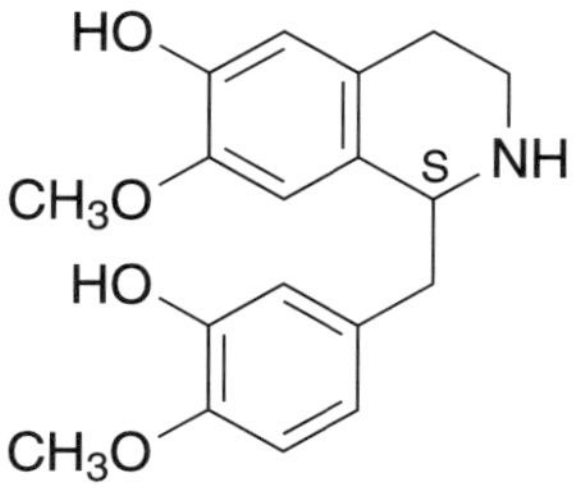

Erythrina lithosperma (Fabaceae) ajc 24, 2733 '71

> with a (2,8) attack:

Lindcarpine

Hernandia voyronii (Hernandiaceae)
　pm 64, 58 '98
Illigera pentaphylla (Hernandiaceae)
　jnp 48, 835 '85
Lindera pipericarpa (Lauraceae)　het 9, 903 '78
Lindera reflexa (Lauraceae)　cty 25, 565 '94
Litsea acuminata (Lauraceae)　cpj 46, 299 '94
Phoebe grandis (Lauraceae)　phy 45, 1543 '97
Stephania sp. (Menispermaceae)　jnp 38, 275 '75

> with a (6,8) attack:

Laurolitsine
Norboldine

Cryptocarya longifolia (Lauraceae)
　ajc 34, 195 '81
Dehaasia kurzii (Lauraceae)
　fit 62, 261 '91
Illigera pentaphylla (Hernandiaceae)
　jnp 48, 835 '85
Lindera reflexa (Lauraceae)　cty 25, 565 '94
Litsea rotundifolia (Lauraceae)　ryz 8, 324 '00
Litsea spp. (Lauraceae)　pm 48, 52 '83
Machilus duthei (Lauraceae)　jcp 2, 157 '80
Monimia rotundifolia (Monimiaceae)　apf 38, 537 '80
Nectandra salicifolia (Lauraceae)　jnp 59, 576 '96
Neolitsea aurata (Lauraceae)　jccs 22, 349 '75
Neolitsea buisanensis (Lauraceae)　jccs 22, 349 '75
Peumus boldus (Monimiaceae)　phy 32, 897 '93
Phoebe clemensii (Lauraceae)　jnp 46, 913 '83
Phoebe formosana (Lauraceae)　jnp 46, 913 '83
Phoebe grandis (Lauraceae)　phy 45, 1543 '97
Phoebe minutiflora (Lauraceae)　cpj 49, 217 '97
Retanilla ephedra (Rhamnaceae)　rlq 5, 158 '74

6-HO	7-MeO
3,4-HO,MeO-benzyl	
Me	THIQ

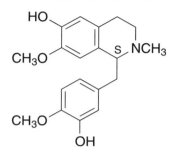

Protosinomenine

Erythrina lithosperma (Fabaceae)
  ajc 24, 2733 '71
Litsea glutinosa (Lauraceae)
  jcspt I, 1477 '88
Polyalthia nitidissima (Annonaceae) pm 49, 20 '83
Stephania cepharantha (Menispermaceae) cpb 45, 470 '97

with a (2,N-Me) attack:

Isoscoulerine

(-)-isomer:
Corydalis ambigua (Papaveraceae)
  daib 45, 2160 '85

isomer not specified:
Stephania hainanensis (Menispermaceae) cty 18, 146 '87

with a (2,4a) attack:

the 1,8a trans isomer:

Sinomenine
Cucoline
Kukoline

Stephania cepharantha (Menispermaceae)
  cpb 45, 470 '97
Stephania epigaea (Menispermaceae)
  nyx 5, 203 '85
Stephania micrantha (Menispermaceae)
  nyx 7, 13 '87

the 1,8a cis isomer:

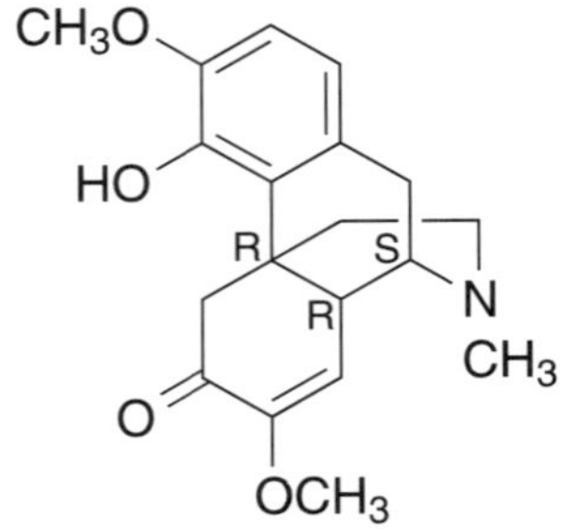

14-Episinomenine

Ocotea brachybotra (Lauraceae)
 fes 32, 767 '77
Stephania cepharantha (Menispermaceae)
 cpb 45, 470 '97

---

with a (2,8) attack:

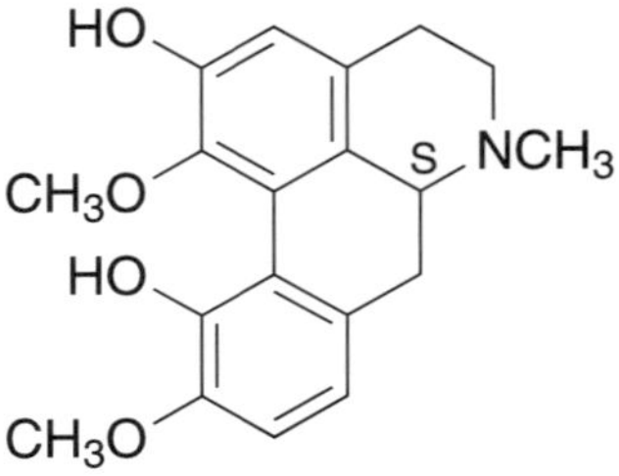

N-Methyllindcarpine
Phoebe base

Dehaasia triandra (Lauraceae)
 tet 52, 6561 '96
Glaucium paucilobum (Papaveraceae)
 jsiri 10, 229 '99
Glaucium spp. (Papaveraceae) jnp 61, 1564 '98
Illigera pentaphylla (Hernandiaceae) jnp 48, 835 '85
Litsea cubeba (Lauraceae) jccs 39, 453 '92
Magnolia acuminata (Magnoliaceae) daib 32, 2312 '71
Menispermum canadense (Menispermaceae) llyd 34, 292 '71
Phoebe clemensii (Lauraceae) jnp 46, 913 '83
Strychnopsis thouarsii (Menispermaceae) pm 58, 540 '92

---

with a (6,N-Me) attack:

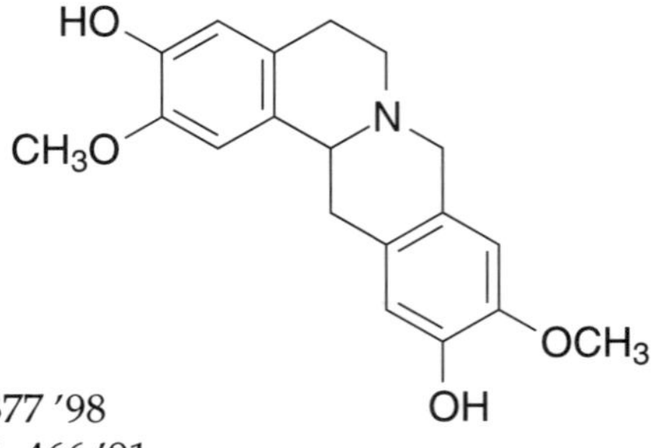

(S)(-)-Isocoreximine
11-O-Demethyldiscretine

Toddalia asiatica (Rutaceae) phy 48, 1377 '98
Xylopia vieillardi (Annonaceae) jnp 54, 466 '91

Structural Index - 6,7-HO,MeO-Substituted

> with a (6,8) attack:

Boldine

Actinodaphne spp. (Lauraceae)
 ajc 22, 2257 '69
Artabotrys lastourvillensis (Annonaceae)
 jnp 48, 460 '85
Cocculus spp. (Menispermaceae)
 jics 56, 1020 '79
Dehaasia kurzii (Lauraceae) fit 58, 430 '87
Desmos tiebaghiensis (Annonaceae) jnp 45, 617 '82
Hedycarya angustifolia (Monimiaceae) het 26, 447 '87
Illigera pentaphylla (Hernandiaceae) jnp 48, 835 '85
Laurelia novae-zelandiae (Monimiaceae) hca 50, 1583 '67
Laurus nobilis (Lauraceae) jnp 45, 560 '82
Lindera spp. (Lauraceae) jnp 48, 160 '85
Litsea spp. (Lauraceae) cpj 46, 299 '94
Machilus duthei (Lauraceae) jcp 2, 157 '80
Monimia rotundifolia (Monimiaceae) apf 38, 537 '80
Nectandra grandiflora (Lauraceae) ijp 31, 189 '93
Neolitsea spp. (Lauraceae) jccs 45, 103 '98
Peumus spp. (Monimiaceae) jc 612, 315 '93
Phoebe grandis (Lauraceae) phy 45, 1543 '97
Polyalthia cauliflora var. *beccarii* (Annonaceae) jnp 47, 504 '84
Retanilla ephedra (Rhamnaceae) rlq 5, 158 '74
Sassafras albidum (Lauraceae) llyd 39, 473a '76
Trivalvaria macrophylla (Annonaceae) jnp 53, 862 '90

> and an α,1-ene:

Dehydroboldine

Peumus boldus (Monimiaceae)
 jnp 51, 389 '88

| 6-HO   7-MeO |
| 3,4-HO,MeO-benzyl |
| Me,Me+   THIQ |

Compound unknown

with a (2,8) attack:

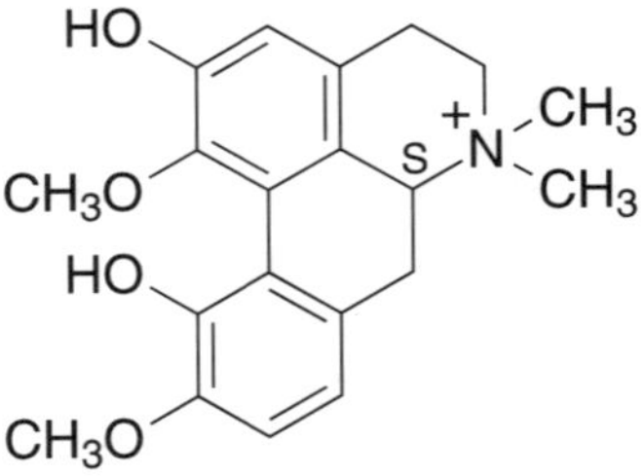

N,N-Dimethyllindcarpine

Aristolochia triangularis (Aristolochiaceae)
  jcps 6, 8 '97
Caltha leptosepala (Ranunculaceae)
  phy 16, 500 '77
Coscinium fenestratum (Menispermaceae) pm 38, 24 '80
Magnolia spp. (Magnoliaceae) jnp 38, 275 '75

with a (6,8) attack:

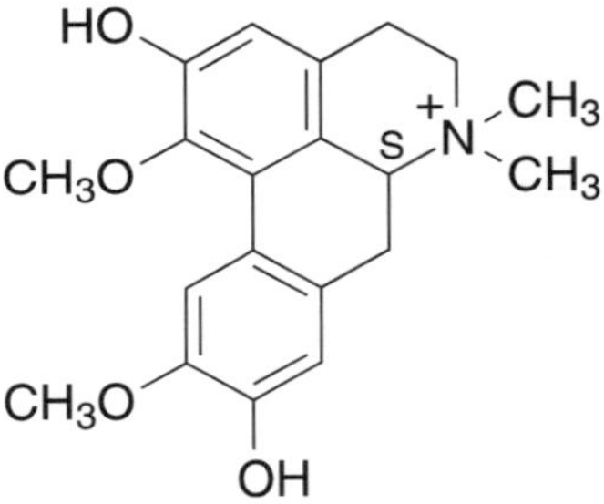

N-Methylboldine
Boldine methiodide

Cocculus sp. (Menispermaceae)
  jnp 46, 761 '83

| 6-HO   7-MeO |
| 3,4-HO,MeO-benzyl |
| Ac   THIQ |

Compound unknown

with a (6,8) attack:

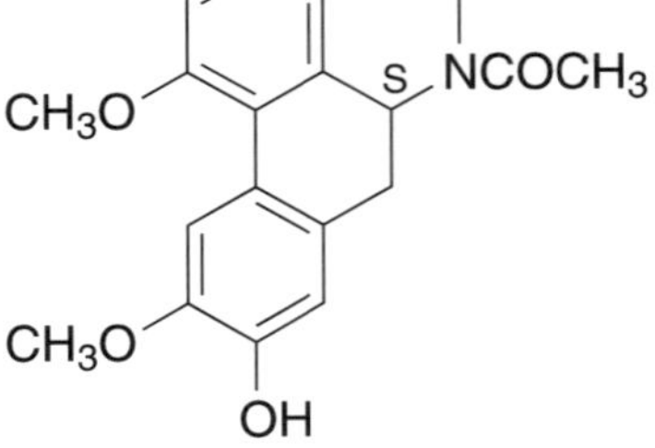

N-Acetyllaurolitsine

Litsea rotundifolia (Lauraceae)
  ryz 8, 324 '00
Litsea sp. (Lauraceae) ajc 22, 2259 '69

Structural Index - 6,7-HO,MeO-Substituted

6-HO	7-MeO
3,4-MeO,HO-benzyl	
H	THIQ

Not a natural product.
jcspt I, 1531 '75

with a (2,8) attack: **(+)-Hernovine**

Croton linearis (Euphorbiaceae)
    llyd 32, 1 '69
Croton wilsonii (Euphorbiaceae)
    rlq 1, 140 '70
Hernandia guianensis (Hernandiaceae)
    pm 50, 20 '84
Hernandia nymphaeifolia (Hernandiaceae) pm 63, 154 '97
Hernandia ovigera (Hernandiaceae) apf 42, 317 '84
Illigera luzonensis (Hernandiaceae) jnp 60, 645 '97
Illigera parviflora (Hernandiaceae) cty 22, 393 '91
Lindera myrrha (Lauraceae) phy 35, 1363 '94
Neolitsea variabillima (Lauraceae) het 9, 903 '78
Ocotea teleiandra (Lauraceae) rlq 23, 18 '92

(The name Hernovine is used as a synonym for Ovigerine. See pg. 306)

with a (6,8) attack: **Laetanine**

Hernandia voyronii (Hernandiaceae)
    pm 64, 58 '98
Litsea leata (Lauraceae) phy 18, 910 '79
Ocotea teleiandra (Lauraceae) rlq 23, 18 '92

6-HO	7-MeO
3,4-MeO,HO-benzyl	
Me	THIQ

Not a natural product.
dmd 14, 703 '86

with a (2,N-Me) attack:

**(S)(-)Discretamine
Aequaline**

Annona cherimolia (Annonaceae) pmp 23, 159 '89
Annona reticulata (Annonaceae) zzz 17, 295 '92
Anomianthus dulcis (Annonaceae) bs&e 26, 139 '98
Artabotrys maingayi (Annonaceae) jnp 53, 503 '90
Artabotrys venustus (Annonaceae) jnp 49, 602 '86
Desmos longiflorus (Annonaceae) fit 66, 463 '95
Desmos tiebaghiensis (Annonaceae) jnp 45, 617 '82
Duguetia calycina (Annonaceae) pmp 12, 259 '78
Fissistigma glaucescens (Annonaceae) phy 24, 1829 '85
Fissistigma oldhamii (Annonaceae) abs 3
Goniothalamus amuyon (Annonaceae) abs 3
Guatteria discolor (Annonaceae) jnp 47, 353 '84
Meiogyne virgata (Annonaceae) phy 26, 537 '87
Nandina domestica (Berberidaceae) phy 27, 2143 '88
Oncodostigma monosperma (Annonaceae) jnp 52, 273 '89
Polyalthia stenopetala (Annonaceae) phy 29, 3845 '90
Rollinia leptopetala (Annonaceae) pbl 38, 318 '00
Saccopetalum prolificum (Annonaceae) ccl 11, 129 '00
Schefferomitra subaequalis (Annonaceae) joc 42, 3588 '77
Stephania intermedia (Menispermaceae) yhtp 16, 1 '85
Stephania succifera (Menispermaceae) zx 31, 544 '89
Uvaria lucida (Annonaceae) nm 51, 272 '97
Xylopia buxifolia (Annonaceae) jnp 44, 551 '81
Xylopia discreta (Annonaceae) bull 1

and aromatization of the c-ring:

Dehydrodiscretamine

Fissistigma balansae (Annonaceae) phy 48, 367 '98
Nandina domestica (Berberidaceae) phy 27, 2143 '88
Stephania intermedia (Menispermaceae) yhtp 16, 1 '85
Thalictrum foliolosum (Ranunculaceae) daib 45, 520 '84
Tinospora capillipes (Menispermaceae) pm 50, 88 '84

Structural Index - 6,7-HO,MeO-Substituted

with a (2,8) attack: N-Methylhernovine

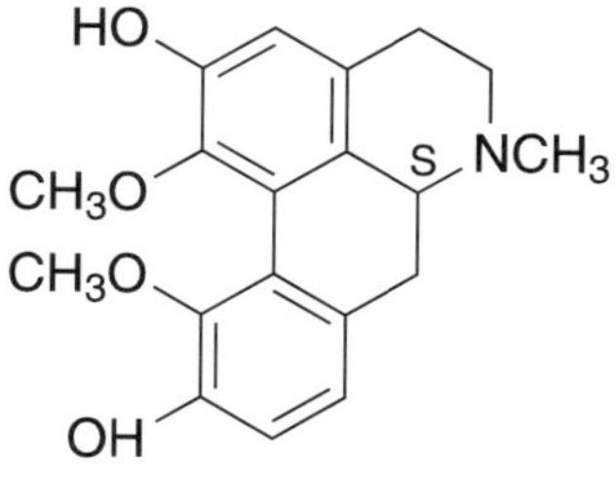

Croton linearis (Euphorbiaceae)
  llyd 32, 1 '69
Croton wilsonii (Euphorbiaceae)
  llyd 32, 1 '69
Hernandia guianensis (Hernandiaceae)
  pm 50, 20 '84
Hernandia nymphaeifolia (Hernandiaceae) pm 63, 154 '97
Hernandia peltata (Hernandiaceae) pm 46, 119 '82
Lindera megaphylla (Lauraceae) jnp 57, 689 '94
Lindera oldhamii (Lauraceae) het 9, 903 '78
Neolitsea variabillima (Lauraceae) het 9, 903 '78

with a (6,N-Me) attack:

10-O-Demethyldiscretine

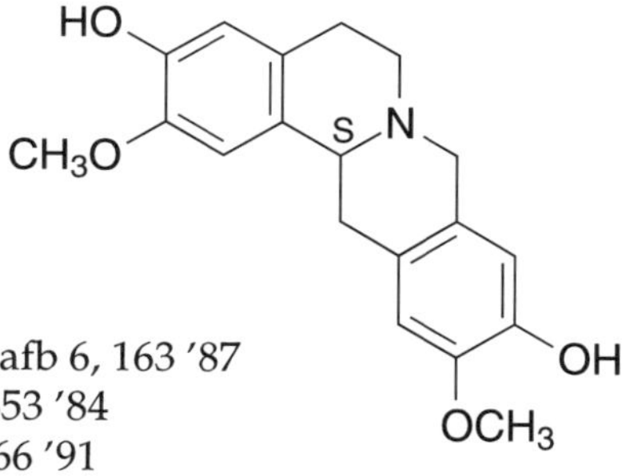

Artabotrys venustus (Annonaceae)
  jnp 49, 602 '86
Caryomene olivascens (Menispermaceae) afb 6, 163 '87
Guatteria discolor (Annonaceae) jnp 47, 353 '84
Xylopia vieillardi (Annonaceae) jnp 54, 466 '91

with a (6,3) attack:

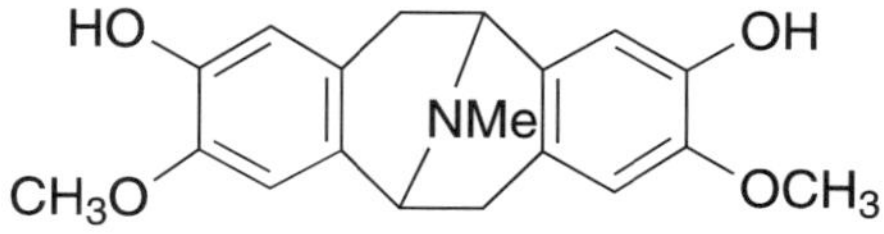

Bisnorargemonine
Dinorargemonine
Rotundine

Argemone spp. (Papaveraceae) jnp 46, 293 '83
Chasmanthera dependens (Menispermaceae) pm 49, 17 '83
Cocculus laurifolius (Menispermaceae) tet 40, 1591 '84
Corydalis decumbens (Papaveraceae) jca 669 1/2, 225 '94
Cryptocarya longifolia (Lauraceae) jnp 46, 293 '83
Eschscholzia spp. (Papaveraceae) jnp 46, 293 '83

Fumaria bastardii (Papaveraceae) nps 4, 257 '98
Thalictrum dasycarpum (Ranunculaceae) jnp 46, 293 '83

also under: 6,7 MeO HO R Me THIQ
R= 3,4-HO,MeO-benzyl (6,3) attack

(The name Rotundine has been used for two unrelated alkaloids; the one in this section, and one which is a synonym for Tetrahydropalmatine. The literature shows that (-)-Rotundine (Tetrahydropalmatine) comes from *Stephania* sp., whereas this Rotundine comes from *Argemone* sp.)

with a (6,8) attack:

Liriotulipiferine

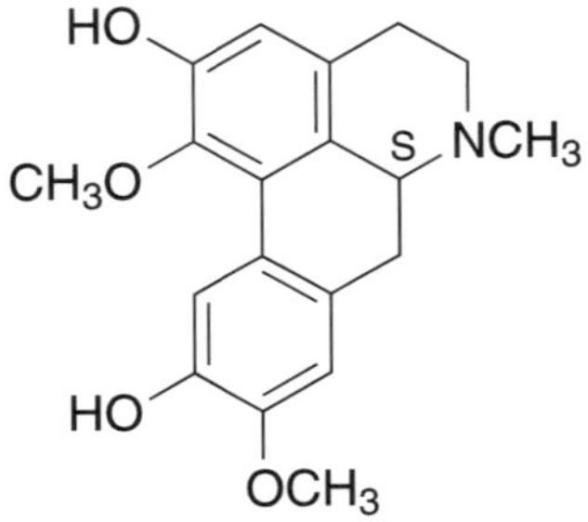

Artabotrys lastourvillensis (Annonaceae)
   jnp 48, 460 '85
Liriodendron tulipifera (Magnoliaceae)
   jnp 42, 325 '79
Litsea cubeba (Lauraceae) jca 667, 322 '94
Strychnopsis thouarsii (Menispermaceae) pm 58, 540 '92

| 6-HO   7-MeO |
| 3,4-MeO,HO-α-Me-benzyl |
| Me   THIQ |

Compound unknown

with a (2,N-Me) attack:

Corydalidzine

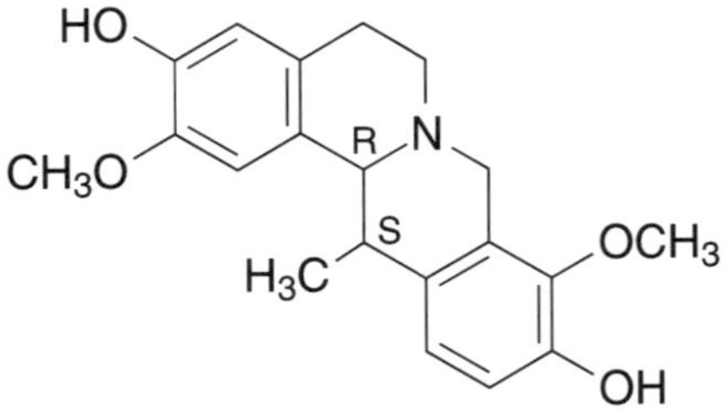

Corydalis caucasica (Papaveraceae)
   ijcd 27, 161 '89
Corydalis koidzumiana (Papaveraceae) cpb 23, 313 '75
Corydalis nobilis (Papaveraceae) cccc 54, 2009 '89
Corydalis solida ssp. *brachyloba* (Papaveraceae) jcsp 13, 63 '91

Structural Index - 6,7-HO,MeO-Substituted

6-HO	7-MeO
3,4-MeO,MeO-benzyl	
H	THIQ

Not a natural product.
sh 17, 49 '86

with a (2,8) attack: **10-O-Methylhernovine**

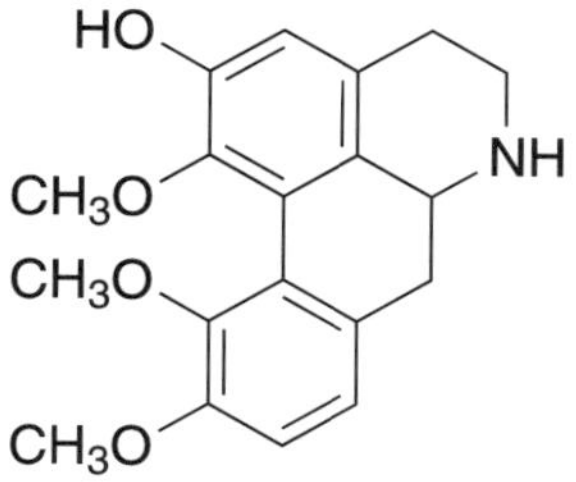

Croton wilsonii (Euphorbiaceae) rlq 1, 140 '70

with a (6,8) attack:
Norpredicentrine
9-O-Methyllaurolitsine
9-O-Methylnorboldine

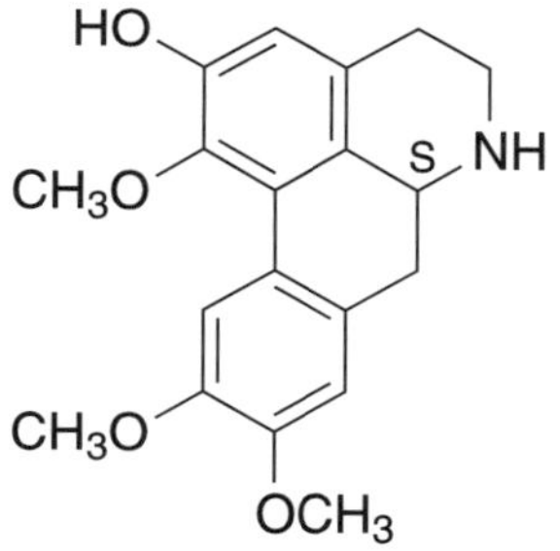

Guatteria scandens (Annonaceae)
  jnp 46, 335 '83
Hernandia voyronii (Hernandiaceae)
  pm 64, 58 '98

6-HO	7-MeO
3,4-MeO,MeO-benzyl	
H	IQ

Isopacodine

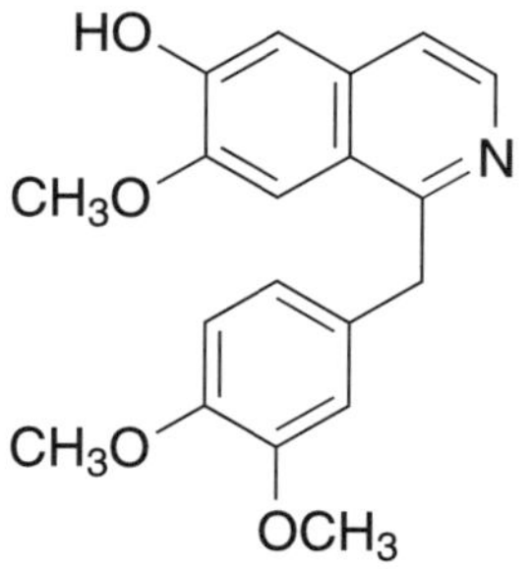

Papaver somniferum var. *noordster* (Papaveraceae)
  jcspt I, 1531 '75

6-HO	7-MeO
3,4-MeO,MeO-benzyl	
Me	THIQ

(+)-Pseudolaudanine

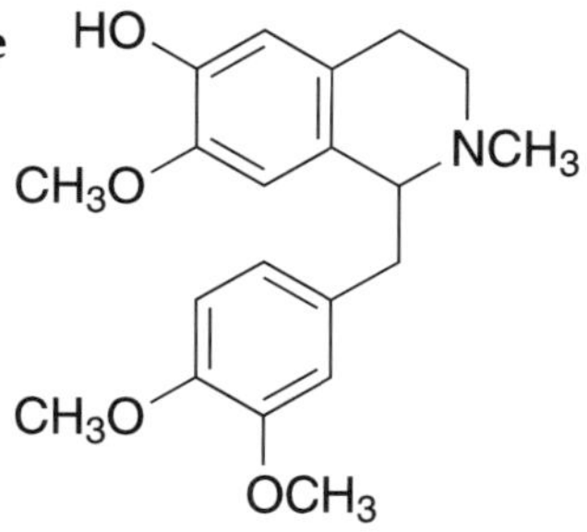

Arctomecon merriami (Papaveraceae)
  bse 18, 45 '90
Roemeria refracta (Papaveraceae)
  jnp 53, 666 '90

and a (+)-trans 4-hydroxy group:

Roemecarine

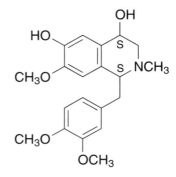

Roemeria carica (Papaveraceae)
  het 24, 1227 '86
Roemeria refracta (Papaveraceae)
  jnp 53, 666 '90

the N-oxide:

Roemecarine N-Oxide

Roemeria carica (Papaveraceae) het 24, 1227 '86

with a (2,N-Me) attack:

(-)-Corypalmine
(-)-Tetrahydrojatrorrhizine
3-Hydroxy-2,9,10-trimethoxy-tetrahydroprotoberberine

Annona cherimolia (Annonaceae) pmp 23, 159 '89
Argemone grandiflora (Papaveraceae) phy 11, 461 '72
Berberis julianae (Berberidaceae) cz 29, 265 '75
Coptis teeta (Ranunculaceae) ijcs 28, 97 '51
Corydalis lutea (Papaveraceae) phy 33, 943 '93
Corydalis nobilis (Papaveraceae) cccc 54, 2009 '89
Duguetia stelichantha (Annonaceae) rlq 16, 107 '85
Enantia chlorantha (Annonaceae) pmp 9, 296 '75
Fibraurea chloroleuca (Menispermaceae) pw 113, 1153 '78
Glaucium grandiflorum (Papaveraceae) jnp 49, 1166 '86
Guatteria discolor (Annonaceae) jnp 47, 353 '84
Hydrastis canadensis (Ranunculaceae) gci 110, 539 '80
Pachypodanthium confine (Annonaceae) apf 35, 65 '77
Pachypodanthium staudtii (Annonaceae) pw 113, 1153 '78
Rollinia leptopetala (Annonaceae) pbl 38, 318 '00
Stephania mashanica (Menispermaceae) cty 14, 249 '83
Stephania micrantha (Menispermaceae) yhhp 16, 557 '81

Structural Index - 6,7-HO,MeO-Substituted

Stephania succifera (Menispermaceae) zx 31, 544 '89
Xylopia vieillardii (Annonaceae) jnp 54, 466 '91

and aromatization of the c-ring:

Jatrorrhizine

Arcangelisia flava (Menispermaceae) jnp 45, 582 '82
Berberis crataegina (Berberidaceae) kps 106, '96
Berberis spp. (Berberidaceae) jnp 58, 1100 '95
Burasaia australis (Menispermaceae) bse 19, 433 '91
Burasaia congesta (Menispermaceae) bse 19, 433 '91
Burasaia gracilis (Menispermaceae) bse 19, 433 '91
Chasmanthera dependens (Menispermaceae) pm 46, 228 '82
Coptis spp. (Ranunculaceae) phy 21, 1419 '82
Corydalis spp. (Papaveraceae) jca 669 1/2, 225 '94
Coscinium fenestratum (Menispermaceae) pm 38, 24 '80
Dioscoreophyllum cumminsii (Menispermaceae) phy 22, 1671 '83
Enantia chlorantha (Annonaceae) pmp 9, 296 '75
Fagara chalybea (Rutaceae) kdr 23, 153 '90
Fibraurea chloroleuca (Menispermaceae) pw 113, 1153 '78
Fibraurea recisa (Menispermaceae) ncyh 2, 77 '82
Glaucium arabicum (Papaveraceae) duj 17, 185 '90
Hydrastis canadensis (Ranunculaceae) sz 46, 42 '92
Jatrorrhiza palmata (Menispermaceae) llyd 28, 73 '65
Jeffersonia dubia (Berberidaceae) pm 51, 52 '85
Mahonia aquifolium (Berberidaceae) pm 61, 372 '95
Mahonia spp. (Berberidaceae) pm 57, 505 '91
Nandina domestica (Berberidaceae) phy 27, 2143 '88
Penianthus zenkeri (Menispermaceae) phy 30, 1957 '91
Phellodendron spp. (Rutaceae) pm 59, 557 '93
Sphenocentrum jollyanum (Menispermaceae) phy 15, 2027 '76
Stephania glabra (Menispermaceae) jnp 45, 407 '82
Stephania intermedia (Menispermaceae) yhtp 16, 1 '85
Stephania miyiensis (Menispermaceae) zh 30, 250 '99
Stephania viridiflavens (Menispermaceae) cty 12, 1 '81
Thalictrum spp. (Ranunculaceae) jnp 43, 372 '80
Tinospora spp. (Menispermaceae) pm 48, 275 '83
Xanthorhiza simplicissima (Ranunculaceae) llyd 26, 254 '63
Zanthoxylum chalybeum (Rutaceae) jnp 59, 316 '96

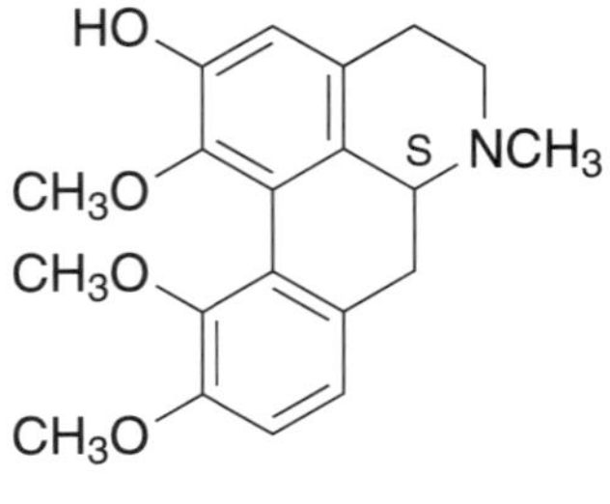

with a (2,8) attack:

N,O-Dimethylhernovine
N-Methyl-10-O-methylhernovine

Croton linearis (Euphorbiaceae)
  llyd 32, 1 '69
Croton wilsonii (Euphorbiaceae)
  rlq 1, 140 '70

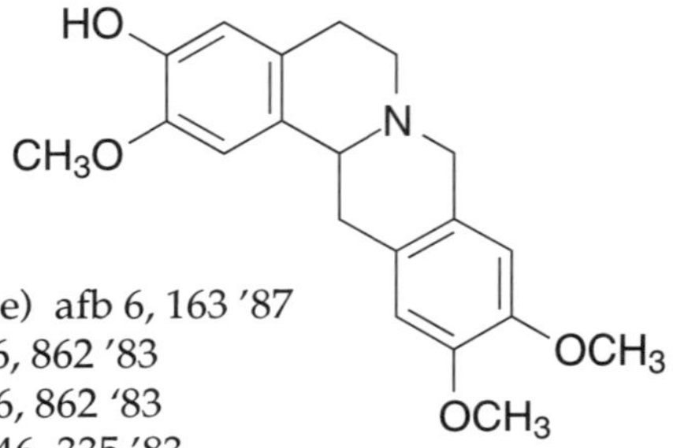

with a (6,N-Me) attack:

Discretine

Caryomene olivascens (Menispermaceae) afb 6, 163 '87
Duguetia obovata (Annonaceae) jnp 46, 862 '83
Guatteria discolor (Annonaceae) jnp 46, 862 '83
Guatteria scandens (Annonaceae) jnp 46, 335 '83
Pachypodanthium staudtii (Annonaceae) pmp 11, 315 '77
Stephania suberosa (Menispermaceae) phy 26, 547 '87
Xylopia discreta (Annonaceae) bull 1
Xylopia vieillardi (Annonaceae) jnp 54, 466 '91

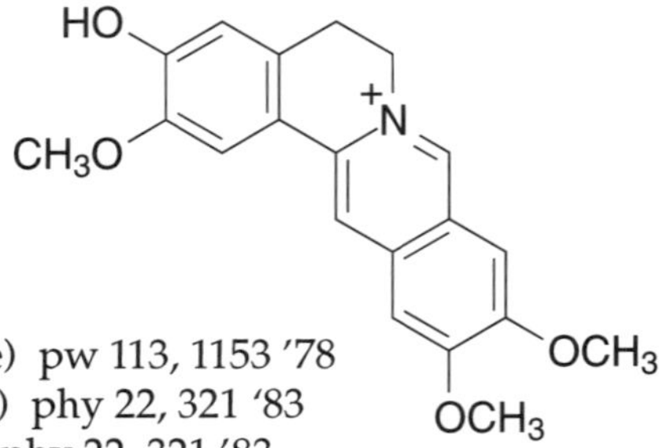

and aromatization of the c-ring:

Dehydrodiscretine
Pseudojatrorrhizine

Fibraurea chloroleuca (Menispermaceae) pw 113, 1153 '78
Heptacyclum zenkeri (Menispermaceae) phy 22, 321 '83
Penianthus zenkeri (Menispermaceae) phy 22, 321 '83
Sinomenium acutum (Menispermaceae) nm 48, 287 '94
Thalictrum fauriei (Ranunculaceae) jps 69, 1061 '80
Xylopia vieillardii (Annonaceae) jnp 54, 466 '91

with a (6,3) attack:

Isonorargemonine

Argemone gracilenta (Papaveraceae) jnp 46, 293 '83
Argemone munita (Papaveraceae) jnp 46, 293 '83
Eschscholzia californica (Papaveraceae) cccc 51, 1743 '86
Eschscholzia douglasii (Papaveraceae) cccc 51, 1743 '86
Eschscholzia glauca (Papaveraceae) cccc 51, 1743 '86
Thalictrum minus (Ranunculaceae) pm 63, 533 '97
Thalictrum revolutum (Ranunculaceae) jnp 46, 293 '83

also under: 6,7 MeO MeO R Me THIQ
R= 3,4-HO,MeO-benzyl   (6,3) attack

with a (6,8) attack:

(+)-Predicentrine

Annona purpurea (Annonaceae)
   jnp 61, 1457 '98
Aromadendron elegans (Magnoliaceae)
   phy 31, 2495 '92
Beilschmiedia podagrica (Lauraceae)
   het 9, 903 '78
Cassytha filiformis (Lauraceae) prs 12, 39 '98
Corydalis cava (Papaveraceae) zpn 69, 99 '85
Corydalis spp. (Papaveraceae) pm 50, 136 '84
Dicentra peregrina (Papaveraceae) cnc 20, 74 '84
Glaucium leiocarpum (Papaveraceae) pm 65, 492 '99
Glaucium spp. (Papaveraceae) cnc 19, 714 '83
Liriodendron tulipifera (Magnoliaceae) cnc 13, 602 '77
Litsea triflora (Lauraceae) aqsc 76, 171 '80
Ocotea spp. (Lauraceae) fes 32, 767 '77
Platycapnos spicata (Papaveraceae) phy 32, 1055 '93
Polyalthia cauliflora var. *beccarii* (Annonaceae) jnp 47, 504 '84
Strychnopsis thouarsii (Menispermaceae) pm 58, 540 '92

The Simple Plant Isoquinolines

and an α,1-ene:

Dehydropredicentrine

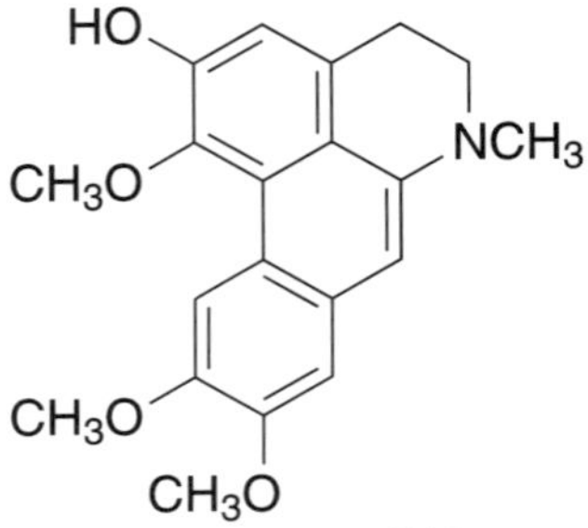

Polyalthia cauliflora (Annonaceae)
jnp 51, 389 '88

with a 4-hydroxy group:

Srilankine

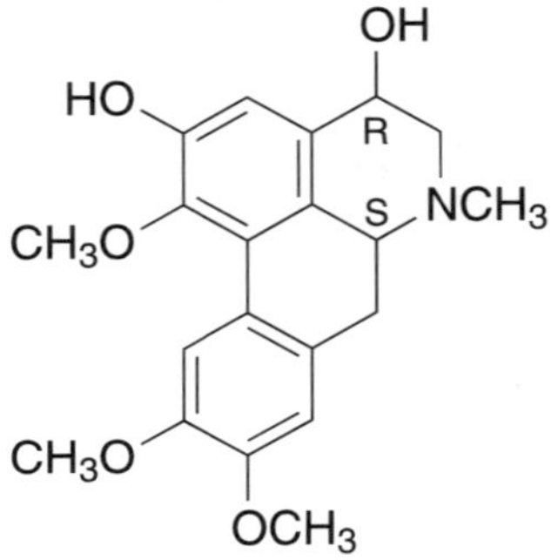

Alseodaphne semicarpifolia (Lauraceae)
jnp 42, 325 '79

6-HO   7-MeO
3,4-MeO,MeO-benzyl
Me,Me+   THIQ

Pseudorine
N-Methylpseudolaudanine

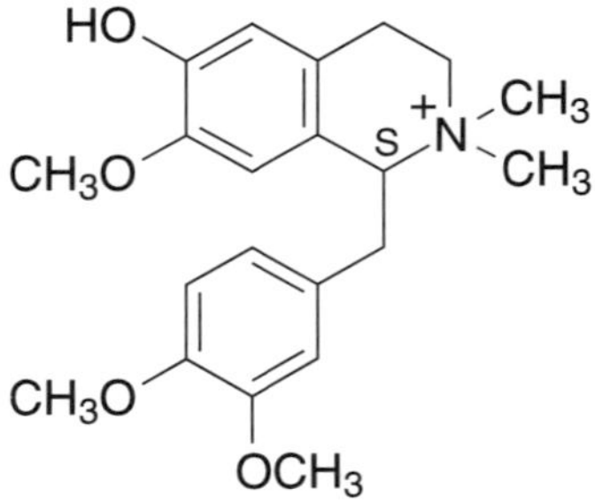

Fagara mayu (Rutaceae) pm 48, 77 '83
Papaver pseudo-orientale (Papaveraceae) cccc 51, 1752 '86
Popowia pisocarpa (Annonaceae) jnp 49, 1028 '86

the seco-compound was also isolated from this plant, the substitution positions were not determined:

Pseudoronine

Papaver pseudo-orientale (Papaveraceae) cccc 51, 1752 '86

Structural Index - 6,7-HO,MeO-Substituted

with a (2,N-Me) attack:

N-Methylcorypalmine
α-Hainanine

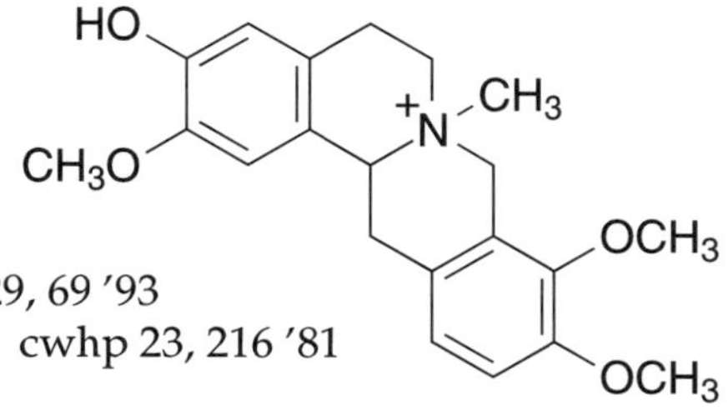

Berberis iliensis (Berberidaceae) cnc 29, 69 '93
Cyclea hainanensis (Menispermaceae) cwhp 23, 216 '81

6-HO	7-MeO
3,4-MeO,MeO-α-Me-benzyl	
Me	THIQ

Compound unknown

---

with a (2,N-Me) attack:

Corybulbine

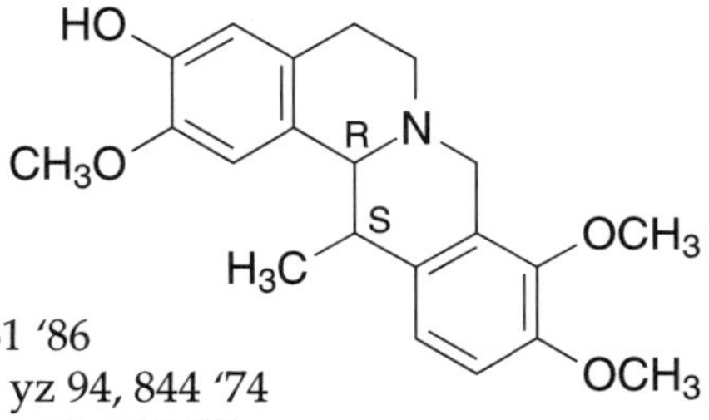

Corydalis ambigua (Papaveraceae)
   sz 42, 214 '88
Corydalis cava (Papaveraceae) sz 40, 61 '86
Corydalis koidzumiana (Papaveraceae) yz 94, 844 '74
Corydalis platycarpa (Papaveraceae) jnp 51, 262 '88
Corydalis nobilis (Papaveraceae) cccc 54, 2009 '89
Corydalis nokoensis (Papaveraceae) yz 96, 527 '76
Corydalis remota (Papaveraceae) jnp 51, 262 '88
Corydalis tuberosa (Papaveraceae) book 2
Corydalis turtschaninovii (Papaveraceae) yx 21, 447 '86

---

and aromatization of the c-ring:

Dehydrocorybulbine

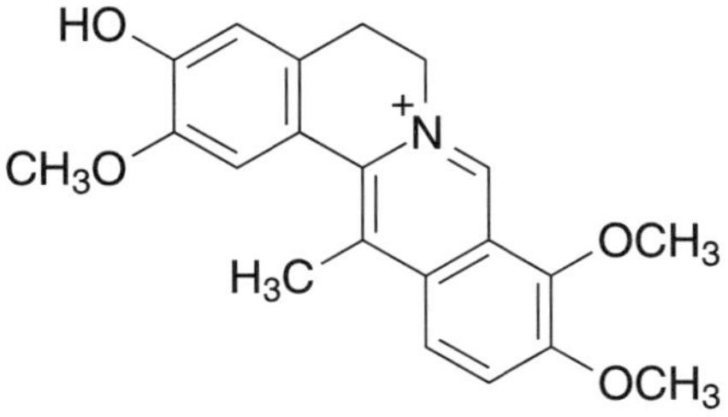

Berberis baluchistanica (Berberidaceae)
   daib 38, 686 '77
Corydalis ambigua (Papaveraceae)
   daib 45, 2160 '85
Corydalis nokoensis (Papaveraceae) yz 96, 527 '76

and a carbonyl on the original N-Me group:

Oxydehydrocorybulbine

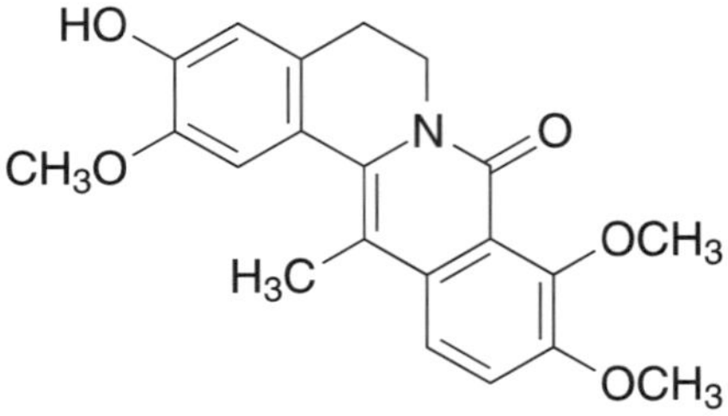

Corydalis ambigua (Papaveraceae)
daib 45, 2160 '85

6-HO	7-MeO
3,4-MDO-benzyl	
H	THIQ

Not a natural product.
cpb 16, 953 '68

with a (2,8) attack:

Laetine

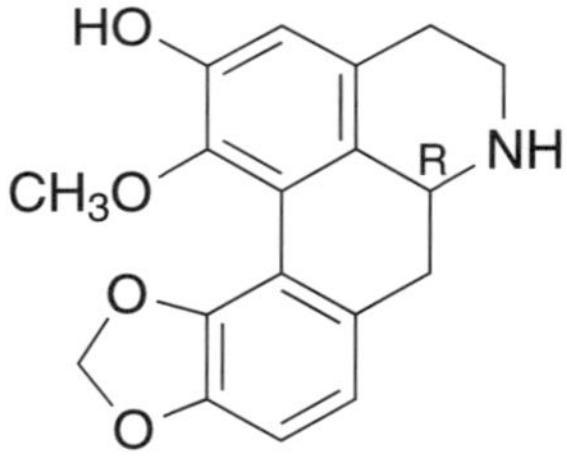

Hernandia peltata (Hernandiaceae) cjc 64, 123 '86
Litsea laeta (Lauraceae) phy 19, 998 '80
Ocotea teleiandra (Lauraceae) rlq 23, 18 '92

with a (6,8) attack:

Norisodomesticine

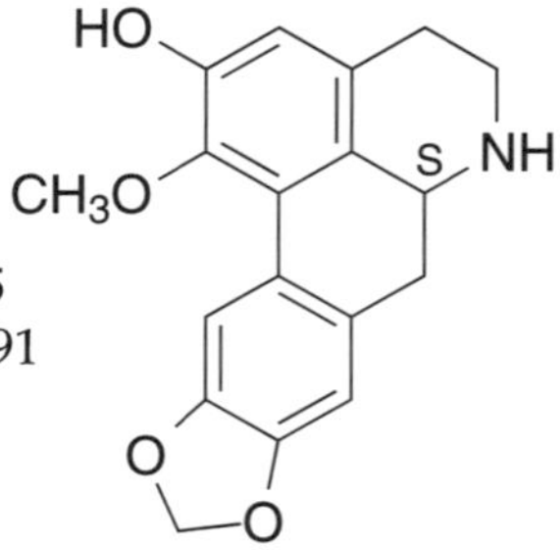

Glossocalyx brevipes (Monimiaceae) jnp 48, 833 '85
Guatteria goudotiana (Annonaceae) phy 30, 2781 '91
Laurus nobilis (Lauraceae) jnp 45, 560 '82
Xylopia danguyella (Annonaceae) jnp 44, 551 '81

6-HO	7-MeO
3,4-MDO-benzyl	
Me	THIQ

Not a natural product.
het 1, 223 '73

Structural Index - 6,7-HO,MeO-Substituted

with a (2,N-Me) attack:

Cheilanthifoline

(S)(-)-isomer:
Argemone grandiflora (Papaveraceae) phy 11, 461 '72
Argemone mexicana (Papaveraceae) cccc 40, 1576 '75
Argemone ochroleuca (Papaveraceae) cccc 38, 2307 '73
Corydalis koidzumiana (Papaveraceae) yz 94, 844 '74
Corydalis spp. (Papaveraceae) phy 13, 2620 '74
Fumaria bella (Papaveraceae) jnp 49, 178 '86
Fumaria capreolata (Papaveraceae) jnp 49, 178 '86
Fumaria parviflora (Papaveraceae) jnp 44, 475 '81
Fumaria vaillantii (Papaveraceae) phy 22, 2073 '83
Papaver commutatum (Papaveraceae) pm 62, 483 '96

(dl):
Dactylicapnos torulosa (Papaveraceae) phy 36, 519 '94
Eschscholzia californica (Papaveraceae) pm 62, 188 '96

isomer not specified:
Argemone hybrida (Papaveraceae) cnc 22, 189 '86
Corydalis ochotensis (Papaveraceae) jccs 34, 157 '87
Dicentra spectabilis (Papaveraceae) cnc 20, 74 '84
Fumaria densiflora (Papaveraceae) jnp 49, 370 '86
Menispermum dauricum (Menispermaceae) yz 91, 684 '71
Papaver arenarium (Papaveraceae) cnc 20, 71 '84
Papaver cylindricum (Papaveraceae) pm 46, 175 '82
Papaver fugax (Papaveraceae) cnc 24, 475 '89
Papaver triniaefolium (Papaveraceae) pm 49, 43 '83

and aromatization of the c-ring:

Dehydrocheilanthifoline*
Groenlandicine
Tetradehydrocheilanthifoline

Coptis chinensis (Ranunculaceae) sz 37, 195 '83
Coptis deltoides (Ranunculaceae) sz 37, 195 '83
Coptis groenlandica (Ranunculaceae) pm 21, 313 '72

Coptis japonica (Ranunculaceae) jnp 47, 189 '84
Coptis quinquefolia (Ranunculaceae) sz 46, 42 '92
Coptis trifolia (Ranunculaceae) phy 31, 717 '92
Corydalis humosa (Papaveraceae) jcpu 20, 261 '89
Corydalis ochotensis (Papaveraceae) jcspt I, 63 '76
Corydalis ophiocarpa (Papaveraceae) yz 98, 1658 '78
Fumaria capreolata (Papaveraceae) pcr 4, 96 '85
Fumaria indica (Papaveraceae) phy 15, 545 '76
Menispermum canadense (Menispermaceae) llyd 34, 292 '71
Nandina domestica (Berberidaceae) phy 27, 2143 '88
Thalictrum glandulosissimum (Ranunculaceae) pm 53, 498 '87

*This name has also been given to the 6-MeO 7-HO isomer.

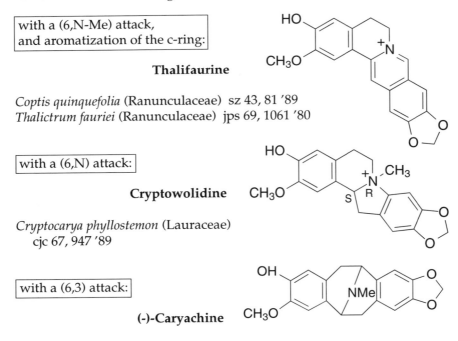

with a (6,N-Me) attack,
and aromatization of the c-ring:

Thalifaurine

Coptis quinquefolia (Ranunculaceae) sz 43, 81 '89
Thalictrum fauriei (Ranunculaceae) jps 69, 1061 '80

with a (6,N) attack:

Cryptowolidine

Cryptocarya phyllostemon (Lauraceae)
  cjc 67, 947 '89

with a (6,3) attack:

(-)-Caryachine

Cryptocarya chinensis (Lauraceae) jnp 53, 1267 '90
Eschscholzia californica (Papaveraceae) cccc 51, 1743 '86
Eschscholzia douglasii (Papaveraceae) cccc 51, 1743 '86
Eschscholzia glauca (Papaveraceae) cccc 51, 1743 '86

also under: 6,7 MDO R Me THIQ
R= 3,4-HO,MeO-benzyl   (6,3) attack

Structural Index - 6,7-HO,MeO-Substituted

with a (6,4) attack:

Reframoline

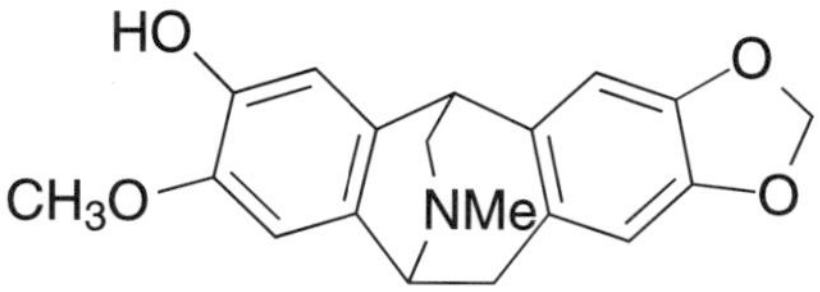

Meconopsis speciosa (Papaveraceae) zh 27, 459 '96
Roemeria refracta (Papaveraceae) jnp 46, 293 '83

with a (6,8) attack:

Isodomesticine

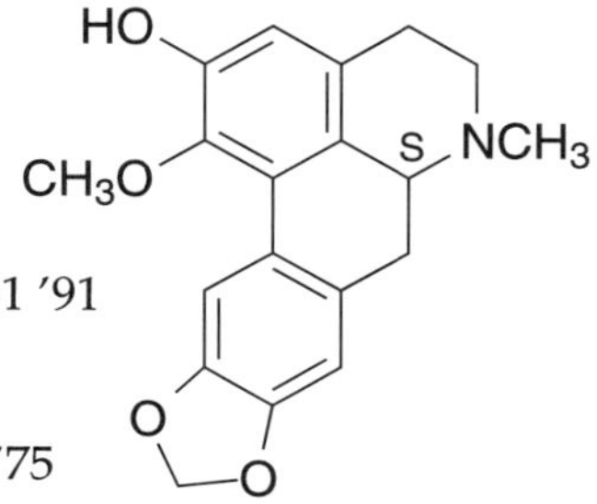

Guatteria goudotiana (Annonaceae) phy 30, 2781 '91
Laurus nobilis (Laraceae) jnp 45, 560 '82
Litsea spp. (Laraceae) jccs 39, 453 '92
Nandina domestica (Berberidaceae) jnp 38, 275 '75
Neolitsea villosa (Laraceae) cpj 47, 69 '95
Platycapnos spicata (Papaveraceae) phy 32, 1055 '93

| 6-HO   7-MeO |
| 3,4-MDO-benzyl |
| Me,Me+ THIQ |

Compound unknown

with a (2,N-Me) attack:

N-Methylcheilanthifoline quat

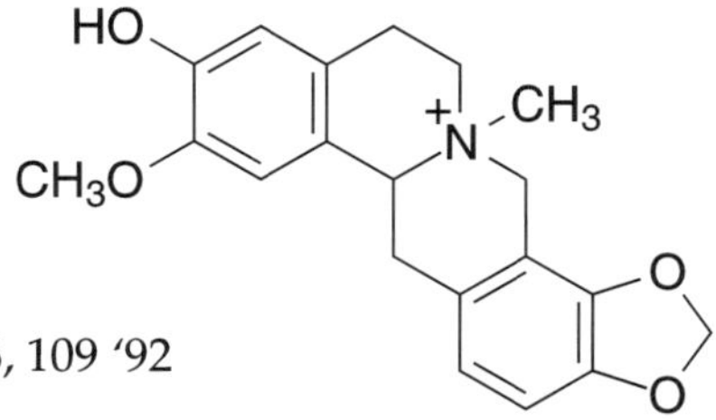

Dicentra spectabilis (Papaveraceae) sz 46, 109 '92

with a (6,3) attack:

Caryachine methiodide
N-Methylcaryachinium quat

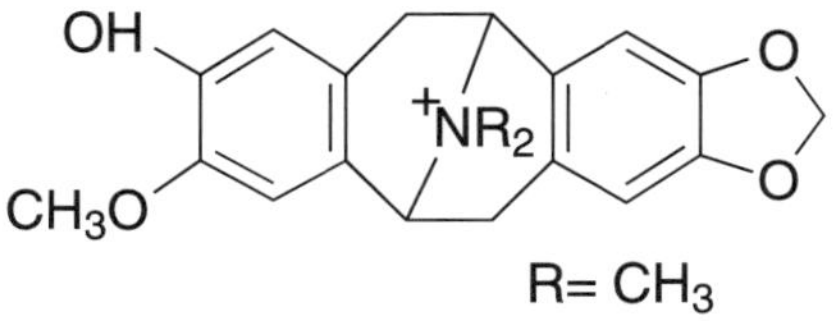

R= CH₃

Cryptocarya chinensis (Lauraceae) jnp 42, 163 '79
Eschscholzia californica (Papaveraceae) cccc 51, 1743 '86

Eschscholzia douglasii (Papaveraceae) cccc 51, 1743 '86
Eschscholzia glauca (Papaveraceae) cccc 51, 1743 '86

also under: 6,7 MDO R Me,Me+ THIQ
R= 3,4-HO,MeO-benzyl (6,3) attack

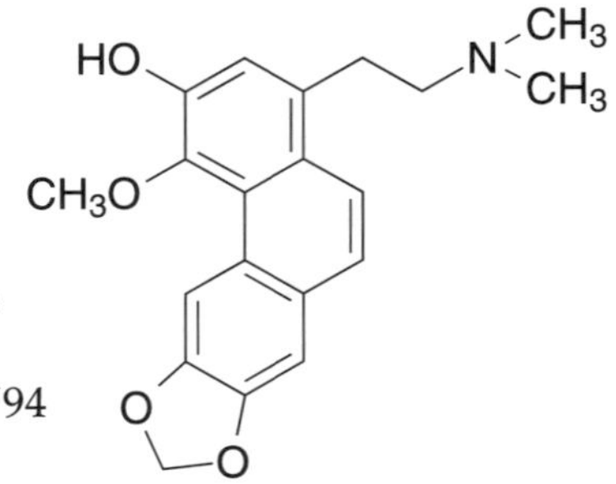

with a (6,8) attack
and a 1,2 seco:

3-O-Demethylthalicthuberine

Ocotea insularis (Lauraceae) jnp 57, 1033 '94

6-HO   7-MeO
3,4-MDO-α-Me-benzyl
Me   THIQ

Compound unknown

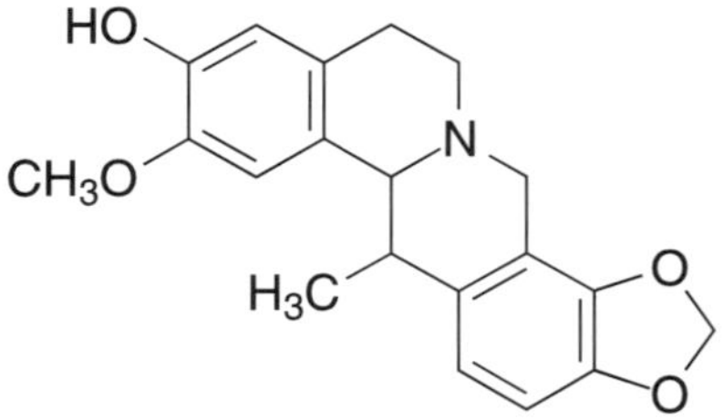

with a (2,N-Me) attack:

Isoapocavidine

Dactylicapnos torulosa (Papaveraceae)
   phy 36, 519 '94

6-HO   7-MeO
2,3,4-MDO,MeO-benzyl
Me   THIQ

Compound unknown

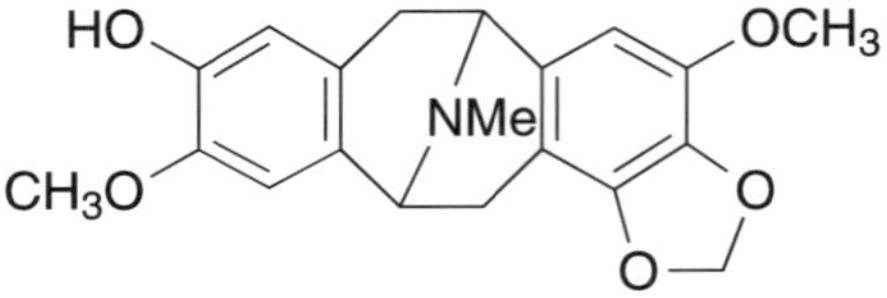

with a (6,3) attack:

(-)-9-Demethylthalimonine

Thalictrum simplex (Ranunculaceae) pm 59, 262 '93

also under: 5,6,7 MDO MeO R Me THIQ
R= 3,4-HO,MeO-benzyl (6,3) attack

Structural Index - 6,7-HO,MeO-Substituted

6-HO	7-MeO
3,4,5-MeO,MeO,MeO-benzyl	
Me	THIQ

Compound unknown

with a (2,8) attack: **Acutifolidine**

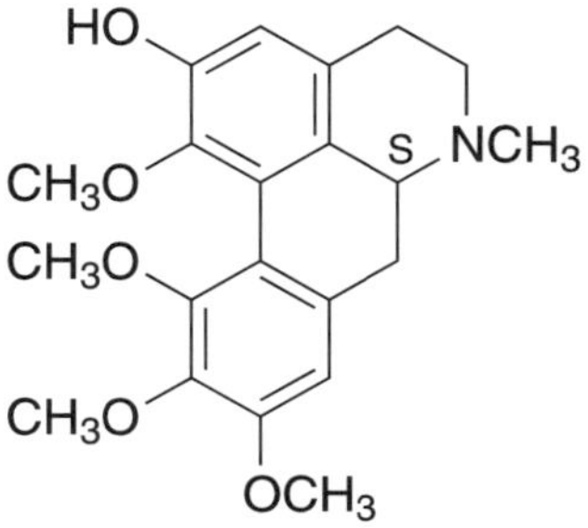

Thalicrum acutifolium (Ranunculaceae)
jnp 57, 1033 '94

6-HO	7-MeO
β-(4-HO-phenyl)ethyl	
Me	THIQ

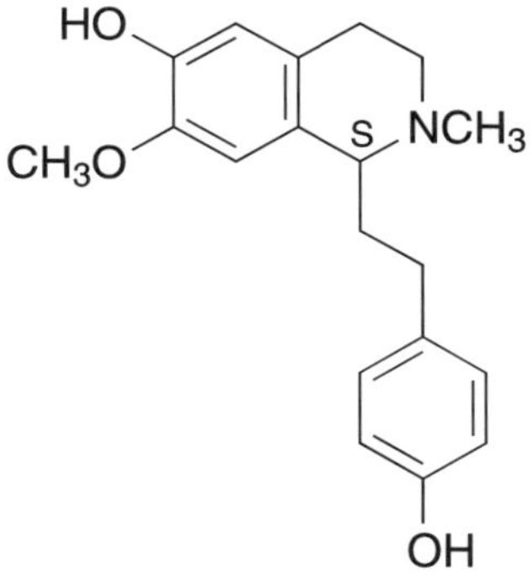

(S)-Colchiethanamine

Colchicum szovitsii (Liliaceae)   jnp 53, 634 '90

6-HO	7-MeO
β-(4-MeO-phenyl)ethyl	
Me	THIQ

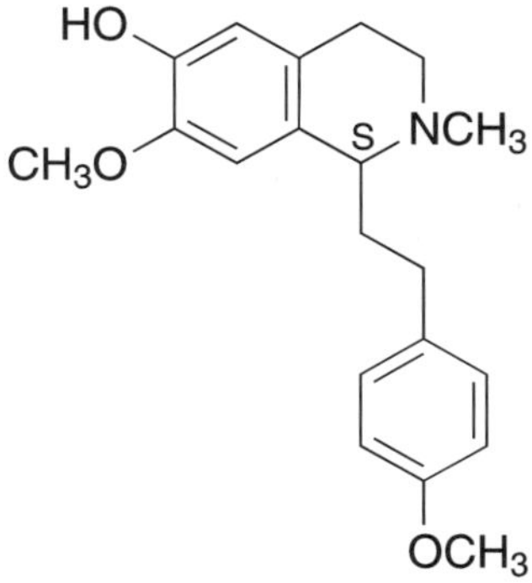

(S)-Colchiethine

Colchicum szovitsii (Liliaceae)   jnp 53, 634 '90

6-HO	7-MeO
β-(3,4,5-HO,MeO,MeO-phenyl)ethyl	
Me	THIQ

(-)-Isoautumnaline

Colchicum ritchii (Liliaceae) jnp 50, 684 '87

6-HO	7-MeO
6',7'-MDO-isobenzofuranone, 3'-yl	
Me	THIQ

Corledine
6-O-Demethyladlumine

Corydalis ledebouriana (Papaveraceae) jnp 45, 105 '82
Fumaria parviflora (Papaveraceae) ojc 14, 217 '98
Fumaria vaillantii (Papaveraceae) tet 39, 577 '83

Corlumidine

(+)-isomer:
Corydalis decumbens (Papaveraceae) jcps 4, 57 '95
Corydalis linarioides (Papaveraceae) yhhp 16, 798 '81
Corydalis scouleri (Papaveraceae) jnp 45, 105 '82
Fumaria parviflora (Papaveraceae) ojc 14, 217 '98

6-HO	7-MeO
3,4-MDO-α-(=CH$_2$)-benzyl, Me	
Me	THIQ

Compound unknown

Structural Index - 6,7-HO,MeO-Substituted

with a (2,1-Me) attack:

(+)-Ochotensine

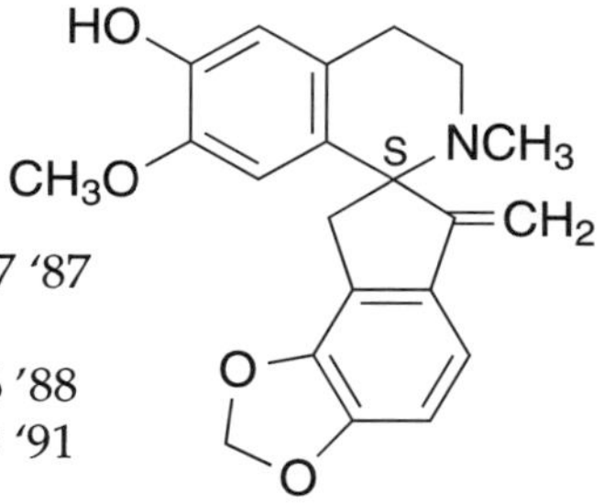

Corydalis ochotensis (Papaveraceae) jccs 34, 157 '87
Corydalis solida (Papaveraceae) cjc 56, 383 '78
Corydalis stewartii (Papaveraceae) jnp 51, 1136 '88
Corydalis thyrsiflora (Papaveraceae) yx 26, 303 '91

6-HO 7-MeO
3,4-MDO-benzyl, HO
Me,Me+ THIQ

Compound unknown

---

with a (2,N-Me) attack:

Izmirine

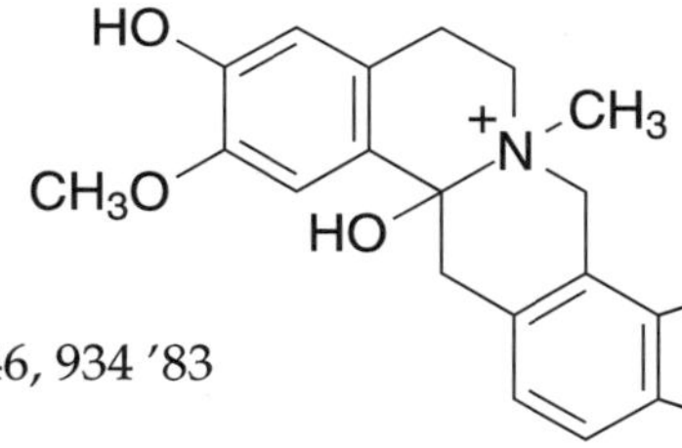

Fumaria parviflora (Papaveraceae) jnp 46, 934 '83

6,7-MeO,HO-ISOQUINOLINES

6-MeO	7-HO
H	
H	THIQ

Norcorypalline

Ziziphus rugosa (Rhamnaceae) phy 27, 1915 '88

6-MeO	7-HO
H	
Me	THIQ

Corypalline

Berberis nummularia (Berberidaceae) cnc 33, 70 '97
Berberis turcomannica (Berberidaceae) cnc 29, 63 '93
Berberis valdiviana (Berberidaceae) fit 64, 378 '93
Corydalis ophiocarpa (Papaveraceae) yz 98, 1658 '78
Corydalis speciosa (Papaveraceae) yz 95, 838 '75
Corydalis stricta (Papaveraceae) kps 19, 461 '83
Doryphora sassafras (Monimiaceae) llyd 37, 493 '74
Islaya minor (Cactaceae) jc 189, 79 '80
Menispermum dauricum (Menispermaceae) tcyyk 5, 30 '93
Papaver bracteatum (Papaveraceae) phy 22, 247 '83
Stephania cepharantha (Menispermaceae) nm 52, 541 '98
Thalictrum dasycarpum (Ranunculaceae) joc 34, 1062 '69
Thalictrum rugosum (Ranunculaceae) jnp 43, 143 '80
Thalictrum uchiyamai (Ranunculaceae) kjp 13, 132 '82
Xylopia vieillardii (Annonaceae) jnp 54, 466 '91

6-MeO	7-HO
H	
Me	DHIQ

**(+)-Pycnarrhine
Dehydrocorypalline**

Arcangelisia flava (Menispermaceae) jnp 45, 582 '82
Corydalis ophiocarpa (Papaveraceae) yz 98, 1658 '78

Structural Index - 6,7-MeO,HO-Substituted

Corydalis stricta (Papaveraceae) kps 4, 490 '83
Pycnarrhena longifolia (Menispermaceae) phy 20, 323 '81

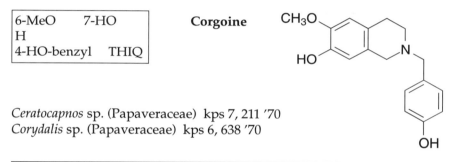

6-MeO	7-HO
H	
Me,Me+	THIQ

2-Methylcorypallinium
N-Methylcorypalline

Corydalis stricta (Papaveraceae) kps 4, 490 '83

6-MeO	7-HO
H	
4-HO-benzyl	THIQ

Corgoine

Ceratocapnos sp. (Papaveraceae) kps 7, 211 '70
Corydalis sp. (Papaveraceae) kps 6, 638 '70

6-MeO	7-HO
H	
4-MeO-benzyl	THIQ

Sendaverine

Corydalis gortschakovii (Papaveraceae) kps 6, 438 '70
Ceratocapnos heterocarpa (Papaveraceae) phy 36, 241 '94
Corydalis impatiens (Papaveraceae) patent 3
Corydalis tashiroi (Papaveraceae) pm 41, 403 '81

the N-oxide:

Sendaverine N-oxide

Corydalis gortschakovii (Papaveraceae) kps 6, 834 '77

6-MeO	7-HO	
H		
3,4-HO,MeO-benzyl		THIQ

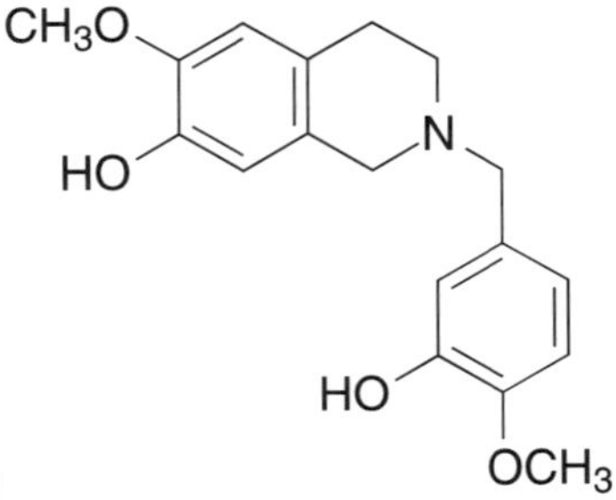

Capnosine

Ceratocapnos heterocarpa (Papaveraceae)
   phy 36, 241 '94
Corydalis sp. (Papaveraceae) phy 36, 241 '94

6-MeO	7-HO	
Me		
H		THIQ

Isosalsoline

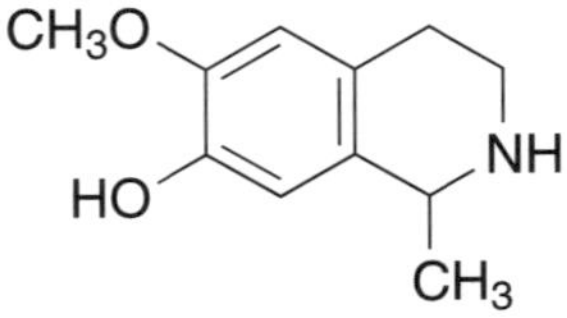

Hammada articulata (Chenopodiaceae) apf 48, 219 '90
Pachycereus pecten-aboriginum (Cactaceae) aps 15, 127 '78

6-MeO	7-HO	
Me		
H		IQ

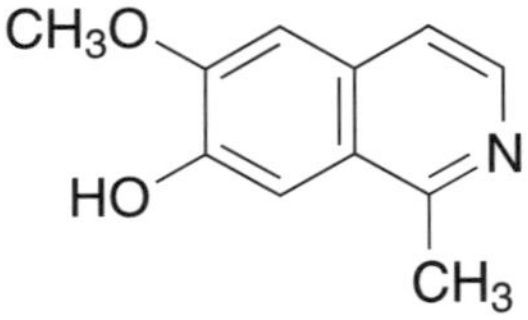

7-O-Desmethylisosalsolidine

Hernandia nymphaeifolia (Hernandiaceae) phy 42, 1479 '96

6-MeO	7-HO	
Me		
Me		THIQ

1-Methylcorypalline
N-Methylisosalsoline

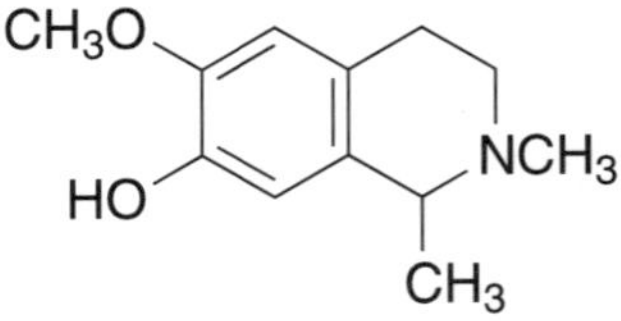

(R)(+)-isomer:
Corydalis ambigua (Papaveraceae) phy 12, 3008 '73

(S)(-)-isomer:
Arthrocnemum glaucum (Chenopodiaceae) phy 31, 1023 '92

isomer not specified:
Haloxylon articulatum (Chenopodiaceae) book 6

Structural Index - 6,7-MeO,HO-Substituted

6-MeO	7-HO
i-Bu	
Me	THIQ

Lophocereine
Lophocerine

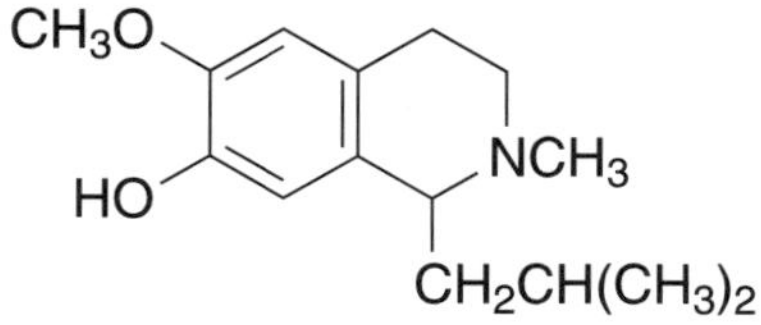

Lophocereus schottii (Cactaceae) phy 8, 1481 '69
Pachycereus marginatus (Cactaceae) book 6

6-MeO	7-HO
benzyl	
H	THIQ

Not a natural product.
joc 41, 443 '76

with a (2,8) attack:

Caaverine

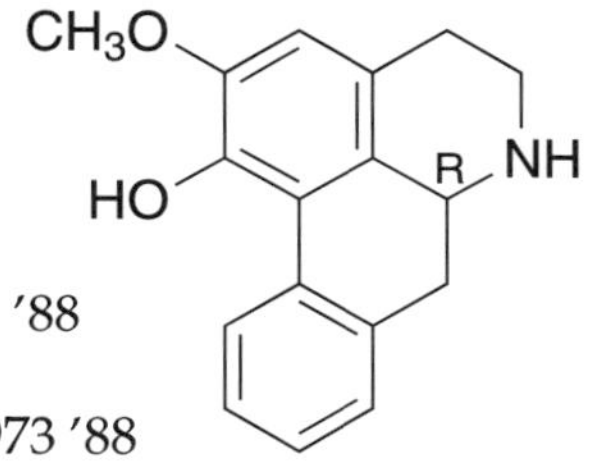

Isolona pilosa (Annonaceae) pm 50, 23 '84
Liriodendron tulipifera (Magnoliaceae) cnc 23, 521 '88
Liriodendron sp. (Magnoliaceae) jnp 38, 275 '75
Neostenanthera gabonensis (Annonaceae) jnp 51, 973 '88
Ocotea glaziovii (Lauraceae) fes 30, 479 '75
Ocotea sp. (Lauraceae) jnp 38, 275 '75
Papaver pseudo-orientale (Papaveraceae) paz 13, 50 '77
Polyalthia acuminata (Annonaceae) jnp 45, 471 '82
Symplocos celastrinea (Symplocaceae) llyd 33s, 1 '70
Symplocos sp. (Symplocaceae) jnp 38, 275 '75
Ziziphus jujuba (Rhamnaceae) apr 12, 263 '89
Ziziphus spinosus (Rhamnaceae) sh 16, 233 '86

6-MeO	7-HO
benzyl	
Me	THIQ

Not a natural product.
jhc 4, 417 '67

with a (2,N-Me) attack:

Bharatamine

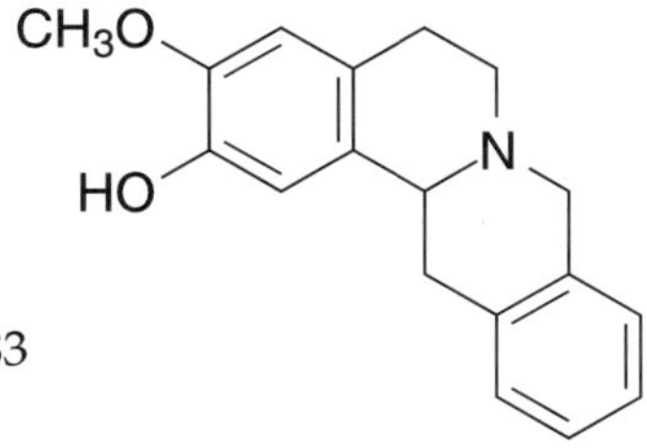

Alangium lamarckii (Alangiaceae) tl 24, 291 '83

with a (2,8) attack:

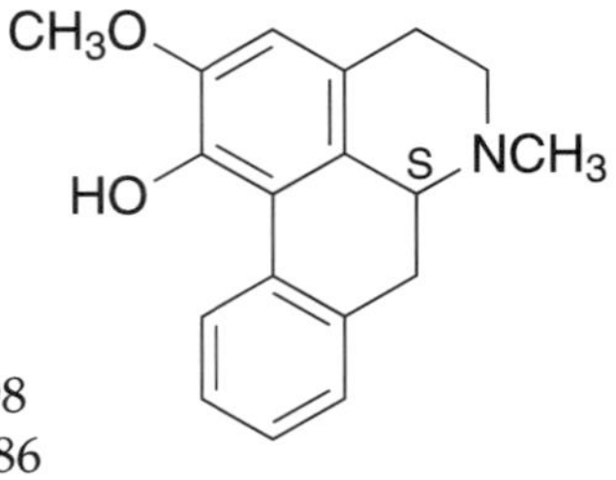

Lirinidine
Nornuciferine I

Lirinidine:
Annona purpurea (Annonaceae) phy 49, 2015 '98
Artabotrys venustus (Annonaceae) jnp 49, 602 '86
Guatteria sagotiana (Annonaceae) jnp 49, 1078 '86
Isolona zenkeri (Annonaceae) pm 50, 23 '84
Liriodendron tulipifera (Magnoliaceae) cnc 23, 521 '88
Nelumbo nucifera (Nymphaeaceae) jnp 50, 773 '87
Neostenanthera gabonensis (Annonaceae) jnp 51, 973 '88
Ocotea macrophylla (Lauraceae) pptp 27, 65 '93
Papaver spp. (Papaveraceae) pm 41, 105 '81

Nornuciferine I:
Croton bonplandianus (Euphorbiaceae) abs 10
Croton sparsiflorus (Euphorbiaceae) tet 35, 2323 '79

and an α,1-ene:

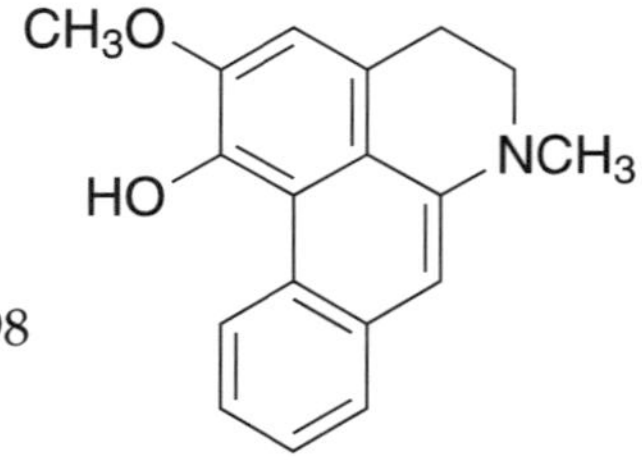

Dehydrolirinidine

Annona purpurea (Annonaceae) jnp 61, 1457 '98

6-MeO	7-HO
α-NH$_2$-benzyl	
H	IQ

Compound unknown

---

with a (2,8) attack aromatization and oxidation:

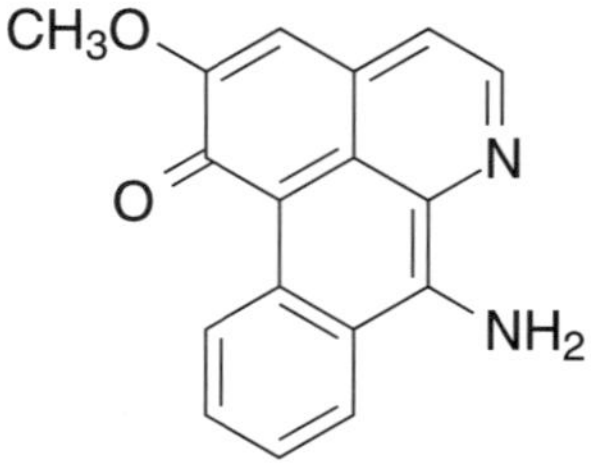

Telazoline

Telitoxicum peruvianum (Menispermaceae)
  jnp 44, 320 '81

Structural Index - 6,7-MeO,HO-Substituted

6-MeO	7-HO
α-keto-benzyl	
Me+	IQ

Compound unknown

with a (2,8) attack:

O,N-Dimethylliriodendronine

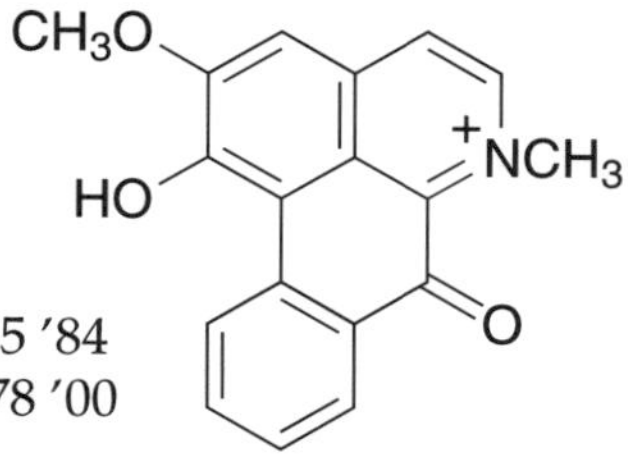

Guatteria chrysopetala (Annonaceae) pmp 18, 165 '84
Stephania dinklagei (Menispermaceae) pm 66, 478 '00

6-MeO	7-HO
3-HO-benzyl	
H	THIQ

(-)-Norcanelilline

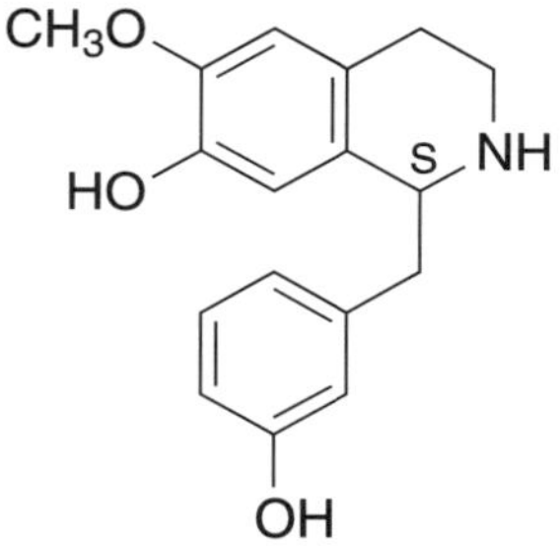

Aniba canelilla (Lauraceae) cjc 71, 1128 '93

6-MeO	7-HO
3-HO-benzyl	
Me	THIQ

Canelilline

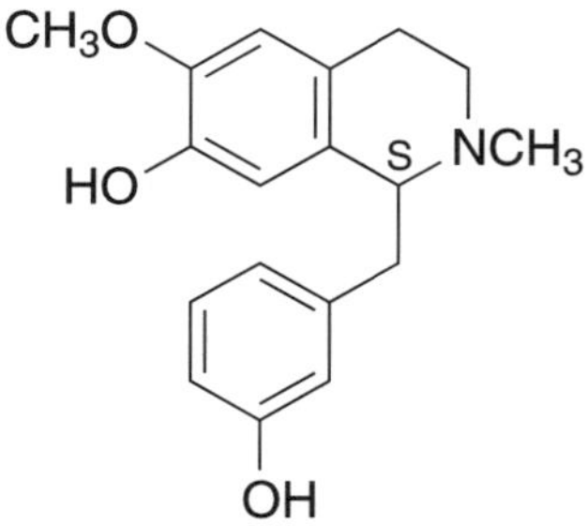

Aniba canelilla (Lauraceae) cjc 71, 1128 '93

with a (2,N-Me) attack:

Anibacanine

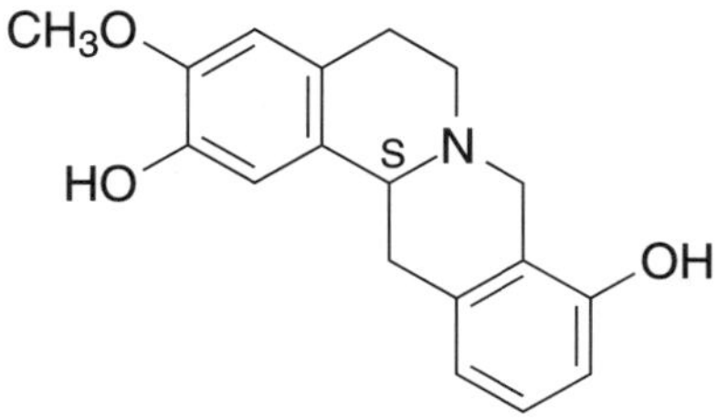

Aniba canelilla (Lauraceae)
   cjc 71, 1128 '93

and a methyl group on the original N-Me group:

(-)-α-8-Methylanibacanine

Aniba canelilla (Lauraceae)
cjc 71, 1128 '93

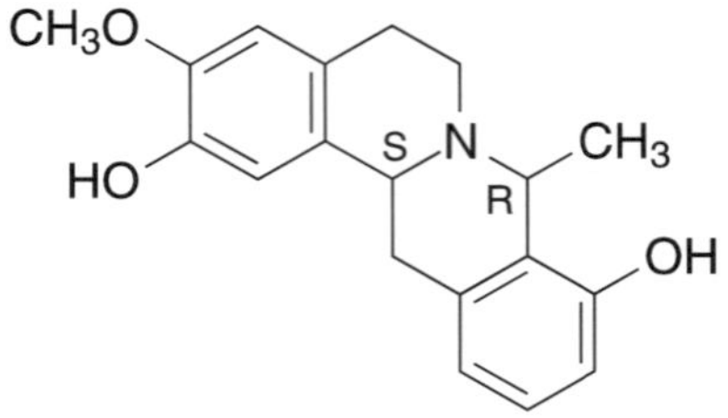

with a (2,8) attack:

Isothebaidine

Papaver orientale (Papaveraceae)
cnc 14, 402 '78

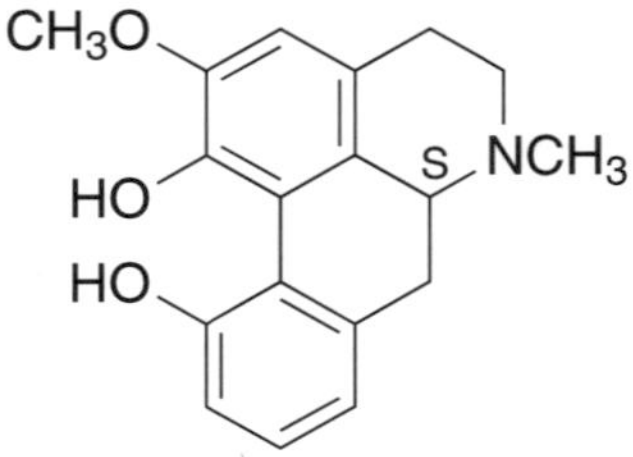

with a (6,N-Me) attack:

(-)-Pseudoanibacanine

Aniba canelilla (Lauraceae) cjc 71, 1128 '93

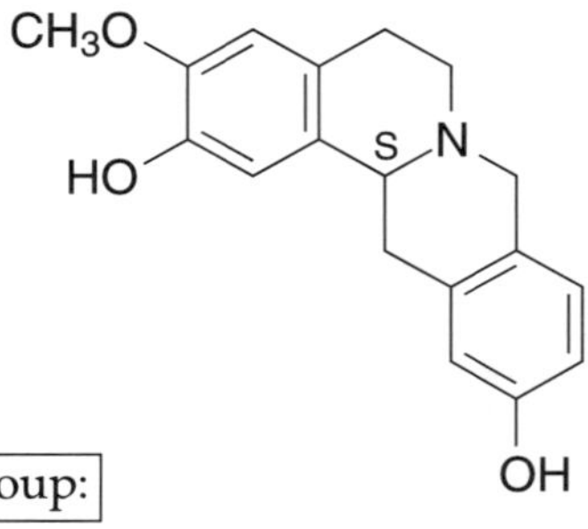

and a methyl group on the original N-Me group:

the cis isomer:
(-)-8α-Methylpseudoanibacanine

Aniba canelilla (Lauraceae)
cjc 71, 1128 '93

the trans isomer:
(-)-8β-Methylpseudoanibacanine

Aniba canelilla (Lauraceae)
cjc 71, 1128 '93

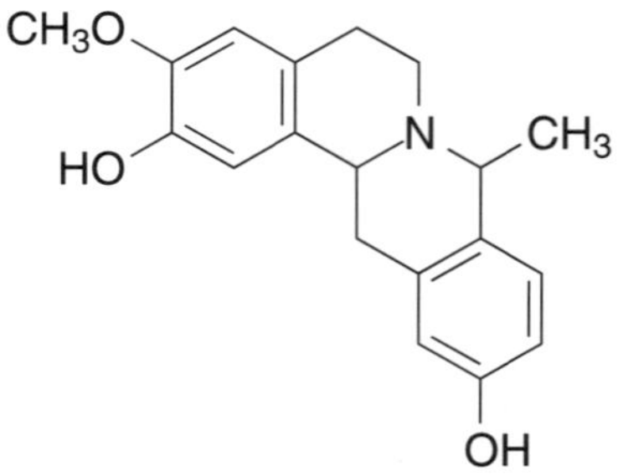

Structural Index - 6,7-MeO,HO-Substituted

6-MeO	7-HO
3-MeO-benzyl	
H	THIQ

Compound unknown

with a (6,8) attack: **Nororientinine**

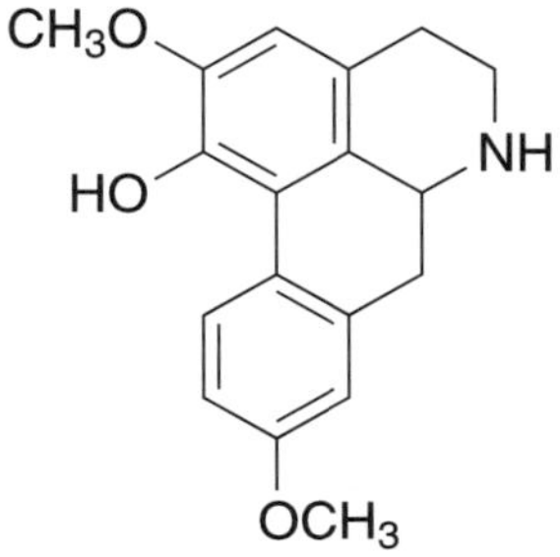

Ocotea caesia (Lauraceae) jnp 57, 1033 '94

6-MeO	7-HO
3-MeO-benzyl	
Me	THIQ

Not a natural product.
cpb 29, 1083 '81

with a (2,8) attack: **Isothebaine**

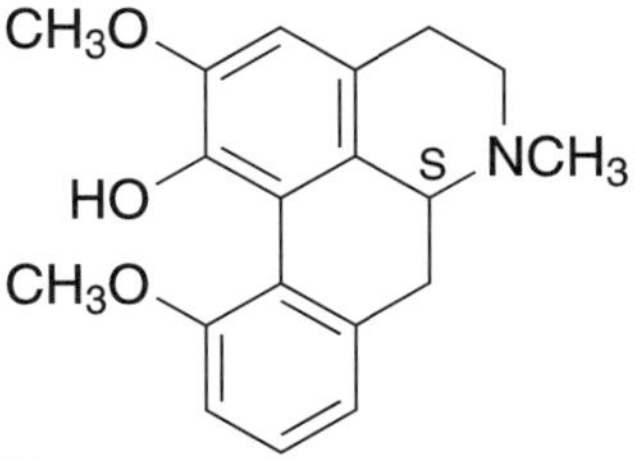

Discaria serratifolia (Rhamnaceae)
    jnp 47, 1040 '84
Papaver atlanticum (Papaveraceae)
    cccc 51, 2232 '86
Papaver bracteatum (Papaveraceae) pm 32, 60 '77
Papaver nudicaule (Papaveraceae) zpf 114, 361 '84
Papaver orientale (Papaveraceae) jps 66, 1050 '77
Papaver pseudo-orientale (Papaveraceae) paz 13, 50 '77
Papaver setigerum (Papaveraceae) zpf 114, 361 '84
Papaver somniferum (Papaveraceae) zpf 114, 361 '84

and an α,1-ene:

Dehydroisothebaine

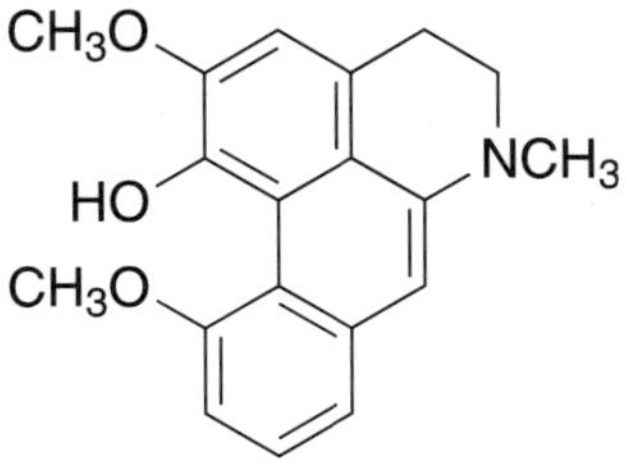

Papaver orientale (Papaveraceae)
    jnp 51, 389 '88

with a (6,8) attack:

Orientinine

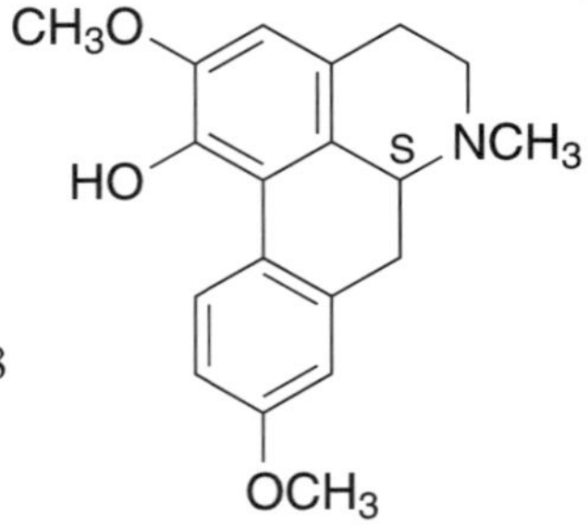

Papaver orientale (Papaveraceae) jnp 51, 389 '88

6-MeO	7-HO
3-MeO-benzyl	
Me,Me+ THIQ	

Compound unknown

---

with a (2,8) attack:

N-Methylisothebainium cation
N-Methylisothebaine

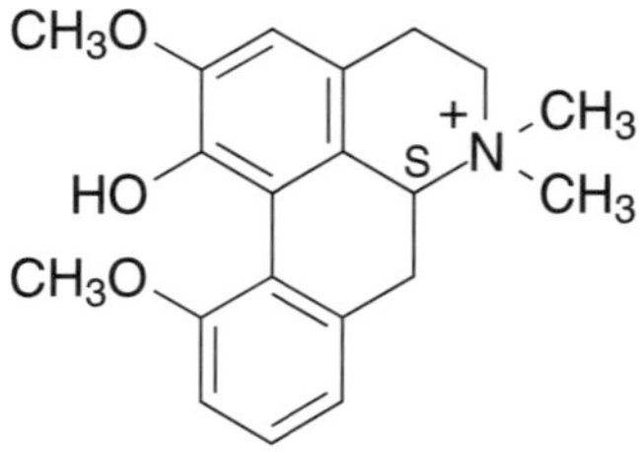

Papaver bracteatum (Papaveraceae)
  jnp 51, 389 '88
Papaver pseudo-orientale (Papaveraceae)
  cccc 51, 1752 '86

6-MeO	7-HO
3-MeO-α-keto-benzyl	
Me	IQ

Compound unknown

---

with a (2,8) attack:

Alkaloid PO-3

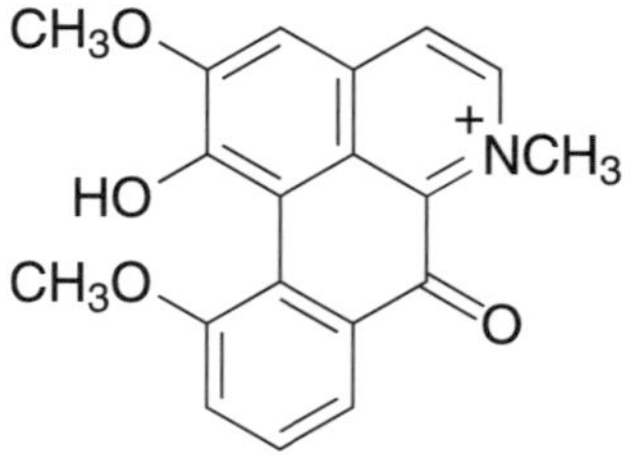

Papaver orientale (Papaveraceae)
  jnp 38, 275 '75

Structural Index - 6,7-MeO,HO-Substituted

6-MeO	7-HO
4-HO-benzyl	
H	THIQ

Coclaurine
Machiline
Sanjoinine K

(S)(-)-isomer of Coclaurine
Machiline:
Alseodaphne archboldiana (Lauraceae) het 9, 903 '78
Aniba canelilla (Lauraceae) cjc 71, 1128 '93
Annona montana (Annonaceae) pmp 16, 169 '82
Annona reticulata (Annonaceae) jcspt I, 1515, '79
Cocculus hirsutus (Menispermaceae) npl 2, 105 '93
Cocculus pendulus (Menispermaceae) jpic 32, 250 '60
Corydalis gortschakovii (Papaveraceae) kps 6, 638 '70
Corydalis paniculigera (Papaveraceae) cnc 18, 689 '82
Corydalis pseudoadunca (Papaveraceae) cnc 21, 807 '86
Cryptocarya longifolia (Lauraceae) ajc 34, 195 '81
Fumaria parviflora (Papaveraceae) cnc 18, 608 '82
Fumaria vaillantii (Papaveraceae) cnc 17, 437 '81
Litsea glutinosa (Lauraceae) abs 10
Litsea lecardii (Lauraceae) pm 52, 74 '86
Machilus acuminatissima (Lauraceae) het 9, 903 '78
Machilus kusanoi (Lauraceae) het 9, 903 '78
Magnolia salicifolia (Magnoliaceae) pm 48, 43 '83
Mezilaurus synandra (Lauraceae) phy 22, 772 '83
Nymphaea stellata (Nymphaeaceae) jics 63, 530 '86
Pachygone ovata (Menispermaceae) daib 45, 567 '84
Peumus boldus (Monimiaceae) fit 64, 455 '93
Phoebe minutiflora (Lauraceae) cpj 49, 217 '97
Polyalthia macropoda (Annonaceae) phy 29, 3845 '90
Retanilla ephedra (Rhamnaceae) rlq 5, 158 '74
Stephania pierrei (Menispermaceae) jnp 52, 846 '89
Xylopia papuana (Annonaceae) npl 6, 57 '95
Ziziphus jujuba (Rhamnaceae) apr 12, 263 '89
Ziziphus spinosus (Rhamnaceae) kjp 16, 44 '85
Ziziphus vulgaris (Rhamnaceae) apr 10, 203 '87

(R)(+)-isomer of Coclaurine
Sanjoinine K:
Abuta pahni (Menispermaceae) phy 26, 2136 '87

Alseodaphne archboldiana (Lauraceae) het 9, 903 '78
Annona muricata (Annonaceae) pm 42, 37 '81
Bongardia chrysogonum (Berberidaceae) jnp 52, 818 '89
Caryomene olivascens (Menispermaceae) afb 6, 163 '87
Cassytha racemosa (Lauraceae) het 9, 903 '78
Cocculus laurifolius (Menispermaceae) tet 36, 3107 '80
Colubrina faralaotra ssp. *sinuata* (Rhamnaceae) pm 30, 201 '76
Corydalis severtzovii (Papaveraceae) cnc 11, 826 '75
Cyclea barbata (Menispermaceae) jnp 56, 1989 '93
Cyclea peltata (Menispermaceae) jnp 56, 1989 '93
Discaria pubescens (Rhamnaceae) pm 50, 454 '84
Litsea triflora (Lauraceae) aqsc 76, 171 '80
Magnolia fargesii (Magnoliaceae) pm 48, 43 '83
Magnolia liliflora (Magnoliaceae) yhtp 20, 522 '85
Magnolia salicifolia (Magnoliaceae) pm 48, 43 '83
Nectandra salicifolia (Lauraceae) jnp 59, 576 '96
Neolitsea villosa (Lauraceae) cpj 47, 69 '95
Peumus boldus (Monimiaceae) fit 64, 455 '93
Polyalthia acuminata (Annonaceae) jnp 45, 471 '82
Popowia pisocarpa (Annonaceae) jnp 49, 1028 '86
Roemeria refracta (Papaveraceae) hca 75, 260 '92
Sciadotenia eichleriana (Menispermaceae) jnp 48, 69 '85
Sparattanthelium uncigerum (Hernandiaceae) jnp 48, 333 '85
Stephania cepharantha (Menispermaceae) cpb 45, 470 '97
Stephania excentrica (Menispermaceae) jnp 60, 294 '97
Ziziphus jujuba (Rhamnaceae) apr 12, 263 '89
Ziziphus vulgaris (Rhamnaceae) apr 12, 263 '89

(dl)-Coclaurine:
Cocculus hirsutus (Menispermaceae) ijc 14b, 62 '76
Cryptocarya konishii (Lauraceae) het 9, 903 '78
Machilus acuminatissima (Lauraceae) het 9, 903 '78
Machilus macrantha (Lauraceae) het 9, 903 '78
Peumus boldus (Monimiaceae) fit 64, 455 '93
Polyalthia acuminata (Annonaceae) jnp 45, 471 '82
Retanilla ephedra (Rhamnaceae) rlq 5, 158 '74
Talguenea quinquenervis (Rhamnaceae) aaqa 62, 361 '74
Xylopia papuana (Annonaceae) llyd 33s, 1 '70
Ziziphus jujuba (Rhamnaceae) kps 13, 239 '77

Structural Index - 6,7-MeO,HO-Substituted

with a (1,8) attack:

Crotsparine
Crotoflorine

Alphonsea sclerocarpa (Annonaceae) jnp 50, 518 '87
Croton bonplandianus (Euphorbiaceae) jcspt 1659 '75
Croton flavens (Euphorbiaceae) llyd 32, 1 '69
Croton ruizianus (Euphorbiaceae) bse 24, 463 '96
Croton sparsiflorus (Euphorbiaceae) llyd 32, 1 '69
Monodora brevipes (Annonaceae) phy 28, 2489 '89
Ocotea glaziovii (Lauraceae) het 9, 903 '78

with reduction of the benzyl 2,3 double-bond:

(1S-cis) (+)-Crotsparinine

Croton bonplandianus (Euphorbiaceae) jcspt 1659 '75

(1R-trans) (−)-Jacularine

Croton discolor (Euphorbiaceae) rlq 1, 140 '70
Croton echinocarpus (Euphorbiaceae) llyd 32, 1 '69
Croton linearis (Euphorbiaceae) llyd 32, 1 '69
Croton plumieri (Euphorbiaceae) rlq 1, 140 '70
Croton ruizianus (Euphorbiaceae) bse 24, 463 '96
Croton sparsiflorus (Euphorbiaceae) exp 25, 354 '69

R,S is Crotsparinine
R,R is Jacularine

with reduction of both double bonds and of the carbonyl group in the benzyl ring:

Oridine
Oreoline

(−)-isomer:
Papaver lisae (Papaveraceae) cnc 14, 228 '78
Papaver oreophilum (Papaveraceae) frm 29, 23 '80

| with a (2,8) attack: | **Sparsiflorine** |
| | **Apocrotsparine** |

(−)-isomer:
Monodora tenuifolia (Annonaceae) pm 50, 455 '84

isomer not specified:
Alphonsea sclerocarpa (Annonaceae) jnp 50, 518 '87
Croton bonplandianus (Euphorbiaceae) jcspt I, 1659 '75
Croton flavens (Euphorbiaceae) llyd 32, 1 '69
Thalictrum foliolosum (Ranunculaceae) jnp 45, 252 '82

6-MeO	7-HO	**Juzirine**
4-HO-benzyl		**Yuzirine**
H	IQ	

Ziziphus jujuba (Rhamnaceae) iant 4, 48 '87
Magnolia fargesii (Magnoliaceae) pm 48, 43 '83
Magnolia salicifolia (Magnoliaceae) ws 14, 101 '81

6-MeO	7-HO	**Longifolonine**
4-HO-α-keto-benzyl		
H	DHIQ	

Cryptocarya velutinosa (Lauraceae) ajc 34, 195 '81

6-MeO	7-HO	**N-Methylcoclaurine**
4-HO-benzyl		
Me	THIQ	

(S)(+)-isomer:
Aniba canelilla (Lauraceae) cjc 71, 1128 '93
Desmos tiebaghiensis (Annonaceae) jnp 45, 617 '82
Stephania cepharantha (Menispermaceae) cpb 45, 470 '97

Structural Index - 6,7-MeO,HO-Substituted 101

Stephania pierrei (Menispermaceae) jnp 52, 846 '89
Thalictrum revolutum (Ranunculaceae) llyd 40, 593 '77

(R)(-)-isomer:
Aniba burchellii (Lauraceae) bse 8, 51 '80
Aniba cylindriflora (Lauraceae) bse 8, 51 '80
Aniba simulans (Lauraceae) bse 8, 51 '80
Berberis lycium (Berberidaceae) daib 44, 1458 '83
Ceratocapnos palaestinus (Papaveraceae) jnp 53, 1006 '90
Cryptocarya longifolia (Lauraceae) ajc 34, 195 '81
Cyclea peltata (Menispermaceae) jnp 56, 1989 '93
Discaria serratifolia var. *discolor* (Rhamnaceae) jnp 42, 430 '79
Discaria toumatou (Rhamnaceae) jnp 45, 777 '82
Glaucium fimbrilligerum (Papaveraceae) cnc 16, 177 '80
Glaucium leiocarpum (Papaveraceae) pm 65, 492 '99
Guatteria sagotiana (Annonaceae) jnp 49, 1078 '86
Litsea triflora (Lauraceae) aqsc 76, 171 '80
Magnolia fargesii (Magnoliaceae) pm 48, 43 '83
Magnolia salicifolia (Magnoliaceae) pm 48, 43 '83
Thalictrum dioicum (Ranunculaceae) llyd 41, 169 '78
Xylopia pancheri (Annonaceae) pm 30, 48 '76
Xylopia vieillardii (Annonaceae) jnp 54, 466 '91
Ziziphus mucronata (Rhamnaceae) phy 13, 2328 '74

(dl):
Berberis actinacantha (Berberidaceae) daib 45, 2160 '85
Berberis boliviana (Berberidaceae) jnp 52, 81 '89
Bongardia chrysogonum (Berberidaceae) jnp 52, 818 '89
Polyalthia acuminata (Annonaceae) jnp 45, 471 '82
Roemeria refracta (Papaveraceae) hca 75, 260 '92
Tiliacora racemosa (Menispermaceae) cc 226 '78

isomer not specified:
Aniba muca (Lauraceae) rbq 13, 19 '96
Annona squamosa (Annonaceae) cpj 46, 439 '94
Artabotrys odoratissimus (Annonaceae) fit 65, 92 '94
Berberis iliensis (Berberidaceae) cnc 29, 69 '93
Berberis nummularia (Berberidaceae) cnc 29, 335 '93
Berberis valdiviana (Berberidaceae) fit 64, 378 '93
Cocculus laurifolius (Menispermaceae) ijc 26b, 24 '87
Corydalis gortschakovii (Papaveraceae) cnc 20, 245 '84
Discaria crenata (Rhamnaceae) phy 12, 954 '73

Fumaria capreolata (Papaveraceae) pcr 4, 96 '85
Glaucium oxylobum (Papaveraceae) cnc 20, 244 '84
Gyrocarpus americanus (Hernandiaceae) jnp 49, 101 '86
Litsea acuminata (Lauraceae) cpj 46, 299 '94
Nectandra salicifolia (Lauraceae) jnp 59, 576 '96
Retanilla ephedra (Rhamnaceae) rlq 5, 158 '74
Stephania excentrica (Menispermaceae) zh 27, 586 '96
Thalictrum longistylum (Ranunculaceae) jnp 62, 1410 '99

xyloside at the 7-HO position:

Latericine

Papaver californicum (Papaveraceae) svs 55, 23 '93

with a (1,8) attack:
N-Methylcrotsparine
Glaziovine
Suavedol

(R)(+)-isomer:
N-Methylcrotsparine
Glaziovine:
Annona cherimolia (Annonaceae) pmp 23, 159 '89

(S)(-)-isomer:
N-Methylcrotsparine
Glaziovine
Suavedol:
Aniba canelilla (Lauraceae) cjc 71, 1128 '93
Annona purpurea (Annonaceae) jnp 61, 1457 '98
Aristolochia chilensis (Aristolochiaceae) fit 61, 190 '90
Berberis lycium (Berberidaceae) daib 44, 1458 '83
Corydalis claviculata (Papaveraceae) jnp 53, 1280 '90
Croton bonplandianus (Euphorbiaceae) tet 37, 3175 '81
Desmos tiebaghiensis (Annonaceae) jnp 45, 617 '82
Guatteria sagotiana (Annonaceae) jnp 49, 1078 '86
Isolona zenkeri (Annonaceae) pm 50, 23 '84
Liriodendron tulipifera (Magnoliaceae) cnc 11, 829 '75
Litsea cubeba (Lauraceae) jca 667, 322 '94

Structural Index - 6,7-MeO,HO-Substituted

Litsea laurifolia (Lauraceae) pmp 13, 262 '79
Meconopsis cambrica (Papaveraceae) jpps 27, 84p '75
Nectandra membranacea (Lauraceae) pptp 27, 65 '93
Nectandra salicifolia (Lauraceae) jnp 59, 576 '96
Neostenanthera gabonensis (Annonaceae) jnp 51, 973 '88
Ocotea brachybotra (Lauraceae) pptp 27, 65 '93
Ocotea glaziovii (Lauraceae) het 9, 903 '78
Ocotea variabilis (Lauraceae) pptp 27, 65 '93
Pachygone ovata (Menispermaceae) jnp 42, 399 '79
Papaver caucasicum (Papaveraceae) phzi 23, 267 '68
Stephania cepharantha (Menispermaceae) cpb 45, 470 '97
Uvaria chamae (Annonaceae) pmp 14, 143 '80

isomer not specified:
Neolitsea konishii (Lauraceae) phzi 45, 442 '90

with the reduction of a double bond:

N-Methylcrotsparinine

Croton bonplandianus (Euphorbiaceae)
jcspt I, 1659 '75

with a (2,8) attack:

Apoglaziovine
N-Methylsparsiflorine
N-Methylapocrotsparine

(S)(+)-isomer:
Aniba canelilla (Lauraceae) cjc 71, 1128 '93
Berberis brandisiana (Berberidaceae) jnp 49, 538 '86
Croton bonplandianus (Euphorbiaceae) jnp 38, 275 '75
Croton sparsiflorus (Euphorbiaceae) tet 37, 3175 '81
Liriodendron tulipifera (Magnoliaceae) cnc 27, 516 '92
Ocotea sp. (Lauraceae) jnp 38, 275 '75

(R)(-)-isomer (Apoglaziovine only):
Nectandra membranacea (Lauraceae) fit 60, 474 '89
Stephania venosa (Menispermaceae) jnp 50, 1113 '87

6-MeO	7-HO
4-HO-benzyl	
Me,Me+	THIQ

Magnocurarine

(S)(+)-isomer:
Euodia trichotoma (Rutaceae) pm 59, 290 '93
Lindera oldhamii (Lauraceae) jnp 49, 726 '86
Litsea cubeba (Lauraceae) het 9, 903 '78

(R)(-)-isomer:
Colletia hystix (Rhamnaceae) aaqa 59, 343 '71
Colletia spinosissima (Rhamnaceae) llyd 33s, 1 '70
Dicentra spectabilis (Papaveraceae) sz 46, 109 '92
Leontice leontopetalum (Berberidaceae) jnp 49, 726 '86
Litsea cubeba (Lauraceae) jnp 56, 1971 '93
Magnolia acuminata (Magnoliaceae) llyd 33s, 1 '70
Magnolia obovata (Magnoliaceae) pm 58, 137 '92
Magnolia officinalis var. *biloba* (Magnoliaceae) nm 50, 413 '96
Magnolia rostrata (Magnoliaceae) cty 12, 10 '81
Tiliacora racemosa (Menispermaceae) jic 57, 773 '80

isomer not specified:
Magnolia anglietia (Magnoliaceae) yhhp 23, 383 '88
Magnolia sprengeri (Magnoliaceae) yhhp 23, 383 '88
Magnolia szechuanica (Magnoliaceae) yhhp 23, 383 '88
Magnolia wilsonii (Magnoliaceae) yfz 2, 95 '82
Manglietia chingii (Magnoliaceae) yhhp 24, 295 '89
Manglietia duclouxii (Magnoliaceae) yhhp 24, 295 '89
Manglietia insignis (Magnoliaceae) yhhp 24, 295 '89
Manglietia szechuanica (Magnoliaceae) yhhp 24, 295 '89
Manglietia yuyuanensis (Magnoliaceae) yhhp 24, 295 '89

6-MeO	7-HO
4-HO-α-HO-benzyl	
H	IQ

Annocherine A

Annona cherimolia (Annonaceae) phy 56, 753 '01

Structural Index - 6,7-MeO,HO-Substituted

6-MeO 7-HO 4-HO-α-MeO-benzyl H IQ	**Annocherine B**

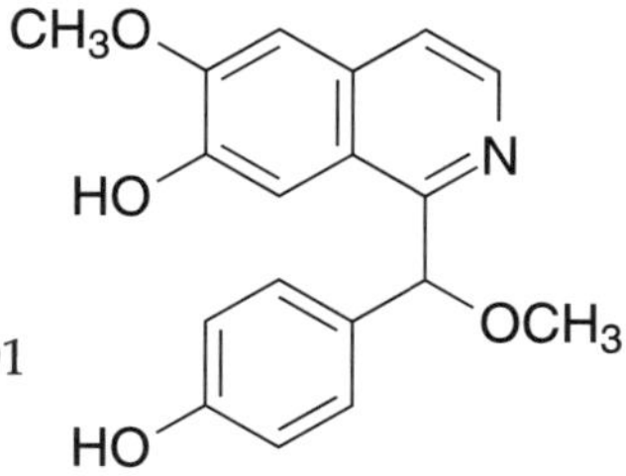

Annona cherimolia (Annonaceae) phy 56, 753 '01

6-MeO 7-HO 4-HO-α-HO-benzyl Me,Me+ THIQ	**(+)-1α-Hydroxymagnocurarine**

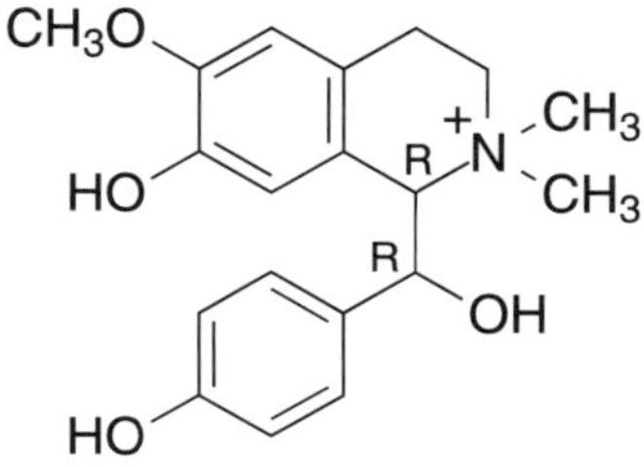

Cryptocarya konishii (Lauraceae)
   jnp 56, 1971 '93

6-MeO 7-HO 4-MeO-benzyl H THIQ	Not a natural product. ls 30, 1747 '82

with a (2,8) attack:	**Zenkerine** **10-Methoxycaaverine**

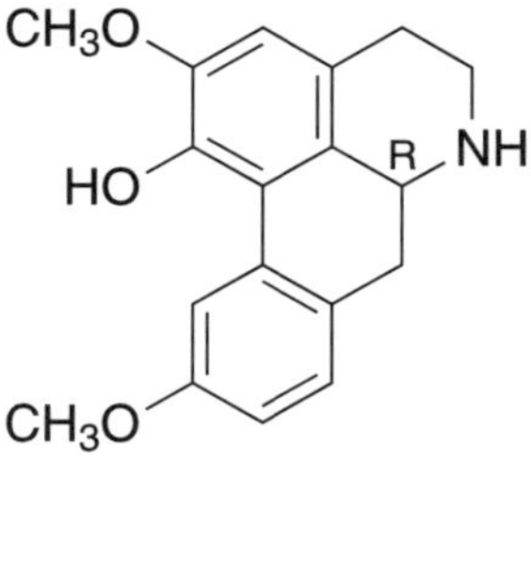

(-)-isomer:
Ocotea caesia (Lauraceae) jnp 42, 325 '79

isomer not specified:
Isolona pilosa (Annonaceae) cra 285, 447 '77
Isolona zenkeri (Annonaceae) pm 50, 23 '84

6-MeO 7-HO 4-MeO-benzyl Me THIQ	**N-Demethylcolletine**

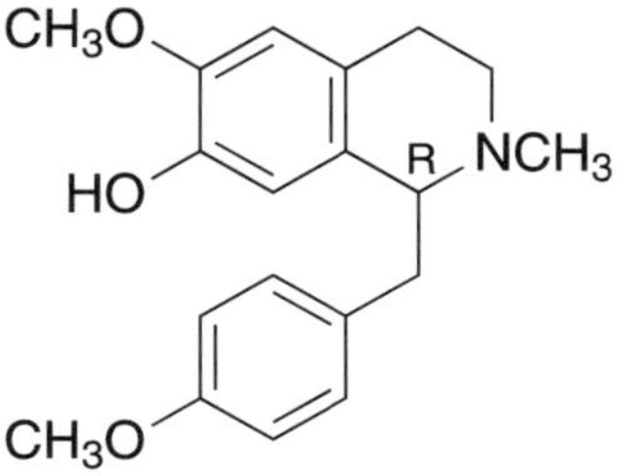

(R)-isomer:
Aconitum leucostomum (Ranunculaceae)
   kps 6, 805 '80

Discaria serratifolia (Rhamnaceae) jnp 42, 430 '79
Xylopia pancheri (Annonaceae) pm 30, 48 '76

| with a (2,3) attack: |

2,9-Dimethoxy-3-hydroxypavinane

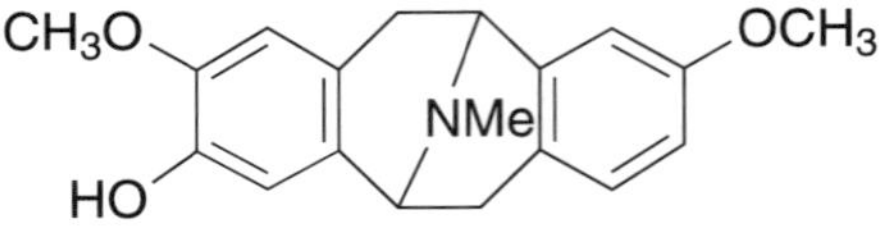

Argemone munita (Papaveraceae) joc 38, 3701 '73

also under: 7 MeO   R   Me   THIQ
R= 3,4-MeO,HO-benzyl (6,3) attack

| with a (2,8) attack: |

N-Methylzenkerine
Pulchine

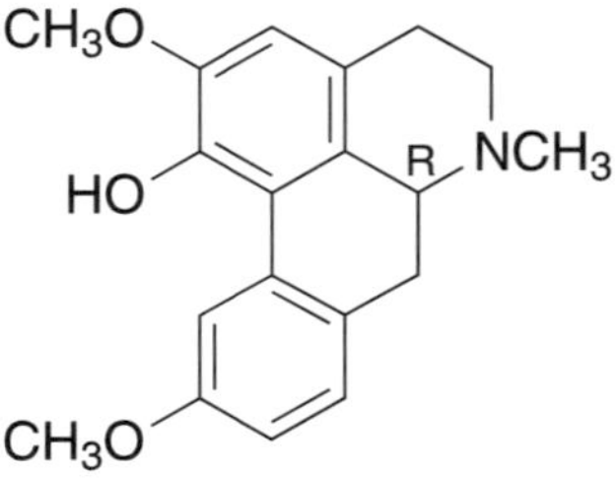

Ocotea caesia (Lauraceae) jnp 42, 325 '79

| 6-MeO   7-HO |
| 4-MeO-benzyl |
| Me,Me+   THIQ |

Colletine

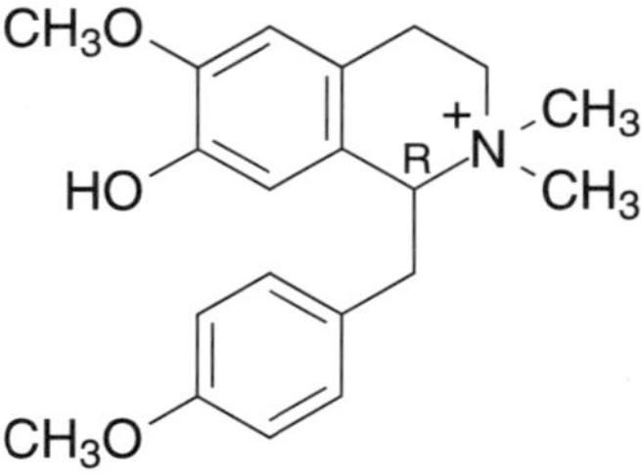

Colchicum luteum (Liliaceae) kpr 12, 359 '76
Colletia spinosissima (Rhamnaceae)
    llyd 33s, 1 '70
Cymbopetalum brasiliense (Annonaceae) pm 50, 517 '84
Zanthoxylum sarasinii (Rutaceae) pm 54, 189 '88

| 6-MeO   7-HO |
| 4-MeO-α-keto-benzyl |
| H   DHIQ |

Velucryptine

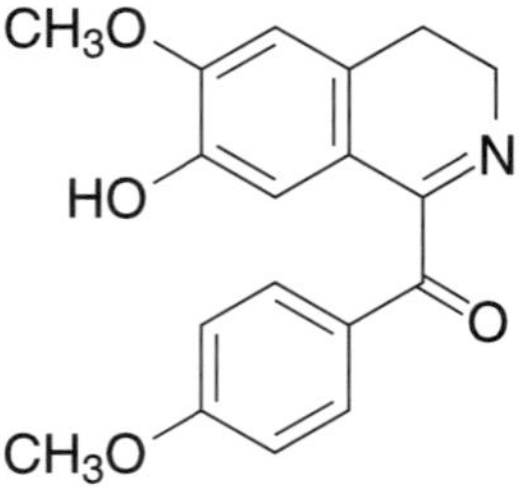

Cryptocarya velutinosa (Lauraceae) jnp 52, 516 '89

Structural Index - 6,7-MeO,HO-Substituted

6-MeO	7-HO
2,3-MeO,MeO-α-keto-benzyl	
H	IQ

Compound unknown

with a (6,8) attack: **Annolatine**

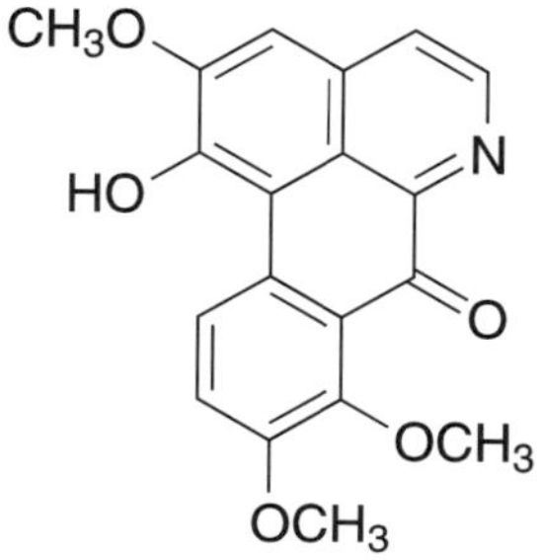

Annona montana (Annonaceae) phy 33, 497 '93

6-MeO	7-HO
2,3-MDO-benzyl, Me	
Me	THIQ

Compound unknown

with a (6,1-Me) attack, the N-oxide:

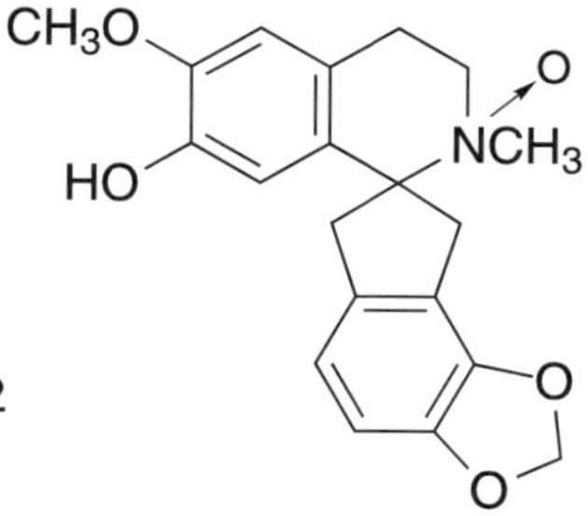

(+)-Papracinine

Fumaria indica (Papaveraceae) phy 31, 2869 '92

6-MeO	7-HO
2,3-MDO-α-keto-benzyl, Me	
Me	THIQ

Compound unknown

with a (6,1-Me) attack: **(+)-Parfumine**

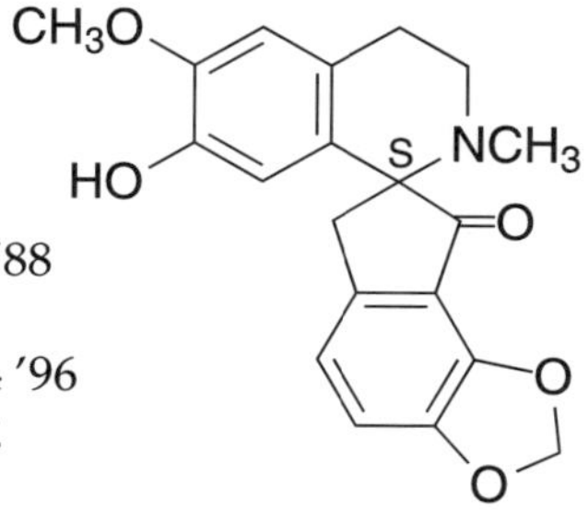

Corydalis rutifolia (Papaveraceae) ijcdr 26, 155 '88
Corydalis solida (Papaveraceae) guefd 5, 9 '88
Fumaria densiflora (Papaveraceae) cccc 61, 1064 '96
Fumaria indica (Papaveraceae) phy 31, 2869 '92
Fumaria muralis (Papaveraceae) jpps 33, 16 '81

Fumaria officinalis (Papaveraceae) jnp 46, 433 '83
Fumaria parviflora (Papaveraceae) pm 45, 120 '82
Fumaria rostellata (Papaveraceae) dban 25, 345 '72

6-MeO	7-HO
2,3-MDO-α-HO-benzyl, Me	
Me	THIQ

Compound unknown

with a (6,1-Me) attack:

Fumaritine
Fumarophycinol

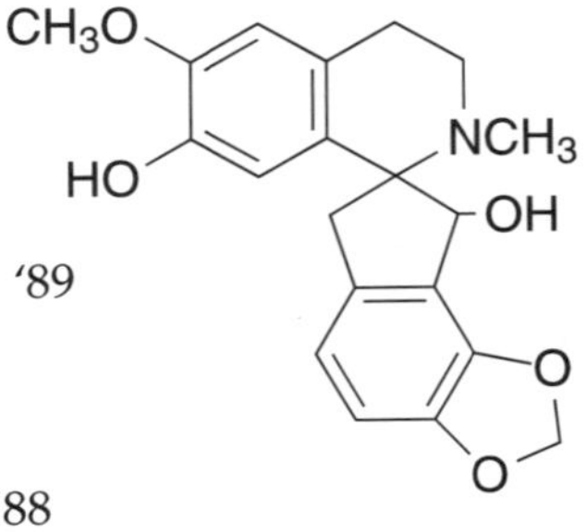

(+)-isomer:
Corydalis caucasica (Papaveraceae) ijcdr 27, 161 '89
Corydalis solida (Papaveraceae) jcsp 13, 63 '91

(-)-isomer:
Corydalis rutifolia (Papaveraceae) ijcdr 26, 155 '88
Fumaria bastardii (Papaveraceae) nps 4, 257 '98
Fumaria densiflora (Papaveraceae) cccc 61, 1064 '96
Fumaria macrosepala (Papaveraceae) aqse 83, 119 '87
Fumaria muralis (Papaveraceae) jpps 33, 16 '81
Fumaria officinalis (Papaveraceae) jnp 46, 433 '83
Fumaria spp. (Papaveraceae) nps 4, 257 '98

the N-oxide:

Fumaritine N-oxide
Alkaloid Fk-5

Fumaria indica (Papaveraceae) phy 31, 2869 '92
Fumaria kralikii (Papaveraceae) cjc 57, 53 '79

6-MeO	7-HO
2,5-MeO,HO-benzyl	
Me	THIQ

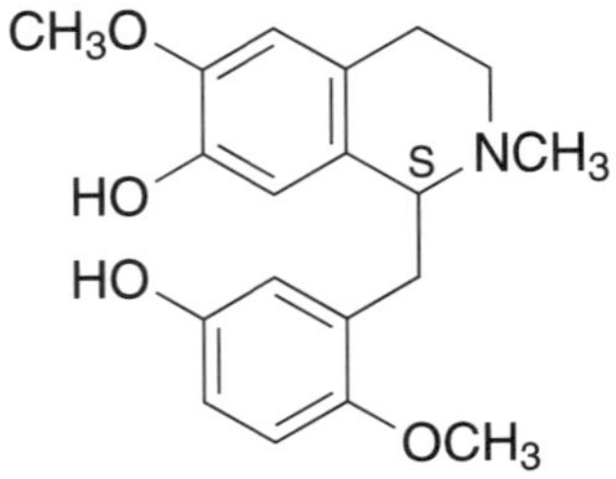

Dehassiline

Dehassia kurzii (Lauraceae) fit 62, 261 '91

6-MeO	7-HO
3,4-HO,HO-benzyl	
H	IQ

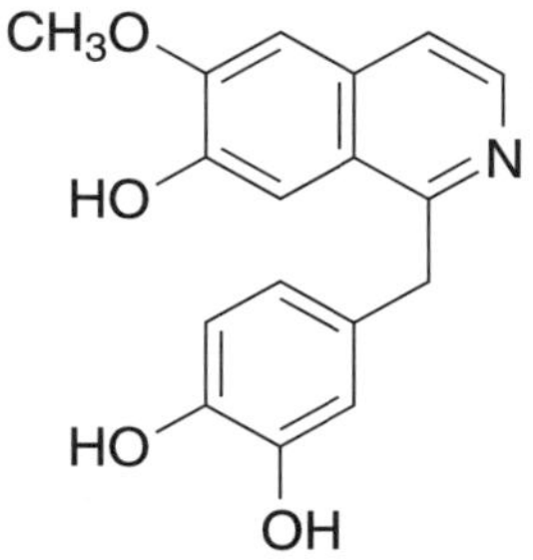

Turcomanine

Berberis turcomanica (Berberidaceae) cnc 32, 59 '96

6-MeO	7-HO
3,4-HO,HO-benzyl	
Me	THIQ

Compound unknown

with a (6,N-Me) attack:

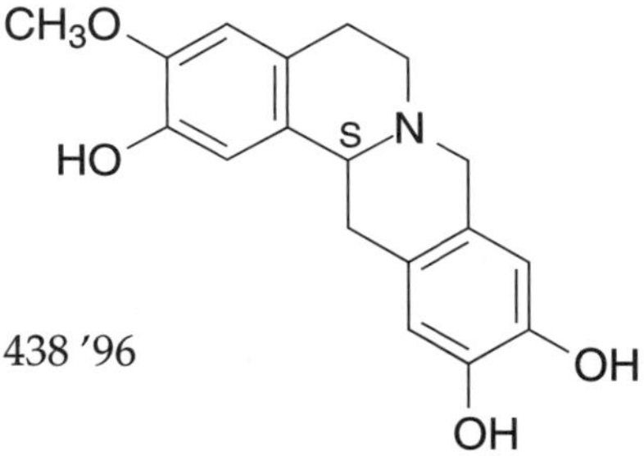

(-)-Pessoine

Annona spinescens (Annonaceae) jnp 59, 438 '96

6-MeO	7-HO
3,4-HO,MeO-benzyl	
H	THIQ

Norreticuline

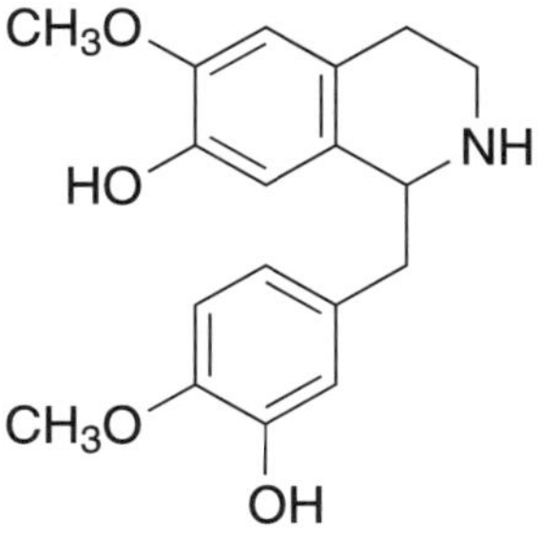

(R)(+)-isomer:
Ficus pachyrrachis (Moraceae) pm 59, 286 '93

(S)(-)-isomer:
Annona reticulata (Annonaceae) phy 26, 3235 '87
Argemone platyceras (Papaveraceae) phy 26, 3235 '87
Berberis aggregata (Berberidaceae) phy 26, 3235 '87
Berberis aristata (Berberidaceae) phy 26, 3235 '87
Berberis beaniana (Berberidaceae) phy 26, 3235 '87
Berberis koetineana (Berberidaceae) phy 29, 3491 '90
Berberis stolonifera (Berberidaceae) phy 26, 3235 '87
Berberis wilsoniae var. *subcaulialata* (Berberidaceae) phy 26, 3235 '87

Chelidonium majus (Papaveraceae) phy 26, 3235 '87
Cissampelos pareira (Menispermaceae) phy 26, 3235 '87
Corydalis cava (Papaveraceae) phy 26, 3235 '87
Corydalis meifolia (Papaveraceae) tet 42, 675 '86
Eschscholzia californica (Papaveraceae) phy 26, 3235 '87
Eschscholzia lobbii (Papaveraceae) phy 26, 3235 '87
Fumaria parviflora (Papaveraceae) phy 26, 3235 '87
Papaver somniferum (Papaveraceae) phy 26, 3235 '87
Thalictrum dipterocarpum (Ranunculaceae) phy 26, 3235 '87
Thalictrum flavum (Ranunculaceae) phy 26, 3235 '87
Thalictrum foetidum (Ranunculaceae) phy 26, 3235 '87
Thalictrum rugosum (Ranunculaceae) phy 26, 3235 '87

with a (2,4a) attack:

Norsinoacutine

Croton balsamifera (Euphorbiaceae) llyd 32, 1 '69
Croton bonplandianus (Euphorbiaceae) phy 20, 683 '81
Croton flavens (Euphorbiaceae) rlq 1, 140 '70
Croton linearis (Euphorbiaceae) llyd 32, 1 '69
Croton plumieri (Euphorbiaceae) phy 8, 777 '69

Norsalutaridine

(+)-isomer:
Papaver pseudo-orientale (Papaveraceae)
  jnp 51, 802 '88

isomer not specified:
Croton hemiargyreus (Euphorbiaceae)
  phy 47, 1445 '98

and a hydrogenated double bond at the 8,8a-position :

8,14-Dihydronorsalutaridine

Croton echinocarpus (Euphorbiaceae) llyd 32, 1 '69
Croton linearis (Euphorbiaceae) llyd 32, 1 '69
Croton plumieri (Euphorbiaceae) phy 8, 777 '69

Structural Index - 6,7-MeO,HO-Substituted

with a (6,4a) attack:

(-)-Norpallidine

Fumaria vaillantii (Papaveraceae) phy 15, 1802 '76

with a (6,8) attack:

Norisoboldine
Laurelliptine

Annona salzmanii (Annonaceae) je 36, 39 '92
Artabotrys monteiroae (Annonaceae) pa 4, 72 '93
Beilschmiedia spp. (Lauraceae) het 9, 903 '78
Cassytha pubescens (Lauraceae) het 9, 903 '78
Cassytha racemosa (Lauraceae) het 9, 903 '78
Cocculus laurifolius (Menispermaceae) cnc 27, 73 '91
Illigera pentaphylla (Hernandiaceae) jnp 48, 835 '85
Litsea acuminata (Lauraceae) cpj 46, 299 '94
Litsea triflora (Lauraceae) aqsc 76, 171 '80
Litsea spp. (Lauraceae) ajc 22, 2259 '69
Monodora tenuifolia (Annonaceae) daib 45, 520 '84
Nectandra rigida (Lauraceae) jnp 43, 353 '80
Neolitsea zeylanica (Lauraceae) het 9, 903 '78
Ocotea caesia (Lauraceae) phy 28, 3577 '89
Ziziphus jujuba (Rhamnaceae) kps 13, 239 '77

6-MeO	7-HO
3,4-HO,MeO-benzyl	
Me	THIQ

Reticuline

(dl):
Argemone gracilenta (Papaveraceae) joc 34, 555 '69
Machilus duthei (Lauraceae) jcp 2, 157 '80
Ocotea velloziana (Lauraceae) phy 39, 815 '95
Papaver bracteatum (Papaveraceae) phy 16, 1939 '77

(+)(S)-isomer:
Alseodaphne archboldiana (Lauraceae) het 9, 903 '78
Aniba canelilla (Lauraceae) cjc 71, 1128 '93
Annona cherimolia (Annonaceae) jnp 48, 151 '85
Annona spp. (Annonaceae) jnp 48, 151 '85
Argemone spp. (Papaveraceae) joc 34, 555 '69
Artabotrys monteiroae (Annonaceae) pa 4, 72 '93
Artabotrys venustus (Annonaceae) jnp 49, 602 '86
Berberis spp. (Berberidaceae) phy 29, 3505 '90
Bongardia chrysogonum (Berberidaceae) jnp 52, 818 '89
Cananga odorata (Annonaceae) jccs 46, 607 '99
Ceratocapnos palaestinus (Papaveraceae) jnp 53, 1006 '90
Cinnamomum spp. (Lauraceae) het 9, 903 '78
Corydalis spp. (Papaveraceae) ijcdr 26, 155 '88
Cryptocarya spp. (Lauraceae) het 9, 903 '78
Cymbopetalum brasiliense (Annonaceae) pm 50, 517 '84
Desmos tiebaghiensis (Annonaceae) jnp 45, 617 '82
Eschscholzia californica (Papaveraceae) lac 6, 555 '90
Fumaria capreolata (Papaveraceae) pcr 4, 96 '85
Glaucium grandiflorum (Papaveraceae) apt 43, 89 '01
Glaucium fimbrilligerum (Papaveraceae) cnc 16, 177 '80
Glossocalyx brevipes (Monimiaceae) jnp 48, 833 '85
Guatteria goudotiana (Annonaceae) phy 30, 2781 '91
Hernandia spp. (Hernandiaceae) bmnh 2, 387 '80
Illigera parviflora (Hernandiaceae) cty 22, 393 '91
Laurus nobilis (Lauraceae) jnp 45, 560 '82
Leontice leontopetalum (Berberidaceae) jnp 49, 726 '86
Lindera spp. (Lauraceae) jnp 47, 1066 '84
Litsea spp. (Lauraceae) ajc 43, 1949 '90
Magnolia spp. (Magnoliaceae) pm 48, 43 '83
Monocyclanthus vignei (Annonaceae) jnp 54, 1331 '91
Nectandra salicifolia (Lauraceae) jnp 59, 576 '96
Neolitsea spp. (Lauraceae) jnp 47, 1062 '84
Papaver somniferum (Papaveraceae) kps 12, 750 '76
Papaver spp. (Papaveraceae) phy 25, 2639 '86
Peumus boldus (Monimiaceae) jps 57, 1023 '68
Phoebe minutiflora (Lauraceae) cpj 49, 217 '97
Polyalthia acuminata (Annonaceae) jnp 45, 471 '82
Rollinia emarginata (Annonaceae) jnp 49, 717 '86
Siparuna tonduziana (Monimiaceae) pm 56, 492 '90
Sparattanthelium uncigerum (Hernandiaceae) jnp 48, 333 '85
Stephania spp. (Menispermaceae) cpb 45, 470 '97

Thalictrum minus chemovar b (Ranunculaceae) llyd 41, 257 '78
Thalictrum spp. (Ranunculaceae) jnp 45, 252 '82
Uvaria spp. (Annonaceae) nm 51, 272 '97
Xylopia spp. (Annonaceae) pm 30, 48 '76

(-)(R)-isomer:
Aniba spp. (Lauraceae) bse 8, 51 '80
Anomianthus dulcis (Annonaceae) bse 26, 139 '98
Croton celtidifolius (Euphorbiaceae) pm 63, 485 '97
Ficus pachyrrachis (Moraceae) pm 59, 286 '93
Papaver spp. (Papaveraceae) phy 25, 2639 '86

isomer not specified:
Aconitum zeravschanicum (Ranunculaceae) cnc 20, 760 '84
Aniba muca (Lauraceae) rbq 13, 19 '96
Annona squamosa (Annonaceae) cpj 46, 439 '94
Anomianthus dulcis (Annonaceae) bse 26, 139 '98
Arctomecon humile (Papaveraceae) bse 18, 45 '90
Chelidonium majus (Papaveraceae) jcspt I, 1140 '75
Cinnamomum camphora (Lauraceae) het 9, 903 '78
Cocculus laurifolius (Menispermaceae) tet 36, 3107 '80
Corydalis spp. (Papaveraceae) cnc 20, 245 '84
Croton hemiargyreus var. *gymnodiscus* (Euphorbiaceae) pa 10, 254 '99
Cryptocarya longifolia (Lauraceae) abs 11
Dicentra peregrina (Papaveraceae) cnc 20, 74 '84
Doryphora sassafras (Monimiaceae) llyd 37, 493 '74
Erythrina arborescens (Fabaceae) yz 93, 1617 '73
Fumaria vaillantii (Papaveraceae) cnc 17, 437 '81
Glaucium spp. (Papaveraceae) cnc 19, 714 '83
Guatteria spp. (Annonaceae) pmp 18, 165 '84
Gyrocarpus americanus (Hernandiaceae) jnp 49, 101 '86
Hernandia guianensis (Hernandiaceae) pm 50, 20 '84
Hydrastis canadensis (Ranunculaceae) llyd 33s, 1 '70
Laurelia philippiana (Monimiaceae) phy 21, 773 '82
Laurobasidium lauri (Exobasidiaceae) jpp 40, 801 '88
Litsea spp. (Lauraceae) cpj 46, 299 '94
Machilus thunbergii (Lauraceae) het 9, 903 '78
Magnolia salicifolia (Magnoliaceae) pm 51, 291 '85
Ocotea spp. (Lauraceae) rlq 11, 110 '80
Orophea hexandra (Annonaceae) bse 27, 111 '99
Oxandra major (Annonaceae) phy 26, 2093 '87
Pachygone ovata (Menispermaceae) jnp 42, 399 '79

Papaver spp. (Papaveraceae) cnc 24, 475 '89
Phoebe spp. (Lauraceae) jca 667, 322 '94
Phylica rogersii (Rhamnaceae) llyd 33s, 1 '70
Polyalthia nitidissima (Annonaceae) pm 49, 20 '83
Sassafras albidum (Lauraceae) llyd 39, 473a '76
Thalictrum pedunculatum (Ranunculaceae) izk 21, 246 '88
Xylopia frutescens (Annonaceae) pmp 16, 253 '82
Xylopia papuana (Annonaceae) npl 6, 57 '95

(Beware of the spelling without the final "e." Reticulin is a connective tissue protein.)

the N-oxide: **Reticuline N-oxide**

(+)-isomer:
Corydalis pseudoadunca (Papaveraceae) cnc 21, 807 '86
Magnolia salicifolia (Magnoliaceae) pm 48, 43 '83

isomer not specified:
Pachygone ovata (Menispermaceae) jnp 42, 399 '79

with a 3,4-ene:

α-Dehydroreticuline

Croton hemiargyreus (Euphorbiaceae) pa 10, 254 '99
Licaria armeniaca (Lauraceae) bps 8, 28 '85

with a (2,N-Me) attack:

Scoulerine
Aurotensine

(dl)-Scoulerine
Aurotensine:
Glaucium oxylobum (Papaveraceae) llyd 33s, 1 '70

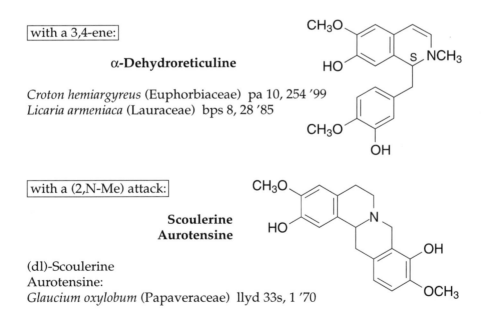

(R)(+)-Scoulerine:
Corydalis bulleyana (Papaveraceae) pm 52, 193 '83
Corydalis caucasica (Papaveraceae) ijcd 27, 161 '89
Corydalis incisa (Papaveraceae) cpb 24, 2859 '76
Corydalis rutifolia (Papaveraceae) ijcdr 26, 155 '88
Corydalis scouleri (Papaveraceae) bull 1
Corydalis solida ssp. *brachyloba* (Papaveraceae) jcsp 13, 63 '91

(S)(-)-Scoulerine:
Argemone albiflora (Papaveraceae) cccc 38, 3312 '73
Argemone polyanthemos (Papaveraceae) cccc 39, 2491 '74
Corydalis claviculata (Papaveraceae) phy 24, 585 '85
Corydalis decumbens (Papaveraceae) jcps 4, 57 '95
Corydalis gigantea (Papaveraceae) kps 12, 754 '76
Corydalis hsuchowensis (Papaveraceae) pm 57, 156 '91
Corydalis incisa (Papaveraceae) phy 13, 2620 '74
Corydalis intermedia (Papaveraceae) cccc 54, 2009 '89
Corydalis koidzumiana (Papaveraceae) yz 94, 844 '74
Corydalis majori (Papaveraceae) pmp 22, 219 '88
Corydalis nobilis (Papaveraceae) cccc 54, 2009 '89
Corydalis ochroleuca (Papaveraceae) cjc 47, 1103 '69
Corydalis omeiensis (Papaveraceae) tcyyk 4, 7 '92
Corydalis saxicola (Papaveraceae) zx 24, 289 '82
Corydalis severtzovii (Papaveraceae) cnc 11, 826 '75
Corydalis stewartii (Papaveraceae) pm 58, 108 '92
Corydalis vaginans (Papaveraceae) cnc 12, 118 '76
Disepalum pulchrum (Annonaceae) phy 29, 3845 '90
Eschscholzia californica strain bb (Papaveraceae) tet 47, 5945 '91
Eschscholzia lobbii (Papaveraceae) cccc 41, 2429 '76
Eschscholzia oregana (Papaveraceae) cccc 40, 1095 '75
Fumaria asepala (Papaveraceae) ijcdr 24, 105 '86
Fumaria bella (Papaveraceae) jnp 49, 178 '86
Fumaria capreolata (Papaveraceae) jnp 48, 670 '85
Fumaria judaica (Papaveraceae) guefd 1, 15 '84
Fumaria kralikii (Papaveraceae) ijcdr 26, 61 '88
Fumaria petteri ssp. *thuretii* (Papaveraceae) ijcdr 26, 61 '88
Fumaria vaillantii (Papaveraceae) phy 22, 2073 '83
Glaucium fimbrilligerum (Papaveraceae) cnc 16, 177 '80
Hunnemannia fumariaefolia (Papaveraceae) cccc 45, 914 '79
Hypecoum procumbens (Papaveraceae) jnp 46, 414 '83
Sarcocapnos crassifolia speciosa (Papaveraceae) phy 28, 251 '88
Sarcocapnos enneaphylla (Papaveraceae) phy 30, 1005 '91

Sarcocapnos saetabensis (Papaveraceae) phy 30, 2071 '91
Stephania cepharantha (Menispermaceae) cpb 45, 470 '97

isomer not specified:
Annona paludosa (Annonaceae) pmp 22, 159 '88
Argemone alba (Papaveraceae) cnc 22, 189 '86
Argemone albiflora (Papaveraceae) cnc 22, 742 '87
Argemone hybrida (Papaveraceae) cnc 22, 189 '86
Argemone mexicana (Papaveraceae) cnc 22, 189 '86
Argemone orchroleuca (Papaveraceae) kps 6, 798 '86
Berberis valdiviana (Berberidaceae) fit 64, 378 '93
Chelidonium majus (Papaveraceae) pm 60, 380 '94
Coptis japonica (Ranunculaceae) phy 32, 659 '93
Corydalis bungeana (Papaveraceae) pm 53, 418 '87
Corydalis gortschakovii (Papaveraceae) cnc 20, 245 '84
Corydalis impatiens (Papaveraceae) patent 3
Corydalis ochotensis (Papaveraceae) jcspt I, 390 '77
Corydalis pseudoadunca (Papaveraceae) cnc 21, 807 '86
Corydalis repens (Papaveraceae) yhtp 17, 3 '82
Corydalis solida (Papaveraceae) guefd 5, 9 '88
Corydalis stricta (Papaveraceae) kps 19, 461 '83
Corydalis tashiroi (Papaveraceae) pm 67, 423 '01
Cryptocarya longifolia (Lauraceae) abs 11
Dicentra peregrina (Papaveraceae) cnc 20, 74 '84
Dicentra spectabilis (Papaveraceae) cnc 20, 74 '84
Fumaria capreolata (Papaveraceae) ijcd 23, 161 '85
Fumaria densiflora (Papaveraceae) cccc 61, 1064 '96
Fumaria judaica (Papaveraceae) ijcd 22, 181 '84
Fumaria officinalis (Papaveraceae) cjc 47, 1103 '69
Fumaria parviflora (Papaveraceae) cnc 18, 608 '82
Fumaria vaillantii (Papaveraceae) cnc 17, 437 '81
Fumaria spp. (Papaveraceae) jnp 48, 670 '85
Glaucium fimbrilligerum (Papaveraceae) cnc 19, 464 '83
Glaucium oxylobum (Papaveraceae) cccc 50, 854 '84
Glaucium squamigerum (Papaveraceae) cccc 49, 1318 '84
Glaucium spp. (Papaveraceae) cccc 50, 854 '84
Mahonia aquifolium (Berberidaceae) cp 39, 537 '85
Nandina domestica (Berberidaceae) patent 1
Papaver argemone (Papaveraceae) cccc 53, 1845 '88
Papaver atlanticum Ball (Papaveraceae) cccc 51, 2232 '86
Papaver bracteatum (Papaveraceae) rr 24, 400 '88
Papaver confine (Papaveraceae) cccc 54, 1118 '89

Structural Index - 6,7-MeO,HO-Substituted

Papaver cylindricum (Papaveraceae) pm 46, 175 '82
Papaver fugax (Papaveraceae) kps 4, 559 '88
Papaver lecoquii (Papaveraceae) cccc 46, 2587 '81
Papaver litwinowii (Papaveraceae) cccc 46, 1534 '81
Papaver orientale (Papaveraceae) cccc 56, 1534 '91
Papaver pinnatifidum (Papaveraceae) cccc 59, 1879 '94
Papaver rhoeas var. *chelidonioides* (Papaveraceae) cccc 54, 1118 '89
Papaver setigerum (Papaveraceae) cccc 61, 1047 '96
Papaver stevenianum (Papaveraceae) cccc 55, 1812 '90
Papaver tauricolum (Papaveraceae) phy 19, 2189 '80
Papaver triniaefolium (Papaveraceae) pm 49, 43 '83
Stylophorum lasiocarpum (Papaveraceae) cccc 56, 1116 '91
Stylophorum diphyllum (Papaveraceae) cccc 49, 704 '84
Thalictrum tuberosum (Ranunculaceae) phy 33, 1431 '93

and aromatization of the c-ring:

Tetradehydroscoulerine

Pseuduvaria indochinensis (Annonaceae)
  phy 27, 4004 '88
Thalictrum tuberosum (Ranunculaceae)
  phy 33, 1431 '93

with a (2,3) attack:

Munitagine

Argemone hybrida (Papaveraceae) cnc 22, 189 '86
Argemone gracilenta (Papaveraceae) jnp 46, 293 '83
Argemone munita (Papaveraceae) jnp 46, 293 '83
Argemone platyceras (Papaveraceae) kfz 22, 580 '88
Argemone pleiacantha (Papaveraceae) phy 8, 611 '69

also under: 7,8 MeO HO R Me THIQ
R= 3,4-MeO,HO-benzyl   (6,3) attack

with a (2,4a) attack: **Salutaridine**
Floripavine
Salutarine
Sinoacutine
Sinacutine

(+)-Salutaridine
Floripavine:
Croton balsamifera (Euphorbiaceae) rlq 1, 140 '70
Croton plumieri (Euphorbiaceae) rlq 1, 140 '70
Croton spp. (Euphorbiaceae) llyd 32, 1 '69
Glaucium fimbrilligerum (Papaveraceae)
    jnp 61, 1564 '98
Glaucium flavum (Papaveraceae) phy 27, 1021 '88
Glaucium spp. (Papaveraceae) jnp 61, 1564 '98
Papaver bracteatum (Papaveraceae) cccc 50, 1215 '85
Papaver fugax (Papaveraceae) jsiri 7, 263 '96
Papaver orientale (Papaveraceae) book 4
Papaver pseudo-orientale (Papaveraceae) cccc 51, 1752 '86
Papaver somniferum (Papaveraceae) book 4
Papaver triniifolium (Papaveraceae) pm 49, 43 '83
Papaver spp. (Papaveraceae) dsa 7, 93 '83
Sarcocapnos crassifolia (Papaveraceae) phy 30, 1175 '91
Sarcocapnos saetabensis (Papaveraceae) phy 30, 1175 '91

(−)-Salutaridine
(−)-Sinoacutine
Sinacutine:
Artabotrys uncinatus (Annonaceae) jnp 64, 1157 '01
Berberis buxifolia (Berberidaceae) daib 44, 1458 '83
Berberis ilicifolia (Berberidaceae) het 43, 949 '96
Cassytha pubescens (Lauraceae) het 9, 903 '78
Ceratocapnos palaestinus (Papaveraceae)
    jnp 53, 1006 '90
Cocculus carolinus (Menispermaceae) jps 61, 1825 '72
Corydalis koidzumiana (Papaveraceae) yz 94, 844 '74
Corydalis majori (Papaveraceae) pmp 22, 219 '88
Corydalis ochotensis var. *raddeana* (Papaveraceae) jcspt I, 390 '77
Corydalis stewartii (Papaveraceae) pm 58, 108 '92
Croton flavens (Euphorbiaceae) llyd 32, 1 '69
Croton lechleri (Euphorbiaceae) pm 62, 90 '96

Structural Index - 6,7-MeO,HO-Substituted

Glaucium contortuplicatum (Papaveraceae) jps 65, 755 '76
Nandina domestica (Berberidaceae) yz 94, 1149 '74
Ocotea brachybotra (Lauraceae) tl 1631 '76
Peumus boldus (Monimiaceae) fit 54, 175 '83
Platycapnos saxicola (Papaveraceae) phy 30, 3315 '91
Stephania brachyandra (Menispermaceae) tcyyk 4, 11 '92
Stephania cepharantha (Menispermaceae) bpb 22, 268 '99
Stephania dicentzinifeza (Menispermaceae) zh 15, 8 '84
Stephania dielsiana (Menispermaceae) zh 14, 57 '83
Stephania elegans (Menispermaceae) ijnp 42, 147 '80
Stephania epigaea (Menispermaceae) nyx 5, 203 '85
Stephania gracilenta (Menispermaceae) ijnp 3, 8 '87
Stephania micrantha (Menispermaceae) yx 16, 557 '81
Stephania officinarum (Menispermaceae) zx 32, 368 '90
Stephania pierrei (Menispermaceae) jnp 56, 1468 '93
Stephania yunnanensis (Menispermaceae) zx 31, 296 '89
Strychnopsis thouarsii (Menispermaceae) bse 23, 679 '95

(dl)-Salutaridine
(dl)-Salutarine: (structure the same as (+)-Salutaridine)
Croton salutaris (Euphorbiaceae) phy 20, 543 '81

isomer not specified:
Antizoma angustifolia (Menispermaceae) jnp 51, 584 '88
Croton linearis (Euphorbiaceae) rlq 1, 140 '70
Sinomenium acutum (Menispermaceae) llyd 33s, 1 '70
Thalictrum foetidum (Ranunculaceae) pm 56, 337 '90

| the N-oxide: | **(+)-Salutaridine N-oxide**

Papaver bracteatum (Papaveraceae) pm 58, 368 '92

| and a hydrogenated double bond
| at the 8,8a-position :

(-)-8,14-Dihydrosalutaridine

Croton discolor (Euphorbiaceae) llyd 32, 1 '69
Croton echinocarpus (Euphorbiaceae) llyd 32, 1 '69
Croton linearis (Euphorbiaceae) llyd 32, 1 '69

Croton plumieri (Euphorbiaceae) phy 8, 777 '69
Croton stenophyllus (Euphorbiaceae) rcf 16, 45 '82
Sinomenium acutum (Menispermaceae) bydx 23, 235 '91
Stephania brachyandra (Menispermaceae) cty 13, 1 '82

(-)-Ocobotrine

Hernandia voyronii (Hernandiaceae) pm 64, 58 '98
Ocotea brachybotra (Lauraceae) tl 1631 '76
Thalictrum fauriei (Ranunculaceae)
    jnp 62, 803 '99

and hydrogenated double bonds:

Tetrahydrosinacutine

Ocotea brachybotra (Lauraceae) fes 32, 767 '77

with a (2,8) attack:

Corytuberine

Aconitum spp. (Ranunculaceae)
    cccc 60, 1034 '95
Actaea spicata (Ranunculaceae)
    cccc 60, 1034 '95
Adonis spp. (Ranunculaceae) cccc 52, 804 '87
Annona cherimolia (Annonaceae) jnp 48, 151 '85
Aquilegia spp. (Ranunculaceae) cccc 52, 804 '87
Aristolochia clematitis (Aristolochiaceae) cccc 52, 804 '87
Caltha palustris (Ranunculaceae) cccc 52, 804 '87
Chelidonium majus (Papaveraceae) pm 60, 380 '94
Cissampelos pareira (Menispermaceae) fit 63, 282 '92
Clematis recta (Ranunculaceae) cccc 52, 804 '87
Consolida regalis (Ranunculaceae) cccc 52, 804 '87
Corydalis dasyptera (Papaveraceae) tcyyk 9, 37 '97
Corydalis gortschakovii (Papaveraceae) cnc 13, 702 '77
Corydalis nobilis (Papaveraceae) cccc 54, 2009 '89

Structural Index - 6,7-MeO,HO-Substituted

Corydalis semenovii (Papaveraceae) cty 19, 389 '88
Corydalis suaveolens (Papaveraceae) cty 12, 1 '81
Dehaasia triandra (Lauraceae) phy 28, 615 '89
Dicentra formosa (Papaveraceae) bull 1
Dicranostigma spp. (Papaveraceae) cccc 43, 1108 '78
Eranthis hiemalis (Ranunculaceae) cccc 52, 804 '87
Eschscholzia californica (Papaveraceae) cccc 51, 1743 '86
Eschscholzia douglasii (Papaveraceae) cccc 51, 1743 '86
Eschscholzia glauca (Papaveraceae) cccc 51, 1743 '86
Fumaria agraria (Papaveraceae) pa 10, 6 '99
Fumaria densiflora (Papaveraceae) cccc 61, 1064 '96
Fumaria officinalis (Papaveraceae) pa 10, 6 '99
Fumaria spp. (Papaveraceae) pa 10, 6 '99
Glaucium spp. (Papaveraceae) cnc 19, 464 '83
Guatteria goudotiana (Annonaceae) phy 30, 2781 '91
Helleborus spp. (Ranunculaceae) cccc 52, 804 '87
Hernandia sonora (Hernandiaceae) phy 40, 983 '95
Isopyrum thalictroides (Ranunculaceae) cccc 52, 804 '87
Kolobopetalum auriculatum (Menispermaceae) daib 40, 2143 '79
Liriodendron tulipifera (Magnoliaceae) cccc 60, 1034 '95
Litsea deccanensis (Lauraceae) pm 55, 197 '89
Mahonia aquifolium (Berberidaceae) pm 61, 372 '95
Meconopsis spp. (Papaveraceae) npr 15, 341 '98
Meiogyne virgata (Annonaceae) phy 26, 537 '87
Mezilaurus synandra (Lauraceae) phy 22, 772 '83
Ocotea holdrigiana (Lauraceae) fit 67, 184 '96
Oncodostigma monosperma (Annonaceae) jnp 52, 273 '89
Papaver spp. (Papaveraceae) cccc 51, 1752 '86
Phoebe minutiflora (Lauraceae) cpj 49, 217 '97
Stephania spp. (Menispermaceae) cty 13, 1 '82
Stylophorum spp. (Papaveraceae) cccc 49, 704 '84
Xylopia vieillardii (Annonaceae) jnp 54, 466 '91

with a (6,N-Me) attack:

Coreximine
Coramine

Annona spp. (Annonaceae) pmp 22, 159 '88
Asimina triloba (Annonaceae) yz 85, 77 '65
Cananga odorata (Annonaceae) chy 41, 279 '89
Caryomene olivascens (Menispermaceae) afb 6, 163 '87

Chasmanthera dependens (Menispermaceae) pm 49, 17 '83
Corydalis spp. (Papaveraceae) phy 13, 2620 '74
Guatteria spp. (Annonaceae) jnp 49, 878 '86
Pachygone ovata (Menispermaceae) jnp 47, 459 '84
Phoebe formosana (Lauraceae) jca 667, 322 '94
Stephania suberosa (Menispermaceae) phy 26, 547 '87
Xylopia vieillardii (Annonaceae) jnp 54, 466 '91

and a methyl group
on the original N-Me group:

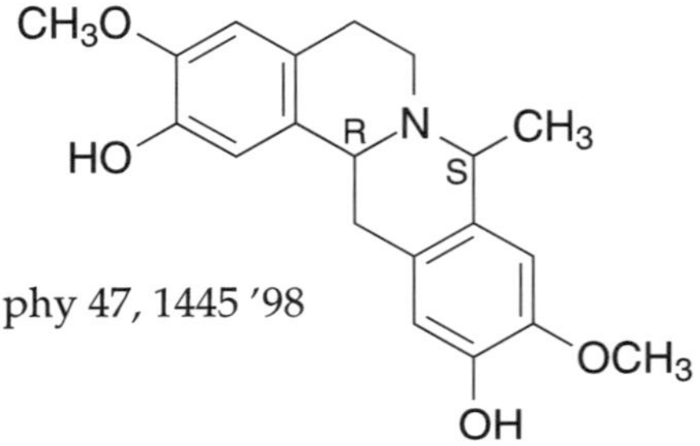

Hemiargyrine

Croton hemiargyreus (Euphorbiaceae) phy 47, 1445 '98

with a (6,3) attack:

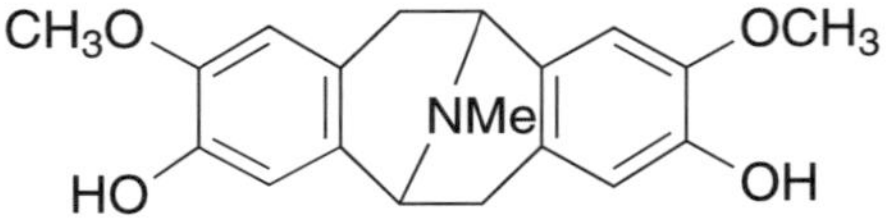

Bisnorargemonine
Dinorargemonine
Rotundine

Argemone spp. (Papaveraceae) jnp 46, 293 '83
Cocculus laurifolius (Menispermaceae) tet 40, 1591 '84
Corydalis decumbens (Papaveraceae) jca 669 1/2, 225 '94
Cryptocarya longifolia (Lauraceae) jnp 46, 293 '83
Eschscholzia spp. (Papaveraceae) jnp 46, 293 '83
Fumaria bastardii (Papaveraceae) nps 4, 257 '98
Thalictrum dasycarpum (Ranunculaceae) jnp 46, 293 '83

also under: 6,7 HO MeO R Me THIQ
R= 3,4-MeO,HO-benzyl   (6,3) attack

(The name Rotundine has been used for two unrelated alkaloids; the one in this section, and one which is a synonym for Tetrahydropalmatine. (-)-Rotundine (the one in the other section) comes from *Stephania* sp., whereas this Rotundine comes from *Argemone* sp.)

Structural Index - 6,7-MeO,HO-Substituted

with a (6,4) attack:

(-)-Thalidine

Thalicrum dioicum (Ranunculaceae) llyd 39, 395 '76

with a (6,4a) attack: **(-)-Pallidine**
(-)-Isosalutaridine

Cardiopetalum calophyllum (Annonaceae) pm 57, 581 '91
Corydalis claviculata (Papaveraceae) jnp 53, 1280 '90
Ceratocapnos palaestinus (Papaveraceae) jnp 53, 1006 '90
Chasmanthera dependens (Menispermaceae)
   pm 49, 17 '83
Corydalis koidzumiana (Papaveraceae) yz 94, 844 '74
Corydalis ochotensis (Papaveraceae) jcspt I, 390 '77
Desmos tiebaghiensis (Annonaceae) jnp 45, 617 '82
Fumaria capreolata (Papaveraceae) pcr 4, 96 '85
Fumaria vaillantii (Papaveraceae) phy 15, 1802 '76
Guatteria goudotiana (Annonaceae) phy 30, 2781 '91
Guatteria melosma (Annonaceae) jnp 45, 476 '82
Hernandia voyronii (Hernandiaceae) pm 64, 58 '98
Litsea acuminata (Lauraceae) cpj 46, 299 '94
Litsea lecardii (Lauraceae) pm 52, 74 '86
Monodora crispata (Annonaceae) aua 17, 105 '81
Neolitsea villosa (Lauraceae) cpj 47, 69 '95
Ocotea acutangula (Lauraceae) jcspt I, 578 '81
Ocotea brachybotra (Lauraceae) tl 1631, '76
Pergularia pallida (Asclepiadaceae) phy 23, 2931 '84
Rollinia mucosa (Annonaceae) jnp 50, 330 '87
Sarcocapnos baetica (Papaveraceae) phy 30, 1175 '91
Sarcocapnos crassifolia (Papaveraceae)
   phy 30, 1175 '91
Thalictrum dioicum (Ranunculaceae) llyd 41, 169 '78

(+)-Isosalutaridine

Croton chilensis (Euphorbiaceae) bscq 42, 223 '97
Fumaria densiflora (Papaveraceae) jnp 49, 370 '86
Meconopsis cambrica (Papaveraceae) jpps 27, 84 '75

and a hydrogenated double bond at the 8,8a-position :

(S)(-)-Pallidinine
β-Dihydropallidine

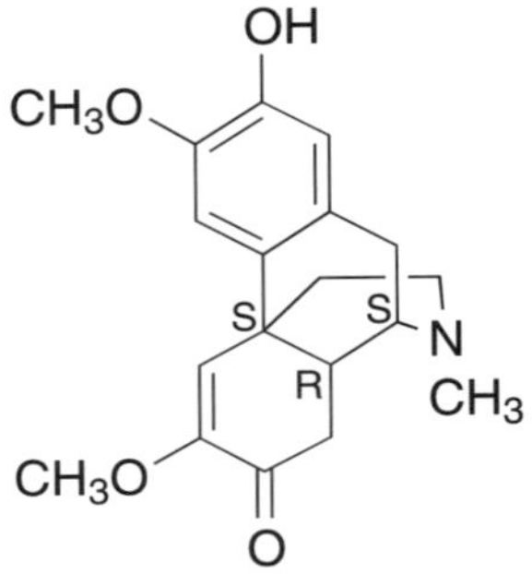

Ocotea acutangula (Lauraceae) jcspt I, 578 '81

with reduction of the isoquinoline aromatic ring:

(+)-Oreobeiline

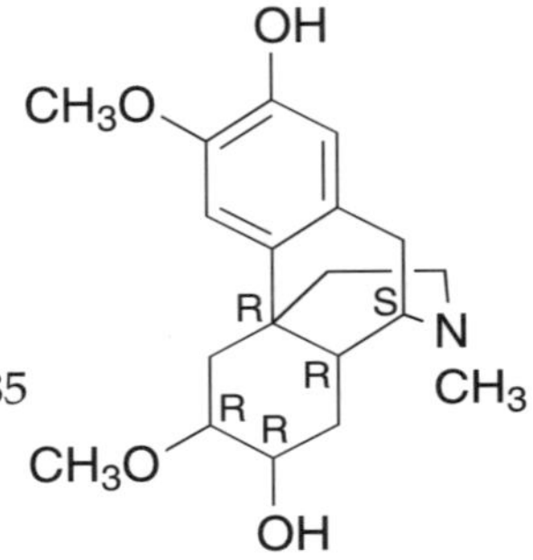

Beilschmiedia oreophila (Lauraceae) het 23, 1357 '85

the (S)-isomer:

(+)-6-Epioreobeiline

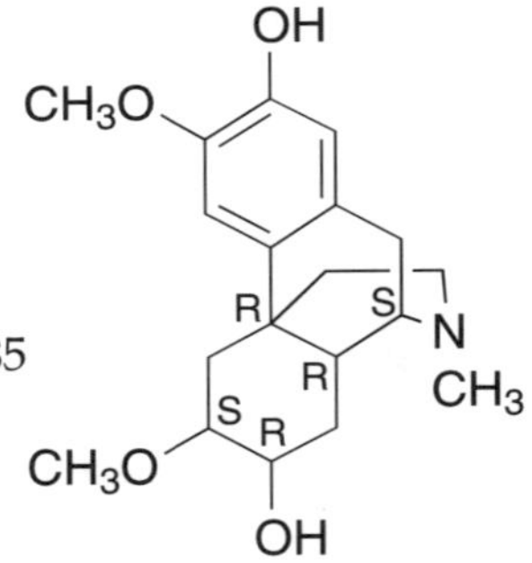

Beilschmiedia oreophila (Lauraceae) het 23, 1357 '85

with a (6,8) attack:
Isoboldine
N-Methyllaurelliptine

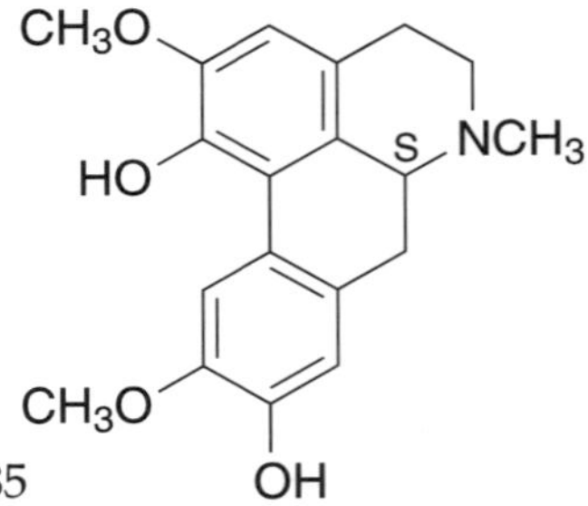

(S)(+)-isomer:
Aconitum sanyoense (Ranunculaceae)
  cpb 40, 2927 '92
Aniba canelilla (Lauraceae) cjc 71, 1128 '93
Annona cherimolia (Annonaceae) jnp 48, 151 '85
Berberis brandisiana (Berberidaceae) jnp 49, 538 '86
Berberis cretica (Berberidaceae) jnp 49, 159 '86

Structural Index - 6,7-MeO,HO-Substituted 125

Berberis valdiviana (Berberidaceae) fit 64, 378 '93
Cardiopetalum calophyllum (Annonaceae) pm 57, 581 '91
Ceratocapnos palaestinus (Papaveraceae) jnp 53, 1006 '90
Corydalis spp. (Papaveraceae) pm 50, 136 '84
Cryptocarya longifolia (Lauraceae) ajc 34, 195 '81
Desmos tiebaghiensis (Annonaceae) jnp 45, 617 '82
Dicentra peregrina (Papaveraceae) cnc 20, 74 '84
Fumaria spp. (Papaveraceae) jnp 49, 178 '86
Glaucium fimbrilligerum (Papaveraceae) duj 17, 185 '90
Glaucium flavum (Papaveraceae) phy 27, 953 '88
Glossocalyx brevipes (Monimiaceae) jnp 48, 833 '85
Guatteria goudotiana (Annonaceae) phy 30, 2781 '91
Hernandia cordigera (Hernandiaceae) bmnh 2, 387 '80
Lindera spp. (Lauraceae) phy 35, 1363 '94
Litsea triflora (Lauraceae) aqsc 76, 171 '80
Nectandra salicifolia (Lauraceae) jnp 59, 576 '96
Neolitsea zeylanica (Lauraceae) het 9, 903 '78
Ocotea caesia (Lauraceae) phy 28, 3577 '89
Phoebe minutiflora (Lauraceae) cpj 49, 217 '97
Polyalthia acuminata (Annonaceae) jnp 45, 471 '82
Sarcocapnos crassifolia (Papaveraceae) phy 28, 251 '89
Stephania cepharantha (Menispermaceae) cpb 45, 470 '97
Xylopia vieillardii (Annonaceae) jnp 54, 466 '91

isomer not specified:
Aconitum karakolicum (Ranunculaceae) cnc 22, 192 '86
Aconitum saposhnikovii (Ranunculaceae) cnc 18, 249 '82
Aconitum tokii (Ranunculaceae) cnc 29, 71 '93
Actinodaphne nitida (Lauraceae) ajc 22, 2257 '69
Actinodaphne ocutivena (Lauraceae) het 9, 903 '78
Alphonsea sclerocarpa (Annonaceae) jnp 50, 518 '87
Aniba muca (Lauraceae) rbq 13, 19 '96
Annona glabra (Annonaceae) tyhtc 25, 1 '73
Annona montana (Annonaceae) pmp 16, 169 '82
Annona salzmanii (Annonaceae) je 36, 39 '92
Annona senegalensis (Annonaceae) fit 66, 275 '95
Anomianthus dulcis (Annonaceae) bse 26, 139 '98
Artabotrys lastourvillensis (Annonaceae) jnp 48, 460 '85
Beilschmiedia elliptica (Lauraceae) het 9, 903 '78
Beilschmiedia podagrica (Lauraceae) het 9, 903 '78
Beilschmiedia tawa (Lauraceae) het 9, 903 '78
Berberis integerrima (Berberidaceae) cnc 14, 360 '78
Berberis nummularia (Berberidaceae) cnc 33, 70 '97

Berberis turcomannica (Berberidaceae) cnc 32, 89 '96
Cassytha filiformis (Lauraceae) phy 46, 181 '97
Cassytha pubescens (Lauraceae) het 9, 903 '78
Cassytha racemosa (Lauraceae) het 9, 903 '78
Cinnamomum camphora (Lauraceae) het 9, 903 '78
Cocculus laurifolius (Menispermaceae) cnc 27, 73 '91
Cocculus trilobus (Menispermaceae) book 3
Consolida glandulosa (Ranunculaceae) guefd 5, 125 '88
Consolida hohenackeri (Ranunculaceae) guefd 6, 1 '89
Corydalis intermedia (Papaveraceae) cccc 54, 2009 '89
Corydalis nobilis (Papaveraceae) cccc 54, 2009 '89
Croton celtidifolius (Euphorbiaceae) pm 63, 485 '97
Cryptocarya longifolia (Lauraceae) abs 11
Dehaasia triandra (Lauraceae) tet 52, 6561 '96
Delphinium confusum (Ranunculaceae) cnc 23, 725 '88
Delphinium dictyocarpum (Ranunculaceae) cnc 14, 194 '78
Enantia polycarpa (Annonaceae) pms 32, 249 '77
Fumaria bella (Papaveraceae) jnp 49, 178 '86
Fumaria parviflora (Papaveraceae) cnc 18, 608 '82
Fumaria vaillantii (Papaveraceae) cnc 17, 437 '81
Glaucium arabicum (Papaveraceae) duj 17, 185 '90
Glaucium fimbrilligerum (Papaveraceae) cnc 19, 464 '83
Glaucium flavum (Papaveraceae) phy 271, 1021 '88
Glaucium oxylobum (Papaveraceae) cccc 50, 854 '84
Guatteria chrysopetala (Annonaceae) pmp 18, 165 '84
Guatteria melosma (Annonaceae) daib 41, 2128 '80
Guatteria schomburgkiana (Annonaceae) pm 54, 84 '88
Lindera sericea (Lauraceae) jnp 48, 160 '85
Lindera strychnifolia (Lauraceae) jnp 47, 1063 '84
Lindera umbellata (Lauraceae) jnp 48, 160 '85
Litsea spp. (Lauraceae) pmp 13, 262 '79
Machilus duthei (Lauraceae) jcp 2, 157 '80
Mahonia aquifolium (Berberidaceae) cp 39, 537 '85
Monimia rotundifolia (Monimiaceae) apf 38, 537 '80
Nandina domestica (Berberidaceae) sz 46, 143 '92
Nectandra grandiflora (Lauraceae) ijp 31, 189 '93
Nectandra membranacea (Lauraceae) fit 60, 474 '89
Nectandra pichurium (Lauraceae) phy 10, 465 '71
Neolitsea aurata (Lauraceae) abs 12
Neolitsea buisanensis (Lauraceae) abs 12
Neolitsea fuscata (Lauraceae) pm 43, 309 '81
Neolitsea pubescens (Lauraceae) het 9, 903 '78
Neolitsea sericea (Lauraceae) het 9, 903 '78

Structural Index - 6,7-MeO,HO-Substituted

Neolitsea villosa (Lauraceae) cpj 47, 69 '95
Orophea hexandra (Annonaceae) bse 27, 111 '99
Pachygone ovata (Menispermaceae) daib 45, 567 '84
Papaver bracteatum (Papaveraceae) rr 24, 400 '88
Papaver orientale (Papaveraceae) cccc 56, 1534 '91
Papaver pinnatifidum (Papaveraceae) cccc 59, 1879 '94
Papaver rhoeas var. *chelidonioides* (Papaveraceae) cccc 54, 1118 '89
Papaver setigerum (Papaveraceae) cccc 61, 1047 '96
Peumus boldus (Monimiaceae) jps 57, 1023 '68
Phoebe clemensii (Lauraceae) pptp 27, 65 '93
Phoebe formosana (Lauraceae) het 9, 903 '78
Sassafras albidum (Lauraceae) phy 15, 1803 '76
Stephania brachyandra (Menispermaceae) cty 13, 1 '82
Stephania excentrica (Menispermaceae) jnp 60, 294 '97
Stylophorum diphyllum (Papaveraceae) cccc 49, 704 '84
Stylophorum lasiocarpum (Papaveraceae) cccc 56, 1116 '91
Symplocos celastrinea Symplocaceae llyd 33s, 1 '70
Thalictrum spp. (Ranunculaceae) pm 56, 337 '90
Trivalvaria macrophylla (Annonaceae) jnp 53, 862 '90
Uvaria chamae (Annonaceae) pmp 14, 143 '80
Xylopia danguyella (Annonaceae) jnp 44, 551 '81
Ziziphus jujuba (Rhamnaceae) kps 13, 239 '77

and an α,1-ene: **Dehydroisoboldine**

Nandina domestica (Berberidaceae) yz 94, 1149 '74

| 6-MeO   7-HO |
| 3,4-HO,MeO-benzyl |
| Me,Me+   THIQ |

Tembetarine

(S)-isomer:
Fagara spp. (Rutaceae) phy 6, 1541 '67
Zanthoxylum spp. (Rutaceae) joc 47, 2648 '82

isomer not specified:
Cymbopetalum brasiliense (Annonaceae) pm 50, 517 '84
Fagara hiemalis (Rutaceae) phy 6, 1541 '67
Fagara macrophylla (Rutaceae) fit 72, 538 '01
Fagara mayu (Rutaceae) pm 48, 77 '83
Parabaena spp. (Menispermaceae) pm 48, 275 '83
Thalictrum foliolosum (Ranunculaceae) phy 22, 2609 '83
Thalictrum isopyroides (Ranunculaceae) ajps 8, 195 '94
Tinospora spp. (Menispermaceae) pm 48, 275 '83
Zanthoxylum spp. (Rutaceae) jnp 60, 299 '97

with a (2,N-Me) attack:

(-)-**Cyclanoline**
(-)-**Cissamine**
α-**Cyclanoline**

Argemone platyceras (Papaveraceae) cccc 41, 285 '76
Berberis horrida (Berberidaceae) rlq 19, 109 '88
Berberis polymorpha (Berberidaceae) rlq 19, 109 '88
Cyclea barbata (Menispermaceae) ap 310, 314 '77
Cyclea hainanensis (Menispermaceae) cwhp 23, 216 '81
Cyclea peltata (Menispermaceae) ap 310, 314 '77
Cyclea tonkinensis (Menispermaceae) yhtp 16, 50 '81
Stephania cepharantha (Menispermaceae) cpb 48, 370 '00
Stephania elegans (Menispermaceae) ijps 42, 147 '80
Stephania japonica (Menispermaceae) phy 18, 1087 '79
Stephania tetrandra (Menispermaceae) yfz 5, 28 '85

(-)-β-**Cyclanoline**

Argemone albiflora (Papaveraceae) cccc 38, 3312 '73
Argemone mexicana (Papaveraceae) cccc 40, 1576 '75
Cyclea barbata (Menispermaceae) ap 310, 314 '77
Cyclea peltata (Menispermaceae) ap 310, 314 '77
Tinospora hainanensis (Menispermaceae) nm 53, 145 '99

isomer not specified:
Aristolochia debilis (Aristolochiaceae) apf 27, 519 '69

Cissampelos pareira (Menispermaceae) exp 24, 999 '68
Cyclea hypoglauca (Menispermaceae) cwhp 21, 41 '79
Hunnemannia fumariaefolia (Papaveraceae) cccc 45, 914 '79

with a (2,8) attack:

Magnoflorine
Thalictrine
Escholine

(+)-isomer:
Berberis actinacantha (Berberidaceae) cc 1, 3 '85
Berberis cretica (Berberidaceae) jnp 49, 159 '86
Berberis vulgaris ssp. *australis* (Berberidaceae) phy 49, 2545 '98
Glaucium oxylobum (Papaveraceae) cccc 50, 854 '84
Hernandia nymphaeifolia (Hernandiaceae) pm 63, 154 '97
Litsea deccanensis (Lauraceae) pm 55, 197 '89
Meconopsis cambrica (Papaveraceae) jnp 44, 67 '81
Thalictrum cultratum (Ranunculaceae) phy 26, 3003 '87
Thalictrum delavayi (Ranunculaceae) phy 29, 1895 '90
Thalictrum petaloideum (Ranunculaceae) pm 64, 681 '98
Thalictrum przewalskii (Ranunculaceae) jnp 62, 146 '99
Thalictrum wangii (Ranunculaceae) jnp 64, 819 '01
Xylopia vieillardii (Annonaceae) jnp 54, 466 '91
Zanthoxylum chalybeum (Rutaceae) jnp 59, 316 '96
Zanthoxylum nitidum (Rutaceae) jnp 60, 299 '97
Zanthoxylum usambarense (Rutaceae) jnp 59, 316 '96

isomer not specified:
Aconitum callibotryon (Ranunculaceae) cccc 60, 1034 '95
Aconitum vulparia (Ranunculaceae) cccc 60, 1034 '95
Aconitum spp. (Ranunculaceae) jnp 38, 275 '75
Actaea spicata (Ranunculaceae) cccc 60, 1034 '95
Adonis aestivalis (Ranunculaceae) cccc 52, 804 '87
Adonis vernalis (Ranunculaceae) cccc 52, 804 '87
Alphonsea sclerocarpa (Annonaceae) jnp 50, 518 '87
Anamirta cocculus (Menispermaceae) jnp 44, 221 '81
Aquilegia spp. (Ranunculaceae) llyd 27, 734 '64
Argemone platyceras (Papaveraceae) cnc 22, 189 '86
Aristolochia spp. (Aristolochiaceae) jnp 38, 275 '75
Caltha palustris (Ranunculaceae) cccc 52, 804 '87
Caulophyllum robustum (Berberidaceae) yz 78, 680 '58

Caulophyllum thalictroides (Berberidaceae) jnp 62, 1385 '99
Chasmanthera dependens (Menispermaceae) pm 46, 228 '82
Chelidonium majus (Papaveraceae) pm 60, 380 '94
Cissampelos glaberrima (Menispermaceae) phy 44, 959 '97
Cissampelos pareira (Menispermaceae) fit 63, 282 '92
Clematis recta (Ranunculaceae) cccc 60, 1034 '95
Clematis vitalba (Ranunculaceae) cccc 52, 804 '87
Cocculus carolinus (Menispermaceae) jps 65, 132 '76
Cocculus hirsutus (Menispermaceae) npl 2, 105 '93
Cocculus laurifolius (Menispermaceae) tet 36, 2525 '80
Cocculus spp. (Menispermaceae) jnp 38, 275 '75
Colubrina faralaotra (Rhamnaceae) pm 30, 201 '76
Consolida regalis (Ranunculaceae) cccc 52, 804 '87
Coptis chinensis (Ranunculaceae) pa 5, 256 '94
Coptis deltoidea (Ranunculaceae) pa 5, 256 '94
Coptis japonica (Ranunculaceae) phy 21, 1419 '82
Coptis quinquefolia (Ranunculaceae) het 3, 265 '75
Coptis spp. (Ranunculaceae) jnp 38, 275 '75
Corydalis intermedia (Papaveraceae) cccc 54, 2009 '89
Croton turumiquirensis (Euphorbiaceae) jnp 44, 238 '81
Croton spp. (Euphorbiaceae) jnp 38, 275 '75
Cyclea peltata (Menispermaceae) pw 4, 87 '82
Cymbopetalum brasiliense (Annonaceae) pm 50, 517 '84
Delphinium brownii (Ranunculaceae) yhhp 16, 943 '81
Delphinium fangshanense (Ranunculaceae) phy 51, 333 '99
Delphinium grandiflorum (Ranunculaceae) app 31, 413 '74
Dicranostigma franchetianum (Papaveraceae) cccc 43, 1108 '78
Dicranostigma lactucoides (Papaveraceae) cccc 43, 1108 '78
Dicranostigma leptopodum (Papaveraceae) cccc 43, 1108 '78
Dioscoreophyllum cumminsii (Menispermaceae) phy 22, 1671 '83
Enantia polycarpa (Annonaceae) pms 32, 249 '77
Epimedium versicolor (Berberidaceae) cccc 52, 804 '87
Eschscholzia californica (Papaveraceae) cccc 51, 1743 '86
Eschscholzia douglasii (Papaveraceae) cccc 38, 3514 '73
Eschscholzia glauca (Papaveraceae) cccc 51, 1743 '86
Fagara chiloperone var. *angustifolia* (Rutaceae) phy 6, 1541 '67
Fagara coco (Rutaceae) phy 6, 1541 '67
Fagara hiemalis (Rutaceae) phy 6, 1541 '67
Fagara macrophylla (Rutaceae) fit 72, 538 '01
Fagara mayu (Rutaceae) pm 48, 77 '83
Fagara naranjillo var. *paraguariensis* (Rutaceae) phy 6, 1541 '67
Fagara pterota (Rutaceae) phy 6, 1541 '67
Fagara rhoifolia (Rutaceae) phy 6, 1541 '67

Structural Index - 6,7-MeO,HO-Substituted

Fibraurea chloroleuca (Menispermaceae) pm 41, 65 '81
Fumaria capreolata (Papaveraceae) pcr 4, 96 '85
Glaucium arabicum (Papaveraceae) duj 17, 185 '90
Glaucium fimbrilligerum (Papaveraceae) cnc 19, 464 '83
Glaucium squamigerum (Papaveraceae) cccc 49, 1318 '84
Helleborus viridis (Ranunculaceae) cccc 52, 804 '87
Hypecoum leptocarpum (Papaveraceae) cccc 52, 508 '87
Hypecoum procumbens (Papaveraceae) cccc 52, 508 '87
Isopyrum thalictroides (Ranunculaceae) cp 42, 841 '88
Kolobopetalum auriculatum (Menispermaceae) phy 19, 1564 '80
Legnephora moorei (Menispermaceae) jps 63, 618 '74
Liriodendron tulipifera (Magnoliaceae) cccc 60, 1034 '95
Magnolia acuminata (Magnoliaceae) llyd 33s, 1 '70
Magnolia biondii (Magnoliaceae) yhhp 29, 506 '94
Magnolia champaca (Magnoliaceae) llyd 33s, 1 '70
Magnolia grandiflora (Magnoliaceae) pb 2, 329 '54
Magnolia kobus (Magnoliaceae) cccc 60, 1034 '95
Magnolia soulangeana hybrid (Magnoliaceae) cccc 60, 1034 '95
Magnolia spp. (Magnoliaceae) jnp 38, 275 '75
Mahonia aquifolium (Berberidaceae) cp 39, 537 '85
Mahonia japonica (Berberidaceae) abs 7
Mahonia repens (Berberidaceae) jnp 44, 680 '81
Meconopsis napaulensis (Papaveraceae) cccc 41, 3343 '76
Meconopsis paniculata (Papaveraceae) cccc 42, 132 '77
Meconopsis robusta (Papaveraceae) cccc 61, 1815 '96
Meconopsis rudis (Papaveraceae) cccc 42, 132 '77
Menispermum canadense (Menispermaceae) jnp 38, 275 '75
Monodora tenuifolia (Annonaceae) daib 45, 520 '84
Nandina domestica (Berberidaceae) llyd 33s, 1 '70
Nigella damascena (Ranunculaceae) llyd 33s, 1 '70
Pachygone ovata (Menispermaceae) jnp 43, 588 '80
Papaver spp. (Papaveraceae) jnp 38, 275 '75
Paraquilegia anemonoides (Ranunculaceae) tcyyk 7, 8 '95
Phellodendron spp. (Rutaceae) phy 48, 285 '98
Pteridophyllum racemosum (Papaveraceae) phy 15, 577 '76
Pycnarrhena novoguineensis (Menispermaceae) pw 4, 87 '82
Ranunculus serbicus (Ranunculaceae) phy 29, 2389 '90
Rhigiocarya racemifera (Menispermaceae) jnp 43, 123 '80
Sinomenium acutum (Menispermaceae) sz 45, 40 '91
Stephania elegans (Menispermaceae) jnp 44, 664 '81
Stephania glabra (Menispermaceae) llyd 30, 245 '67
Stephania hernandifolia (Menispermaceae) pm 35, 167 '79
Stephania japonica var. *australis* (Menispermaceae) phy 18, 1087 '79

Stephania pierrei (Menispermaceae) jnp 56, 1468 '93
Stephania spp. (Menispermaceae) jnp 38, 275 '75
Stylomecon heterophylla (Papaveraceae) cccc 32, 4431 '67
Stylophorum diphyllum (Papaveraceae) cccc 49, 704 '84
Stylophorum lasiocarpum (Papaveraceae) cccc 56, 1116 '91
Thalictrum simplex (Ranunculaceae) kps 6, 224 '70
Thalictrum spp. (Ranunculaceae) phy 22, 2609 '83
Tiliacora racemosa (Menispermaceae) jic 57, 773 '80
Tiliacora triandra (Menispermaceae) pm 54, 433 '88
Tinomiscium tonkinense (Menispermaceae) cty 16, 426 '85
Tinospora capillipes (Menispermaceae) pm 50, 88 '84
Tinospora cordifolia (Menispermaceae) fit 69, 541 '98
Tinospora malabarica (Menispermaceae) hh 28, 63 '89
Toddalia asiatica (Rutaceae) npl 6, 153 '95
Triclisia subcordata (Menispermaceae) daib 37, 2169 '76
Xanthorhiza simplicissima (Ranunculaceae) llyd 26, 254 '63
Zanthoxylum punctatum (Rutaceae) phy 16, 2003 '77
Ziziphus jujuba var. *spinosa* (Rhamnaceae) cpb 45, 1186 '97

with a (6,N-Me) attack:

Phellodendrine
N-Methylcoreximine

Phellodendron amurense (Rutaceae) llyd 33s, 1 '70
Phellodendron chinense (Rutaceae) jc 634, 329 '93
Phellodendron wilsonii (Rutaceae) llyd 39, 249 '76

with a (6,8) attack:

Laurifoline

Cocculus laurifolius (Menispermaceae)
    psj 90, 92 '70
Legnophora moorei (Menispermaceae)
    jps 63, 618 '74
Magnolia spp. (Magnoliaceae) nm 50, 413 '96
Sinomenium acutum (Menispermaceae) nm 48, 287 '94
Zanthoxylum elephantiasis (Rutaceae) jpps 28, 69 '76
Zanthoxylum fagara (Rutaceae) phy 13, 680 '74
Zanthoxylum ocumarense (Rutaceae) phy 11, 531 '72

Structural Index - 6,7-MeO,HO-Substituted

Zanthoxylum piperitum (Rutaceae) cpb 22, 2650 '74
Zanthoxylum williamsii (Rutaceae) phy 19, 1469 '80

6-MeO	7-HO
3,4-HO,MeO-benzyl	
Ac	THIQ

Not a natural product.
Patent: CA 86:155848

with a (6,8) attack:

N-Acetyllaurelliptine

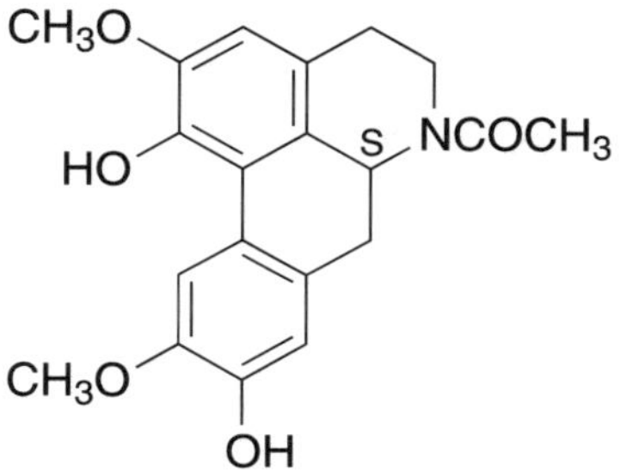

Litsea glutinosa (Lauraceae) ajc 22, 2259 '69

6-MeO	7-HO
3,4-HO,MeO-α-keto-benzyl	
Me+	IQ

Compound unknown

with a (2,8) attack: **Arosinine**

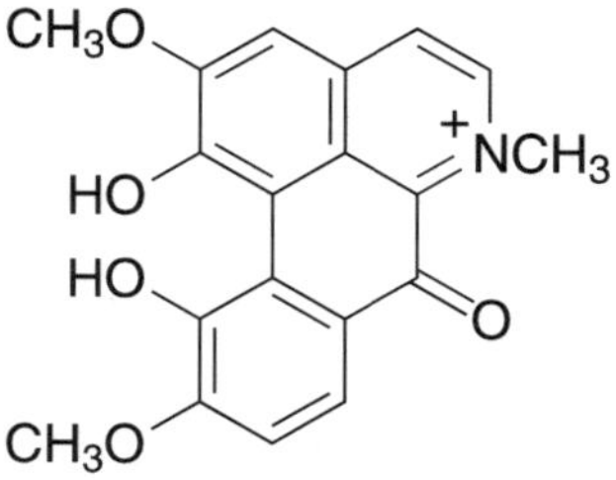

Glaucium flavum (Papaveraceae) tl 47, 4589 '79

6-MeO	7-HO
3,4-MeO,HO-benzyl	
H	THIQ

Nororientaline

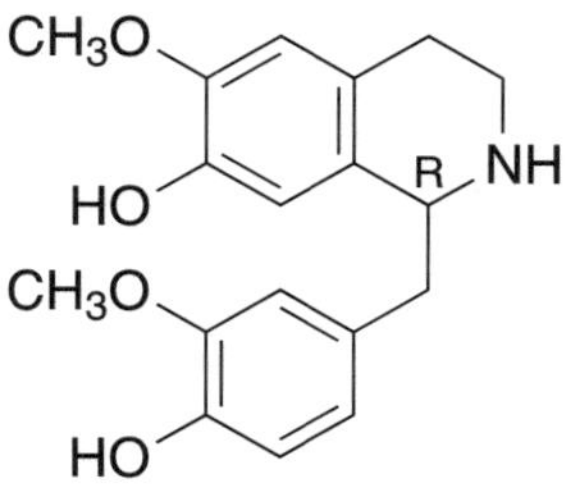

(R)(+)-isomer:
Erythrina arborescens (Fabaceae) yz 93, 1617 '73
Erythrina crista-galli (Fabaceae) yz 93, 1674 '73
Erythrina herbacea (Fabaceae) jp 4, 39 '85
Erythrina poeppigiana (Fabaceae) jcspt I, 874 '73
Erythrina X bidwilli (Fabaceae) yz 93, 1211 '73

isomer not specified:
Argemone platyceras (Papaveraceae) pm 49, 196 '83

| with a (2,8) attack: |

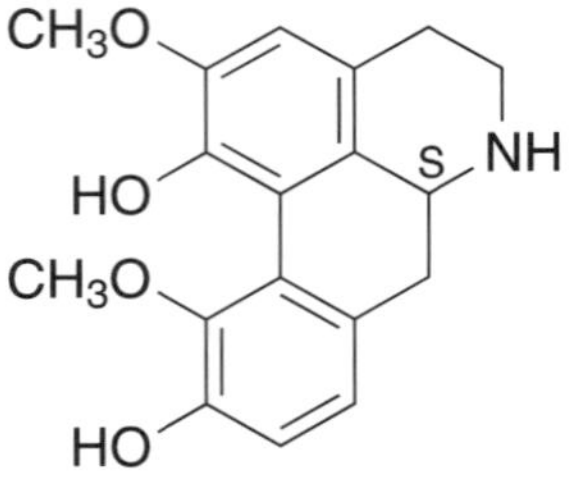

(+)-Norisocorytuberine
N-Demethylisocorytuberine

Trivalvaria macrophylla (Annonaceae)
    jnp 53, 862 '90

| with a (6,4a) attack: |

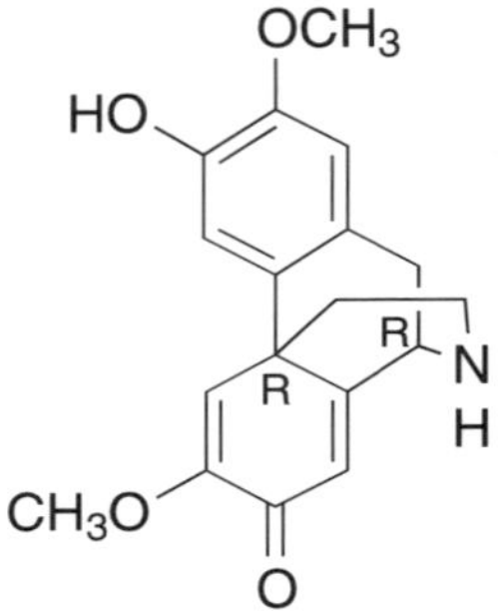

Flavinine

Croton balsamifera (Euphorbiaceae) rlq 1, 140 '70
Croton flavens (Euphorbiaceae) llyd 32, 1 '69
Croton linearis(Euphorbiaceae) rlq 1, 140 '70
Croton plumieri (Euphorbiaceae) rlq 1, 140 '70

| with a (6,8) attack: |

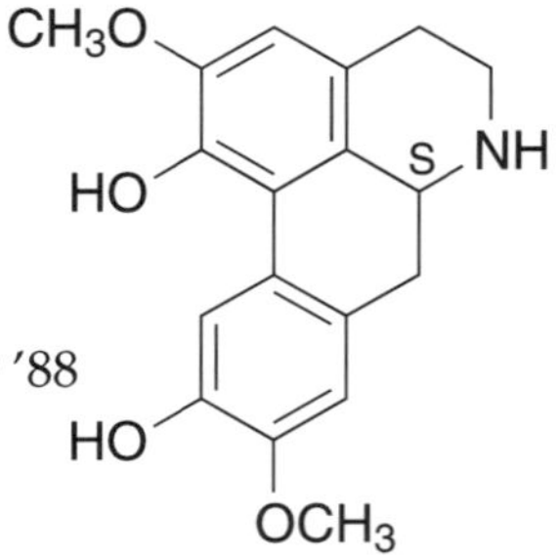

Norbracteoline

Annona spinescens (Annonaceae) jnp 59, 438 '96
Glaucium corniculatum (Papaveraceae) jnp 51, 389 '88

| 6-MeO   7-HO |
| 3,4-MeO,HO-benzyl |
| H   IQ |

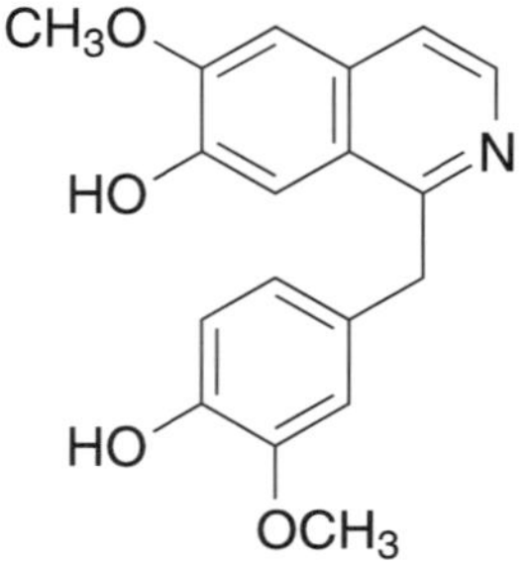

Cristadine

Erythrina crista-galli (Fabaceae) het 19, 849 '82

Structural Index - 6,7-MeO,HO-Substituted

6-MeO	7-HO
3,4-MeO,HO-benzyl	
Me	THIQ

Orientaline

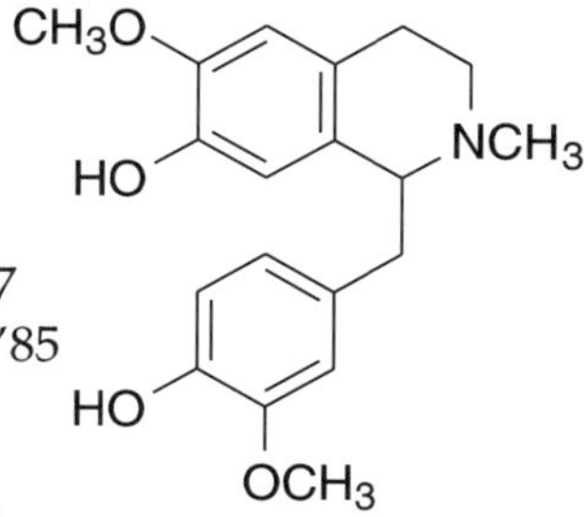

(S)(+)-isomer:
Annona cherimolia (Annonaceae) jccs 44, 313 '97
Glossocalyx brevipes (Monimiaceae) jnp 48, 833 '85

(R)(-)-isomer:
Erythrina abyssinica (Fabaceae) jcspt 6, 1447 '88

with a (1,8) attack:

(cis)(-)-Orientalinone
(trans)(-)-Isoorientalinone

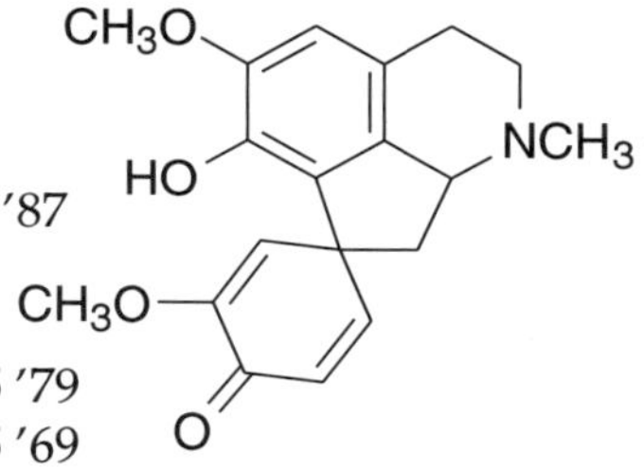

Roemeria hybrida (Papaveraceae) tet 43, 1765 '87

(cis)(-)-Orientalinone:
Papaver bracteatum (Papaveraceae) sz 33, 125 '79
Papaver orientale (Papaveraceae) phzi 24, 635 '69

with reduction of a double bond:

Dihydroorientalinone
11,12-Dihydroorientalinone

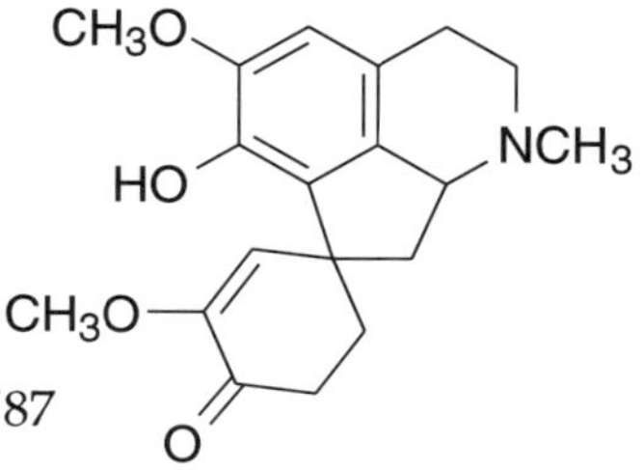

(-)-isomer:
Roemeria hybrida (Papaveraceae) tet 43, 1765 '87

with reduction of both double bonds in the benzyl ring:

Roehybrine
Rehybrine

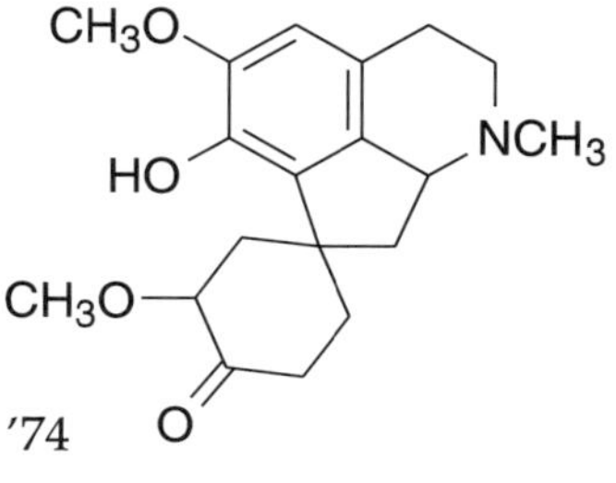

Roemeria hybrida (Papaveraceae) cccc 39, 888 '74

136   The Simple Plant Isoquinolines

> with reduction a both double bonds and of the carbonyl group in the benzyl ring:

(-)-α-Roemehybrine

Roemeria hybrida (Papaveraceae) tet 43, 1765 '87

> with a (2,N-Me) attack:

Stepholidine

Alphonsea sclerocarpa (Annonaceae) jnp 50, 518 '87
Annona cherimolia (Annonaceae) pmp 23, 159 '89
Cocculus laurifolius (Menispermaceae) yz 104, 946 '84
Desmos cochinchinensis (Annonaceae) npl 7, 35 '95
Desmos tiebaghiensis (Annonaceae) jnp 45, 617 '82
Liriodendron tulipifera (Magnoliaceae) cnc 27, 516 '92
Meiogyne virgata (Annonaceae) phy 26, 537 '87
Menispermum dauricum (Menispermaceae) yz 91, 684 '71
Oncodostigma monosperma (Annonaceae) jnp 52, 273 '89
Pachygone ovata (Menispermaceae) jnp 47, 459 '84
Papaver somniferum (Papaveraceae) jps 64, 1040 '75
Polyalthia acuminata (Annonaceae) jnp 45, 471 '82
Polyalthia nitidissima (Annonaceae) pm 49, 20 '83
Sinomenium acutum (Menispermaceae) het 22, 2071 '84
Stephania yunnanensis (Menispermaceae) zx 31, 296 '89
Stephania spp. (Menispermaceae) pm 40, 333 '80

> and aromatization of the c-ring:

Stepharanine

Piptostigma fugax (Annonaceae) phy 38, 1037 '95
Popowia pisocarpa (Annonaceae) jnp 49, 1028 '86
Sinomenium acutum (Menispermaceae) bydx 23, 235 '91
Stephania glabra (Menispermaceae) jnp 45, 407 '82
Stephania intermedia (Menispermaceae) yhtp 16, 1 '85
Stephania miyiensis (Menispermaceae) zh 30, 250 '99

Structural Index - 6,7-MeO,HO-Substituted

Stephania yunnanensis (Menispermaceae) cwhp 31, 296 '89
Tinospora capillipes (Menispermaceae) pm 50, 88 '84

---

with a (2,4a) attack:

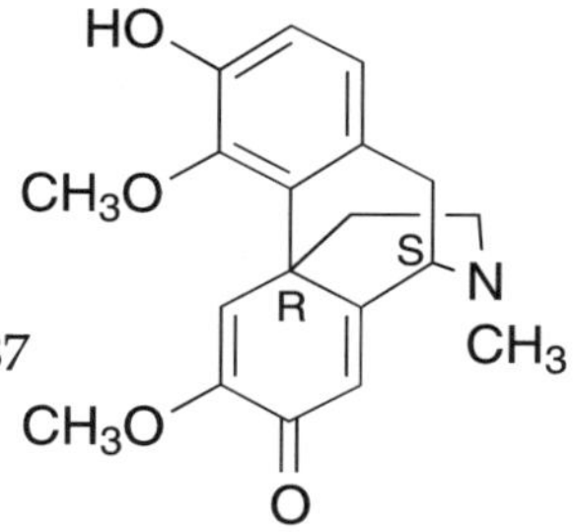

Isosinoacutine

Stephania elegans (Menispermaceae) ci 662 '80
Stephania gracilenta (Menispermaceae) ijnp 3, 8 '87

---

with a (2,8) attack: **(+)-Isocorytuberine**
10-O-Demethylcorydine

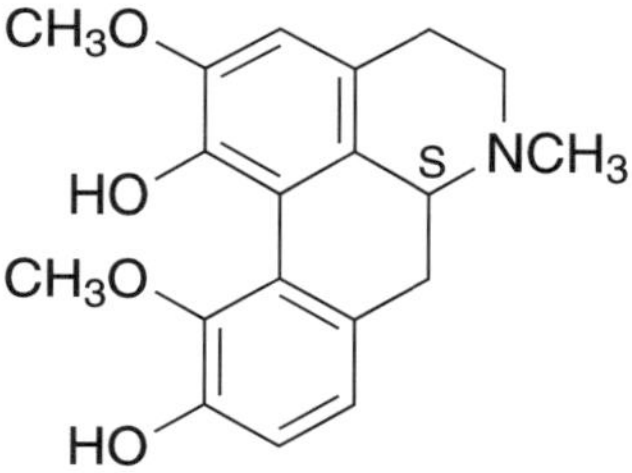

Glaucium spp. (Papaveraceae) cnc 19, 464 '83
Guatteria amplifolia (Annonaceae)
   phzi 55, 867 '00
Stephania cepharantha (Menispermaceae)
   cpb 45, 470 '97
Trivalvaria macrophylla (Annonaceae) jnp 53, 862 '90

---

with a (6,N-Me) attack:

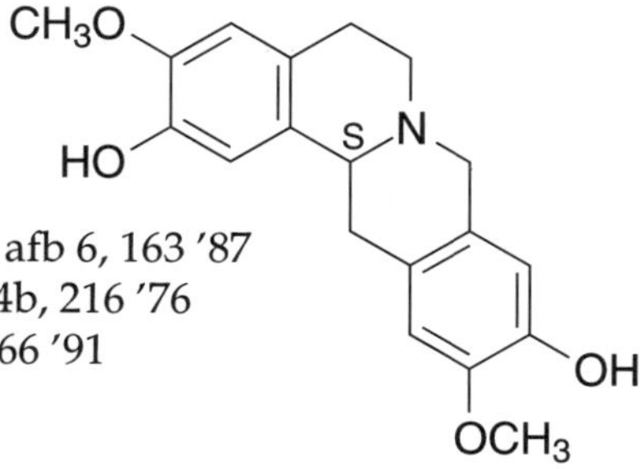

Govadine

Caryomene olivascens (Menispermaceae) afb 6, 163 '87
Corydalis govaniana (Papaveraceae) ijc 14b, 216 '76
Xylopia vieillardi (Annonaceae) jnp 54, 466 '91

---

with aromatization of the c-ring, and a carbonyl on the original N-Me group:

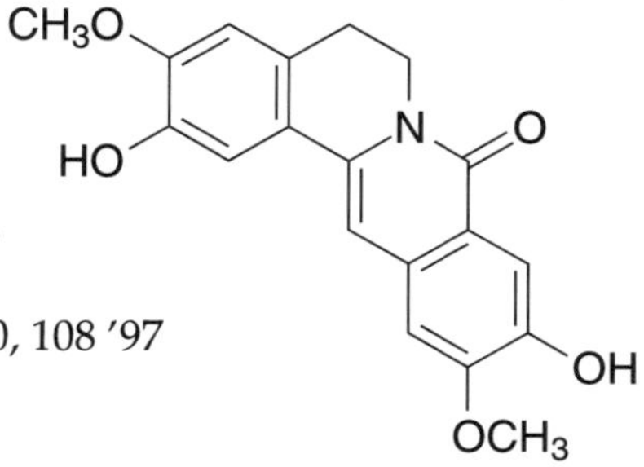

Cerasodine

Polyalthia cerasoides (Annonaceae) jnp 60, 108 '97

with a (6,4) attack: **Thalidicine**

Thalicrum dioicum (Ranunculaceae) jnp 46, 293 '83

with a (6,4a) attack: **Flavinantine**

(+)-isomer:
Glossocalyx brevipes (Monimiaceae) jnp 48, 833 '85
Roemeria refracta (Papaveraceae) jnp 53, 986 '90

(-)-isomer:
Meconopsis cambrica (Papaveraceae) jnp 44, 67 '81

isomer not specified:
Ceratocapnos palaestinus (Papaveraceae) jnp 53, 1006 '90
Croton balsamifera (Euphorbiaceae) rlq 1, 140 '70
Croton chilensis (Euphorbiaceae) bscq 42, 223 '97
Croton flavens (Euphorbiaceae) llyd 32, 1 '69
Croton linearis (Euphorbiaceae) rlq 1, 140 '70
Croton plumieri (Euphorbiaceae) rlq 1, 140 '70
Croton ruizianus (Euphorbiaceae) jnp 61, 318 '98
Papaver spicatum (Papaveraceae) pmp 15, 160 '81
Papaver strictum (Papaveraceae) pmp 15, 160 '81
Siparuna dresslerana (Monimiaceae) phy 25, 155 '86

with a (6,8) attack: **Bracteoline**

Annona spinescens (Annonaceae) jnp 59, 438 '96
Artabotrys lastourvillensis (Annonaceae)
    jnp 48, 460 '85
Corydalis gortschakovii (Papaveraceae)
    cnc 20, 245 '84
Licaria armeniaca (Lauraceae) pptp 27, 65 '93
Papaver bracteatum (Papaveraceae) kps 4, 547 '77
Papaver pseudo-orentale (Papaveraceae) cccc 51, 1752 '86
Papaver orientale (Papaveraceae) phzi 24, 635 '69

Structural Index - 6,7-MeO,HO-Substituted

6-MeO 7-HO	**Norcodamine**
3,4-MeO,MeO-benzyl	Not a natural product.
H THIQ	dmd 14, 703 '86

with a (2,8) attack: **Norcorydine**

Annona reticulata (Annonaceae) cpj 47, 483 '95
Artabotrys venustus (Annonaceae) jnp 49, 602 '86
Chelidonium majus (Papaveraceae) pm 64, 489 '98
Corydalis marschalliana (Papaveraceae)
   cnc 29, 690 '93
Glaucium fimbrilligerum (Papaveraceae) cnc 19, 464 '83
Guatteria schomburgkiana (Annonaceae) pm 54, 84 '88
Laurelia philippiana (Monimiaceae) phy 21, 773 '82
Litsea wightiana (Lauraceae) pm 48, 52 '83
Popowia pisocarpa (Annonaceae) jnp 49, 1028 '86
Trivalvaria macrophylla (Annonaceae) jnp 53, 862 '90
Xylopia danguyella (Annonaceae) jnp 44, 551 '81
Xylopia pancheri (Annonaceae) pm 30, 48 '76

with a (6,4a) attack:

2,3,6-Trimethoxy-N-normorphinandien-7-one

Fissistigma oldhamii (Annonaceae) pm 59, 179 '93

with a (6,8) attack:

Wilsonirine
Aducaine

Artabotrys monteiroae (Annonaceae) pa 4, 72 '93
Corydalis paniculigera (Papaveraceae) kps 6, 727 '82
Corydalis stricta (Papaveraceae) kps 4, 490 '83
Croton wilsonii (Euphorbiaceae) rlq 1, 140 '70
Elatostema sinuata (Urticaceae) acrc 7, 41 '98
Monodora sp. (Annonaceae) jnp 38, 275 '75
Popowia pisocarpa (Annonaceae) jnp 49, 1028 '86

with a 4-hydroxy group:

4-Hydroxywilsonirine

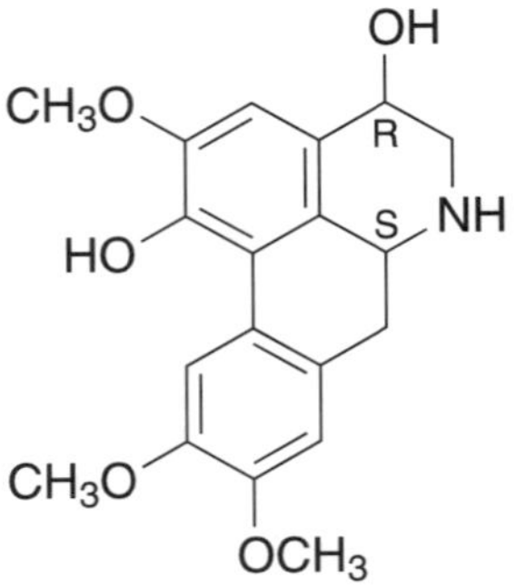

Popowia pisocarpa (Annonaceae) jnp 51, 389 '88

with complete quinonic aromaticity:

Pancoridine

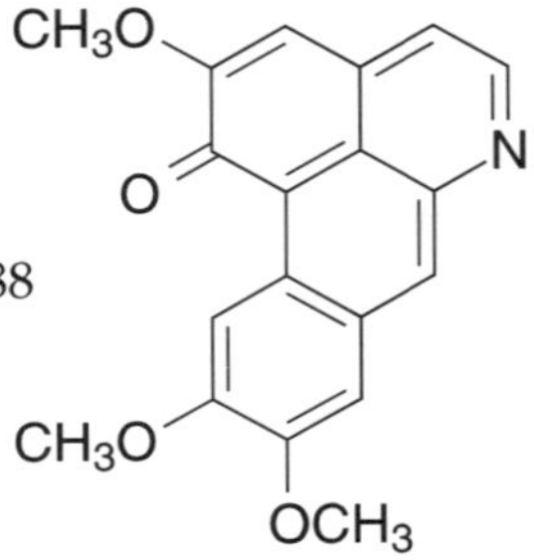

Corydalis paniculigera (Papaveraceae) jnp 51, 389 '88
Corydalis stricta (Papaveraceae) jnp 51, 389 '88
Popowia pisocarpa (Annonaceae) jnp 49, 1028 '86

with an amino group on the alpha position of the benzyl:

Pancorinine

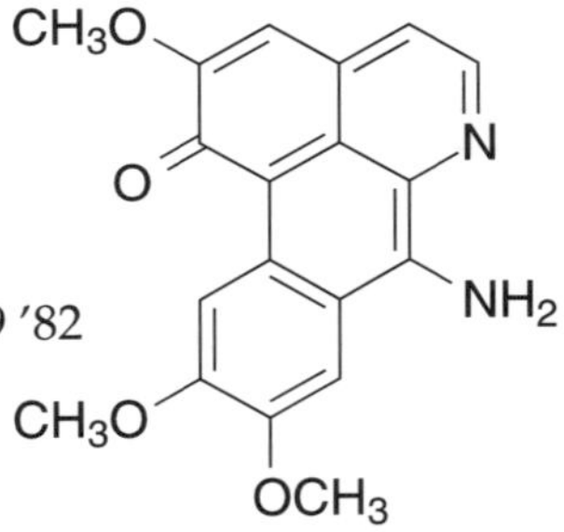

Corydalis paniculigera (Papaveraceae) cnc 18, 689 '82
Corydalis stricta (Papaveraceae) kps 4, 490 '83

6-MeO	7-HO
3,4-MeO,MeO-benzyl	
H	IQ

Pacodine
7-Demethylpapaverine

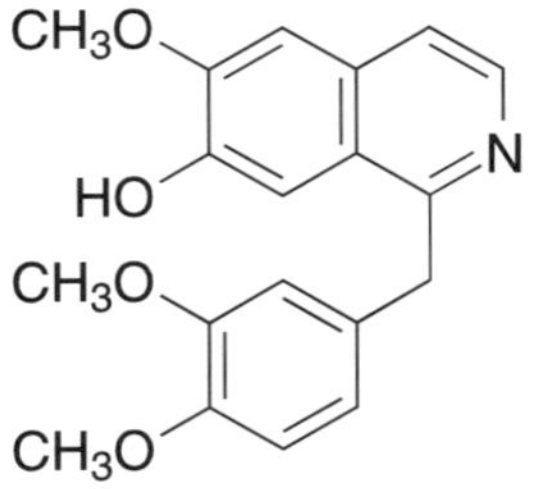

Papaver somniferum (Papaveraceae) jcspt 16, 1431 '75

6-MeO	7-HO
3,4-MeO,MeO-benzyl	
Me	THIQ

Codamine

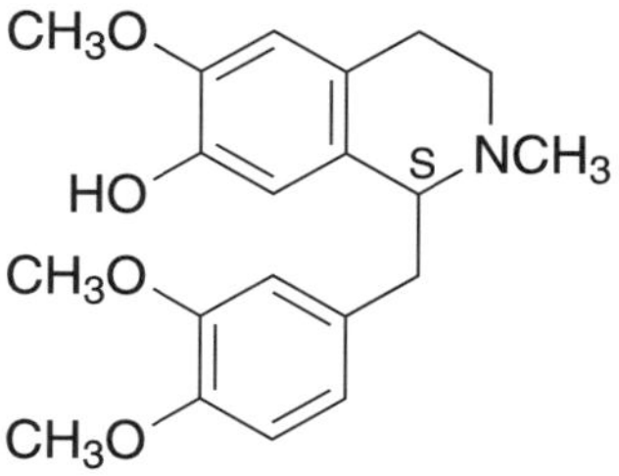

(S)(+)-isomer:
Argemone grandiflora ssp. *grandiflora* (Papaveraceae) phy 11, 461 '72
Stephania pierrei (Menispermaceae) jnp 56, 1468 '93

isomer not specified:
Bongardia chrysogonum (Berberidaceae) jnp 52, 818 '89
Guatteria chrysopetala (Annonaceae) pmp 18, 165 '84
Papaver somniferum (Papaveraceae) kps 12, 750 '76

the N-oxide: **(S)-cis-Codamine N-oxide**
N-Oxycodamine

Duguetia spixiana (Annonaceae) jnp 50, 852 '87

(R)-trans-Codamine N-oxide

Duguetia spixiana (Annonaceae) jnp 50, 664 '87

with a (2,N-Me) attack:

Isocorypalmine
Tetrahydrocolumbamine

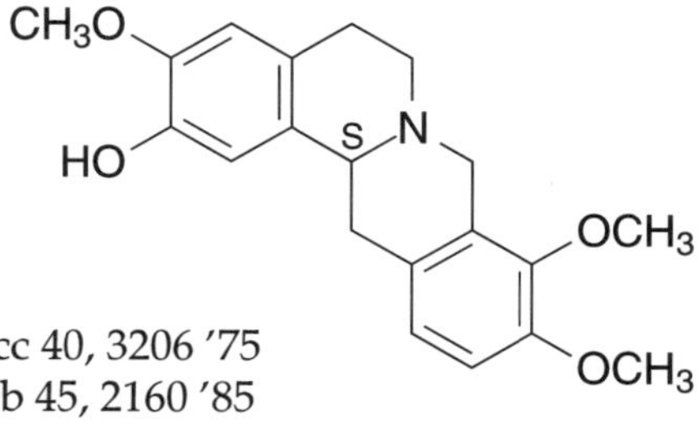

(-)(S)-isomer:
Bocconia frutescens (Papaveraceae) cccc 40, 3206 '75
Corydalis ambigua (Papaveraceae) daib 45, 2160 '85
Corydalis esquirolii (Papaveraceae) cty 22, 486 '91
Corydalis koidzumiana (Papaveraceae) yz 94, 844 '74
Corydalis nobilis (Papaveraceae) cccc 54, 2009 '89
Corydalis omeiensis (Papaveraceae) tcyyk 4, 7 '92
Corydalis ophiocarpa (Papaveraceae) yz 98, 1658 '78
Corydalis saxicola (Papaveraceae) zx 24, 289 '82
Corydalis solida (Papaveraceae) cccc 50, 2299 '85
Corydalis turtschaninovii (Papaveraceae) nr

Corydalis yanhusuo (Papaveraceae) yhhp 21, 527 '86
Glaucium fimbrilligerum (Papaveraceae) cnc 16, 177 '80
Hydrastis canadensis (Ranunculaceae) gci 110, 539 '80
Pachypodanthium confine (Annonaceae) apf 35, 65 '77
Stephania mashanica (Menispermaceae) cty 14, 249 '83
Thalictrum dioicum (Ranunculaceae) llyd 41, 169 '78
Tinomiscium tonkinense (Menispermaceae) zk 16, 239 '85

(dl):
Corydalis bulbosa (Papaveraceae) yz 86, 437 '66

isomer not specified:
Corydalis cava (Papaveraceae) ap 265, 675 '27
Corydalis flexuosa (Papaveraceae) patent 3
Corydalis lutea (Papaveraceae) phy 33, 943 '93
Corydalis marschalliana (Papaveraceae) cnc 29, 690 '93
Corydalis stricta (Papaveraceae) kps 4, 490 '83
Corydalis tuberosa (Papaveraceae) ap 265, 675 '27
Corydalis yanhusuo (Papaveraceae) cpb 33, 5369 '85
Enantia chlorantha (Annonaceae) pmp 9, 296 '75
Liriodendron tulipifera (Magnoliaceae) cnc 27, 516 '92
Pachypodanthium staudtii (Annonaceae) al 59 1/2, 377 '90
Papaver somniferum (Papaveraceae) phzi 34, 194 '79
Polygala tenuifolia (Polygalaceae) yhhp 29, 887 '94
Roemeria hybrida (Papaveraceae) cccc 39, 888 '74
Stephania micrantha (Menispermaceae) yhhp 16, 557 '81

the N-oxide:

(-)-cis-Isocorypalmine N-oxide

Corydalis tashiroi (Papaveraceae) pm 67, 423 '01

and a carbonyl group on the original N-Me group:

(-)-8-Oxoisocorypalmine

Coscinium fenestratum (Menispermaceae)
  phy 31, 1403 '92

Structural Index - 6,7-MeO,HO-Substituted

with aromatization of the c-ring:

Columbamine
Dehydroisocorypalmine

Anamirta cocculus (Menispermaceae) jnp 44, 221 '81
Arcangelisia flava (Menispermaceae) llyd 33s, 1 '70
Berberis spp. (Berberidaceae) jnp 49, 159 '86
Burasaia australis (Menispermaceae) bse 19, 433 '91
Burasaia congesta (Menispermaceae) bse 19, 433 '91
Burasaia madagascariensis (Menispermaceae) llyd 33s, 1 '70
Chasmanthera dependens (Menispermaceae) pm 46, 228 '82
Coptis spp. (Ranunculaceae) het 3, 265 '75
Corydalis bulbosa (Papaveraceae) yz 86, 437 '66
Corydalis solida (Papaveraceae) cccc 50, 2299 '85
Corydalis turtschaninovii (Papaveraceae) yhhp 21, 447 '86
Corydalis yanhusuo (Papaveraceae) cpb 33, 5369 '85
Dioscoreophyllum cumminsii (Menispermaceae) phy 22, 1671 '83
Enantia chlorantha (Annonaceae) pmp 9, 296 '75
Fibraurea chloroleuca (Menispermaceae) pw 113, 1153 '78
Fibraurea spp. (Menispermaceae) pw 113, 1153 '78
Fissistigma balansae (Annonaceae) phy 48, 367 '98
Glaucium fimbrilligerum (Papaveraceae) cnc 19, 464 '83
Jatrorrhiza palmata (Menispermaceae) llyd 28, 73 '65
Mahonia aquifolium (Berberidaceae) pm 61, 372 '95
Mahonia gracilipes (Berberidaceae) hyz 10, 202 '95
Mahonia japonica (Berberidaceae) abs 7
Mahonia repens (Berberidaceae) daib 42, 1025 '81
Nandina domestica (Berberidaceae) phy 27, 2143 '88
Phellodendron wilsonii (Rutaceae) llyd 39, 249 '76
Ranunculus serbicus (Ranunculaceae) phy 29, 2389 '90
Stephania glabra (Menispermaceae) llyd 30, 245 '67
Thalictrum spp. (Ranunculaceae) jnp 43, 372 '80
Tinospora capillipes (Menispermaceae) pm 50, 88 '84
Tinospora hainanensis (Menispermaceae) cpb 47, 287 '99

with a (2,8) attack:

Corydine
Glaucentrine
11-Methylcorytuberine

(S)(+)-isomer:
Berberis actinacantha (Berberidaceae) cc 15, 799 '83
Cinnamomum spp. (Lauraceae) het 9, 903 '78
Consolida hellespontica (Ranunculaceae) het 36, 1081 '93
Corydalis bulbosa (Papaveraceae) pm 50, 136 '84
Corydalis marschalliana (Papaveraceae) pm 41, 298 '81
Dicentra formosa (Papaveraceae) bull 1
Dicranostigma franchetianum (Papaveraceae) cccc 43, 1108 '78
Eschscholzia lobbii (Papaveraceae) cccc 41, 2429 '76
Eschscholzia oregana (Papaveraceae) cccc 40, 1095 '75
Glaucium paucilobum (Papaveraceae) jsiri 10, 229 '99
Glaucium spp. (Papaveraceae) llyd 33s, 1 '70
Hedycarya angustifolia (Monimiaceae) het 26, 447 '87
Hordeum vulgare (Poaceae) bull 1
Litsea triflora (Lauraceae) aqsc 76, 171 '80
Mahonia repens (Berberidaceae) jnp 44, 680 '81
Papaver rhoeas (Papaveraceae) cccc 43, 316 '78
Popowia pisocarpa (Annonaceae) jnp 49, 1028 '86
Stephania cepharantha (Menispermaceae) pm 63, 425 '97
Stephania dinklagei (Menispermaceae) apf 25, 237 '67
Stephania zippeliana (Menispermaceae) cjc 67, 1257 '89
Thalictrum dioicum (Ranunculaceae) llyd 41, 169 '78
Thalictrum fauriei (Ranunculaceae) jps 69, 1061 '80
Zanthoxylum punctatum (Rutaceae) phy 16, 2003 '77

(R)(-)-isomer:
Annona cherimolia (Annonaceae) pmp 23, 159 '89

isomer not specified:
Aconitum spp. (Ranunculaceae) cnc 27, 763 '92
Annona reticulata (Annonaceae) cpj 47, 483 '95
Annona spp. (Annonaceae) cpj 47, 483 '95
Argemone spp. (Papaveraceae) cnc 22, 189 '86
Berberis spp. (Berberidaceae) cnc 29, 63 '93
Chelidonium majus (Papaveraceae) pm 64, 489 '98
Cissampelos fasciculata (Menispermaceae) tet 49, 1337 '93
Corydalis gortschakovii (Papaveraceae) cnc 13, 702 '77
Corydalis slivenensis (Papaveraceae) pm 44, 168 '82
Dicentra peregrina (Papaveraceae) cnc 20, 74 '84
Dicentra spectabilis (Papaveraceae) cnc 20, 74 '84
Dicranostigma franchetianum (Papaveraceae) pcj 13, 73 '79
Dicranostigma leptopodum (Papaveraceae) yhtp 16, 52a '81
Eschscholzia californica (Papaveraceae) cccc 51, 1743 '86

Structural Index - 6,7-MeO,HO-Substituted

Eschscholzia douglasii (Papaveraceae) cccc 51, 1743 '86
Eschscholzia glauca (Papaveraceae) cccc 51, 1743 '86
Glaucium squamigerum (Papaveraceae) cccc 49, 1318 '84
Glaucium spp. (Papaveraceae) cnc 19, 464 '83
Guatteria amplifolia (Annonaceae) phzi 55, 867 '00
Guatteria cubensis (Annonaceae) rcf 15, 93 '81
Guatteria moralessi (Annonaceae) rcf 15, 93 '81
Guatteria schomburgkiana (Annonaceae) pm 54, 84 '88
Hypecoum leptocarpum (Papaveraceae) cccc 52, 508 '87
Hypecoum procumbens (Papaveraceae) cccc 52, 508 '87
Kolobopetalum auriculatum (Menispermaceae) daib 40, 2143 '79
Laurelia novae-zelandiae (Monimiaceae) jnp 47, 553 '84
Lindera myrrha (Lauraceae) phy 35, 1363 '94
Mahonia aquifolium (Berberidaceae) cp 39, 537 '85
Neolitsea konishii (Lauraceae) jccs 45, 103 '98
Ocotea velloziana (Lauraceae) phy 39, 815 '95
Papaver spp. (Papaveraceae) cccc 46, 2587 '81
Stephania abyssinica (Menispermaceae) fit 65, 90 '94
Stephania spp. (Menispermaceae) fit 65, 90 '94
Stylophorum diphyllum (Papaveraceae) cccc 49, 704 '84
Xylopia danguyella (Annonaceae) jnp 44, 551 '81
Zanthoxylum oxyphyllum (Rutaceae) phy 17, 1068 '78

the N-oxide:
Corydine N-oxide

Glaucium spp. (Papaveraceae) jnp 46, 761 '83

and a 4-hydroxy group:

Glaufidine
(+)-Rhopalotine
Epiglaufidine (S,S)

Corydalis lutea (Papaveraceae) phy 33, 943 '93
Glaucium corniculatum (Papaveraceae) jnp 51, 389 '88
Glaucium fimbrilligerum (Papaveraceae) kps 4, 493 '83
Glaucium oxylobum (Papaveraceae) pm 67, 680 '98
Papaver rhopalothece (Papaveraceae) jnp 57, 1033 '94
Stephania zippeliana (Menispermaceae) cjc 67, 1257 '89

and an α,1-ene: Dehydrocorydine
Dehydroglaucentrine

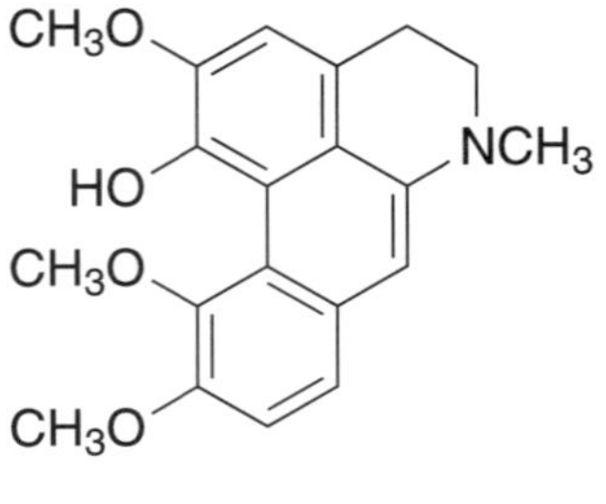

Glaucium corniculatum (Papaveraceae)
   cnc 19, 714 '83
Glaucium fimbrilligerum (Papaveraceae)
   cnc 16, 177 '80
Glaucium oxylobum (Papaveraceae)
   cnc 20, 244 '84

with a (6,N) attack:

(-)-Cryptaustoline

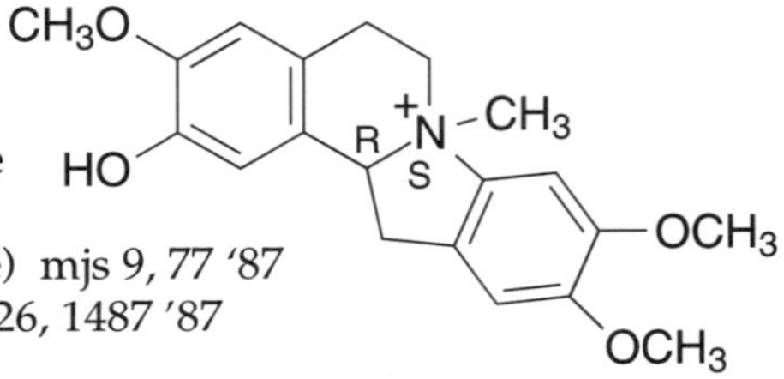

Artabotrys grandifolius (Annonaceae) mjs 9, 77 '87
Cryptocarya bowiei (Lauraceae) het 26, 1487 '87

with a (6,N-Me) attack:

(-)-Govanine

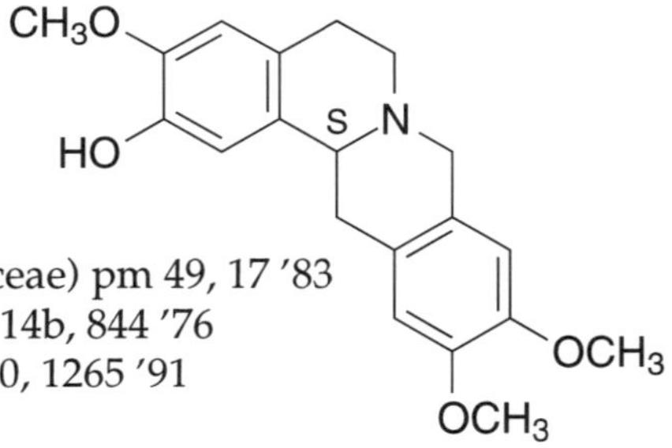

Chasmanthera dependens (Menispermaceae) pm 49, 17 '83
Corydalis govaniana (Papaveraceae) ijc 14b, 844 '76
Oxymitra velutina (Annonaceae) phy 30, 1265 '91

and aromatization of the c-ring:

Pseudocolumbamine

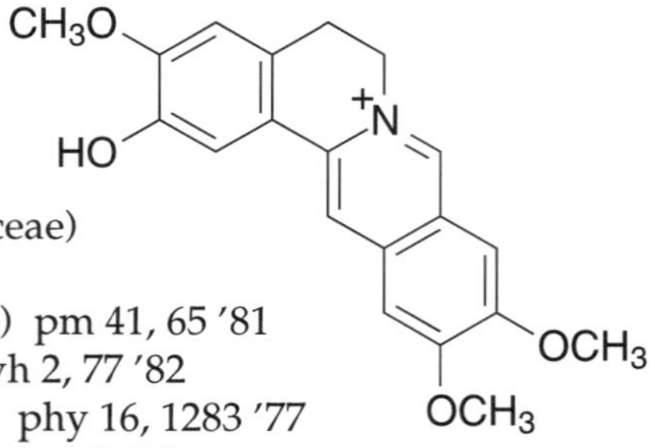

Chasmanthera dependens (Menispermaceae)
   pm 46, 228 '82
Fibraurea chloroleuca (Menispermaceae) pm 41, 65 '81
Fibraurea recisa (Menispermaceae) ncyh 2, 77 '82
Isopyrum thalictroides (Ranunculaceae) phy 16, 1283 '77
Nandina domestica (Berberidaceae) sz 46, 143 '92
Phoenicanthus obliqua (Annonaceae) jnp 64, 1465 '01

Structural Index - 6,7-MeO,HO-Substituted

and a carbonyl on the original N-Me group:

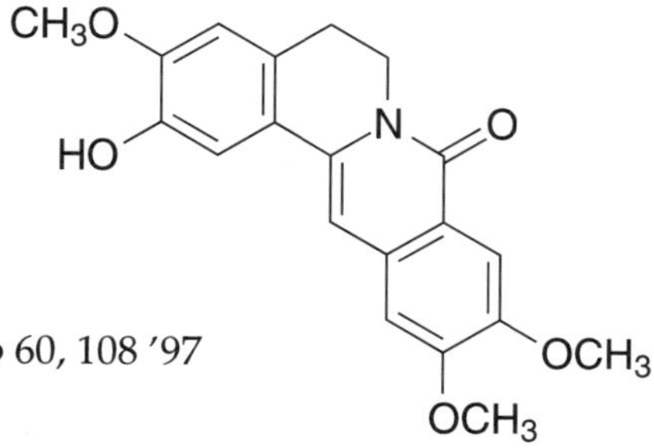

Cerasonine

Polyalthia cerasoides (Annonaceae) jnp 60, 108 '97

with a (6,3) attack:

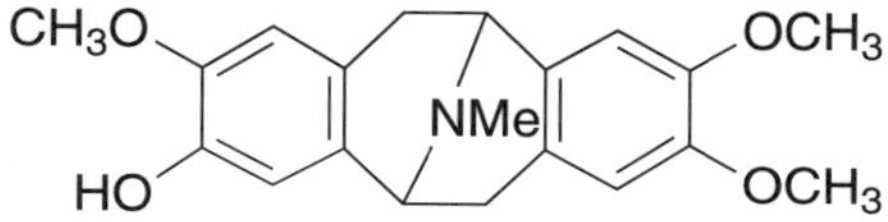

Norargemonine
8-Demethylargemonine

Argemone spp. (Papaveraceae) jnp 46, 293 '83
Berberis actinacantha (Berberidaceae) daib 45, 2160 '85
Berberis buxifolia (Berberidaceae) jnp 46, 293 '83
Cryptocarya longifolia (Lauraceae) jnp 46, 293 '83
Cyclea atjehensis (Menispermaceae) jnp 52, 652 '89
Eschscholzia spp. (Papaveraceae) jnp 46, 293 '83
Thalictrum dasycarpum (Ranunculaceae) jnp 46, 293 '83

also under: 6,7 MeO MeO R Me THIQ
R=3,4-MeO,HO-benzyl   (6,3) attack

with a (6,4a) attack:

(S,S)
(9S)-Sebiferine
O-Methylpallidine
Fissistigine C

(R,R)
(9R)-Sebiferine
(+)-O-Methylflavinantine

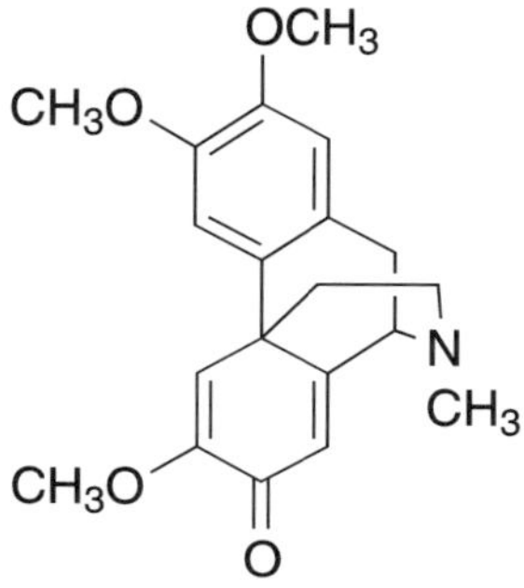

(+)-isomer of Sebiferine:
Stephania bancroftii (Menispermaceae) phy 36, 1327 '94

(−)-isomer of Sebiferine:
Polyalthia cauliflora var. *beccarii* (Annonaceae) jnp 47, 504 '84

Sebiferine (isomer not specified):
Ceratocapnos palaestinus (Papaveraceae) jnp 53, 1006 '90
Cocculus laurifolius (Menispermaceae) jcspt I, 267 '78
Duguetia obovata (Annonaceae) jnp 46, 862 '83
Litsea glutinosa (Lauraceae) ijc 14b, 150 '76
Nectandra salicifolia (Lauraceae) jnp 59, 576 '96
Sapranthus palanga (Annonaceae) phy 25, 1903 '86

(+)-isomer of O-Methylpallidine:
Ceratocapnos palaestinus (Papaveraceae) jnp 53, 1006 '90
Sarcocapnos enneaphylla (Papaveraceae) phy 30, 1005 '91

(-)(S)-isomer of O-Methylpallidine:
Berberis actinacantha (Berberidaceae) daib 45, 2160 '85
Ocotea acutangula (Lauraceae) jcspt I, 578 '81
Sarcocapnos enneaphylla (Papaveraceae) phy 30, 1175 '91
Sarcocapnos saetabensis (Papaveraceae) phy 30, 1175 '91

O-Methylpallidine (isomer not specified):
Berberis buxifolia (Berberidaceae) daib 44, 1458 '83

(+)-isomer of O-Methylflavinantine:
Fissistigma glaucescens (Annonaceae) phy 24, 1829 '85
Fissistigma oldhamii (Annonaceae) phy 24, 1829 '85
Goniothalamus amuyon (Annonaceae) phy 24, 1829 '85

(dl)-O-Methylflavinantine:
Rhigiocarya racemifera (Menispermaceae) phy 13, 2884 '74

O-Methylflavinantine (isomer not specified):
Cocculus laurifolius (Menispermaceae) yz 104, 946 '84
Croton chilensis (Euphorbiaceae) bscq 42, 223 '97
Croton ruizianus (Euphorbiaceae) jnp 61, 318 '98
Glaucium corniculatum ssp. *refractum* (Papaveraceae) jnp 48, 855 '85
Glaucium flavum (Papaveraceae) jps 66, 873 '77
Kolobopetalum auriculatum (Menispermaceae) phy 19, 1564 '80
Papaver bracteatum (Papaveraceae) pm 39, 291 '80
Siparuna dresslerana (Monimiaceae) phy 25, 155 '86

Fissistigine C (isomer not specified):
Fissistigma oldhamii (Annonaceae) cytp 7, 30 '82

Structural Index - 6,7-MeO,HO-Substituted

the N-oxide:

O-Methylpallidine N-oxide

Sarcocapnos enneaphylla (Papaveraceae) jnp 52, 415 '89

N-Methyl-2,3,6-trimethoxymorphinandien-7-one N-oxide

Alseodaphne perakensis (Lauraceae) jnp 54, 612 '91

with a hydrogenated double bond at the 8,8a-position :

(-)(S)-O-Methylpallidinine

Ocotea acutangula (Lauraceae) jcspt I, 578 '81

with a (6,8) attack:

O-Methylisoboldine
Thalicmidine
Thaliporphine
O-Methylbracteoline

(S)(+)-isomer:
Berberis cretica (Berberidaceae) jnp 49, 159 '86
Ceratocapnos palaestinus (Papaveraceae) jnp 53, 1006 '90
Corydalis claviculata (Papaveraceae) pm 50, 136 '84
Corydalis turtschaninovii (Papaveraceae) yfz 6, 6 '86
Platycapnos spicata (Papaveraceae) phy 32, 1055 '93
Popowia pisocarpa (Annonaceae) jnp 49, 1028 '86

isomer not specified:
Berberis spp. (Berberidaceae) cnc 29, 335 '93
Corydalis bulbosa (Papaveraceae) pm 50, 136 '84
Corydalis gortschakovii (Papaveraceae) cnc 20, 245 '84
Corydalis marschalliana (Papaveraceae) pm 43, 51 '81
Corydalis paniculigera (Papaveraceae) cnc 18, 689 '82
Croton draconoides (Euphorbiaceae) phy 18, 520 '79

Elatostema sinuata (Urticaceae) acrc 7, 41 '98
Glaucium arabicum (Papaveraceae) duj 17, 185 '90
Glaucium corniculatum (Papaveraceae) cnc 19, 714 '83
Glaucium fimbrilligerum (Papaveraceae) jnp 61, 1564 '98
Glaucium flavum (Papaveraceae) pr 10, 62 '96
Glaucium vitellinum (Papaveraceae) llyd 41, 657c '78
Liriodendron tulipifera (Magnoliaceae) phy 15, 1161 '76
Mahonia repens (Berberidaceae) jnp 44, 680 '81
Phoebe valeriana (Lauraceae) jnp 49, 1036 '86
Thalictrum alpinum (Ranunculaceae) jnp 43, 372 '80
Thalictrum foetidum (Ranunculaceae) cnc 19, 376 '83
Thalictrum ichangense (Ranunculaceae) sz 43, 195 '89
Thalictrum isopyroides (Ranunculaceae) phy 25, 935 '86
Thalictrum minus var. *adiantifolium* (Ranunculaceae) apj 35, 113 '85
Thalictrum simplex (Ranunculaceae) phy 42, 435 '96
Uvaria chamae (Annonaceae) pmp 14, 143 '80

the N-oxide:

Thalicmidine N-oxide

Berberis integerrima (Berberidaceae) cnc 14, 360 '78
Thalictrum minus (Ranunculaceae) jnp 41, 385 '78
Thalictrum simplex (Ranunculaceae) phy 42, 435 '96

6-MeO	7-HO
3,4-MeO,MeO-α-Me-benzyl	
Me	THIQ

Compound unknown

with a (2,N-Me) attack:

Isocorybulbine

Corydalis marschalliana (Papaveraceae)
  cnc 14, 509 '78

and aromatization of the c-ring:

13-Methylcolumbamine

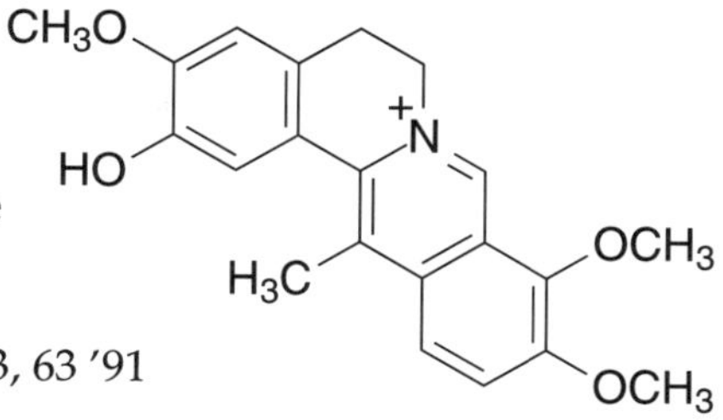

Corydalis solida (Papaveraceae) jcsp 13, 63 '91

6-MeO 7-HO
3,4-MeO,MeO-benzyl
Me,Me+ THIQ

Not a natural product.
cccc 51, 1752 '86

with a (2,N-Me) attack:

(-)-N-Methyltetrahydrocolumbamine
(-)-N-Methylisocorypalmine quat

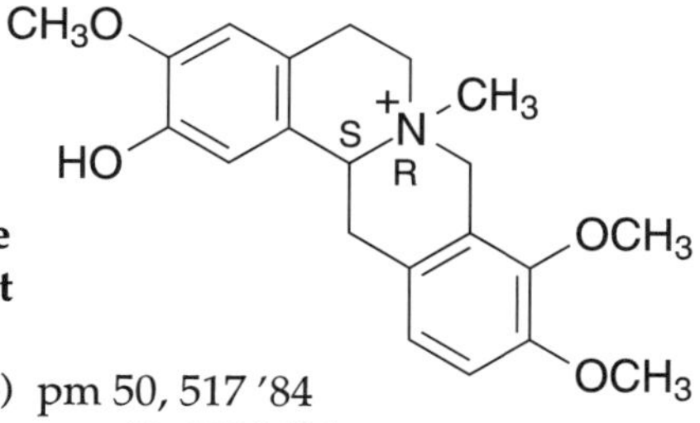

Cymbopetalum brasiliense (Annonaceae) pm 50, 517 '84
Glaucium squamigerum (Papaveraceae) cccc 49, 1318 '84
Tinospora hainanensis (Menispermaceae) cpb 47, 287 '99

with a (2,8) attack:

N-Methylcorydine

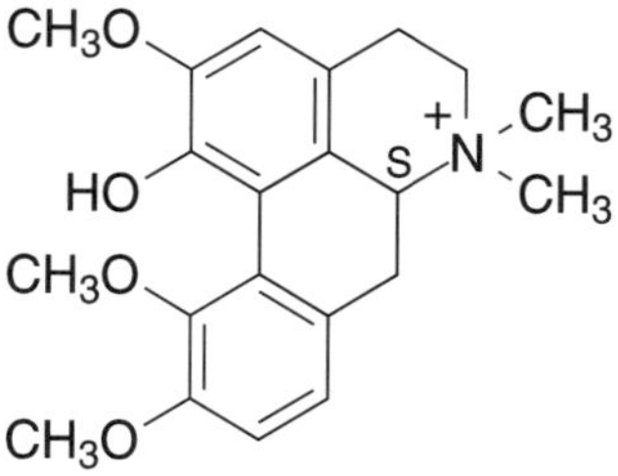

(+)-isomer:
Fagara nigrescens (Rutaceae) jnp 38, 275 '75
Stephania dinklagei (Menispermaceae) jnp 43, 123 '80

isomer not specified:
Glaucium corniculatum (Papaveraceae) bse 23, 337 '95
Kolobopetalum auriculatum (Menispermaceae) phy 19, 1564 '80
Polyalthia oliveri (Annonaceae) phy 16, 1029 '77
Zanthoxylum punctatum (Rutaceae) phy 16, 2003 '77

The Simple Plant Isoquinolines

and a 1,2 seco:

Corydine methine

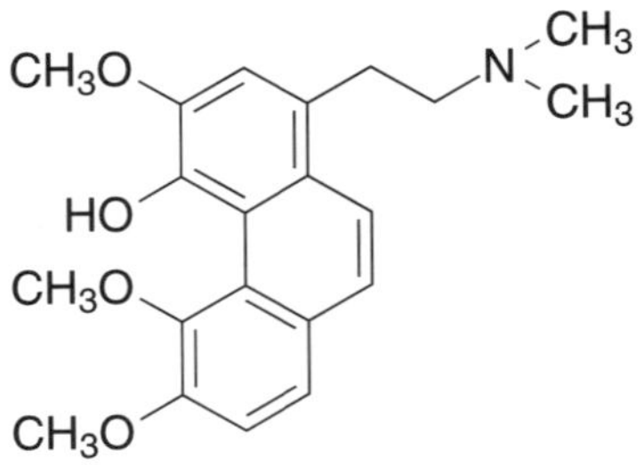

Berberis cretica (Berberidaceae)
jnp 51, 389 '88

with a (6,8) attack and a 1,2 seco:

Thaliporphine methine
Thalicmidine methine

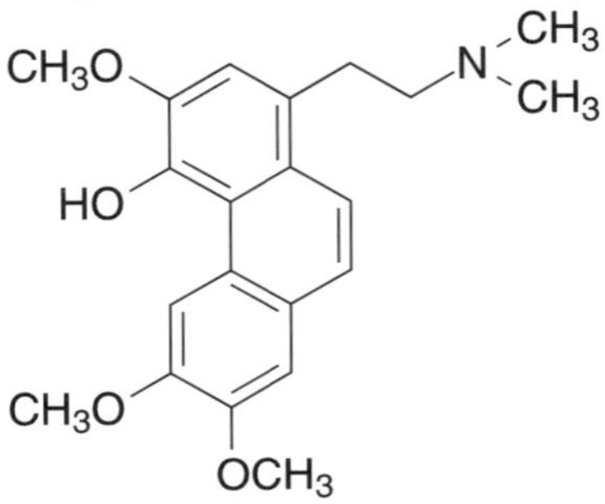

Illigera pentaphylla (Hernandiaceae)
jnp 48, 835 '85

| 6-MeO   7-HO |
| 3,4-MeO,MeO-α-keto-benzyl |
| Me+   IQ |

Compound unknown

with a (2,8) attack:	**Glaunidine**
	Arosine

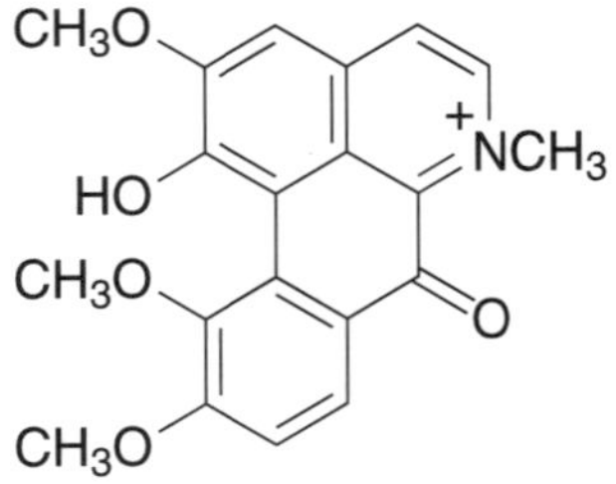

Aconitum fimbrilligerum (Ranunculaceae)
kps 2, 224 '80
Aconitum leucostomum (Ranunculaceae)
kps 6, 805 '80
Glaucium paucilobum (Papaveraceae) jsiri 10, 229 '99
Glaucium sp. (Papaveraceae) jnp 46, 761 '83

with a (6,8) attack:

Corunnine
Glauvine

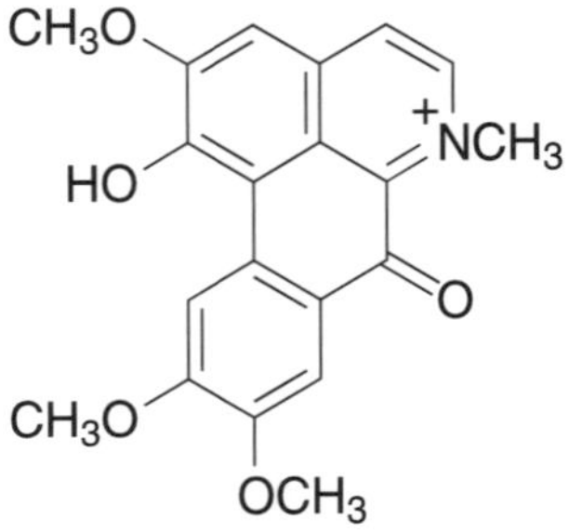

Corydalis paniculigera (Papaveraceae)
kps 6, 727 '82
Corydalis gortschakovii (Papaveraceae)
kps 2, 260 '84

Structural Index - 6,7-MeO,HO-Substituted

Glaucium flavum (Papaveraceae) tl 33, 3093 '71
Platycapnos spicata (Papaveraceae) phy 32, 1055 '93
Sarcocapnos crassifolia speciosa (Papaveraceae) phy 28, 251 '88
Sarcocapnos enneaphylla (Papaveraceae) phy 30, 1005 '91
Thalictrum flavum (Ranunculaceae) jscs 61, 159 '96
Thalictrum foetidum (Ranunculaceae) kps 2, 251 '81
Thalictrum minus (Ranunculaceae) kps 3, 393 '83

6-MeO	7-HO
3,4-MDO-benzyl	
H	THIQ

Compound unknown

with a (6,4a) attack:

(-)-Noramurine
(-)-N-Demethylamurine

Roemeria refracta (Papaveraceae) jnp 53, 986 '90

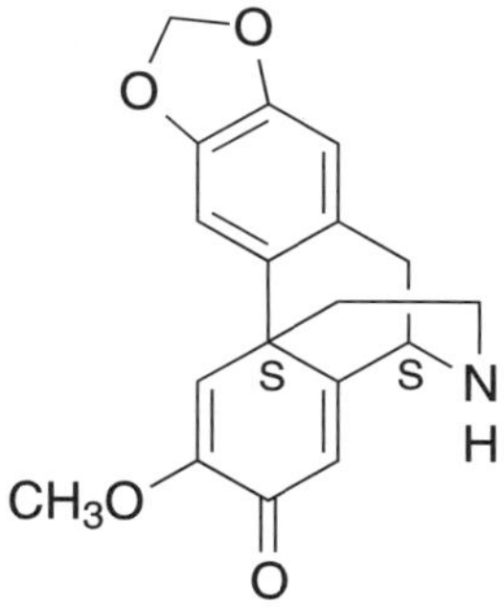

with a (6,8) attack: **Nordomesticine**

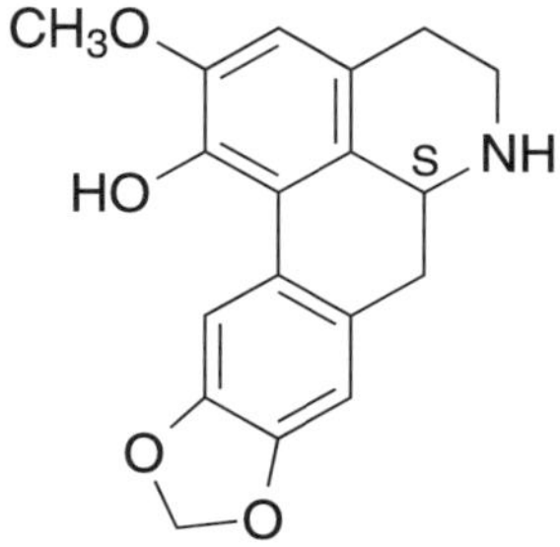

(+)-isomer:
Annona hayesii (Annonaceae) jnp 50, 759 '87
Annona spinescens (Annonaceae) jnp 59, 438 '96

isomer not specified:
Cassytha pubescens (Lauraceae) het 9, 903 '78
Nectandra sinuata (Lauraceae) fit 62, 72 '91
Sparattanthelium uncigerum (Hernandiaceae) jnp 48, 333 '85

6-MeO	7-HO
3,4-MDO-benzyl	
H	IQ

Sevanine

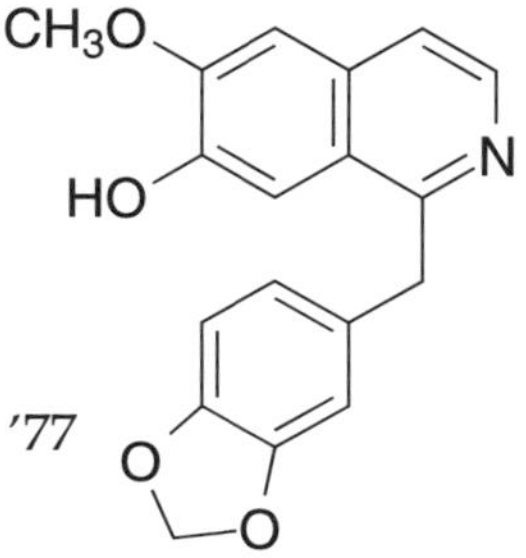

Papaver arenarium (Papaveraceae) kps 1, 76 '84
Papaver macrostomum (Papaveraceae) cccc 42, 1421 '77

The Simple Plant Isoquinolines

6-MeO	7-HO
3,4-MDO-benzyl	
Me	THIQ

Compound unknown

with an (6,N) attack:

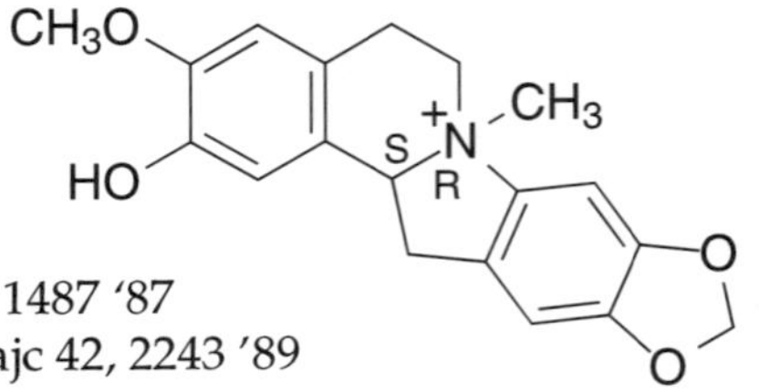

(-)-Cryptowoline

Cryptocarya bowiei (Lauraceae) het 26, 1487 '87
Cryptocarya phyllostemon (Lauraceae) ajc 42, 2243 '89

with a (6,N-Me) attack:

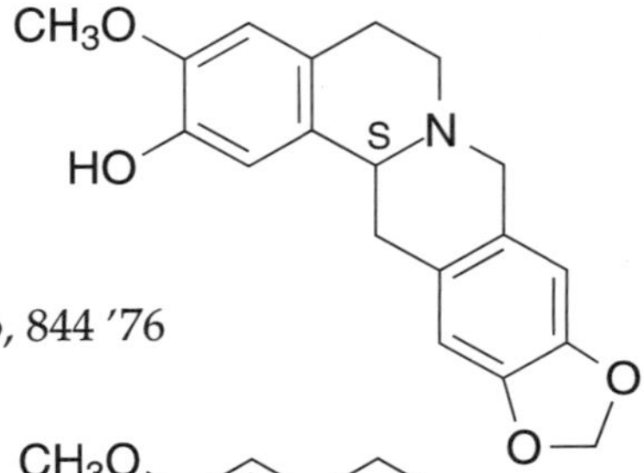

Corygovanine
(-)-Pseudocheilanthifoline

Corydalis govaniana (Papaveraceae) ijc 14b, 844 '76

and aromatization of the c-ring:

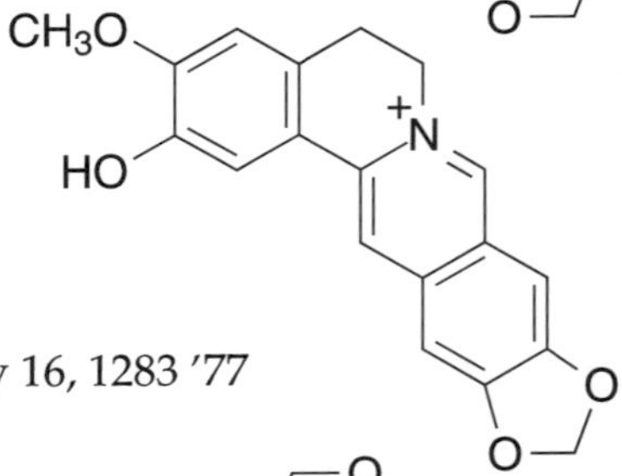

Dehydropseudocheilanthifoline

Isopyrum thalictroides (Ranunculaceae) phy 16, 1283 '77

with a (6,4a) attack:

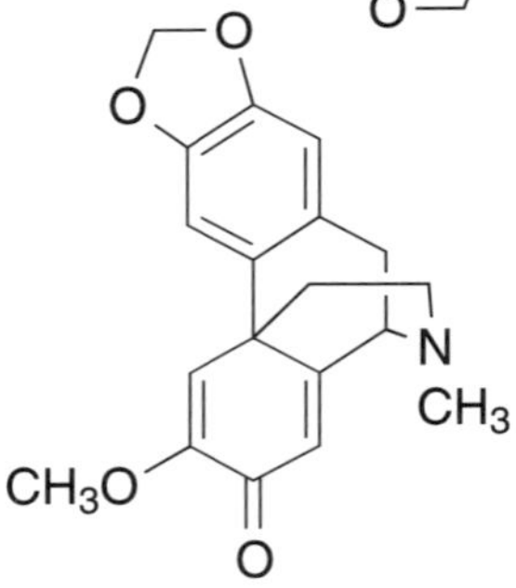

Amurine

(+)-isomer:
Papaver pilosum (Papaveraceae) jnp 47, 342 '84

(-)-isomer:
Meconopsis cambrica (Papaveraceae) jnp 44, 67 '81
Roemeria refracta (Papaveraceae) jnp 53, 986 '90
Stephania aculeata (Menispermaceae) npl 3, 305 '93

Structural Index - 6,7-MeO,HO-Substituted

isomer not specified:
Elatostema sinuata (Urticaceae) acrc 7, 41 '98
Meconopsis cambrica (Papaveraceae) jpps 27, 84p '75
Meconopsis speciosa (Papaveraceae) cty 27, 459 '96
Papaver spp. (Papaveraceae) jnp 47, 342 '84

reduction to an alcohol:

Nudaurine
Amurinol I

Papaver alpinum (Papaveraceae) phzi 23, 585 '68
Papaver croceum (Papaveraceae) cccc 50, 1745 '85
Papaver kerneri (Papaveraceae) cccc 50, 1745 '85
Papaver pannosum (Papaveraceae) phzi 27, 48 '72

with a 5,6 dihydro:

Dihydronudaurine

Papaver pilosum (Papaveraceae) jc 265, 139 '83

with a (6,8) attack:

Domesticine

(+)-isomer:
Corydalis stewartii (Papaveraceae) jnp 51, 1136 '88
Platycapnos spicata (Papaveraceae) phy 32, 1055 '93

(-)-isomer:
Corydalis bulbosa (Papaveraceae) pm 50, 136 '84
Corydalis marschalliana (Papaveraceae) pm 43, 51 '81
Corydalis slivenensis (Papaveraceae) pm 44, 168 '82

isomer not specified:
Cassytha pubescens (Lauraceae) het 9, 903 '78
Corydalis gortschakovii (Papaveraceae) cnc 20, 245 '84

156   The Simple Plant Isoquinolines

Corydalis suaveolens (Papaveraceae) cty 12, 1 '81
Glaucium oxylobum (Papaveraceae) cccc 50, 854 '84
Gyrocarpus americanus (Hernandiaceae) jnp 49, 101 '86
Nandina domestica (Berberidaceae) sz 46, 143 '92
Platycapnos spicata (Papaveraceae) het 31, 1077 '90
Thalictrum minus var. *adiantifolium* (Ranunculaceae) apj 35, 113 '85

| 6-MeO   7-HO |
| 3,4-MDO-benzyl |
| Me,Me+   THIQ |

Compound unknown

| with a (6,8) attack: |

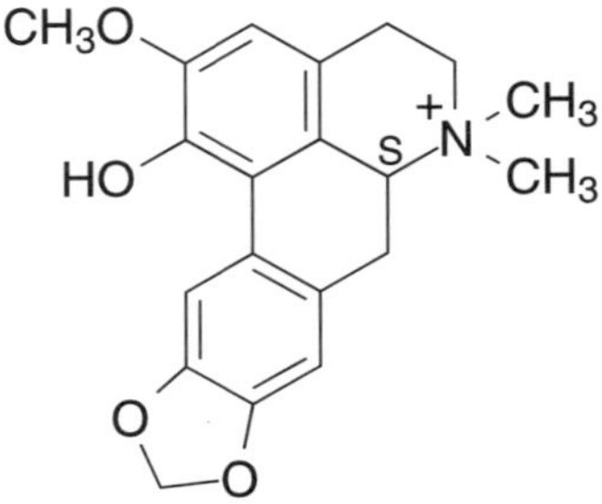

N-Methyldomesticinium

Glaucium oxylobum (Papaveraceae)
cccc 50, 854 '84

| 6-MeO   7-HO |
| 3,4-MDO-α-keto-benzyl |
| Me   IQ |

Compound unknown

| with a (6,8) attack: |

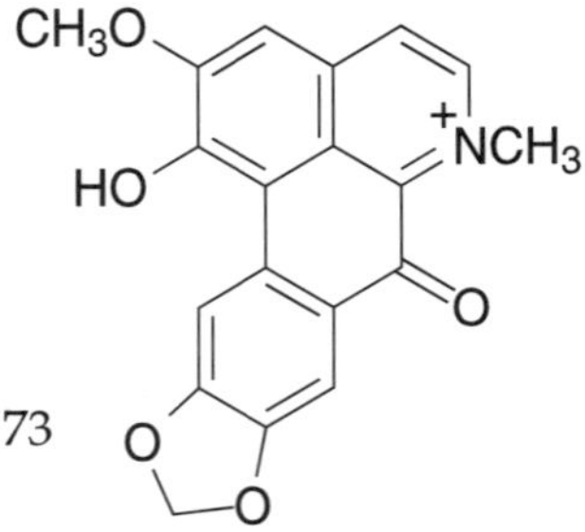

Nandazurine

Corydalis bulbosa (Papaveraceae) pm 43, 51 '81
Nandina domestica (Berberidaceae) ext 29, 518 '73

| 6-MeO   7-HO |
| 3,4-MDO-α-Me-benzyl |
| Me   THIQ |

Compound unknown

Structural Index - 6,7-MeO,HO-Substituted

with a (2,N-Me) attack:

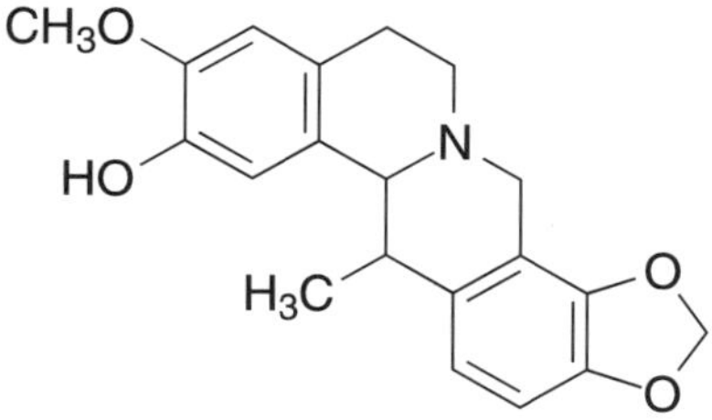

Apocavidine

(dl):
Dactylicapnos torulosa (Papaveraceae)
 phy 36, 519 '94

isomer not specified:
Corydalis meifolia (Papaveraceae) jnp 46, 466 '83

6-MeO	7-HO
3,4-MDO-α-keto-benzyl, Me	
Me	THIQ

Compound unknown

---

with a (2,1-Me) attack
and a hydroxy on the original 1-Me group:

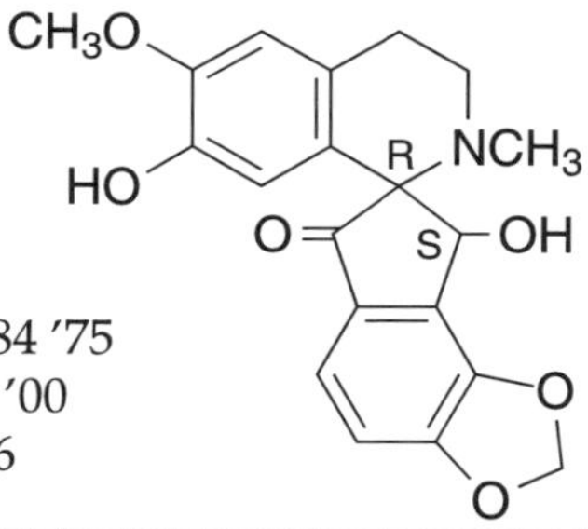

Ledeborine
Corysolidine

Corydalis ledebouriana (Papaveraceae) cnc 11, 284 '75
Corydalis ochotensis (Papaveraceae) apr 23, 459 '00
Corydalis solida (Papaveraceae) phy 25, 2245 '86

6-MeO	7-HO
3,4-MDO-α-HO-benzyl, Me	
H	THIQ

Compound unknown

---

with a (2,1-Me) attack:

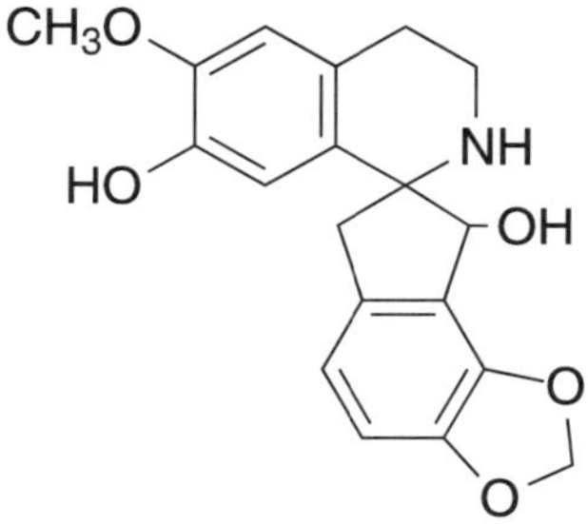

(-)-Norfumaritine
N-Demethylfumaritine

Fumaria kralikii (Papaveraceae) jnp 48, 846 '85

6-MeO 7-HO
3,4-MDO-α-HO-benzyl
Me   THIQ

Compound unknown

with a (6,N) attack:

Cryptowolinol

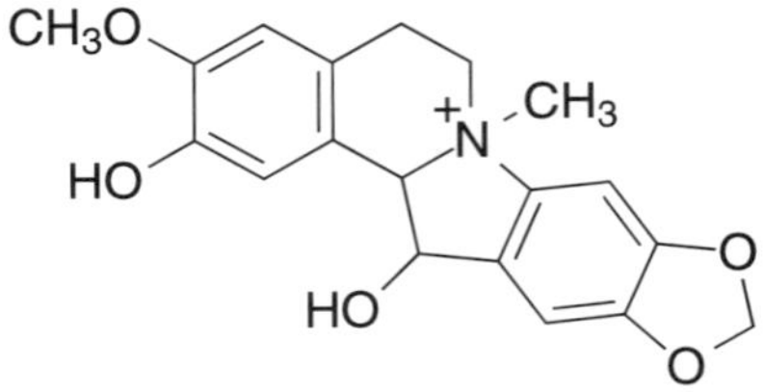

Cryptocarya phyllostemon (Lauraceae)
   cjc 67, 947 '89

6-MeO 7-HO
3,5-HO,MeO-benzyl
Me,Me+   THIQ

Compound unknown

with a (2,8) attack:

Trilobinine

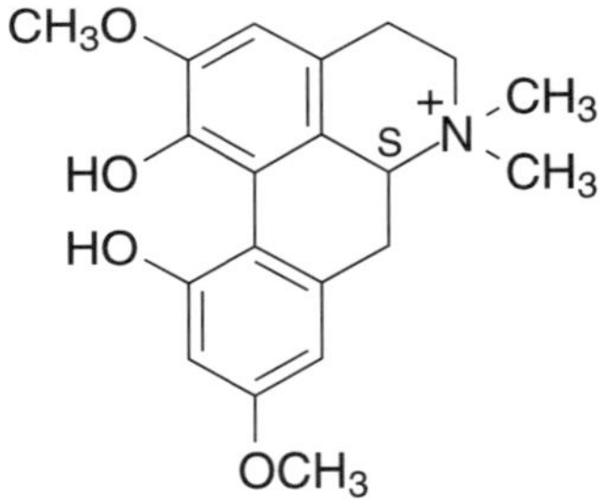

Thalicrum acutifolium (Ranunculaceae)
   jnp 57, 1033 '94

6-MeO 7-HO
3,4,5-HO,MeO,HO-α-keto-benzyl
Me   THIQ

Compound unknown

with a (2,N-Me) attack:

(-)-8-Oxopolyalthiaine

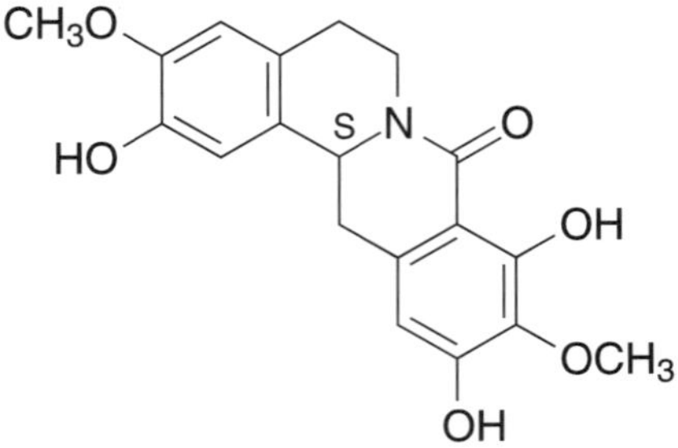

Polyalthia longifolia (Annonaceae)
   jnp 63, 1475 '00

Structural Index - 6,7-MeO,HO-Substituted

6-MeO	7-HO
3,4,5-HOCH$_2$,MDO-benzyl	
Me,Me+	THIQ

Compound unknown

with a (2,8) attack:

3,7 ether: **Thalphenine**

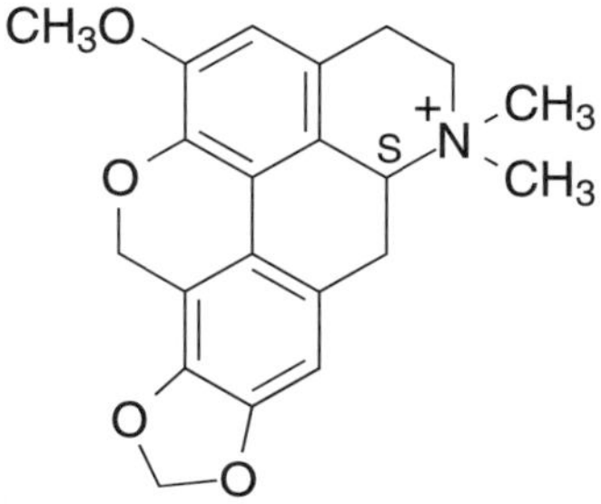

Phellodendron amurense (Rutaceae)
   llyd 39, 249 '76
Thalictrum minus (Ranunculaceae)
   jnp 43, 472 '80

6-MeO	7-HO
3,4-MeO,HO-β-phenethyl	
Me	THIQ

Compound unknown

with a (1,8) attack,
and reduction of a double bond:

(-)-Luteidine

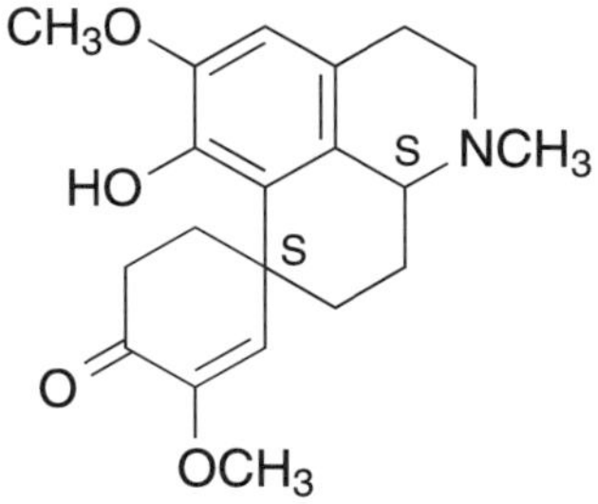

Colchicum luteum (Liliaceae) cnc 11, 781 '75

6-MeO	7-HO
=O	
H	THIQ

Northalifoline

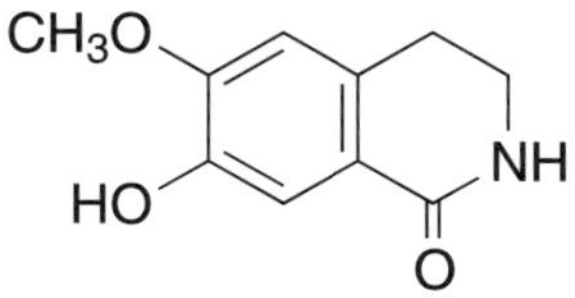

Hernandia nymphaeifolia (Hernandiaceae) pm 63, 154 '97
Lindera megaphylla (Lauraceae) jnp 57, 689 '94

6-MeO	7-HO
=O	
Me	THIQ

Thalifoline

Abuta pahni (Menispermaceae) phy 26, 2136 '87
Annona cherimolia (Annonaceae) jccs 46, 77 '99
Argemone mexicana (Papaveraceae) ejps 29, 53 '88
Berberis boliviana (Berberidaceae) jnp 52, 81 '89
Berberis brandisiana (Berberidaceae) jnp 49, 538 '86
Berberis valdiviana (Berberidaceae) fit 64, 378 '93
Berberis vulgaris (Berberidaceae) phy 49, 2545 '98
Cryptocarya longifolia (Lauraceae) jnp 45, 377 '82
Hernandia nymphaeifolia (Hernandiaceae) pm 63, 154 '97
Thalictrum minus var. *adiantifolium* (Ranunculaceae) llyd 32, 29 '69
Thalictrum sultanabadense (Ranunculaceae) jnp 48, 672 '85
Zanthoxylum wutaiense (Rutaceae) abs 13

The 7-ethoxy homologue has been reported in:
Thalictrum minus (Ranunculaceae) dban 23, 1243 '70

6-MeO	7-HO
=O	
Me	1,2-DHIQ

Doryphornine
Doryfornine

Annona cherimolia (Annonaceae) jccs 46, 77 '99
Doryphora sassafras (Monimiaceae) jnp 45, 377 '82

6-MeO	7-HO
6',7'-MDO-isobenzofuranone, 3'-yl	
Me	THIQ

Severzine
Sewerzine
6-O-Demethyladlumidine

Corydalis severtzovii (Papaveraceae) jnp 45, 105 '82

(jnp spells this compound Severtzine)

6,7-MeO,MeO-ISOQUINOLINES

6-MeO	7-MeO
H	
H	THIQ

Heliamine

Backebergia militaris (Cactaceae) jnp 44, 408 '81
Berberis integerrima (Berberidaceae) cnc 29, 57 '93
Carnegiea gigantia (Cactaceae) jnp 45, 277 '82
Pachycereus pecten-aboriginum (Cactaceae) aps 15, 127 '78
Pachycereus pringlei (Cactaceae) pm 38, 180 '80
Pachycereus weberi (Cactaceae) ac 57, 109 '85

6-MeO	7-MeO
H	
H	DHIQ

1,2-Dehydroheliamine

Backebergia militaris (Cactaceae) jnp 47, 839 '84
Carnegiea gigantea (Cactaceae) phy 22, 2101 '83
Pachycereus weberi (Cactaceae) ac 57, 109 '85

6-MeO	7-MeO
H	
H	IQ

Backebergine
1,2,3,4-Dehydroheliamine

Backebergia militaris (Cactaceae) jnp 47, 839 '84
Carnegiea gigantea (Cactaceae) phy 22, 2101 '83
Hernandia sonora (Hernandiaceae) phy 40, 983 '95
Pachycereus weberi (Cactaceae) ac 57, 109 '85
Xylopia vieillardii (Annonaceae) jnp 54, 466 '91

162 The Simple Plant Isoquinolines

6-MeO	7-MeO
H	
Me	THIQ

[Structure: 6,7-dimethoxy-N-methyl-1,2,3,4-tetrahydroisoquinoline]

N-Methylheliamine
O-Methylcorypalline

Arnebia decumbens (Boraginaceae) aajps 15, 24 '95
Backebergia militaris (Cactaceae) jnp 47, 839 '84
Berberis densiflora (Berberidaceae) cnc 33, 323 '97
Nelumbo nucifera (Nymphaeaceae) jccs 17, 235 '70
Pachycereus bracteatum (Cactaceae) phy 22, 247 '83
Pachycereus pringlei (Cactaceae) book 6
Pachycereus weberi (Cactaceae) phy 19, 673 '80
Papaver bracteatum (Papaveraceae) phy 22, 247 '83
Phoebe minutiflora (Lauraceae) cpj 49, 217 '97
Pilosocereus guerreronis (Cactaceae) llyd 39, 464 '76
Thalictrum dioicum (Ranunculaceae) llyd 41, 169 '78

6-MeO	7-MeO
H	
Me	IQ

[Structure: 6,7-dimethoxy-2-methylisoquinolinium]

6,7-Dimethoxy-2-methylisoquinolium quat

Thalictrum revolutum (Ranunculaceae) jnp 43, 270 '80

6-MeO	7-MeO
H	
3,4-HO,MeO-benzyl	THIQ

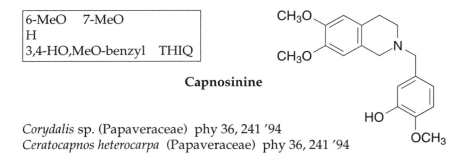

Capnosinine

Corydalis sp. (Papaveraceae) phy 36, 241 '94
Ceratocapnos heterocarpa (Papaveraceae) phy 36, 241 '94

Structural Index - 6,7-MeO,MeO-Substituted

6-MeO	7-MeO
H	
3,4-MeO,MeO-benzyl	THIQ

Intebrimine

Berberis integerrima (Berberidaceae) cnc 29, 57 '93

6-MeO	7-MeO
Me	
H	THIQ

Salsolidine
N-Norcarnegine

(R)(+)-isomer of Salsolidine:
Arthrocnemum glaucum (Chenopodiaceae) mjps 10, 96 '94

(S)(-)-isomer of Salsolidine:
Alhagi pseudalhagi (Fabaceae) jps 62, 1555 '73
Carnegiea gigantea (Cactaceae) llyd 39, 197 '76
Corispermum leptopyrum (Chenopodiaceae) app 34, 421 '77
Desmodium tiliaefolium (Fabaceae) phy 12, 193 '73
Pachycereus pecten-aboriginum (Cactaceae) llyd 39, 175 '76
Salsola pestifer (Chenopodiaceae) iant 2, 86 '85
Salsola richteri (Chenopodiaceae) kfz 9, 25 '75

Salsolidine (isomer not specified):
Genista purgens (Fabaceae) llyd 33s, 1 '70
Haloxylon scoparium (Chenopodiaceae) apf 48, 219 '90
Salsola arbuscula (Chenopodiaceae) llyd 33s, 1 '70
Salsola kali (Chenopodiaceae) llyd 33s, 1 '70
Salsola ruthenica (Chenopodiaceae) app 16, 57 '59
Salsola soda (Chenopodiaceae) app 16, 57 '59

(dl)-Salsolidine is N-Norcarnegine:
Alhagi pseudalhagi (Fabaceae) pm 26, 318 '74
Carnegiea gigantea (Cactaceae) abs 14
Desmodium cephalotes (Fabaceae) phy 13, 1628 '74

6-MeO	7-MeO	**1,2-Dehydrosalsolidine**
Me		**3,4-Dihydronigellimine**
H	DHIQ	

Carnegiea gigantea (Cactaceae) jnp 45, 277 '82
Haloxylon scoparium (Chenopodiaceae) apf 48, 219 '90
Hammada articulata (Chenopodiaceae) apf 48, 219 '90
Pachycereus weberi (Cactaceae) ac 57, 109 '85

6-MeO	7-MeO	**Isosalsolidine**
Me		**Nigellimine**
H	IQ	

Arthrocnemum glaucum (Chenopodiaceae) mjps 10, 96 '94
Haloxylon scoparium (Chenopodiaceae) apf 48, 219 '90
Nigella sativa (Ranunculaceae) jnp 55, 676 '92
Pachycereus pecten-aboriginum (Cactaceae) book 6
Pachycereus weberi (Cactaceae) ac 57, 109 '85

the N-oxide:	**Isosalsolidine N-oxide**
	Nigellimine N-oxide

Nigella sativa (Ranunculaceae) het 23, 953 '85

6-MeO	7-MeO	**Carnegine**
Me		**Pectenine**
Me	THIQ	

Arnebia decumbens (Boraginaceae) aajps 15, 24 '95
Arthrocnemum glaucum (Chenopodiaceae) phy 31, 1023 '92
Carnegiea gigantea (Cactaceae) jnp 45, 277 '82
Echium humile (Boraginaceae) phy 42, 225 '96
Haloxylon articulatum (Chenopodiaceae) aps 7, 285 '70
Haloxylon salicornicum (Chenopodiaceae) book 6
Haloxylon scoparium (Chenopodiaceae) apf 48, 219 '90
Hammada articulata (Chenopodiaceae) apf 48, 219 '90

Structural Index - 6,7-MeO,MeO-Substituted

Pachycereus pringlei (Cactaceae) book 6
Pachycereus weberi (Cactaceae) ac 57, 109 '85

6-MeO 7-MeO
Me
3,4-MDO-benzyl THIQ

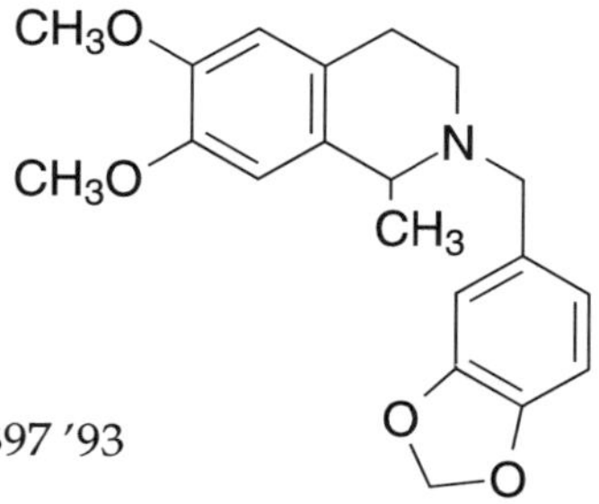

Bernumidine

Berberis nummularia (Berberidaceae) kps 3, 397 '93

6-MeO 7-MeO
2,3-MDO-α-HO-benzyl, Me
Me THIQ

Compound unknown

with a (6,1-Me) attack:
Fumaricine
Dihydroparfumidine
O-Methylfumarophycinol

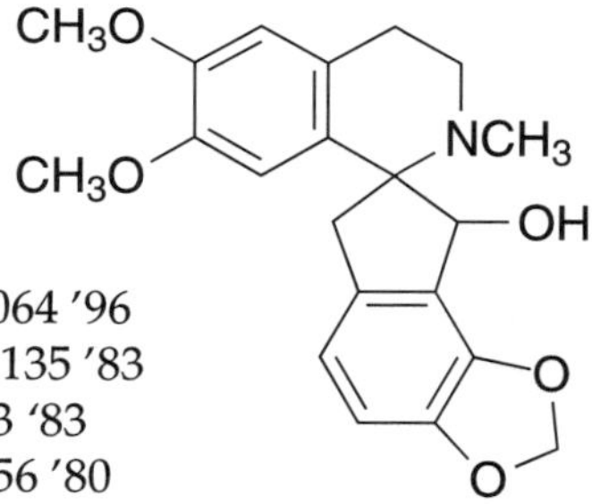

Fumaria densiflora (Papaveraceae) cccc 61, 1064 '96
Fumaria gaillardotii (Papaveraceae) ijcdr 21, 135 '83
Fumaria officinalis (Papaveraceae) jnp 46, 433 '83
Fumaria schrammii (Papaveraceae) pm 40, 156 '80

6-MeO 7-MeO
2,3-MDO-α-OAc-benzyl, Me
Me THIQ

Compound unknown

with a (6,1-Me) attack:

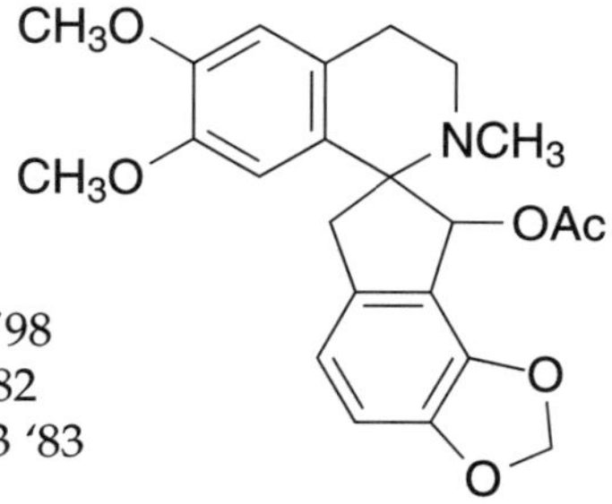

(-)-O-Methylfumarophycine
O-Acetylfumaricine

Fumaria bastardii (Papaveraceae) nps 4, 257 '98
Fumaria kralikii (Papaveraceae) pm 45, 120 '82
Fumaria officinalis (Papaveraceae) jnp 46, 433 '83

6-MeO	7-MeO	Compound unknown
2,3-MDO-α-keto-benzyl , Me		
Me	THIQ	

with a (6,1-Me) attack:

(S)(+)-Parfumidine

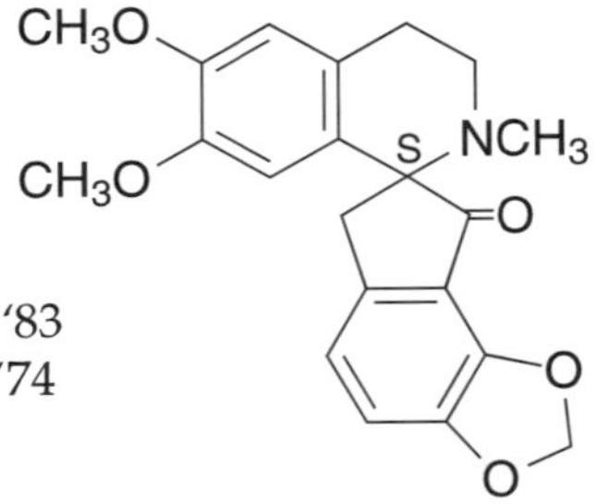

Fumaria officinalis (Papaveraceae) jnp 46, 433 '83
Fumaria parviflora (Papaveraceae) fm 16, 101 '74

6-MeO	7-MeO	**Calycotomine**
HOCH$_2$ -		
H	THIQ	

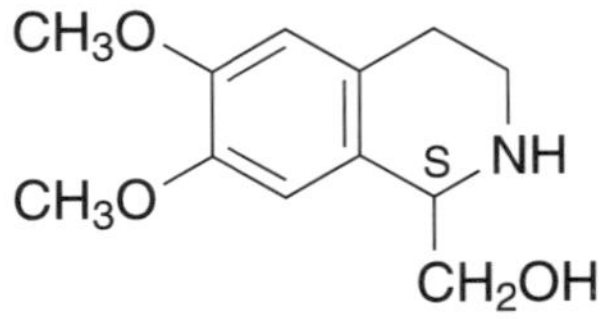

(S)(+)-isomer:
Cytisus proliferus (Fabaceae) bull 1
Genista anatolica (Fabaceae) pm 52, 242 '86
Genista involucrata (Fabaceae) pm 53, 499 '87

isomer not specified:
Acacia concinna (Fabaceae) pm 19, 55 '71
Genista burdurensis (Fabaceae) pm 53, 119 '87
Genista sessilifolia (Fabaceae) ffbd 18, 7 '93

6-MeO	7-MeO	Not a natural product.
phenyl		cpb 17, 1115 '69
H	IQ	

with a (2,8) attack:

Triclisine

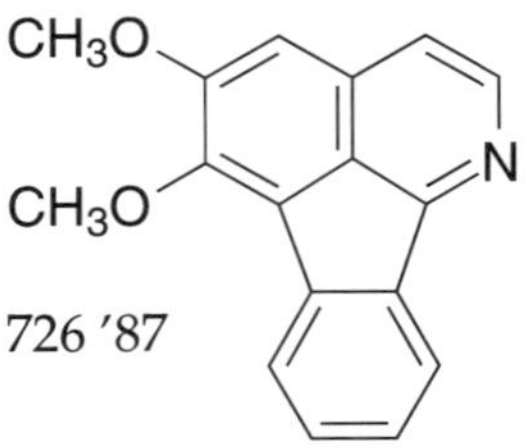

Telitoxicum peruvianum (Menispermaceae) jnp 50, 726 '87
Triclisia gilletii (Menispermaceae) bsrs 45, 40 '76

Structural Index - 6,7-MeO,MeO-Substituted

6-MeO	7-MeO
3-HO-phenyl	
H	IQ

Not a natural product.
tet 48, 7185 '92

with a (6,8) attack:

Telitoxine

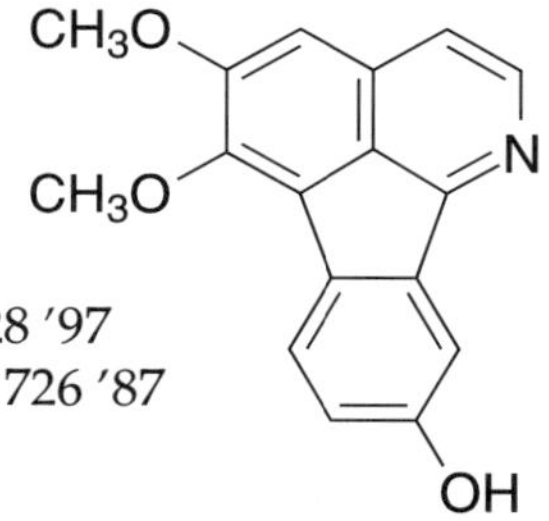

Telitoxicum glaziovii (Menispermaceae) jnp 60, 1328 '97
Telitoxicum peruvianum (Menispermaceae) jnp 50, 726 '87

6-MeO	7-MeO
3,4-MeO,MeO-phenyl	
Me	THIQ

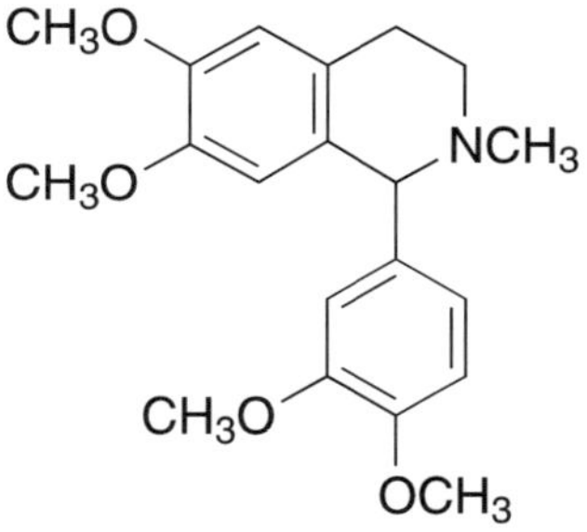

(R)(-)-Cryptostyline II

Cryptostylis erythroglossa (Orchidaceae)
  acssb 28, 239 '74

(S)(+)-Cryptostyline II

Cryptostylis fulva (Orchidaceae) acs 27, 710 '73

6-MeO	7-MeO
3,4-MDO-phenyl	
Me	THIQ

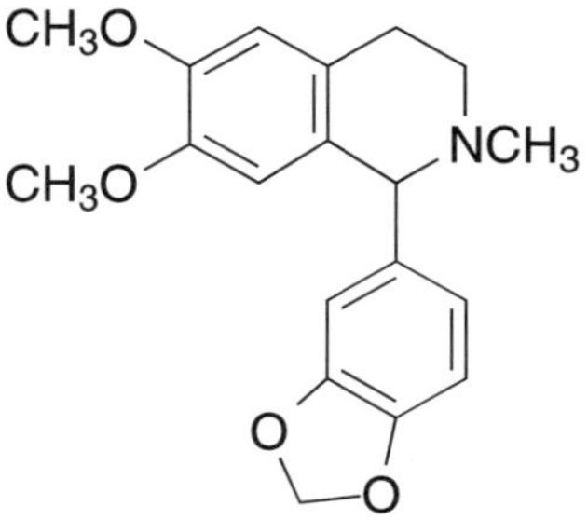

(R)(-)-Cryptostyline I

Cryptostylis erythroglossa (Orchidaceae)
  acssb 28, 239 '74

(S)(+)-Cryptostyline I

Cryptostylis fulva (Orchidaceae) acs 27, 710 '73

168 The Simple Plant Isoquinolines

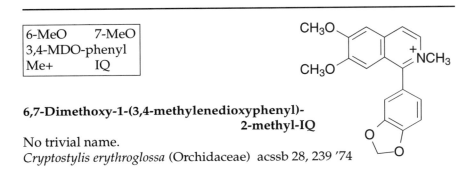

6-MeO	7-MeO
3,4-MDO-phenyl	
Me+	DHIQ

6,7-Dimethoxy-1-(3,4-methylenedioxyphenyl)-2-methyl-DHIQ

No trivial name.
Cryptostylis erythroglossa (Orchidaceae) acssb 28, 239 '74

6-MeO	7-MeO
3,4-MDO-phenyl	
Me+	IQ

6,7-Dimethoxy-1-(3,4-methylenedioxyphenyl)-2-methyl-IQ

No trivial name.
Cryptostylis erythroglossa (Orchidaceae) acssb 28, 239 '74

6-MeO	7-MeO
3,4,5-MeO,MeO,MeO-phenyl	
Me	THIQ

(R)(-)-Cryptostyline III

Cryptostylis erythroglossa (Orchidaceae)
  acssb 28, 239 '74

(S)(+)-Cryptostyline III

Cryptostylis fulva (Orchidaceae) acs 27, 710 '73

6-MeO	7-MeO
benzyl	
H	THIQ

Not a natural product.
chy 42, 31 '90

Structural Index - 6,7-MeO,MeO-Substituted

with a (2,8) attack:

Nornuciferine
Sanjoinine Ia

Annona squamosa (Annonaceae) cpj 46, 439 '94
Annona spp. (Annonaceae) tyhtc 25, 1 '73
Anomianthus dulcis (Annonaceae) bse 26, 139 '98
Artabotrys spp. (Annonaceae) jnp 53, 503 '90
Cananga odorata (Annonaceae) jccs 46, 607 '99
Chasmanthera dependens (Menispermaceae) pm 46, 228 '82
Colubrina faralaotra (Rhamnaceae) pm 27, 304 '75
Dasymaschalon sootepense (Annonaceae) bse 26, 933 '98
Duguetia flagellaris (Annonaceae) rbp 3, 23 '01
Duguetia spixiana (Annonaceae) jnp 50, 674 '87
Enantia polycarpa (Annonaceae) pms 32, 249 '77
Guatteria spp. (Annonaceae) pmp 18, 165 '84
Hexalobus crispiflorus (Annonaceae) lac 9, 1623 '82
Isolona spp. (Annonaceae) pmp 12, 230 '78
Laurelia sempervirens (Monimiaceae) bscq 38, 35 '93
Liriodendron tulipifera (Magnoliaceae) phy 17, 779 '78
Nelumbo nucifera (Nymphaeaceae) phy 12, 699 '73
Nelumbo spp. (Nymphaeaceae) jps 66, 1627 '77
Oncodostigma monosperma (Annonaceae) pmp 20, 251 '86
Orophea hexandra (Annonaceae) bse 27, 111 '99
Oxandra major cf. (Annonaceae) phy 26, 2093 '87
Papaver caucasicum (Papaveraceae) jsiri 7, 263 '96
Piptostigma fugax (Annonaceae) phy 38, 1037 '95
Polyalthia acuminata (Annonaceae) jnp 45, 471 '82
Popowia pisocarpa (Annonaceae) jnp 49, 1028 '86
Rollinia ulei (Annonaceae) bmcl 5, 1519 '95
Trivalvaria macrophylla (Annonaceae) jnp 53, 862 '90
Xylopia frutescens (Annonaceae) pmp 16, 253 '82
Ziziphus spp. (Rhamnaceae) pjsr 30, 81 '78

and an α,1-ene:

Dehydronornuciferine

Guatteria ouregou (Annonaceae) jnp 51, 389 '88

6-MeO	7-MeO
α-keto-benzyl	
H	IQ

Not a natural product.
ijc 30b, 525 '91

with a (2,8) attack:

Lysicamine
Oxonuciferine

Annona cherimolia (Annonaceae) pmp 23, 159 '89
Annona purpurea (Annonaceae) jnp 61, 1457 '98
Aquilegia oxysepala (Ranunculaceae) zh 30, 8 '99
Cananga odorata (Annonaceae) jnp 64, 616 '00
Colubrina faralaotra (Rhamnaceae) pm 27, 304 '75
Colubrina sp. (Rhamnaceae) jnp 38, 275 '75
Cryptocarya strictifolia (Lauraceae) phy 54, 989 '00
Liriodendron sp. (Magnoliaceae) jnp 38, 275 '75
Lysichiton sp. (Araceae) jnp 38, 275 '75
Papaver caucasicum (Papaveraceae) jsiri 7, 263 '96
Polyalthia suaveolens (Annonaceae) pm 33, 243 '78
Rollinia papilionella (Annonaceae) jnp 46, 436 '83
Stephania sasakii (Menispermaceae) yz 101, 431 '81
Telitoxicum glaziovii (Menispermaceae) jnp 60, 1328 '97
Xylopia aethiopica (Annonaceae) jnp 57, 68 '94
Ziziphus jujuba var. *inermis* (Rhamnaceae) tl 28, 3957 '87

6-MeO	7-MeO
benzyl	
Me	THIQ

Not a natural product.
joc 48, 1621 '83

with a (2,8) attack:

Nuciferine
Nuciferin
Sanjoinine E

(+)-isomer:
Papaver caucasicum (Papaveraceae) jsiri 7, 263 '96
Papaver pseudo-orientale (Papaveraceae) cccc 51, 1752 '86

Structural Index - 6,7-MeO,MeO-Substituted

(-)-isomer:
Annona cherimolia (Annonaceae) pmp 23, 159 '89
Artabotrys venustus (Annonaceae) jnp 49, 602 '86
Guatteria ouregou (Annonaceae) jnp 49, 878 '86
Hexalobus monopetalus (Annonaceae) pm 54, 177 '88
Papaver spp. (Papaveraceae) phzi 23, 267 '68
Ziziphus amphibia (Rhamnaceae) cb 107, 1329 '74

isomer not specified:
Cassytha americana (Lauraceae) het 9, 903 '78
Cissampelos pareira (Menispermaceae) it 63, 282 '92
Colubrina spp. (Rhamnaceae) pm 27, 304 '75
Liriodendron tulipifera (Magnoliaceae) app 42, 294 '85
Nelumbo nucifera (Nymphaeaceae) phy 12, 699 '73
Nelumbo spp. (Nymphaeaceae) jps 66, 1627 '77
Neolitsea sericea (Lauraceae) het 9, 903 '78
Stephania cepharantha (Menispermaceae) jnp 63, 477 '00
Ziziphus spp. (Rhamnaceae) apr 12, 263 '89

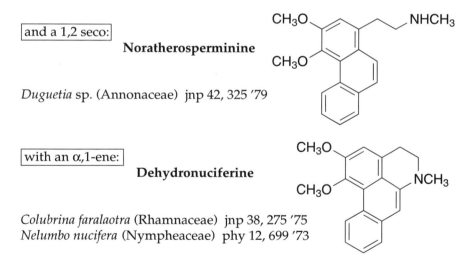

and a 1,2 seco:
Noratherosperminine

Duguetia sp. (Annonaceae) jnp 42, 325 '79

with an α,1-ene:
Dehydronuciferine

Colubrina faralaotra (Rhamnaceae) jnp 38, 275 '75
Nelumbo nucifera (Nympheaceae) phy 12, 699 '73

6-MeO	7-MeO	
benzyl		Compound unknown
Me,Me+	THIQ	

> with a (2,8) attack and a 1,2 seco:

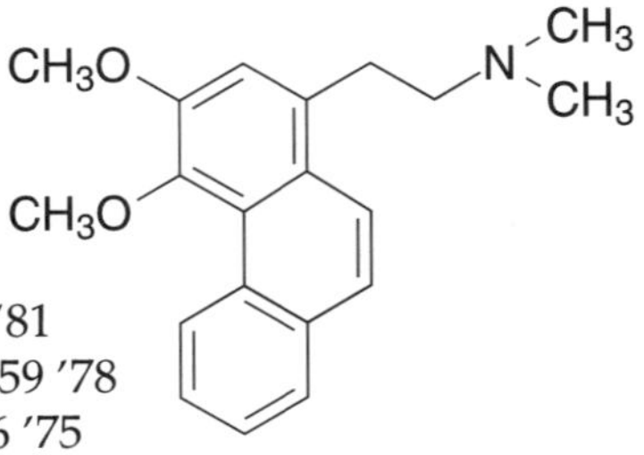

Atherosperminine

Annona muricata (Annonaceae) pm 42, 37 '81
Duguetia calycina (Annonaceae) pmp 12, 259 '78
Enantia chlorantha (Annonaceae) pm 9, 296 '75
Fissistigma glaucescens (Annonaceae) ejp 237, 109 '93
Guatteria discolor (Annonaceae) jnp 47, 353 '84
Oxymitra velutina (Annonaceae) phy 30, 1265 '91
Phaeanthus vietnamensis (Annonaceae) fit 62, 315 '91

> the N-oxide:

Atherosperminine N-oxide

Duguetia spixiana (Annonaceae) jnp 50, 664 '87
Guatteria discolor (Annonaceae) jnp 46, 761 '83
Oxymitra velutina (Annonaceae) phy 30, 1265 '91

6-MeO	7-MeO
benzyl	
Ac	THIQ

Not a natural product.
jacs 89, 329 '67

> with a (2,8) attack:

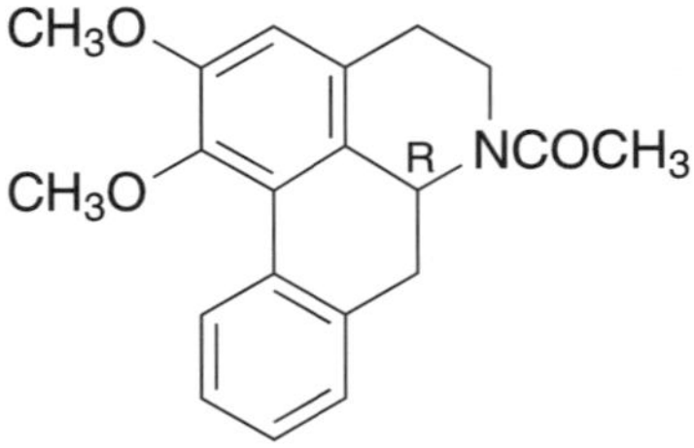

N-Acetylnornuciferine

Aristolochia bracteolata (Aristolochiaceae)
    pm 54, 467 '88
Aromadendron elegans (Magnoliaceae)
    phy 31, 2495 '92
Cananga odorata (Annonaceae) jccs 46, 607 '99
Liriodendron tulipifera (Magnoliaceae) jnp 38, 275 '75
Tinospora crispa (Menispermaceae) pm 58, 184 '92
Zanthoxylum simulans (Rutaceae) phy 34, 1659 '93

Structural Index - 6,7-MeO,MeO-Substituted

6-MeO	7-MeO
benzyl	
CHO	THIQ

Not a natural product.
sy 28, 1433 '98

with a (2,8) attack:

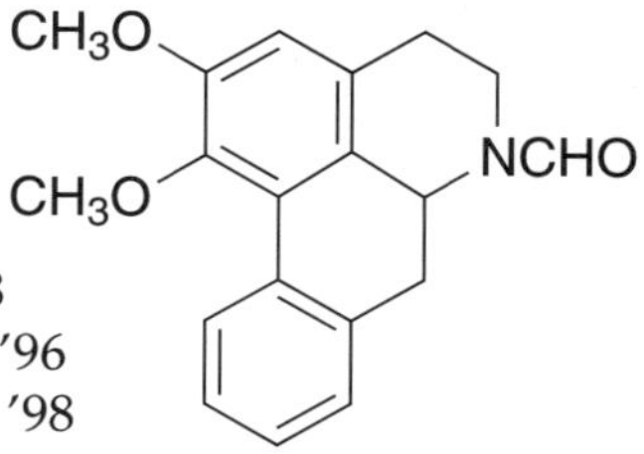

N-Formylnornuciferine

Guatteria ouregou (Annonaceae) jnp 51, 389 '88
Piper argyrophyllum (Piperaceae) phy 43, 1355 '96
Tinospora crispa (Menispermaceae) pm 64, 393 '98

and an α,1-ene:

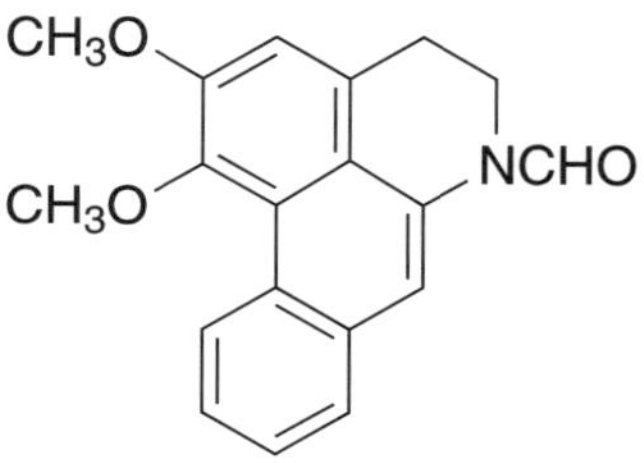

N-Formyldehydronornuciferine

Sinomenium acutum (Menispermaceae)
  jnp 57, 1033 '94

6-MeO	7-MeO
α-HO-benzyl	
H	THIQ

Not a natural product.
bscf 2, 687 '69

with a (2,8) attack: **(−)-Nornuciferidine**

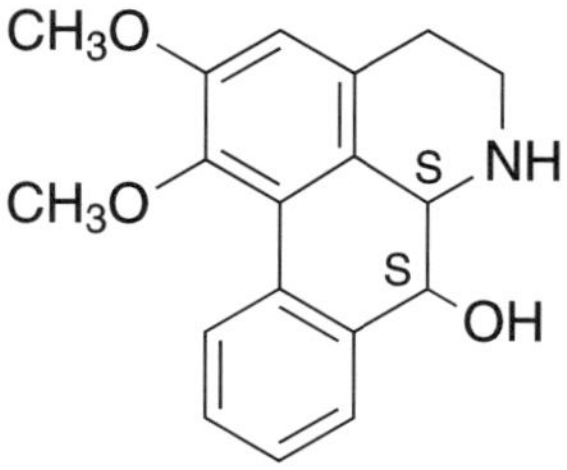

Duguetia spixiana (Annonaceae) jnp 51, 389 '88

6-MeO	7-MeO
α-HO-benzyl	
Me	THIQ

Not a natural product.
jmc 11, 752 '68

The Simple Plant Isoquinolines

with a (2,8) attack:

Nuciferidine

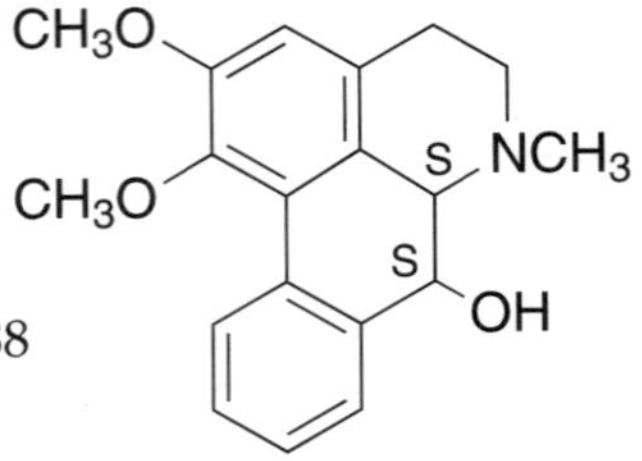

Guatteria sagotiana (Annonaceae) jnp 51, 389 '88

6-MeO	7-MeO
α-keto-benzyl	
H	IQ

Compound unknown

with a (2,8) attack and a 4-hydroxy group:

Telikovine

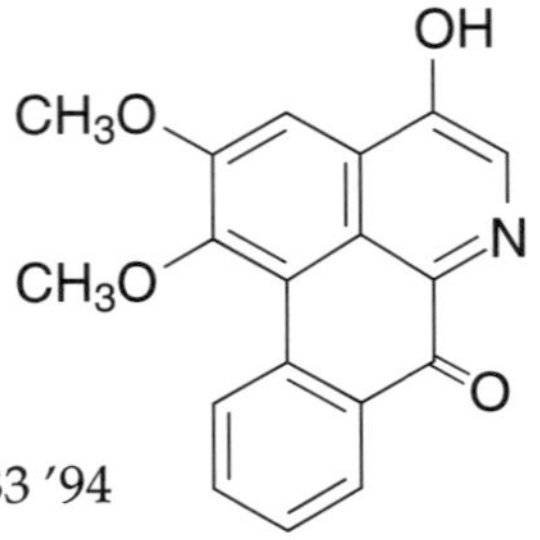

Telitoxicum krukovii (Menispermaceae) jnp 57, 1033 '94

with a 4-methoxy group:

Splendidine

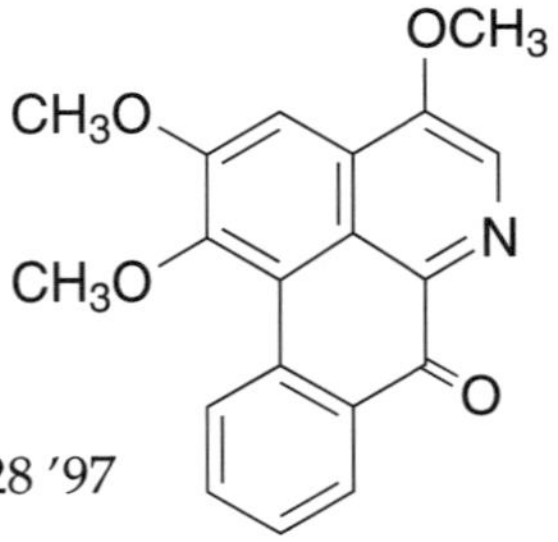

Abuta refescens (Menispermaceae) jnp 46, 761 '83
Telitoxicum glaziovii (Menispermaceae) jnp 60, 1328 '97

6-MeO	7-MeO
3-HO-benzyl	
H	THIQ

(R)(+)-Noranicanine

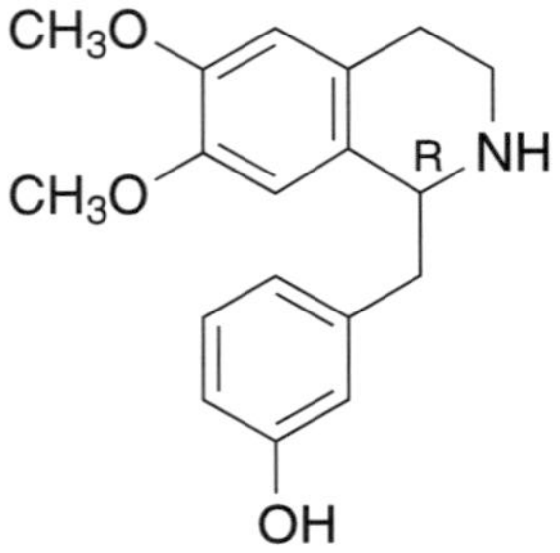

Aniba canelilla (Lauraceae) het 43, 1681 '96

Structural Index - 6,7-MeO,MeO-Substituted

6-MeO	7-MeO
3-HO-benzyl	
Me	THIQ

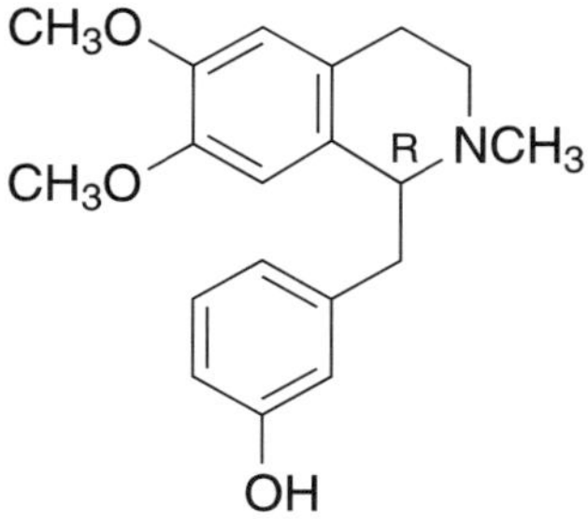

(R)(+)-Anicanine

Aniba canelilla (Lauraceae) cjc 71, 1128 '93

---

with a (2,N-Me) attack:

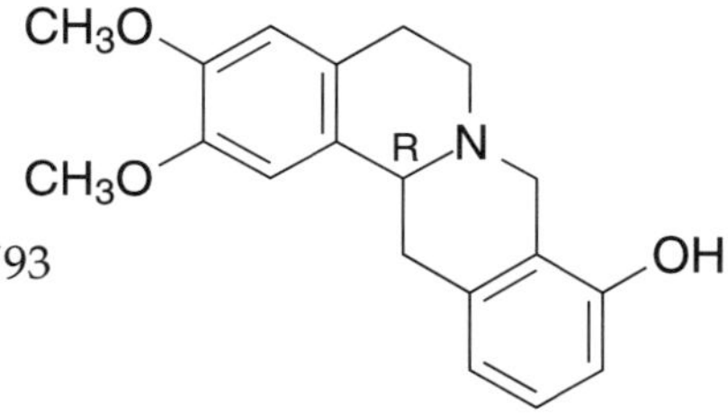

(R)(+)-Manibacanine

Aniba canelilla (Lauraceae) cjc 71, 1128 '93

---

with a (2,8) attack:

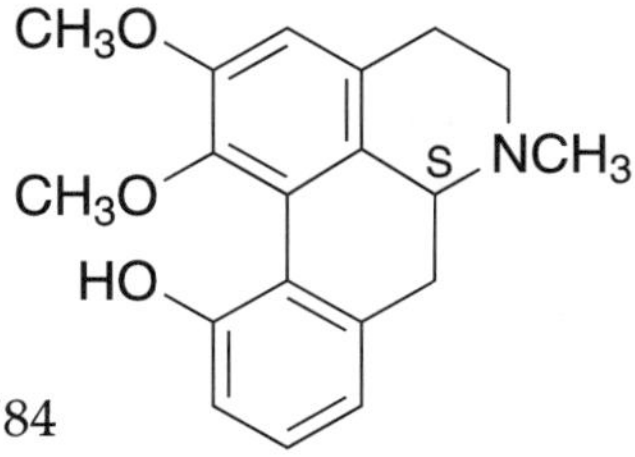

1-O-Methylisothebaidine
1,2-Dimethoxy-11-hydroxyaporphine

Discaria serratifolia (Rhamnaceae) jnp 47, 1040 '84

---

with a (6,N-Me) attack:

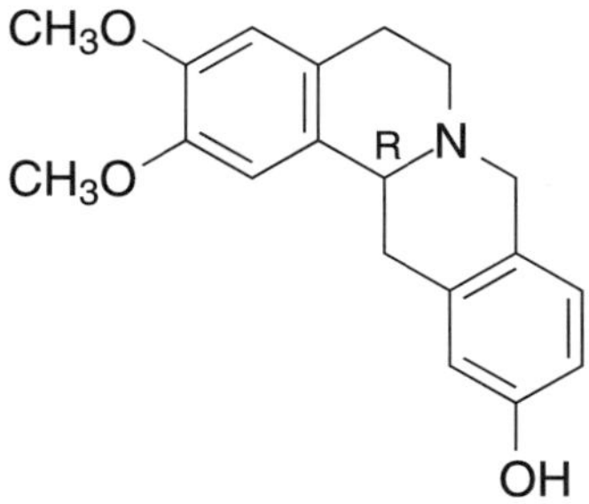

(R)(+)-Pseudomanibacanine

Aniba canelilla (Lauraceae) cjc 71, 1128 '93

6-MeO	7-MeO	Compound unknown
3-HO-α-keto-benzyl		
H	IQ	

with a (6,8) attack:

Peruvianine

Telitoxicum peruvianum (Menispermaceae) jnp 44, 320 '81

6-MeO	7-MeO
4-HO-benzyl	
H	THIQ

Norarmepavine
N-Norarmepavine
O-7-Methylcoclaurine

(R)(+)-isomer:
Magnolia kachirachirai (Magnoliaceae) yz 88, 1143 '68

(S)(-)-isomer:
Alseodaphne archboldiana (Lauraceae) het 9, 903 '78
Cryptocarya konishii (Lauraceae) het 9, 903 '78
Machilus acuminatissima (Lauraceae) het 9, 903 '78
Machilus arisanensis (Lauraceae) het 9, 903 '78
Machilus kusanoi (Lauraceae) het 9, 903 '78
Machilus obovatifolia (Lauraceae) het 9, 903 '78
Machilus pseudolongifolia (Lauraceae) het 9, 903 '78
Machilus thunbergii (Lauraceae) het 9, 903 '78
Machilus zuihoensis (Lauraceae) het 9, 903 '78
Nothaphoebe konishii (Lauraceae) het 9, 903 '78

(dl):
Cryptocarya konishii (Lauraceae) het 9, 903 '78
Machilus acuminatissima (Lauraceae) het 9, 903 '78
Machilus arisanensis (Lauraceae) het 9, 903 '78
Machilus obovatifolia (Lauraceae) het 9, 903 '78
Machilus pseudolongifolia (Lauraceae) het 9, 903 '78
Machilus thunbergii (Lauraceae) het 9, 903 '78
Machilus zuihoensis (Lauraceae) het 9, 903 '78
Nothaphoebe konishii (Lauraceae) het 9, 903 '78
Ocotea atirrensis (Lauraceae) pcl 61, 589 '95
Phoebe minutiflora (Lauraceae) cpj 49, 217 '97

isomer not specified:
Nelumbo lutea (Nymphaeaceae) llyd 33s, 1 '70
Nelumbo nucifera (Nymphaeaceae) jnp 50, 773 '87
Phoebe chekiangensis (Lauraceae) bmcl 7, 1207 '97
Retanilla ephedra (Rhamnaceae) rlq 5, 158 '74

| with a (1,8) attack: | **Stepharine**

(R)(+)-isomer:
Annona cherimolia (Annonaceae) jccs 44, 313 '97
Annona purpurea (Annonaceae) jps 60, 1254 '71
Anomianthus dulcis (Annonaceae) bse 26, 139 '98
Colubrina faralaotra (Rhamnaceae) pm 30, 201 '76
Glossocalyx brevipes (Monimiaceae) jnp 48, 833 '85
Legnephora moorei (Menispermaceae) jps 63, 618 '74
Limacia oblonga (Menispermaceae) joc 54, 3491 '89
Meiogyne virgata (Annonaceae) phy 26, 537 '87
Menispermum dauricum (Menispermaceae) yz 91, 684 '71
Monodora tenuifolia (Annonaceae) pm 50, 455 '84
Oncodostigma monosperma (Annonaceae) jnp 52, 273 '89
Polyalthia acuminata (Annonaceae) jnp 45, 471 '82
Sarcopetalum harveyanum (Menispermaceae) llyd 35, 90 '72
Sciadotenia eichleriana (Menispermaceae) jnp 48, 69 '85
Stephania hainanensis (Menispermaceae) zh 18, 146 '87
Stephania miyiensis (Menispermaceae) zh 30, 250 '99
Stephania yunnanensis (Menispermaceae) zx 31, 296 '89
Stephania spp. (Menispermaceae) cwhp 31, 296 '89

(S)(-)-isomer:
Annona spp. (Annonaceae) jnp 50, 759 '87
Caryomene olivascens (Menispermaceae) afb 6, 163 '87

isomer not specified:
Abuta pahni (Menispermaceae) phy 26, 2136 '87
Alphonsea sclerocarpa (Annonaceae) jnp 50, 518 '87
Anamirta cocculus (Menispermaceae) jnsc 20, 187 '92
Annona cacans (Annonaceae) fit 65, 87 '94
Artabotrys uncinatus (Annonaceae) jnp 62, 1192 '99
Cassytha filiformis (Lauraceae) jnp 61, 863 '98
Cocculus laurifolius (Menispermaceae) tet 36, 3107 '80
Diploclisia glaucescens (Menispermaceae) jnsc 20, 187 '92
Laurelia sempervirens (Monimiaceae) cct 11, 41 '81

Monodora spp. (Annonaceae) phy 28, 2489 '89
Stephania spp. (Menispermaceae) cpb 42, 2452 '94
Ziziphus jujuba (Rhamnaceae) pjsr 30, 81 '78

with a (2,8) attack:
Tuduranine

(R)(-)-isomer:
Glossocalyx brevipes (Monimiaceae) jnp 48, 833 '85
Polyalthia acuminata (Annonaceae) jnp 45, 471 '82

isomer not specified:
Sinomemium sp. (Menispermaceae) jnp 38, 275 '75
Stephania venosa (Menispermaceae) jnp 50, 1113 '87
Stephania sp. (Menispermaceae) jnp 38, 275 '75

6-MeO	7-MeO
4-HO-benzyl	
H	IQ

Crykonisine

Cryptocarya konishii (Lauraceae) yz 87, 1278 '67
Machilus acuminatissima (Lauraceae) yz 87, 1278 '67

6-MeO	7-MeO
4-HO-benzyl	
Me	THIQ

Armepavine
Evoeuropine

(S)(+)-isomer:
Berberis baluchistanica (Berberidaceae) tl 22, 541 '81
Guatteria sagotiana (Annonaceae) jnp 49, 1078 '86
Roemeria refracta (Papaveraceae) jnp 53, 666 '90
Xylopia pancheri (Annonaceae) pm 30, 48 '76
Zanthoxylum inerme (Rutaceae) yz 101, 504 '81

(R)(-)-isomer:
Argemone turnerae (Papaveraceae) phy 12, 1355 '73
Discaria serratifolia var. *discolor* (Rhamnaceae) jnp 42, 430 '79
Euonymus europaeus (Celastraceae) jpps 23, 233 '71
Papaver oreophilum (Papaveraceae) frm 29, 23 '80

Structural Index - 6,7-MeO,MeO-Substituted

Phoebe minutiflora (Lauraceae) cpj 49, 217 '97
Popowia pisocarpa (Annonaceae) jnp 49, 1028 '86
Roemeria refracta (Papaveraceae) hca 75, 260 '92
Talguenea quinquenervis (Rhamnaceae) fit 60, 283 '89
Xylopia pancheri (Annonaceae) pm 30, 48 '76

(dl):
Nelumbo nucifera (Nymphaeaceae) jnp 49, 547 '86

isomer not specified:
Alseodaphne hainanensis (Lauraceae) zx 30, 183 '88
Arctomecon humile (Papaveraceae) bse 18, 45 '90
Berberis integerrima (Berberidaceae) cnc 29, 57 '93
Berberis turcomannica (Berberidaceae) cnc 29, 63 '93
Berberis valdiviana (Berberidaceae) fit 64, 378 '93
Discaria crenata (Rhamnaceae) phy 12, 954 '73
Nelumbo lutea (Nymphaeaceae) llyd 33s, 1 '70
Papaver armeniacum (Papaveraceae) pm 41, 105 '81
Papaver caucasicum (Papaveraceae) phzi 23, 267 '68
Papaver cylindricum (Papaveraceae) pm 46, 175 '82
Papaver fugax (Papaveraceae) pm 41, 105 '81
Papaver persicum (Papaveraceae) phzi 23, 267 '68
Papaver polychaetum (Papaveraceae) phzi 23, 267 '68
Papaver tauricolum (Papaveraceae) pm 41, 105 '81
Papaver triniaefolium (Papaveraceae) phzi 23, 267 '68
Retanilla ephedra (Rhamnaceae) rlq 5, 158 '74
Thalictrum revolutum (Ranunculaceae) daib 40, 267 '79
Zanthoxylum coreanum (Rutaceae) kjp 12, 5 '81

with a (1,8) attack:

(R)(+):
Pronuciferine
N-Methylstepharine
Milthanthine
N,O-Dimethylcrotonosine

(S)(-):
Pronuciferine
N,O-Dimethylcrotsparine

Cryprochine

(+)-isomer:
Annona cherimolia (Annonaceae) jccs 46, 77 '99
Croton spp. (Euphorbiaceae) llyd 32, 1 '69
Glossocalyx brevipes (Monimiaceae) jnp 48, 833 '85
Gyrocarpus americanus (Hernandiaceae) phy 27, 655 '88
Isolona pilosa (Annonaceae) cra 285, 447 '77
Meconopsis cambrica (Papaveraceae) jpps 27, 84p '75
Stephania glabra (Menispermaceae) joc 33, 2785 '68
Thalictrum pedunculatum (Ranunculaceae) jnp 52, 428 '89

(-)-isomer:
Meconopsis cambrica (Papaveraceae) jnp 44, 67 '81
Ocotea glaziovii (Lauraceae) omr 9, 8 '77
Papaver persicum (Papaveraceae) phzi 23, 267 '68
Papaver triniaefolium (Papaveraceae) phzi 23, 267 '68
Peumus boldus (Monimiaceae) fit 54, 175 '83

isomer not specified:
Anomianthus dulcis (Annonaceae) bse 26, 139 '98
Berberis sibirica (Berberidaceae) cnc 29, 361 '93
Caryomene olivascens (Menispermaceae) cpb 34, 1148 '86
Cassytha filiformis (Lauraceae) jnp 61, 863 '98
Cocculus laurifolius (Menispermaceae) tet 36, 3107 '80
Nelumbo nucifera (Nymphaeaceae) llyd 32, 1 '69
Orophea hexandra (Annonaceae) bse 27, 111 '99
Papaver spp. (Papaveraceae) llyd 32, 1 '69
Stephania cepharantha (Menispermaceae) jnp 63, 477 '00
Stephania sutchuenensis (Menispermaceae) pm 61, 99 '95
Uvaria chamae (Annonaceae) pmp 14, 143 '80
Xylopia buxifolia (Annonaceae) jnp 44, 551 '81

(+)-isomer of Cryprochine:
Cryptocarya chinensis (Lauraceae) jnp 56, 227 '93

reduction of double bonds
and of the carbonyl group:

N,O-Dimethyloridine
N,O-Dimethyloreoline

Papaver oreophilum (Papaveraceae) cccc 46, 926 '81

Structural Index - 6,7-MeO,MeO-Substituted

with a (2,8) attack:

Nuciferoline

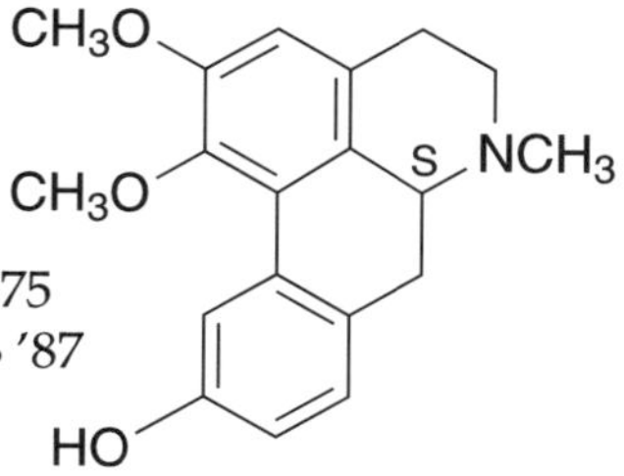

Papaver caucasicum (Papaveraceae) jnp 38, 275 '75
Stephania venosa (Menispermaceae) jnp 50, 1113 '87

6-MeO	7-MeO
4-HO-benzyl	
Me,Me+	THIQ

N-Methylarmepavine

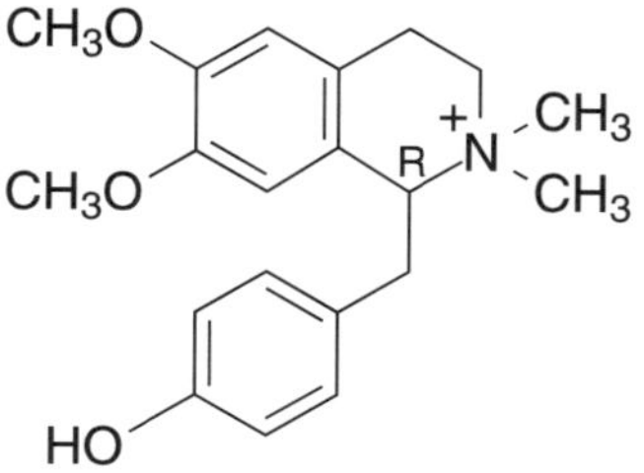

Berberis baluchistanica (Berberidaceae)
  tl 22, 541 '81
Thalictrum revolutum (Ranunculaceae)
  jnp 43, 270 '80

6-MeO	7-MeO
4-HO-benzyl	
CHO	THIQ

Compound unknown

with a (1,8) attack:

(R)(-)-N-Formylstepharine

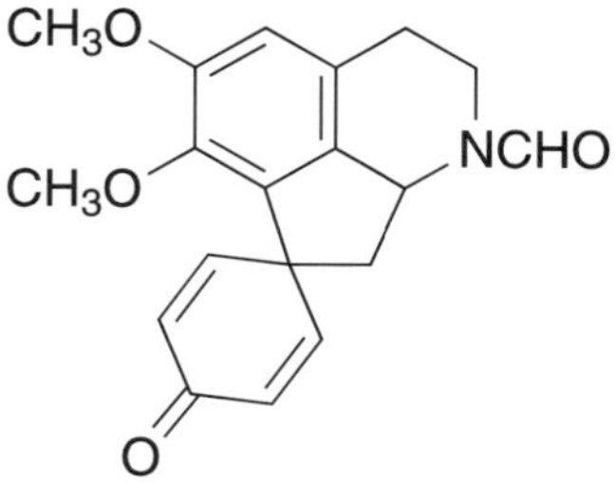

Caryomene olivascens (Menispermaceae)
  cpb 34, 1148 '86

6-MeO	7-MeO
4-HO-benzyl	
Ac	THIQ

Not a natural product.
joc 33, 2785 '68

with a (1,8) attack:

(R)-N-Acetylstepharine

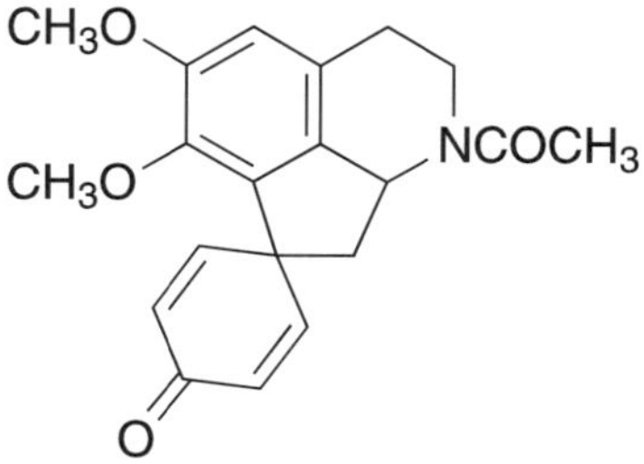

Stephania sasakii (Menispermaceae)
  yz 101, 431 '81

6-MeO	7-MeO
4-HO-benzyl	
CO₂Me	THIQ

with a (1,8) attack:

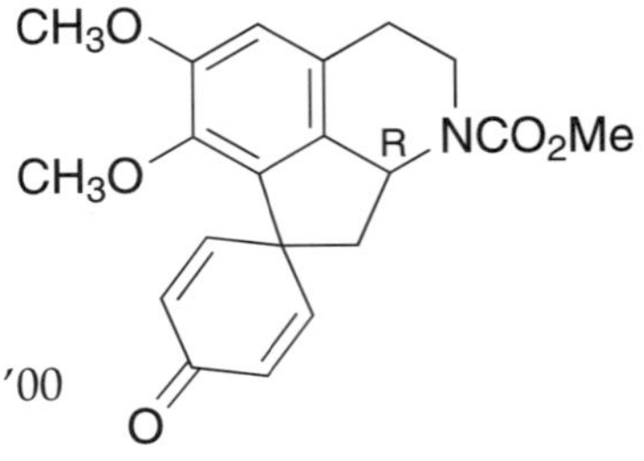

(R)-Promucosine

Annona purpurea (Annonaceae) jnp 63, 746 '00

Compound unknown

6-MeO	7-MeO
4-HO-benzyl	
CONH₂	THIQ

with a (1,8) attack:

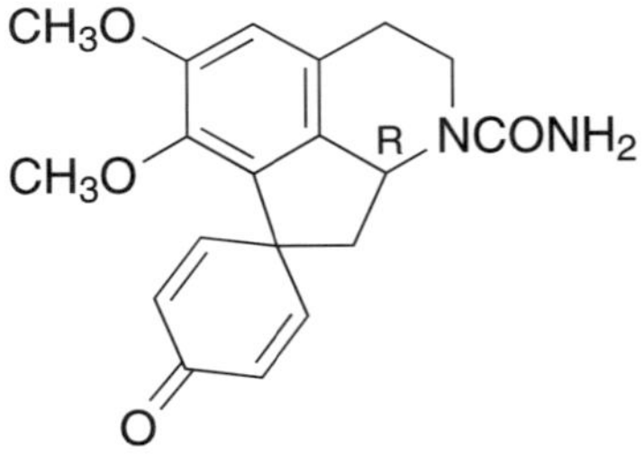

(R)-N-Carboxamidostepharine

Stephania venosa (Menispermaceae)
 jnp 50, 1113 '87

Compound unknown

6-MeO	7-MeO
4-HO-α-keto-benzyl	
Me	IQ

Gandharamine

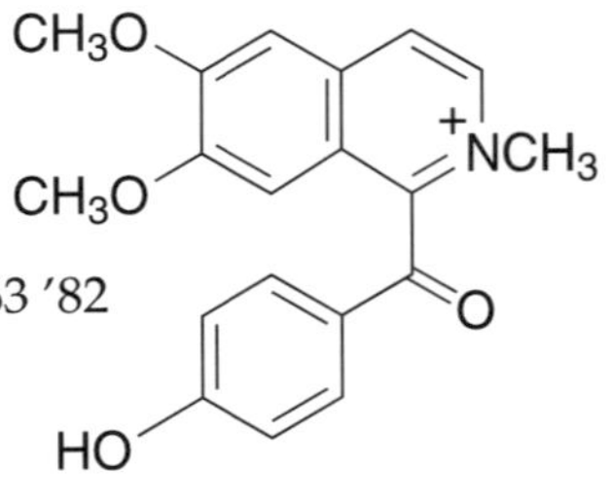

Berberis baluchistanica (Berberidaceae) het 18, 63 '82
Euodia daniellii (Rutaceae) sz 45, 263 '91
Thalictrum przewalskii (Ranunculaceae)
 jnp 62, 146 '99

6-MeO	7-MeO
2-MeO-benzyl	
Me,Me+	THIQ

Compound unknown

Structural Index - 6,7-MeO,MeO-Substituted

with a (6,8) attack and a 1,2 seco:

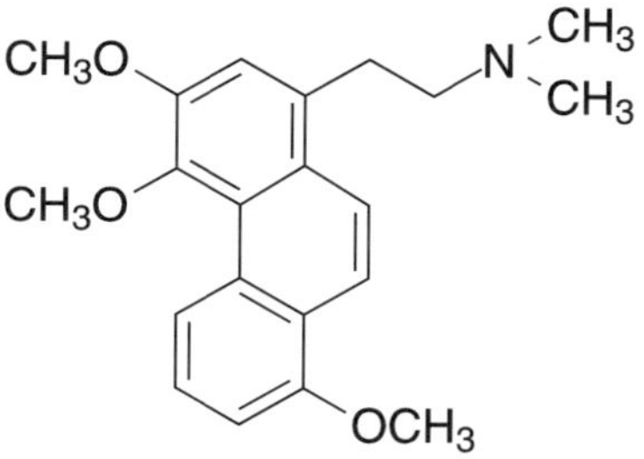

Fissicesine

Fissistigma glaucescens (Annonaceae)
jnp 57, 1033 '94

the N-oxide:

Fissicesine N-oxide

Fissistigma glaucescens (Annonaceae) jnp 57, 1033 '94

6-MeO	7-MeO
3-MeO-benzyl	
H	THIQ

Not a natural product.
joc 43, 4169 '78

with a (2,8) attack:

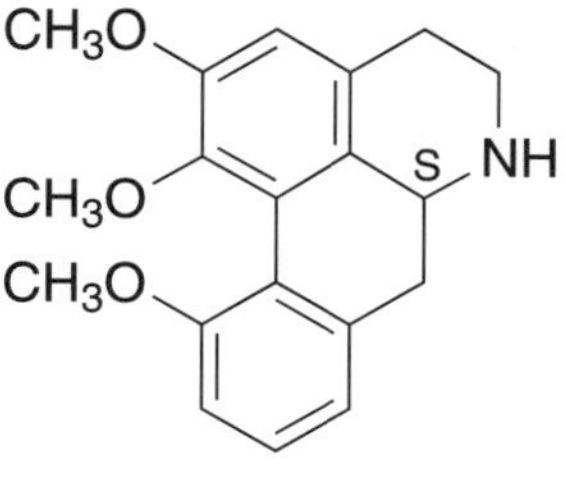

(S)(+)-1,2,11-Trimethoxy-6α-noraporphine

Discaria chacaye (Rhamnaceae) jnp 57, 1033 '94

6-MeO	7-MeO
3-MeO-benzyl	
Me	THIQ

Not a natural product.
jcrs 8, 252 '84

with a (2,8) attack and an α,1-ene:

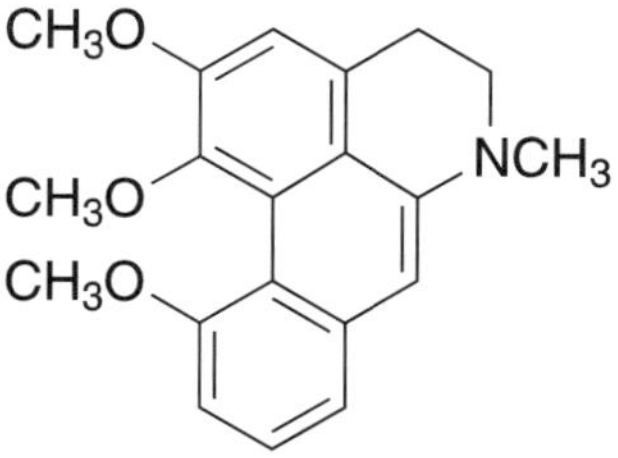

Orientidine

Papaver orientale (Papaveraceae) jnp 51, 389 '88

with a (6,8) attack:

(S)-Orientine

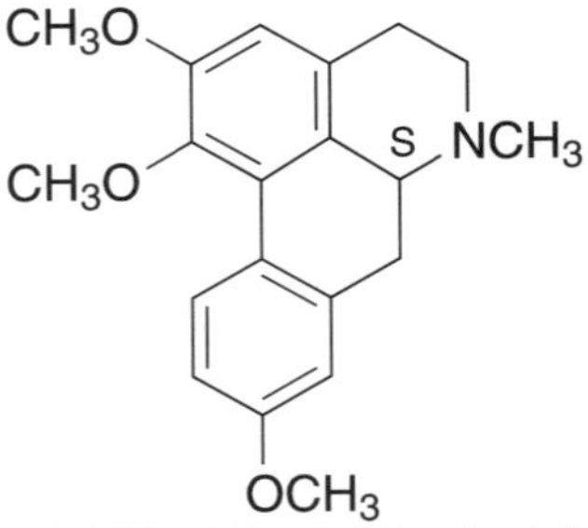

Papaver orientale (Papaveraceae)
  jnp 51, 389 '88

6-MeO	7-MeO
3-MeO-benzyl	
Me,Me+	THIQ

Compound unknown

with a (2,8) attack:

(S)-Zanthoxyphylline

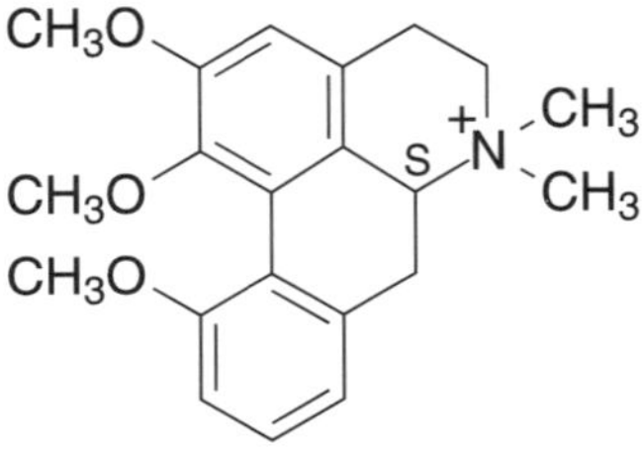

Zanthoxylum oxyphyllum (Rutaceae)
  jnp 42, 325 '79

6-MeO	7-MeO
4-MeO-benzyl	
H	THIQ

(R)(+)-O-Methylnorarmepavine

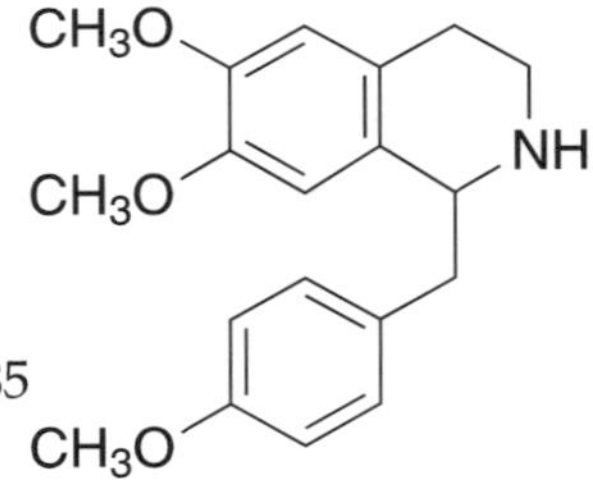

Glossocalyx brevipes (Monimiaceae) jnp 48, 833 '85
Lindera oldhamii (Lauraceae) jccs 24, 187 '77
Xylopia buxifolia (Annonaceae) jnp 44, 551 '81
Xylopia pancheri (Annonaceae) pm 30, 48 '76

6-MeO	7-MeO
4-MeO-benzyl	
H	IQ

6,7-Dimethoxy-1-(4-methoxybenzyl)-IQ
No trivial name.
Ocotea macrophylla (Lauraceae) het 9, 903 '78
Ocotea spp. (Lauraceae) phy 14, 1671 '75

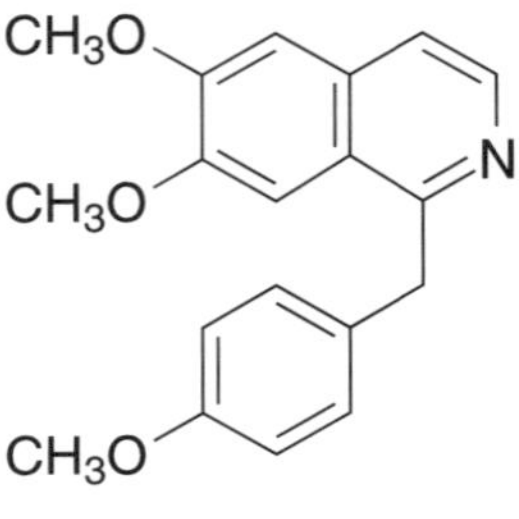

Structural Index - 6,7-MeO,MeO-Substituted

6-MeO	7-MeO
4-MeO-benzyl	
Me	THIQ

O-Methylarmepavine

(S)(+)-isomer:
Annona squamosa (Annonaceae) phy 18, 1584 '79
Retanilla ephedra (Rhamnaceae) rlq 5, 158 '74
Xylopia brasiliensis (Annonaceae)
   phy 18, 1584 '79

(R)(-)-isomer:
Aconitum leucostomum (Ranunculaceae) kps 1, 80 '82
Discaria serratifolia var. *discolor* (Rhamnaceae) jnp 42, 430 '79
Xylopia pancheri (Annonaceae) pm 30, 48 '76

the N-oxide:
O-Methylarmepavine N-oxide

(R)-isomer:
Aconitum leucostromum (Ranunculaceae) nr
Xylopia pancheri (Annonaceae) jnp 41, 385 '78

(S)-isomer:
Delphinium fangshanense (Ranunculaceae) phy 51, 333 '99

with a (2,8) attack:

(S)-N,O,O-Trimethylsparsiflorine

Thalictrum foliolosum (Ranunculaceae)
   jnp 45, 252 '82

6-MeO	7-MeO
4-MeO-benzyl	
Me,Me+	THIQ

Zanoxyline
N,O-Dimethylarmepavine

Zanthoxylum oxyphyllum (Rutaceae)
   phy 18, 57 '79

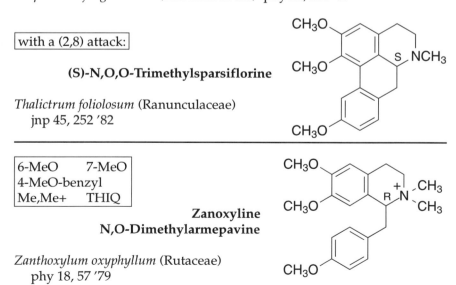

with a 1,2 seco, and hydrogenation of the α,1-ene:

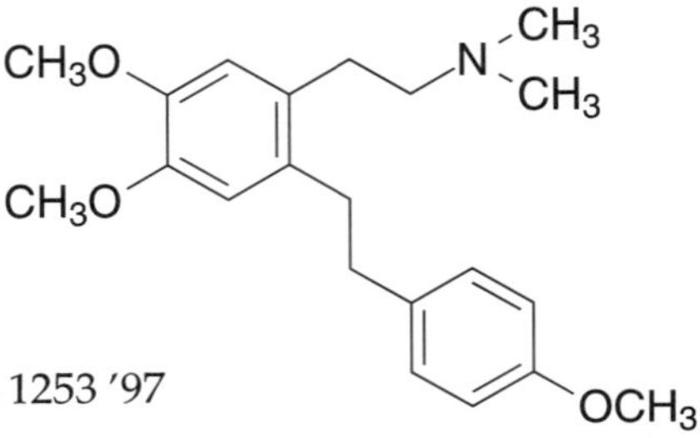

Polysignine

Polyalthia insignis (Annonaceae) tl 38, 1253 '97

6-MeO	7-MeO
4-MeO-α-keto-benzyl	
H	DHIQ

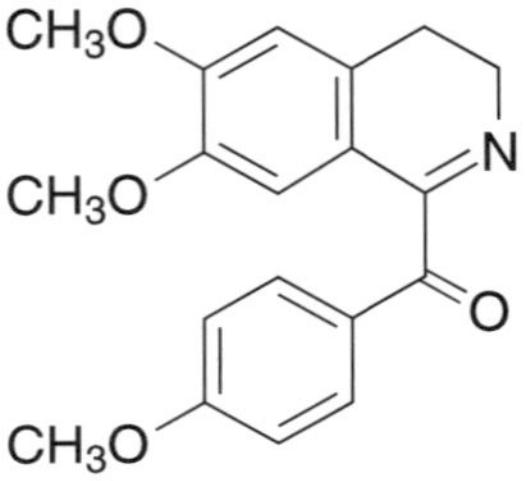

O,O-Dimethyllongifolonine
O-Methylisovelucryptine
O-Methylvelucryptine

Cryptocarya velutinosa (Lauraceae) jnp 52, 516 '89
Thalictrum minus (Ranunculaceae) jnp 45, 704 '82

6-MeO	7-MeO	Not a natural product.
2,3-MeO,MeO-benzyl		br 32, 69 '71
Me	THIQ	

with a (6,8) attack and a 1,2 seco:

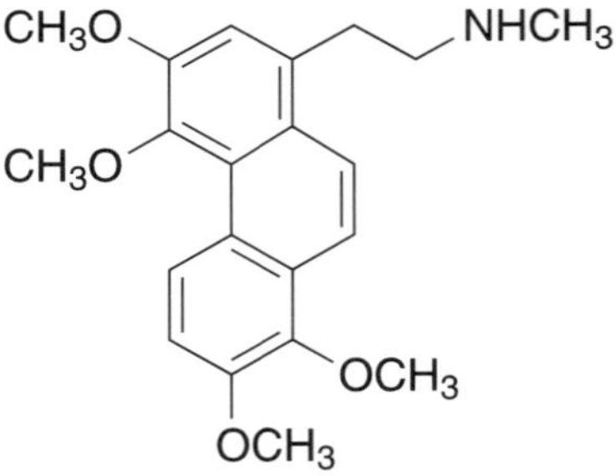

Noruvariopsamine

Uvariopsis quineensis (Annonaceae)
phy 11, 2833 '72

6-MeO	7-MeO	Compound unknown
2,3-MeO,MeO-benzyl		
Me,Me+	THIQ	

Structural Index - 6,7-MeO,MeO-Substituted

with a (6,8) attack and a 1,2 seco:

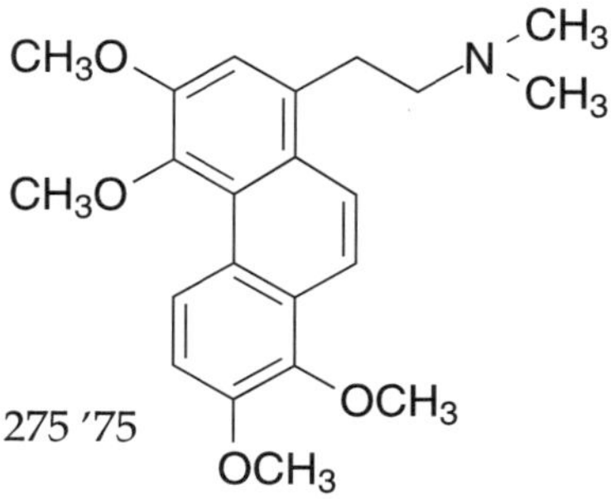

Uvariopsamine

Greenwayodendron oliveri (Annonaceae)
   pm 59, 388 '83
Uvariopsis quineensis (Annonaceae) jnp 38, 275 '75

the N-oxide:

Uvariopsamine N-oxide

Uvariopsis quineensis (Annonaceae) jnp 41, 385 '78

6-MeO	7-MeO
2,4-HO,HO-benzyl	
H	THIQ

Compound unknown

with a (1,8) attack, and hydrogenation of the benzylic 2,3 position:

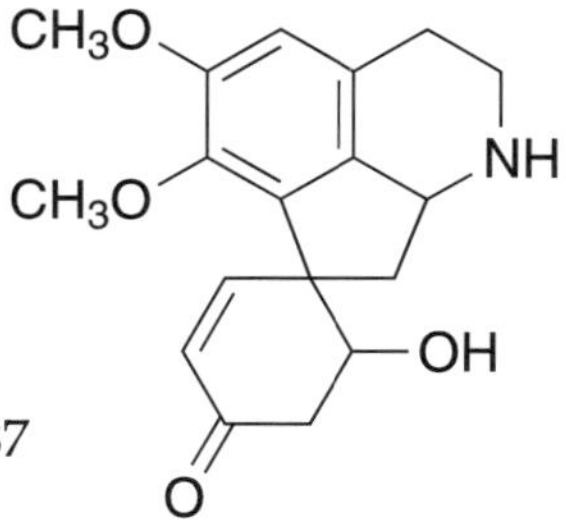

(-)-Stepharinosine

Stephania venosa (Menispermaceae) jnp 50, 1113 '87

6-MeO	7-MeO
2,4-MeO,HO-benzyl	
H	THIQ

Compound unknown

with a (1,8) attack, and hydrogenation of the benzylic 2,3 position:

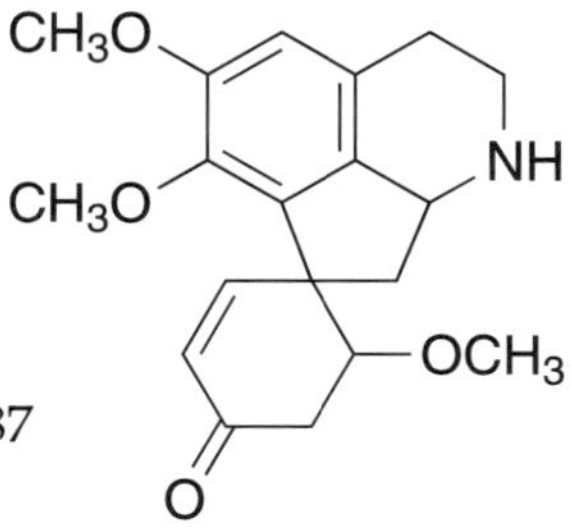

(-)-O-Methylstepharinosine

Stephania venosa (Menispermaceae) jnp 50, 1113 '87

6-MeO	7-MeO
2,4-MeO,HO-benzyl	
Me,Me+	THIQ

6,7-Dimethoxy-N,N-dimethyl-1-(2-methoxy-4-hydroxybenzyl)-THIQ

No trivial name.
Burasaia congesta (Menispermaceae) bse 19, 433 '91

6-MeO	7-MeO
3,4-HO,HO-benzyl	
H	IQ

Turcomanidine

Berberis turcomannica (Berberidaceae) cnc 32, 873 '96
Desmos yunnanensis (Annonaceae) tcyyk 12, 1 '00

6-MeO	7-MeO
3,4-HO,HO-benzyl	
Me	THIQ

Compound unknown

with a (2,8) attack: **Suaveoline**

Artabotrys lastourvillensis (Annonaceae)
   jnp 48, 460 '85
Artabotrys suaveolens (Annonaceae)
   jcs 991, '39

with a (6,N-Me) attack: **(-)-Spinosine**

Annona spinescens (Annonaceae) jnp 59, 438 '96
Desmos yunnanensis (Annonaceae) tcyyk 12, 1 '00

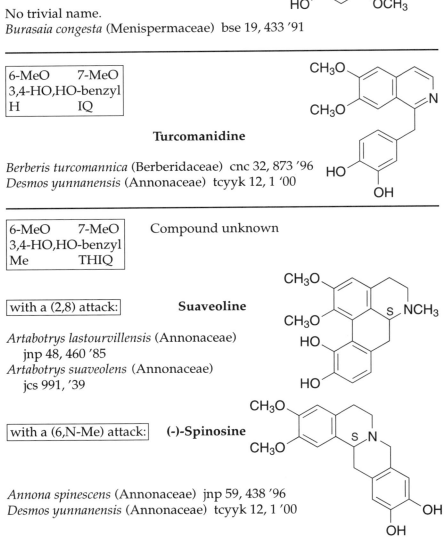

Structural Index - 6,7-MeO,MeO-Substituted

6-MeO	7-MeO
3,4-HO,HO-benzyl	
Me,Me+	THIQ

Compound unknown

with a (2,8) attack: (+)-Fuzitine

Aconitum carmichaelii (Ranunculaceae)
jnp 57, 1033 '94
Thalictrum orientale (Ranunculaceae)
cnc 36, 223 '00

6-MeO	7-MeO
3,4-HO,MeO-benzyl	
H	THIQ

Not a natural product.
ijc 15b, 873 '77

with a (2,8) attack: (+)-Norisocorydine
Sanjoinine Ib

Aniba canelilla (Lauraceae) cjc 71, 1128 '93
Annona cherimolia (Annonaceae) jccs 44, 313 '97
Corydalis caucasica (Papaveraceae) cnc 27, 383 '91
Cryptocarya longifolia (Lauraceae) abs 11
Dehaasia spp. (Lauraceae) pm 57, 389 '91
Glaucium fimbrilligerum (Papaveraceae) cnc 16, 177 '80
Glaucium oxylobum (Papaveraceae) cnc 20, 244 '84
Hernandia cordigera (Hernandiaceae) bmnh 2, 387 '80
Hernandia voyronii (Hernandiaceae) pm 64, 58 '98
Lindera pipericarpa (Lauraceae) pert 15, 175 '92
Litsea spp. (Lauraceae) cpj 46, 299 '94
Nectandra salicifolia (Lauraceae) jnp 59, 576 '96
Ocotea holdrigiana (Lauraceae) fit 67, 184 '96
Peumus boldus (Monimiaceae) jps 57, 1023 '68
Phoebe minutiflora (Lauraceae) cpj 49, 217 '97
Sparattanthelium uncigerum (Hernandiaceae) jnp 48, 333 '85
Xylopia danguyella (Annonaceae) jnp 44, 551 '81
Ziziphus spp. (Rhamnaceae) kjp 16, 44 '85

| with a (6,8) attack: | (+)-Laurotetanine
Litsoeine |

Actinodaphne spp. (Lauraceae) het 9, 903 '78
Alphonsea sclerocarpa (Annonaceae) jnp 50, 518 '87
Annona cherimolia (Annonaceae) jccs 44, 313 '97
Cassytha spp. (Lauraceae) het 9, 903 '78
Cryptocarya spp. (Lauraceae) abs 11
Cyclea atjehensis (Menispermaceae) jnp 52, 652 '89
Dehaasia triandra (Lauraceae) tet 52, 6561 '96
Desmos tiebaghiensis (Annonaceae) jnp 45, 617 '82
Glossocalyx brevipes (Monimiaceae) jnp 48, 833 '85
Guatteria spp. (Annonaceae) phy 30, 2781 '91
Hedycarya angustifolia (Monimiaceae) het 26, 447 '87
Hernandia cordigera (Hernandiaceae) crhs 291, 187 '80
Hernandia spp. (Hernandiaceae) pm 50, 20 '84
Illigera spp. (Hernandiaceae) bull 1
Laurelia spp. (Monimiaceae) cct 28, 17 '78
Lindera spp. (Lauraceae) het 9, 903 '78
Litsea spp. (Lauraceae) cpj 46, 299 '94
Machilus duthei (Lauraceae) jcp 2, 157 '80
Monimia rotundifolia (Monimiaceae) apf 38, 537 '80
Nectandra spp. (Lauraceae) apf 38, 537 '80
Neolitsea spp. (Lauraceae) jnp 47, 1062 '84
Nothaphoebe umbelliferae (Lauraceae) het 9, 903 '78
Ocotea holdrigeana (Lauraceae) fit 67, 188 '96
Phoebe spp. (Lauraceae) jccs 40, 209 '93
Siparuna tonduziana (Monimiaceae) pm 56, 492 '90
Sparattanthelium uncigerum (Hernandiaceae) jnp 48, 333 '85
Tetranthera intermedia (Lauraceae) het 9, 903 '78
Xylopia danguyella (Annonaceae) jnp 44, 551 '81
Xylopia frutescens (Annonaceae) pmp 16, 253 '82

| 6-MeO   7-MeO
3,4-HO,MeO-benzyl
H   IQ | **Palaudine**
3'-Demethylpapaverine |

Papaver somniferum (Papaveraceae)
   phzi 34, 194 '79

Structural Index - 6,7-MeO,MeO-Substituted

6-MeO 7-MeO
3,4-HO,MeO-benzyl
Me   THIQ

Laudanidine
(dl)-Laudanine
(dl)-Laudane
Coclanoline B
Tritopine

(S)(+)-isomer of Laudanidine:
Argemone gracilenta (Papaveraceae) joc 34, 555 '69
Croton celtidifolius (Euphorbiaceae) pm 63, 485 '97
Machilus arisanensis (Lauraceae) het 9, 903 '78
Machilus obovatifolia (Lauraceae) het 9, 903 '78
Papaver somniferum (Papaveraceae) kps 12, 750 '76
Phoebe minutiflora (Lauraceae) cpj 49, 217 '97
Stephania aculeata (Menispermaceae) npl 3, 305 '93
Stephania cepharantha (Menispermaceae) cpb 45, 470 '97
Thalictrum dasycarpum (Ranunculaceae) joc 34, 1062 '69
Thalictrum revolutum (Ranunculaceae) llyd 40, 593 '77

(R)(-)-isomer of Laudanidine
Tritopine:
Nothaphoebe konishii (Lauraceae) het 9, 903 '78

(dl)-Laudanidine:
Ocotea insularis (Lauraceae) pptp 27, 65 '93
Xylopia pancheri (Annonaceae) pm 30, 48 '76

isomer not specified:
Cocculus laurifolius (Menispermaceae) tet 36, 3107 '80
Stephania micrantha (Menispermaceae) cwhp 36, 486 '94

with a (2,N-Me) attack:

(-)-Tetrahydropalmatrubine

Corydalis pallida (Papaveraceae) jcc 8, 1060 '70
Schefferomitra subaequalis (Annonaceae) ajc 25, 2477 '72
Stephania suberosa (Menispermaceae) phy 26, 547 '87

The Simple Plant Isoquinolines

and aromatization of the c-ring:

Palmatrubine

Berberis baluchistanica (Berberidaceae) daib 38, 686 '77
Bongardia chrysogonum (Berberidaceae) npl 12, 161 '98
Corydalis omeiensis (Papaveraceae) tcyyk 4, 7 '92
Fibraurea chloroleuca (Menispermaceae) pm 41, 65 '81
Stephania glabra (Menispermaceae) pm 40, 333 '80

with a (2,3) attack:

(-)-Platycerine

Argemone gracilenta (Papaveraceae) joc 34, 555 '69
Argemone platyceras (Papaveraceae) kfz 22, 580 '88
Thalictrum revolutum (Ranunculaceae) llyd 40, 593 '77

also under: 7,8 MeO HO R Me THIQ
R= 3,4-MeO,MeO-benzyl   (6,3) attack

with a (2,8) attack:

(+)-Isocorydine
Luteanine

Annona cherimolia (Annonaceae)
   jccs 44, 313 '97
Annona spp. (Annonaceae) jnp 38, 275 '75
Argemone mexicana (Papaveraceae) cnc 22, 189 '86
Artabotrys suaveolens (Annonaceae) bull 1
Artabotrys zeylanicus (Annonaceae) phy 42, 1703 '96
Berberis spp. (Berberidaceae) cnc 33, 323 '97
Camptorrhiza strumosa (Liliaceae) cccc 29, 1689 '64
Cocculus laurifolius (Menispermaceae) jics 56, 1020 '79
Colchicum luteum (Liliaceae) kpr 12, 359 '76
Corydalis govaniana (Papaveraceae) jnp 50, 270 '87

Structural Index - 6,7-MeO,MeO-Substituted 193

Corydalis spp. (Papaveraceae) cnc 13, 702 '77
Croton chilensis (Euphorbiaceae) bscq 42, 223 '97
Cryptocarya odorata (Lauraceae) het 9, 903 '78
Dactylicapnos torulosa (Papaveraceae) yhhp 25, 604 '90
Dehaasia spp. (Lauraceae) pm 57, 389 '91
Dicentra peregrina (Papaveraceae) cnc 20, 74 '84
Dicranostigma spp. (Papaveraceae) jnp 38, 275 '75
Doryphora aromatica (Monimiaceae) jnp 38, 275 '75
Enantia polycarpa (Annonaceae) pms 32, 249 '77
Eschscholzia spp. (Papaveraceae) cccc 51, 1743 '86
Euodia daniellii (Rutaceae) sz 45, 263 '91
Fumaria vaillantii (Papaveraceae) phy 22, 2073 '83
Glaucium paucilobum (Papaveraceae) jsiri 10, 229 '99
Glaucium spp. (Papaveraceae) cnc 19, 714 '83
Glossocalyx brevipes (Monimiaceae) jnp 48, 833 '85
Guatteria oliviformis (Annonaceae) phy 29, 1899 '90
Hernandia cordigera (Hernandiaceae) crhs 291, 187 '80
Hernandia spp. (Hernandiaceae) jnp 38, 275 '75
Hypecoum spp. (Papaveraceae) cccc 52, 508 '87
Lindera pipericarpa (Lauraceae) pert 15, 175 '92
Litsea spp. (Lauraceae) jnp 38, 275 '75
Mahonia spp. (Berberidaceae) cp 39, 537 '85
Nandina domestica (Berberidaceae) sz 33, 84 '79
Nectandra pichurium (Lauraceae) pptp 27, 65 '93
Ocotea spp. (Lauraceae) ijp 32, 406 '94
Papaver spp. (Papaveraceae) cccc 53, 1845 '88
Peumus boldus (Monimiaceae) jnp 38, 275 '75
Phoebe spp. (Lauraceae) jnp 46, 913 '83
Phylica rogersii (Rhamnaceae) llyd 33s, 1 '70
Pteridophyllum racemosum (Papaveraceae) phy 15, 577 '76
Retanilla ephedra rica (Papaveraceae) het 24, 1227 '86
Sarcocapnos spp. (Papaveraceae) phy 30, 1005 '91
Siparuna griseo-flavescens (Monimiaceae) pm 59, 100 '93
Stephania dinklagei (Menispermaceae) apf 25, 237 '67
Stephania disciflora (Menispermaceae) zh 19, 392 '88
Stephania kwangsiensis (Menispermaceae) yhhp 15, 532 '80
Stephania spp. (Menispermaceae) yhhp 15, 674 '80
Strychnopsis thouarsii (Menispermaceae) pm 58, 540 '92
Thalictrum spp. (Ranunculaceae) jnp 38, 275 '75
Zanthoxylum spp. (Rutaceae) ajc 6, 86 '53

the N-oxide: **Isocorydine N-oxide**

Berberis integerrima (Berberidaceae) jnp 46, 761 '83
Glaucium corniculatum (Papaveraceae) bse 23, 337 '95
Peumus boldus (Monimiaceae) jc 511, 373 '90

and a 4-hydroxy group:

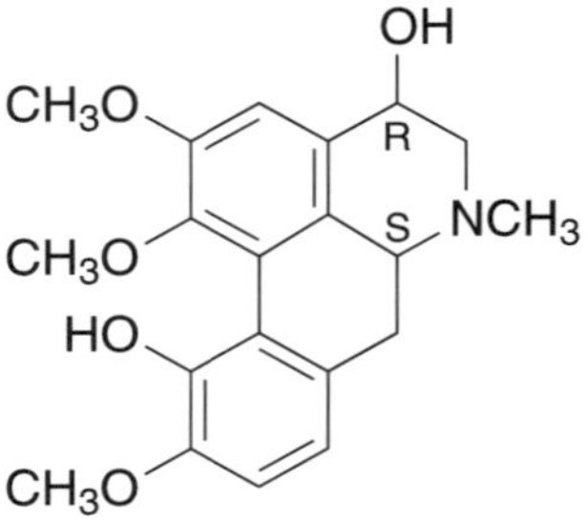

4β-Hydroxyisocorydine
Crabbine

Corydalis lutea (Papaveraceae)
  phy 33, 943 '93
Glaucium paucilobum (Papaveraceae)
  pm 64, 680 '98
Papaver rhopalothece (Papaveraceae) jnp 57, 1033 '94

with a (6,3) attack:

(-)-Isonorargemonine

Argemone gracilenta (Papaveraceae) jnp 46, 293 '83
Argemone munita (Papaveraceae) jnp 46, 293 '83
Eschscholzia californica (Papaveraceae) cccc 51, 1743 '86
Eschscholzia douglasii (Papaveraceae) cccc 51, 1743 '86
Eschscholzia glauca (Papaveraceae) cccc 51, 1743 '86
Thalictrum minus (Ranunculaceae) pm 63, 533 '97
Thalictrum revolutum (Ranunculaceae) jnp 46, 293 '83

also under: 6,7 HO MeO R Me THIQ
R= 3,4-MeO,MeO-benzyl   (6,3) attack

with a (6,4) attack:
Thalisopavine

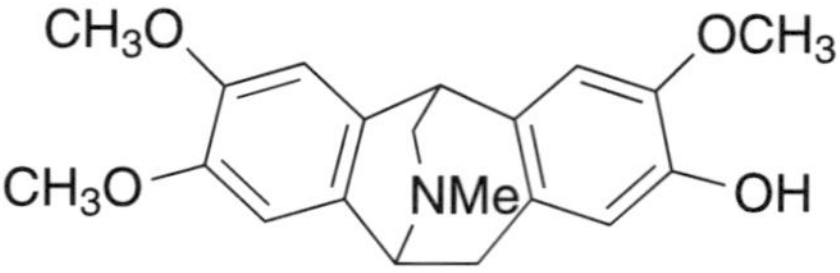

Thalicrum dasycarpum (Ranunculaceae) joc 34, 1062 '69

Structural Index - 6,7-MeO,MeO-Substituted

with a (6,8) attack:

(+)-N-Methyllaurotetanine
Lauroscholtzine
Rogersine

Aconitum spp. (Ranunculaceae) cnc 29, 71 '93
Actinodaphne spp. (Lauraceae) het 9, 903 '78
Annona cherimolia (Annonaceae) jccs 44, 313 '97
Annona purpurea (Annonaceae) phy 49, 2015 '98
Anomianthus dulcis (Annonaceae) bse 26, 139 '98
Cassytha racemosa (Lauraceae) het 9, 903 '78
Colubrina faralaotra ssp. *faralaotra* (Rhamnaceae) pm 27, 304 '75
Corydalis turtschaninovii (Papaveraceae) yx 21, 447 '86
Corydalis spp. (Papaveraceae) daib 45, 2160 '85
Cryptocarya spp. (Lauraceae) abs 11
Dasymaschalon sootepense (Annonaceae) bse 26, 933 '98
Dehaasia triandra (Lauraceae) tet 52, 6561 '96
Delphinium dictyocarpum (Ranunculaceae) cnc 14, 194 '78
Desmos tiebaghiensis (Annonaceae) jnp 45, 617 '82
Enantia polycarpa (Annonaceae) pms 32, 249 '77
Eschscholzia spp. (Papaveraceae) pa 1, 77 '90
Glaucium spp. (Papaveraceae) jnp 48, 855 '85
Glossocalyx brevipes (Monimiaceae) jnp 48, 833 '85
Guatteria spp. (Annonaceae) phy 30, 2781 '91
Hernandia spp. (Hernandiaceae) phy 19, 161 '80
Lindera spp. (Lauraceae) jnp 47, 1066 '84
Liriodendron tulipifera (Magnoliaceae) cnc 22, 490 '87
Litsea spp. (Lauraceae) het 9, 903 '78
Monimia rotundifolia (Monimiaceae) apf 38, 537 '80
Nectandra salicifolia (Lauraceae) jnp 59, 576 '96
Neolitsea spp. (Lauraceae) het 9, 903 '78
Orophea hexandra (Annonaceae) bse 27, 111 '99
Papaver apokrinomenon (Papaveraceae) jnp 47, 560 '84
Peumus boldus (Monimiaceae) jc 511, 373 '90
Phylica rogersii (Rhamnaceae) llyd 33s, 1 '70
Platycapnos spicata (Papaveraceae) het 31, 1077 '90
Sarcocapnos crassifolia spp. *speciosa* (Papaveraceae) phy 28, 251 '89
Siparuna spp. (Monimiaceae) pm 59, 100 '93
Stephania spp. (Menispermaceae) cpb 45, 470 '97
Thalictrum spp. (Ranunculaceae) abs 9
Xylopia frutescens (Annonaceae) pmp 16, 253 '82

the N-oxide: **N-Methyllaurotetanine N-oxide**

Glossocalyx brevipes (Monimiaceae) jnp 51, 389 '88

and a 1,2 seco, and with N-acetylation gives:

N-Acetyl-seco-N-methyllaurotetanine

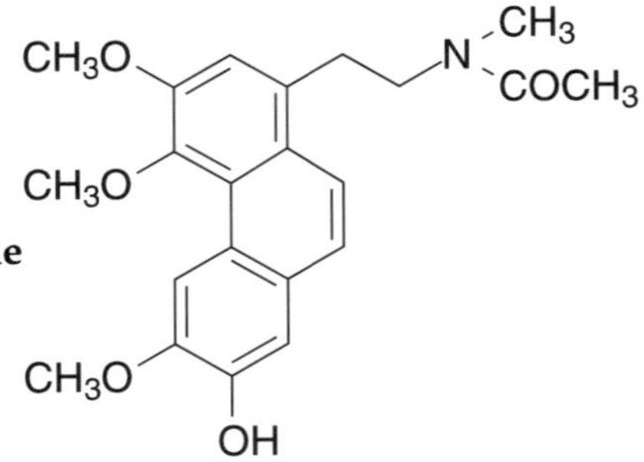

Aromadendron elegans (Magnoliaceae)
 phy 31, 2495 '92

with a (6,N-Me) attack:

(-)-Corytenchine

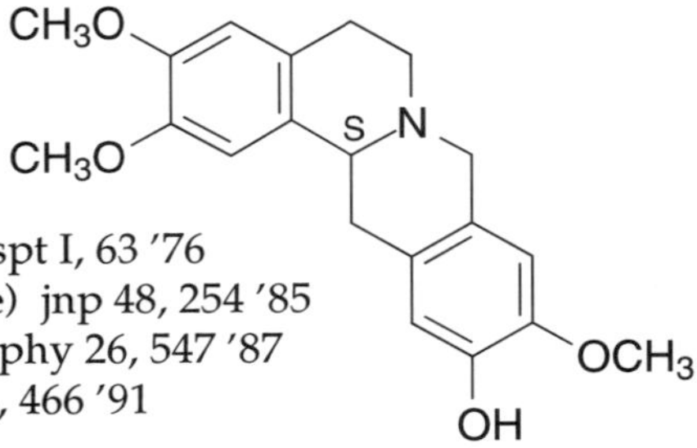

Corydalis ochotensis (Papaveraceae) jcspt I, 63 '76
Guatteria schomburgkiana (Annonaceae) jnp 48, 254 '85
Stephania suberosa (Menispermaceae) phy 26, 547 '87
Xylopia vieillardi (Annonaceae) jnp 54, 466 '91

and aromatization of the c-ring:

Dehydrocorytenchine

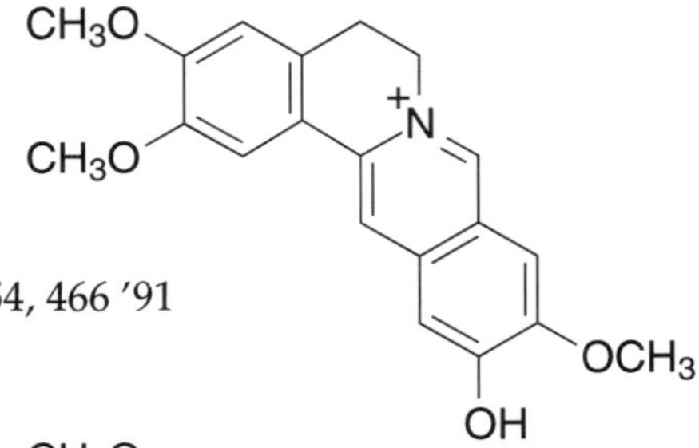

Xylopia vieillardii (Annonaceae) jnp 54, 466 '91

with a methyl group on the original N-Me group:

Corytenchirine

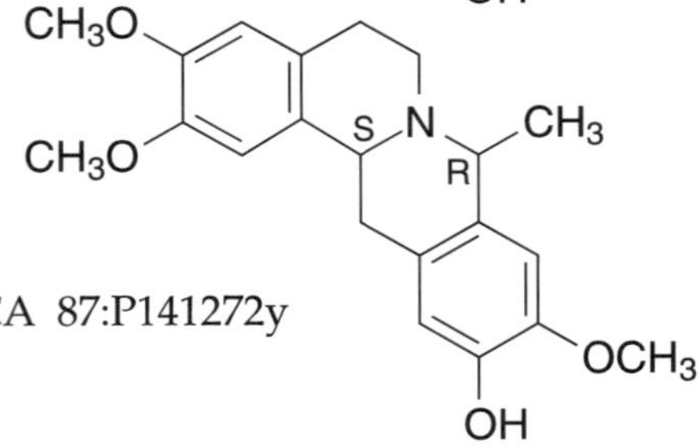

Corydalis ochotensis (Papaveraceae) CA 87:P141272y

Structural Index - 6,7-MeO,MeO-Substituted

6-MeO	7-MeO
3,4-HO,MeO-benzyl	
Me+	IQ

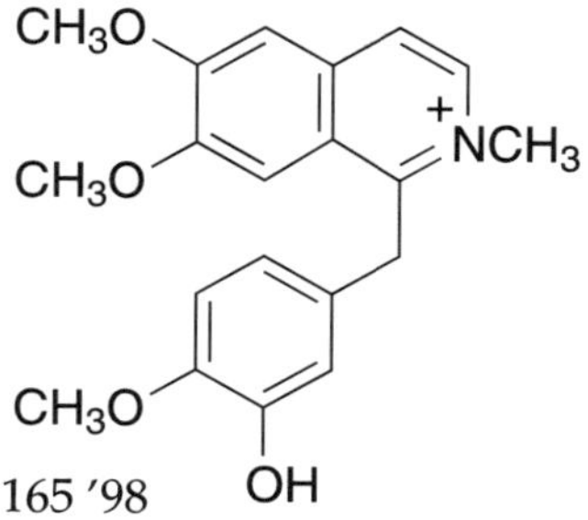

N-Methylpalaudium quat

Thalictrum polygamum (Ranunculaceae)
  jps 61, 295 '72
Thalictrum przewalskii (Ranunculaceae) pm 64, 165 '98

6-MeO	7-MeO
3,4-HO,MeO-benzyl	
Me,Me+	THIQ

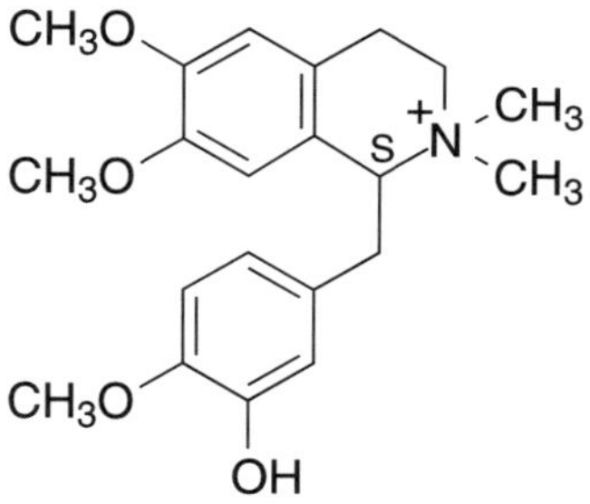

(+)-N-Methyllaudanidinium iodide

Corydalis solida (Papaveraceae)
  cccc 50, 2299 '85

with a (2,3) attack:

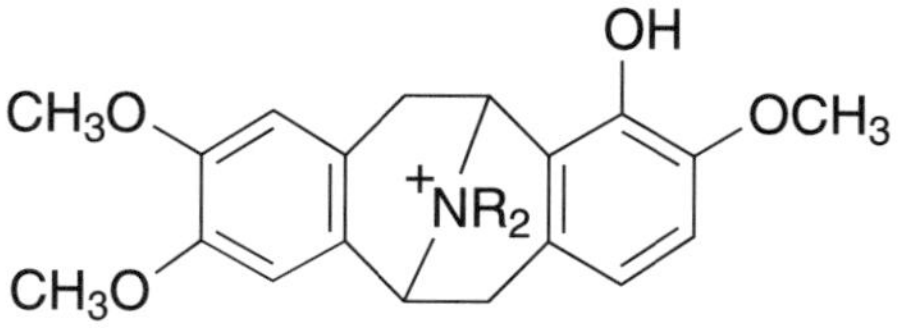

(-)-N-Methylplatycerinium quat

Argemone platyceras (Papaveraceae)
  jnp 46, 293 '83

R= CH₃

also under: 7,8 MeO HO R Me,Me+ THIQ
R= 3,4-MeO,MeO-benzyl   (6,3) attack

with a (2,8) attack:

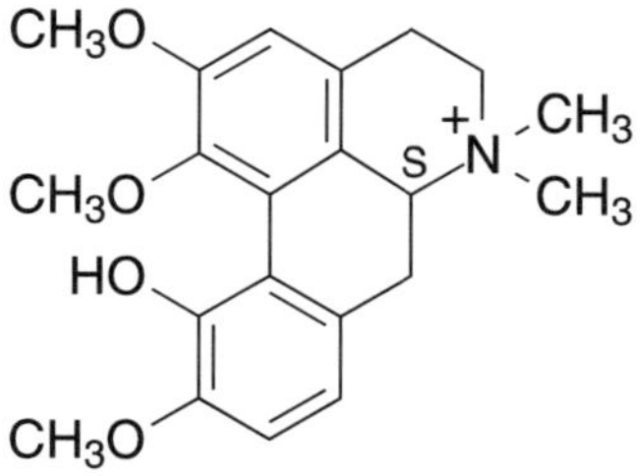

(+)-N-Methylisocorydine
Chakranine
Menisperine

Bragantia sp. (Aristolochiaceae)
  jnp 38, 275 '75
Cinnamosma madagascariensis (Canellaceae) diss 1

Cocculus laurifolius (Menispermaceae) jnp 38, 275 '75
Corydalis decumbens (Papaveraceae) zzz 19, 612 '94
Cryptocarya angulata (Lauraceae) het 9, 903 '78
Cryptocarya triplinervis (Lauraceae) het 9, 903 '78
Cryptocarya sp. (Lauraceae) jnp 38, 275 '75
Dicranostigma spp. (Papaveraceae) cccc 43, 1108 '78
Enantia polycarpa (Annonaceae) pms 32, 249 '77
Fagara spp. (Rutaceae) jnp 38, 275 '75
Legnephora sp. (Menispermaceae) jnp 38, 275 '75
Magnolia spp. (Magnoliaceae) jnp 45, 283 '82
Menispermum sp. (Menispermaceae) jnp 38, 275 '75
Nandina domestica (Berberidaceae) sz 46, 143 '92
Nandina sp. (Berberidaceae) jnp 38, 275 '75
Penianthus zenkeri (Menispermaceae) phy 30, 1957 '91
Ravensara aromatica (Lauraceae) pm 18, 66 '70
Rhigiocarya racemifera (Menispermaceae) jnp 43, 123 '80
Sinomenium acutum (Menispermaceae) nm 48, 287 '94
Stephania cepharantha (Menispermaceae) cpb 48, 370 '00
Tinospora capillipes (Menispermaceae) pm 50, 88 '84
Zanthoxylum spp. (Rutaceae) tet 35, 1487 '79

| with a (6,8) attack: | **(+)-Xanthoplanine**

Dehaasia triandra (Lauraceae) phy 28, 615 '89
Fagara nigrescens (Rutaceae) jnp 38, 275 '75
Hernandia sp. (Hernandiaceae) jnp 38, 275 '75
Litsea cubeba (Lauraceae) jnp 56, 1971 '93
Magnolia obovata (Magnoliaceae) nm 50, 413 '96
Magnolia officinalis (Magnoliaceae) nm 50, 413 '96
Thalictrum foliolosum (Ranunculaceae) daib 45, 520 '84

| and a 1,2 seco: | **Secoxanthoplanine**

Dehaasia triandra (Lauraceae)
   tet 52, 6561 '96

Structural Index - 6,7-MeO,MeO-Substituted

6-MeO	7-MeO
3,4-HO,MeO-benzyl	
CO₂Me	THIQ

Compound unknown

with a (2,8) attack:

Romucosine H

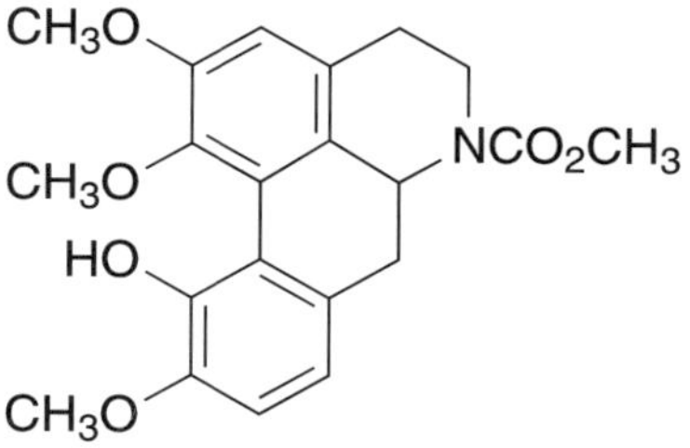

Annona cherimolia (Annonaceae)
phy 56, 753 '01

6-MeO	7-MeO
3,4-HO,MeO-α-keto-benzyl	
H	IQ

Compound unknown

with a (2,8) attack:

Glaunine

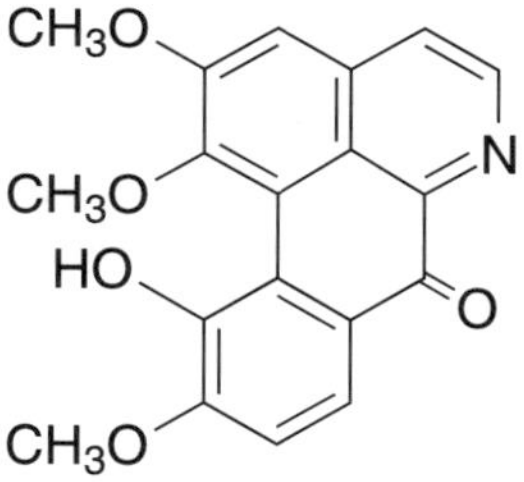

Glaucium flavum (Papaveraceae) kps 2, 224 '80
Thalictrum flavum (Ranunculaceae) jscs 61, 159 '96

with a (6,8) attack:

Atheroline

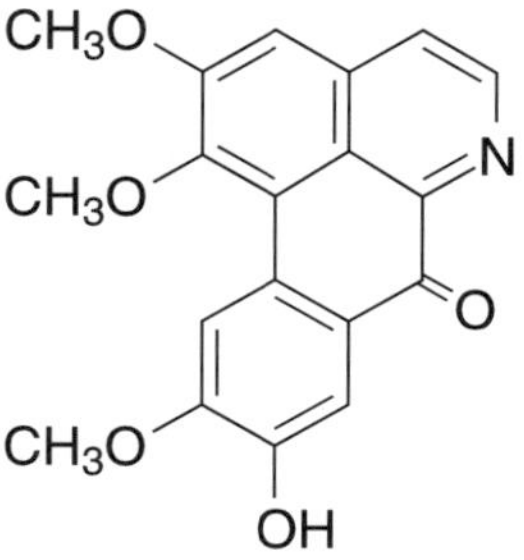

Atherosperma spp. (Monimiaceae) jnp 38, 275 '75
Dehaasia triandra (Lauraceae) phy 28, 615 '89
Dryadodaphne sp. (Monimiaceae) jnp 38, 275 '75
Guatteria scandens (Annonaceae) jnp 46, 335 '83
Hernandia sonora (Hernandiaceae) phy 40, 983 '95
Illigera pentaphylla (Hernandiaceae) jnp 48, 835 '85
Laurelia philippiana (Annonaceae) aaqa 63, 259 '75
Laurelia sempervirens (Annonaceae) aaqa 63, 259 '75
Machilus glaucesens (Lauraceae) jics 59, 1364 '82
Monimia rotundifolia (Monimiaceae) apf 38, 537 '80
Nemuaron vieillardii (Monimiaceae) ajc 26, 455 '73

6-MeO	7-MeO
3,4-HO,MeO-α-keto-benzyl	
Me+	IQ

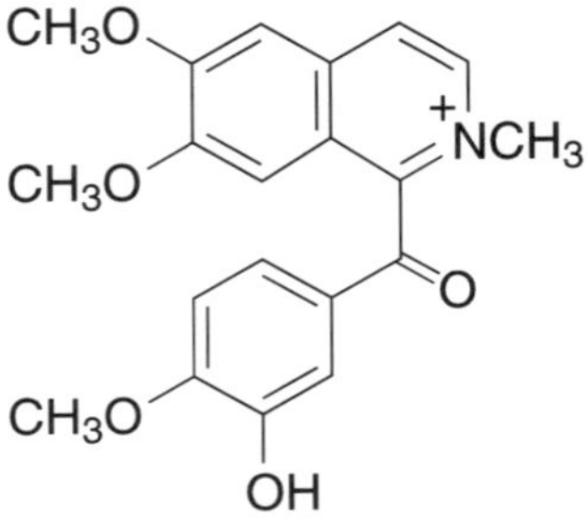

Thalprzewalskiinone

Thalicrum przewalskii (Ranunculaceae)
  jnp 64, 823 '01

This compound was originally thought to have a 3,4-MeO,HO-α-keto-benzyl group (jnp 62, 146 '99).

6-MeO	7-MeO
3,4-HO,MeO-α-keto-benzyl	
Me,Me+	THIQ

Compound unknown

| with a 1,2 seco, |
| and oxidation of the |
| 1-carbon to a carbonyl: |

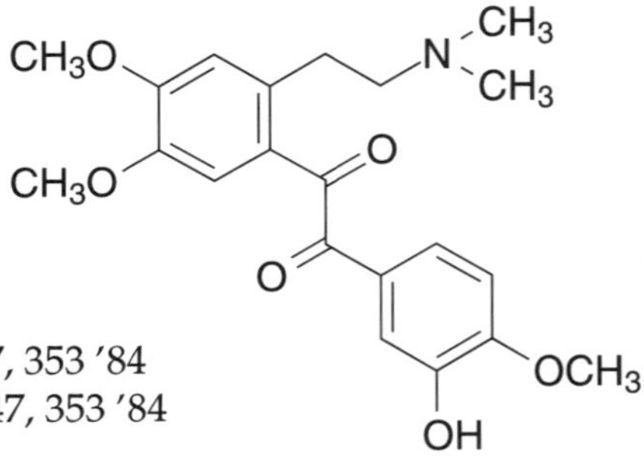

Saxoguattine

Guatteria discolor (Annonaceae) jnp 47, 353 '84
Guatteria scandens (Annonaceae) jnp 47, 353 '84

6-MeO	7-MeO
3,4-HO,MeO-benzyl, HO	
Me,Me+	THIQ

Compound unknown

| with a (2,N-Me) attack: |

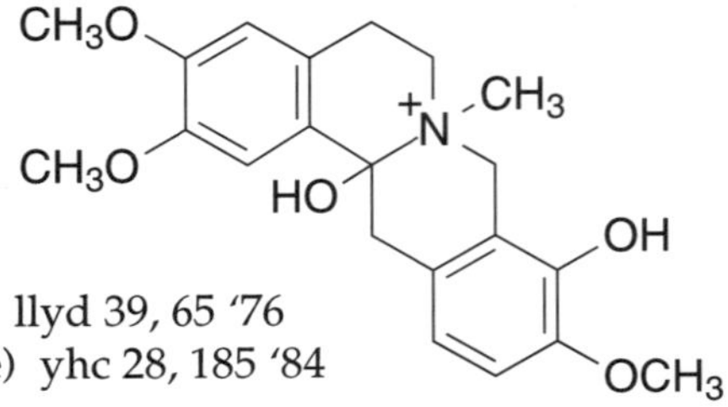

Protothalipine
O-4-Demethylmuramine

Thalictrum rugosum (Ranunculaceae) llyd 39, 65 '76
Thalictrum uchiyamai (Ranunculaceae) yhc 28, 185 '84

Structural Index - 6,7-MeO,MeO-Substituted

6-MeO	7-MeO
3,4-MeO,HO-benzyl	
H	THIQ

Not a natural product.
dmd 14, 703 '86

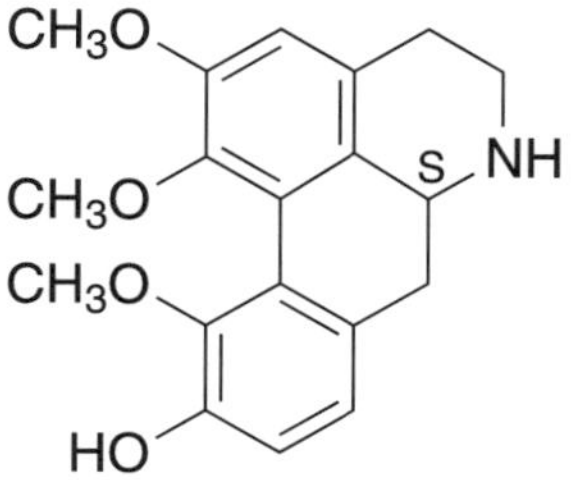

with a (2,8) attack:

(+)-Hernagine
Glaufinine

Glaucium fimbrilligerum (Papaveraceae)
  jnp 51, 389 '88
Hernandia cordigera (Hernandiaceae)
  crhs 291, 187 '80
Hernandia nymphaeifolia (Hernandiaceae) jnp 46, 761 '83
Hernandia ovigera (Hernandiaceae) jnp 46, 761 '83
Hernandia peltata (Hernandiaceae) pm 46, 119 '82
Lindera myrrha (Lauraceae) phy 35, 1363 '94

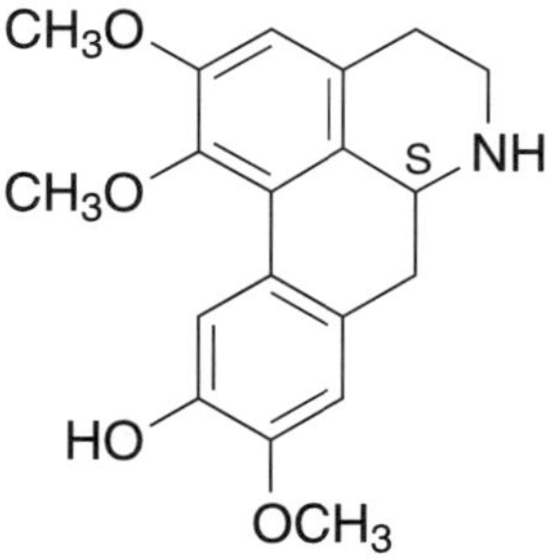

with a (6,8) attack:

(+)-Norlirioferine
N-Demethyllinoferine

Nectandra sinuata (Lauraceae) fit 62, 72 '91
Phoebe pittieri (Lauraceae) pptp 27, 65 '93
Polyalthia longifolia (Annonaceae) het 29, 463 '89

6-MeO	7-MeO
3,4-MeO,HO-benzyl	
Me	THIQ

Not a natural product.
ijc 32b, 20 '93

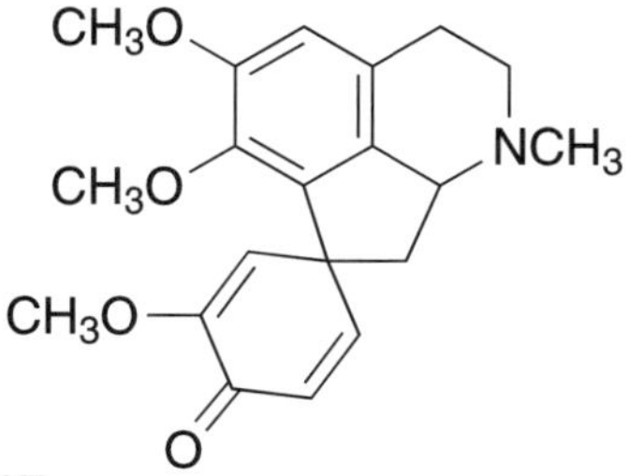

with a (1,8) attack: (cis isomer)
(-)-Roemerialinone
(-)-O-Methylorientalinone

(trans isomer)
(-)-Isoroemerialinone
(-)-O-Methylisoorientalinone

Roemeria hybrida (Papaveraceae) tet 43, 1765 '87

> with the reduction of a double bond:

(+)-8,9-Dihydroisoroemerialinone
(+)-O-Methyl-8,9-dihydroisoorientalinone

Roemeria hybrida (Papaveraceae)
   tet 43, 1765 '87

> with a (2,N-Me) attack:

(-)-Corydalmine
Kikemanine
Schefferine

(+)-isomer:
Corydalis decumbens (Papaveraceae) jcps 4, 57 '95

(S)(-)-isomer of Corydalmine:
Annona cherimolia (Annonaceae) jccs 44, 313 '97
Corydalis impatiens (Papaveraceae) patent 3
Corydalis rutifolia (Papaveraceae) ijcdr 26, 155 '88
Corydalis solida (Papaveraceae) guefd 5, 9 '88
Fissistigma balansae (Annonaceae) phy 48, 367 '98
Guatteria schomburgkiana (Annonaceae) pm 54, 84 '88
Schefferomitra subaequalis (Annonaceae) joc 42, 3588 '77
Meiogyne virgata (Annonaceae) phy 26, 537 '87
Polyalthia spp. (Annonaceae) pmp 12, 166 '78
Stephania glabra (Menispermaceae) jnp 45, 407 '83
Stephania hainanensis (Menispermaceae) zh 18, 146 '87
Stephania miyiensis (Menispermaceae) zh 30, 250 '99
Stephania suberosa (Menispermaceae) phy 26, 547 '87
Stephania succifera (Menispermaceae) yhhp 21, 223 '86
Stephania venosa (Menispermaceae) jnp 50, 1113 '87
Stephania yunnanensis (Menispermaceae) zx 31, 296 '89
Stephania spp. (Menispermaceae) joc 33, 2785 '68
Xylopia vieillardii (Annonaceae) jnp 54, 466 '91

isomer not specified:
Corydalis tashiroi (Papaveraceae) pm 67, 423 '01

the N-oxide: (-)-Corydalmine N-oxide

(cis and trans)
Corydalis tashiroi (Papaveraceae) pm 67, 423 '01

and aromatization of the c-ring:

Dehydrocorydalmine

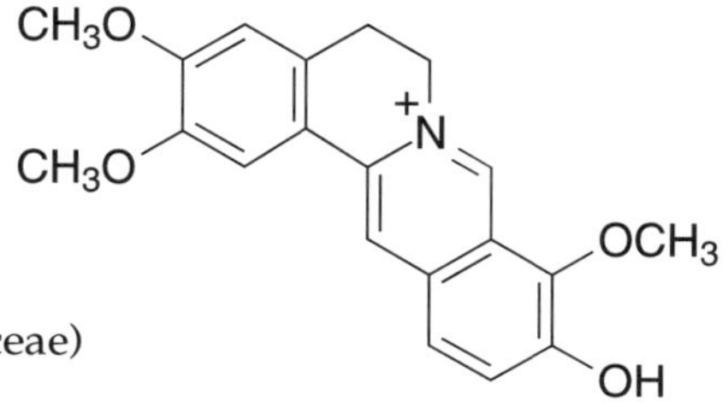

Arcangelisia flava (Menispermaceae)
  jnp 45, 582 '82
Corydalis pallida var. *tenuis* (Papaveraceae)
  yz 95, 1103 '75
Fibraurea chloroleuca (Menispermaceae) pm 41, 65 '81
Legnephora moorei (Menispermaceae) jps 63, 618 '74
Meiogyne virgata (Annonaceae) phy 26, 537 '87
Stephania glabra (Menispermaceae) jnp 45, 407 '82
Stephania intermedia (Menispermaceae) yhtp 16, 1 '85
Stephania succifera (Menispermaceae) zx 31, 544 '89
Stephania yunnanensis (Menispermaceae) cwhp 31, 296 '89

with a (6,N-Me) attack:

(-)-10-Demethylxylopinine

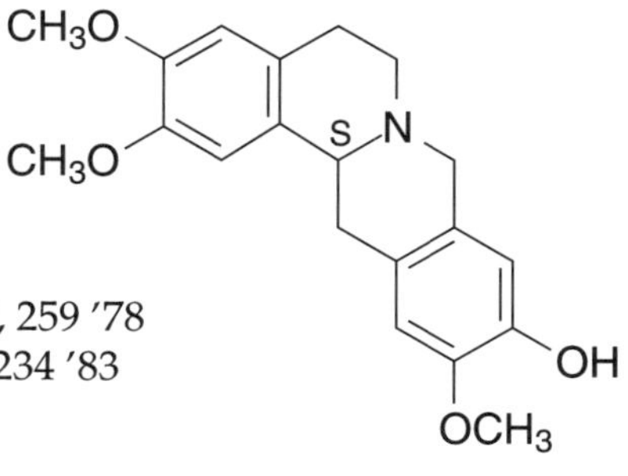

(-)-isomer:
Duguetia calycina (Annonaceae) pmp 12, 259 '78
Guatteria ouregou (Annonaceae) pm 48, 234 '83

with a (6,3) attack:

(-)-Norargemonine

Argemone brevicomuta (Papaveraceae) phy 12, 1355 '73
Berberis actinacantha (Berberidaceae) daib 45, 2160 '85
Berberis buxifolia (Berberidaceae) jnp 46, 293 '83
Cryptocarya longifolia (Lauraceae) jnp 46, 293 '83
Cyclea atjehensis (Menispermaceae) jnp 52, 652 '89

Eschscholzia spp. (Papaveraceae) jnp 46, 293 '83
Thalictrum dasycarpum (Ranunculaceae) jnp 46, 293 '83

also under: 6,7 MeO HO R Me THIQ
R= 3,4-MeO,MeO-benzyl   (6,3) attack

with a (6,8) attack: **Lirioferine**

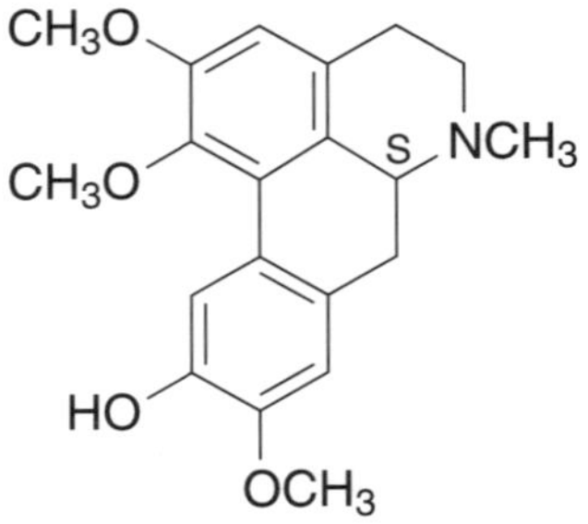

Corydalis turtschaninovii (Papaveraceae)
  yfz 6, 6 '86
Liriodendron tulipifera (Magnoliaceae)
  jnp 38, 275 '75
Phoebe pittieri (Lauraceae) pptp 27, 65 '93

6-MeO   7-MeO
3,4-MeO,HO-benzyl
Me,Me+   THIQ

Compound unknown

with a (2,N-Me) attack:

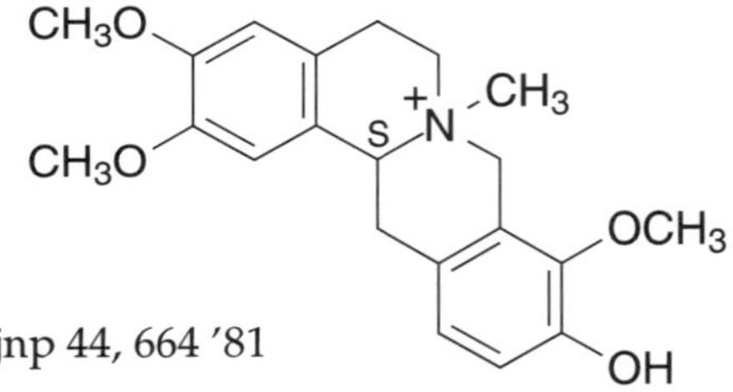

N-Methylcorydalmine quat
Corydalmine methochloride

Stephania elegans (Menispermaceae) jnp 44, 664 '81

with a (6,8) attack:

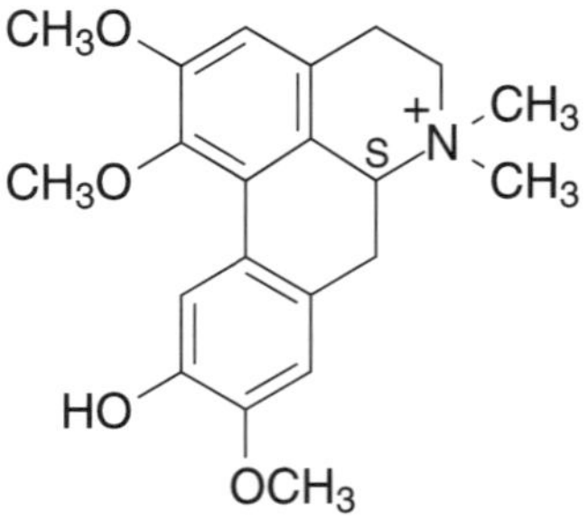

Cocsarmine

Cocculus sp. (Menispermaceae)
  jnp 38, 275 '75

6-MeO   7-MeO
3,4-MeO,HO-α-Me-benzyl
Me   THIQ

Compound unknown

Structural Index - 6,7-MeO,MeO-Substituted

with a (2,N-Me) attack:

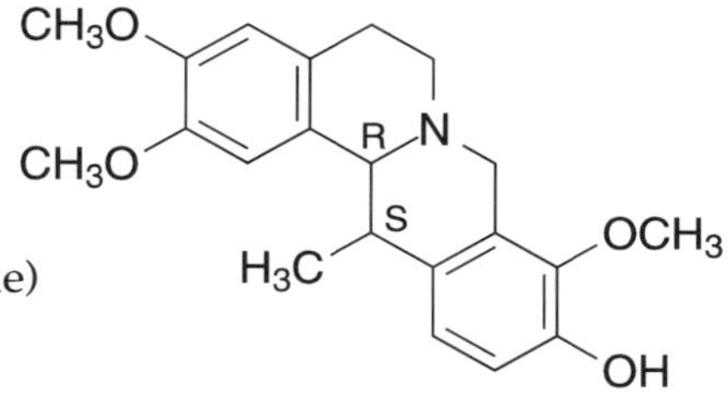

(+)-Yuanhunine

Corydalis turtschaninovii (Papaveraceae)
  yx 21, 447 '86

6-MeO	7-MeO
3,4-MeO,MeO-benzyl	
H	THIQ

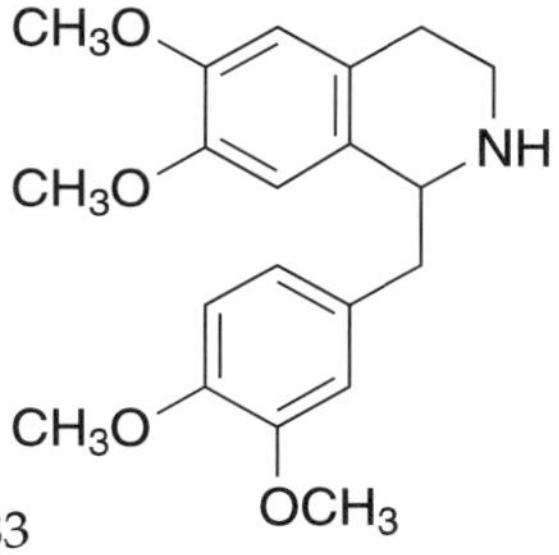

(S)(-)-Tetrahydropapaverine
N-Norlaudanosine

Argemone platyceras (Papaveraceae) pm 49, 131 '83
Eschscholzia tenuifolia (Papaveraceae) pm 48, 212 '83
Papaver orientale (Papaveraceae) jacs 97, 431 '75

with a (2,8) attack:

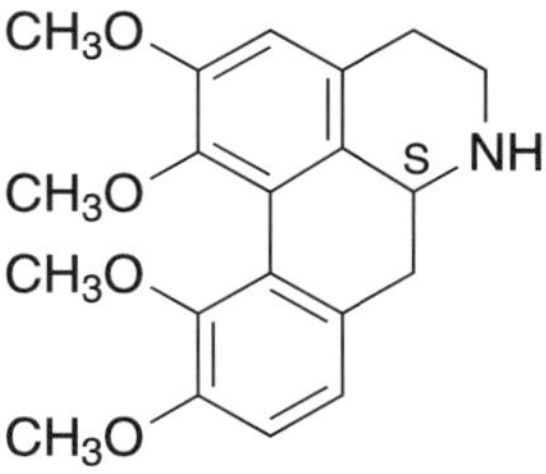

Catalpifoline

Hernandia jamaicensis (Hernandiaceae)
  tet 27, 2637 '71

with a (6,3) attack:

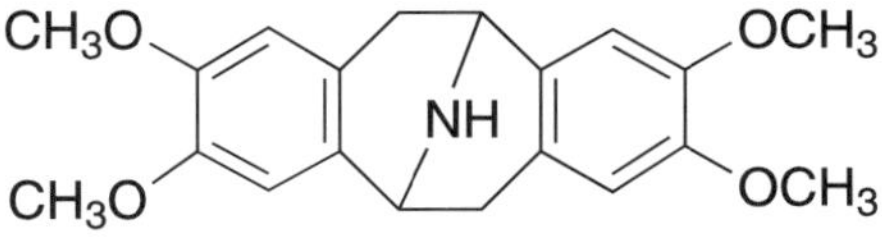

Pavine

Papaver caucasicum (Papaveraceae) hkkuc 6, 58 '66
Papaver fugax (Papaveraceae) hkkuc 6, 58 '66

with a (6,8) attack:

(+)-Norglaucine

Alphonsea ventricosa (Annonaceae) ijc 13, 306 '75
Ceratocapnos palaestinus (Papaveraceae)
    jnp 53, 1006 '90
Chasmanthera dependens (Menispermaceae)
    pm 46, 228 '82
Colubrina faralaotra (Rhamnaceae) pm 30, 201 '76
Corydalis turtschaninovii (Papaveraceae) yfz 6, 6 '86
Corydalis yanhusuo (Papaveraceae) ncyh 16, 7 '85
Monimia rotundifolia (Monimiaceae) apf 38, 537 '80
Xylopia vieillardii (Annonaceae) jnp 54, 466 '91

6-MeO	7-MeO	Not a natural product.
3,4-MeO,MeO-benzyl		abb 227, 562 '83
H	DHIQ	

with a (6,8) attack: **6,6α-Dehydronorglaucine**

Glaucium flavum (Papaveraceae) dban 26, 899 '73
Glaucium leiocarpum (Papaveraceae) pm 65, 492 '99

6-MeO	7-MeO	**Papaverine**
3,4-MeO,MeO-benzyl		
H	IQ	

Berberis turcomanica (Berberidaceae) cnc 32, 89 '96
Papaver armeniacum (Papaveraceae) dsa 7, 93 '83
Papaver commutatum (Papaveraceae) ians 3, 502 '65
Papaver cylindricum (Papaveraceae) pm 46, 175 '82
Papaver decaisnei (Papaveraceae) cccc 45, 2706 '80
Papaver setigerum (Papaveraceae) pm 52, 157 '86
Papaver somniferum (Papaveraceae) jpps 26, 114 '74

Structural Index - 6,7-MeO,MeO-Substituted

Papaver triniaefolium (Papaveraceae) pm 63, 575 '97
Stephania gracilenta (Menispermaceae) jnp 50, 852 '87
Sauropus androgynus (Euphorbiaceae) ct 34, 15 '96

| 6-MeO 7-MeO |
| 3,4-MeO,MeO-benzyl |
| Me THIQ |

Laudanosine
N-Methyltetrahydropapaverine

(S)(+)-isomer:
Argemone grandiflora (Papaveraceae) phy 11, 461 '72
Papaver somniferum (Papaveraceae) jc 436, 455 '88

(R)(-)-isomer:
Aniba burchellii (Lauraceae) bse 8, 51 '80
Aniba cylindriflora (Lauraceae) bse 8, 51 '80
Papaver somniferum var. *noordster* (Papaveraceae) jcspt I, 1531 '75

isomer not specified:
Berberis aggregata (Berberidaceae) pm 40, 127 '80
Berberis heteropoda (Berberidaceae) cnc 29, 43 '93
Berberis nummularia (Berberidaceae) cnc 29, 331 '93
Cissampelos pareira (Menispermaceae) it 63, 282 '92
Hernandia voyronii (Hernandiaceae) pm 64, 58 '98
Papaver setigerum (Papaveraceae) cccc 61, 1047 '96

| with a (2,N-Me) attack: |

Tetrahydropalmatine
Caseanine
Hyndarine
Gindarine
(-)-Rotundine

(R)(+)- isomer
Corydalis decumbens (Papaveraceae) jcps 4, 57 '95
Corydalis nobilis (Papaveraceae) cccc 54, 2009 '89
Corydalis saxicola (Papaveraceae) zx 24, 289 '82
Fumaria bastardii (Papaveraceae) nps 4, 257 '98

(S)(-)-isomer:
Annona cherimolia (Annonaceae) pmp 22, 159 '88
Argemone munita (Papaveraceae) jap 49, 187 '60
Argemone ochroleuca (Papaveraceae) cccc 38, 2307 '73
Argemone turnerae (Papaveraceae) phy 12, 1355 '73
Berberis barandana (Berberidaceae) llyd 33s, 1 '70
Chasmanthera dependens (Menispermaceae) pm 46, 228 '82
Cocculus laurifolius (Menispermaceae) tet 40, 1591 '84
Corydalis spp. (Papaveraceae) pm 33, 396 '78
Duguetia spixiana (Annonaceae) jnp 50, 674 '87
Enantia chlorantha (Annonaceae) pmp 9, 296 '75
Fissistigma glaucescens (Annonaceae) phy 24, 1829 '85
Fissistigma oldhamii (Annonaceae) phy 24, 1829 '85
Glaucium vitellinum (Papaveraceae) jnp 49, 1166 '86
Goniothalamus amuyon (Annonaceae) phy 24, 1829 '85
Guatteria schomburgkiana (Annonaceae) jnp 48, 254 '85
Pachypodanthium confine (Annonaceae) apf 35, 65 '77
Papaver somniferum (Papaveraceae) abs 10
Parabaena sagittata (Menispermaceae) jnp 49, 253 '86
Stephania dielsiana (Menispermaceae) zh 14, 57 '83
Stephania disciflora (Menispermaceae) zh 19, 392 '88
Stephania epigaea (Menispermaceae) nyx 5, 203 '85
Stephania glabra (Menispermaceae) jrim 14, 44 '79
Stephania hainanensis (Menispermaceae) zh 18, 146 '87
Stephania kwangsiensis (Menispermaceae) yhhp 15, 532 '80
Stephania miyiensis (Menispermaceae) zh 30, 250 '99
Stephania yunnanensis (Menispermaceae) zx 31, 296 '89
Stephania spp. (Menispermaceae) jnp 50, 1113 '87
Xylopia vieillardii (Annonaceae) jnp 54, 466 '91

(dl)-Tetrahydropalmatine:
Cocculus laurifolius (Menispermaceae) tet 40, 1591 '84
Corydalis koidzumiana (Papaveraceae) yz 94, 844 '74
Corydalis nobilis (Papaveraceae) cccc 54, 2009 '89
Corydalis turtschaninovii (Papaveraceae) yx 21, 447 '86
Corydalis spp. (Papaveraceae) cty 12, 8 '81
Glaucium grandiflorum (Papaveraceae) jnp 49, 1166 '86

isomer not specified:
Annona paludosa (Annonaceae) pmp 22, 159 '88
Arctomecon humile (Papaveraceae) bse 18, 45 '90
Berberis aggregata (Berberidaceae) tl 25, 4595 '84

Structural Index - 6,7-MeO,MeO-Substituted

Cissampelos pareira (Menispermaceae) tet 36, 2491 '80
Coptis teeta (Ranunculaceae) jics 28, 225 '51
Corydalis intermedia (Papaveraceae) cccc 54, 2009 '89
Corydalis remota (Papaveraceae) jnp 51, 262 '88
Corydalis spp. (Papaveraceae) cccc 50, 2299 '85
Fibraurea chloroleuca (Menispermaceae) pw 113, 1153 '78
Fibraurea tinctoria (Menispermaceae) yg 7, 319 '88
Stephania succifera (Menispermaceae) zx 31, 544 '89
Stephania spp. (Menispermaceae) pm 40, 333 '80
Tinospora cordifolia (Menispermaceae) fit 69, 541 '98

(The name Rotundine has been used for two unrelated alkaloids; the one in this section, and one which is a synonym for Bisnorargemonine. (-)-Rotundine (the one in this section) comes from *Stephania* sp., whereas the other Rotundine comes from *Argemone* sp.)

| the N-oxide: | **(-)-Corynoxidine** |

Corydalis koidzumiana (Papaveraceae) cl 10, 1081 '75
Stephania glabra (Menispermaceae) jnp 45, 407 '83
Zanthoxylum coreanum (Rutaceae) kjp 12, 5 '81

| with an α,1-ene: |
Dihydropalmatine

Annona paludosa (Annonaceae) pmp 22, 159 '88
Argemone mexicana (Papaveraceae) fit 61, 67 '90
Berberis chitria (Berberidaceae) arch 9, 28 '82
Stephania kwangsiensis (Menispermaceae) cty 12, 6 '81

| with a carbonyl group on the original N-Me group: |

(-)-8-Oxotetrahydropalmatine

Anamirta cocculus (Menispermaceae) jnp 44, 221 '81

| with aromatization of the c-ring:

**Palmatine
Berbericinine**

Anamirta cocculus (Menispermaceae) jnp 44, 221 '81
Anisocycla cymosa (Menispermaceae) jnp 55, 607 '92
Arcangelisia flava (Menispermaceae) llyd 33s, 1 '70
Berberis spp. (Berberidaceae) jnp 52, 81 '89
Burasaia spp. (Menispermaceae) bse 19, 433 '91
Calystegia hederacea (Convolvulaceae) hhhp 21, 168 '55
Chasmanthera dependens (Menispermaceae) pm 46, 228 '82
Cissampelos pareira (Menispermaceae) tet 36, 2491 '80
Cocculus carolinus (Menispermaceae) jps 65, 132 '76
Cocculus laurifolius (Menispermaceae) tet 36, 2491 '80
Cocculus pendulus (Menispermaceae) bsp 45, 7 '38
Coptis spp. (Ranunculaceae) phy 21, 1419 '82
Corydalis intermedia (Papaveraceae) cccc 54, 2009 '89
Corydalis nobilis (Papaveraceae) cccc 54, 2009 '89
Corydalis turtschaninovii (Papaveraceae) yx 21, 447 '86
Corydalis spp. (Papaveraceae) pm 60, 240 '94
Coscinium fenestratum (Menispermaceae) pm 38, 24 '80
Dicentra spectabilis (Papaveraceae) sz 46, 109 '92
Dioscoreophyllum cumminsii (Menispermaceae) phy 22, 1671 '83
Enantia chlorantha (Annonaceae) pmp 9, 296 '75
Enantia polycarpa (Annonaceae) llyd 33s, 1 '70
Euodia daniellii (Rutaceae) sz 45, 263 '91
Fagara coco (Rutaceae) llyd 33s, 1 '70
Fibraurea chloroleuca (Menispermaceae) pw 113, 1153 '78
Fibraurea recisa (Menispermaceae) cwf 18, 389 '80
Fibraurea tinctoria (Menispermaceae) hhhp 28, 89 '62
Fibraurea sp. (Menispermaceae) pw 113, 1153 '78
Fissistigma glaucescens (Annonaceae) phy 24, 1829 '85
Fissistigma oldhamii (Annonaceae) phy 24, 1829 '85
Fumaria densiflora (Papaveraceae) pm 48, 272 '83
Fumaria parviflora (Papaveraceae) pa 10, 6 '99
Glaucium arabicum (Papaveraceae) duj 17, 185 '90
Goniothalamus amuyon (Annonaceae) phy 24, 1829 '85
Jatrorrhiza palmata (Menispermaceae) llyd 28, 73 '65
Mahonia spp. (Berberidaceae) jnp 44, 680 '81

Nandina domestica (Berberidaceae) phy 27, 2143 '88
Papaver spp. (Papaveraceae) phzi 23, 267 '68
Parabaena megalocarpa (Menispermaceae) pm 48, 275 '83
Parabaena sagittata (Menispermaceae) pm 48, 275 '83
Parabaena tuberculata (Menispermaceae) pm 48, 275 '83
Penianthus zenkeri (Menispermaceae) phy 30, 1957 '91
Phellodendron amurense (Rutaceae) sz 41, 28 '89
Phellodendron chinense (Rutaceae) jc 634, 329 '93
Phellodendron wilsonii (Rutaceae) jc 634, 329 '93
Ranunculus serbicus (Ranunculaceae) phy 29, 2389 '90
Rhigiocarya racemifera (Menispermaceae) jnp 43, 123 '80
Sinomenium acutum (Menispermaceae) nm 48, 287 '94
Sphenocentrum jollyanum (Menispermaceae) phy 15, 2027h '76
Stephania cephalantha (Menispermaceae) cty 16, 266 '85
Stephania hainanensis (Menispermaceae) zh 18, 146 '87
Stephania kwangsiensis (Menispermaceae) cty 12, 6 '81
Stephania miyiensis (Menispermaceae) zh 30, 250 '99
Stephania succifera (Menispermaceae) zx 31, 544 '89
Stephania spp. (Menispermaceae) jnp 45, 407 '82
Thalictrum spp. (Ranunculaceae) jnp 43, 372 '80
Tinospora spp. (Menispermaceae) pm 48, 275 '83
Triclisia subcordata (Menispermaceae) daib 37, 2169 '76
Xanthorhiza simplicissima (Ranunculaceae) phy 13, 300 '74
Zanthoxylum chalybeum (Rutaceae) jnp 59, 316 '96

with aromatization of the c-ring,
and a carbonyl on the original N-Me group:

Oxypalmatine

Anamirta cocculus (Menispermaceae) jnsc 20, 187 '92
Corydalis ambigua (Papaveraceae) daib 45, 2160 '85
Coscinium fenestratum (Menispermaceae) phy 31, 1403 '92
Enantia polycarpa (Annonaceae) pms 32, 249 '77
Limaciopsis loangensis (Menispermaceae) pm 35, 31 '79

with a (2,3) attack:

O-Methylplatycerine
O,O-Dimethylmunitagine

Argemone platyceras (Papaveraceae) cnc 22, 189 '86

also under: 7,8 MeO MeO R Me THIQ
R= 3,4-MeO,MeO-benzyl (6,3) attack

with a (2,8) attack:

O,O-Dimethylcorytuberine
O-Methylcorydine

Chasmanthera dependens (Menispermaceae) pm 46, 228 '82
Hernandia spp. (Hernandiaceae) jnp 38, 275 '75
Ocotea holdrigiana (Lauraceae) ijp 32, 406 '94
Phoebe tonduzii (Lauraceae) pptp 27, 65 '93

the N-oxide: O-Methylcorydine N-oxide

Berberis chitria (Berberidaceae) jnp 51, 389 '88

with a (6,N-Me) attack:

Xylopinine

Alseodaphne hainanensis (Lauraceae) zx 30, 183 '88
Artabotrys grandifolius (Annonaceae) mjs 9, 77 '87
Caryomene olivascens (Menispermaceae) afb 6, 163 '87
Dasymaschalon sootepense (Annonaceae) bse 26, 933 '98
Duguetia obovata (Annonaceae) jnp 46, 862 '83
Duguetia spixiana (Annonaceae) jnp 50, 674 '87
Guatteria scandens (Annonaceae) jnp 46, 335 '83
Guatteria schomburgkiana (Annonaceae) jnp 48, 254 '85
Polyalthia oligosperma (Annonaceae) pmp 12, 166 '78
Stephania dielsiana (Menispermaceae) zh 14, 57 '83
Stephania micrantha (Menispermaceae) yhhp 16, 557 '81

Stephania pierrei (Menispermaceae) jnp 56, 1468 '93
Stephania suberosa (Menispermaceae) phy 26, 547 '87
Stephania viridiflavens (Menispermaceae) cty 12, 1 '81
Xylopia buxifolia (Annonaceae) jnp 44, 551 '81
Xylopia discreta (Annonaceae) bull 1
Xylopia vieillardii (Annonaceae) jnp 54, 466 '91

the N-oxide:

(-)-(cis and trans) Xylopinine N-oxide

Stephania suberosa (Menispermaceae) phy 26, 547 '87

with aromatization of the c-ring:

Pseudopalmatine

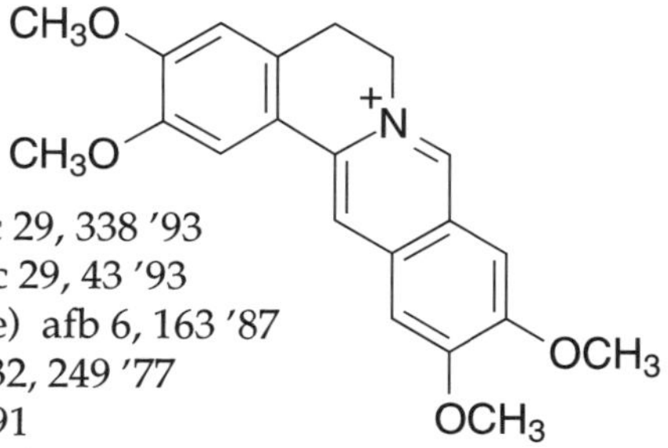

Berberis amurensis (Berberidaceae) cnc 29, 338 '93
Berberis heteropoda (Berberidaceae) cnc 29, 43 '93
Caryomene olivascens (Menispermaceae) afb 6, 163 '87
Enantia polycarpa (Annonaceae) pms 32, 249 '77
Euodia daniellii (Rutaceae) sz 45, 263 '91
Penianthus zenkeri (Menispermaceae) phy 40, 165 '97
Stephania suberosa (Menispermaceae) phy 26, 547 '87
Stephania viridiflavens (Menispermaceae) cty 24, 457 '93
Xylopia vieillardii (Annonaceae) jnp 54, 466 '91

with a (6,3) attack:

Argemonine
N-Methylpavine

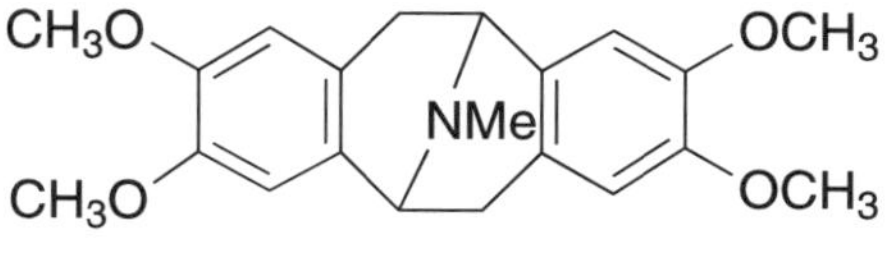

(+)-isomer:
Gymnospermium smirnovii (Berberidaceae) cnc 7, 525 '71
Leontice smirnovii (Berberidaceae) jnp 46, 293 '83

(-)-isomer of Argemonine
N-Methylpavine:
Argemone gracilenta (Papaveraceae) joc 34, 555 '69
Argemone hispida (Papaveraceae) joc 31, 2925 '66
Argemone munita (Papaveraceae) phy 13, 1151 '74

Argemone platyceras (Papaveraceae) cccc 38, 2513 '73
Argemone sanguinea (Papaveraceae) daib 31, 1177 '70
Berberis buxifolia (Berberidaceae) rlq 10, 131 '79
Cyclea atjehensis (Menispermaceae) jnp 52, 652 '89
Gymnospermium smirnovii (Berberidaceae) san 64, 461 '71
Thalictrum revolutum (Ranunculaceae) llyd 40, 593 '77
Thalictrum strictum (Ranunculaceae) cnc 12, 507 '76

isomer not specified:
Thalictrum foetidum (Ranunculaceae) pm 56, 337 '90
Thalictrum minus (Ranunculaceae) pm 39, 77 '80
Thalictrum simplex (Ranunculaceae) pm 59, 262 '93

the N-oxide: **Argemonine N-oxide**

Argemone gracilenta (Papaveraceae) jnp 46, 293 '83
Thalictrum foetidum (Ranunculaceae) dban 44, 33 '91

with a (6,4) attack:

O-Methylthalisopavine

Papaver radicatum (Papaveraceae) pm 28, 210 '75

with a (6,8) attack:
Glaucine
Bromcholitin
O,O-Dimethylboldine
O,O-Dimethylisoboldine
Glauvent
O-Methylthalicmidine
N,O,O-Trimethyllaurelliptine

(S)(+)-isomer:
Aconitum yezoense (Ranunculaceae) yz 102, 245 '82
Alphonsea ventricosa (Annonaceae) ijc 13, 306 '75
Annona squamosa (Annonaceae) ijps 40, 170 '78
Berberis actinacantha (Berberidaceae) daib 45, 2160 '85
Berberis cretica (Berberidaceae) jnp 49, 159 '86
Berberis julianae (Berberidaceae) cz 29, 265 '75
Ceratocapnos palaestinus (Papaveraceae) jnp 53, 1006 '90

Structural Index - 6,7-MeO,MeO-Substituted 215

Chasmanthera dependens (Menispermaceae) pm 46, 228 '82
Colubrina faralaotra ssp. *sinuata* (Rhamnaceae) pm 30, 201 '76
Corydalis bulbosa (Papaveraceae) pm 50, 136 '84
Corydalis ochroleuca (Papaveraceae) cjc 47, 1103 '69
Corydalis turtschaninovii (Papaveraceae) bpb 17, 262 '94
Corydalis yanhusuo (Papaveraceae) cty 17, 150 '86
Dicentra formosa (Papaveraceae) bull 1
Glaucium flavum (Papaveraceae) cccc 24, 3141 '59
Glaucium leiocarpum (Papaveraceae) pm 65, 492 '99
Glaucium vitellinum (Papaveraceae) llyd 40, 352 '77
Hordeum vulgare (Poaceae) bull 1
Hypecoum procumbens (Papaveraceae) jnp 46, 414 '83
Liriodendron tulipifera (Magnoliaceae) jps 64, 789 '75
Magnolia kachirachirai (Magnoliaceae) yz 88, 1143 '68
Mahonia repens (Berberidaceae) jnp 44, 680 '81
Ocotea macrophylla (Lauraceae) het 9, 903 '78
Platycapnos spp. (Papaveraceae) phy 30, 3315 '91
Sarcocapnos spp. (Papaveraceae) phy 30, 1175 '91

(R)(-)-isomer:
Annona purpurea (Annonaceae) jnp 61, 1457 '98
Papaver pilosum (Papaveraceae) jnp 47, 342 '84

isomer not specified:
Aconitum tokii (Ranunculaceae) cnc 29, 71 '93
Annona reticulata (Annonaceae) cpj 47, 483 '95
Annona spp. (Annonaceae) cpj 47, 483 '95
Artabotrys lastoursvillensis (Annonaceae) jnp 47, 1067 '84
Beilschmiedia podagrica (Lauraceae) het 9, 903 '78
Berberis spp. (Berberidaceae) cnc 33, 323 '97
Ceratocapnos claviculata (Papaveraceae) phy 38, 113 '95
Ceratocapnos heterocarpa (Papaveraceae) phy 38, 113 '95
Corydalis marschalliana (Papaveraceae) cnc 29, 690 '93
Corydalis ternata (Papaveraceae) kjp 30, 54 '99
Croton draconoides (Euphorbiaceae) phy 18, 520 '79
Croton hemiargyreus (Euphorbiaceae) phy 47, 1445 '98
Delphinium ternatum (Ranunculaceae) kps 21, 131 '85
Dicranostigma franchetianum (Papaveraceae) pcj 13, 73 '79
Fumaria macrosepala (Papaveraceae) phy 38, 113 '95
Glaucium spp. (Papaveraceae) phy 271, 1021 '88
Hedycarya angustifolia (Monimiaceae) het 26, 447 '87
Litsea laeta (Lauraceae) phy 19, 998 '80
Litsea triflora (Lauraceae) aqsc 76, 171 '80

Litsea wightiana (Lauraceae) pm 48, 52 '83
Neolitsea parvigemma (Lauraceae) jccs 45, 103 '98
Ocotea velloziana (Lauraceae) phy 39, 815 '95
Papaver apokrinomenon (Papaveraceae) jnp 47, 560 '84
Phoenicanthus obliqua (Annonaceae) jnp 64, 1465 '01
Platycapnos saxicola (Papaveraceae) phy 38, 113 '95
Platycapnos spicata (Papaveraceae) het 31, 1077 '90
Rollinia mucosa (Annonaceae) jnp 59, 904 '96
Rupicapnos africana (Papaveraceae) phy 38, 113 '95
Sarcocapnos spp. (Papaveraceae) phy 38, 113 '95
Thalictrum filamaentosum (Ranunculaceae) kps 6, 788 '76
Thalictrum spp. (Ranunculaceae) cnc 18, 761 '82
Uvaria chamae (Annonaceae) pmp 14, 143 '80

and an α,1-ene:

Dehydroglaucine

Corydalis ambigua (Papaveraceae) daib 45, 2160 '85
Corydalis bulbosa (Papaveraceae) pm 50, 136 '84
Corydalis turtschaninovii (Papaveraceae)
    yfz 6, 6 '86
Glaucium corniculatum (Papaveraceae) llyd 41, 472 '78
Glaucium flavum (Papaveraceae) pr 10, 62 '96
Liriodendron tulipifera (Magnoliaceae) phy 15, 547 '76
Ocotea gomezii (Lauraceae) pcl 61, 589 '95
Papaver apokrinomenon (Papaveraceae) jnp 47, 560 '84
Papaver spp. (Papaveraceae) pm 51, 431 '85
Platycapnos spicata (Papaveraceae) phy 32, 1055 '93
Sarcocapnos enneaphylla (Papaveraceae) phy 30, 1175 '91
Sarcocapnos saetabensis (Papaveraceae) phy 30, 1175 '91
Thalictrum ichangense (Ranunculaceae) sz 43, 195 '89

and an α,1-ene and a 3,4-ene:

Didehydroglaucine

Corydalis ambigua (Papaveraceae)
    daib 45, 2160 '85
Glaucium flavum (Papaveraceae)
    phy 27, 953 '88

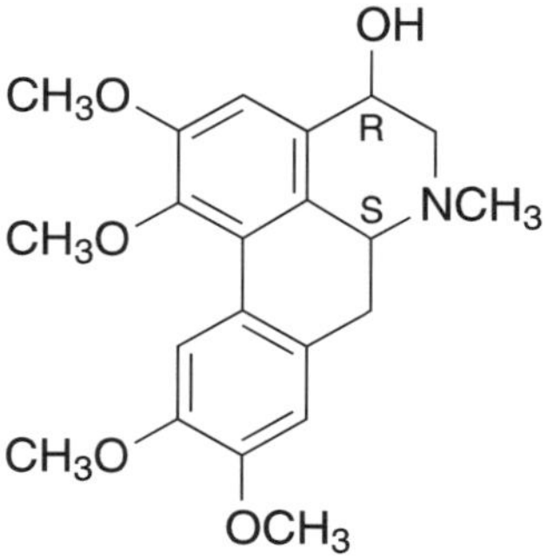

Structural Index - 6,7-MeO,MeO-Substituted

with a 4-hydroxy group:

Cataline

Glaucium flavum (Papaveraceae)
phy 27, 953 '88

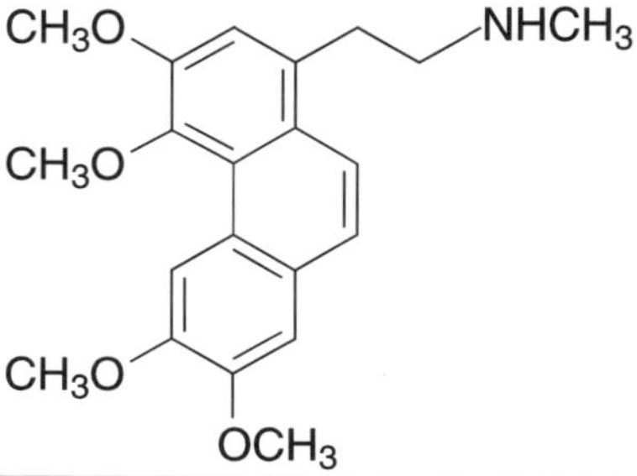

with a 1,2 seco:

**Secoglaucine
Coryphenanthrine**

Corydalis yanhusuo (Papaveraceae)
nyx 16, 7 '85
Glaucium leiocarpum (Papaveraceae)
pm 65, 492 '99

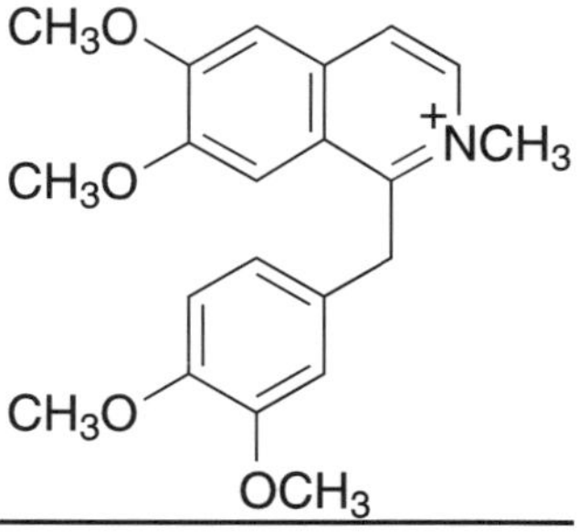

6-MeO	7-MeO
3,4-MeO,MeO-benzyl	
Me+	IQ

**Densiberine
N-Methylpapaverine quat**

Berberis densiflora (Berberidaceae)
cnc 33, 323 '97

6-MeO	7-MeO
3,4-MeO,MeO-benzyl	
Me,Me+	THIQ

Not a natural product.
ijc 30b, 271 '91

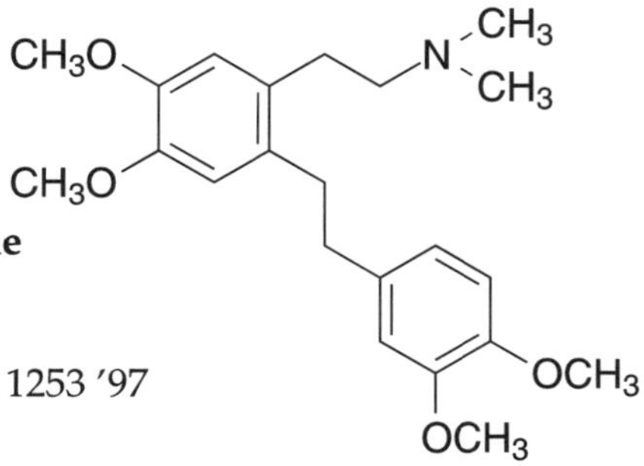

**with a 1,2 seco,
and hydrogenation:**

Methoxypolysignine

Polyalthia insignis (Annonaceae) tl 38, 1253 '97

The Simple Plant Isoquinolines

with a (2,N-Me) attack:

(-)-N-Methyltetrahydropalmatine
(-)-O,O-Dimethylcyclanoline
(-)-O,O-Dimethylcissamine

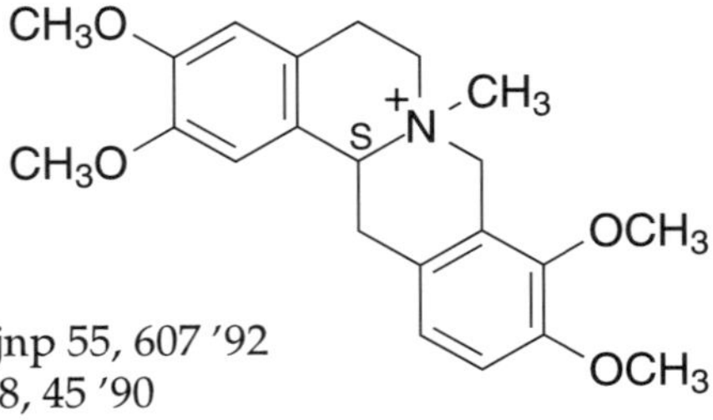

Anisocycla cymosa (Menispermaceae) jnp 55, 607 '92
Arctomecon spp. (Papaveraceae) bse 18, 45 '90
Fagara capensis (Rutaceae) phy 10, 682 '71
Glaucium squamigerum (Papaveraceae) cccc 49, 1318 '84
Papaver kerneri (Papaveraceae) cccc 50, 1745 '85
Papaver lateritium (Papaveraceae) pm 64, 582 '98
Papaver tatricum (Papaveraceae) cccc 50, 1745 '85
Stephania pierrei (Menispermaceae) jnp 56, 1468 '93
Zanthoxylum wutaiense (Rutaceae) abs 13

with a (2,8) attack:

N,O-Dimethylisocorydine
O,O'-Dimethylmagnoflorine

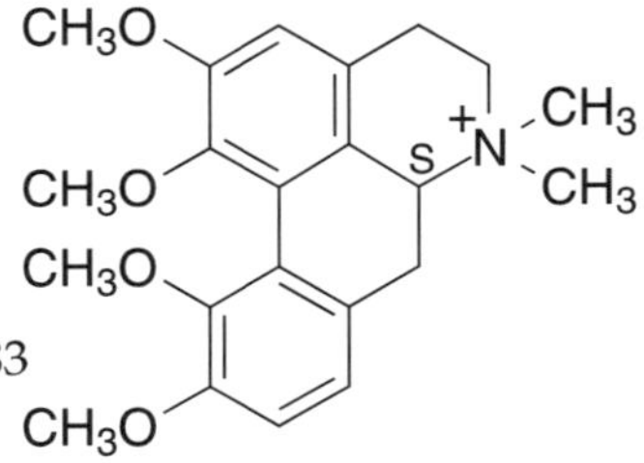

Cocculus sp. (Menispermaceae) jnp 46, 761 '83
Pachygone ovata (Menispermaceae) jnp 43, 588 '80

and a 3-hydroxy group:

Magnoporphine

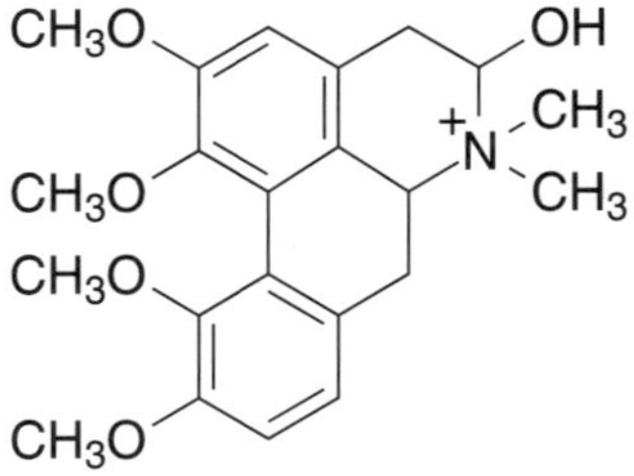

Magnolia sieboldii (Magnoliaceae) sh 27, 123 '96

with a (6,3) attack:

Argemonine metho hydroxide
N,N-Dimethylpavinium quat

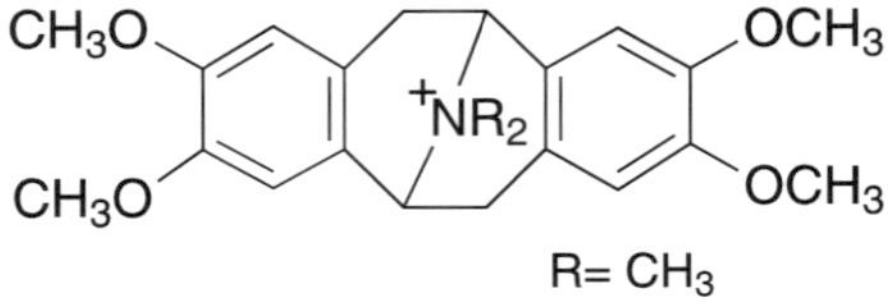

R= CH_3

Argemone gracilenta (Papaveraceae) joc 34, 555 '69

Argemone platyceras (Papaveraceae) jnp 46, 293 '83
Thalictrum minus (Ranunculaceae) cnc 19, 375 '83
Thalictrum revolutum (Ranunculaceae) jnp 43, 270 '80

with a (6,8) attack:
(+)-N-Methylglaucine
Glaucine methiodide

Glaucium leiocarpum (Papaveraceae)
  pm 65, 492 '99
Magnolia obovata (Magnoliaceae)
  nm 48, 282 '94
Papaver spicatum (Papaveraceae) pm 60, 293 '94
Stephania dinklagei (Menispermaceae) jnp 43, 123 '80

and a 1,2-seco:
N-Methylsecoglaucine
Glaucine methine

Phoebe minutiflora (Lauraceae)
  cpj 49, 217 '97
Phoenicanthus obliqua (Annonaceae)
  jnp 64, 1465 '01
Platycapnos spicata (Papaveraceae)
  phy 32, 1055 '93
Sarcocapnos enneaphylla (Papaveraceae)
  phy 30, 1005 '91

6-MeO	7-MeO
3,4-MeO,MeO-α-keto-benzyl	
H	IQ

Papaveraldine
Xanthaline

Papaver somniferum (Papaveraceae) hh 7, 27 '68

with a (6,8) attack:

Oxoglaucine
O-Methylatheroline

Annona cherimolia (Annonaceae) jccs 44, 313 '97
Glaucium leiocarpum (Papaveraceae) pm 65, 492 '99
Liriodendron spp. (Magnoliaceae) jnp 38, 275 '75
Magnolia sp. (Magnoliaceae) jnp 38, 275 '75
Sarcocapnos crassifolia speciosa (Papaveraceae) phy 28, 251 '88
Thalictrum foetidum (Ranunculaceae) kps 3, 394 '83
Xylopia aethiopica (Annonaceae) jnp 57, 68 '94

6-MeO	7-MeO
3,4-MeO,MeO-α-keto-benzyl	
Me+	IQ

N-Methylpapaveraldine
Papaveraldinium quat
O-Methylprzewalskiinone

Stephania saskii (Menispermaceae) jnp 62, 146 '99
Thalictrum przewalskii (Ranunculaceae) jnp 62, 146 '99

6-MeO	7-MeO
3,4-MeO,MeO-α-Me-benzyl	
Me	THIQ

Not a natural product.
ap 315, 273 '82

with a (2,N-Me) attack:

(+)-Corydaline

Berberis floribunda (Berberidaceae) llyd 33s, 1 '70
Corydalis ambigua (Papaveraceae) sz 42, 214 '88
Corydalis intermedia (Papaveraceae) cccc 54, 2009 '89
Corydalis koidzumiana (Papaveraceae) yz 94, 844 '74
Corydalis nobilis (Papaveraceae) cccc 54, 2009 '89
Corydalis remota (Papaveraceae) jnp 51, 262 '88
Corydalis turtschaninovii (Papaveraceae) yx 21, 447 '86
Fumaria cilicica (Papaveraceae) guefd 2, 45 '85

Structural Index - 6,7-MeO,MeO-Substituted

Fumaria officinalis (Papaveraceae) guefd 2, 45 '85
Hedycarya angustifolia (Monimiaceae) het 26, 447 '87

and aromatization of the c-ring:

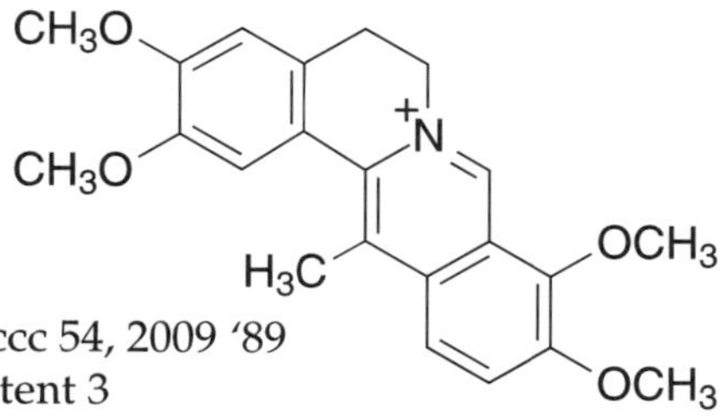

**Dehydrocorydaline
13-Methylpalmatine**

Corydalis intermedia (Papaveraceae) cccc 54, 2009 '89
Corydalis impatiens (Papaveraceae) patent 3
Corydalis turtschaninovii (Papaveraceae) bpb 17, 262 '94
Corydalis spp. (Papaveraceae) cty 13, 403 '82

6-MeO	7-MeO
3,4-MeO,MeO-α-Me-benzyl	
Me,Me+	THIQ

Compound unknown

with a (2,N-Me) attack:

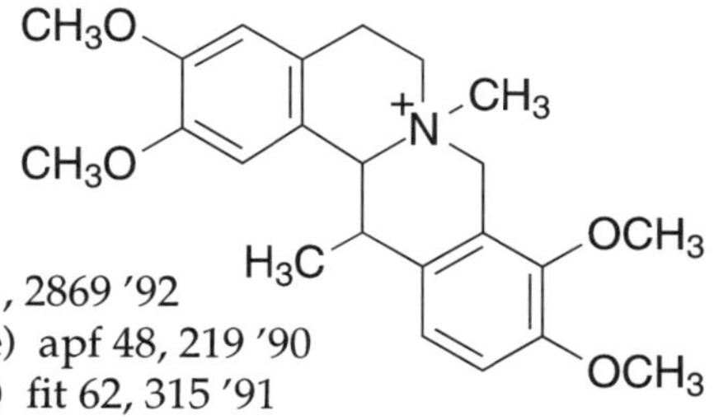

N-Methylcorydaline quat

Fumaria indica (Papaveraceae) phy 31, 2869 '92
Haloxylon scoparium (Chenopodiaceae) apf 48, 219 '90
Phaeanthus vietnamensis (Annonaceae) fit 62, 315 '91
Thalictrum foeniculaceum (Ranunculaceae) zydx 22, 270 '91

6-MeO	7-MeO
3,4-MeO,MeO-α,α-Me,Me-benzyl	
Me	THIQ

Compound unknown

with a (2,N-Me) attack:

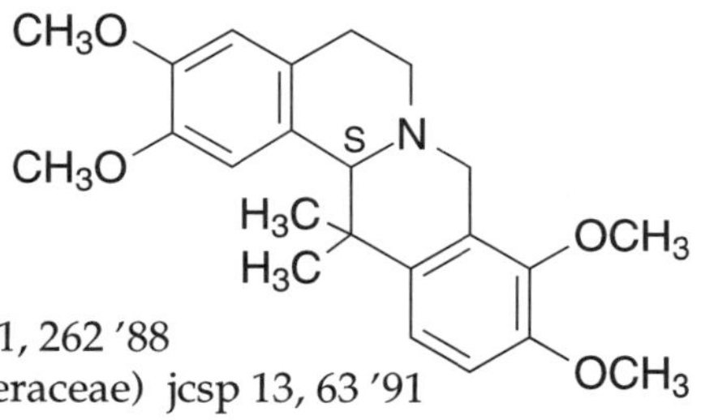

**(-)-Corymotine
(-)-Corybrachylobine**

Corydalis remota (Papaveraceae) jnp 51, 262 '88
Corydalis solida ssp. *brachyloba* (Papaveraceae) jcsp 13, 63 '91

6-MeO 7-MeO	**α-Hydroxylaudanosine**
3,4-MeO,MeO-α-HO-benzyl	Not a natural product.
Me THIQ	teta 7, 2711 '96

with a (6,8) attack
and an α,1-ene:

**7-Hydroxydehydroglaucine
Glaucinone**

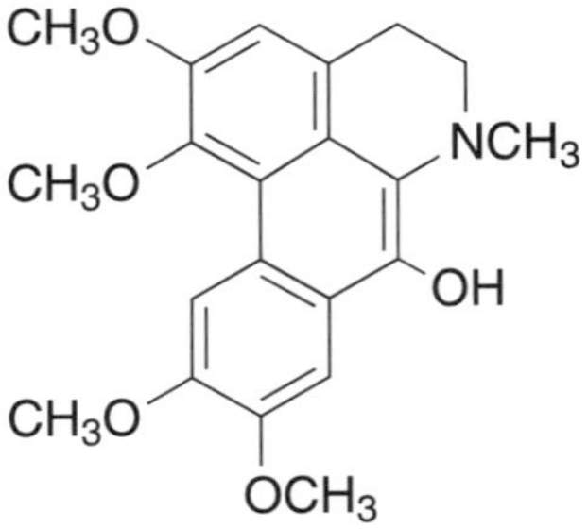

Annona purpurea (Annonaceae)
  jnp 61, 1457 '98
Corydalis bulbosa (Papaveraceae)
  pm 50, 136 '84

6-MeO 7-MeO	
3,4-MeO,MeO-α-MeO-benzyl	
H IQ	

Setigerine

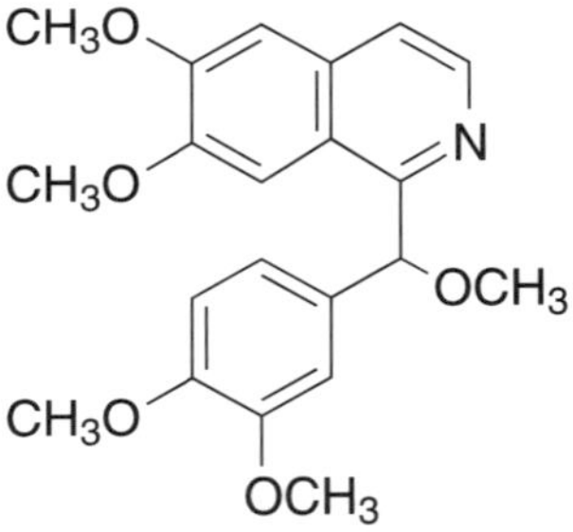

Papaver setigerum (Papaveraceae)
  cccc 61, 1047 '96

6-MeO 7-MeO	Compound unknown
3,4-MeO,MeO-benzyl, HO	
Me,Me+ THIQ	

with a (2,N-Me) attack:

Muramine

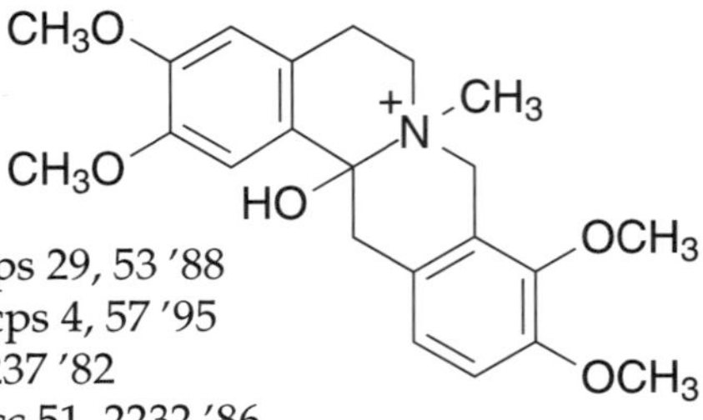

Argemone mexicana (Papaveraceae) ejps 29, 53 '88
Corydalis decumbens (Papaveraceae) jcps 4, 57 '95
Glaucium sp. (Papaveraceae) jnp 45, 237 '82
Papaver atlanticum (Papaveraceae) cccc 51, 2232 '86

Structural Index - 6,7-MeO,MeO-Substituted

6-MeO	7-MeO
3,4-MeO,MeO-α-keto-benzyl, HO	
Me	THIQ

Compound unknown

with a (6,N-Me) attack,
and a carbonyl group on the
original N-Me group:

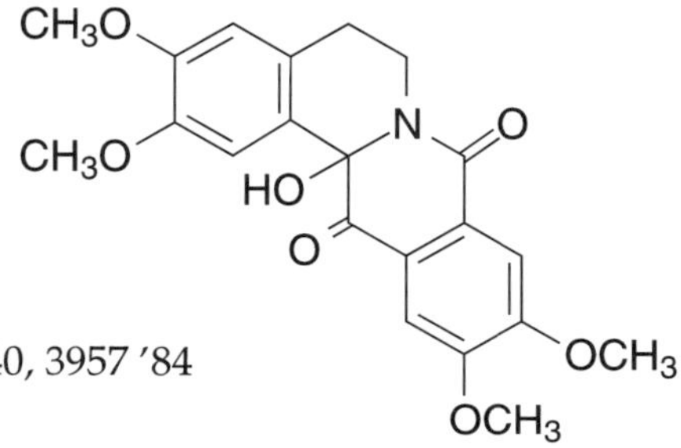

(+)-Prepseudopalmanine

Berberis darwinii (Berberidaceae) tet 40, 3957 '84

6-MeO	7-MeO
3,4-MeO,MeO-α-keto-benzyl, HO	
Me,Me+	THIQ

Compound unknown

with a (2,N-Me) attack:

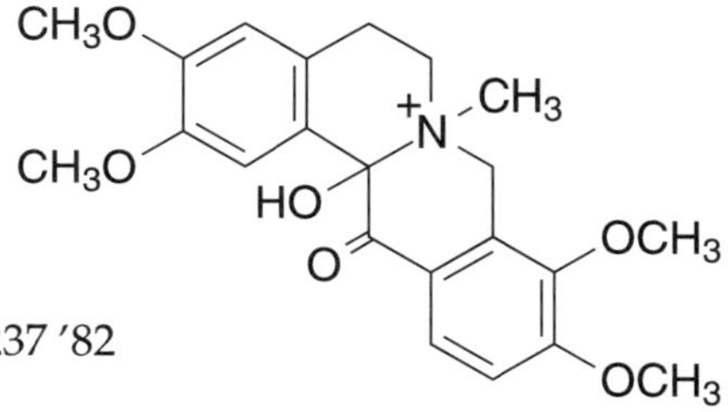

13-Oxomuramine
*Alpinone

Papaver spp. (Papaveraceae) jnp 45, 237 '82

*This name has also been used as a synonym for the flavanone
7-O-Methylpinobanksin.

6-MeO	7-MeO
3,4-MDO-benzyl	
H	THIQ

Compound unknown

with a (6,8) attack: **(+)-Nornantenine**

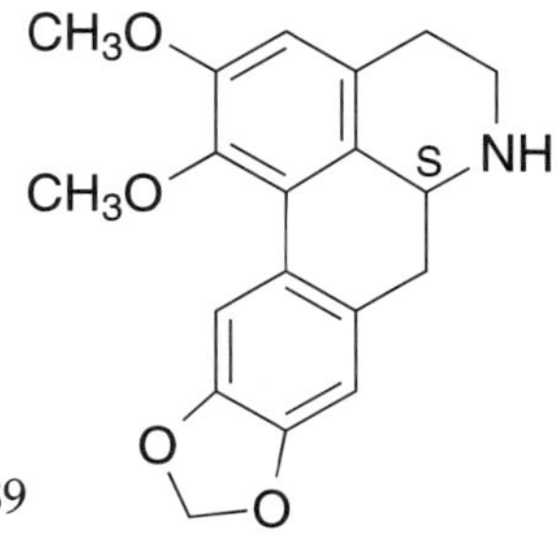

Annona cherimolia (Annonaceae) jnp 48, 151 '85
Cassytha racemosa (Lauraceae) jnp 38, 275 '75
Cyclea atjehensis (Menispermaceae) jnp 52, 652 '89

Hernandia cordigera (Hernandiaceae) crhs 291, 187 '80
Hernandia spp. (Hernandiaceae) phy 19, 161 '80
Laurelia philippiana (Monimiaceae) phy 21, 773 '82
Laurelia sempervirens (Monimiaceae) cct 28, 17 '78
Nandina domestica (Berberidaceae) jnp 38, 275 '75
Siparuna tonduziana (Monimiaceae) pm 56, 492 '90
Xylopia spp. (Annonaceae) jnp 44, 551 '81

and a 4-hydroxy group:

4-Hydroxynornantenine

Laurelia philippiana (Monimiaceae) tl 2649 '78
Laurelia sempervirens (Monimiaceae) cct 11, 41 '81
Liriodendron sp. (Magnoliaceae) jnp 42, 325 '79

(This compound has been erroneously named 4-Hydroxynantenine in the early literature: jnp 46, 761 '83)

6-MeO	7-MeO
3,4-MDO-benzyl	
Me	THIQ

Not a natural product.
ijc 11, 342 '73

with a (2,N-Me) attack:

Sinactine

(R)(+)-isomer:
Cocculus laurifolius (Menispermaceae) tet 39, 455 '83
Corydalis meifolia (Papaveraceae) abs 10
Corydalis nobilis (Papaveraceae) cccc 54, 2009 '89
Corydalis slivenensis (Papaveraceae) pm 44, 168 '82

(S)(-)-isomer:
Corydalis ambigua (Papaveraceae) daib 45, 2160 '85
Corydalis ochroleuca (Papaveraceae) cjc 47, 1103 '69
Corydalis rutifolia (Papaveraceae) ijcdr 26, 155 '88
Corydalis solida (Papaveraceae) guefd 5, 9 '88
Corydalis thyrsiflora (Papaveraceae) yhhp 26, 303 '91

Structural Index - 6,7-MeO,MeO-Substituted

Fumaria macrocarpa (Papaveraceae) ijcdr 22, 185 '84
Fumaria officinalis (Papaveraceae) dban 25, 59 '72
Fumaria petteri (Papaveraceae) ijcdr 26, 61 '88
Papaver rhoeas (Papaveraceae) phzi 20, 394 '65

(dl):
Corydalis bulbosa (Papaveraceae) pm 50, 136 '84
Corydalis marschalliana (Papaveraceae) pm 41, 298 '81
Corydalis rutifolia (Papaveraceae) hue 11, 89 '91
Fumaria densiflora (Papaveraceae) pm 48, 272 '83
Fumaria schleicheri (Papaveraceae) dban 33, 1377 '80
Fumaria schrammii (Papaveraceae) dban 34, 43 '81
Sinomenium acutum (Menispermaceae) llyd 33s, 1 '70

isomer not specified:
Cocculus pendulus (Menispermaceae) jpic 32, 250 '60
Corydalis remota (Papaveraceae) jnp 51, 262 '88
Dasymaschalon sootepense (Annonaceae) bse 26, 933 '98
Fumaria rostellata (Papaveraceae) dban 25, 345 '72
Papaver tauricolum (Papaveraceae) phy 19, 2189 '80
Papaver triniaefolium (Papaveraceae) pm 49, 43 '83

and aromatization of the c-ring:

Epiberberine

Berberis turcomannica (Berberidaceae) cnc 29, 63 '93
Coptis chinensis (Ranunculaceae) jca 755, 19 '96
Coptis japonica (Ranunculaceae) jnp 47, 189 '84
Coptis trifolia (Ranunculaceae) phy 31, 717 '92
Nandina domestica (Berberidaceae) phy 27, 2143 '88
Sinomenium acutum (Menispermaceae) nm 48, 287 '94

with a (6,3) attack:

Eschscholtzidine
O-Methylcaryachine

(+)-isomer:
Cryptocarya chinensis (Lauraceae) jnp 46, 293 '83

(-)-isomer:
Eschscholzia californica (Papaveraceae) jnp 46, 293 '83
Thalictrum minus (Ranunculaceae) pm 63, 533 '97
Thalictrum revolutum (Ranunculaceae) jnp 46, 293 '83

also under: 6,7 MDO R Me THIQ
R= 3,4-MeO,MeO-benzyl   (6,3) attack

with a (6,4) attack:

Reframine

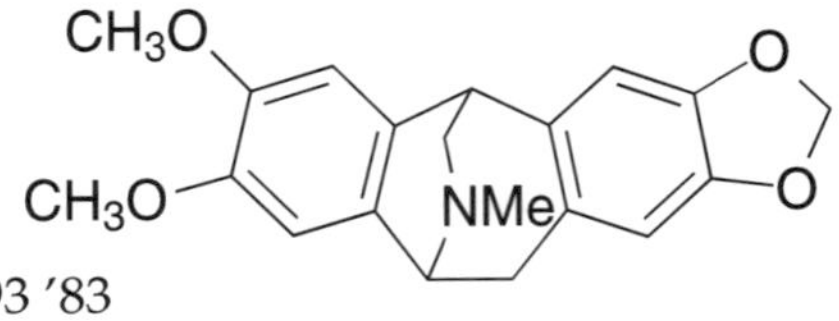

Papaver spp. (Papaveraceae) jnp 46, 293 '83
Roemeria refracta (Papaveraceae) cccc 33, 4066 '68

with a (6,8) attack:

Domestine
O-Methyldomesticine
Nantenine

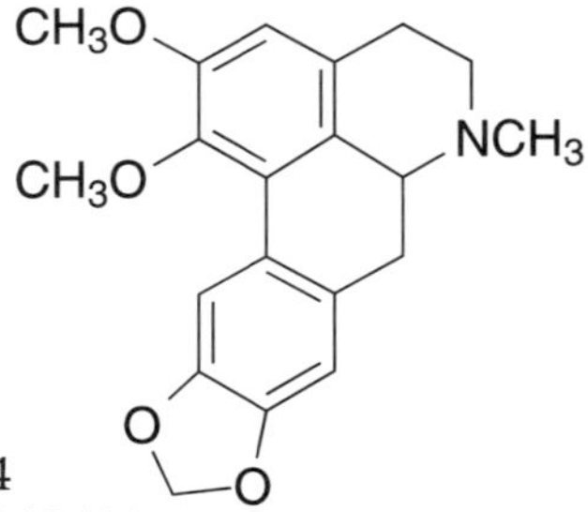

(S)(+)-isomer:
Corydalis bulbosa (Papaveraceae) pm 50, 136 '84
Corydalis marschalliana (Papaveraceae) pm 41, 298 '81
Corydalis turtschaninovii (Papaveraceae) yfz 6, 66 '86
Glossocalyx brevipes (Monimiaceae) jnp 48, 833 '85
Ocotea macrophylla (Lauraceae) het 9, 903 '78
Ocotea variabilis (Lauraceae) het 9, 903 '78
Platycapnos spicata (Papaveraceae) phy 30, 3315 '91
Platycapnos tenuilobus (Papaveraceae) phy 30, 3315 '91
Siparuna griseo-flavescens (Monimiaceae) pm 59, 100 '93
Siparuna pauciflora (Monimiaceae) pm 54, 552 '88
Siparuna tonduziana (Monimiaceae) pm 56, 492 '90

isomer not specified:
Cassytha spp. (Lauraceae) jnp 38, 275 '75
Corydalis cava (Papaveraceae) pm 42, 135b '81
Corydalis tuberosa (Papaveraceae) llyd 33s, 1 '70
Corydalis yanhusuo (Papaveraceae) ncyh 16, 7 '85
Dehaasia triandra (Lauraceae) phy 28, 615 '89
Glaucium oxylobum (Papaveraceae) llyd 33s, 1 '70

Structural Index - 6,7-MeO,MeO-Substituted

Nandina domestica (Berberidaceae) jps 73, 568 '84
Papaver tauricolum (Papaveraceae) pm 41, 105 '81
Phoebe valeriana (Lauraceae) jnp 49, 1036 '86
Stephania tetrandra (Menispermaceae) jnp 55, 828 '92
Thalictrum minus (Ranunculaceae) apj 35, 113 '85
Thalictrum sachalinense (Ranunculaceae) cnc 14, 511 '78

---

and an α,1-ene:

Dehydronantenine

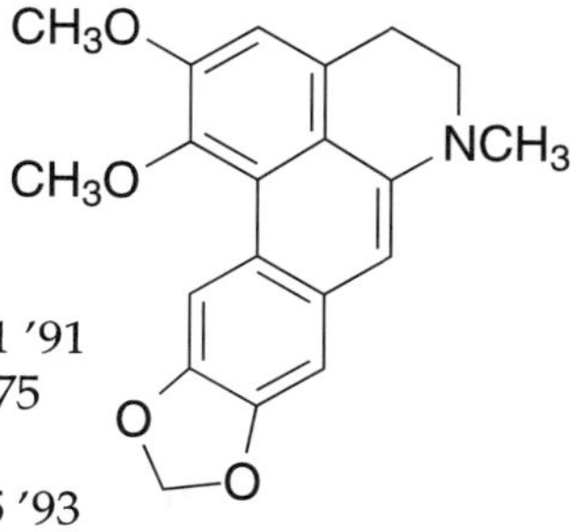

Corydalis spp. (Papaveraceae) pm 41, 298 '81
Guatteria goudotiana (Annonaceae) phy 30, 2781 '91
Nandina domestica (Berberidaceae) jnp 38, 275 '75
Ocotea macrophylla (Lauraceae) het 9, 903 '78
Platycapnos spicata (Papaveraceae) phy 32, 1055 '93

---

with a 1,2 seco:

Northalicthuberine

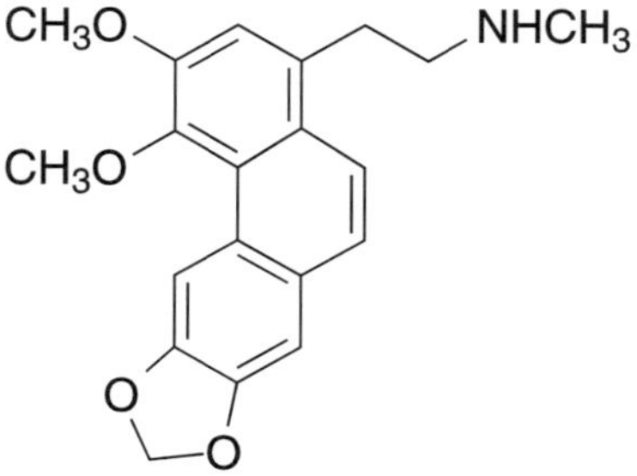

Thalictrum simplex (Ranunculaceae)
  pm 60, 485 '94

---

with an N-hydroxy:

N-Hydroxynorthalicthuberine

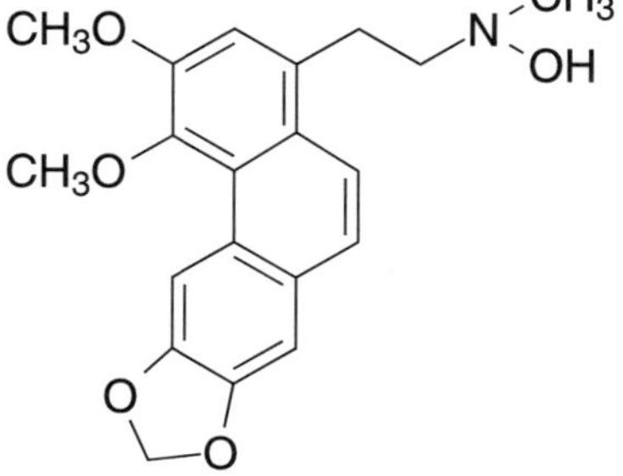

Thalictrum simplex (Ranunculaceae)
  phy 42, 435 '96

6-MeO	7-MeO
3,4-MDO-benzyl	
Me,Me+	THIQ

Not a natural product.
[3407-78-1]

The Simple Plant Isoquinolines

with a (2,N-Me) attack:

N-Methylsinactine

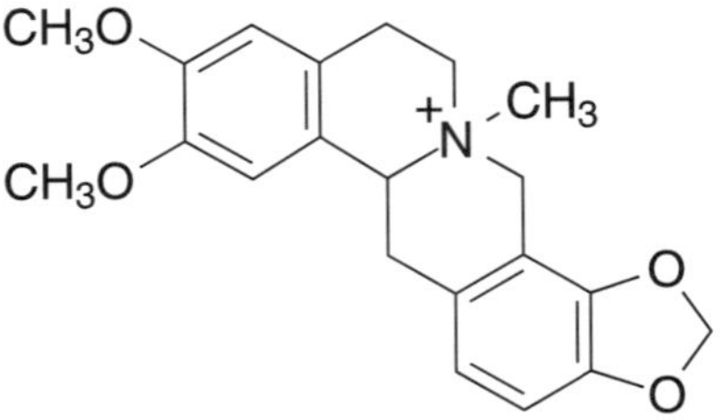

Fumaria officinalis (Papaveraceae)
phy 22, 759 '83

with a (6,3) attack:

Eschscholtzidine methiodide

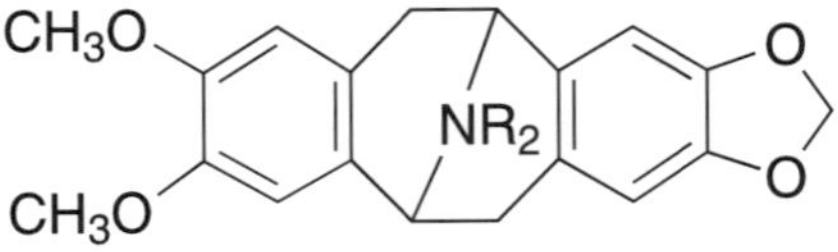

Thalictrum revolutum (Ranunculaceae) jnp 46, 293 '83

also under: 6,7 MDO R Me,Me+ THIQ
R= 3,4-MeO,MeO-benzyl   (6,3) attack

with a (6,4) attack: **Remrefine**
Roemrefine
Reframine methiodide

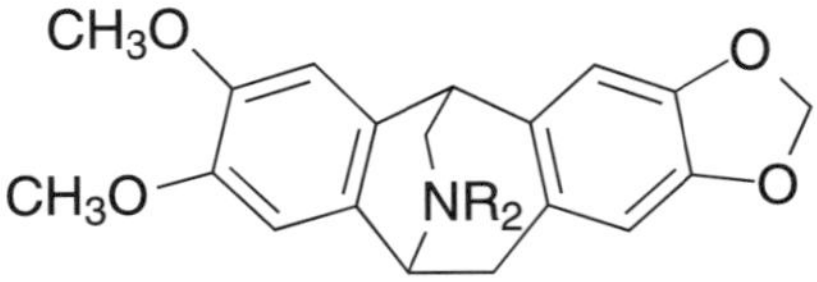

Roemeria refracta (Papaveraceae) cccc 33, 4066 '68

with a (6,8) attack:

N-Methylnantenine

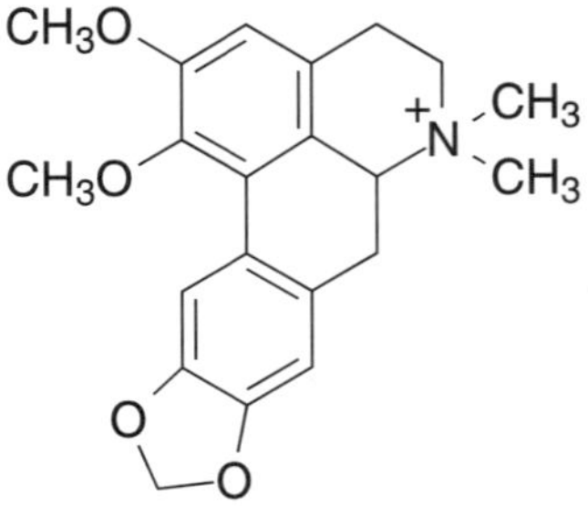

Thalictrum przewalskii (Ranunculaceae)
jnp 42, 325 '79

and a 1,2 seco:

Thalicthuberine
Thalictuberine

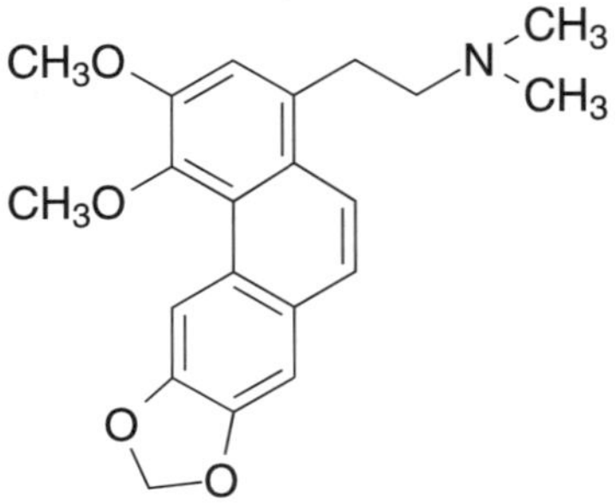

Ocotea insularis (Lauraceae) fit 64, 440 '93
Platycapnos spicata (Papaveraceae)
phy 32, 1055 '93

Structural Index - 6,7-MeO,MeO-Substituted

Thalictrum delavayi (Ranunculaceae) phy 29, 1895 '90
Thalictrum hazarica (Ranunculaceae) jnp 50, 757 '87
Thalictrum minus (Ranunculaceae) jnp 47, 387 '84
Thalictrum strictum (Ranunculaceae) kps 4, 560 '76

the N-oxide: **Thalicthuberine N-oxide**

Platycapnos spicata (Papaveraceae) jnp 57, 1033 '94

6-MeO	7-MeO
3,4-MDO-benzyl	
CHO	THIQ

Compound unknown

with a (6,8) attack:

(+)-N-Formylnornantenine

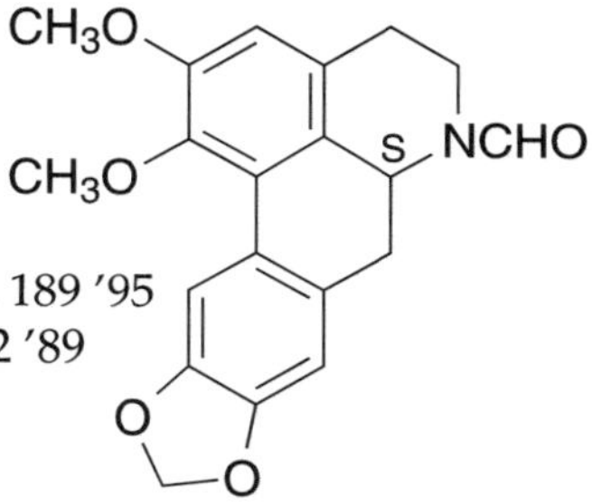

Aristolochia brevipes (Aristolochiaceae) pm 61, 189 '95
Cyclea atjehensis (Menispermaceae) jnp 52, 652 '89
Hernandia nymphaeifolia (Hernandiaceae)
  het 43, 799 '96

6-MeO	7-MeO
3,4-MDO-benzyl	
Ac	THIQ

Compound unknown

with a (6,8) attack:

(+)-N-Acetylnornantenine

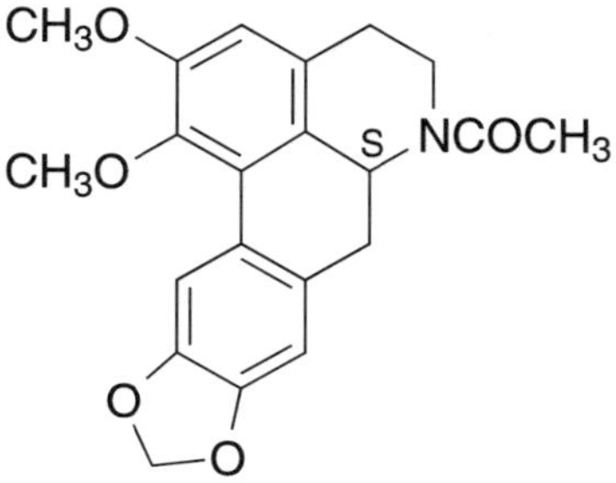

Liriodendron tulipifera (Magnoliaceae)
  jnp 38, 275 '75

6-MeO	7-MeO
3,4-MDO-α-Me-benzyl	
Me	THIQ

Compound unknown

---

with a (2,N-Me) attack:

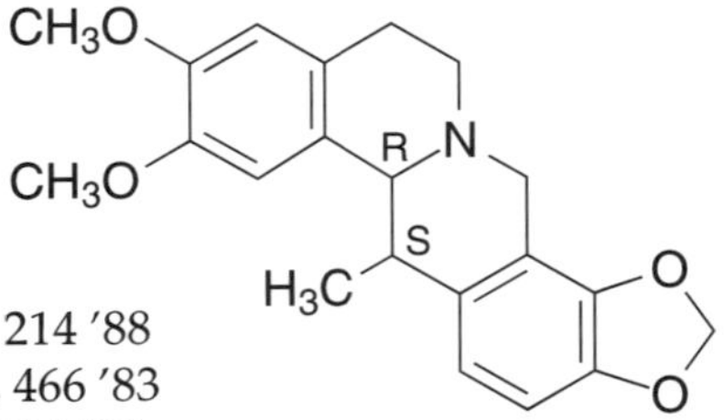

(+)-Cavidine

Cocculus laurifolius (Menispermaceae)
  tet 42, 675 '86
Corydalis ambigua (Papaveraceae) sz 42, 214 '88
Corydalis meifolia (Papaveraceae) jnp 46, 466 '83
Corydalis remota (Papaveraceae) jnp 51, 262 '88
Corydalis saxicola (Papaveraceae) zx 24, 289 '82
Corydalis thyrsiflora (Papaveraceae) yx 26, 303 '91

---

and aromatization of the c-ring:

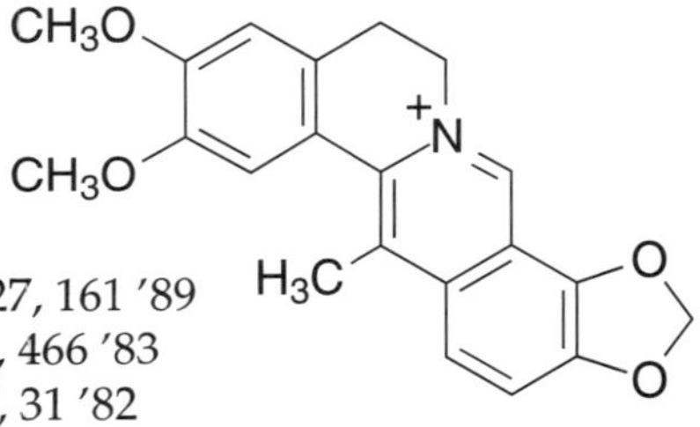

Dehydrocavidine

Corydalis caucasica (Papaveraceae) ijcd 27, 161 '89
Corydalis meifolia (Papaveraceae) jnp 46, 466 '83
Corydalis saxicola (Papaveraceae) cytp 7, 31 '82

6-MeO	7-MeO
3,4-MDO-α-HO-benzyl	
Me	THIQ

Not a natural product.
joc 61, 8103 '96

---

with a (6,8) attack:

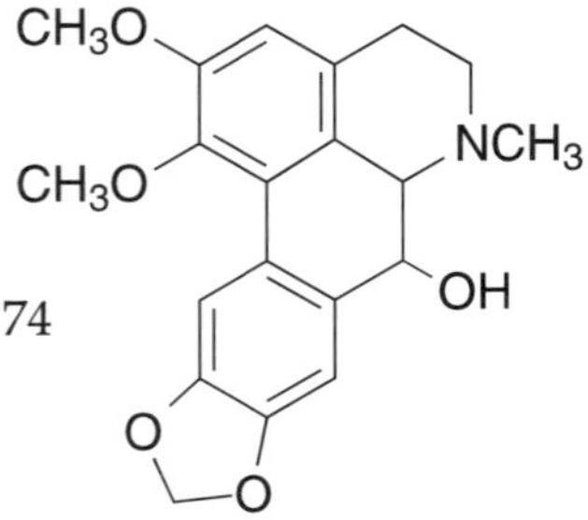

Hydroxynantenine

Nandina domestica (Berberidaceae) yz 94, 1149 '74

Structural Index - 6,7-MeO,MeO-Substituted

6-MeO	7-MeO
3,4-MDO-α-MeO-benzyl	
H	IQ

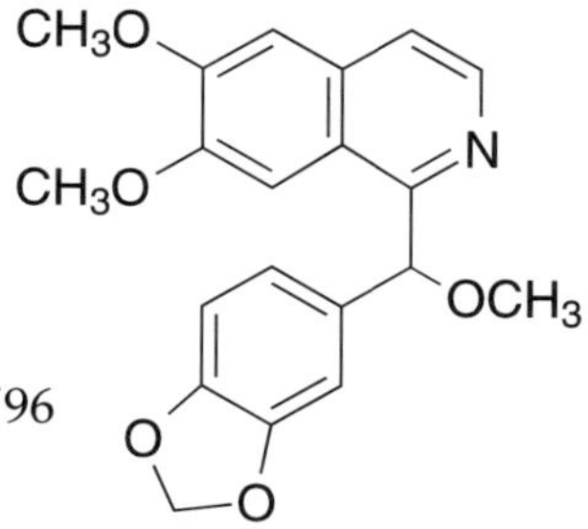

Setigeridine

Papaver setigerum (Papaveraceae) cccc 61, 1047 '96

6-MeO	7-MeO
3,4-MDO-α-keto-benzyl	
H	IQ

Compound unknown

with a (6,8) attack:

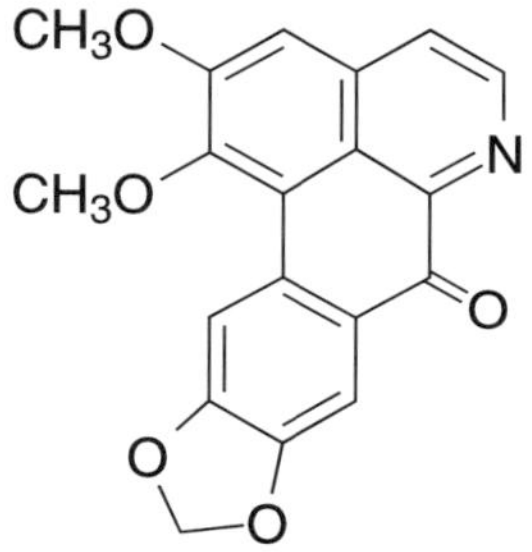

Oxonantenine

Annona reticulata (Annonaceae) cpj 47, 483 '95
Cassytha sp. (Lauraceae) jnp 38, 275 '75
Platycapnos spicata (Papaveraceae) jnp 57, 1033 '94
Siparuna tonduziana (Monimiaceae) pm 56, 492 '90

6-MeO	7-MeO
3,4-MDO-α-HO-benzyl, Me	
Me	THIQ

Compound unknown

with a (2,1-Me) attack,
and a hydroxy group on the
original 1-Me group:

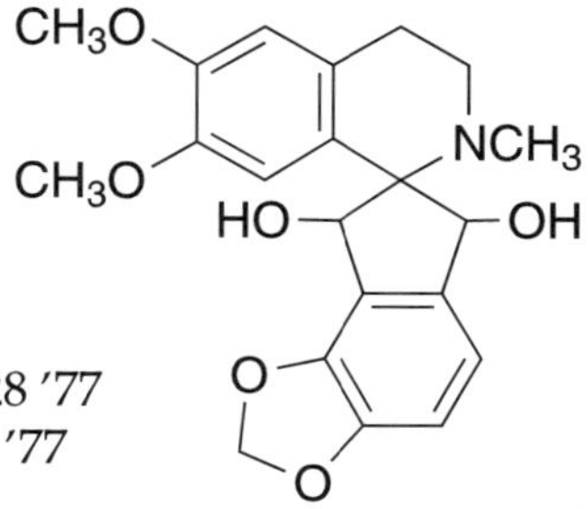

Raddeanine

Corydalis ledebouriana (Papaveraceae) kps 3, 428 '77
Corydalis ochotensis (Papaveraceae) jcspt I, 390 '77

| with an acetoxy group on the original 1-Me group: |

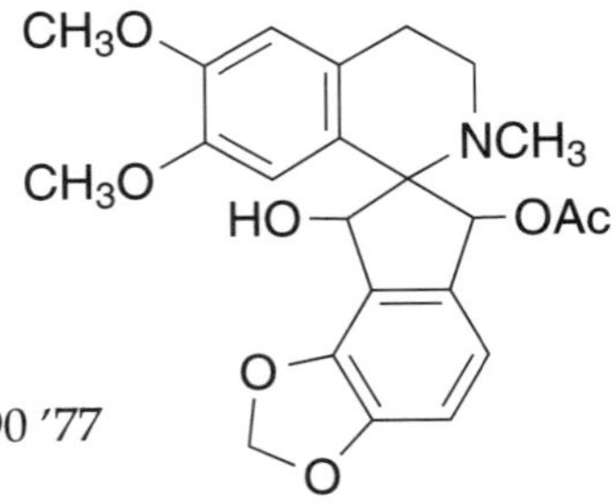

Raddeanidine

Corydalis ochotensis (Papaveraceae) jcspt I, 390 '77

| 6-MeO   7-MeO |
| 3,4-MDO-α-keto-benzyl, Me |
| Me   THIQ |

Compound unknown

| with a (2,1-Me) attack, and a hydroxy group on the original 1-Me group: |

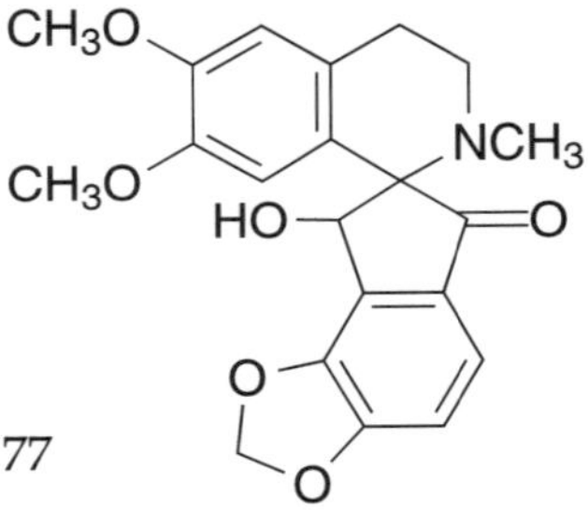

Raddeanone

Corydalis ochotensis (Papaveraceae) jcspt I, 390 '77

| 6-MeO   7-MeO |
| 3,4-MDO-α,α-Me,HO-benzyl, Me |
| Me   THIQ |

Compound unknown

| with a (2,1-Me) attack: |

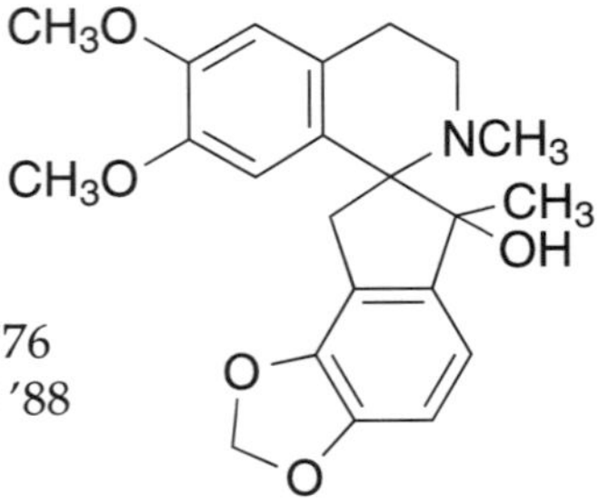

(+)-Raddeanamine

Corydalis ochotensis (Papaveraceae) het 4, 723 '76
Corydalis stewartii (Papaveraceae) jnp 51, 1136 '88

| 6-MeO   7-MeO |
| 3,4-MDO-benzyl, HO |
| Me,Me+   THIQ |

Compound unknown

Structural Index - 6,7-MeO,MeO-Substituted

with a (2,N-Me) attack:

Cryptopine
Cryptocavine

Argemone echinata (Papaveraceae) phy 12, 381 '73
Argemone spp. (Papaveraceae) jnp 45, 237 '82
Corydalis decumbens (Papaveraceae) jcps 4, 57 '95
Corydalis humosa (Papaveraceae) zydx 20, 261 '89
Corydalis nobilis (Papaveraceae) cccc 54, 2009 '89
Corydalis rutifolia (Papaveraceae) ijcdr 26, 155 '88
Corydalis stewartii (Papaveraceae) tcyyk 4, 7 '92
Corydalis spp. (Papaveraceae) yfz 5, 139 '85
Dicentra spp. (Papaveraceae) jnp 45, 237 '82
Fumaria densiflora (Papaveraceae) cccc 61, 1064 '96
Fumaria kralikii (Papaveraceae) pm 45, 120 '82
Fumaria officinalis (Papaveraceae) chr 7, 327 '68
Fumaria parviflora (Papaveraceae) pm 45, 120 '82
Fumaria rostellata (Papaveraceae) dban 25, 345 '72
Meconopsis robusta (Papaveraceae) cccc 61, 185 '96
Papaver armeniacum (Papaveraceae) pm 41, 105 '81
Papaver atlanticum (Papaveraceae) cccc 51, 2232 '86
Papaver glaucum (Papaveraceae) cccc 51, 2232 '86
Papaver rhopalothece (Papaveraceae) pm 56, 232 '90
Papaver somniferum (Papaveraceae) phy 11, 304 '72
Papaver tauricolum (Papaveraceae) pm 41, 105 '81
Stylomecon sp. (Papaveraceae) jnp 45, 237 '82
Thalictrum spp. (Ranunculaceae) jnp 45, 237 '82

6-MeO	7-MeO
3,4-MDO-α-keto-benzyl, HO	
Me,Me+	THIQ

Compound unknown

with a (2,N-Me) attack:

13-Oxocryptopine

Papaver sp. (Papaveraceae) jnp 45, 237 '82

234 The Simple Plant Isoquinolines

6-MeO	7-MeO
3,4-MDO-α-HO-benzyl, Me	
Me	THIQ

Compound unknown

with a (2,1-Me) attack, and a hydroxy group on the original 1-Me group:

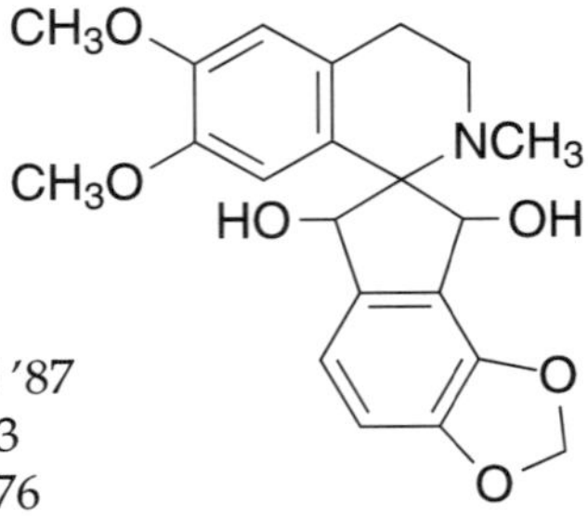

Yenhusomine

Corydalis govaniana (Papaveraceae) jnp 50, 270 '87
Corydalis meifolia (Papaveraceae) jnp 46, 466 '83
Corydalis ochotensis (Papaveraceae) jcspt I, 63 '76

with carbonyl group on the original 1-Me group:

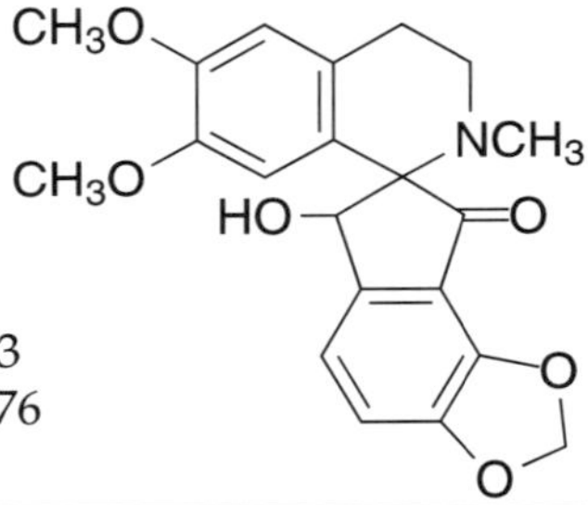

Yenhusomidine

Corydalis meifolia (Papaveraceae) jnp 46, 466 '83
Corydalis ochotensis (Papaveraceae) jcspt I, 63 '76

6-MeO	7-MeO
2,3,4-HO,MeO,MeO-benzyl	
Me	THIQ

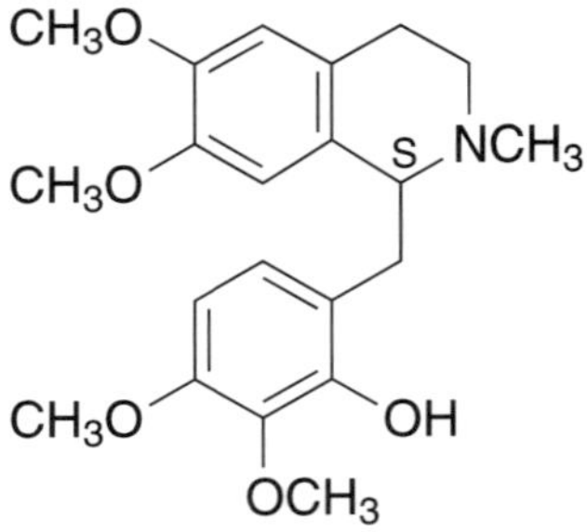

2'-Hydroxylaudanosine

Thalictrum revolutum (Ranunculaceae)
  tet 33, 2919 '77

6-MeO	7-MeO
2,3,4-HO,MeO,MeO-α-keto-benzyl	
H	IQ

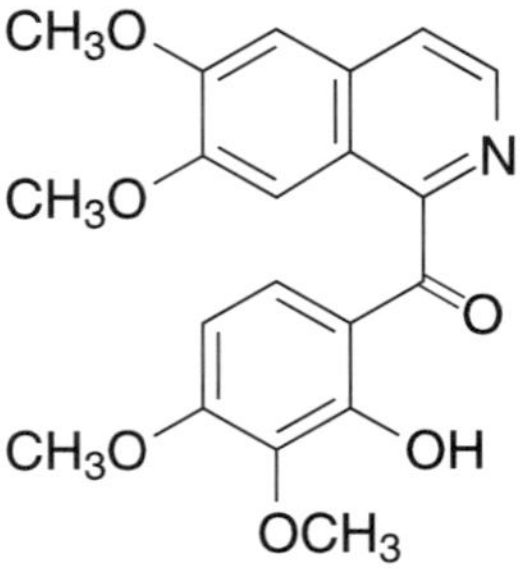

Taxilamine

Berberis aristata (Berberidaceae) het 19, 257 '82

Structural Index - 6,7-MeO,MeO-Substituted

6-MeO	7-MeO
2,3,4-HO,MeO,MeO-benzyl	
CHO	THIQ

with an α,1-ene:

Compound unknown

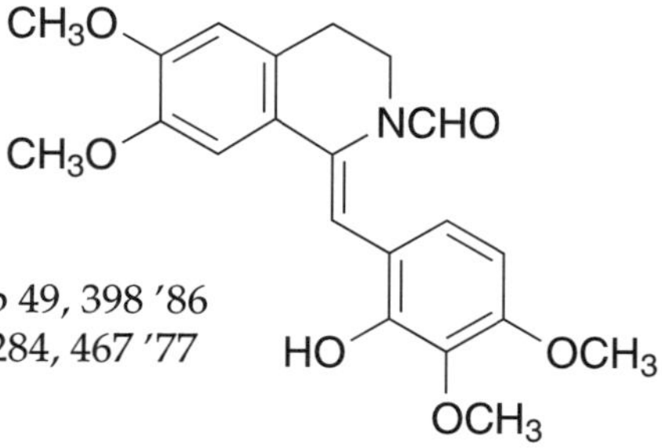

Polycarpine

Berberis valdiviana (Berberidaceae) jnp 49, 398 '86
Enantia polycarpa (Annonaceae) crhs 284, 467 '77

6-MeO	7-MeO
2,3,4-HO,MDO-benzyl	
Me	THIQ

with a (6,3) attack:

Compound unknown

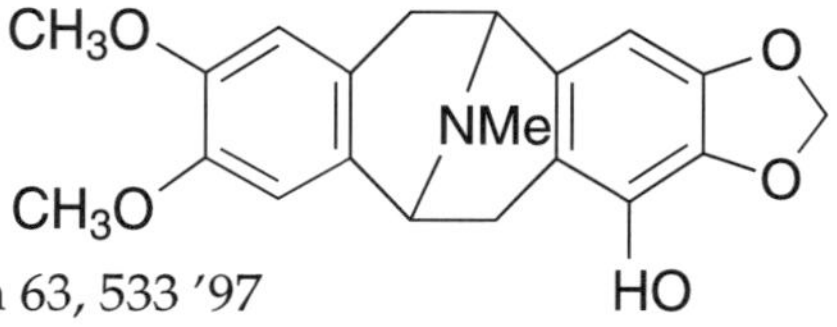

4-Hydroxyeschscholtzidine

Thalictrum minus (Ranunculaceae) pm 63, 533 '97

also under : 5,6,7 HO MDO R Me THIQ
R= 3,4-MeO,MeO-benzyl   (6,3) attack

6-MeO	7-MeO
2,3,4-MeO,MDO-benzyl	
Me	THIQ

with a (6,3) attack:

Compound unknown

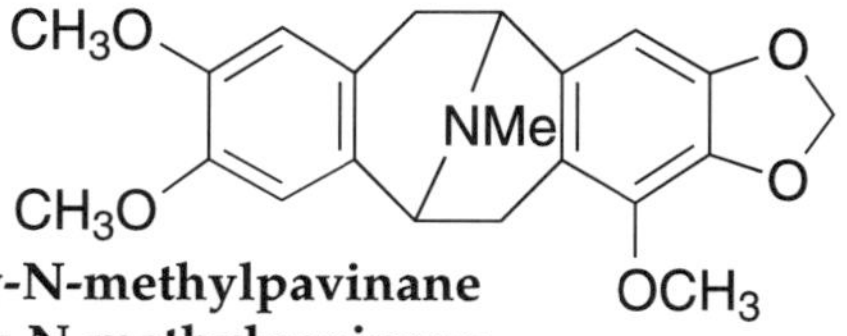

2,3-Methylenedioxy-4,8,9-trimethoxy-N-methylpavinane
2,3,7-Trimethoxy-8,9-methylenedioxy-N-methylpavinane

Thalicrum strictum (Ranunculaceae) kps 4, 560 '76

also under: 5,6,7 MeO MDO R Me THIQ
R= 3,4-MeO,MeO-benzyl   (6,3) attack

6-MeO	7-MeO
2,3,4-CHO,HO,MeO-benzyl	
Me	THIQ

Compound unknown

with a (6,N-Me) attack:

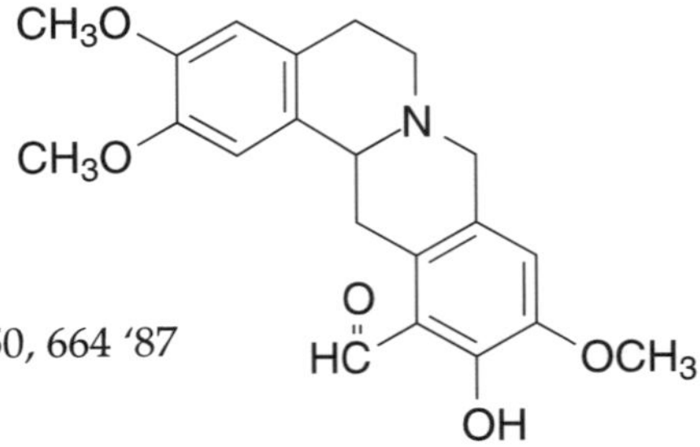

Spiduxine

Duguetia spixiana (Annonaceae) jnp 50, 664 '87

6-MeO	7-MeO
2,3,4-CO$_2$H,MDO-α-keto-benzyl	
H	IQ

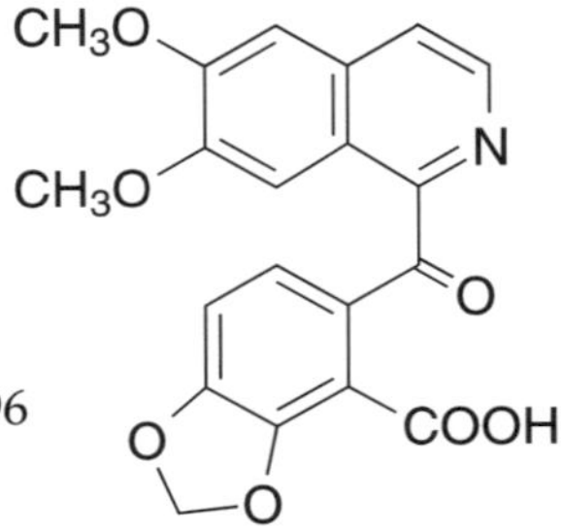

Fumaflorine

Fumaria densiflora (Papaveraceae) cccc 61, 1064 '96

6-MeO	7-MeO
2,3,4-CO$_2$Me,MDO-α-keto-benzyl	
H	IQ

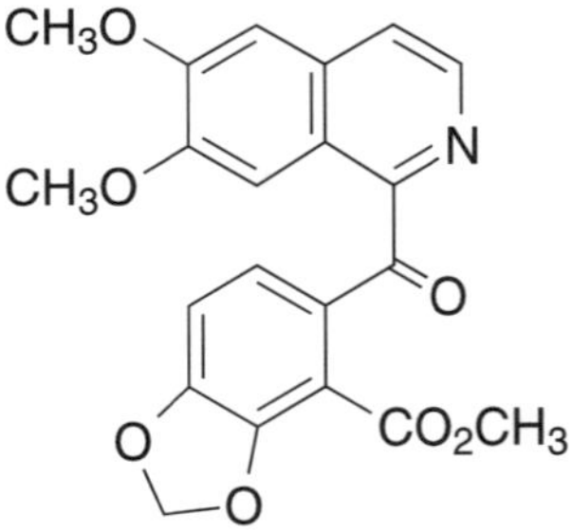

Fumaflorine methyl ester

Fumaria densiflora (Papaveraceae)
cccc 61, 1064 '96

6-MeO	7-MeO
2,3,4-MDO,HO-benzyl	
Me	THIQ

Compound unknown

with a (6,3) attack:

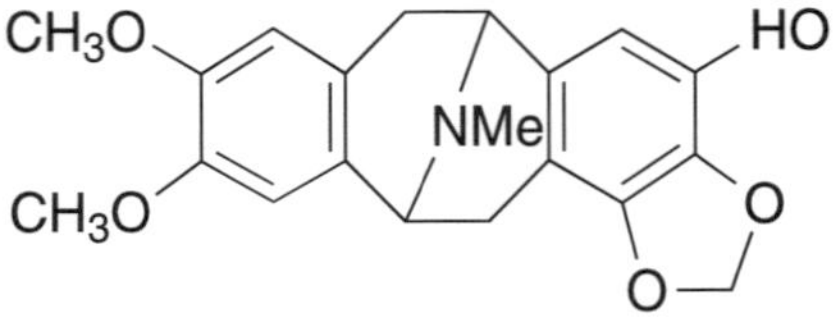

(-)-2-Demethylthalimonine

Structural Index - 6,7-MeO,MeO-Substituted

Thalictrum simplex (Ranunculaceae)   pm 59, 262 '93

also under: 5,6,7 MDO HO R Me THIQ
R= 3,4-MeO,MeO-benzyl   (6,3) attack

6-MeO   7-MeO
2,3,4-MDO,MeO-benzyl
Me   THIQ

Compound unknown

with a (6,3) attack:

Thalimonine

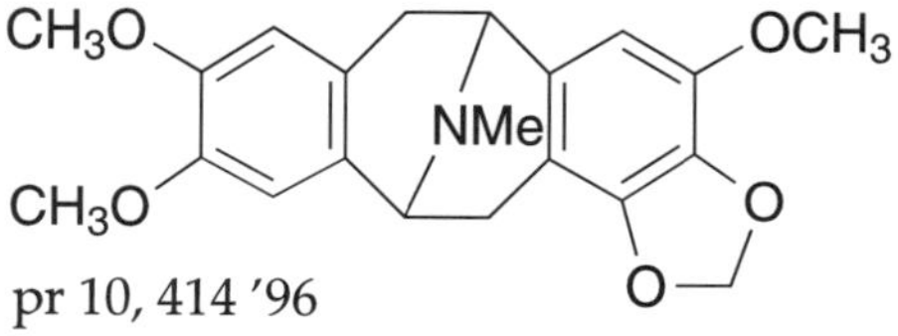

Thalictrum simplex (Ranunculaceae) pr 10, 414 '96

also under: 5,6,7 MDO MeO R Me THIQ
R= 3,4-MeO,MeO-benzyl   (6,3) attack

the N-oxide (α and β):

Thalimonine N-oxide

Thalictrum simplex (Ranunculaceae) phy 39, 683 '95

6-MeO   7-MeO
2,4,5-HO,MeO,HO-benzyl
H   THIQ

Compound unknown

with a (6,8) attack,
an α,1-ene, and oxidized
to a quinone:

Norisocorydione
Norsonodione

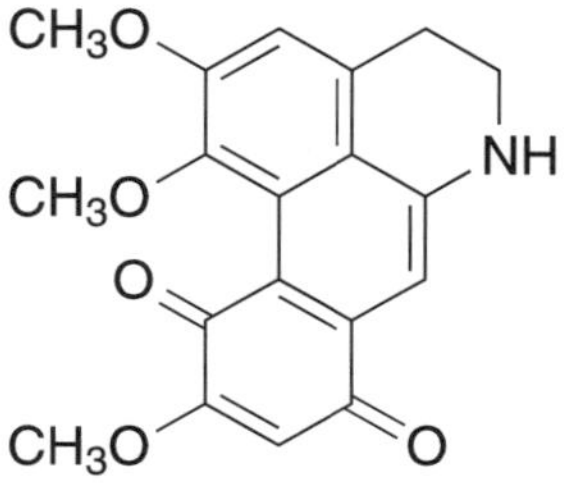

Dehaasia triandra (Lauraceae) tet 52, 6561 '96
Hernandia sonora (Hernandiaceae) pm 61, 537 '95

6-MeO	7-MeO	Compound unknown
2,4,5-HO,MeO,HO-benzyl		
Me	THIQ	

with a (6,8) attack,
an α,1-ene,
and oxidized to a quinone:

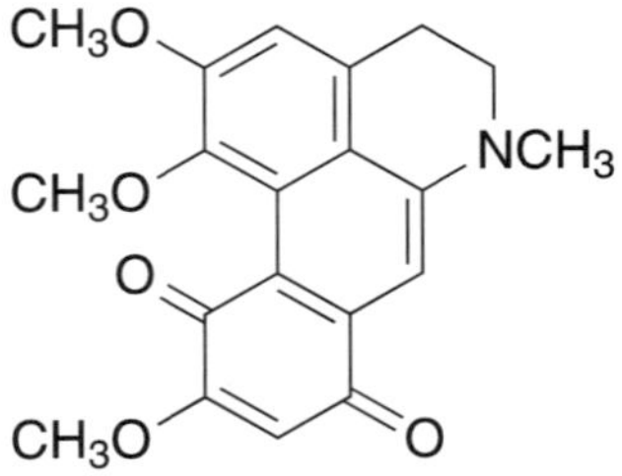

Isocorydione
Sonodione

Dehaasia triandra (Lauraceae) tet 52, 6561 '96
Hernandia sonora (Hernandiaceae) pm 61, 537 '95

and a 3,4-ene:

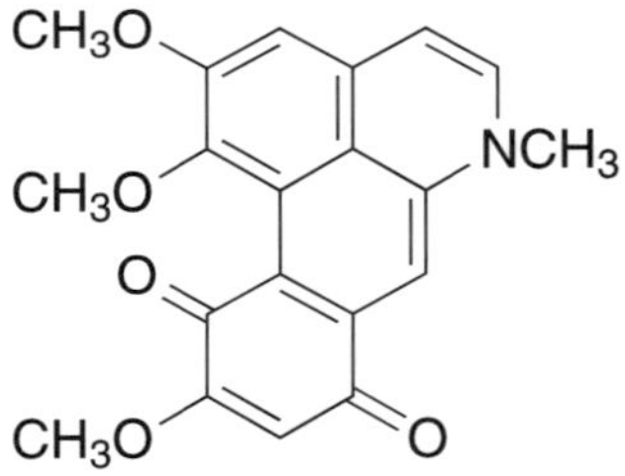

3,4-Dehydroisocorydione

Dehaasia triandra (Lauraceae) tet 52, 6561 '96

6-MeO	7-MeO	Compound unknown
3,4-MDO-α-(=CH$_2$)-benzyl, Me		
Me	THIQ	

with a (2,1-Me) attack:

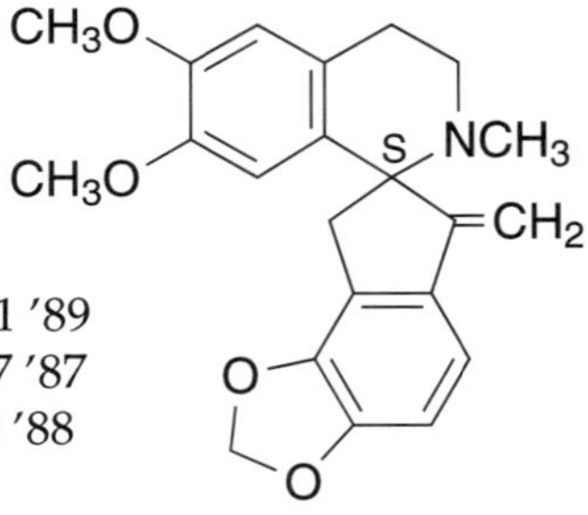

(+)-Ochotensimine

Corydalis caucasica (Papaveraceae) ijcdr 27, 161 '89
Corydalis ochotensis (Papaveraceae) jccs 34, 157 '87
Corydalis stewartii (Papaveraceae) jnp 51, 1136 '88

Structural Index - 6,7-MeO,MeO-Substituted

6-MeO	7-MeO
β-(3,4-MeO,MeO-phenyl)ethyl	
Me	THIQ

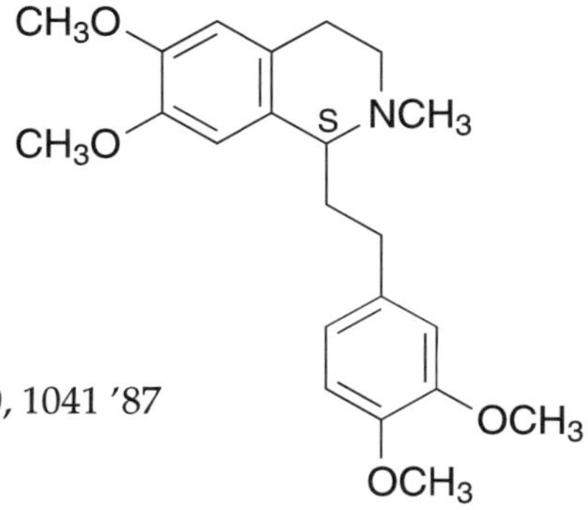

(S)(+)-Homolaudanosine

Dysoxylum lenticellare (Meliaceae) jnp 50, 1041 '87

6-MeO	7-MeO
β-(3,4-MDO-phenyl)ethyl	
Me	THIQ

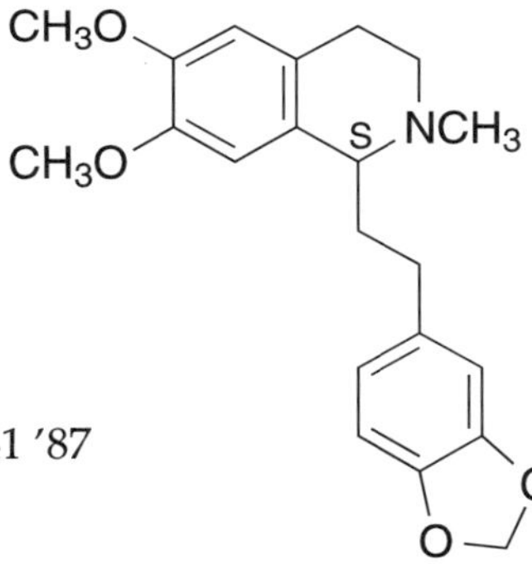

(S)-Dysoxyline

Dysoxylum lenticellare (Meliaceae) jnp 50, 1041 '87

6-MeO	7-MeO	**Corydaldine**
=O		
H	THIQ	

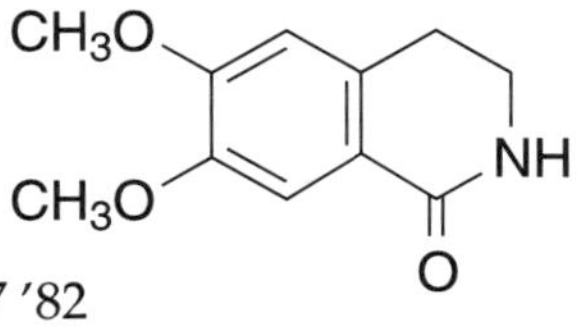

Berberis baluchistanica (Berberidaceae) jnp 45, 377 '82
Corydalis solida (Papaveraceae) guefd 5, 9 '88
Enantia polycarpa (Annonaceae) pms 32, 249 '77
Fumaria bastardii (Papaveraceae) nps 4, 257 '98
Hammada articulata (Chenopodiaceae) apf 48, 219 '90
Papaver urbanianum (Papaveraceae) pm 23, 233 '73

6-MeO	7-MeO	**N-Methylcorydaldine**
=O		
Me	THIQ	

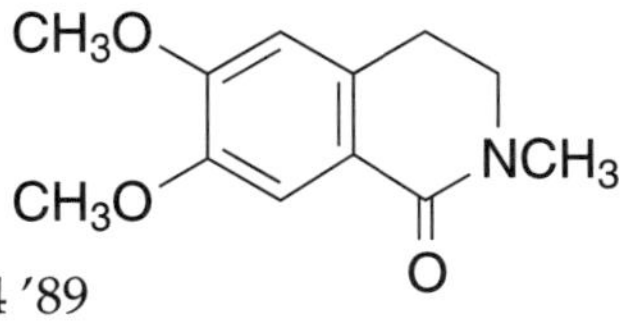

Berberis empetrifolia (Berberidaceae) jnp 52, 644 '89
Berberis turcomannica (Berberidaceae) cnc 32, 873 '96

Berberis valdiviana (Berberidaceae) fit 64, 378 '93
Fumaria indica (Papaveraceae) phy 31, 2869 '92
Fumaria vaillantii (Papaveraceae) phy 22, 2073 '83
Hernandia nymphaeifolia (Hernandiaceae) pm 62, 528 '96
Hernandia ovigera (Hernandiaceae) jnp 45, 377 '82
Papaver bracteatum (Papaveraceae) jnp 45, 377 '82
Papaver urbanianum (Papaveraceae) jnp 45, 377 '82
Phaeanthus vietnamensis (Annonaceae) 62, 315 '91
Thalictrum fendleri (Ranunculaceae) jnp 45, 377 '82
Thalictrum minus (Ranunculaceae) jnp 43, 472 '80

6-MeO	7-MeO
HO	
Me	IQ

6,7-Dimethoxy-2-methylisocarbostyril
6,7-Dimethoxy-N-methylisoquinoline
Doryphornine methyl ether

Berberis baluchistanica (Berberidaceae) daib 42, 4060 '82
Cardiopetalum calophyllum (Annonaceae) pm 57, 581 '91
Hernandia ovigera (Hernandiaceae) jnp 45, 377 '82
Hernandia sonora (Hernandiaceae) phy 40, 983 '95
Phaeanthus vietnamensis (Annonaceae) fit 62, 315 '91
Stephania sasakii (Menispermaceae) jnp 45, 377 '82
Thalictrum alpinum (Ranunculaceae) jnp 45, 377 '82
Thalictrum foeniculaceum (Ranunculaceae) zydx 22, 270 '91
Thalictrum isopyroides (Ranunculaceae) jnp 45, 377 '82
Thalictrum petaloideum (Ranunculaceae) pm 64, 681 '98
Thalictrum przewalskii (Ranunculaceae) jnp 62, 146 '99

6-MeO	O-trimer
i-Bu	
Me	THIQ

Pilocereine

Structural Index - 6,7-MeO,MeO-Substituted

Lophocereus australis (Cactaceae) jacs 76, 3215 '54
Lophocereus gatesii (Cactaceae) book 6
Lophocereus schottii (Cactaceae) phy 8, 1481 '69
Lophocereus schottii monstrosus (Cactaceae) phy 14, 291 '75
Lophocereus schotii mieckleyanus (Cactaceae) phy 14, 291 '75
Pachycereus marginatus (Cactaceae) jacs 76, 3215 '54

6-MeO	7-MeO
6',7'-MDO-isobenzofuranone, 3'-yl	
Me	THIQ

Adlumine
(+)-O-Methylcorledine
(-)-O-Methylseverzine

(+)-isomer (S,S):
Adlumia cirrhosa (Papaveraceae) bull 1
Adlumia fungosa (Papaveraceae) jnp 45, 105 '82
Corydalis linarioides (Papaveraceae) yhhp 16, 798 '81
Corydalis mucronifera (Papaveraceae) yhtp 16, 49 '81
Corydalis nobilis (Papaveraceae) cccc 54, 2009 '89
Corydalis ophiocarpa (Papaveraceae) bull 1
Corydalis scouleri (Papaveraceae) bull 1
Corydalis sempervirens (Papaveraceae) bull 1
Corydalis thalictrifolia (Papaveraceae) bull 1
Fumaria bella (Papaveraceae) jnp 49, 178 '86
Fumaria judaica (Papaveraceae) ijcd 22, 181 '84
Fumaria kralikii (Papaveraceae) ijcdr 26, 61 '88
Fumaria macrocarpa (Papaveraceae) ijcdr 22, 185 '84
Fumaria rostellata (Papaveraceae) dban 25, 345 '72

(-)-isomer (R,R):
Corydalis gigantea (Papaveraceae) kps 12, 754 '76
Corydalis gortschakovii (Papaveraceae) cnc 13, 702 '77
Corydalis sempervirens (Papaveraceae) phy 12, 2513 '73
Corydalis vaginans (Papaveraceae) cnc 12, 118 '76
Fumaria kralikii (Papaveraceae) dban 29, 677 '76
Fumaria parviflora (Papaveraceae) kps 4, 194 '68
Fumaria schrammii (Papaveraceae) crab 34, 43 '81
Fumaria vaillantii (Papaveraceae) kps 10, 476 '74

(dl):
Corydalis rosea (Papaveraceae) cnc 14, 509 '78
Fumaria densiflora (Papaveraceae) cccc 61, 1064 '96

isomer not specified:
Corydalis paniculigera (Papaveraceae) kps 6, 727 '82

Corlumine
Carlumine

(+)-isomer (S,R):
Corydalis claviculata (Papaveraceae) bull 1
Corydalis govaniana (Papaveraceae) jnp 45, 105 '82
Corydalis nobilis (Papaveraceae) jnp 45, 105 '82
Corydalis omeiensis (Papaveraceae) tcyyk 4, 7 '92
Corydalis ramosa (Papaveraceae) fit 58, 201 '87
Corydalis scouleri (Papaveraceae) jnp 45, 105 '82
Corydalis severtzovii (Papaveraceae) jnp 45, 105 '82   (This is the (+)-isomer.
Corydalis sibirica (Papaveraceae) jnp 45, 105 '82   The (-)-isomer is reversed,
Corydalis thyrsiflora (Papaveraceae) yhhp 26, 303 '91   R & S)
Dicentra cucullaria (Papaveraceae) jnp 45, 105 '82

(-)-isomer (R,S):
Fumaria bastardii (Papaveraceae) nps 4, 257 '98
Fumaria parviflora (Papaveraceae) jnp 45, 105 '82

(dl):
Corydalis nobilis (Papaveraceae) cccc 54, 2009 '89

isomer not specified:
Cocculus laurifolius (Menispermaceae) tet 42, 675 '86
Corydalis meifolia (Papaveraceae) jnp 46, 466 '83

6-MeO	7-MeO
6',7'-MDO-isobenzofuranone, 3'-yl	
Me,Me+	THIQ

(+)-N-Methyladlumine

Fumaria parviflora (Papaveraceae) kps 5, 642 '82
Fumaria vaillantii (Papaveraceae) kps 5, 602 '81

Structural Index - 6,7-MeO,MeO-Substituted

with a 1,2 seco:

Adlumiceine

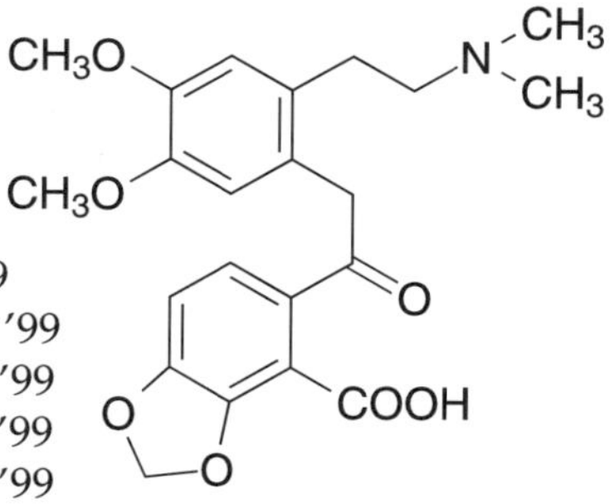

Corydalis sempervirens (Papaveraceae) jnp 45, 105 '82
Fumaria agraria (Papaveraceae) pa 10, 6 '99
Fumaria capreolata (Papaveraceae) pa 10, 6 '99
Fumaria densiflora (Papaveraceae) pa 10, 6 '99
Fumaria officinalis (Papaveraceae) pa 10, 6 '99
Fumaria parviflora (Papaveraceae) pa 10, 6 '99
Fumaria schrammii (Papaveraceae) jnp 45, 105 '82
Fumaria spicata (Papaveraceae) pa 10, 6 '99
Fumaria vaillantii (Papaveraceae) pa 10, 6 '99

Adlumiceine enol lactone

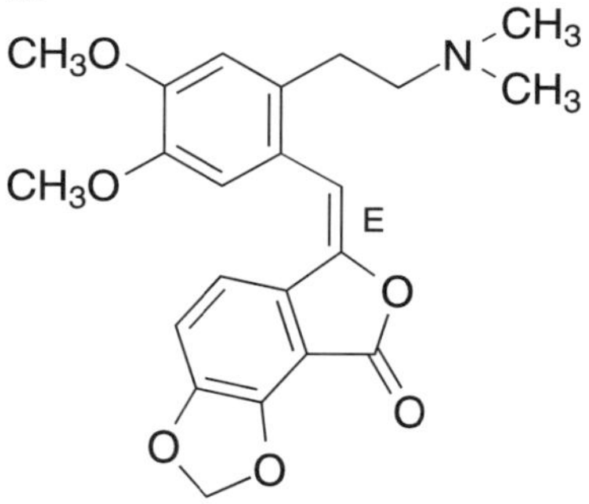

Fumaria schrammii (Papaveraceae) pm 40, 156 '80

with an imine group, and cyclization:

Fumaramidine

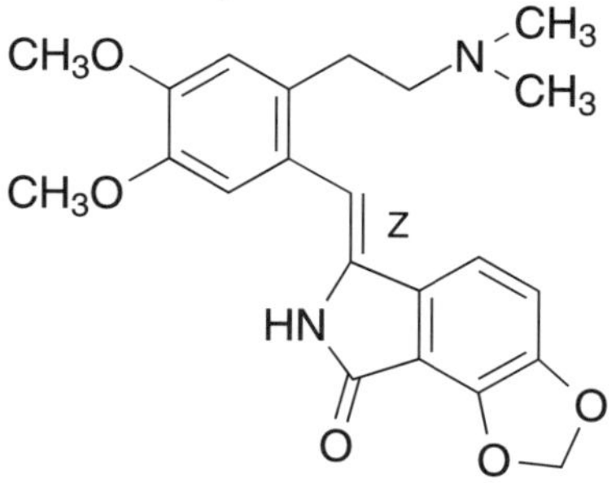

Fumaria parviflora (Papaveraceae) jnp 45, 105 '82

with a carbonyl group:

Bicucullinidine

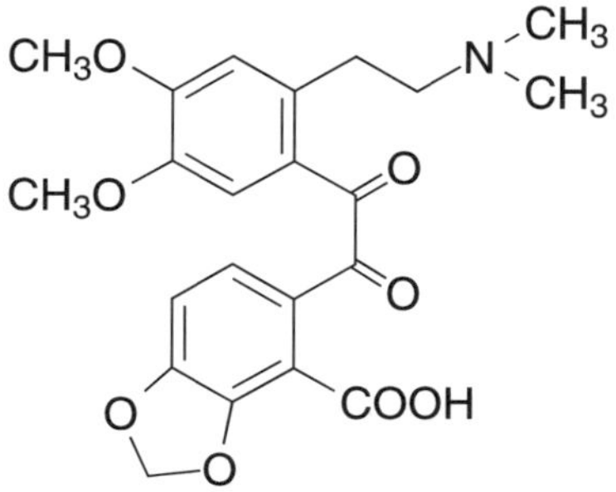

Fumaria schrammii (Papaveraceae) jnp 45, 105 '82

	6-MeO	7-MeO	
	6,8-dihydro-8-oxyfuro[3,4-e]-1,3-benzodioxol-6-yl		
	Me,Me+		THIQ

6,7-Dimethoxy-1-(6',7'-methylenedioxyisobenzofuranol, 3'-yl)-2,2-dimethyl-1,2,3,4-THIQ

No trivial name.
Fumaria parviflora (Papaveraceae) kps 5, 642 '82
Fumaria vailantii (Papaveraceae) kps 5, 602 '81

6,7-METHYLENEDIOXYSUBSTITUTED ISOQUINOLINES

6,7-MDO		
H		**Papraline**
H	IQ	

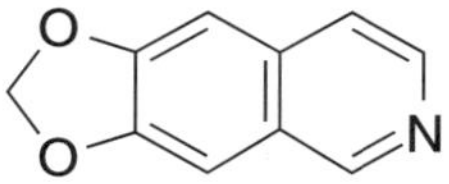

Fumaria indica (Papaveraceae) phy 40, 593 '95
Fumaria vaillantii (Papaveraceae) phy 40, 591 '95

6,7-MDO		
H		**Hydrohydrastinine**
Me	THIQ	

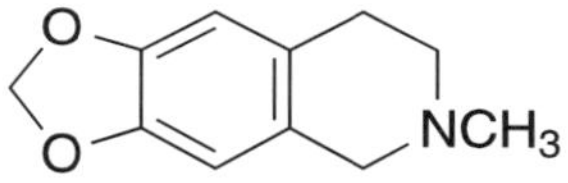

Arnebia decumbens (Boraginaceae) aajps 15, 24 '95

6,7-MDO	
H	
4-MeO-benzyl	THIQ

Viguine

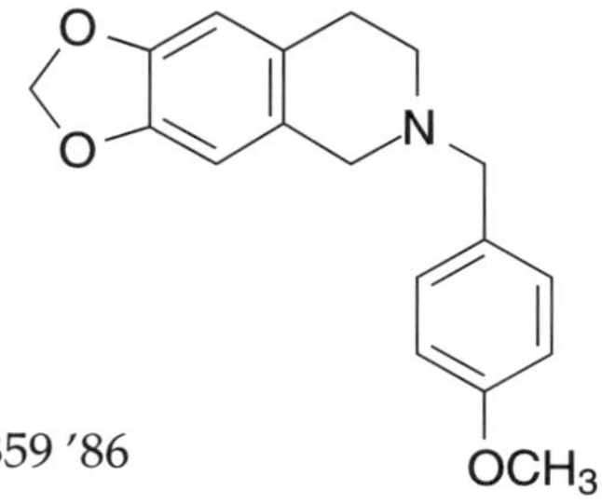

Corydalis claviculata (Papaveraceae) het 24, 3359 '86

6,7-MDO	
H	
4-MeO-benzyl,Me	THIQ

N-Methylviguine

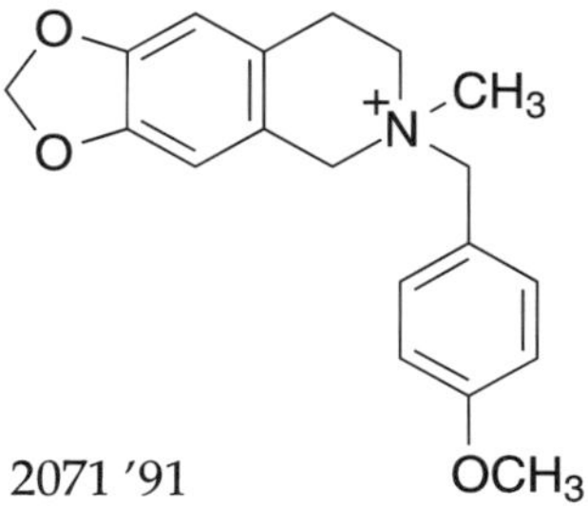

Sarcocapnos saetabensis (Papaveraceae) phy 30, 2071 '91

| 6,7-MDO benzyl H THIQ | Not a natural product. jccs 14, 135 '67 |

|with a (2,8) attack:| **Anonaine**

(S)(+)-isomer:
Annona cherimolia (Annonaceae) pmp 23, 159 '89
Neolitsea aurata (Lauraceae) jccs 22, 349 '75

(R)(-)-isomer:
Alphonsea sclerocarpa (Annonaceae) jnp 50, 518 '87
Annona cherimolia (Annonaceae) jnp 48, 151 '85
Annona squamosa (Annonaceae) cpj 46, 439 '94
Annona spp. (Annonaceae) abs 2
Anomianthus dulcis (Annonaceae) bs&e 26, 139 '98
Artabotrys monteiroae (Annonaceae) pa 4, 72 '93
Artabotrys spp. (Annonaceae) jnp 53, 503 '90
Cananga spp. (Annonaceae) apf 33, 43 '75
Cardiopetalum calophyllum (Annonaceae) pm 57, 581 '91
Chasmanthera dependens (Menispermaceae) pm 46, 228 '82
Colubrina spp. (Rhamnaceae) pm 30, 201 '76
Desmos spp. (Annonaceae) jnp 45, 617 '82
Disepalum pulchrum (Annonaceae) phy 29, 3845 '90
Doryphora sassafras (Monimiaceae) llyd 37, 493 '74
Duguetia spixiana (Annonaceae) jnp 50, 674 '87
Enantia polycarpa (Annonaceae) pms 32, 249 '77
Fissistigma spp. (Annonaceae) cytp 7, 30 '82
Goniothalamus spp. (Annonaceae) phy 24, 1829 '85
Guatteria spp. (Annonaceae) phy 29, 1899 '90
Hexalobus crispiflorus (Annonaceae) lac 9, 1623 '82
Isolona spp. (Annonaceae) pmp 12, 230 '78
Laurelia philippiana (Monimiaceae) phy 21, 773 '82
Laurelia sempervirens (Monimiaceae) bscq 38, 35 '93
Liriodendron tulipifera (Magnoliaceae) cnc 23, 521 '88
Magnolia obovata (Magnoliaceae) bgac 154, 75 '96
Magnolia spp. (Magnoliaceae) jnp 45, 283 '82
Meiogyne virgata (Annonaceae) phy 26, 537 '87
Monodora tenuifolia (Annonaceae) abs 1
Nelumbo spp. (Nymphaeaceae) jps 66, 1627 '77

Structural Index - 6,7-MDO-Substituted

Neolitsea spp. (Lauraceae) het 9, 903 '78
Oncodostigma monosperma (Annonaceae) pmp 20, 251 '86
Oxandra major (Annonaceae) phy 26, 2093 '87
Polyalthia spp. (Annonaceae) pmp 12, 166 '78
Rollinia leptopetala (Annonaceae) pbl 38, 318 '00
Rollinia mucosa (Annonaceae) jnp 50, 330 '87
Rollinia spp. (Annonaceae) jnp 59, 904 '96
Siparuna tonduziana (Monimiaceae) pm 56, 492 '90
Stephania spp. (Menispermaceae) cpb 45, 470 '97
Talauma gitingensis (Magnoliaceae) jnp 53, 1623 '90
Trivalvaria macrophylla (Annonaceae) jnp 53, 862 '90
Uvaria acuminata (Annonaceae) nm 51, 272 '97
Xylopia papuana (Annonaceae) npl 6, 57 '95
Xylopia spp. (Annonaceae) npl 6, 57 '95

isomer not specified:
Nelumbo nucifera (Nymphaeaceae) phy 12, 699 '73

and an α,1-ene:

Dehydroanonaine

Guatteria schomburgkiana (Annonaceae) jnp 48, 310 '85
Laurelia sempervirens (Monimiaceae) bscq 38, 35 '93
Nelumbo nucifera (Nymphaeaceae) phy 12, 699 '73

with a 4-hydroxy group:

4-Hydroxyanonaine

Laurelia philippiana (Monimiaceae) phy 21, 773 '82

6,7-MDO benzyl Me THIQ	Not a natural product. jccs 14, 135 '67

with a (2,N-Me) attack,
and a carbonyl group
on the original N-Me group:

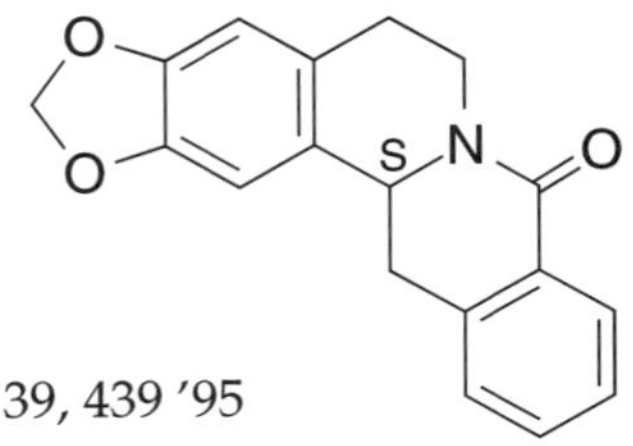

Gusanlung D

Arcangelisia gusanlung (Menispermaceae) phy 39, 439 '95

with a (2,8) attack:
(S)(+)-Roemerine
(+)-Remerine
Aporeine
Aporheine
Aporpheine
(+)-Isoremerine

(R)(-)-Roemerine
(-)-Remerine
Dehydroxyushinsunine

N-Methylanonaine

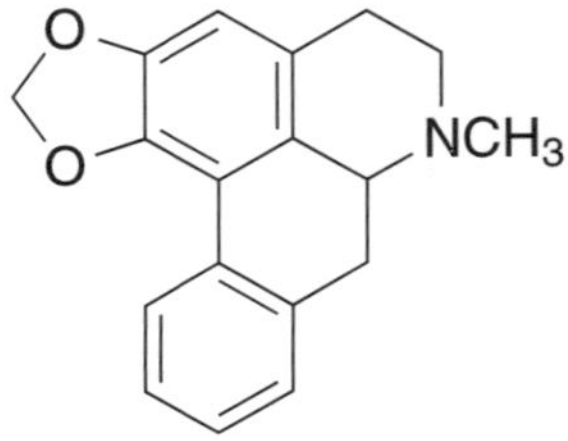

(+)-isomer:
Liriodendron tulipifera (Magnoliaceae) cnc 23, 521 '88
Meconopsis cambrica (Papaveraceae) cccc 61, 1815 '96
Papaver commutatum (Papaveraceae) kps 3, 424 '77
Papaver litwinowii (Papaveraceae) cccc 46, 1534 '81
Papaver pilosum (Papaveraceae) jnp 47, 342 '84
Papaver rhoeas (Papaveraceae) pm 55, 488 '89
Papaver rhopalothece (Papaveraceae) pm 56, 232 '90

(-)-isomer:
Anomianthus dulcis (Annonaceae) bs&e 26, 139 '98
Hexalobus monopetalus (Annonaceae) pm 54, 177 '88
Neolitsea aurata (Lauraceae) jccs 22, 349 '75
Stephania dinklagei (Menispermaceae) apf 25, 237 '67
Stephania disciflora (Menispermaceae) zh 19, 392 '88
Stephania excentrica (Menispermaceae) jnp 60, 294 '97
Stephania kwangsiensis (Menispermaceae) yhhp 15, 532 '80

Structural Index - 6,7-MDO-Substituted

isomer not specified:
Annona cherimolia (Annonaceae) jpp 47, 647 '95
Annona spp. (Annonaceae) tyhtc 25, 1 '73
Cananga odorata (Annonaceae) apf 33, 43 '75
Colubrina faralaotra (Rhamnaceae) pm 30, 201 '76
Cryptocarya angulata (Lauraceae) het 9, 903 '78
Guatteria spp. (Annonaceae) jnp 47, 392 '84
Isolona pilosa (Annonaceae) cra 285, 447 '77
Magnolia kobus (Magnoliaceae) cnc 31, 276 '95
Magnolia obovata (Magnoliaceae) bgac 154, 75 '96
Nelumbo nucifera (Nymphaeaceae) phy 12, 699 '73
Nelumbo spp. (Nymphaeaceae) jps 66, 1627 '77
Neolitsea spp. (Lauraceae) jccs 45, 103 '98
Phoebe formosana (Lauraceae) pptp 27, 65 '93
Retanilla ephedra (Rhamnaceae) rlq 5, 158 '74
Rollinia leptopetala (Annonaceae) pbl 38, 318 '00
Rollinia ulei (Annonaceae) bmcl 5, 1519 '95
Stephania abyssinica (Menispermaceae) fit 65, 90 '94
Stephania cepharantha (Menispermaceae) jnp 63, 477 '00
Stephania yunnanensis (Menispermaceae) zx 31, 296 '89
Stephania spp. (Menispermaceae) fit 65, 90 '94
Xylopia spp. (Annonaceae) fit 65, 89 '94

The name Remerine has also been given to an unrelated natural flavanoid: CA Registry # [41093-65-6].

the N-oxide: **(R)-Roemerine N-oxide**
(R)-Remerine N-oxide

Liriodendron tulipifera (Magnoliaceae) kps 3, 428 '80
Papaver sp. (Papaveraceae) jnp 44, 296 '81

with a 4-hydroxy group:
Steporphine
Episteporphine

Colubrina faralaotra (Rhamnaceae) pm 27, 304 '75
Stephania dinklagei (Menispermaceae) llyd 37, 6 '74
Stephania sasakii (Menispermaceae) tl 38, 3287 '69

> with an α,1-ene:

Dehydroroemerine
Dehydroremerine

Annona cherimolia (Annonaceae) jpp 47, 647 '95
Guatteria sagotiana (Annonaceae) jnp 49, 1078 '86
Liriodendron tulipifera (Magnoliaceae) kps 5, 715 '77
Nelumbo nucifera (Nymphaeaceae) phy 12, 699 '73
Papaver apokrinomenon (Papaveraceae) jnp 47, 560 '84
Papaver pilosum (Papaveraceae) jnp 47, 342 '84
Stephania disciflora (Menispermaceae) zh 19, 392 '88
Stephania kwangsiensis (Menispermaceae) yhhp 15, 532 '80
Stephania micrantha (Menispermaceae) nyx 7, 13 '87
Stephania sasakii (Menispermaceae) yz 101, 431 '81

> with an α,1-ene and a 3,4-ene:

Didehydroroemerine
Didehydroaporheine

Papaver sp. (Papaveraceae) jnp 38, 275 '75

| 6,7-MDO benzyl Me,Me+ THIQ | Compound unknown |

> with a (2,8) attack:

Roemrefidine
Remrefidine

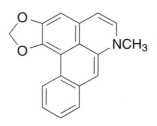

(S)(+)-isomer:
Anisocycla cymosa (Menispermaceae) jnp 56, 618 '93
Anisocycla jollyana (Menispermaceae) jnp 58, 1587 '95
Papaver fugax (Papaveraceae) kps 5, 713 '77
Papaver spicatum (Papaveraceae) pm 60, 293 '94
Roemaria sp. (Papaveraceae) jnp 38, 275 '75

(R)(-)-isomer:
Sparattanthelium amazonum (Hernandiaceae) pm 65, 448 '99

| and a 1,2 seco: | **Stephenanthrine**

Anisocycla cymosa (Menispermaceae)
    jnp 55, 607 '92
Monocyclanthus vignei (Annonaceae)
    jnp 54, 1331 '91
Stephania tetrandra (Menispermaceae)
    yx 21, 29 '86

| the N-oxide: | **Stephenanthrine N-oxide**

Monocyclanthus vignei (Annonaceae) jnp 54, 1331 '91

| 6,7-MDO benzyl CHO THIQ | Compound unknown

| with a (2,8) attack: | **N-Formylanonaine**

Annona cherimolia (Annonaceae) jccs 44, 313 '97
Hexalobus crispiflorus (Annonaceae) lac 9, 1623 '82
Hexalobus monopetalus (Annonaceae) pm 54, 177 '88
Hexalobus sp. (Annonaceae) jnp 46, 761 '83
Rollinia mucosa (Annonaceae) jnp 50, 330 '87
Tinospora malabarica (Menispermaceae) fit 58, 266 '87

| 6,7-MDO benzyl CONH$_2$ THIQ | Compound unknown

| with a (2,8) attack: |

(-)-N-Carbamoylanonaine

Hexalobus crispiflorus (Annonaceae) lac 9, 1623 '82

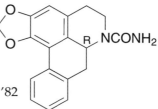

| 6,7-MDO |
| benzyl |
| Ac   THIQ |

Compound unknown

| with a (2,8) attack: | (-)-**N-Acetylanonaine**

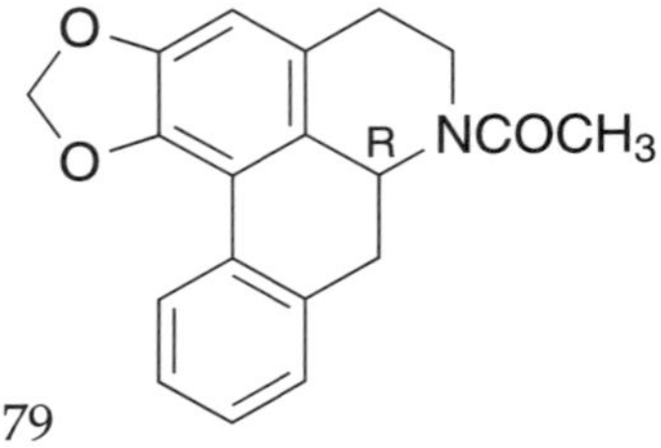

Aromadendron elegans (Magnoliaceae)
   phy 31, 2495 '92
Liriodendron tulipifera (Magnoliaceae)
   jnp 42, 325 '79
Magnolia obovata (Magnoliaceae) jnp 42, 325 '79
Zanthoxylum bungeanum (Rutaceae) yhhp 16, 672 '81
Zanthoxylum simulans (Rutaceae) phy 46, 525 '97

| 6,7-MDO |
| benzyl |
| CO_2Me THIQ |

Compound unknown

| with a (2,8) attack: | (-)-**Romucosine**

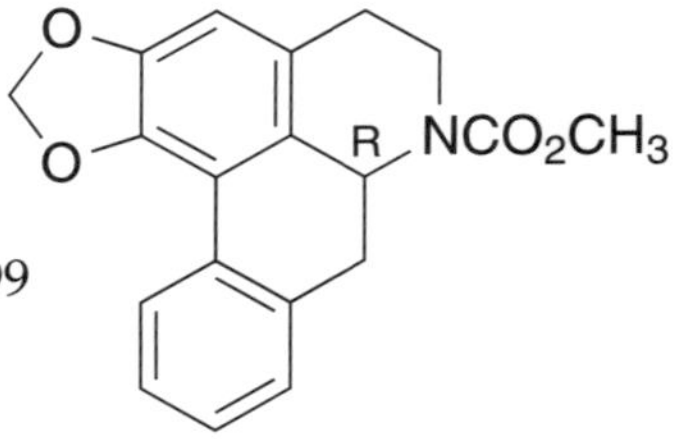

Annona cherimolia (Annonaceae) jccs 46, 77 '99
Rollinia mucosa (Annonaceae) jnp 59, 904 '96

| 6,7-MDO |
| α-Me-benzyl |
| CHO   THIQ |

Compound unknown

| with a (2,8) attack, |
| and an α,1-ene: |
                    Trichoguattine
       7-Methyl-N-formyldehydroanonaine

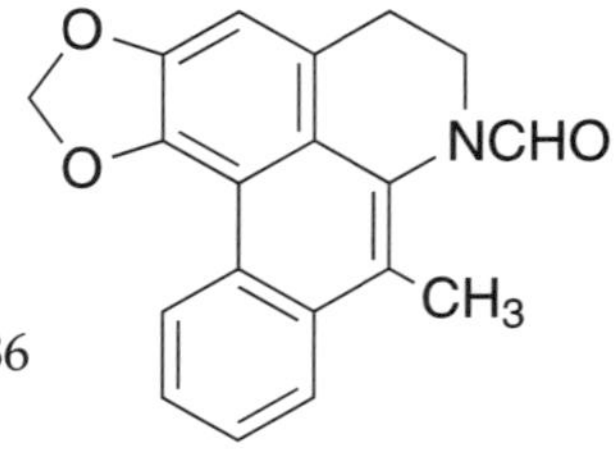

Guatteria sagotiana (Annonaceae) jnp 49, 1078 '86

Structural Index - 6,7-MDO-Substituted

6,7-MDO
α-HO-benzyl
H   THIQ

Not a natural product.
yx 25, 815 '90

with a (2,8) attack: (-)-**Norushinsunine**
                     (-)-**Michelalbine**
                     (-)-**Noroliveroline**

(S,R) Norushinsunine
Michelalbine:
Alphonsea sclerocarpa (Annonaceae) jnp 50, 518 '87
Annona cherimolia (Annonaceae) pmp 23, 159 '89
Annona spp. (Annonaceae) fit 65, 87 '94
Artabotrys venustus (Annonaceae) jnp 49, 602 '86
Asimina sp. (Annonaceae) yz 85, 77 '65
Cananga odorata (Annonaceae) jccs 46, 607 '99
Cymbopetalum brasiliense (Annonaceae) pm 50, 517 '84
Desmos tiebaghiensis (Annonaceae) jnp 45, 617 '82
Elmerrillia papuana (Magnoliaceae) ajc 29, 2003 '76
Eupomatia laurina (Annonaceae) jnp 38, 275 '75
Laurelia sempervirens (Monimiaceae) cct 11, 41 '81
Liriodendron tulipifera (Magnoliaceae) jps 64, 789 '75
Magnolia sp. (Magnoliaceae) jnp 38, 275 '75
Meiogyne virgata (Annonaceae) phy 26, 537 '87
Melodorum punctulatum (Annonaceae) ajc 24, 2187 '71
Michelia sp. (Magnoliaceae) jnp 38, 275 '75
Oncodostigma monosperma (Annonaceae) pmp 20, 251 '86
Polyalthia acuminata (Annonaceae) jnp 45, 471 '82
Polyalthia nitidissima (Annonaceae) pm 49, 20 '83
Popowia pisocarpa (Annonaceae) jnp 49, 1028 '86
Sinomenium sp. (Menispermaceae) jnp 38, 275 '75
Talauma betongensis (Magnoliaceae) fit 60, 464 '89

the diasteriomeric isomer (S,S) is Noroliveroline:
Duguetia spixiana (Annonaceae) jnp 50, 664 '87
Guatteria sagotiana (Annonaceae) jnp 49, 1078 '86
Polyalthia acuminata (Annonaceae) jnp 45, 471 '82
Polyalthia longifolia (Annonaceae) jnp 53, 1327 '90
Siparuna pauciflora (Monimiaceae) pm 54, 552 '88

| 6,7-MDO |
| α-HO-benzyl |
| Me   THIQ |

Not a natural product.
chim 39, 233 '85

| with a (2,8) attack |

(-)-Oliveroline
(-)-Ushinsunine
(-)-Micheline A

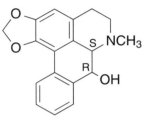

(S,R) (-)-Ushinsunine
(-)-Micheline A:
Alphonsea sclerocarpa (Annonaceae) jnp 50, 518 '87
Annona cherimolia (Annonaceae) jccs 44, 313 '97
Artabotrys maingayi (Annonaceae) jnp 53, 503 '90
Asimina sp. (Annonaceae) jnp 38, 275 '75
Cananga odorata (Annonaceae) jnp 38, 275 '75
Cardiopetalum calophyllum (Annonaceae) pm 57, 581 '91
Litsea hayatae (Lauraceae) jnp 38, 275 '75
Magnolia champaca (Magnoliaceae) llyd 33s, 1 '70
Michelia spp. (Magnoliaceae) jnp 38, 275 '75
Oxymitra velutina (Annonaceae) phy 30, 1265 '91
Phoebe formosana (Lauraceae) jnp 46, 913 '83
Pseudoxandra sclerocarpa (Annonaceae) jnp 49, 854 '86
Stephania epigaea (Menispermaceae) tcyyk 2, 37 '90
Stephania venosa (Menispermaceae) jnp 45, 355 '82

(S,S) (-)-Oliveroline:
Duguetia flagellaris (Annonaceae) bp 3, 23 '01
Greenwayodendron suaveolens (Annonaceae) pm 33, 243 '78
Guatteria sagotiana (Annonaceae) jnp 49, 1078 '86
Pachypodanthium confine (Annonaceae) apf 35, 65 '77
Polyalthia macropoda (Annonaceae) phy 29, 3845 '90
Polyalthia oliveri (Annonaceae) phy 16, 1029 '77
Polyalthia suaveolens (Annonaceae) pm 33, 243 '78
Stephania epigaea (Menispermaceae) cty 18, 438 '87

| the N-oxide: | (-)-Oliveroline β-N-oxide
                   (-)-Ushinsunine β-N-oxide

Cananga odorata (Annonaceae) jnp 64, 616 '00

Duguetia spixiana (Annonaceae) jnp 50, 664 '87
Guatteria sagotiana (Annonaceae) jnp 49, 1078 '86
Polyalthia longifolia (Annonaceae) jnp 53, 1327 '90
Polyalthia macropoda (Annonaceae) phy 29, 3845 '90
Polyalthia oliveri (Annonaceae) jnp 41, 385 '78
Stephania venosa (Menispermaceae) jnp 51, 389 '88

with a 4-hydroxy group, the N-oxide:

(-)-Stephadiolamine β-N-oxide

Stephania venosa (Menispermaceae) jnp 50, 1113 '87

6,7-MDO
α-HO-benzyl
Me,Me+   THIQ

Compound unknown

with a (2,8) attack:

N-Methylushinsunine

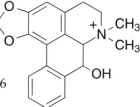

Elmerrillia papuana (Magnoliaceae) ajc 29, 2003 '76

6,7-MDO
α-HO-benzyl
COOH   THIQ

Compound unknown

with a (2,8) attack:
(with a lactone ring closure)

Artabonatine A

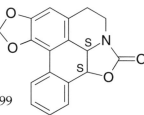

Artabotrys uncinatus (Annonaceae) jnp 62, 1192 '99

6,7-MDO	
α-MeO-benzyl	
H	THIQ

Compound unknown

| with a (2,8) attack: |

Pachypodanthine

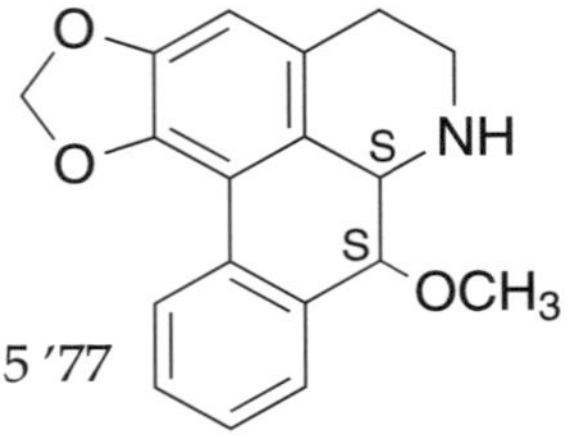

Duguetia flagellaris (Annonaceae) rbp 3, 23 '01
Greenwayodendron suaveolens (Annonaceae)
   pm 33, 243 '78
Pachypodanthium staudtii (Annonaceae) pmp 11, 315 '77
Polyalthia oliveri (Annonaceae) phy 16, 1029 '77
Polyalthia suaveolens (Annonaceae) pm 33, 243 '78

| with a 4-hydroxy group: |

Norpachystaudine

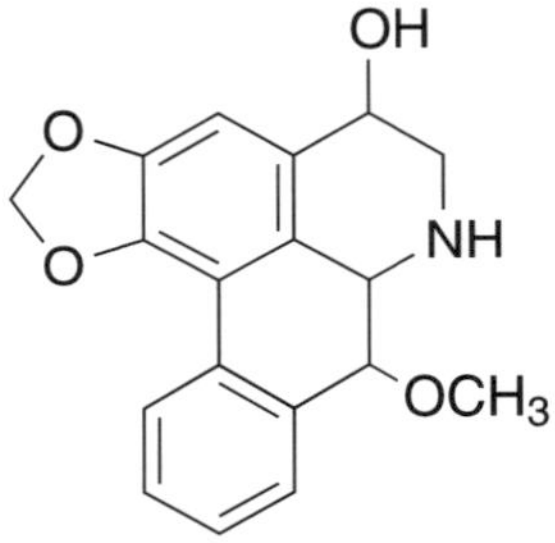

Pachypodanthium staudtii (Annonaceae)
   pmp 11, 315 '77

6,7-MDO	
α-MeO-benzyl	
Me	THIQ

Compound unknown

| with a (2,8) attack: |

N-Methylpachypodanthine

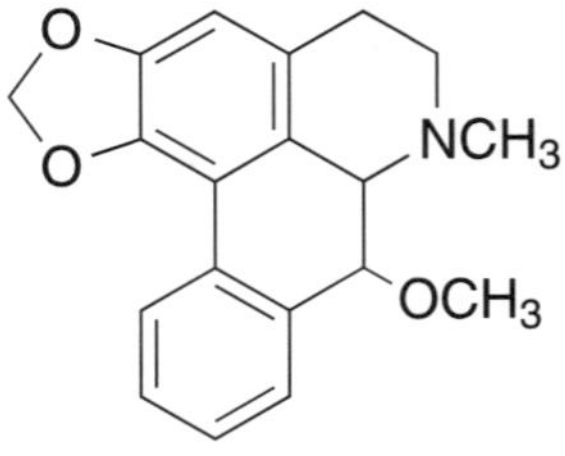

Pachypodanthium staudtii (Annonaceae)
   pmp 11, 315 '77
Polyalthia sp. (Annonaceae) jnp 42, 325 '79

| the N-oxide: |

N-Methylpachypodanthine N-oxide

Polyalthia oliveri (Annonaceae) jnp 41, 385 '78

Structural Index - 6,7-MDO-Substituted

with a 4-hydroxy group:

Pachystaudine

Pachypodanthium staudtii (Annonaceae)
  pmp 11, 315 '77

6,7-MDO
α-AcO-benzyl
Ac   THIQ

Compound unknown

with a (2,8) attack:

(-)-N,O-Diacetylnoroliveroline

Polyalthia acuminata (Annonaceae) jnp 45, 471 '83

6,7-MDO
α-keto-benzyl
H   IQ

Not a natural product.
jmc 11, 760 '68

with a (2,8) attack:

**Liriodenine
Oxoushinsunine
Micheline B
Spermatheridine**

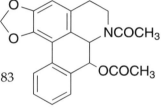

Alphonsea mollis (Annonaceae) zydx 20, 321 '89
Annona cherimolia (Annonaceae) jnp 48, 151 '85
Annona reticulata (Annonaceae) cpj 47, 483 '95
Annona squamosa (Annonaceae) cpj 46, 439 '94
Artabotrys uncinatus (Annonaceae) jnp 62, 1192 '99
Artabotrys zeylanicus (Annonaceae) phy 42, 170 '96
Asimina sp. (Annonaceae) jnp 38, 275 '75
Atherosperma spp. (Monimiaceae) jnp 38, 275 '75
Cananga odorata (Annonaceae) jccs 46, 607 '99
Cleistopholis patens (Annonaceae) jnp 45, 476 '83

Desmos longiflorus (Annonaceae) fit 66, 463 '95
Doryphora spp. (Monimiaceae) jnp 38, 275 '75
Dryadodaphne sp. (Monimiaceae) jnp 38, 275 '75
Enantia pilosa (Annonaceae) llyd 39, 350 '76
Eupomatia sp. (Annonaceae) jnp 38, 275 '75
Fissistigma glaucescens (Annonaceae) jccs 47, 1251 '00
Guatteria amplifolia (Annonaceae) phzi 55, 867 '00
Guatteria goudotiana (Annonaceae) phy 30, 2781 '91
Guatteria melosma (Annonaceae) jnp 45, 476 '83
Guatteria scandens (Annonaceae) jnp 46, 335 '83
Guatteria schomburgkiana (Annonaceae) pm 54, 84 '88
Illigera luzonensis (Hernandiaceae) jnp 60, 645 '97
Liriodendron spp. (Magnoliaceae) jnp 38, 275 '75
Litsea spp. (Lauraceae) jnp 38, 275 '75
Lysichiton sp. (Araceae) jnp 38, 275 '75
Magnolia obovata (Magnoliaceae) bgac 154, 75 '96
Magnolia spp. (Magnoliaceae) jnp 38, 275 '75
Melodorum sp. (Annonaceae) jnp 38, 275 '75
Michelia lanuginosa (Magnoliaceae) phy 12, 2305 '73
Nelumbo sp. (Nympheaceae) jnp 38, 275 '75
Neolitsea sp. (Lauraceae) jnp 38, 275 '75
Papaver caucasicum (Papaveraceae) jsiri 7, 263 '96
Phoebe formosana (Lauraceae) jnp 46, 913 '83
Pycnarrhena sp. (Menispermaceae) jnp 38, 275 '75
Polyalthia insignis (Annonaceae) tl 38, 1253 '97
Polyalthia longifolia (Annonaceae) phzi 50, 227 '95
Polyalthia suberosa (Annonaceae) jbas 16, 99 '92
Popowia pisocarpa (Annonaceae) jnp 49, 1028 '86
Pseuduvaria sp. (Annonaceae) jnp 38, 275 '75
Roemaria sp. (Papaveraceae) jnp 38, 275 '75
Rollinia mucosa (Annonaceae) jnp 50, 330 '87
Rollinia papilionella (Annonaceae) jnp 46, 436 '83
Saccopetalum prolificum (Annonaceae) ccl 11, 129 '00
Siparuna tonduziana (Monimiaceae) pm 56, 492 '90
Talauma hodgsoni (Magnoliaceae) jics 54, 790 '77
Uvariopsis quineensis (Annonaceae) phy 11, 2833 '72
Xylopia aethiopica (Annonaceae) jnp 57, 68 '94

6,7-MDO	Compound unknown
2-HO-benzyl	
Me THIQ	

with a (6,8) attack, and an α,1-ene:

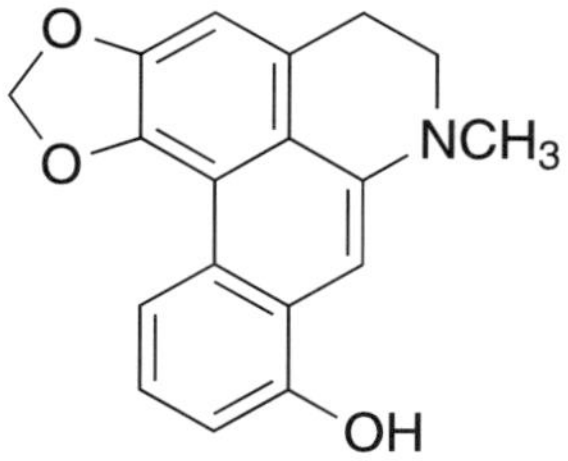

8-Hydroxydehydroroemerine

Stephania dicentzinifeza (Menispermaceae)
  zydx 20, 235 '89

| 6,7-MDO |
| 2-HO-benzyl |
| Me,Me+   THIQ |

Compound unknown

with a (6,8) attack, and a 1,2 seco:

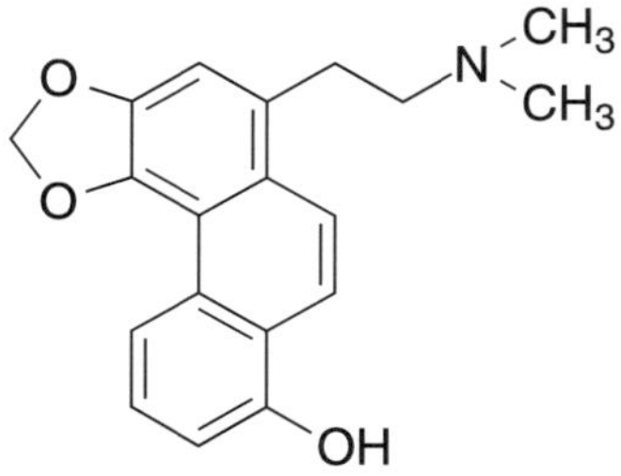

8-Hydroxystephenanthrine

Monocyclanthus vignei (Annonaceae)
  jnp 54, 1331 '91

the N-oxide:

8-Hydroxystephenanthrine N-oxide

Monocyclanthus vignei (Annonaceae) jnp 54, 1331 '91

| 6,7-MDO |
| 2-HO-α-keto-benzyl |
| H   IQ |

Compound unknown

with a (6,8) attack:

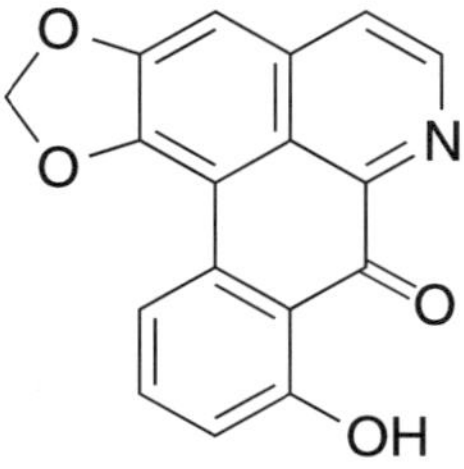

Oxostephanosine

Stephania venosa (Menispermaceae) jnp 48, 658 '85

| 6,7-MDO |
| 2-MeO-benzyl |
| H   THIQ |

Compound unknown

| with a (6,8) attack: |

Norstephanine

Polyalthia cauliflora (Annonaceae) jnp 47, 504 '84

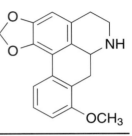

| 6,7-MDO |
| 2-MeO-benzyl |
| Me   THIQ |

Compound unknown

| with a (6,8) attack: | **Stephanine**

Stephania abyssinica (Menispermaceae) fit 65, 90 '94
Stephania bancroftii (Menispermaceae) npl 3, 305 '93
Stephania brachyandra (Menispermaceae) tcyyk 4, 11 '92
Stephania cepharantha (Menispermaceae) jnp 63, 477 '00
Stephania dielsiana (Menispermaceae) zh 14, 57 '83
Stephania epigaea (Menispermaceae) nyx 5, 203 '85
Stephania japonica (Menispermaceae) jnp 40, 152 '77
Stephania kwangsiensis (Menispermaceae) cty 12, 6 '81
Stephania micrantha (Menispermaceae) nyx 7, 13 '87
Stephania yunnanensis (Menispermaceae) zx 31, 296 '89
Xylopia aethiopica (Annonaceae) fit 65, 89 '94

| and an α,1-ene: | **Dehydrostephanine**

Stephania cepharantha (Menispermaceae) jnp 63, 477 '00
Stephania dielsiana (Menispermaceae) zh 14, 57 '83
Stephania epigaea (Menispermaceae) nyx 5, 203 '85
Stephania kwangsiensis (Menispermaceae) yhhp 15, 532 '80
Stephania micrantha (Menispermaceae) nyx 7, 13 '87

Structural Index - 6,7-MDO-Substituted

| 6,7-MDO |
| 2-MeO-α-HO-benzyl |
| Me   THIQ |

Compound unknown

with a (6,8) attack:

Ayuthianine

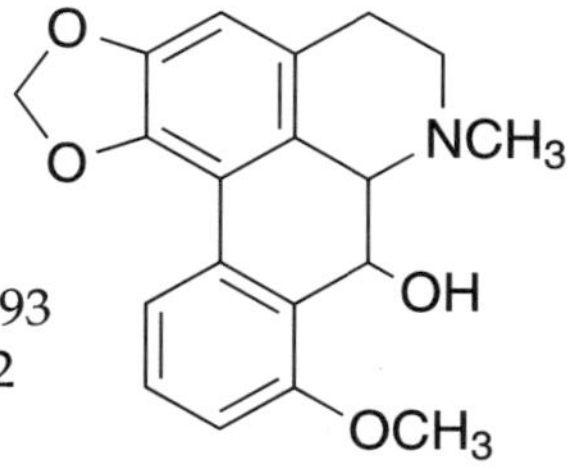

Stephania bancroftii (Menispermaceae) npl 3, 305 '93
Stephania venosa (Menispermaceae) jnp 45, 355 '82

| 6,7-MDO |
| 2-MeO-α-keto-benzyl |
| H   IQ |

Compound unknown

with a (6,8) attack: **Oxostephanine**

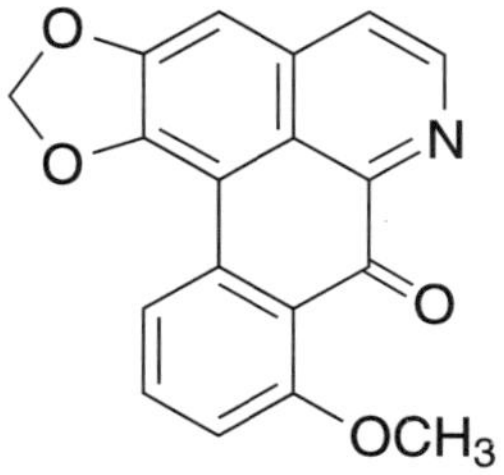

Alphonsea mollis (Annonaceae) zydx 20, 321 '89
Aquilegia oxysepala (Ranunculaceae) zh 30, 8 '99
Guatteria calva (Annonaceae) fit 70, 74 '99
Polyalthia insignis (Annonaceae) tl 38, 1253 '97
Polyalthia suaveolens (Annonaceae) pm 33, 243 '78
Polyalthia suberosa (Annonaceae) jbas 16, 99 '92
Stephania japonica (Menispermaceae) jnp 40, 152 '77

| 6,7-MDO |
| 2-MeO-α-keto-benzyl |
| Me+   IQ |

Compound unknown

with a (6,8) attack:

Thailandine

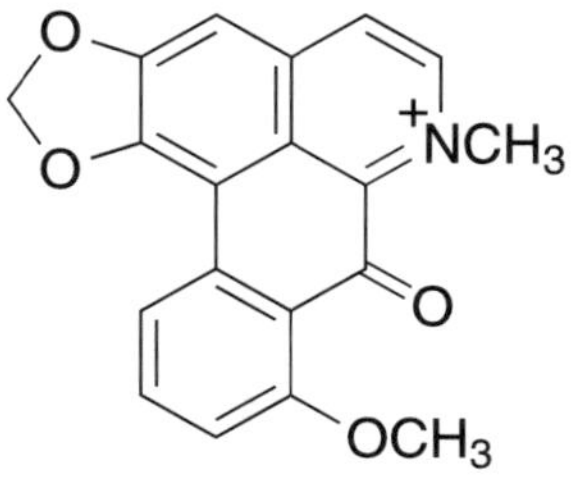

Stephania sp. (Menispermaceae) jcscc 21, 1118 '81

6,7-MDO
3-HO-benzyl
H   THIQ

Not a natural product.
ijc 15b, 416 '77

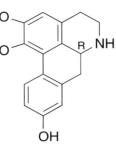

| with a (2,8) attack: |

Obovanine

Duguetia calycina (Annonaceae) pmp 12, 259 '78
Guatteria sagotiana (Annonaceae) jnp 49, 1078 '86
Laurelia novae-zelandiae (Monimiaceae) phy 21, 773 '82
Magnolia obovata (Magnoliaceae) yz 94, 729 '74

| with a (6,8) attack: |

(-)-Anolobine
Analobine

Annona cherimolia (Annonaceae) jccs 44, 313 '97
Annona spp. (Annonaceae) zyz 43, 457 '91
Anomianthus dulcis (Annonaceae) bs&e 26, 139 '98
Asimina spp. (Annonaceae) yz 85, 77 '65
Duguetia obovata (Annonaceae) jnp 46, 862 '83
Fissistigma spp. (Annonaceae) phy 24, 1829 '85
Goniothalamus spp. (Annonaceae) phy 24, 1829 '85
Guatteria spp. (Annonaceae) phy 29, 1899 '90
Magnolia acuminata (Magnoliaceae) daib 32, 2312 '71
Monodora spp. (Annonaceae) daib 45, 520 '84
Polyalthia acuminata (Annonaceae) jnp 45, 471 '82
Stephania cepharantha (Menispermaceae) nm 52, 541 '98
Talauma spp. (Magnoliaceae) apf 43, 189 '85
Uvaria spp. (Annonaceae) nm 51, 272 '97
Xylopia papuana (Annonaceae) npl 6, 57 '95
Xylopia spp. (Annonaceae) npl 6, 57 '95

6,7-MDO
3-HO-benzyl
Me   THIQ

Compound unknown

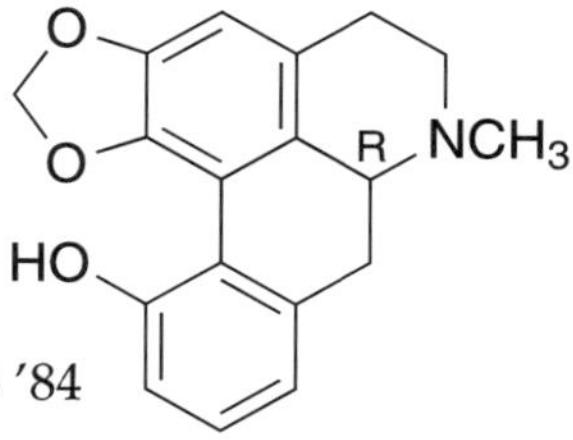

Structural Index - 6,7-MDO-Substituted

with a (2,8) attack:

(-)-Pukateine

Guatteria sagotiana (Annonaceae) jnp 49, 1078 '86
Laurelia novae-zelandiae (Monimiaceae) jnp 47, 553 '84

the N-oxide: **Laurepukine**

Laurelia novae-zelandiae (Monimiaceae) jcs 97, 1381 '10

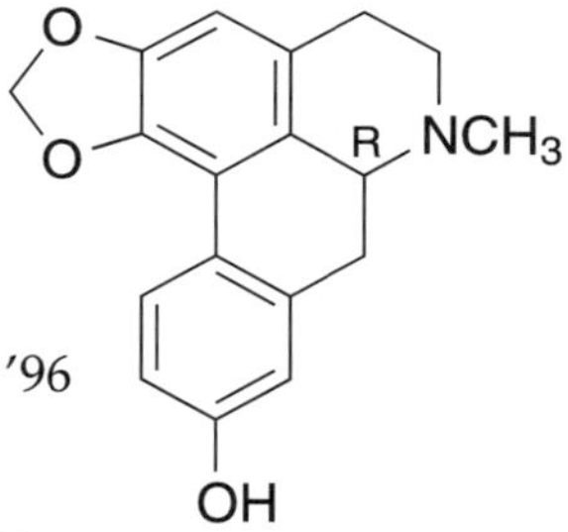

with a (6,8) attack:
Roemeroline
Remeroline
N-Methylanolobine

Guatteria tonduzii (Annonaceae) phy 29, 1899 '90
Meconopsis cambrica (Papaveraceae) cccc 61, 1815 '96
Papaver fugax (Papaveraceae) cnc 24, 475 '89
Roemeria sp. (Papaveraceae) jnp 38, 275 '75
Stephania pierrei (Menispermaceae) jnp 56, 1468 '93
Stephania sasakii (Menispermaceae) cpb 29, 2251 '81

6,7-MDO
3-HO-benzyl
Ac   THIQ

Compound unknown

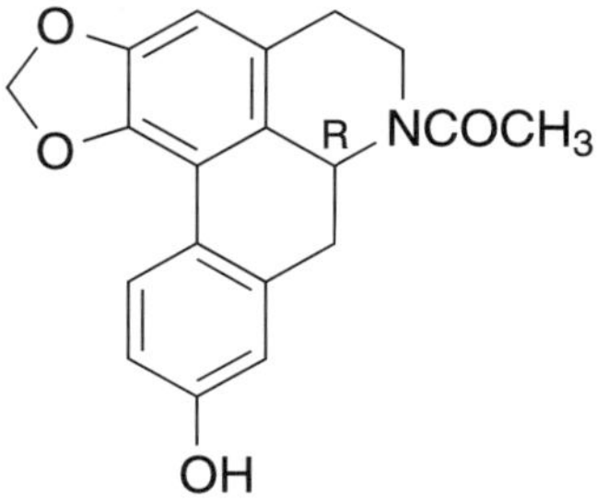

with a (6,8) attack:

N-Acetylanolobine

Magnolia coco (Magnoliaceae) jccs 45, 773 '98
Talauma ovata (Magnoliaceae) fit 68, 475 '97

| 6,7-MDO |
| 3-HO-α-Me-benzyl |
| Me   THIQ |

Compound unknown

| with a (6,8) attack, |
| and an α,1-ene: |

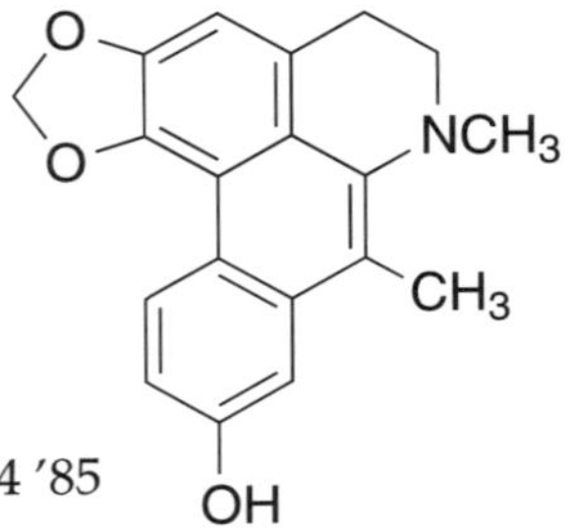

Belemine

Guatteria schomburgkiana (Annonaceae) jnp 48, 254 '85

| 6,7-MDO |
| 3-HO-α-HO-benzyl |
| Me   THIQ |

Compound unknown

| with a (2,8) attack: |

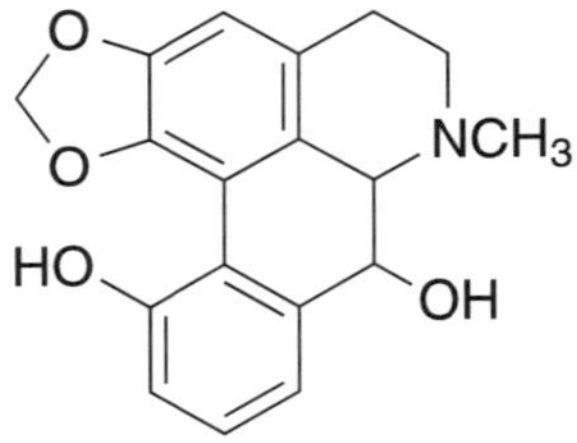

Duguexine

Duguetia spixiana (Annonaceae) jnp 50, 664 '87

| the N-oxide: |

Duguexine N-oxide
N-Oxyduguexine

Duguetia spixiana (Annonaceae) jnp 50, 664 '87

| with a (6,8) attack: |

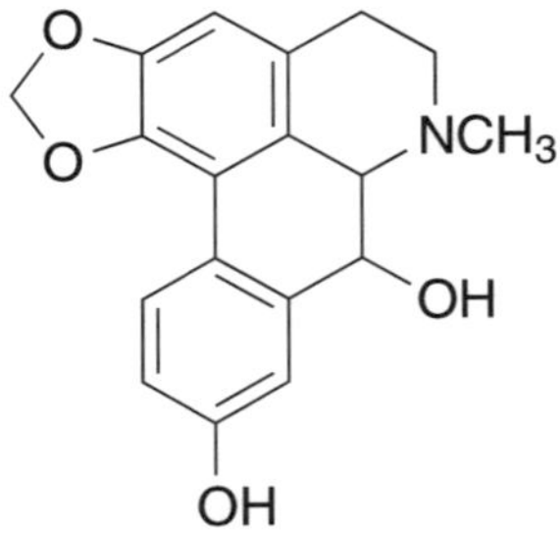

Roemerolidine

Duguetia spixiana (Annonaceae) jnp 50, 674 '87

| 6,7-MDO |
| 3-HO-α,α-HO,Me-benzyl |
| H   DHIQ |

Compound unknown

Structural Index - 6,7-MDO-Substituted

with a (6,8) attack:

(-)-Guattescidine

Guatteria scandens (Annonaceae) jnp 46, 335 '83

6,7-MDO	Compound unknown
3-HO-α-MeO-benzyl	
Me THIQ	

with a (6,8) attack:

Polysuavine

Greenwayodendron suaveolens (Annonaceae)
   pm 33, 243 '78
Polyalthia suaveolens (Annonaceae) pm 33, 243 '78
Polyalthia sp. (Annonaceae) jnp 42, 325 '79

6,7-MDO	Compound unknown
3-HO-α,α-Me,Me-benzyl	
H DHIQ	

with a (6,8) attack:

Guadiscidine

Guatteria discolor (Annonaceae) jnp 47, 353 '84

6,7-MDO	Compound unknown
3-HO-α-keto-benzyl	
H IQ	

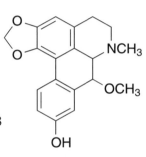

The Simple Plant Isoquinolines

with a (2,8) attack:

Oxopukateine

Duguetia eximia (Annonaceae) phy 17, 837 '78
Duguetia stelichantha (Annonaceae) rlq 16, 107 '85
Duguetia sp. (Annonaceae) jnp 42, 325 '79

with a (6,8) attack:

Oxoanolobine

Annona cherimolia (Annonaceae) jccs 44, 313 '97
Guatteria melosma (Annonaceae) het 14, 1977 '80
Guatteria sagotiana (Annonaceae) jnp 49, 1078 '86
Stephania excentrica (Menispermaceae) jnp 60, 294 '97

6,7-MDO	
3-MeO-benzyl	Compound unknown
H THIQ	

with a (2,8) attack: **(-)-Puterine**

Duguetia calycina (Annonaceae) pmp 12, 259 '78
Duguetia obovata (Annonaceae) jnp 46, 862 '83
Guatteria discolor (Annonaceae) jnp 47, 353 '84
Guatteria elata (Annonaceae) llyd 40, 505 '77
Guatteria schomburgkiana (Annonaceae) pm 54, 84 '88

with a (6,8) attack: **(-)-Xylopine**
O-Methylanolobine

Annona cherimolia (Annonaceae) pmp 23, 159 '89
Annona reticulata (Annonaceae) cpj 47, 483 '95
Chasmanthera dependens (Menispermaceae) pm 49, 17 '83
Desmos longiflorus (Annonaceae) fit 66, 463 '95
Duguetia calycina (Annonaceae) pmp 12, 259 '78
Duguetia obovata (Annonaceae) jnp 46, 862 '83
Fissistigma glaucescens (Annonaceae) phy 24, 1829 '85
Fissistigma oldhamii (Annonaceae) phy 24, 1829 '85

Structural Index - 6,7-MDO-Substituted

Goniothalamus amuyon (Annonaceae) phy 24, 1829 '85
Guatteria spp. (Annonaceae) jnp 49, 1078 '86
Stephania spp. (Menispermaceae) jnp 56, 1468 '93
Talauma gitingensis (Magnoliaceae) jnp 53, 1623 '90
Talauma obovata (Magnoliaceae) apf 43, 189 '85
Xylopia papuana (Annonaceae) npl 6, 57 '95
Xylopia spp. (Annonaceae) npl 6, 57 '95

and an α,1-ene:

Dehydroxylopine

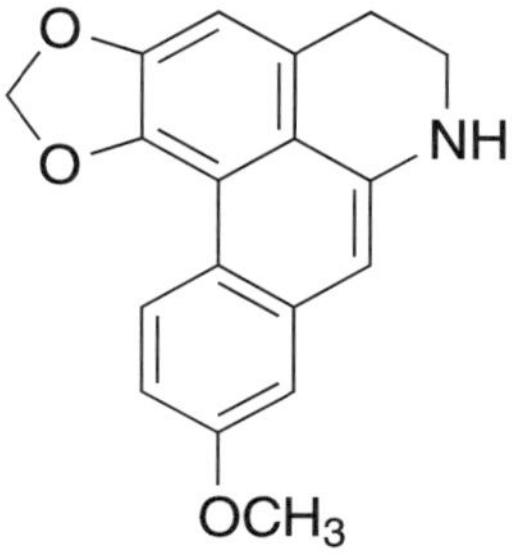

Xylopia vieillardi (Annonaceae) jnp 54, 466 '91

6,7-MDO
3-MeO-benzyl
Me   THIQ

Compound unknown

with a (2,N-Me) attack,
and aromatization of the c-ring,
and a 4-hydroxy group:

Deoxythalidastine

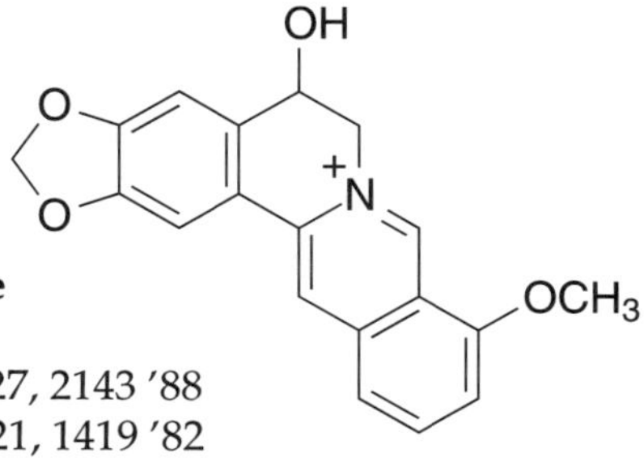

Nandina domestica (Berberidaceae) phy 27, 2143 '88
Thalictrum minus (Ranunculaceae) phy 21, 1419 '82
Thalictrum polygamum (Ranunculaceae) llyd 36, 349 '73
Thalictrum revolutum (Ranunculaceae) llyd 40, 593 '77
Thalictrum rugosum (Ranunculaceae) llyd 39, 65 '76
Thalictrum uchiyamai (Ranunculaceae) yhc 28, 185 '84

with a (2,8) attack:

(-)-O-Methylpukateine
N-Methylputerine

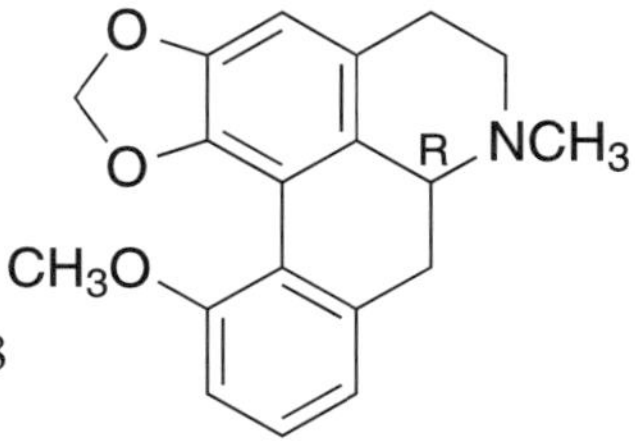

Duguetia calycina (Annonaceae) pmp 12, 259 '78
Guatteria discolor (Annonaceae) jnp 47, 353 '84

Guatteria sagotiana (Annonaceae) jnp 49, 1078 '86
Guatteria schomburgkiana (Annonaceae) jnp 48, 254 '85

with a (6,8) attack:

(-)-Isolaureline
(-)-N-Methylxylopine

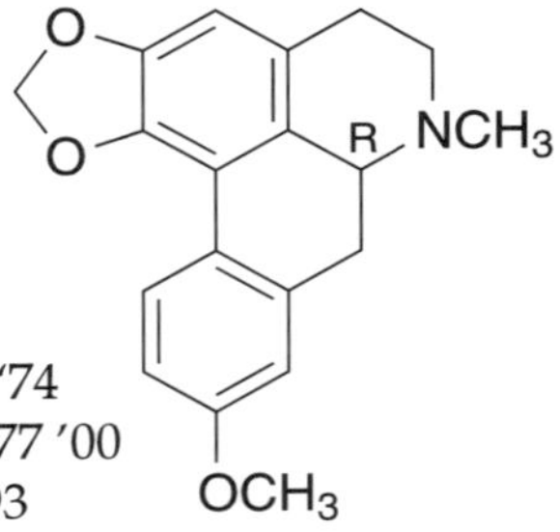

Duguetia obovata (Annonaceae) jnp 46, 862 '83
Liriodendron tulipifera (Magnoliaceae) cnc 10, 714 '74
Stephania cepharantha (Menispermaceae) jnp 63, 477 '00
Stephania pierrei (Menispermaceae) jnp 56, 1468 '93

the N-oxide:

Isolaureline N-oxide
N-Methylxylopine N-oxide

Magnolia obovata (Magnoliaceae) bgac 154, 75 '96

with an α,1-ene:

Dehydroisolaureline

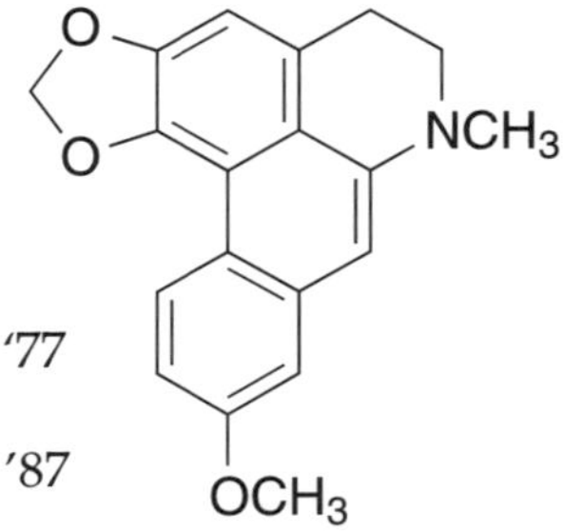

Liriodendron tulipifera (Magnoliaceae) kps 5, 715 '77
Liriodendron sp. (Magnoliaceae) jnp 42, 325 '79
Stephania micrantha (Menispermaceae) nyx 7, 13 '87

6,7-MDO
3-MeO-benzyl
Me,Me+ THIQ

Compound unknown

with a (6,8) attack,
and a 1,2 seco:

Uvariopsine

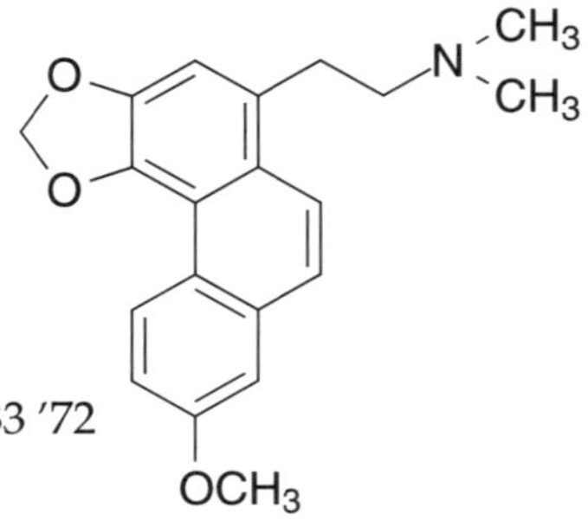

Uvariopsis solheidii (Annonaceae) phy 11, 2833 '72

Structural Index - 6,7-MDO-Substituted

6,7-MDO
3-MeO-benzyl
CHO   THIQ

Compound unknown

with a (2,8) attack:

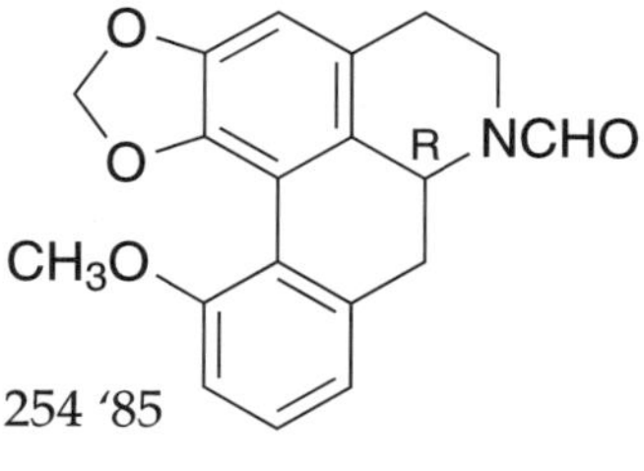

(-)-N-Formylputerine

Guatteria schomburgkiana (Annonaceae) jnp 48, 254 '85

with a (6,8) attack:

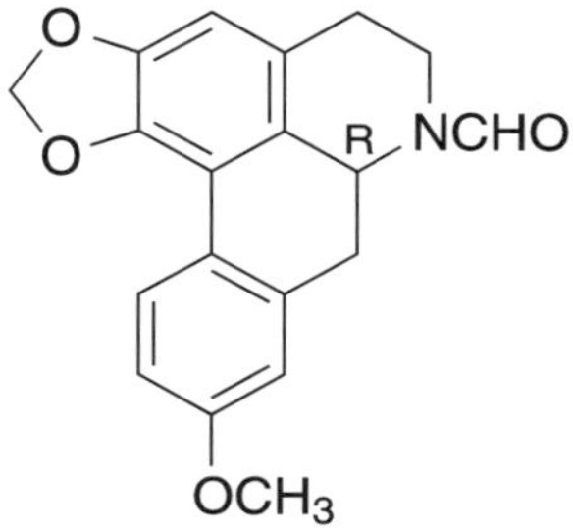

(-)-N-Formylxylopine

Duguetia obovata (Annonaceae) jnp 46, 862 '83

6,7-MDO
3-MeO-benzyl
Ac   THIQ

Compound unknown

with a (6,8) attack:

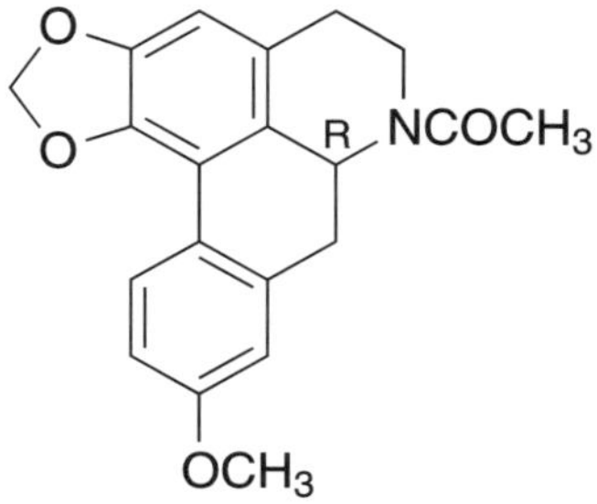

N-Acetylxylopine

Fissistigma glaucescens (Annonaceae) jccs 47, 1251 '00
Talauma ovata (Magnoliaceae) jnp 57, 1033 '94

6,7-MDO
3-MeO-α-HO-benzyl
H   THIQ

Compound unknown

| with a (6,8) attack: | **Michelanugine**
(-)-Noroliveridine |

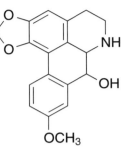

Michelanugine:
Michelia lanuginosa (Magnoliaceae) tet 31, 1105 '75

(-)-Noroliveridine:
Duguetia spixiana (Annonaceae) jnp 50, 664 '87
Polyalthia oliveri (Annonaceae) jnp 42, 325 '79

| 6,7-MDO
3-MeO-α-HO-benzyl
Me   THIQ | Compound unknown |

| with a (6,8) attack: | **(-)-Oliveridine** |

Duguetia flagellaris (Annonaceae) rbp 3, 23 '01
Duguetia spixiana (Annonaceae) jnp 50, 664 '87
Enantia pilosa (Annonaceae) llyd 39, 350 '76
Greenwayodendron suaveolens (Annonaceae)
    pm 33, 243 '78
Isolona campanulata (Annonaceae) pmp 12, 230 '78
Polyalthia oliveri (Annonaceae) phy 16, 1029 '77
Polyalthia suaveolens (Annonaceae) pm 33, 243 '78
Polyalthia sp. (Annonaceae) jnp 38, 275 '75

| the N-oxide: | **Oliveridine N-oxide**
N-Oxyoliveridine |

Duguetia spixiana (Annonaceae) jnp 50, 664 '87
Enantia pilosa (Annonaceae) jnp 41, 385 '78
Greenwayodendron suaveolens (Annonaceae) jcspt I, 2807 '82

Structural Index - 6,7-MDO-Substituted

6,7-MDO	
3-MeO-α,α-HO,Me-benzyl	
H	THIQ

Compound unknown

with a (6,8) attack:

(+)-Dihydroguattescine

Guattia schomburgkiana (Annonaceae)
  jnp 48, 254 '85

6,7-MDO	
3-MeO-α,α-HO,Me-benzyl	
H	DHIQ

Compound unknown

with a (6,8) attack:

(+)-Guattescine

Guatteria scandens (Annonaceae) jnp 46, 335 '83
Guatteria schomburgkiana (Annonaceae)
  jnp 48, 254 '85

6,7-MDO	
3-MeO-α,α-HO,Me-benzyl	
H	IQ

Compound unknown

with a (6,8) attack:

Dehydroguattescine

Guatteria schomburgkiana (Annonaceae)
  jnp 48, 254 '85

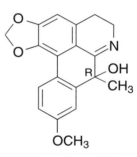

6,7-MDO	
3-MeO-α-MeO-benzyl	
H	THIQ

Compound unknown

| with a (6,8) attack: |

Noroliverine

Greenwayodendron suaveolens (Annonaceae)
   pm 33, 243 '78
Polyalthia suaveolens (Annonaceae)
   pm 33, 243 '78

6,7-MDO	
3-MeO-α-MeO-benzyl	
Me	THIQ

Compound unknown

| with a (6,8) attack: |

Oliverine

Enantia pilosa (Annonaceae) llyd 39, 350 '76
Greenwayodendron suaveolens (Annonaceae)
   al 59 1/2, 377 '90
Isolona campanulata (Annonaceae) pmp 12, 230 '78
Pachypodanthium staudtii (Annonaceae)
   al 59 1/2, 377 '90
Polyalthia oliveri (Annonaceae) pm 59, 388 '93
Polyalthia suaveolens (Annonaceae) pm 33, 243 '78

| the N-oxide: |

Oliverine N-oxide

Enantia pilosa (Annonaceae) jnp 41, 385 '78
Greenwayodendron suaveolens (Annonaceae) jcspt I, 2807 '82
Isolona campanulata (Annonaceae) pmp 12, 230 '78

6,7-MDO	
3-MeO-α,α-Me,Me-benzyl	
H	DHIQ

Compound unknown

Structural Index - 6,7-MDO-Substituted

with a (6,8) attack:

Guadiscine

Guatteria discolor (Annonaceae) tl 23, 4247 '82
Guatteria schomburgkiana (Annonaceae) jnp 48, 254 '85

6,7-MDO	Compound unknown
3-MeO-α-keto-benzyl	
H IQ	

with a (2,8) attack:

Oxoputerine
11-Methoxyliriodenine
O-Methyloxopukateine

Duguetia calycina (Annonaceae) pmp 12, 259 '78
Duguetia eximia (Annonaceae) phy 17, 837 '78
Guatteria elata (Annonaceae) jnp 40, 152 '77
Guatteria sagotiana (Annonaceae) jnp 49, 1078 '86
Guatteria schomburgkiana (Annonaceae) pm 54, 84 '88
Laurelia novae-zelandiae (Monimiaceae) phy 21, 773 '82
Stephania excentrica (Menispermaceae) jnp 60, 294 '97

with a (6,8) attack:

Lanuginosine
Oxoxylopine

Annona cherimolia (Annonaceae) jnp 46, 438 '83
Annona reticulata (Annonaceae) cpj 47, 483 '95
Annona squamosa (Annonaceae) phy 18, 1584 '79
Artabotrys zeylanicus (Annonaceae) phy 42, 170 '96
Desmos longiflorus (Annonaceae) fit 66, 463 '95
Duguetia spixiana (Annonaceae) jnp 50, 664 '87
Enantia pilosa (Annonaceae) llyd 39, 350 '76
Fissistigma glaucescens (Annonaceae) jccs 47, 1251 '00
Guatteria chrysopetala (Annonaceae) pmp 18, 165 '84
Guatteria scandens (Annonaceae) jnp 46, 335 '83
Guatteria schomburgkiana (Annonaceae) jnp 48, 254 '85

Illigera pentaphylla (Hernandiaceae) jnp 48, 835 '85
Magnolia obovata (Magnoliaceae) bgac 154, 75 '96
Magnolia spp. (Magnoliaceae) phy 14, 589 '75
Michelia cathcartii (Magnoliaceae) phy 12, 2305 '73
Michelia lanuginosa (Magnoliaceae) phy 12, 2305 '73
Polyalthia longifolia (Annonaceae) phzi 50, 227 '95
Polyalthia suberosa (Annonaceae) jbas 16, 99 '92
Rollinia mucosa (Annonaceae) jnp 50, 330 '87
Rollinia papilionella(Annonaceae) jnp 46, 436 '83
Stephania abyssinica (Menispermaceae) jnp 38, 275 '75
Stephania japonica (Menispermaceae) jnp 40, 152 '77
Talauma hodgsoni (Magnoliaceae) jics 54, 790 '77
Xylopia papuana (Annonaceae) npl 6, 57 '95

(Lanuginosine was originally assigned the structure with a 4-methoxy-benzyl orientation, now known to belong to Lauterine; ijc 8, 475 '70.)

| 6,7-MDO |
| 4-HO-benzyl |
| H   THIQ |

Norcinnamolaurine

Cinnamomum spp. (Lauraceae) het 9, 903 '78
Lindera glauca (Lauraceae) jnp 47, 1066 '84

| with a (1,8) attack, |
| and reduction of both double bonds |
| and the carbonyl group in the benzyl ring: |

(cis isomer) **Lauformine**
10-Epilitsericine

Phoebe formosana (Lauraceae) het 22, 1031 '84

(trans isomer) **(+)-Litsericine**

Neolitsea aurata (Lauraceae) abs 12
Neolitsea buisanensis (Lauraceae) abs 12
Neolitsea sericea (Lauraceae) het 9, 903 '78

Structural Index - 6,7-MDO-Substituted

| 6,7-MDO |
| 4-HO-benzyl |
| Me   THIQ |

Cinnamolaurine

Cinnamomum spp. (Lauraceae) het 9, 903 '78
Sassafras albidum (Lauraceae) phy 15, 1803 '76

| with a (1,8) attack: |

Mecambrine
Fugapavine

(S)(-)-isomer:
Meconopsis cambrica (Papaveraceae) cccc 61, 1815 '96
Papaver litwinowii (Papaveraceae) cccc 46, 1534 '81
Papaver pilosum (Papaveraceae) jnp 47, 342 '84
Papaver triniaefolium (Papaveraceae) pm 63, 575 '97
Roemeria hybrida (Papaveraceae) tet 43, 1765 '87

(dl):
Papaver syriacum (Papaveraceae) cccc 41, 290 '76

isomer not specified:
Papaver albiflorum (Papaveraceae) cccc 55, 1812 '90
Papaver armeniacum (Papaveraceae) dsa 7, 93 '83
Papaver caucasicum (Papaveraceae) jsiri 7, 263 '96
Papaver dubium (Papaveraceae) cccc 54, 1118 '89
Papaver fugax (Papaveraceae) fit 66, 544 '95
Papaver lacerum (Papaveraceae) jnp 44, 239 '81
Papaver lecoquii (Papaveraceae) cccc 46, 2587 '81
Papaver rhoeas (Papaveraceae) cccc 45, 914 '79
Papaver spicatum (Papaveraceae) pm 51, 431 '85
Papaver stevenianum (Papaveraceae) cccc 55, 1812 '90
Papaver tauricolum (Papaveraceae) pm 41, 105 '81

| and the reduction of a double bond |
| and of the carbonyl group in the benzyl ring: |

Roemeramine

Papaver strictum (Papaveraceae) pmp 15, 160 '81

> and the reduction of both double bonds and of the carbonyl group in the benzyl ring:

(cis isomer)   **N-Methyllauformine**
N-Methyl-10-epilitsericine

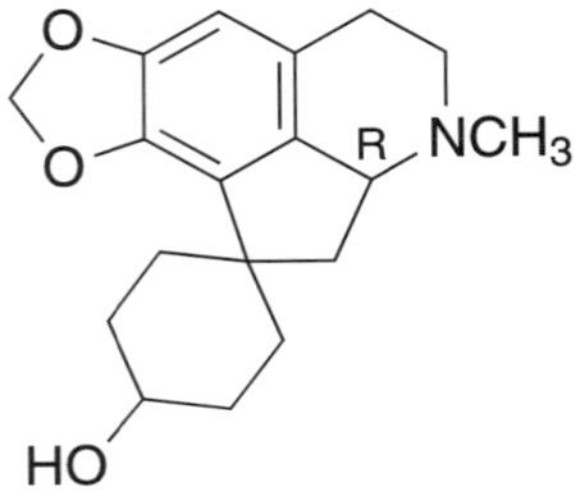

Phoebe formosana (Lauraceae)   het 22, 1031 '84

(trans isomer)   **N-Methyllitsericine**

Neolitsea aurata (Lauraceae)   jccs 22, 349 '75

(isomer not specified)
Hexahydromecambrine
Hexahydrofugapavine

Papaver lecoquii (Papaveraceae)   cccc 46, 2587 '81

> with a (2,8) attack: **(+)-Mecambroline**
Isofugapavine

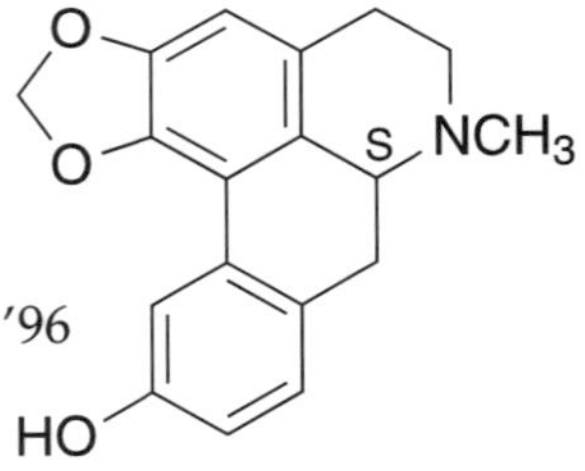

Laurelia sp. (Monimiaceae)   jnp 38, 275 '75
Meconopsis cambrica (Papaveraceae)   cccc 61, 1815 '96
Papaver sp. (Papaveraceae)   jnp 38, 275 '75
Phoebe clemensii (Lauraceae)   jnp 46, 913 '83
Stephania venosa (Menispermaceae)   cccc 61, 1815 '96

> 6,7-MDO
> 4-HO-benzyl
> Me,Me+   THIQ

Compound unknown

> with a (2,8) attack: **Michepressine**

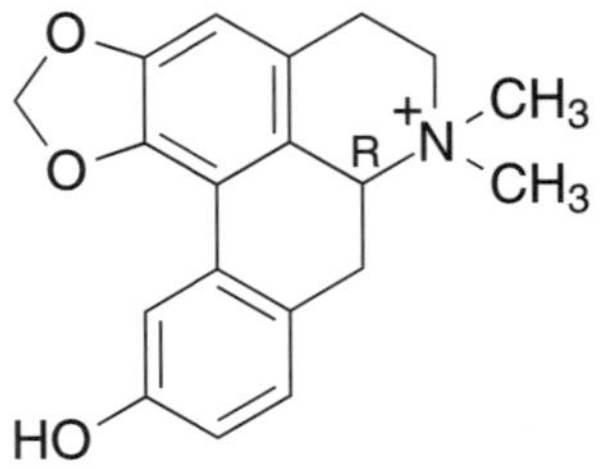

Michelia sp. (Magnoliaceae)   jnp 38, 275 '75

Structural Index - 6,7-MDO-Substituted

| 6,7-MDO |
| 4-HO-α-keto-benzyl |
| H   IQ |

Compound unknown

| with a (2,8) attack: | **10-Hydroxyliriodenine** |

Miliusa cf. *banacea* (Annonaceae) jnp 57, 68 '94
Polyalthia sp. (Annonaceae) jnp 57, 1033 '94

| 6,7-MDO |
| 4-MeO-benzyl |
| H   THIQ |

6,7-Methylendioxy-1-(4-methoxybenzyl)-THIQ

No trivial name.
Alseodaphne hainanensis (Lauraceae) zx 30, 183 '88

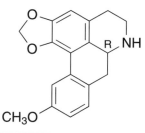

| with a (2,8) attack: | **Norlaureline** |

Dasymaschalon sootepense (Annonaceae)
  bs&e 26, 933 '98
Guatteria sagotiana (Annonaceae)
  jnp 49, 1078 '86

| 6,7-MDO | | Not a natural product. |
| 4-MeO-benzyl | | tet 25, 2795 '69 |
| H   DHIQ |

| with a (2,8) attack: | **6,6α-Dehydronorlaureline** |

Hedycarya angustifolia (Monimiaceae) het 26, 447 '87

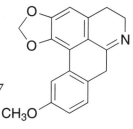

6,7-MDO	
4-MeO-benzyl	
H	IQ

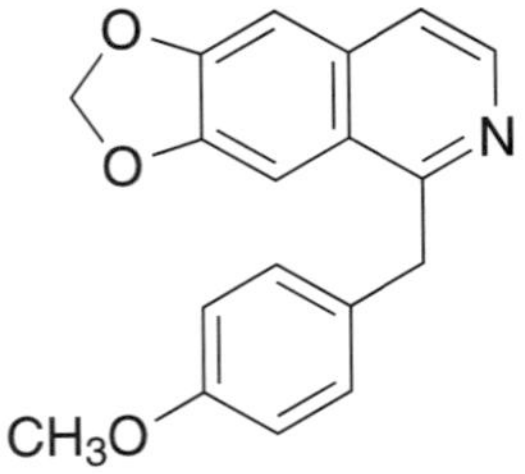

6,7-Methylendioxy-1-(4-methoxybenzyl)-IQ

No trivial name.
Ocotea macrophylla (Lauraceae) het 9, 903 '78
Ocotea pulchella (Lauraceae) phy 32, 1331 '93
Ocotea spp. (Lauraceae) phy 14, 1671 '75

6,7-MDO	
4-MeO-benzyl	
Me	IQ

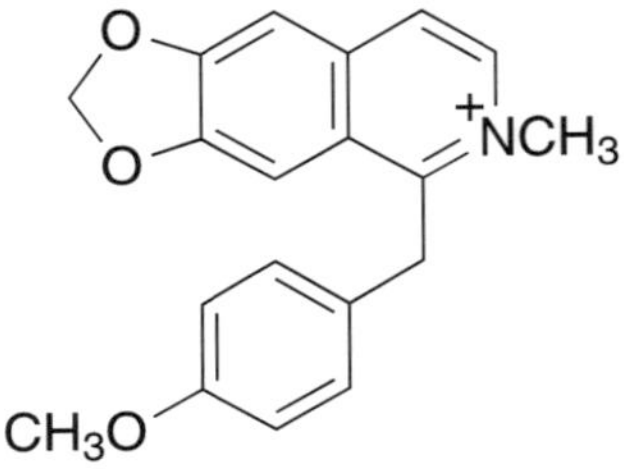

2-Methyl-1-(4-methoxybenzyl)-6,7-methylenedioxyisoquinolinium quat

No trivial name.
Doryphora sassafras (Monimiaceae) jnp 64, 1572 '01

6,7-MDO	
4-MeO-α-HO-benzyl	
H	DHIQ

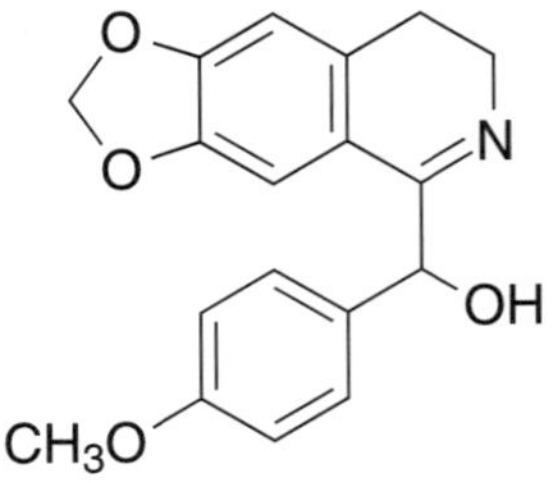

6,7-Methylendioxy-1-(4-methoxy-α-hydroxybenzyl)-3,4-DHIQ

No trivial name.
Ocotea pulchella (Lauraceae) phy 32, 1331 '93

6,7-MDO	
4-MeO-α-keto-benzyl	
H	IQ

Not a natural product.
jmc 11, 760 '68

Structural Index - 6,7-MDO-Substituted

| with a (2,8) attack: | **Lauterine**
10-Methoxyliriodenine
Oxolaureline
Oxolaurenine |

Guatteria elata (Annonaceae) jnp 40, 152 '77
Guatteria sagotiana (Annonaceae) jnp 49, 1078 '86
Magnolia soulangeana (Magnoliaceae) kps 11, 528 '75
Miliusa cf. *banacea* (Annonaceae) jnp 57, 68 '94

6,7-MDO	
4-MeO-benzyl	**(S)(+)-Doryafranine**
Me THIQ	**O-Methylcinnamolaurine**

Alseodaphne hainanensis (Lauraceae)
  zx 30, 183 '88
Hedycarya angustifolia (Monimiaceae)
  het 26, 447 '87

| with a (2,8) attack: | **Laureline** |

Hedycarya angustifolia (Monimiaceae) het 26, 447 '87
Laurelia novae-zelandiae (Monimiaceae)
  jcs 97, 1381 '10

6,7-MDO	
4-MeO-benzyl	Not a natural product.
Me,Me+ THIQ	phy 17, 1655 '78

| with a (2,8) attack, |
| and a 1,2 seco: |

Isouvariopsine

Hedycarya angustifolia (Monimiaceae)
  het 26, 447 '87

6,7-MDO	
2,3-HO,MeO-benzyl	
H	THIQ

Compound unknown

| with a (6,8) attack: |

(-)-Norannuradhapurine

Fissistigma spp. (Annonaceae) phy 24, 1829 '85
Goniothalamus amuyon (Annonaceae) phy 24, 1829 '85
Polyalthia acuminata (Annonaceae) jnp 46, 761 '83

6,7-MDO	
2,3-MeO,HO-benzyl	
Me	THIQ

Compound unknown

| with a (6,8) attack: |

Stesakine

Stephania cepharantha (Menispermaceae) jnp 63, 477 '00
Stephania sasakii (Menispermaceae) phy 19, 2735 '80
Stephania venosa (Menispermaceae) jnp 46, 761 '83

| glucoside at the benzylic 3-HO position: |

Stesakine-9-O-β-D-glucopyranoside

Stephania cepharantha (Menispermaceae) jnp 63, 477 '00

| and an α,1-ene: |

Dehydrostesakine

Stephania sasakii (Menispermaceae) phy 19, 2735 '80

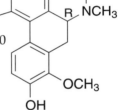

Structural Index - 6,7-MDO-Substituted

6,7-MDO
2,3-MeO,MeO-benzyl
Me   THIQ

Compound unknown

with a (6,8) attack: **(-)-Crebanine**

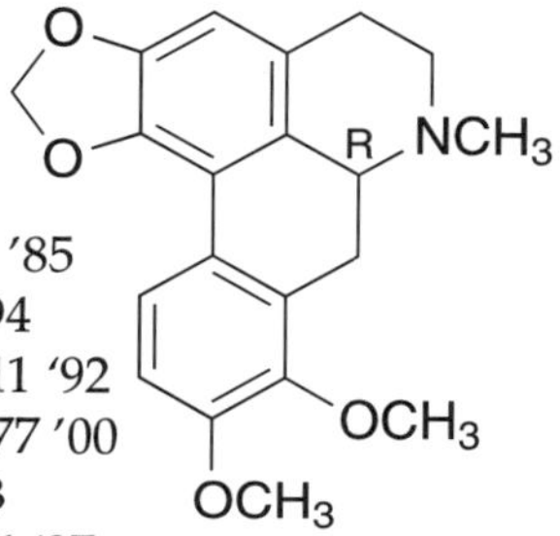

Fissistigma spp. (Annonaceae) phy 24, 1829 '85
Goniothalamus amuyon (Annonaceae) phy 24, 1829 '85
Stephania abyssinica (Menispermaceae) fit 65, 90 '94
Stephania brachyandra (Menispermaceae) tcyyk 4, 11 '92
Stephania cepharantha (Menispermaceae) jnp 63, 477 '00
Stephania dielsiana (Menispermaceae) zh 14, 57 '83
Stephania hainanensis (Menispermaceae) zh 18, 146 '87
Stephania succifera (Menispermaceae) zx 31, 544 '89
Stephania venosa (Menispermaceae) jnp 50, 1113 '87
Xylopia aethiopica (Annonaceae) fit 65, 89 '94

the N-oxide: **Crebanine N-oxide**

Stephania succifera (Menispermaceae) yx 21, 223 '86

with a 4-hydroxy group:

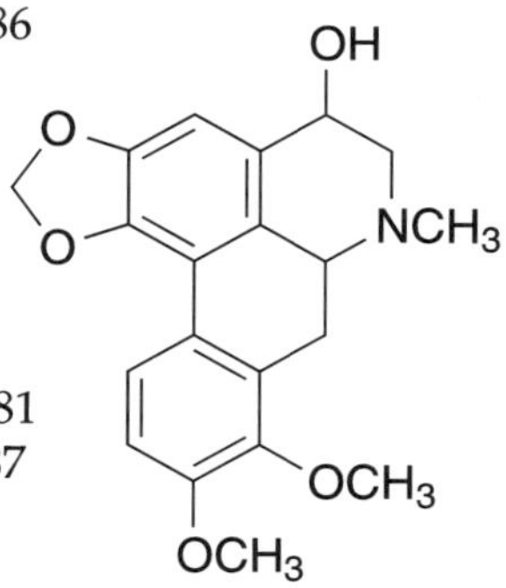

4-Hydroxycrebanine

Stephania sasakii (Menispermaceae) cpb 29, 2251 '81
Stephania venosa (Menispermaceae) jnp 50, 1113 '87
Stephania sp. (Menispermaceae) jnp 46, 761 '83

with an α,1-ene: **Dehydrocrebanine**

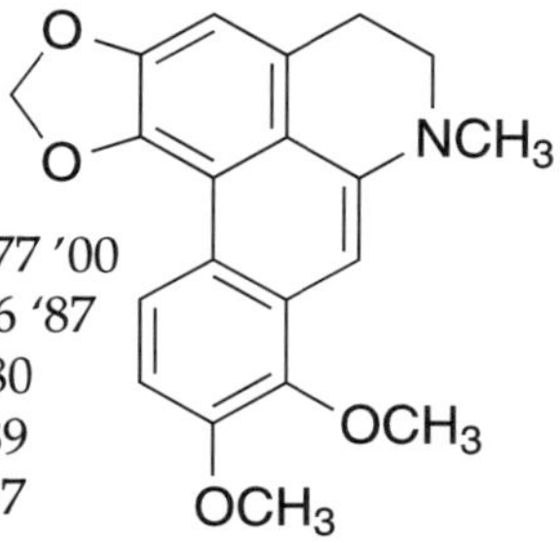

Stephania cepharantha (Menispermaceae) jnp 63, 477 '00
Stephania hainanensis (Menispermaceae) zh 18, 146 '87
Stephania sasakii (Menispermaceae) phy 19, 2735 '80
Stephania succifera (Menispermaceae) zx 31, 544 '89
Stephania venosa (Menispermaceae) jnp 50, 1113 '87

| 6,7-MDO |
| 2,3-MeO,MeO-benzyl |
| Me,Me+   THIQ |

Compound unknown

with a (6,8) attack, and a 1,2 seco:

8-Methoxyuvariopsine

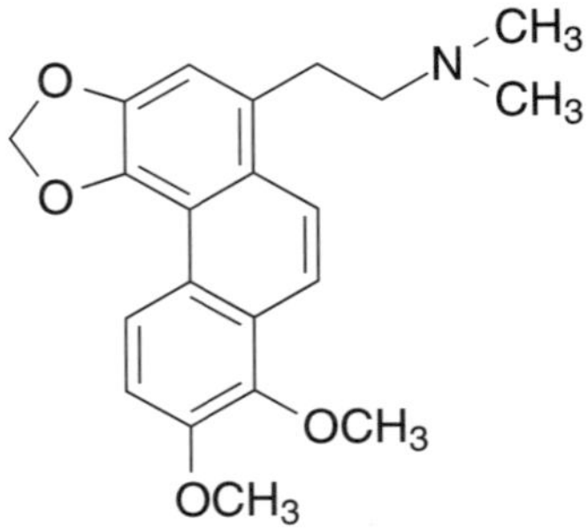

Uvariopsis quineensis (Annonaceae)
  phy 11, 2833 '72

| 6,7-MDO |
| 2,3-MeO,MeO-α-HO-benzyl |
| Me   THIQ |

Compound unknown

with a (6,8) attack:

(-)-Sukhodianine

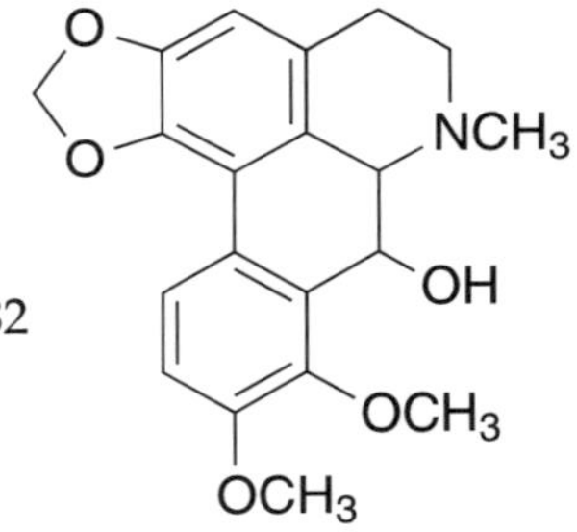

Stephania venosa (Menispermaceae) jnp 45, 355 '82

the N-oxide: **Sukhodianine β-N-oxide**

Stephania venosa (Menispermaceae) jnp 50, 1113 '87

| 6,7-MDO |
| 2,3-MeO,MeO-α-OAc-benzyl |
| Me   THIQ |

Compound unknown

with a (6,8) attack:

O-Acetylsukhodianine

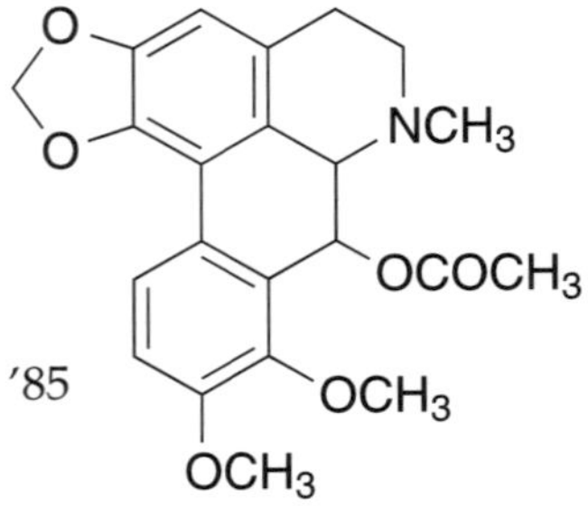

Stephania venosa (Menispermaceae) jnp 48, 658 '85

Structural Index - 6,7-MDO-Substituted

| 6,7-MDO |
| 2,3-MeO,MeO-α-keto-benzyl |
| H   IQ |

Compound unknown

with a (6,8) attack: **Oxocrebanine**

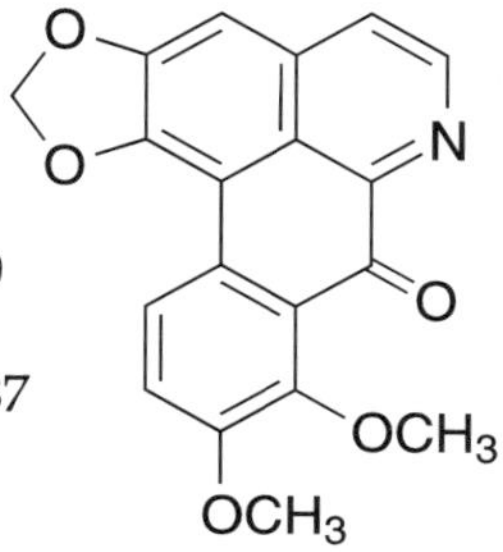

Artabotrys zeylanicus (Annonaceae) phy 42, 170 '96
Fissistigma glaucescens (Annonaceae) jccs 47, 1251 '00
Hernandia sp. (Hernandiaceae) jnp 42, 325 '79
Stephania hainanensis (Menispermaceae) zh 18, 146 '87
Stephania sasakii (Menispermaceae) yz 101, 431 '81
Stephania succifera (Menispermaceae) zx 31, 544 '89
Stephania spp. (Menispermaceae) jnp 46, 761 '83

| 6,7-MDO |
| 2,3-MeO,MeO-α-keto-benzyl |
| Me+   IQ |

Compound unknown

with a (6,8) attack:

Uthongine

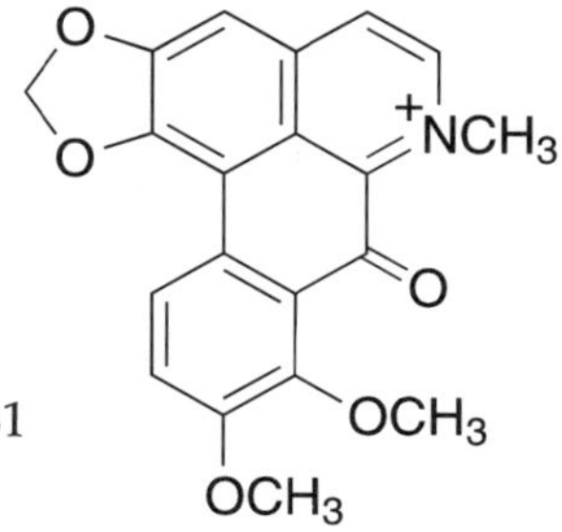

Stephania spp. (Menispermaceae) jcscc 21, 1118 '81

| 6,7-MDO |
| 2,3-MDO-α-keto-benzyl, Me |
| Me   THIQ |

Compound unknown

with a (6,1-Me) attack: **(+)-Fumariline**

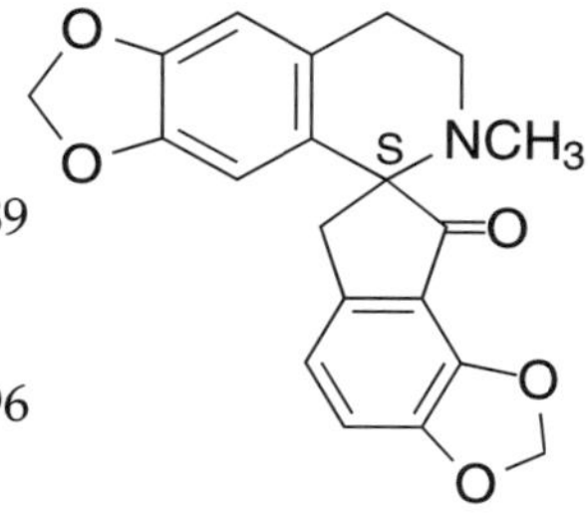

Corydalis caucasica (Papaveraceae) ijcdr 27, 161 '89
Corydalis solida (Papaveraceae) guefd 5, 9 '88
Fumaria bastardii (Papaveraceae) nps 4, 257 '98
Fumaria densiflora (Papaveraceae) cccc 61, 1064 '96
Fumaria muralis (Papaveraceae) jpps 33, 16 '81

Fumaria officinalis (Papaveraceae) jnp 46, 433 '83
Fumaria parviflora (Papaveraceae) pm 45, 120 '82
Fumaria rostellata (Papaveraceae) dban 25, 345 '72
Fumaria vaillantii (Papaveraceae) kps 5, 602 '81

6,7-MDO	
3,4-HO,MeO-benzyl	
H	THIQ

Not a natural product.
jcs 15, 2709 '71

with a (2,8) attack: **Launobine**
Norbulbocapnine

Cassytha americana (Lauraceae) het 9, 903 '78
Illigera spp. (Hernandiaceae) cwhp 29, 324 '87
Laurus nobilis (Lauraceae) het 9, 903 '78
Lindera spp. (Lauraceae) jnp 45, 560 '82
Sparattanthelium uncigerum (Hernandiaceae) jnp 48, 333 '85

with a (6,8) attack: **(+)-Actinodaphnine**

Actinodaphne spp. (Lauraceae) het 9, 903 '78
Cassytha spp. (Lauraceae) het 9, 903 '78
Guatteria scandens (Annonaceae) jnp 46, 335 '83
Hernandia spp. (Hernandiaceae) pm 50, 20 '84
Illigera spp. (Hernandiaceae) cwhp 29, 324 '87
Laurus spp. (Lauraceae) het 9, 903 '78
Litsea spp. (Lauraceae) cpj 46, 299 '94
Neolitsea spp. (Lauraceae) jccs 45, 103 '98
Nothaphoebe sp. (Lauraceae) het 9, 903 '78
Sparattanthelium uncigerum (Hernandiaceae) jnp 48, 333 '85

6,7-MDO	
3,4-HO,MeO-benzyl	
H	IQ

Isosevanine

Hedycarya angustifolia (Monimiaceae)
  het 26, 447 '87

Structural Index - 6,7-MDO-Substituted

6,7-MDO
3,4-HO,MeO-benzyl
Me   THIQ

Not a natural product.
cpb 34, 1946 '86

with a (2,N-Me) attack:

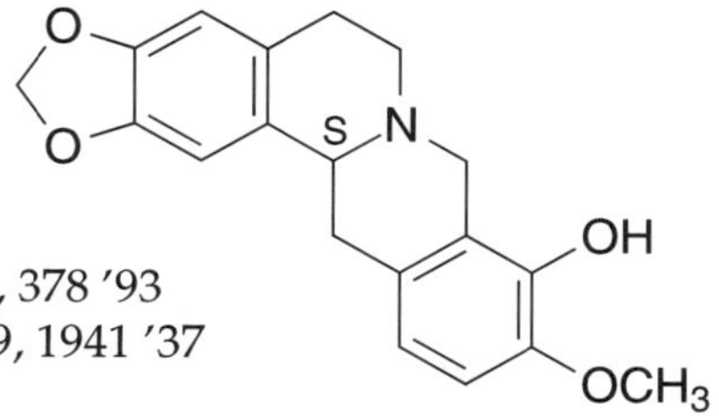

(+)-Nandinine
Tetrahydroberberrubine

Berberis valdiviana (Berberidaceae) fit 64, 378 '93
Nandina domestica (Berberidaceae) oiz 49, 1941 '37

and aromatization of the c-ring:

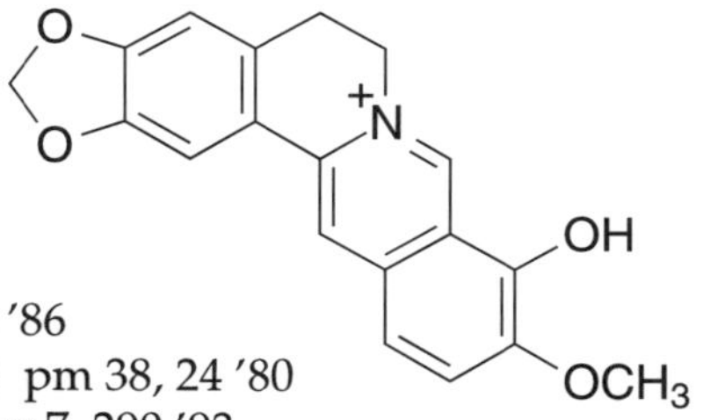

Berberrubine
Beroline

Berberis spp. (Berberidaceae) jnp 49, 398 '86
Coscinium fenestratum (Menispermaceae) pm 38, 24 '80
Fibraurea chloroleuca (Menispermaceae) pr 7, 290 '93
Phellodendron amurense var. *sachalinense* (Rutaceae) jc 634, 329 '93
Thalictrum dioicum (Ranunculaceae) llyd 41, 169 '78
Thalictrum glandulosissimum (Ranunculaceae) pm 58, 114 '92
Thalictrum polygamum (Ranunculaceae) llyd 36, 349 '73

with a carbonyl group on the original N-Me group:

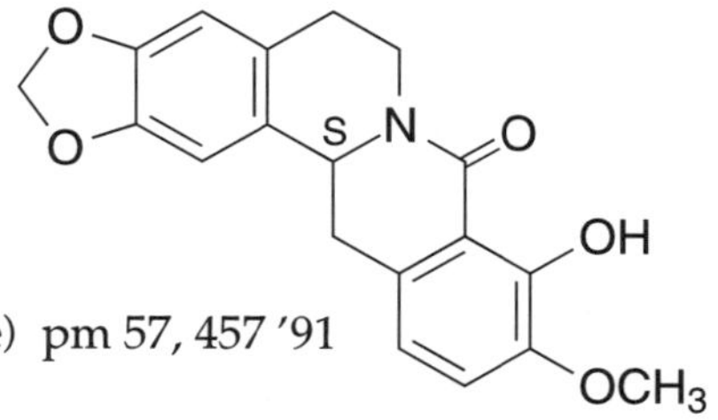

(-)-Gusanlung A

Arcangelisia gusanlung (Menispermaceae) pm 57, 457 '91

and aromatization of the c-ring:

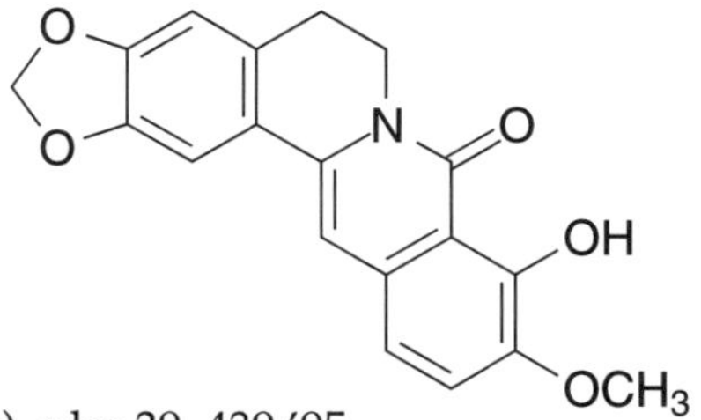

8-Oxoberberrubine
Berbin-8-one

Arcangelisia gusanlung (Menispermaceae) phy 39, 439 '95

Berberis heteropoda (Berberidaceae) cnc 29, 43 '93
Berberis sibirica (Berberidaceae) cnc 29, 361 '93

with a (2,3) attack:

(-)-Neocaryachine

Cryptocarya chinensis (Lauraceae) jnp 53, 1267 '90

also under: 7,8 MeO HO R Me THIQ
R= 3,4-MDO-benzyl   (6,3) attack

with a (2,8) attack:
(+)-Bulbocapnine
N-Methyllaunobine

(+)-isomer
Corydalis decumbens (Papaveraceae) jcps 4, 57 '95

isomer not specified:
Cassytha americana (Lauraceae) jnp 38, 275 '75
Cissampelos pareira (Menispermaceae) fit 63, 282 '92
Corydalis cava (Papaveraceae) zpn 69, 99 '85
Corydalis intermedia (Papaveraceae) cccc 54, 2009 '89
Corydalis rutifolia (Papaveraceae) ijcddr 26, 155 '88
Corydalis solida (Papaveraceae) guefd 5, 9 '88
Corydalis spp. (Papaveraceae) jnp 38, 275 '75
Dicentra canadensis (Papaveraceae) jnp 38, 275 '75
Glaucium paucilobum (Papaveraceae) jsiri 10, 229 '99
Glaucium spp. (Papaveraceae) llyd 41, 472 '78
Hypecoum imberbe (Papaveraceae) jnp 52, 716 '89
Illigera luzonensis (Hernandiaceae) jnp 60, 645 '97

the N-oxide:
Bulbocapnine N-oxide

Glaucium fimbrilligerum (Papaveraceae) jnp 61, 1564 '98

Structural Index - 6,7-MDO-Substituted

with a 4-hydroxy group:

(+)-4-Hydroxybulbocapnine

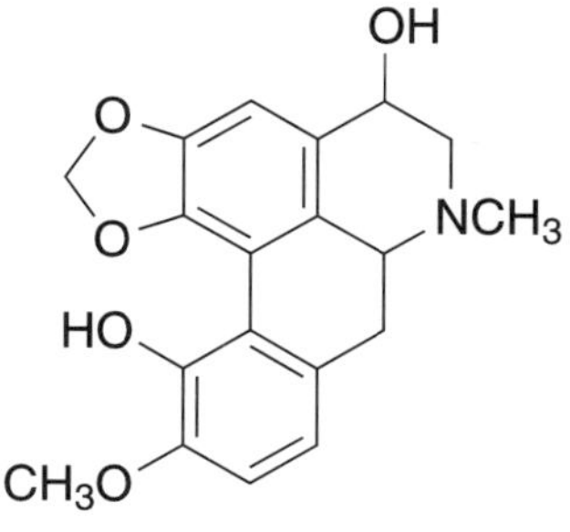

Glaucium paucilobum (Papaveraceae)
  jsiri 10, 229 '99
Glaucium vitellinum (Papaveraceae)
  llyd 41, 657c '78

with a (6,3) attack:

(-)-Caryachine

Cryptocarya chinensis (Lauraceae) jnp 53, 1267 '90
Eschscholzia californica (Papaveraceae) cccc 51, 1743 '86
Eschscholzia douglasii (Papaveraceae) cccc 51, 1743 '86
Eschscholzia glauca (Papaveraceae) cccc 51, 1743 '86

also under: 6,7 HO MeO R Me THIQ
R= 3,4-MDO-benzyl   (6,3) attack

with a (6,8) attack:

(+)-N-Methylactinodaphnine
(+)-Cassythicine

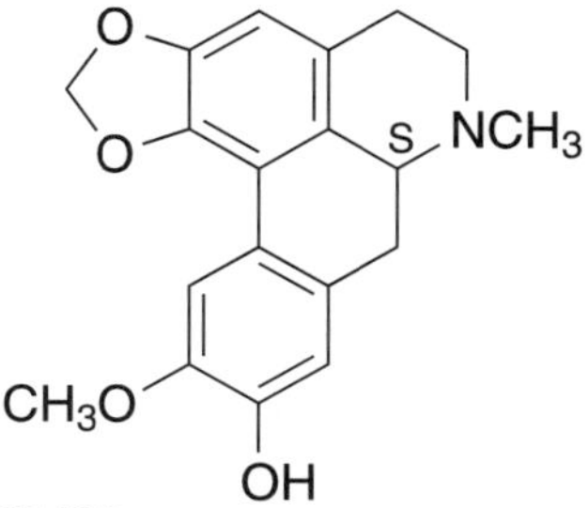

Annona glabra (Annonaceae) jccs 18, 133 '71
Cassytha spp. (Lauraceae) het 9, 903 '78
Hernandia cordigera (Hernandiaceae) bmnh 2, 387 '80
Illigera luzonensis (Hernandiaceae) jnp 60, 645 '97
Laurus nobilis (Lauraceae) jnp 45, 560 '82
Litsea spp. (Lauraceae) het 9, 903 '78
Neolitsea spp. (Lauraceae) jccs 45, 103 '98
Ocotea brachybotra (Lauraceae) fes 32, 767 '77
Stephania epigaea (Menispermaceae) nyx 5, 203 '85
Stephania spp. (Menispermaceae) jnp 55, 828 '92

| 6,7-MDO |
| 3,4-HO,MeO-benzyl |
| Me,Me+ THIQ |

(+)-Phyllocryptine

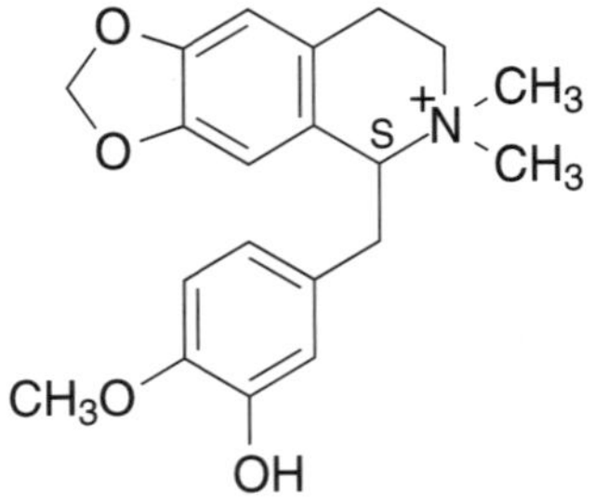

Cryptocarya phyllostemon (Lauraceae)
  ajc 42, 2243 '89

| with a (2,3) attack: |

(-)-N-Methylneocaryachine quat

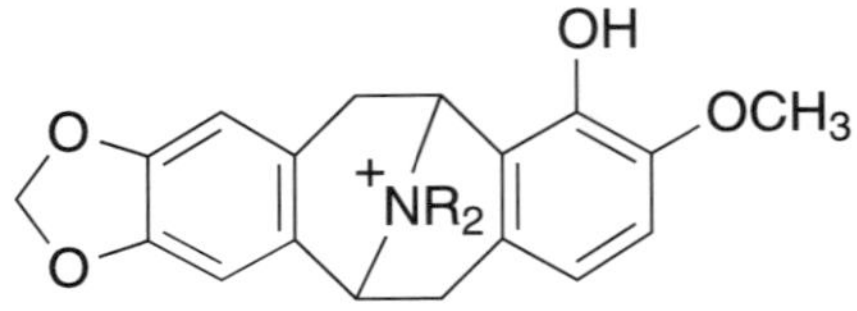

Cryptocarya chinensis (Lauraceae)
  phy 48, 119 '98

R= Me

also under: 7,8 MeO HO R Me,Me+ THIQ
R= 3,4-MDO-benzyl   (6,3) attack

| with a (2,8) attack: |

(+)-N-Methylbulbocapnine
(+)-Bulbocapnine methiodide

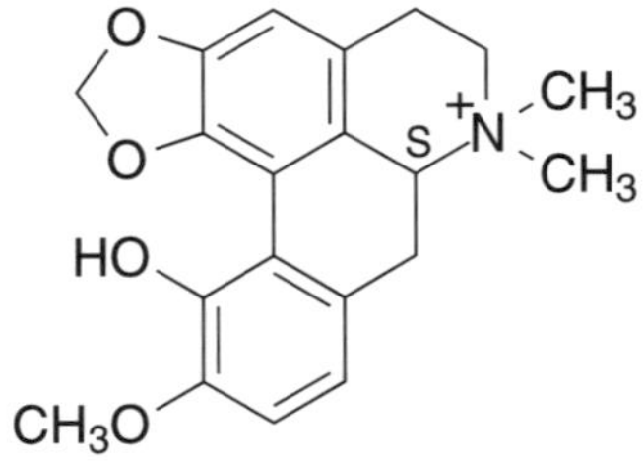

Corydalis cava (Papaveraceae)
  cccc 44, 2261 '79

| with a (6,3) attack: |

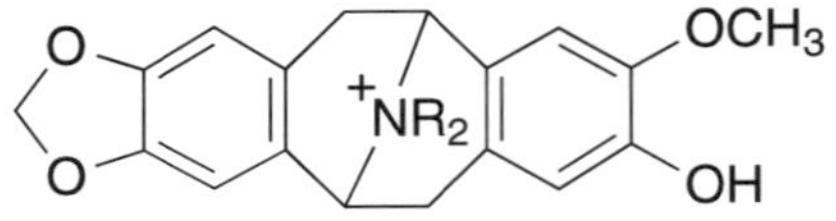

Caryachine methiodide
N-Methylcaryachinium quat

R= CH_3

Cryptocarya chinensis (Lauraceae) jnp 42, 163 '79
Eschscholzia californica (Papaveraceae) cccc 51, 1743 '86
Eschscholzia douglasii (Papaveraceae) cccc 51, 1743 '86
Eschscholzia glauca (Papaveraceae) cccc 51, 1743 '86

also under: 6,7 HO MeO R Me,Me+ THIQ
R= 3,4-MDO-benzyl   (6,3) attack

Structural Index - 6,7-MDO-Substituted 289

| 6,7-MDO |
| 3,4-HO,MeO-benzyl, HO |
| Me,Me+ THIQ |

Compound unknown

| with a (2,N-Me) attack: |

Hunnemanine

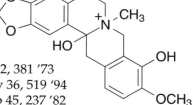

Argemone fructicosa (Papaveraceae) phy 12, 381 '73
Dactylicapnos torulosa (Papaveraceae) phy 36, 519 '94
Eschscholzia californica (Papaveraceae) jnp 45, 237 '82
Hunnemannia fumariaefolia (Papaveraceae) jnp 46, 753 '83
Hypocoum procumbens (Papaveraceae) pm 1, 70 '86

Chem. Abstracts has misspelled this name as Hunnemannine.

| 6,7-MDO |
| 3,4-HO,MeO-α-HO-benzyl |
| Me,Me+ THIQ |

(+)-Phyllocryptonine

Cryptocarya phyllostemon (Lauraceae)
  ajc 42, 2243 '89

| 6,7-MDO |
| 3,4-HO,MeO-α-keto-benzyl |
| H IQ |

Compound unknown

| with a (6,8) attack: | **Machigline**
Fissiceine

Fissistigma glaucescens (Annonaceae) jccs 47, 1251 '00
Machilus glaucesens (Lauraceae) jccs 59, 1364 '82

| 6,7-MDO |
| 3,4-MeO,HO-benzyl |
| H   THIQ |

Compound unknown

| with a (2,8) attack: |

(+)-Nandigerine
(+)-Hernangerine
Hernandia base
Hernandia base II

Hernandia cordigera (Hernandiaceae)
  crhs 291, 187 '80
Hernandia spp. (Hernandiaceae) jnp 38, 275 '75
Laurus nobilis (Lauraceae) jnp 45, 560 '82
Lindera myrrha (Lauraceae) phy 35, 1363 '94
Litsea laurifolia (Lauraceae) jnp 45, 560 '82
Neolitsea variabillima (Lauraceae) het 9, 903 '78
Ocotea spp. (Lauraceae) rlq 23, 18 '92
Parabenzoin praecox (Lauraceae) cpb 32, 5055 '84

| with a (6,8) attack: |

(+)-Litseferine

Annona hayesii (Annonaceae) jnp 50, 759 '87
Illigera parviflora (Hernandiaceae) cty 22, 393 '91
Litsea glutinosa (Lauraceae) ijc 14b, 150 '76
Litsea lecardii (Lauraceae) pm 52, 74 '86
Stephania cepharantha (Menispermaceae)
  cpb 45, 545 '97

| 6,7-MDO |
| 3,4-MeO,HO-α-CHO-benzyl |
| H   THIQ |

Compound unknown

| with a (2,8) attack, |
| and an α,1-ene: |

7-Formyldehydrohernangerine

Hernandia nymphaeifolia (Hernandiaceae)
  phy 42, 1479 '96

Structural Index - 6,7-MDO-Substituted

6,7-MDO	Not a natural product.
3,4-MeO,HO-benzyl	ajc 42, 2243 '89
Me THIQ	

with a (2,N-Me) attack, and a carbonyl group on the original N-Me group:

(-)-8-Oxotetrahydrothalifendine

Coscinium fenestratum (Menispermaceae) phy 31, 1403 '92
Hydrastis canadensis (Ranunculaceae) jnp 61, 1187 '98

with aromatization of the c-ring:

Thalifendine
Thaliphendine

Arcangelisia flava (Menispermaceae) jnp 45, 582 '82
Berberis congestiflora (Berberidaceae) fit 63, 376 '92
Berberis darwinii (Berberidaceae) rlq 15, 27 '84
Berberis polymorpha (Berberidaceae) rlq 19, 109 '88
Coptis japonica (Ranunculaceae) jnp 47, 189 '84
Coptis quinquefolia (Ranunculaceae) sz 43, 81 '89
Coscinium fenestratum (Menispermaceae) pm 38, 24 '80
Fibraurea chloroleuca (Menispermaceae) pr 7, 290 '93
Glaucium arabicum (Papaveraceae) duj 17, 185 '90
Nandina domestica (Berberidaceae) phy 27, 2143 '88
Phellodendron wilsonii (Rutaceae) llyd 39, 249 '76
Thalictrum spp. (Ranunculaceae) jnp 43, 372 '80

and a 4-hydroxy group:

Thalidastine

Nandina domestica (Berberidaceae) phy 27, 2143 '88
Thalictrum cultratum (Ranunculaceae) abs 16
Thalictrum fendleri (Ranunculaceae) llyd 33s, 1 '70
Thalictrum foliolosum (Ranunculaceae) daib 45, 520 '84

Thalictrum minus (Ranunculaceae) phy 21, 1419 '82
Thalictrum thunbergii (Ranunculaceae) pm 39, 283 '80

with an α,1-ene,
and a carbonyl on the
original N-Me group:

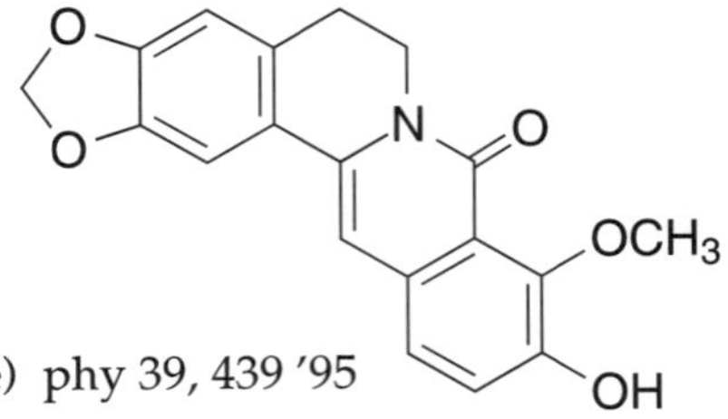

8-Oxythalifendine

Arcangelisia gusanlung (Menispermaceae) phy 39, 439 '95

with a (2,8) attack:

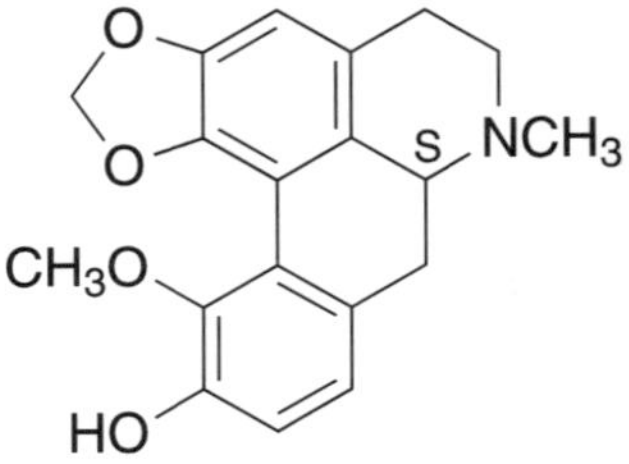

(+)-N-Methylnandigerine
(+)-N-Methylhernangerine
Hernandia base VIII

Hernandia spp. (Hernandiaceae) jnp 38, 275 '75
Lindera megaphylla (Lauraceae) jnp 57, 689 '94
Lindera spp. (Lauraceae) jnp 38, 275 '75
Litsea laurifolia (Lauraceae) pmp 13, 262 '79

the N-oxide:

(+)-N-Methylnandigerine β-N-oxide
(+)-N-Methylhernangerine β-N-oxide

Polyalthia longifolia (Annonaceae) jnp 57, 1033 '94

with a (6,4) attack:

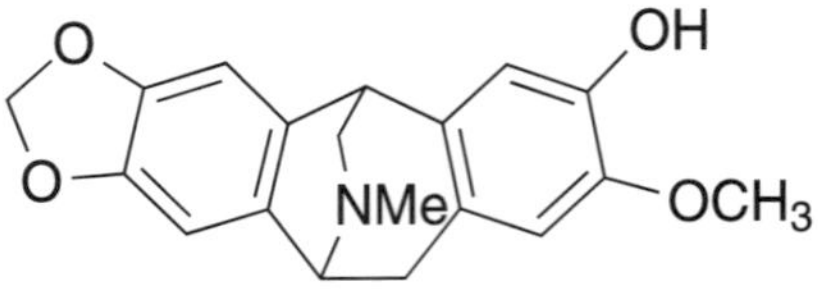

Amurensine
Xanthopetaline

Papaver fugax (Papaveraceae) pm 41, 105 '81
Papaver spp. (Papaveraceae) jnp 46, 293 '83

Structural Index - 6,7-MDO-Substituted

with a (6,8) attack: **(-)-Phanostenine**

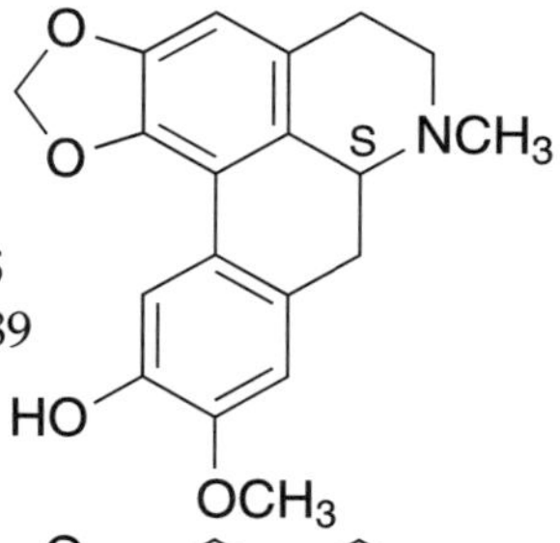

Annona glabra (Annonaceae) fit 65, 478 '94
Stephania pierrei (Menispermaceae) jnp 38, 275 '75
Stephania succifera (Menispermaceae) zx 31, 544 '89

with an α,1-ene: **Dehydrophanostenine**

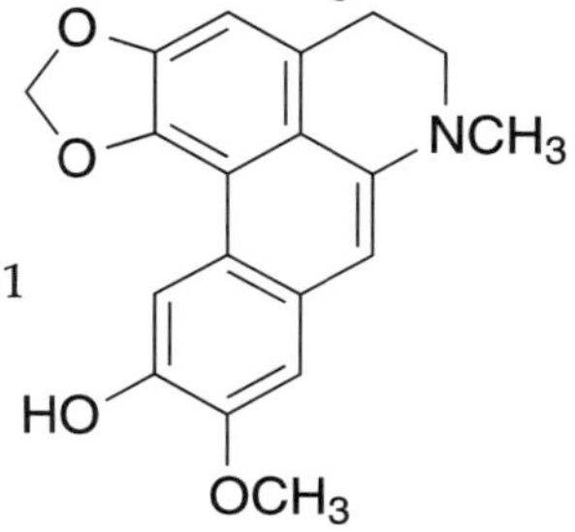

Stephania sasakii (Menispermaceae) yz 101, 431 '81
Stephania sp. (Menispermaceae) jnp 46, 761 '83

| 6,7-MDO |
| 3,4-MeO,HO-benzyl |
| Me+   IQ |

Escholamidine

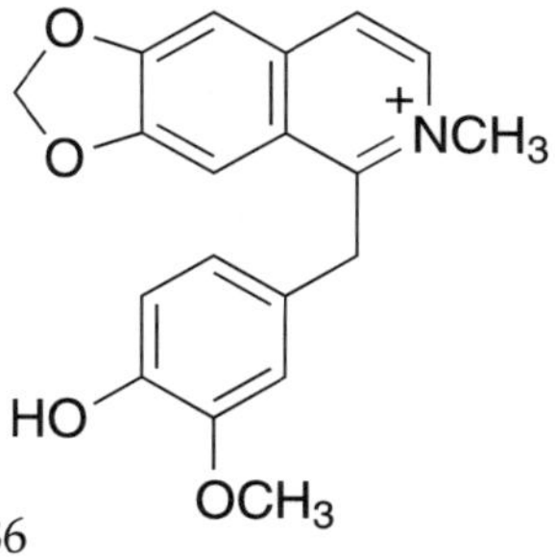

Eschscholzia californica (Papaveraceae)
  cccc 51, 1743 '86
Eschscholzia douglasii (Papaveraceae)
  cccc 51, 1743 '86
Eschscholzia glauca (Papaveraceae) cccc 51, 1743 '86
Eschscholzia oregana (Papaveraceae) cccc 40, 1095 '75

| 6,7-MDO |
| 3,4-MeO,HO-benzyl |
| Me,Me+   THIQ |

Compound unknown

with a (2,N-Me) attack:

Escholidine

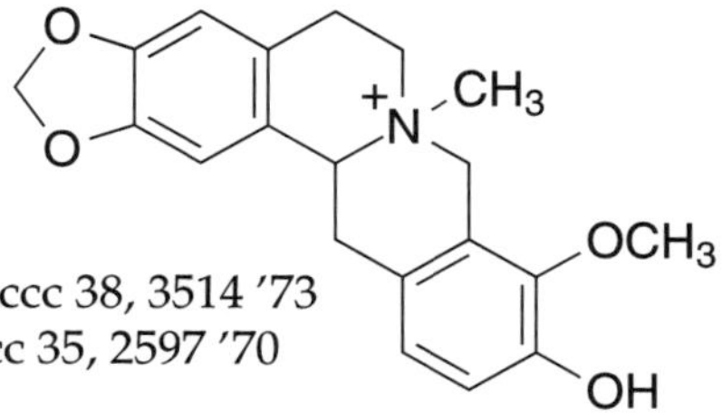

Eschscholzia californica (Papaveraceae) cccc 38, 3514 '73
Eschscholzia douglasii (Papaveraceae) cccc 35, 2597 '70

Eschscholzia glauca (Papaveraceae) cccc 35, 2597 '70
Hunnemannia fumariaefolia (Papaveraceae) cccc 35, 2597 '70

6,7-MDO	
3,4-MeO,HO-benzyl	
CHO	THIQ

Compound unknown

with a (2,8) attack:

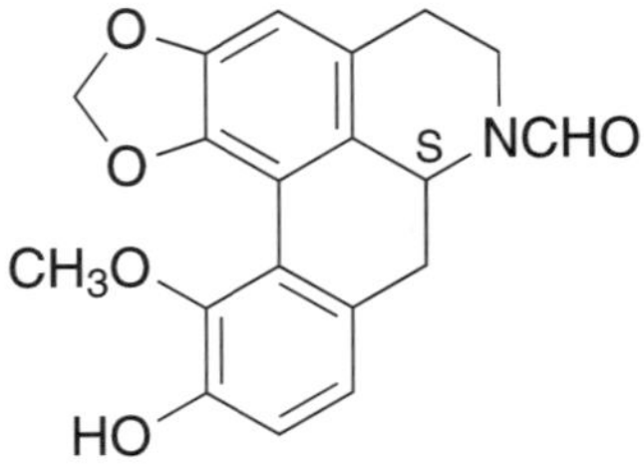

N-Formylhernangerine

Hernandia nymphaeifolia (Hernandiaceae)
het 43, 799 '96

6,7-MDO	
3,4-MeO,HO-benzyl	
HO	THIQ

Compound unknown

with a (2,8) attack:

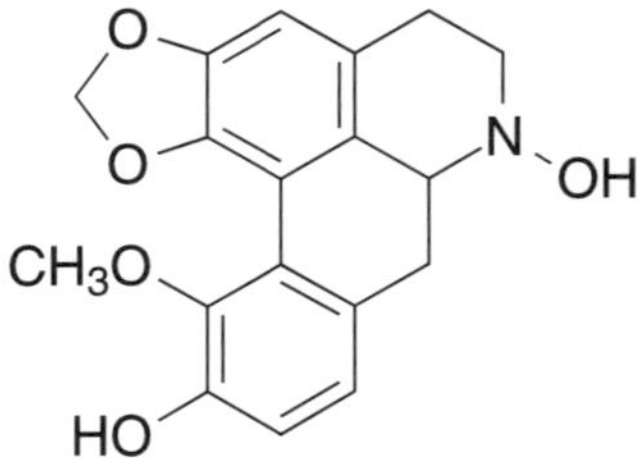

N-Hydroxyhernangerine

Hernandia nymphaeifolia (Hernandiaceae)
pm 63, 154 '97

6,7-MDO	
3,4-MeO,HO-benzyl, HO	
Me,Me+	THIQ

Compound unknown

with a (2,N-Me) attack:

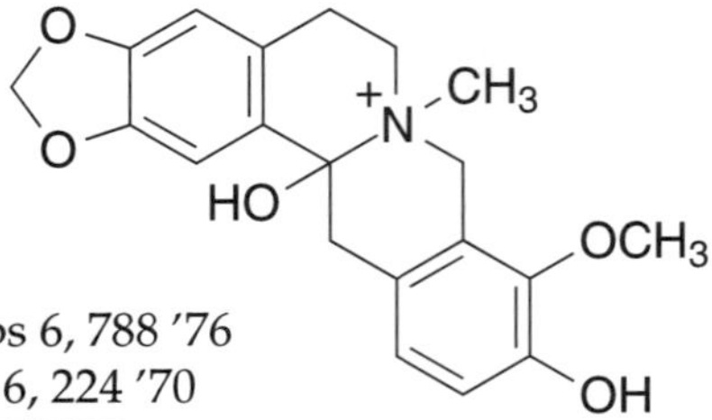

Thalictricine
Thalictrisine

Thalictrum amurense (Ranunculaceae) kps 6, 788 '76
Thalictrum simplex (Ranunculaceae) kps 6, 224 '70
Thalictrum sp. (Ranunculaceae) jnp 45, 237 '82
Zanthoxylum dipetalum (Rutaceae) bs&e 18, 345 '90

Structural Index - 6,7-MDO-Substituted

6,7-MDO	
3,4-MeO,MeO-benzyl	
H	THIQ

Not a natural product.
cpb 16, 364 '68

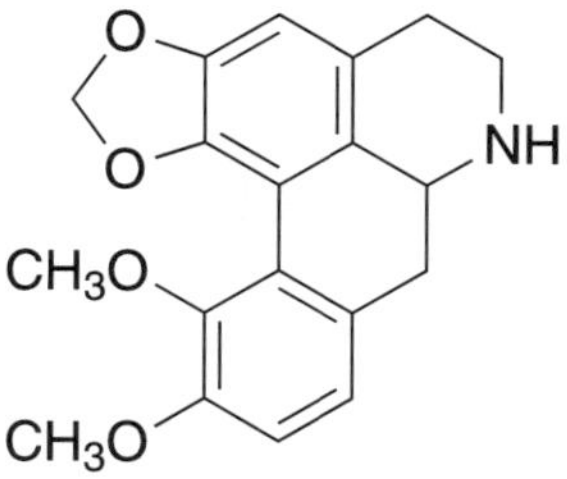

with a (2,8) attack:

Litsedine

Litsea nitida (Lauraceae) ijc 13, 197 '75

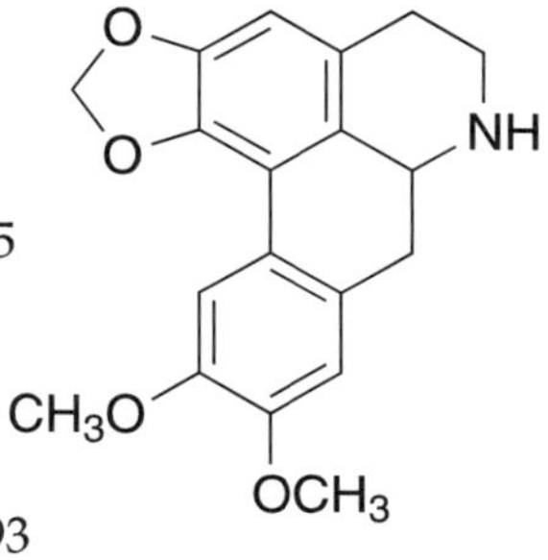

with a (6,8) attack: **Nordicentrine**

Guatteria scandens (Annonaceae) jnp 46, 335 '83
Illigera pentaphylla (Hernandiaceae) jnp 48, 835 '85
Lindera oldhamii (Lauraceae) jnp 42, 325 '79
Litsea laeta (Lauraceae) phy 19, 998 '80
Litsea spp. (Lauraceae) jnp 42, 325 '79
Ocotea velloziana (Lauraceae) phy 39, 815 '95
Stephania pierrei (Menispermaceae) jnp 56, 1468 '93

6,7-MDO	
3,4-MeO,MeO-benzyl	
Me	THIQ

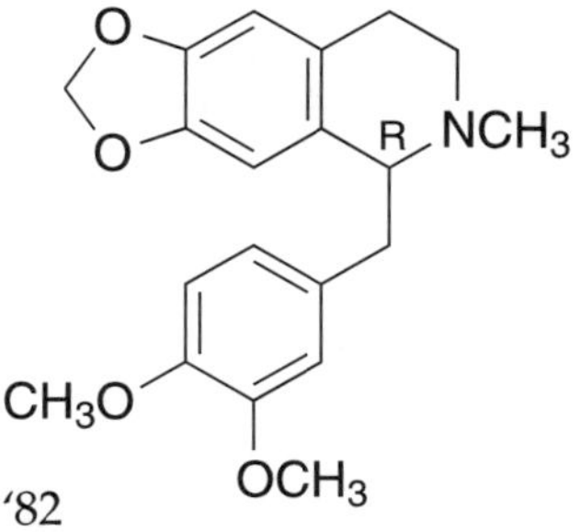

(R)(-)-Romneine

(-)-isomer:
Laurelia philippiana (Monimiaceae) phy 21, 773 '82
Laurelia novae-zelandiae (Monimiaceae) phy 21, 773 '82

(dl):
Cryptocarya chinensis (Lauraceae) jnp 56, 227 '93

(There is a conflict as this name is also given as a synonym for Escholinine, which has two methyls on the nitrogen. cccc 38, 3514 '73)

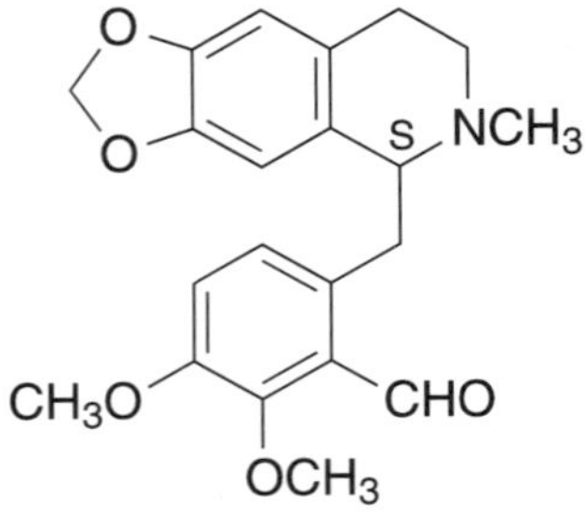

with a formyl group on the
2-position of the benzyl:

(+)-Canadaline

Hydrastis canadensis (Ranunculaceae)
het 12, 497 '79

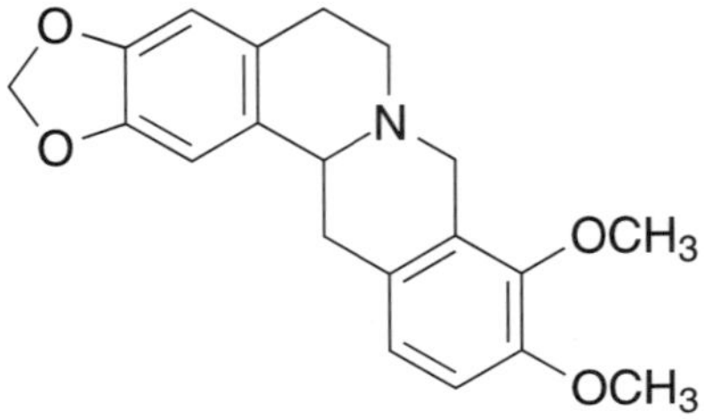

with a (2,N-Me) attack: **Canadine**
α-Canadine
β-Canadine
Tetrahydroberberine
Xanthopuccine

(S)(-)-Canadine
(-)-α-Canadine
(-)-Tetrahydroberberine:
Argemone platyceras (Papaveraceae) cccc 41, 285 '76
Bocconia frutescens (Papaveraceae) cccc 45, 1301 '80
Chelidonium majus (Papaveraceae) cty 20, 146 '89
Corydalis bulbosa (Papaveraceae) jafc 46, 1914 '98
Corydalis cheilanthifolia (Papaveraceae) pm 51, 286 '85
Corydalis ophiocarpa (Papaveraceae) pm 36, 213 '79
Corydalis slivenensis (Papaveraceae) pm 44, 168 '82
Corydalis solida (Papaveraceae) jcsp 13, 63 '91
Corydalis turtschaninovii (Papaveraceae) yx 21, 447 '86
Eschscholzia spp. (Papaveraceae) cccc 35, 2597 '70
Fumaria kralikii (Papaveraceae) pm 45, 120 '82
Hydrastis canadensis (Ranunculaceae) gci 110, 539 '80
Papaver albiflorum (Papaveraceae) cccc 46, 2587 '81
Zanthoxylum integrifoliolum (Rutaceae) jnp 62, 833 '99
Zanthoxylum spp. (Rutaceae) ajc 20, 565 '67

(R)(+)-Canadine
β-Canadine
(+)-Tetrahydroberberine:
Corydalis cava (Papaveraceae) cccc 44, 2261 '79
Glaucium corniculatum (Papaveraceae) cccc 37, 3346 '72

isomer not specified:
Argemone ochroleuca (Papaveraceae) cccc 38, 2307 '73

Structural Index - 6,7-MDO-Substituted

Berberis spp. (Berberidaceae) jnp 49, 159 '86
Corydalis intermedia (Papaveraceae) cccc 54, 2009 '89
Corydalis spp. (Papaveraceae) guefd 5, 9 '88
Coscinium fenestratum (Menispermaceae) phy 28, 1988 '89
Glaucium squamigerum (Papaveraceae) cccc 49, 1318 '84
Glaucium spp. (Papaveraceae) mjps 10, 265 '94
Hylomecon vernalis (Papaveraceae) cccc 32, 4431 '67
Papaver lecoquii (Papaveraceae) cccc 46, 2587 '81
Rollinia mucosa (Annonaceae) jnp 59, 904 '96
Sanguinaria canadensis (Papaveraceae) pp 105, 395 '94
Zanthoxylum brachyacanthum (Rutaceae) ajp 28, 857 '47
Zanthoxylum parviflorum (Rutaceae) llyd 33s, 1 '70

and a carbonyl group
on the original N-Me group:

(-)-8-Oxocanadine
Gusanlung B

Arcangelisia gusanlung (Menispermaceae) pm 57, 457 '91
Coscinium fenestratum (Menispermaceae) phy 31, 1403 '92

with aromatization of the c-ring:

Berberine
Berbericine
Majarine
Umbellatin

Achyranthes japonica (Amaranthaceae) bpb 21, 990 '98
Alstonia macrophylla (Apocynaceae) llyd 33s, 1 '70
Anamirta cocculus (Menispermaceae) jnp 44, 221 '81
Andira inermis (Fabaceae) fit 62, 89 '91
Aquilegia spp. (Ranunculaceae) llyd 33s, 1 '70
Arcangelisia flava (Menispermaceae) llyd 33s, 1 '70
Argemone echinata (Papaveraceae) phy 12, 381 '73
Argemone spp. (Papaveraceae) jnp 48, 725 '85
Berberis spp. (Berberidaceae) jnp 52, 81 '89
Burasaia madagascariensis (Menispermaceae) llyd 33s, 1 '70
Caulophyllum thalictroides (Berberidaceae) bull 1
Chelidonium majus (Papaveraceae) pm 62, 227 '96

Coptis spp. (Ranunculaceae) phy 11, 175 '72
Corydalis intermedia (Papaveraceae) cccc 54, 2009 '89
Corydalis saxicola (Papaveraceae) zx 24, 289 '82
Corydalis spp. (Papaveraceae) guefd 5, 9 '88
Coscinium fenestratum (Menispermaceae) pm 38, 24 '80
Coscinium usitatum (Menispermaceae) tcdh 3, 19 '83
Dicranostigma lactucoides (Papaveraceae) llyd 33s, 1 '70
Enantia spp. (Annonaceae) llyd 33s, 1 '70
Eschscholzia spp. (Papaveraceae) pm 62, 188 '96
Euodia hortensis (Rutaceae) bull 1
Fagara coco (Rutaceae) llyd 33s, 1 '70
Fibraurea chloroleuca (Menispermaceae) pr 7, 290 '93
Fumaria kralikii (Papaveraceae) abs 6
Glaucium squamigerum (Papaveraceae) cccc 49, 1318 '84
Glaucium spp. (Papaveraceae) jnp 48, 725 '85
Hunnemannia fumariaefolia (Papaveraceae) llyd 33s, 1 '70
Hydrastis canadensis (Ranunculaceae) llyd 33s, 1 '70
Hylomecon vernalis (Papaveraceae) cccc 32, 4431 '67
Hymenodictyon floribundum (Rubiaceae) go 14, 401 '66
Jatrorrhiza palmata (Menispermaceae) llyd 28, 73 '65
Juglans regia (Juglandaceae) nasb 26, 31 '74
Laurelia novae-zelandiae (Monimiaceae) bscq 27, 165 '82
Laurelia philippiana (Monimiaceae) phy 21, 773 '82
Mahonia spp. (Berberidaceae) llyd 33s, 1 '70
Meconopsis spp. (Papaveraceae) cccc 42, 132 '77
Nandina domestica (Berberidaceae) phy 27, 2143 '88
Orixa japonica (Rutaceae) llyd 33s, 1 '70
Papaver spp. (Papaveraceae) nat 189, 198 '61
Parabaena sagittata (Menispermaceae) jnp 49, 253 '86
Penianthus zenkeri (Menispermaceae) phy 30, 1957 '91
Phellodendron spp. (Rutaceae) llyd 33s, 1 '70
Ranunculus serbicus (Ranunculaceae) ptn 30, 265 '90
Rollinia mucosa (Annonaceae) jnp 59, 904 '96
Sanguinaria canadensis (Papaveraceae) cccc 32, 4431 '67
Stylomecon heterophylla (Papaveraceae) cccc 32, 4431 '67
Stylophorum spp. (Papaveraceae) cccc 49, 704 '84
Tetradium glabrifolium (Rutaceae) bull 1
Thalictrum spp. (Ranunculaceae) jnp 45, 252 '82
Tinospora spp. (Menispermaceae) pm 48, 275 '83
Xanthorhiza simplicissima (Ranunculaceae) llyd 26, 254 '63
Xylopia spp. (Annonaceae) bull 1
Zanthoxylum spp. (Rutaceae) phy 16, 2003 '77

Structural Index - 6,7-MDO-Substituted

and a carbonyl on the original N-Me group:

Oxyberberine
Berlambine

Arcangelisia flava (Menispermaceae) jnp 45, 582 '82
Arcangelisia gusanlung (Menispermaceae) phy 39, 439 '95
Berberis actinacantha (Berberidaceae) tet 40, 3957 '84
Berberis aristata (Berberidaceae) jcp 5, 283 '83
Berberis buxifolia (Berberidaceae) daib 44, 1458 '83
Berberis cretica (Berberidaceae) jnp 49, 159 '86
Berberis darwinii (Berberidaceae) tet 40, 3957 '84
Berberis empetrifolia (Berberidaceae) tl 23, 39 '82
Berberis ottawensis (Berberidaceae) dant 28, 712 '85
Berberis sibirica (Berberidaceae) cnc 29, 361 '93
Berberis thunbergii (Berberidaceae) cz 34, 259 '80
Berberis valdiviana (Berberidaceae) fit 64, 378 '93
Berberis vulgaris (Berberidaceae) phy 49, 2545 '98
Coptis japonica (Ranunculaceae) jnp 47, 189 '84
Coscinium fenestratum (Menispermaceae) id 25, 350 '88
Glaucium arabicum (Papaveraceae) duj 17, 185 '90
Mahonia aquifolium (Berberidaceae) pm 61, 372 '95
Mahonia gracilipes (Berberidaceae) hyz 10, 202 '95
Thalictrum acutifolium (Ranunculaceae) cwhp 31, 449 '89
Thalictrum alpinum (Ranunculaceae) jnp 43, 372 '80
Thalictrum foetidum (Ranunculaceae) cty 23, 453 '92
Thalictrum foliolosum (Ranunculaceae) jnp 44, 45 '81
Thalictrum javanicum (Ranunculaceae) jnp 48, 669 '85
Thalictrum omeiensis (Ranunculaceae) yhhp 18, 920 '83
Thalictrum rugosum (Ranunculaceae) jnp 43, 143 '80

and a 4-hydroxy group:

Berberastine

Coptis chinensis (Ranunculaceae) pa 5, 256 '94
Coptis deltoidea (Ranunculaceae) pa 5, 256 '94
Coptis japonica (Ranunculaceae) jnp 47, 189 '84
Coptis quinquefolia (Ranunculaceae) sz 37, 195 '83
Coptis teeta (Ranunculaceae) sz 37, 195 '83

Coptis teetoides (Ranunculaceae) sz 38, 279 '84
Hydrastis canadensis (Ranunculaceae) llyd 33s, 1 '70
Nandina domestica (Berberidaceae) phy 27, 2143 '88

with a (2,8) attack: **O-Methylbulbocapnine**
N,O-Dimethylnandigerine

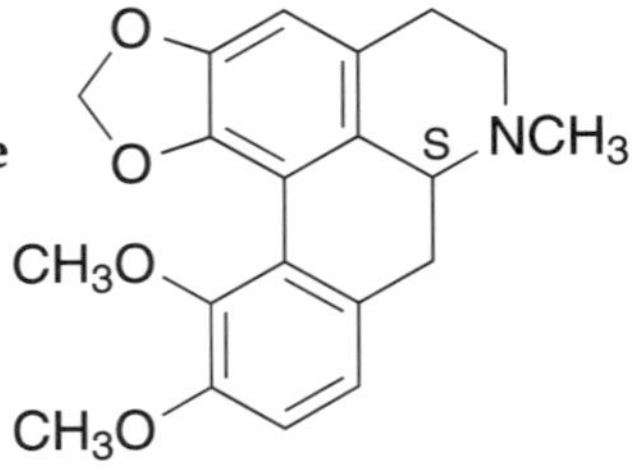

Illigera luzonensis (Hernandiaceae)
   jnp 60, 645 '97
Lindera spp. (Lauraceae) jnp 38, 275 '75

the N-oxide: **α-O-Methylbulbocapnine N-oxide**
β-O-Methylbulbocapnine N-oxide

Polyalthia longifolia (Annonaceae) het 29, 463 '89

with a (6,N-Me) attack:

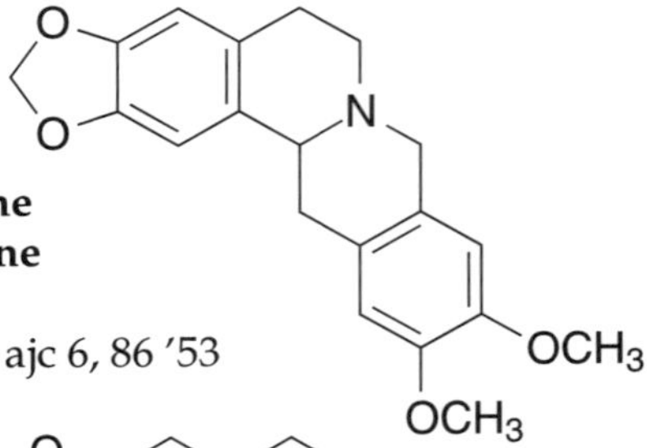

(−)-Isocanadine
Tetrahydropseudoberberine

Zanthoxylum brachyacanthum (Rutaceae) ajc 6, 86 '53

and aromatization of the c-ring:

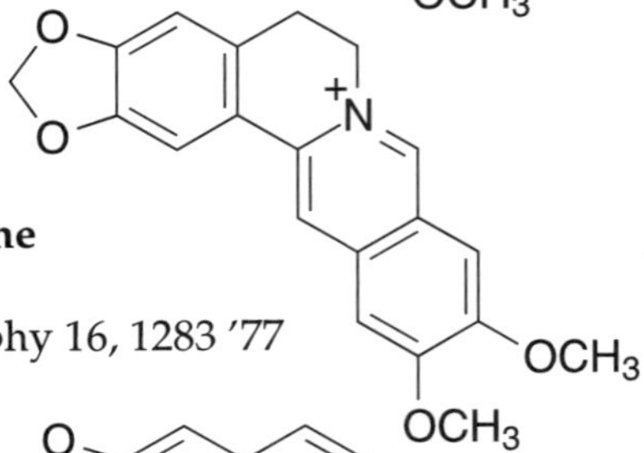

Pseudoberberine

Isopyrum thalictroides (Ranunculaceae) phy 16, 1283 '77

with an α,1-ene and a 3,4-ene:

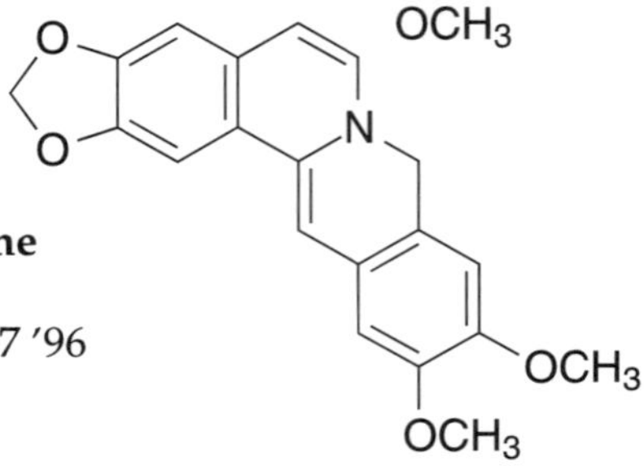

Berberilycine

Berberis lycium (Berberidaceae) ijhc 6, 127 '96

Structural Index - 6,7-MDO-Substituted

with a (6,3) attack:

Eschscholtzidine
O-Methylcaryachine

(+)-isomer:
Cryptocarya chinensis (Lauraceae) jnp 46, 293 '83

(-)-isomer:
Eschscholzia californica (Papaveraceae) jnp 46, 293 '83
Thalictrum minus (Ranunculaceae) pm 63, 533 '97
Thalictrum revolutum (Ranunculaceae) jnp 46, 293 '83

also under: 6,7 MeO MeO R Me THIQ
R= 3,4-MDO-benzyl   (6,3) attack

with a (6,4) attack:

Amurensinine

Papaver spp. (Papaveraceae) jnp 46, 293 '83

with a (6,8) attack:

(+)-Dicentrine
N,O-Dimethylactinodaphnine
Eximine

Actinodaphne sesquipedalis (Lauraceae)
    acrc 2, 5 '92
Cassytha americana (Lauraceae) het 9, 903 '78
Cissampelos pareira (Menispermaceae) phy 14, 2520 '75
Cocculus sp. (Menispermaceae) jnp 38, 275 '75
Cyclea laxiflora (Menispermaceae) pert 14, 353 '91
Dasymaschalon sootepense (Annonaceae) bse 26, 933 '98
Dicentra spp. (Papaveraceae) cnc 20, 74 '84
Duguetia sp. (Annonaceae) jnp 38, 275 '75
Glaucium spp. (Papaveraceae) pmj 5, 668 '74
Hordeum vulgare (Poaceae) bull 1
Illigera luzonensis (Hernandiaceae) jnp 60, 645 '97
Laurus sp. (Lauraceae) jnp 38, 275 '75
Lindera spp. (Lauraceae) jnp 58, 1423 '95

Lindera megaphylla (Lauraceae)   jnp 57, 689 '94
Litsea spp. (Lauraceae)   ijc 13, 197 '75
Ocotea brachybotra (Lauraceae)   fes 32, 767 '77
Ocotea minarum (Lauraceae)   fes 34, 829 '79
Stephania abyssinica (Menispermaceae)   fit 65, 90 '94
Stephania brachyandra (Menispermaceae)   tcyyk 4, 11 '92
Stephania spp. (Menispermaceae)   fit 65, 90 '94

(-)-isomer:
Stephania disciflora (Menispermaceae)   zh 19, 392 '88
Stephania epigaea (Menispermaceae)   nyx 5, 203 '85

and a 4-hydroxy group:

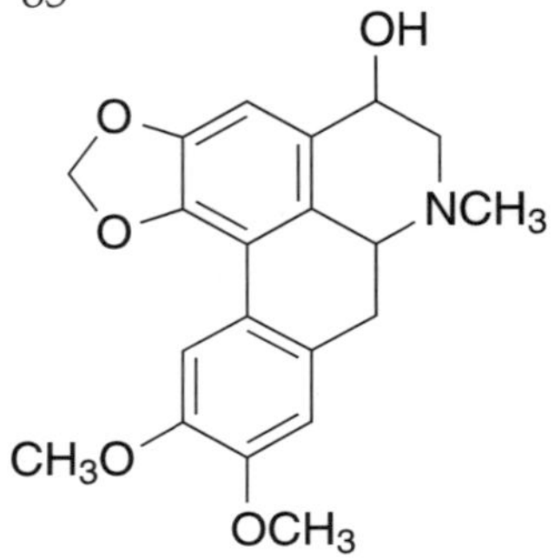

4-Hydroxydicentrine

Ocotea minarum (Lauraceae)   fes 34, 829 '79
Stephania zippeliana (Menispermaceae)
   cjc 67, 1257 '89

with an α,1-ene:

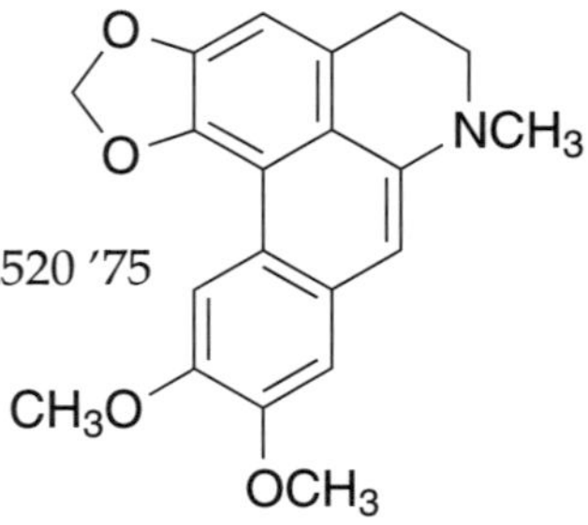

Dehydrodicentrine

Cissampelos pareira (Menispermaceae)   phy 14, 2520 '75
Glaucium spp. (Papaveraceae)   llyd 41, 472 '78
Lindera megaphylla (Lauraceae)   jnp 58, 1423 '95
Ocotea macropoda (Lauraceae)   het 9, 903 '78
Ocotea sp. (Lauraceae)   jnp 38, 275 '75
Stephania epigaea (Menispermaceae)   nyx 5, 203 '85
Stephania spp. (Menispermaceae)   cty 13, 1 '82

| 6,7-MDO |
| 3,4-MeO,MeO-benzyl |
| Me   DHIQ |

Compound unknown

with a (2,N-Me) attack:

Lambertine

Berberis chitria (Berberidaceae)   phzi 43, 659 '88
Berberis thunbergii (Berberidaceae)   bull 1
Berberis vulgaris (Berberidaceae)   cnc 26, 105 '90

6,7-MDO	**Escholinine**
3,4-MeO,MeO-benzyl	
Me,Me+ THIQ	

Eschscholzia californica (Papaveraceae)
   cccc 38, 3514 '73
Romneya coulteri var. *trichocalyx* (Papaveraceae)
   phy 51, 1157 '99

(There is a conflict as this name is also given as a synonym for Romneine, which has only one methyl on the nitrogen. cccc 38, 3514 '73)

with a (2,N-Me) attack:

(-)-N-Methylcanadine

Berberis stenophylla (Berberidaceae)   tl 27, 5603 '86
Corydalis solida (Papaveraceae)   cccc 50, 2299 '85
Corydalis vaginans (Papaveraceae)   tl 27, 5603 '86
Dicentra spectabilis (Papaveraceae)   tl 27, 5603 '86
Eschscholzia californica (Papaveraceae)   cccc 38, 3514 '73
Eschscholzia douglasii (Papaveraceae)   cccc 38, 3514 '73
Fumaria officinalis (Papaveraceae)   tl 27, 5603 '86
Glaucium grandiflorum (Papaveraceae)   apt 43, 89 '01
Glaucium oxylobum (Papaveraceae)   cccc 50, 854 '84
Glaucium squamigerum (Papaveraceae)   cccc 49, 1318 '84
Hypecoum erectum (Papaveraceae)   cnc 20, 645 '84
Papaver somniferum (Papaveraceae)   tl 27, 5603 '86
Sanguinaria canadensis (Papaveraceae)   abs 5
Thalictrum minus (Ranunculaceae)   pm 51, 448 '85
Zanthoxylum chalybeum (Rutaceae)   jnp 59, 316 '96

Zanthoxylum coriaceum (Rutaceae) phy 19, 1219 '80
Zanthoxylum nitidum (Rutaceae) jnp 59, 316 '96
Zanthoxylum usambarense (Rutaceae) jnp 59, 316 '96

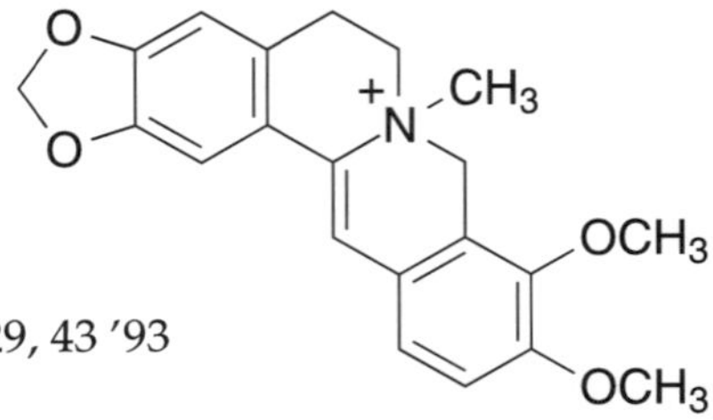

and an α,1-ene:

N-Methyldihydroberberine quat

Berberis heteropoda (Berberidaceae) cnc 29, 43 '93

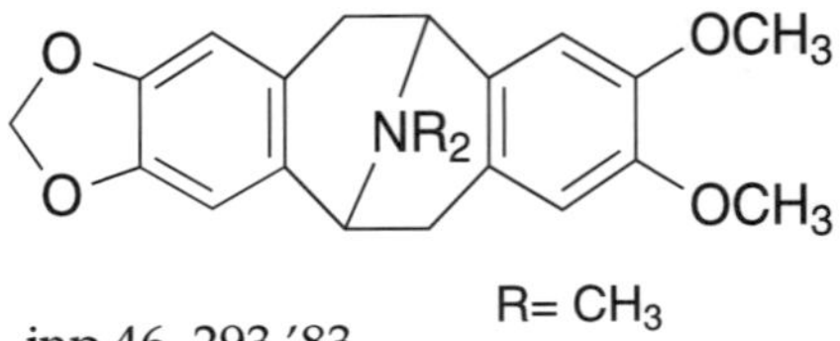

with a (6,3) attack:

Eschscholtzidine methiodide

Thalictrum revolutum (Ranunculaceae) jnp 46, 293 '83

R= CH₃

also under: 6,7 MeO MeO R Me,Me+ THIQ
R= 3,4-MDO-benzyl   (6,3) attack

6,7-MDO	
3,4-MeO,MeO-α-Me-benzyl	
Me THIQ	

Compound unknown

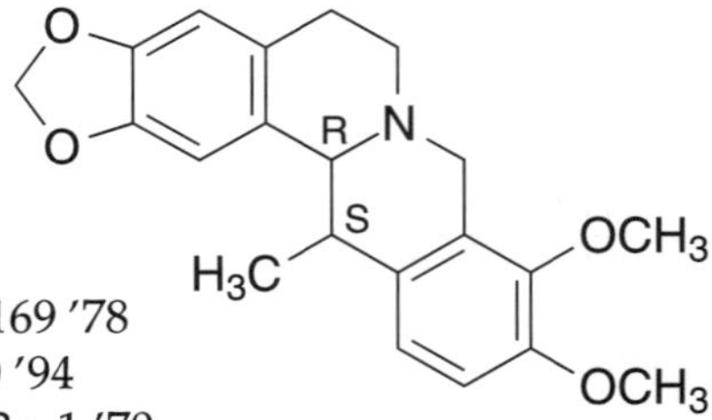

with a (2,N-Me) attack:

(+)-Thalictricavine

Corydalis bulbosa (Papaveraceae) sp 46, 169 '78
Corydalis cava (Papaveraceae) cjc 72, 170 '94
Corydalis tuberosa (Papaveraceae) llyd 33s, 1 '70

6,7-MDO
3,4-MeO,MeO-α-HO-benzyl
Me THIQ

Compound unknown

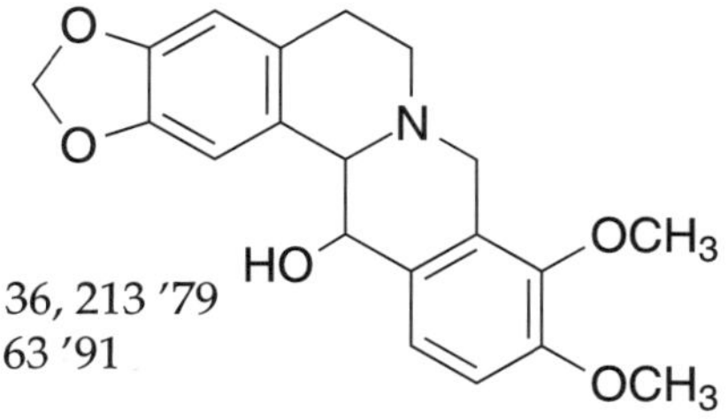

Structural Index - 6,7-MDO-Substituted

with a (2,N-Me) attack:

Ophiocarpine

(-)-isomer:
Corydalis ophiocarpa (Papaveraceae) pm 36, 213 '79
Corydalis solida (Papaveraceae) jcsp 13, 63 '91

isomer not specified:
Corydalis caucasica (Papaveraceae) ijcd 27, 161 '89
Corydalis cheilanthifolia (Papaveraceae) pm 51, 286 '85
Corydalis gigantea (Papaveraceae) cnc 14, 509 '78

the N-oxide: **Carpoxidine**

Corydalis ophiocarpa (Papaveraceae) pm 36, 213 '79

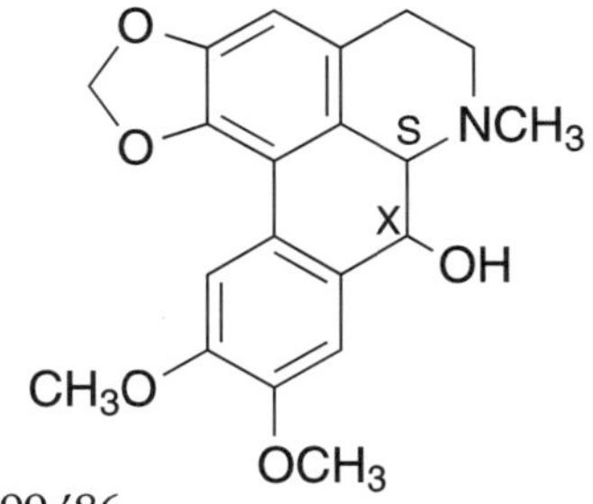

with a (6,8) attack: **Duguetine**
                         Dasymachaline

X = S:
Duguetine:
Duguetia flagellaris (Annonaceae) rbp 3, 23 '01

X = R:
Dasymachaline:
Desmos dasymachalus (Annonaceae) phy 25, 1999 '86
Dasymaschalon sootepense (Annonaceae) bse 26, 933 '98

6,7-MDO	
3,4-MeO,MeO-α-MeO-benzyl	Compound unknown
Me THIQ	

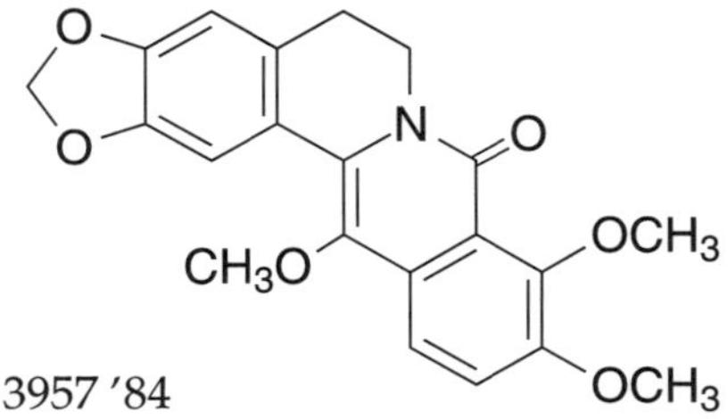

with a (2,N-Me) attack,
an α,1-ene, and a carbonyl
on the original N-Me group:

13-Methoxy-8-oxyberberine

Berberis darwinii (Berberidaceae) tet 40, 3957 '84

6,7-MDO	Compound unknown
3,4-MeO,MeO-α-keto-benzyl	
H IQ	

with a (6,8) attack: **Dicentrinone**
Oxodicentrine

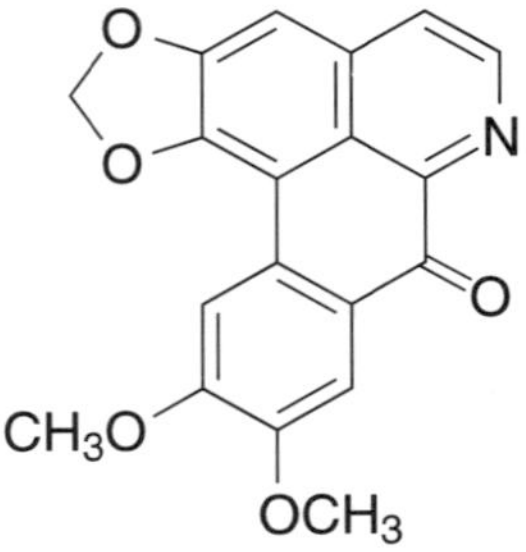

Guatteria scandens (Annonaceae) jnp 46, 335 '83
Illigera luzonensis (Hernandiaceae) jnp 60, 645 '97
Lindera megaphylla (Lauraceae) jnp 57, 689 '94
Litsea laeta (Lauraceae) phy 19, 998 '80
Ocotea leucoxylon (Lauraceae) jnp 63, 217 '00
Ocotea minarum (Lauraceae) fes 34, 829 '79
Stephania abyssinica (Menispermaceae) fit 65, 90 '94
Xylopia championi (Annonaceae) phy 42, 1703 '96

6,7-MDO	Compound unknown
3,4-MeO,MeO-α-keto-benzyl	
Me THIQ	

with a (2,N-Me) attack:

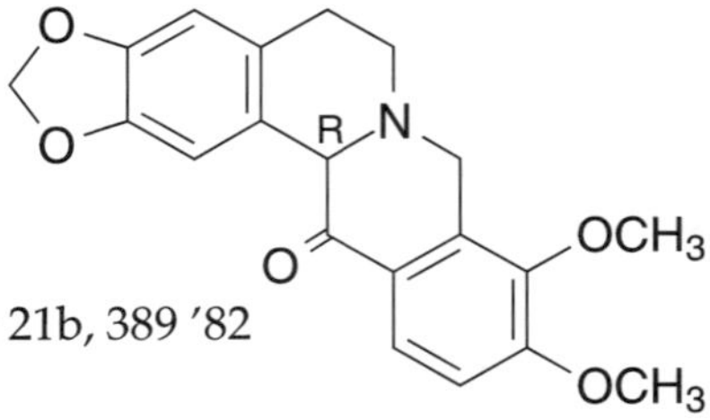

(+)-Ophiocarpinone

Cocculus pendulus (Menispermaceae) ijc 21b, 389 '82

6,7-MDO	Not a natural product.
3,4-MDO-benzyl	ajc 25, 385 '72
H THIQ	

with a (2,8) attack: **(+)-Ovigerine**
Hernovine*
Hernandia base IV

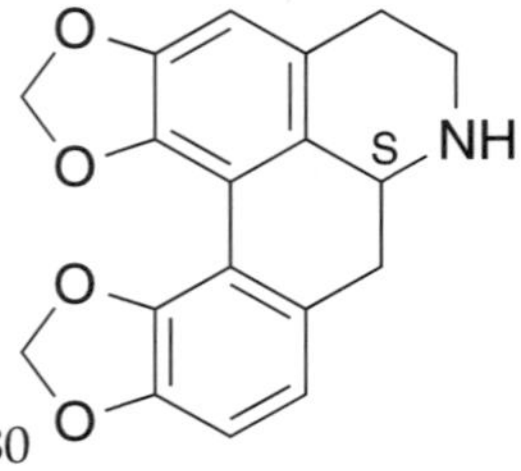

Hernandia cordigera (Hernandiaceae) crhs 291, 187 '80
Hernandia spp. (Hernandiaceae) jnp 38, 275 '75

Structural Index - 6,7-MDO-Substituted

Lindera myrrha (Lauraceae) phy 35, 1363 '94
Ocotea teleiandra (Lauraceae) rlq 23, 18 '92

*The name Hernovine is also used for a different compound.
See pg. 69

---

with a (6,4) attack:
(-)-Norreframidine

Roemeria refracta (Papaveraceae) jnp 51, 760 '88

with a (6,8) attack: **(+)-Cryptodorine**
Norneolitsine

Cryptocarya odorata (Lauraceae) het 9, 903 '78
Guatteria lehmannii (Annonaceae) rcq 26, 43 '97
Laurus nobilis (Lauraceae) jnp 45, 560 '82

6,7-MDO	
3,4-MDO-benzyl	
H	IQ

Mollinedine

Mollinedia costaricensis (Monimiaceae) jnp 51, 754 '88

6,7-MDO	Not a natural product.
3,4-MDO-benzyl	lac 1, 73 '91
Me THIQ	

with a (2,N-Me) attack: **Stylopine**
Tetrahydrocoptisine

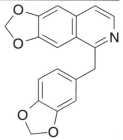

(R)(+)-isomer
Corydalis claviculata (Papaveraceae) jnp 53, 1280 '90
Corydalis koidzumiana (Papaveraceae) yz 94, 844 '74

Corydalis nobilis (Papaveraceae) cccc 54, 2009 '89

(S)(-)-isomer:
Chelidonium majus (Papaveraceae) sh 32, 10 '01
Corydalis hsuchowensis (Papaveraceae) pm 57, 156 '91
Corydalis meifolia (Papaveraceae) jnp 46, 320 '83
Corydalis solida (Papaveraceae) cccc 50, 2299 '85
Corydalis turtschaninovii (Papaveraceae) yx 21, 447 '86
Eschscholzia californica (Papaveraceae) phy 30, 2953 '91
Fumaria asepala (Papaveraceae) jnp 8, 670 '85
Fumaria bastardii (Papaveraceae) nps 4, 257 '98
Fumaria capreolata (Papaveraceae) aqsc 80, 264 '84
Fumaria gaillardotii (Papaveraceae) ijcdr 21, 135 '83
Fumaria judaica (Papaveraceae) ijcdr 22, 181 '84
Fumaria kralikii (Papaveraceae) pm 45, 120 '82
Fumaria macrosepala (Papaveraceae) aqsc 83, 119 '87
Fumaria muralis (Papaveraceae) aqsc 80, 264 '84
Fumaria parviflora (Papaveraceae) pm 45, 120 '82
Fumaria schrammii (Papaveraceae) dban 34, 43 '81
Stylophorum diphyllum (Papaveraceae) bull 1
Stylophorum lasiocarpum (Papaveraceae) cccc 56, 1116 '91

(dl):
Corydalis nobilis (Papaveraceae) cccc 54, 2009 '89
Corydalis ramosa (Papaveraceae) nr

isomer not specified:
Argemone platyceras (Papaveraceae) cnc 22, 189 '86
Coptis teeta (Ranunculaceae) jics 28, 225 '51
Corydalis cava (Papaveraceae) zpn 69, 99 '85
Corydalis cheilanthifolia (Papaveraceae) pm 3, 286 '85
Corydalis esquirolii (Papaveraceae) zx 22, 486 '91
Corydalis gortschakovii (Papaveraceae) kps 6, 834 '77
Corydalis hendersonii (Papaveraceae) zx 28, 91 '86
Corydalis humosa (Papaveraceae) zydx 20, 261 '89
Corydalis intermedia (Papaveraceae) cccc 54, 2009 '89
Corydalis omeiensis (Papaveraceae) tcyyk 4, 7 '92
Corydalis paniculigera (Papaveraceae) kps 6, 727 '82
Corydalis remota (Papaveraceae) jnp 51, 262 '88
Corydalis stricta (Papaveraceae) kps 4, 490 '83
Corydalis thyrsiflora (Papaveraceae) yx 26, 303 '91
Dicentra macrocapnos (Papaveraceae) ijc 15b, 389 '77
Dicranostigma franchetianum (Papaveraceae) bull 1

Fumaria bella (Papaveraceae) jnp 49, 178 '86
Fumaria densiflora (Papaveraceae) cccc 61, 1064 '96
Fumaria rostellata (Papaveraceae) dban 25, 345 '72
Fumaria vaillantii (Papaveraceae) kps 5, 602 '81
Glaucium squamigerum (Papaveraceae) cccc 49, 1318 '84
Glaucium spp. (Papaveraceae) pm 67, 680 '98
Hylomecon vernalis (Papaveraceae) cccc 32, 4431 '67
Papaver atlanticum (Papaveraceae) cccc 51, 2232 '86
Papaver setigerum (Papaveraceae) cccc 61, 1047 '96
Papaver spp. (Papaveraceae) pm 41, 61 '81
Sanguinaria canadensis (Papaveraceae) cccc 32, 4431 '67

and an α,1-ene:

Dihydrocoptisine

Chelidonium majus (Papaveraceae) bsbg 83, 306b '74
Fumaria indica (Papaveraceae) seeds phzi 42, 745 '87

and aromatization of the c-ring:

Coptisine

Aquilegia spp. (Ranunculaceae) cccc 52, 804 '87
Argemone spp. (Papaveraceae) llyd 33s, 1 '70
Berberis amurensis (Berberidaceae) kjp 28, 257 '97
Berberis poiretii (Berberidaceae) cwhp 19, 257 '77
Bocconia frutescens (Papaveraceae) cccc 40, 3206 '75
Chelidonium majus (Papaveraceae) pm 62, 227 '96
Coptis spp. (Ranunculaceae) zydx 20, 261 '89
Corydalis intermedia (Papaveraceae) cccc 54, 2009 '89
Corydalis nobilis (Papaveraceae) cccc 54, 2009 '89
Corydalis spp. (Papaveraceae) pm 36, 213 '79
Dicranostigma spp. (Papaveraceae) nat 189, 198 '61
Eschscholzia spp. (Papaveraceae) nat 189, 198 '61
Fumaria densiflora (Papaveraceae) cccc 61, 1064 '96
Fumaria kralikii (Papaveraceae) pm 45, 120 '82
Fumaria parviflora (Papaveraceae) pm 45, 120 '82
Fumaria spp. (Papaveraceae) nat 189, 198 '61
Glaucium spp. (Papaveraceae) nat 189, 198 '61
Hunnemannia fumariaefolia (Papaveraceae) llyd 33s, 1 '70

Hylomecon vernalis (Papaveraceae) cccc 32, 4431 '67
Hypecoum spp. (Papaveraceae) cnc 20, 645 '84
Macleaya spp. (Papaveraceae) nat 189, 198 '61
Mahonia japonica (Berberidaceae) abs 7
Meconopsis spp. (Papaveraceae) nat 189, 198 '61
Nandina domestica (Berberidaceae) phy 27, 2143 '88
Papaver spp. (Papaveraceae) nat 189, 198 '61
Phellodendron amurense (Rutaceae) ik 7, 154 '76
Phellodendron chinense (Rutaceae) yhhp 21, 458 '86
Roemeria hybrida (Papaveraceae) cccc 39, 888 '74
Roemeria rhoeadiflora (Papaveraceae) nat 189, 198 '61
Sanguinaria canadensis (Papaveraceae) cccc 25, 1667 '60
Stylophorum spp. (Papaveraceae) nat 189, 198 '61
Thalictrum spp. (Ranunculaceae) pm 53, 498 '87

and a carbonyl group on the original N-Me group:

8-Oxycoptisine
8-Oxocoptisine

Chelidonium majus (Papaveraceae) cty 20, 146 '89
Corydalis ambigua (Papaveraceae) daib 45, 2160 '85
Corydalis bulbosa (Papaveraceae) jps 65, 294 '76
Corydalis claviculata (Papaveraceae) jnp 53, 1280 '90
Corydalis lutea (Papaveraceae) pm 33, 396 '78
Fumaria parviflora (Papaveraceae) pm 45, 120 '82
Fumaria vaillantii (Papaveraceae) phy 40, 591 '95
Thalictrum glandulosissimum (Ranunculaceae) pm 58, 114 '92

with a (2,8) attack:

(+)-N-Methylovigerine

Hernandia nymphaeifolia (Hernandiaceae) phy 42, 1479 '96
Hernandia spp. (Hernandiaceae) jnp 38, 275 '75
Lindera oldhamii (Lauraceae) jnp 38, 275 '75

Structural Index - 6,7-MDO-Substituted

with a (6,N-Me) attack, and aromatization of the c-ring:

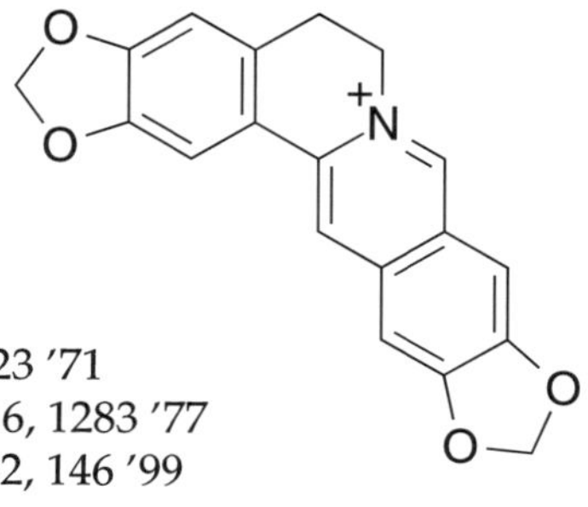

Pseudocoptisine
Isocoptisine

Coptis groenlandica (Ranunculaceae) pm 19, 23 '71
Isopyrum thalictroides (Ranunculaceae) phy 16, 1283 '77
Thalictrum przewalskii (Ranunculaceae) jnp 62, 146 '99

and a carbonyl group on the original N-Me group:

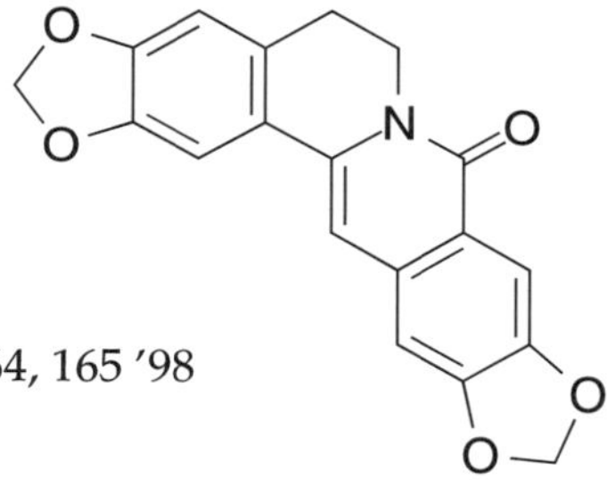

8-Hydroxypseudocoptisine

Thalictrum przewalskii (Ranunculaceae) pm 64, 165 '98

with a (6,3) attack:

(-)-Eschscholtzine
Crychine
Californine

Cryptocarya chinensis (Lauraceae) jnp 5, 1267 '90
Eschscholzia californica (Papaveraceae) jnp 49, 922 '86
Eschscholzia douglasii (Papaveraceae) cccc 32, 4420 '67
Eschscholzia glauca (Papaveraceae) cccc 51, 1743 '86

the N-oxide: **Eschscholtzine N-oxide**

Eschscholzia californica (Papaveraceae) jnp 49, 922 '86

with a (6,4) attack:

Reframidine

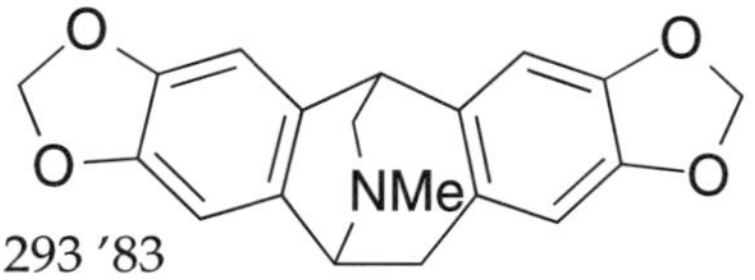

Papaver anomalum (Papaveraceae) jnp 46, 293 '83
Roemeria refracta (Papaveraceae) jnp 46, 293 '83

with an acetonyl group:

Acetonyl-reframidine

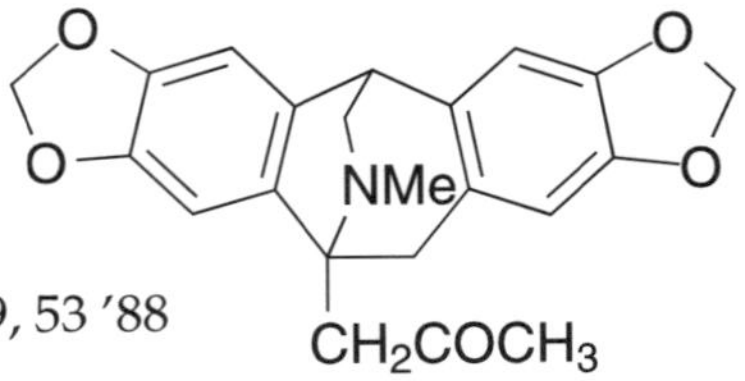

Argemone mexicana (Papaveraceae) ejps 29, 53 '88

with a (6,8) attack: (+)-Neolitsine

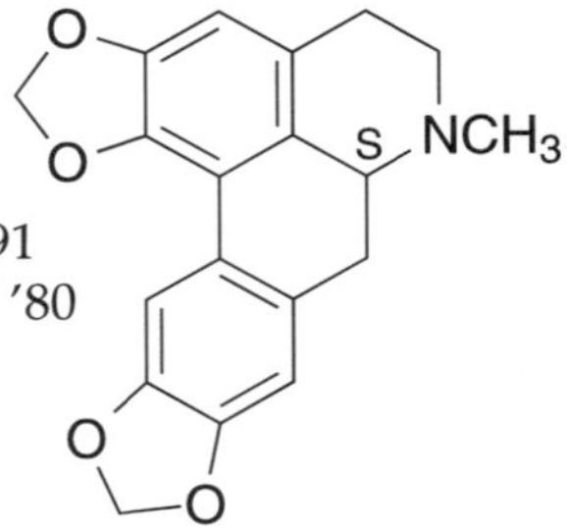

Cassytha americana (Lauraceae)   het 9, 903 '78
Guatteria goudotiana (Annonaceae)   phy 30, 2781 '91
Hernandia cordigera (Hernandiaceae)   bmnh 2, 387 '80
Laurus nobilis (Lauraceae)   jnp 45, 560 '82
Neolitsea pulchella (Lauraceae)   het 9, 903 '78

with an α,1-ene:

Dehydroneolitsine

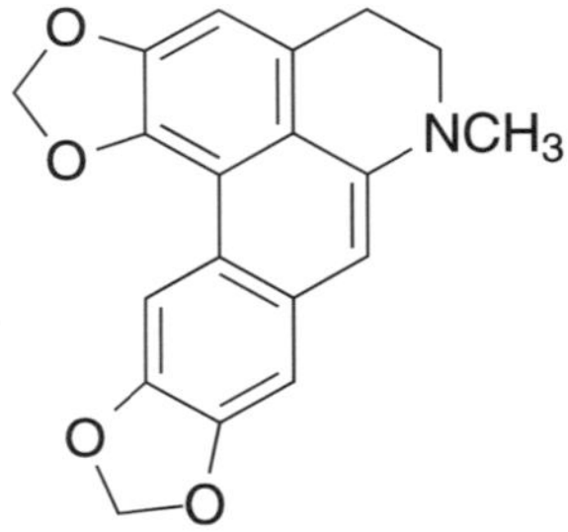

Guatteria goudotiana (Annonaceae)   jnp 51, 389 '88

| 6,7-MDO |
| 3,4-MDO-benzyl |
| Me+   IQ |

Escholamine

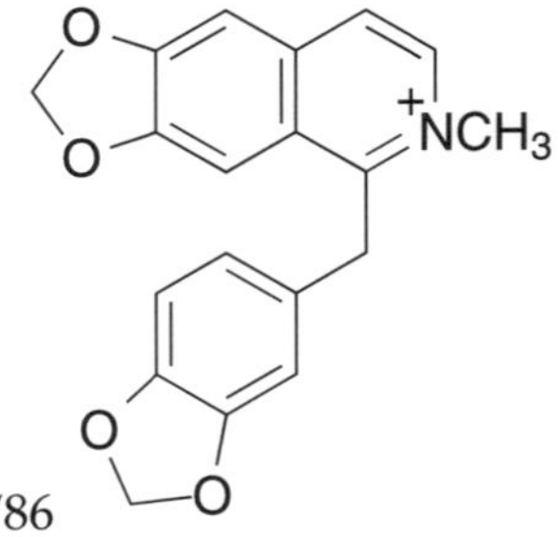

Eschscholzia californica (Papaveraceae)
    cccc 51, 1743 '86
Eschscholzia douglasii (Papaveraceae)
    cccc 51, 1743 '86
Eschscholzia glauca (Papaveraceae)   cccc 51, 1743 '86
Eschscholzia oregana (Papaveraceae)   llyd 33s, 1 '70

| 6,7-MDO |
| 3,4-MDO-benzyl |
| Me,Me+   THIQ |

Not a natural product.
cccc 35, 2597 '70

Structural Index - 6,7-MDO-Substituted

with a (2,N-Me) attack:

(-)-N-Methylstylopinium quat
(-)-α-N-Methylstylopinium quat
(-)-β-N-Methylstylopinium quat

X
S (cis) (-)-α-N-Methylstylopine quat
R (trans) (-)-β-N-Methylstylopine quat

(-)-N-Methylstylopine quat (α, β not specified):
Fumaria vaillantii (Papaveraceae) cnc 17, 437 '81
Glaucium corniculatum (Papaveraceae) cccc 37, 3346 '72
Papaver commutatum (Papaveraceae) cccc 38, 3662 '73

(-)-α-N-Methylstylopine quat:
Argemone mexicana (Papaveraceae) cccc 40, 1576 '75
Argemone ochroleuca (Papaveraceae) cccc 40, 1095 '75
Argemone platyceras (Papaveraceae) cccc 41, 285 '76
Chelidonium majus (Papaveraceae) cccc 42, 2686 '77
Corydalis nobilis (Papaveraceae) cccc 54, 2009 '89
Corydalis solida (Papaveraceae) cccc 50, 2299 '85
Corydalis stricta (Papaveraceae) pm 51, 469 '85
Dactylicapnos torulosa (Papaveraceae) phy 40, 299 '95
Dicentra spectabilis (Papaveraceae) sz 46, 109 '92
Eschscholzia californica (Papaveraceae) cccc 40, 1095 '75
Eschscholzia oregana (Papaveraceae) cccc 40, 1095 '75
Fumaria densiflora (Papaveraceae) cccc 61, 1064 '96
Glaucium fimbrilligerum (Papaveraceae) cnc 19, 464 '83
Glaucium squamigerum (Papaveraceae) cccc 49, 1318 '84
Papaver albiflorum (Papaveraceae) cccc 46, 2587 '81
Papaver lecoquii (Papaveraceae) cccc 46, 2587 '81
Papaver nudicaule (Papaveraceae) cccc 52, 1634 '87
Stylophorum lasiocarpum (Papaveraceae) cccc 56, 1116 '91

(-)-β-N-Methylstylopine quat:
Argemone ochroleuca (Papaveraceae) cccc 40, 1095 '75
Argemone platyceras (Papaveraceae) cccc 40, 1095 '75
Chelidonium majus (Papaveraceae) cccc 42, 2686 '77
Glaucium oxylobum (Papaveraceae) cccc 50, 854 '84
Glaucium squamigerum (Papaveraceae) cccc 49, 1318 '84
Hypecoum leptocarpum (Papaveraceae) cccc 52, 508 '87
Hypecoum procumbens (Papaveraceae) cccc 52, 508 '87

Papaver rhoeas (Papaveraceae) cccc 45, 914 '79
Papaver syriacum (Papaveraceae) cccc 41, 290 '76
Stylophorum diphyllum (Papaveraceae) cccc 49, 704 '84
Stylophorum lasiocarpum (Papaveraceae) cccc 56, 1116 '91

with a (6,3) attack:

Californidine
N-Methylcalifornine
N-Methylcrychine
N-Methylescholtzine

R= CH₃

Cryptocarya chinensis (Lauraceae) phy 48, 119 '98
Eschscholzia californica (Papaveraceae) cccc 51, 1743 '86
Eschscholzia douglasii (Papaveraceae) jnp 46, 293 '83
Eschscholzia glauca (Papaveraceae) cccc 51, 1743 '86
Eschscholzia oregana (Papaveraceae) jnp 46, 293 '83

| 6,7-MDO |
| 3,4-MDO-benzyl |
| CHO   THIQ |

Compound unknown

with a (2,8) attack:

(+)-N-Formylovigerine

Hernandia nymphaeifolia (Hernandiaceae)
  het 43, 799 '96

| 6,7-MDO |
| 3,4-MDO-benzyl |
| HO   THIQ |

Compound unknown

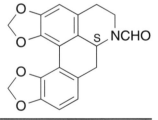

with a (2,8) attack:

(+)-N-Hydroxyovigerine

Hernandia nymphaeifolia (Hernandiaceae)
  het 43, 799 '96

Structural Index - 6,7-MDO-Substituted

6,7-MDO
3,4-MDO-α-Me-benzyl
Me   THIQ

Compound unknown

with a (2,N-Me) attack:

(+)-Tetrahydrocorysamine

Corydalis bungeana (Papaveraceae) yhhp 20, 377 '85
Corydalis remota (Papaveraceae) jnp 51, 262 '88
Corydalis spp. (Papaveraceae) tcyyk 9, 37 '97

and aromatization of the c-ring:

Corysamine

Argemone platyceras (Papaveraceae) cccc 41, 285 '76
Bocconia frutescens (Papaveraceae) cccc 40, 3206 '75
Chelidonium majus (Papaveraceae) pm 60, 380 '94
Corydalis bulbosa (Papaveraceae) jps 65, 294 '76
Corydalis cava (Papaveraceae) zpn 69, 99 '85
Corydalis dasyptera (Papaveraceae) tcyyk 9, 37 '97
Corydalis lutea (Papaveraceae) pm 33, 396 '78
Corydalis nobilis (Papaveraceae) cccc 54, 2009 '89
Corydalis omeiensis (Papaveraceae) tcyyk 4, 7 '92
Corydalis ophiocarpa (Papaveraceae) pm 36, 213 '79
Corydalis solida (Papaveraceae) cccc 50, 2299 '85
Dicranostigma franchetianum (Papaveraceae) cccc 43, 1108 '78
Eschscholzia lobbii (Papaveraceae) cccc 41, 2429 '76
Glaucium oxylobum (Papaveraceae) cccc 50, 854 '84
Glaucium squamigerum (Papaveraceae) cccc 49, 1318 '84
Hunnemannia fumariaefolia (Papaveraceae) cccc 45, 914 '79
Meconopsis betonicifolia (Papaveraceae) cccc 42, 132 '77
Meconopsis cambrica (Papaveraceae) cccc 61, 1815 '96
Meconopsis napaulensis (Papaveraceae) cccc 41, 3343 '76
Meconopsis paniculata (Papaveraceae) cccc 42, 132 '77
Meconopsis robusta (Papaveraceae) cccc 42, 132 '77
Papaver albiflorum ssp. *austromoravicum* (Papaveraceae) cccc 46, 2587 '81
Papaver confine (Papaveraceae) cccc 54, 1118 '89
Papaver litwinowii (Papaveraceae) cccc 46, 1534 '81

Papaver rhoeas var. *chelidonioides* (Papaveraceae) cccc 54, 1118 '89
Papaver rupifragum (Papaveraceae) cccc 45, 761 '80
Papaver syriacum (Papaveraceae) cccc 41, 290 '76
Stylophorum diphyllum (Papaveraceae) cccc 49, 704 '84
Stylophorum lasiocarpum (Papaveraceae) cccc 56, 1116 '91

with a (6,N-Me) attack,
and aromatization of the c-ring:

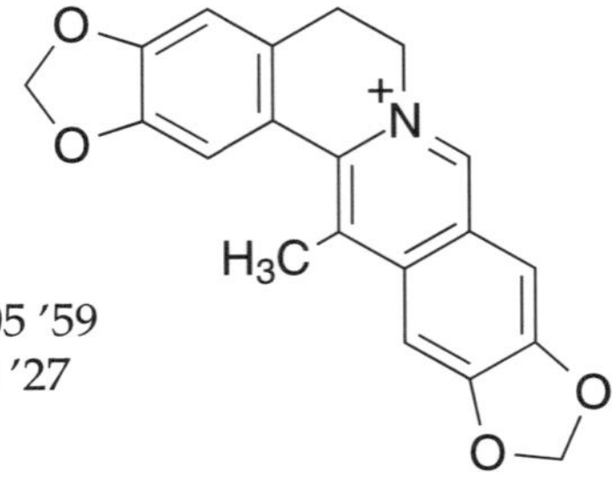

Worenine

Coptis chinensis (Ranunculaceae) phzi 14, 405 '59
Coptis japonica (Ranunculaceae) psj 542, 315 '27
Coptis teeta (Ranunculaceae) het 3, 265 '75

6,7-MDO
3,4-MDO-α-HO-benzyl
Me   THIQ

Compound unknown

with a (2,N-Me) attack:

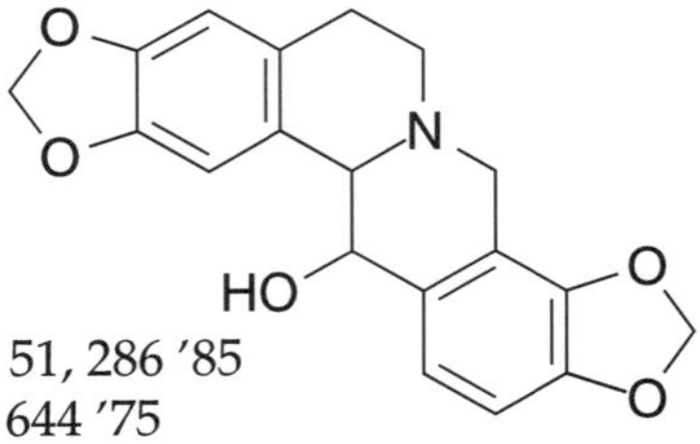

(-)-13β-Hydroxystylopine

Corydalis cheilanthifolia (Papaveraceae) pm 51, 286 '85
Corydalis ophiocarpa (Papaveraceae) joc 40, 644 '75
Corydalis saxicola (Papaveraceae) zx 24, 289 '82

6,7-MDO
3,4-MDO-α-keto-benzyl
H   IQ

Compound unknown

with a (2,8) attack:

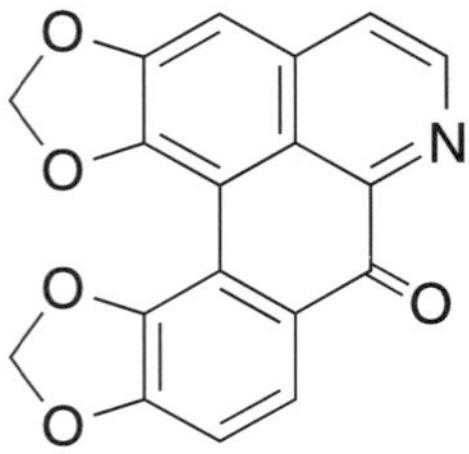

Hernandonine

Hernandia sp. (Hernandiaceae) jnp 38, 275 '75
Ocotea sp. (Lauraceae) jnp 38, 275 '75

Structural Index - 6,7-MDO-Substituted

with a (6,8) attack:

Cassameridine

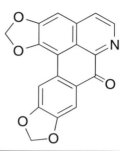

Cassytha sp. (Lauraceae) jnp 38, 275 '75

| 6,7-MDO |
| 3,4-MDO-α-keto-benzyl, Me |
| Me   THIQ |

Compound unknown

---

with a (2,1-Me) attack,
and a hydroxy group
on the THIQ 1-Me carbon: **(+)-Sibiricine**

Corydalis caucasica (Papaveraceae) ijcdr 27, 161 '89
Corydalis hsuchowensis (Papaveraceae) pm 57, 156 '91
Corydalis paniculigera (Papaveraceae) kps 6, 727 '82
Corydalis sibirica (Papaveraceae) pm 57, 156 '91
Corydalis thyrsiflora (Papaveraceae) yx 26, 303 '91

| 6,7-MDO |
| 3,4-MDO-α-keto-benzyl |
| Me   THIQ |

Not a natural product.
tl 30, 6215, '89

---

with a (6,3) attack:

(-)-Eschscholtzinone

Roemeria refracta (Papaveraceae) jnp 51, 760 '88

| 6,7-MDO |
| 3,4-MDO-α-HO-benzyl |
| Me,Me+   THIQ |

Compound unknown

with a (2,N-Me) attack:

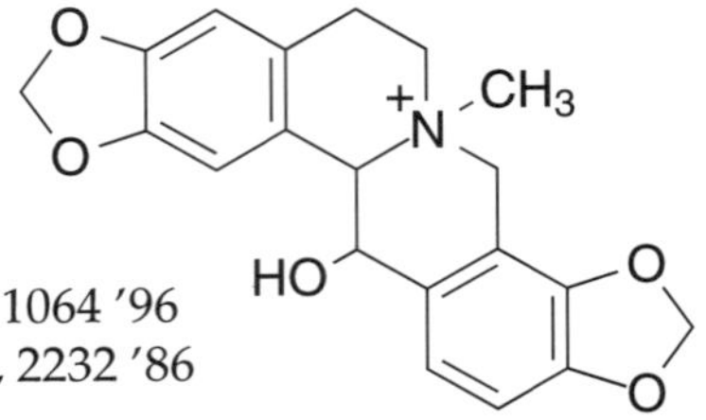

(-)-13β-Hydroxy-N-methylstylopine quat

Fumaria densiflora (Papaveraceae) cccc 61, 1064 '96
Papaver atlanticum (Papaveraceae) cccc 51, 2232 '86

6,7-MDO
3,5-HO,MeO-benzyl
H THIQ

Compound unknown

with a (2,8) attack:

(-)-Calycinine
Fissistigine A
Fissoldine

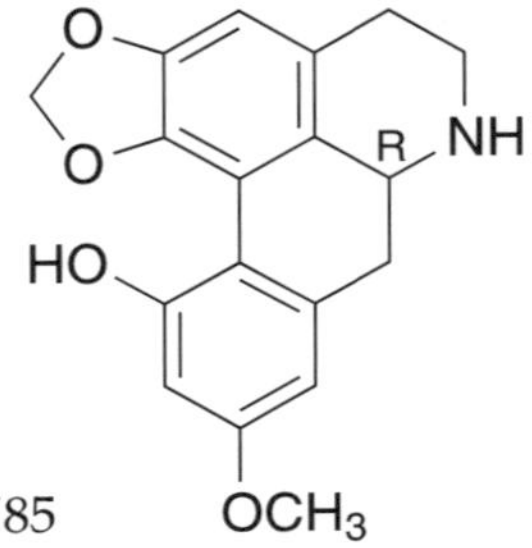

Duguetia flagellaris (Annonaceae) bp 3, 23 '01
Duguetia spp. (Annonaceae) jnp 46, 761 '83
Fissistigma spp. (Annonaceae) pm 59, 179 '93
Goniothalamus amuyon (Annonaceae) phy 24, 1829 '85
Xylopia vieillardii (Annonaceae) jnp 54, 466 '91

with a (6,8) attack:

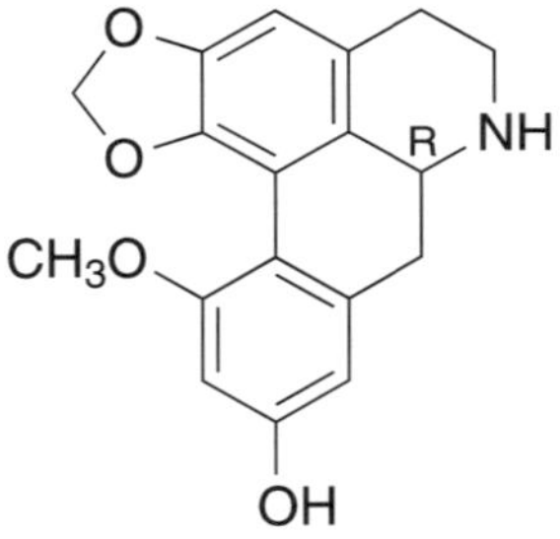

Isocalycinine

Guatteria discolor (Annonaceae) jnp 46, 761 '83

6,7-MDO
3,5-HO,MeO-α,α-HO,Me-benzyl
H DHIQ

Compound unknown

with a (6,8) attack:

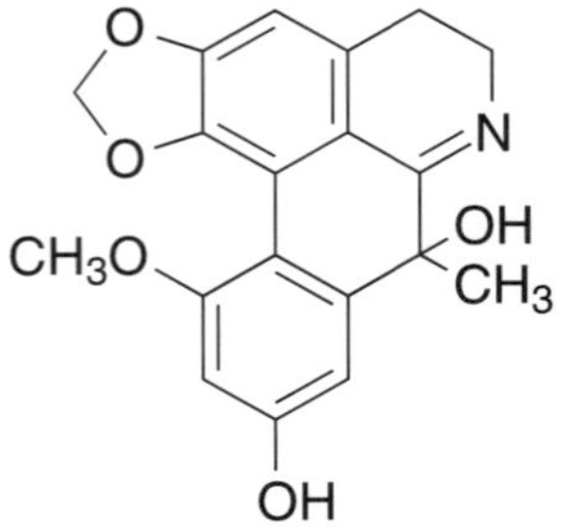

Guacolidine

Guatteria discolor (Annonaceae) jnp 47, 353 '84

Structural Index - 6,7-MDO-Substituted

6,7-MDO	
3,5-HO,MeO-α-keto-benzyl	
H	IQ

Compound unknown

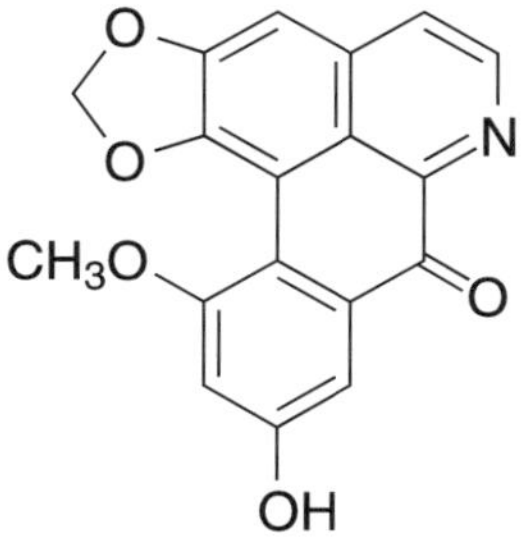

with a (6,8) attack:

Oxoisocalycinine

Guatteria discolor (Annonaceae) jnp 47, 353 '84

6,7-MDO	
3,5-HO,MeO-benzyl	
Me	THIQ

Compound unknown

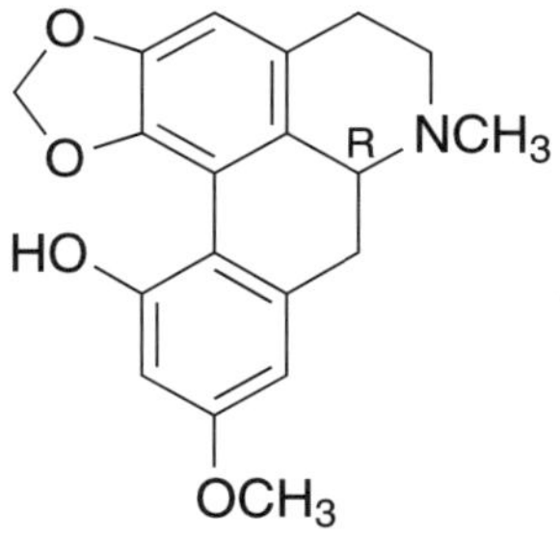

with a (2,8) attack:

(-)-N-Methylcalycinine
N-Methylfissoldine

Duguetia obovata (Annonaceae) jnp 46, 761 '83

6,7-MDO	
3,5-HO,MeO-α-HO-benzyl	
Me	THIQ

Compound unknown

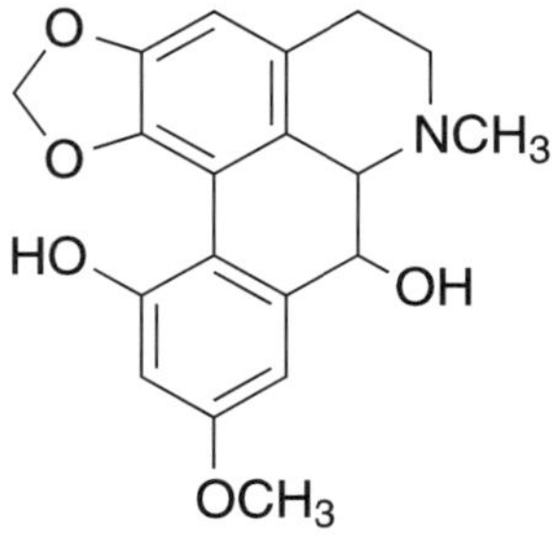

with a (2,8) attack:

Spixianine

Dugutia spixiana (Annonaceae) jnp 50, 664 '87

the N-oxide:

Spixianine N-oxide
N-Oxyspixianine

Dugutia spixiana (Annonaceae) jnp 50, 664 '87

6,7-MDO	
3,5-MeO,MeO-benzyl	
H	THIQ

Not a natural product.
yx 25, 780 '91

with a (2,8) attack:

(-)-Discoguattine
O-Methylcalycinine

Guatteria discolor (Annonaceae) jnp 46, 761 '83

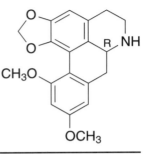

6,7-MDO	
3,5-MeO,MeO-α,α-Me,Me-benzyl	
H	DHIQ

Compound unknown

with a (2,8) attack:

Guadiscoline

Guatteria discolor (Annonaceae) tl 23, 4247 '82

6,7-MDO	
3,5-MeO,MeO-α,α-HO,Me-benzyl	
H	DHIQ

Compound unknown

with a (2,8) attack:

Guacoline

Guatteria discolor (Annonaceae) jnp 47, 353 '84

Structural Index - 6,7-MDO-Substituted

6,7-MDO
2,3,4-HOCH$_2$,MDO-benzyl
Me   THIQ

(+)-Corydalisol

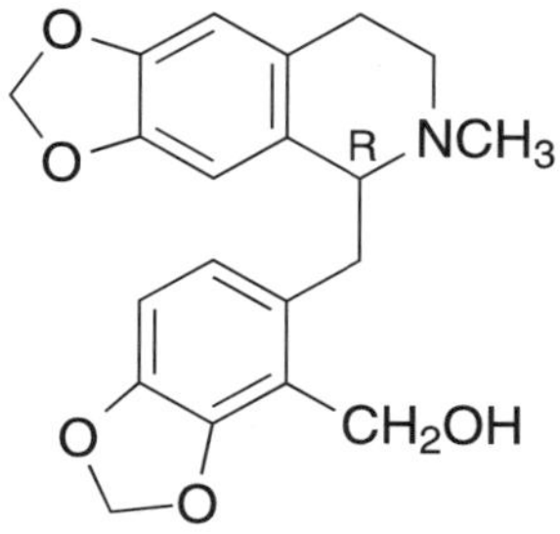

Corydalis incisa (Papaveraceae)
  cpb 23, 294 '75
Hypecoum procumbens (Papaveraceae)
  jnp 46, 414 '83

6,7-MDO
2,3,4-HO,MeO,MeO-benzyl
H   IQ

Berbithine
Berbitine

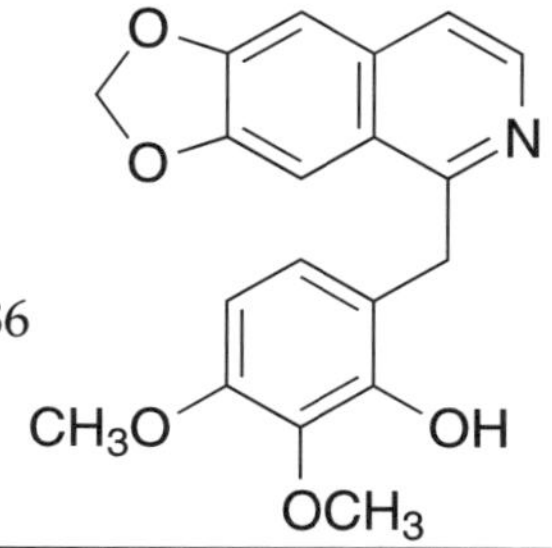

Berberis actinacantha (Berberidaceae) pm 52, 339 '86
Glaucium grandiflorum (Papaveraceae)
  apt 43, 89 '01

6,7-MDO
2,3,4-HO,MeO,MeO-benzyl
Me   THIQ

Compound unknown

| with a (6,8) attack: |

Leucoxine

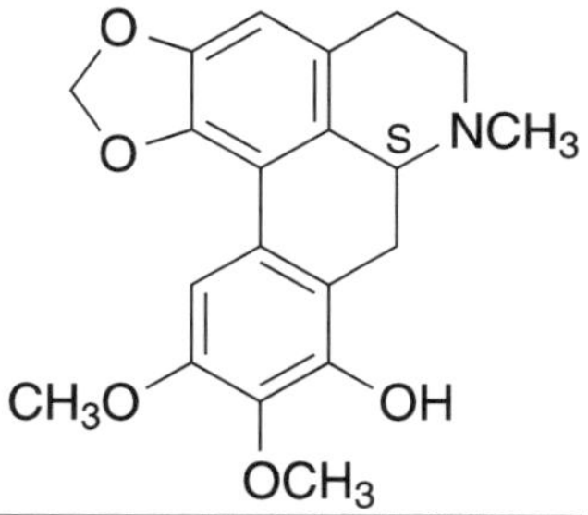

Ocotea brachybotra (Lauraceae) fes 32, 767 '77
Ocotea minarum (Lauraceae)
  fes 34, 829 '79

6,7-MDO
2,3,4-HO,MeO,MeO-benzyl
CHO   THIQ

Compound unknown

| with an α,1-ene: |

Polyberbine

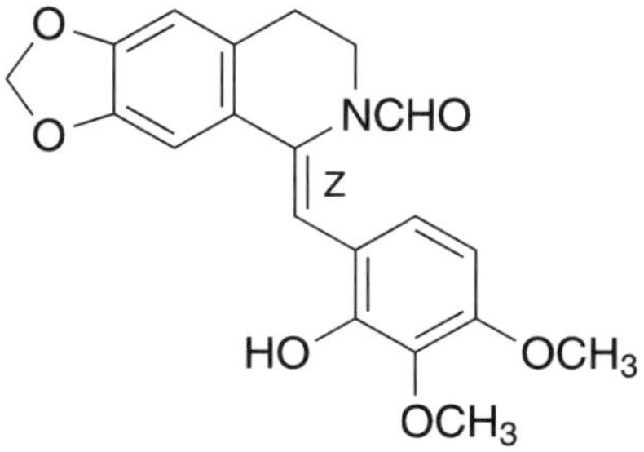

Berberis valdiviana (Berberidaceae)
  jacs 106, 6099 '84

6,7-MDO
2,3,4-HO,MeO,MeO-α-keto-benzyl
H   DHIQ

Dihydrorugosinone
Dihydrolinaresine

Berberis actinacantha (Berberidaceae) jnp 47, 1050 '84
Berberis boliviana (Berberidaceae) jnp 52, 81 '89
Berberis darwinii (Berberidaceae) jnp 47, 1050 '84
Berberis valdiviana (Berberidaceae) jnp 47, 753 '84

(Dihydrolinaresine was given this structure in 1996.
The originally proposed structure was:
6,7,8 MDO HO R H DHIQ
R= 3,4-MeO,MeO-α-HO-benzyl   (2,8-HO) attack   [tet 52, 5929 '96].)

6,7-MDO
2,3,4-HO,MeO,MeO-α-keto-benzyl
H   IQ

Rugosinone
Linaresine

Berberis darwinii (Berberidaceae) jnp 47, 1050 '84
Berberis valdiviana (Berberidaceae) jnp 47, 753 '84
Corydalis claviculata (Papaveraceae) jnp 53, 1280 '90
Thalictrum rugosum (Ranunculaceae) jnp 43, 143 '80

(Linaresine was given this structure in 1996. The originally proposed structure was:
6,7,8 MDO HO R H IQ
R=3,4-MeO,MeO-α-HO-benzyl   (2,8-HO) attack   [tet 52, 5929 '96].)

6,7-MDO	Not a natural product.
2,3,4-MeO,MeO,MeO-benzyl	CA reg. # [102598-15-2]
Me THIQ	

| with a (6,8) attack: | **Ocopodine** |

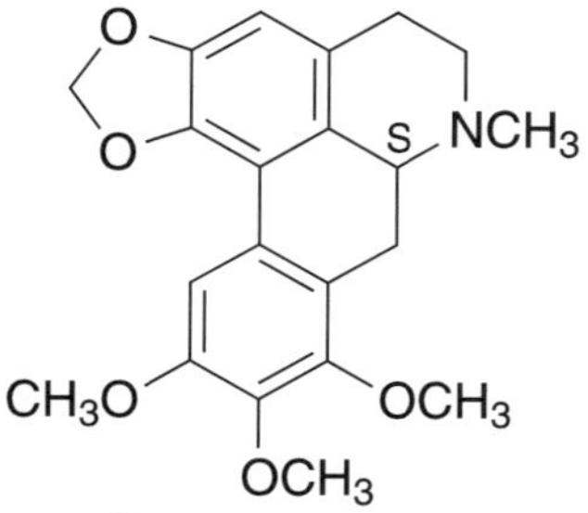

Ocotea brachybotra (Lauraceae) fes 32, 767 '77
Ocotea macropoda (Lauraceae) het 9, 903 '78
Ocotea minarum (Lauraceae) fes 34, 829 '79
Ocotea velloziana (Lauraceae) phy 39, 815 '95

| and an α,1-ene: |

Dehydroocopodine

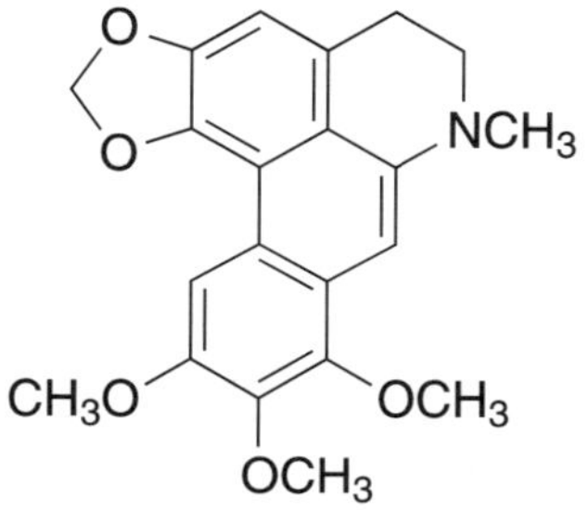

Hernandia sp. (Hernandiaceae) jnp 38, 275 '75
Ocotea macropoda (Lauraceae) jnp 38, 275 '75

| 6,7-MDO |
| 2,3,4-HO,MDO-α-keto-benzyl |
| H   IQ |

Sauvagnine

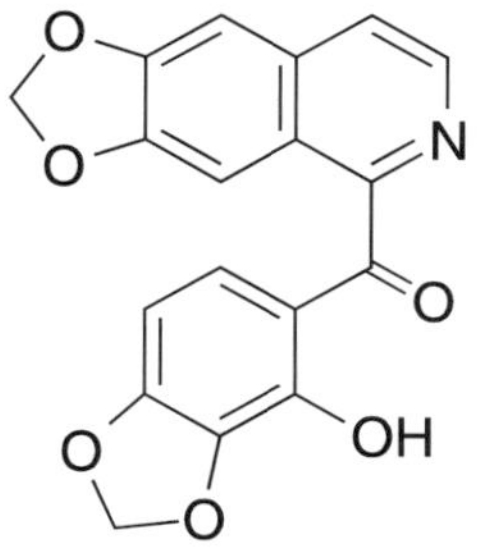

Corydalis claviculata (Papaveraceae) jnp 59, 806 '96

(The original structure assigned to Sauvagnine was that of a cularine:
6,7,8 MDO   HO   R   H   IQ
R= 3,4-MDO-α-HO-benzyl   (6,8-HO) attack   [jnp 59, 806 '96].)

| 6,7-MDO | **Ledecorine** |
| 2,3,4-HO,MDO-benzyl |
| Me   THIQ |

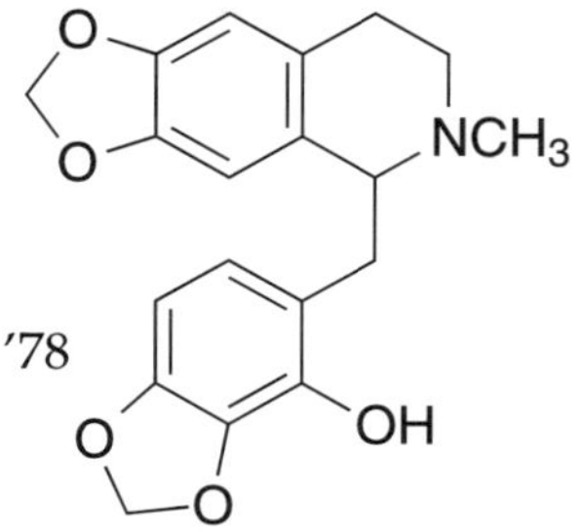

Corydalis ledebouriana (Papaveraceae) cnc 14, 465 '78
Fumaria vaillantii (Papaveraceae) cnc 17, 437 '81

| 6,7-MDO |
| 2,3,4-MeO,MDO-benzyl |
| Me   THIQ |

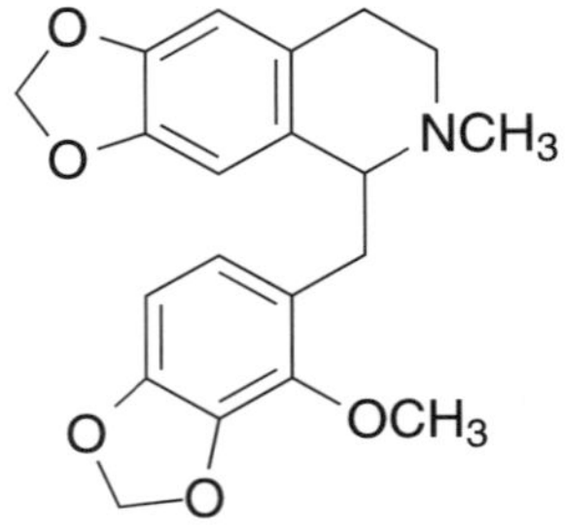

(R)-Fumarizine

Fumaria indica (Papaveraceae) fit 60, 552 '89

(S)-Marshaline
O-Methylledecorine

Corydalis marshalliana (Papaveraceae) kps 20, 672 '84

| 6,7-MDO |
| 2,3,4-CHO,MDO-benzyl |
| Me   THIQ |

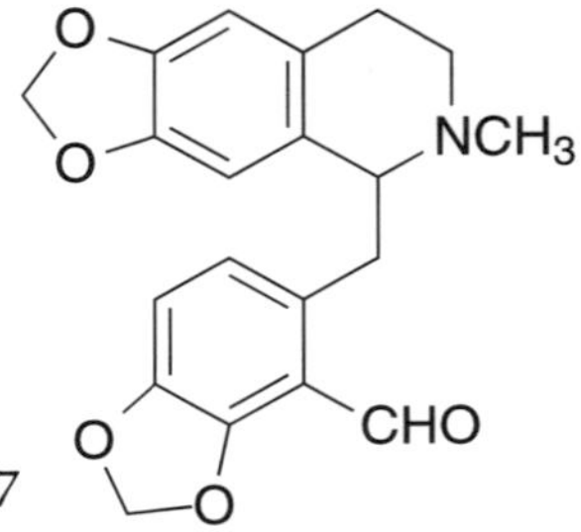

Aobamine

Corydalis ochotensis (Papaveraceae) jcspt I, 390 '77

| 6,7-MDO |
| 2,3,4-CO_2H,MeO,MeO-benzyl |
| Me   THIQ |

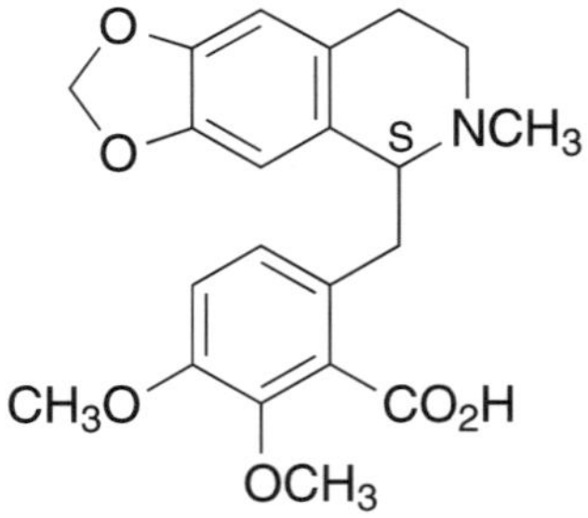

Canadinic acid

Hydrastis canadensis (Ranunculaceae)
  pm 63, 194 '97

| 6,7-MDO |
| 2,3,4-CO_2H,MeO,MeO-α-keto-benzyl |
| Me   THIQ |

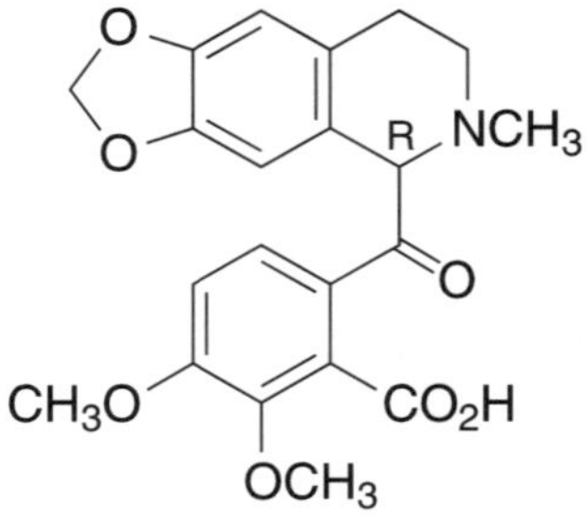

(-)-Berbervirine

Berberis virgetorum (Berberidaceae)
  jnp 58, 1100 '95

Structural Index - 6,7-MDO-Substituted

6,7-MDO	
2,3,4-CO$_2$H,MDO-benzyl	
Me	THIQ

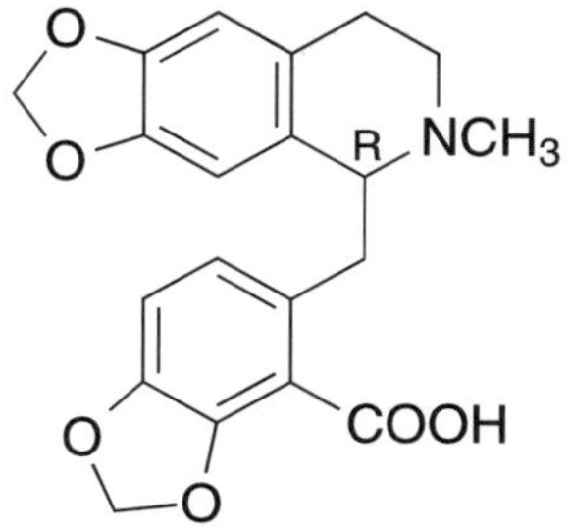

(+)-Coryximine

Corydalis hsuchowensis (Papaveraceae)
  pm 57, 156 '91

6,7-MDO	
2,3,4-MDO,MeO-benzyl	
Me	THIQ

Compound unknown

| with a (6,8) attack: |

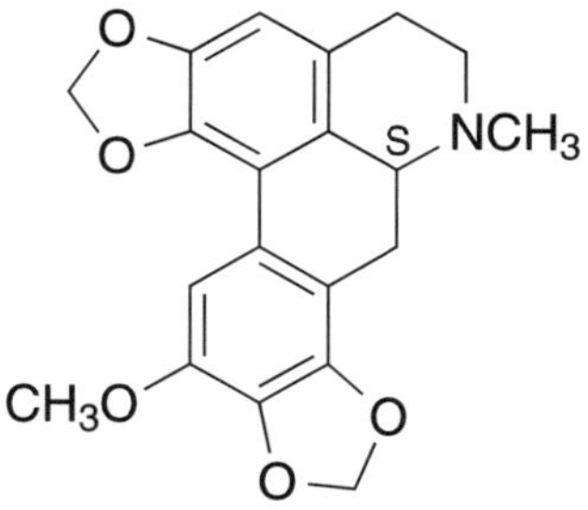

Ocominarine

Ocotea minarum (Lauraceae) fes 34, 829 '79
Ocotea velloziana (Lauraceae) phy 39, 815 '95

6,7-MDO	
2,3,5-HO,MeO,HO-benzyl	
H	THIQ

Compound unknown

| with a (6,8) attack, |
| an α,1-ene, and oxidation of the |
| benzyl ring to a quinone: |

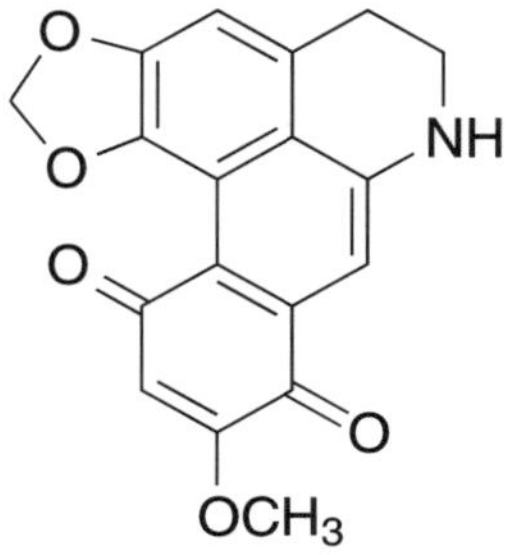

Norfissilandione

Fissistigma balansae (Annonaceae) jnp 61, 1430 '98

| 6,7-MDO |
| 2,3,5-HO,MeO,HO-benzyl |
| Me   THIQ |

Compound unknown

| with a (6,8) attack, |
| an α,1-ene, and oxidation of the |
| benzyl ring to a quinone: |

Fissilandione

Fissistigma balansae (Annonaceae) jnp 61, 1430 '98

| 6,7-MDO |
| 2,4,5-HO,MeO,HO-benzyl |
| Me   THIQ |

Compound unknown

| with a (6,8) attack, |
| an α,1-ene, and oxidation of the |
| benzyl ring to a quinone: |

Bulbodoine

Corydalis bulbosa (Papaveraceae)
   pm 50, 136 '84

| 6,7-MDO |
| 3,4-MDO-α,α-Me,HO-benzyl, Me |
| Me   THIQ |

Compound unknown

| with a (2,1-Me) attack: |

(+)-Corystewartine

Corydalis stewartii (Papaveraceae) jnp 51, 1136 '88

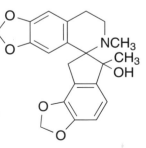

Structural Index - 6,7-MDO-Substituted

6,7-MDO	
3,4-MDO-α-(=CH$_2$)-benzyl, Me	
Me THIQ	

Compound unknown

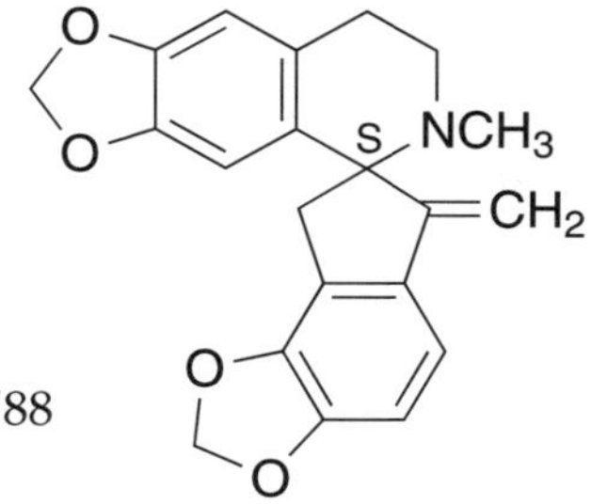

with a (2,1-Me) attack:

(+)-Ochotensidine

Corydalis stewartii (Papaveraceae) jnp 51, 1136 '88

6,7-MDO	
3,4-MeO,MeO-benzyl, HO	
Me,Me+ THIQ	

Compound unknown

with a (2,N-Me) attack:

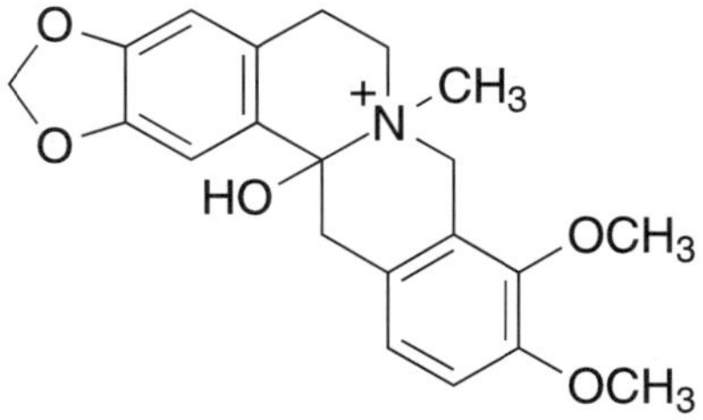

Allocryptopine
α-Allocryptopine
α-Fagarine
β-Homochelidonine
Thalictrimine

Arctomecon californica (Papaveraceae) bse 18, 45 '90
Arctomecon humilis (Papaveraceae) bse 18, 45 '90
Arctomecon merriamii (Papaveraceae) bse 18, 45 '90
Argemone fructicosa (Papaveraceae) phy 12, 381 '73
Argemone spp. (Papaveraceae) jnp 45, 237 '82
Bocconia spp. (Papaveraceae) jnp 45, 237 '82
Chelidonium majus (Papaveraceae) pm 62, 227 '96
Corydalis decumbens (Papaveraceae) jcps 4, 57 '95
Corydalis koidzumiana (Papaveraceae) yz 94, 844 '74
Corydalis nobilis (Papaveraceae) cccc 54, 2009 '89
Corydalis remota (Papaveraceae) jnp 51, 262 '88
Corydalis turtschaninovii (Papaveraceae) yx 21, 447 '86
Corydalis spp. (Papaveraceae) jnp 45, 237 '82
Dactylicpanos sp.(Papaveraceae) jnp 45, 237 '82
Eomecon chinantha (Papaveraceae) zh 24, 177 '93
Eschscholzia californica (Papaveraceae) cccc 51, 1743 '86

Eschscholzia glauca (Papaveraceae) cccc 51, 1743 '86
Glaucium grandiflorum (Papaveraceae) apt 43, 89 '01
Glaucium leiocarpum (Papaveraceae) pm 65, 492 '99
Glaucium paucilobum (Papaveraceae) jsiri 10, 229 '99
Glaucium squamigerum (Papaveraceae) cccc 49, 1318 '84
Glaucium spp. (Papaveraceae) jnp 45, 237 '82
Hunnemannia fumariaefolia (Papaveraceae) jnp 46, 753 '83
Hylomecon sp. (Papaveraceae) jnp 45, 237 '82
Hypocoum chinensis (Papaveraceae) zh 18, 434 '87
Hypocoum leptocarpum (Papaveraceae) phy 40, 1813 '95
Hypocoum procumbens (Papaveraceae) aajps 14, 177 '94
Macleaya sp. (Papaveraceae) jnp 45, 237 '82
Meconopsis cambrica (Papaveraceae) cccc 61, 1815 '96
Meconopsis robusta (Papaveraceae) cccc 61, 1815 '96
Papaver argemone (Papaveraceae) cccc 53, 1845 '88
Papaver curviscapum (Papaveraceae) pm 55, 89 '89
Papaver glaucum Boiss (Papaveraceae) cccc 51, 2232 '86
Papaver oreophilum (Papaveraceae) kps 2, 248, '86
Papaver pavoninum (Papaveraceae) cccc 53, 1845 '88
Papaver pinnatifidum (Papaveraceae) cccc 59, 1879 '94
Papaver pseudo-orientale (Papaveraceae) cccc 51, 1752 '86
Papaver rhoeas (Papaveraceae) pm 55, 488 '89
Stylophorum diphyllum (Papaveraceae) cccc 49, 704 '84
Stylophorum lasiocarpum (Papaveraceae) cccc 56, 1116 '91
Tetradium trichotomum (Rutaceae) bse 18, 251 '90
Thalictrum triternatum (Ranunculaceae) iang 23, 172 '97
Zanthoxylum integrifoliolum (Rutaceae) jccs 47, 571 '00

| 6,7-MDO |
| 3,4-MeO,MeO-α-Me-benzyl, HO |
| Me,Me+   THIQ |

Compound unknown

with a (2,N-Me) attack:

(+)-Corycavidine
3-Methylallocryptopine

Corydalis cava (Papaveraceae) cccc 44, 2261 '79

6,7-MDO
3,4-MeO,MeO-α-keto-benzyl, HO
Me   THIQ

Compound unknown

with a (2,N-Me) attack,
and a carbonyl group
on the original N-Me group:

Prechilenine

Berberis darwinii (Berberidaceae) tl 26, 993 '85

6,7-MDO
3,4-MDO-benzyl, HO
Me,Me+   THIQ

Compound unknown

with a (2,N-Me) attack:

Protopine
Fumarine
Macleyine
Biflorine
Corydinine

Arctomecon californica (Papaveraceae) bse 18, 45 '90
Arctomecon humilis (Papaveraceae) bse 18, 45 '90
Arctomecon merriamii (Papaveraceae) bse 18, 45 '90
Argemone albiflora (Papaveraceae) kps 6, 789 '86
Argemone mexicana (Papaveraceae) cccc 40, 1576 '75
Argemone orchroleuca (Papaveraceae) kps 6, 789 '86
Berberis bulimeafolia (Berberidaceae) jnp 52, 81 '89
Berberis laurina (Berberidaceae) jnp 52, 81 '89
Bocconia sp. (Papaveraceae) jnp 45, 237 '82
Ceratocapnos heterocarpa (Papaveraceae) phy 38, 113 '95
Chelidonium sp. (Papaveraceae) jnp 45, 237 '82
Corydalis bulleyana (Papaveraceae) pm 3, 193 '86
Corydalis bungeana (Papaveraceae) pm 53, 418 '87
Corydalis cava (Papaveraceae) zpn 69, 99 '85
Corydalis claviculata (Papaveraceae) jnp 53, 1280 '90
Corydalis decumbens (Papaveraceae) jcps 4, 57 '95

Corydalis gortschakovii (Papaveraceae) kps 6, 834 '77
Corydalis govaniana (Papaveraceae) jnp 50, 270 '87
Corydalis humosa (Papaveraceae) zydx 20, 261 '89
Corydalis intermedia (Papaveraceae) cccc 54, 2009 '89
Corydalis koidzumiana (Papaveraceae) yz 94, 844 '74
Corydalis nobilis (Papaveraceae) cccc 54, 2009 '89
Corydalis nokoensis (Papaveraceae) yz 96, 527 '76
Corydalis paniculigera (Papaveraceae) kps 6, 727 '82
Corydalis pseudoadunca (Papaveraceae) kps 6, 438 '70
Corydalis ramosa (Papaveraceae) pm 56, 418 '90
Corydalis remota (Papaveraceae) jnp 51, 262 '88
Corydalis saxicola (Papaveraceae) zx 24, 289 '82
Corydalis solida (Papaveraceae) guefd 5, 9 '88
Corydalis stewartii (Papaveraceae) jnp 51, 1136 '88
Corydalis stricta (Papaveraceae) kps 4, 490 '83
Corydalis tashiroi (Papaveraceae) pm 67, 423 '01
Corydalis thyrsiflora (Papaveraceae) yx 26, 303 '91
Corydalis turtschaninovii (Papaveraceae) yx 21, 447 '86
Dactylicapnos torulosa (Papaveraceae) phy 36, 519 '94
Dicentra spp. (Papaveraceae) jnp 45, 237 '82
Eschscholzia sp. (Papaveraceae) jnp 45, 237 '82
Fumaria bastardii (Papaveraceae) nps 4, 257 '98
Fumaria bracteosa (Papaveraceae) pm 5, 414 '86
Fumaria densiflora (Papaveraceae) cccc 61, 1064 '96
Fumaria macrosepala (Papaveraceae) aqsc 83, 119 '87
Fumaria officinalis (Papaveraceae) pa 10, 6 '99
Fumaria rostellata (Papaveraceae) dban 25, 345 '72
Fumaria schrammii (Papaveraceae) dban 34, 43 '81
Fumaria vaillantii (Papaveraceae) kps 5, 602 '81
Glaucium grandiflorum (Papaveraceae) apt 43, 89 '01
Glaucium leiocarpum (Papaveraceae) pm 65, 492 '99
Glaucium paucilobum (Papaveraceae) jsiri 10, 229 '99
Glaucium squamigerum (Papaveraceae) cccc 49, 1318 '84
Hunnemannia fumariaefolia (Papaveraceae) jnp 46, 753 '83
Hylomecon sp.(Papaveraceae) jnp 45, 237 '82
Macleaya sp. (Papaveraceae) jnp 45, 237 '82
Meconopsis cambrica (Papaveraceae) cccc 61, 1815 '96
Meconopsis robusta (Papaveraceae) cccc 61, 1815 '96
Papaver atlanticum (Papaveraceae) cccc 51, 2232 '86
Papaver glaucum (Papaveraceae) cccc 51, 2232 '86
Papaver pseudo-orientale (Papaveraceae) cccc 51, 1752 '86
Papaver rhopalothece (Papaveraceae) pm 56, 232 '90
Papaver tauricolum (Papaveraceae) pm 41, 105 '81

Structural Index - 6,7-MDO-Substituted

Platycapnos spicata (Papaveraceae) phy 30, 3315 '91
Pteridophyllum spp. (Papaveraceae) jnp 45, 237 '82
Roemeria sp. (Papaveraceae) jnp 45, 237 '82
Sarcocapnos crassifolia speciosa (Papaveraceae) phy 28, 251 '88
Sarcocapnos saetabensis (Papaveraceae) phy 30, 2071 '91
Stylomecon sp. (Papaveraceae) jnp 45, 237 '82

| with a (6,N-Me) attack: | **Pseudoprotopine**

Fagara vitiensis (Rutaceae) phy 11, 1528 '72
Fumaria indica (Papaveraceae) jics 74, 63 '97
Thalictrum delavayi (Ranunculaceae) pm 67, 189 '01
Zanthoxylum conspersipunctatum (Rutaceae) jnp 45, 237 '82
Zanthoxylum integrifoliolum (Rutaceae) jccs 47, 571 '00

| 6,7-MDO |
| 3,4-MDO-α-Me-benzyl, HO |
| Me,Me+   THIQ |

Compound unknown

| with a (2,N-Me) attack: |
(+)-Corycavamine
Corycavine

Corydalis bulleyana (Papaveraceae) pm 3, 193 '86
Corydalis bungeana (Papaveraceae) pm 53, 418 '87
Corydalis incisa (Papaveraceae) phy 10, 1881 '71
Corydalis remota (Papaveraceae) jnp 51, 262 '88

| 6,7-MDO |
| 3,4-MDO-α-keto-benzyl, HO |
| Me,Me+   THIQ |

Compound unknown

| with a (2,N-Me) attack: | **13-Oxoprotopine**
13-Oxyprotopine

Hypocoum procumbens (Papaveraceae) pm 1, 70 '86
Papaver spp. (Papaveraceae) jnp 45, 237 '82

| 6,7-MDO |
| 3,4-MeO,MeO-α-keto-benzyl, MeO |
| Me   THIQ |

Compound unknown

| with a (2,N-Me) attack, and a carbonyl group on the original N-Me group: |

O-Methylprechilenine

Berberis darwinii (Berberidaceae)   tet 40, 3957 '84

| 6,7-MDO |
| 3,4-MDO-α-keto-benzyl, MeO |
| Me   THIQ |

| with a (2,1-MeO) attack: |

Corydalispirone

Corydalis incisa (Papaveraceae)   cpb 23, 294 '75
Pteridophyllum racemosum (Papaveraceae)   phy 15, 577 '76

| 6,7-MDO |
| =O |
| H   THIQ |

Noroxyhydrastinine

Berberis boliviana (Berberidaceae)   jnp 52, 81 '89
Corydalis ophiocarpa (Papaveraceae)   yz 98, 1658, '78
Coscinium fenestratum (Menispermaceae)   id 25, 350 '88
Fumaria indica (Papaveraceae)   fit 63, 129 '92
Fumaria parviflora (Papaveraceae)   jnp 44, 169 '81
Thalictrum alpinum (Ranunculaceae)   jnp 43, 372 '80
Thalictrum foliolosum (Ranunculaceae)   jnp 44, 45 '81
Thalictrum minus var. *adiantifolium* (Ranunculaceae)   llyd 32, 29 '69
Thalictrum rugosum (Ranunculaceae)   jnp 43, 143 '80

Structural Index - 6,7-MDO-Substituted

6,7-MDO	
=O	
H	THIQ

Compound unknown

with a 3,4-ene:

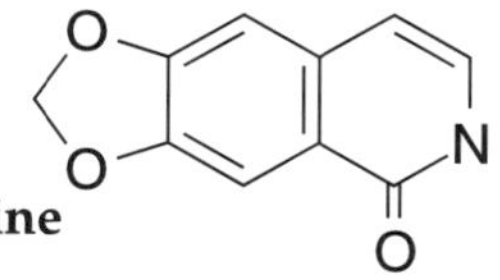

1,2-Dihydro-6,7-methylenedioxy-1-oxoisoquinoline

Thalictrum glaucum (Ranunculaceae) jnp 45, 380 '82
Thalictrum minus (Ranunculaceae) jnp 45, 380 '82
Thalictrum rugosum (Ranunculaceae) jnp 45, 377 '83

6,7-MDO	
HO	
Me	THIQ

Hydrastinine

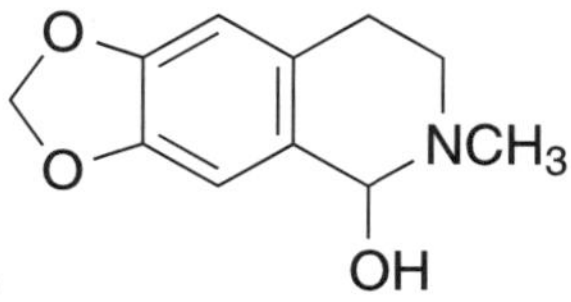

Chelidonium majus (Papaveraceae) pm 62, 397 '96
Dactylicapnos torulosa (Papaveraceae) phy 40, 299 '95
Hydrastis canadensis (Ranunculaceae) jca 791 1/2, 323 '97

6,7-MDO	
=O	
Me	THIQ

Oxyhydrastinine
Oxohydrastinine

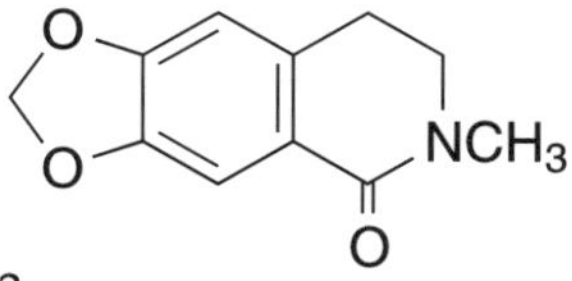

Argemone mexicana (Papaveraceae) phy 22, 319 '83
Fumaria bastardii (Papaveraceae) nps 4, 257 '98
Fumaria indica (Papaveraceae) fit 63, 129 '92
Fumaria schleicheri (Papaveraceae) akz 29, 1053 '76
Hunnemania fumariaefolia (Papaveraceae) jnp 46, 753 '83
Hypecoum imberbe (Papaveraceae) jnp 52, 716 '89
Hypecoum leptocarpum (Papaveraceae) yhhp 20, 658 '85
Papaver dubium (Papaveraceae) phy 22, 319 '83

6,7-MDO	
=O	
Me	THIQ

Compound unknown

with a 3,4-ene: **Doryanine**

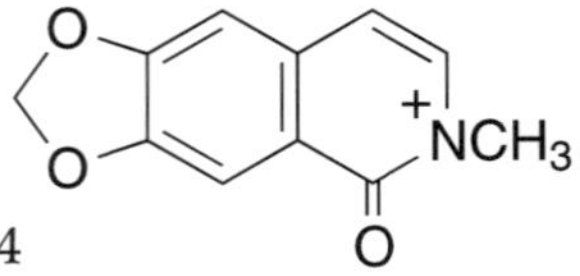

Doryphora sassafras (Monimiaceae) llyd 37, 493 '74
Hypecoum leptocarpum (Papaveraceae) yx 20, 658 '85

6,7-MDO
=O
2,3,6-MeO,MeO,CO_2H-benzyl   THIQ

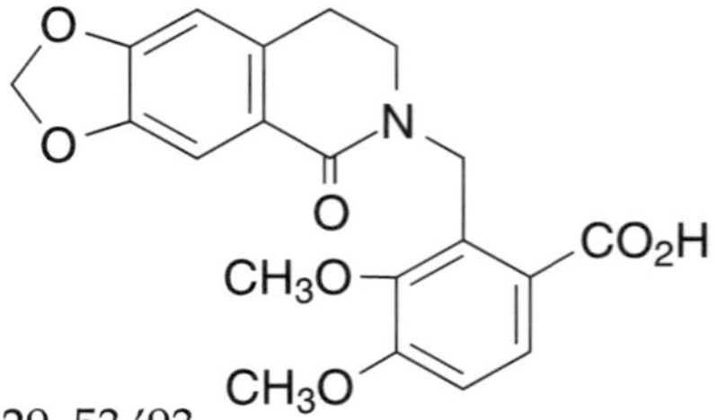

Intebrine

Berberis integerrima (Berberidaceae) cnc 29, 53 '93

6,7-MDO
3,4-HO,MeO-α-keto-β-HO-phenethyl
Me,Me+   THIQ

Compound unknown

with a 1,2 seco:

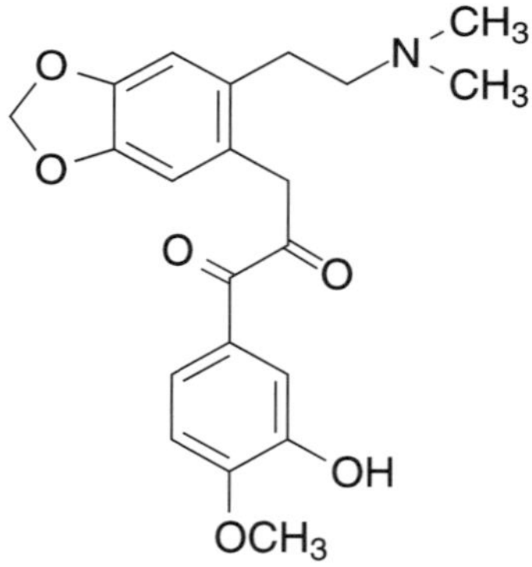

Cryptopleurospermine

Cryptocarya pleurosperma (Lauraceae)
  ajc 23, 353 '70

6,7-MDO
6',7'-MDO-isobenzofuranone, 3'-yl
H   IQ

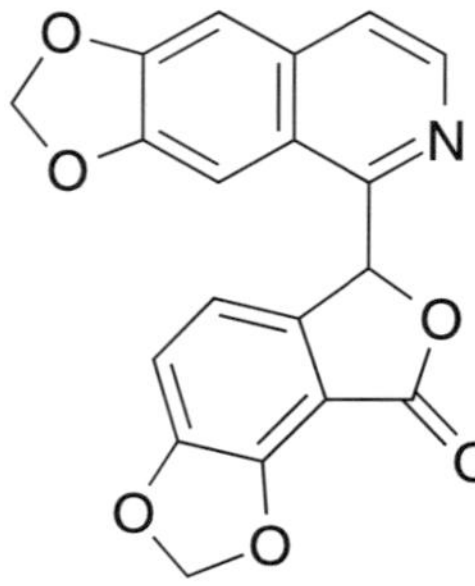

(+)-Hypecoumine
Decumbenine-C

Corydalis claviculata (Papaveraceae) hx 46, 595 '88
Hypecoum leptocarpum (Papaveraceae) yx 20, 658 '85

Structural Index - 6,7-MDO-Substituted

| 6,7-MDO |
| 4',5'-MDO-isobenzofuranone, 3'-yl |
| Me   THIQ |

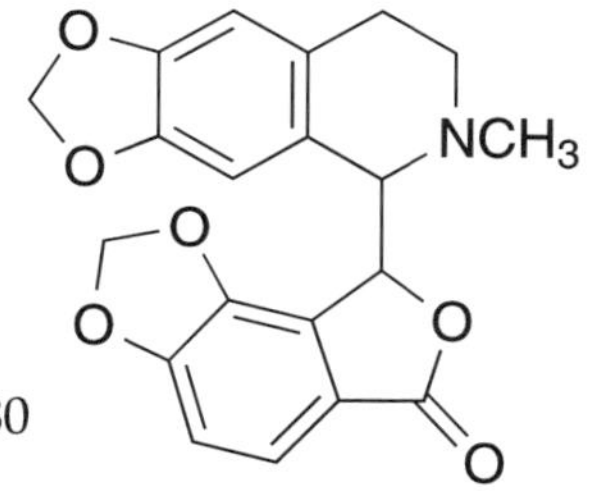

(-)-Decumbenine

Corydalis decumbens (Papaveraceae) cty 11, 341 '80

| 6,7-MDO |
| 5',6'-MDO-isobenzofuranol, 3'-yl |
| Me   THIQ |

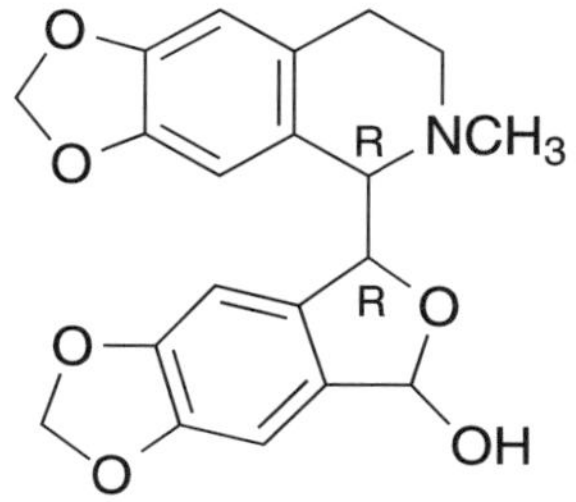

(-)-Corydecumbine

Corydalis decumbens (Papaveraceae)
  het 36, 2205 '93

| 6,7-MDO |
| 6',7'-HO,MeO-isobenzofuranone, 3'-yl |
| Me   THIQ |

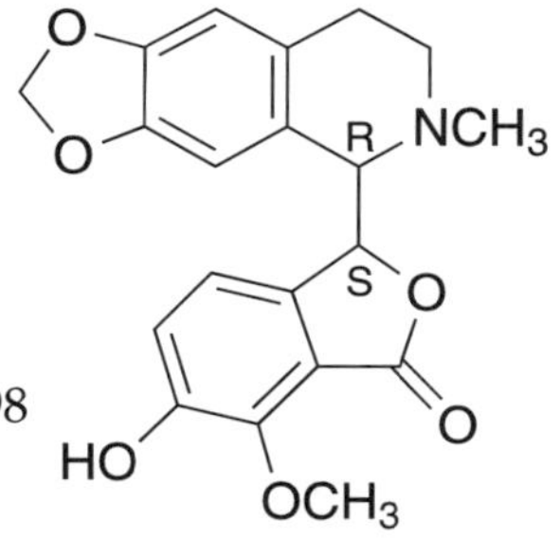

Isohydrastidine

Fumaria parviflora (Papaveraceae) ojc 14, 217 '98
Hydrastis canadensis (Ranunculaceae)
  jnp 45, 105 '82

Corftaline
Corphthaline

This is Isohydrastidine.
Corftaline: R & S are reversed.

Corydalis pseudoadunca (Papaveraceae) kps 6, 851 '80

| 6,7-MDO |
| 6',7'-MeO,HO-isobenzofuranone,3'-yl |
| Me   THIQ |

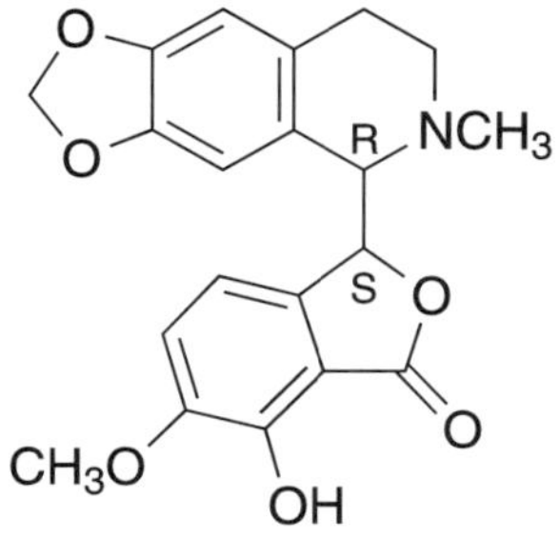

(-)-Hydrastidine
O-7'-Demethyl-β-hydrastine

Fumaria parviflora (Papaveraceae) ojc 14, 217 '98

Hydrastis canadensis (Ranunculaceae) gci 110, 539 '80

| 6,7-MDO |
| 6',7'-MeO,MeO-isobenzofuranone, 3'-yl |
| Me   THIQ |

Hydrastine *
β-Hydrastine
Isocoryne

This is the (+)-isomer.
The (-)-isomer has reversed R & S.

(+)-β-Hydrastine
Isocoryne:
Corydalis caucasica (Papaveraceae) kps 3, 439 '91
Corydalis gortschakovii (Papaveraceae) kps 6, 438 '70
Corydalis pseudoadunca (Papaveraceae) cjc 21B, 111 '43
Corydalis stricta (Papaveraceae) yhhp 16, 798 '81

(-)-β-Hydrastine
Hydrastine:
Fumaria bastardii (Papaveraceae) nps 4, 257 '98
Hydrastis canadensis (Ranunculaceae) pmp 6, 306 '72
Stylomecon heterophylla (Papaveraceae) cccc 32, 4431 '67

(dl)-β-Hydrastine:
Dactylicapnos torulosa (Papaveraceae) phy 36, 519 '94
Fumaria schleicheri (Papaveraceae) abs 8

β-Hydrastine
Hydrastine
isomer not specified:
Berberis aquifolium (Berberidaceae) llyd 33s, 1 '70
Berberis laurina (Berberidaceae) llyd 33s, 1 '70
Corydalis fimbrillifera (Papaveraceae) dont 10, 30 '67
Fumaria parviflora (Papaveraceae) ijcdr 26, 61 '88
Fumaria vaillantii (Papaveraceae) kps 4, 194 '68

*A common name for (-)-β-Hydrastine is simply Hydrastine with no prefixes. In the literature, the use of the simple name Hydrastine is intrinsically ambiguous. These references are listed here under the (-)-isomer, and isomer not specified.

α-Hydrastine
Stylophylline

(+)-α-Hydrastine:
Corydalis rutifolia (Papaveraceae) hue 11, 89 '91
Corydalis solida (Papaveraceae) guefd 5, 9 '88
Fumaria bracteosa (Papaveraceae) pm 5, 414 '86
Fumaria densiflora (Papaveraceae) jnp 49, 369 '86
Fumaria parviflora (Papaveraceae) kps 4, 194 '68
Fumaria schleicheri (Papaveraceae) akz 29, 1053 '76
Fumaria vaillantii (Papaveraceae) kps 4, 476 '74

This is the (+) isomer.
The (-) isomer is R,R.

(-)-α-Hydrastine
Stylophylline:
Corydalis fimbrillifera (Papaveraceae) dant 10, 30 '67
Corydalis solida (Papaveraceae) guefd 5, 9 '88
Corydalis stricta (Papaveraceae) dant 10, 30 '67
Dactylicapnos torulosa (Papaveraceae) phy 36, 519 '94
Fumaria bracteosa (Papaveraceae) pm 5, 414 '86
Fumaria parviflora (Papaveraceae) ojc 14, 217 '98
Fumaria schleicheri (Papaveraceae) akz 29, 1053 '76
Fumaria vaillantii (Papaveraceae) jnp 45, 105 '82
Hydrastis canadensis (Ranunculaceae) pmp 6, 306 '72
Papaver somniferum (Papaveraceae) jc 268, 125 '83
Stylomecon heterophylla (Papaveraceae) cccc 32, 4431 '67

(dl):
Dactylicapnos torulosa (Papaveraceae) phy 36, 519 '94
Fumaria schleicheri (Papaveraceae) abs 8

| 6,7-MDO |
| 6',7'-MeO,MeO-isobenzofuranone, 3'-yl |
| Me,Me+   THIQ |

(-)-N-Methyl-β-hydrastine quat

Fumaria parviflora (Papaveraceae)
   pmp 16, 99 '82
Fumaria sp. (Papaveraceae) cra 279, 885 '74

[with a 1,2 seco:] **N-Methylhydrasteine**

Corydalis lutea (Papaveraceae)
  cra 279, 855 '74
Corydalis solida (Papaveraceae)
  jnp 45, 105 '82
Dactylicapnos torulosa (Papaveraceae)
  phy 36, 519 '94
Fumaria densiflora (Papaveraceae) jnp 49, 369 '86
Fumaria kralikii (Papaveraceae) ijcdr 26, 61 '88
Fumaria officinalis (Papaveraceae) cra 276, 105 '73
Fumaria parviflora (Papaveraceae) cra 279, 855 '74
Fumaria schleicheri (Papaveraceae) cra 279, 855 '74
Fumaria vaillantii (Papaveraceae) cra 279, 855 '74

[the enol lactone of N-Methylhydrasteine:]

*N-Methylhydrastine

Corydalis lutea (Papaveraceae) jnp 45, 105 '82
Corydalis rutifolia (Papaveraceae)
  guefd 3, 13 '86
Fumaria densiflora (Papaveraceae)
  ajps 2, 166 '88
Fumaria gaillardotii (Papaveraceae) ijcdr 21, 135 '83
Fumaria officinalis (Papaveraceae) jnp 45, 105 '82
Fumaria parviflora (Papaveraceae) jnp 45, 105 '82
Fumaria schleicheri (Papaveraceae) cra 279, 885 '74
Fumaria vaillantii (Papaveraceae) jnp 45, 105 '82

*This name implies a quat salt of Hydrastine, but it is as above.

[with hydration of the double bond:]

Coryrutine

Corydalis rutifolia (Papaveraceae)
  guefd 3, 13 '86

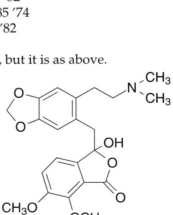

Structural Index - 6,7-MDO-Substituted

with the substitution of an imine group, and cyclization:

Fumaridine
Hydrastinimide
N-Methylhydrasteine imide

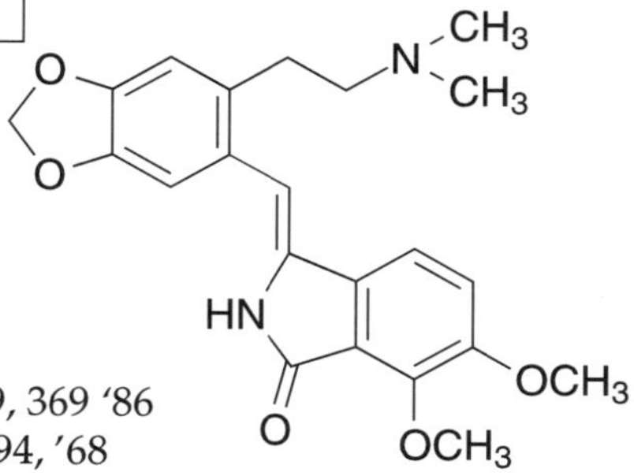

Dactylicapnos torulosa (Papaveraceae)
   phy 36, 519 '94
Fumaria densiflora (Papaveraceae) jnp 49, 369 '86
Fumaria parviflora (Papaveraceae) kps 194, '68
Fumaria vaillantii (Papaveraceae) kps 4, 476 '74
Fumaria schleicheri (Papaveraceae) dban 33, 1377 '80

with a carbonyl group:

N-Methyloxohydrasteine
Oxo-N-methylhydrasteine

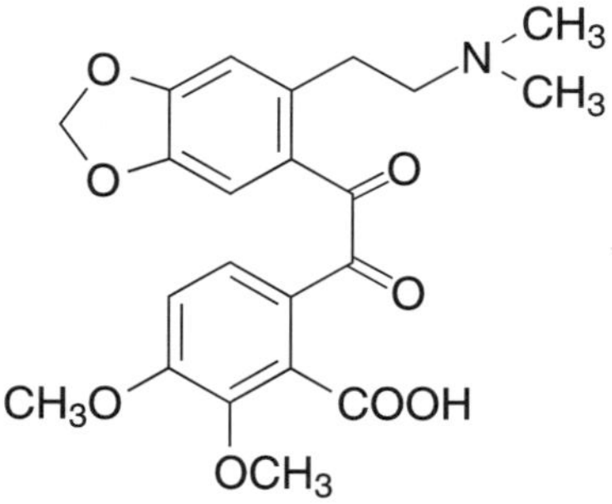

Fumaria microcarpa (Papaveraceae)
   jnp 45, 105 '82
Fumaria officinalis (Papaveraceae)
   cra 256, 105 '73

6,7-MDO	Compound unknown
6',7'-MeO,MeO-isobenzofuranone, 3'-yl, HO Me,Me+ THIQ	

with a 1,2 seco, and the ethyl ester of the free carboxy group:

Papracine

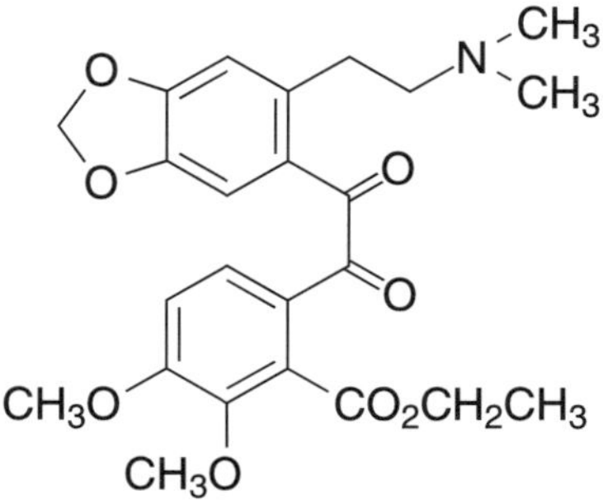

Fumaria indica (Papaveraceae)
   fit 63, 129 '92

6,7-MDO	
6',7'-MDO-isobenzofuranol, 3'-yl	
Me	THIQ

(+)-Egenine
(+)-Decumbensine

Corydalis decumbens (Papaveraceae) jnp 51, 1241 '88
Fumaria vaillantii (Papaveraceae) lac 287 '91

(+)-Corytensine
(+)-Humosine-A
epi-α-Decumbensine

Corydalis decumbens (Papaveraceae) pm 60, 486 '94
Corydalis hsuchowensis (Papaveraceae) pm 57, 156 '91
Corydalis humosa (Papaveraceae) yhhp 13, 6 '66
Corydalis ochotensis (Papaveraceae) het 27, 1565 '88
Corydalis semenovii (Papaveraceae) zh 19, 389 '88

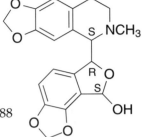

(tl 30, 6215 '89 reports that Decumbensine and epi-α-Decumbensine are not α-hydroxybenzyltetrahydroisoquinolines as originally reported, but that they are the isobenzofuranols described here.)

6,7-MDO	
6',7'-MDO-isobenzofuranone, 3'-yl	
Me	THIQ

Adlumidine
Capnoidine

(+)-isomer of Adlumidine:
Adlumia cirrhosa (Papaveraceae) bull 1
Adlumia fungosa (Papaveraceae) jnp 45, 105 '82
Corydalis bulbosa (Papaveraceae) pm 43, 51 '81
Corydalis bungeana (Papaveraceae) pm 53, 418 '87
Corydalis caucasica (Papaveraceae) kps 3, 439 '91
Corydalis hsuchowensis (Papaveraceae) pm 57, 156 '91
Corydalis incisa (Papaveraceae) cpb 23, 294 '75
Corydalis lutea (Papaveraceae) phy 33, 943 '93

This is (+)-isomer.
The (−)-isomer is R,R.

Corydalis mucronifera (Papaveraceae) yhhp 16, 798 '81
Corydalis nobilis (Papaveraceae) cccc 54, 2009 '89
Corydalis ramosa (Papaveraceae) fit 58, 201 '87
Corydalis repens (Papaveraceae) yt 17, 3 '82
Corydalis stewartii (Papaveraceae) jnp 51, 1136 '88
Corydalis stricta (Papaveraceae) kps 4, 490 '83
Corydalis taliensis (Papaveraceae) yx 17, 699 '82
Corydalis thalictrifolia (Papaveraceae) bull 1
Corydalis thyrsiflora (Papaveraceae) yx 26, 303 '91
Corydalis spp. (Papaveraceae) jnp 45, 105 '82
Dicentra spp. (Papaveraceae) ls 30, 321 '82
Fumaria asepala (Papaveraceae) jnp 48, 670 '85
Fumaria bella (Papaveraceae) jnp 49, 178 '86
Fumaria bracteosa (Papaveraceae) pm 5, 414 '86
Fumaria capreolata (Papaveraceae) jnp 49, 178 '86
Fumaria indica (Papaveraceae) phzi 42, 745 '87
Fumaria judaica (Papaveraceae) ijcdr 22, 181 '84
Fumaria macrosepala (Papaveraceae) aqsc 83, 119 '87
Fumaria parviflora (Papaveraceae) kps 5, 642 '82
Glaucium flavum var. *fulvum* (Papaveraceae) cnc 29, 692 '93

(-)-isomer of Adlumidine
Capnoidine:
Corydalis bulbosa (Papaveraceae) pm 50, 136 '84
Corydalis cava (Papaveraceae) jps 65, 294 '76
Corydalis decumbens (Papaveraceae) jcps 4, 57 '95
Corydalis gigantea (Papaveraceae) kps 6, 832 '76
Corydalis gortschakovii (Papaveraceae) kps 2, 260 '84
Corydalis majori (Papaveraceae) pmp 22, 219 '88
Corydalis marschalliana (Papaveraceae) kps 3, 411 '74
Corydalis pseudoadunca (Papaveraceae) kps 6, 428 '70
Corydalis rosea (Papaveraceae) kps 8, 127 '72
Fumaria muralis (Papaveraceae) jpps 33, 16 '81
Fumaria vaillantii (Papaveraceae) cnc 10, 481 '74

(dl):
Corydalis gigantea (Papaveraceae) kps 5, 592 '78
Corydalis remota (Papaveraceae) jnp 51, 262 '88
Corydalis vaginans (Papaveraceae) kps 5, 592 '78
Dactylicapnos torulosa (Papaveraceae) phy 36, 519 '94

isomer not specified:
Corydalis ochotensis (Papaveraceae) het 3, 301 '75

Corydalis ochroleuca (Papaveraceae) cjc 47, 1103 '69
Corydalis paniculigera (Papaveraceae) kps 6, 727 '82
Fumaria officinalis (Papaveraceae) cjc 47, 1103 '69

Bicuculline

(+)-isomer:
Adlumia cirrhosa (Papaveraceae) bull 1
Adlumia fungosa (Papaveraceae) jnp 45, 105 '82
Ceratocapnos palaestinus (Papaveraceae) jnp 53, 1006 '90
Corydalis aurea (Papaveraceae) bull 1
Corydalis bulbosa (Papaveraceae) pm 43, 51 '81
Corydalis bungeana (Papaveraceae) pm 53, 418 '87
Corydalis caucasica (Papaveraceae) cnc 27, 383 '91
Corydalis claviculata (Papaveraceae) bull 1
Corydalis esquirolii (Papaveraceae) zn 22, 486 '91
Corydalis gigantea (Papaveraceae) kps 6, 832 '76
Corydalis gortschakovii (Papaveraceae) kps 2, 260 '84
Corydalis govaniana (Papaveraceae) ijc 14b, 844 '76
Corydalis hsuchowensis (Papaveraceae) pm 57, 156 '91
Corydalis intermedia (Papaveraceae) cccc 54, 2009 '89
Corydalis lutea (Papaveraceae) phy 33, 943 '93
Corydalis marschalliana (Papaveraceae) pm 43, 51 '81
Corydalis mucronifera (Papaveraceae) yhtp 16, 49 '81
Corydalis nobilis (Papaveraceae) cccc 54, 2009 '89
Corydalis ochotensis (Papaveraceae) het 3, 301 '75
Corydalis omeiensis (Papaveraceae) zyz 25, 716 '90
Corydalis paniculigera (Papaveraceae) kps 6, 727 '82
Corydalis pseudoadunca (Papaveraceae) cnc 21, 807 '86
Corydalis remota (Papaveraceae) cnc 14, 509 '78
Corydalis rutifolia (Papaveraceae) ijcddr 26, 155 '88
Corydalis scouleri (Papaveraceae) bull 1
Corydalis semenovii (Papaveraceae) zh 19, 389 '88
Corydalis sempervirens (Papaveraceae) cccc 40, 699 '75
Corydalis solida brachyloba (Papaveraceae) guefd 5, 9 '88
Corydalis stricta (Papaveraceae) pm 5, 469 '85
Corydalis suaveolens (Papaveraceae) cty 12, 1 '81
Corydalis taliensis (Papaveraceae) yx 17, 699 '82
Corydalis thyrsiflora (Papaveraceae) yx 26, 303 '91
Dicentra cucullaria (Papaveraceae) cjr 16b, 81 '38
Dicentra ochroleuca (Papaveraceae) bull 1
Dicentra peregrina (Papaveraceae) cnc 20, 74 '84
Dicentra spp. (Papaveraceae) kps 1, 79 '84

This is the (+)-isomer.
The (-)-isomer, R and S are reversed.

Fumaria asepala (Papaveraceae) ijcdr 24, 105 '86
Fumaria bastardii (Papaveraceae) nps 4, 257 '98
Fumaria bella (Papaveraceae) jnp 49, 178 '86
Fumaria bracteosa (Papaveraceae) pm 5, 414 '86
Fumaria capreolata (Papaveraceae) jnp 49, 178 '86
Fumaria densiflora (Papaveraceae) cccc 61, 1064 '96
Fumaria indica (Papaveraceae) phzi 42, 745 '87
Fumaria judaica (Papaveraceae) pm 40, 295 '80
Fumaria kralikii (Papaveraceae) ijcdr 26, 61 '88
Fumaria macrosepala (Papaveraceae) aqsc 83, 119 '87
Fumaria parviflora (Papaveraceae) kps 5, 642 '82
Fumaria vaillantii (Papaveraceae) tet 39, 577 '83

(-)-isomer:
Corydalis decumbens (Papaveraceae) jcps 4, 57 '95
Corydalis humosa (Papaveraceae) zydx 20, 261 '89
Corydalis majori (Papaveraceae) pmp 22, 219 '88
Corydalis ramosa (Papaveraceae) fit 58, 201 '87
Corydalis severtzovii (Papaveraceae) kps 4, 61 '68
Fumaria vaillantii (Papaveraceae) phy 15, 1802 '76

(dl):
Dactylicapnos torulosa (Papaveraceae) phy 36, 519 '94
Fumaria densiflora (Papaveraceae) jnp 49, 370 '86
Fumaria gaillardotii (Papaveraceae) ijcdr 21, 135 '83
Fumaria indica (Papaveraceae) jic 46, 120 '74
Fumaria schleicheri (Papaveraceae) abs 8

isomer not specified:
Corydalis linarioides (Papaveraceae) yhtp 16, 49 '81
Corydalis repens (Papaveraceae) yt 17, 3 '82
Corydalis rosea (Papaveraceae) kps 5, 592 '78
Corydalis vaginans (Papaveraceae) kps 5, 592 '78
Fumaria macrocarpa (Papaveraceae) jnp 47, 187 '84
Fumaria muralis (Papaveraceae) jpp 33s, 16 '81

6,7-MDO
6',7'-MDO-isobenzofuranone, 3'-yl
Me,Me+   THIQ

N-Methylbicuculline
Not a natural product.
br 42, 486 '72

with a 1,2 seco:

Adlumidiceine

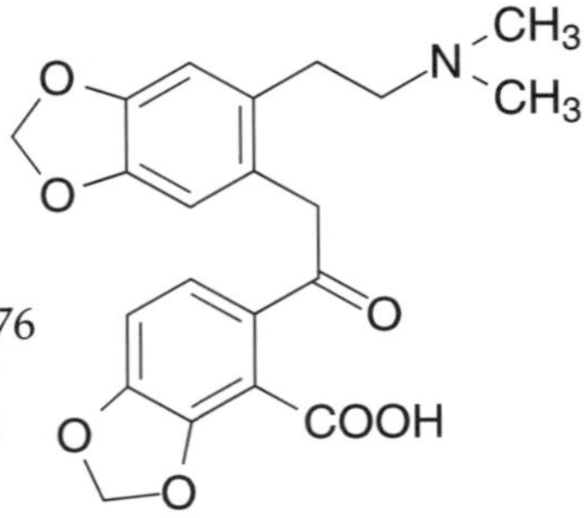

Corydalis bulbosa (Papaveraceae) jps 65, 294 '76
Corydalis cava (Papaveraceae) zpn 69, 99 '85
Corydalis lutea (Papaveraceae) pm 33, 396 '78
Corydalis sempervirens (Papaveraceae)
  phy 12, 2513 '73
Fumaria capreolata (Papaveraceae) jc 445, 258 '88
Fumaria densiflora (Papaveraceae) pm 48, 272 '83
Fumaria kralikii (Papaveraceae) pm 45, 120 '82
Fumaria parviflora (Papaveraceae) cnc 18, 608 '82
Fumaria schrammii (Papaveraceae) phy 20, 1721 '81
Fumaria vaillantii (Papaveraceae) cnc 17, 437 '81
Papaver rhoeas (Papaveraceae) phy 12, 2513 '73

as the cis enol lactone:

Adlumidiceine enol lactone

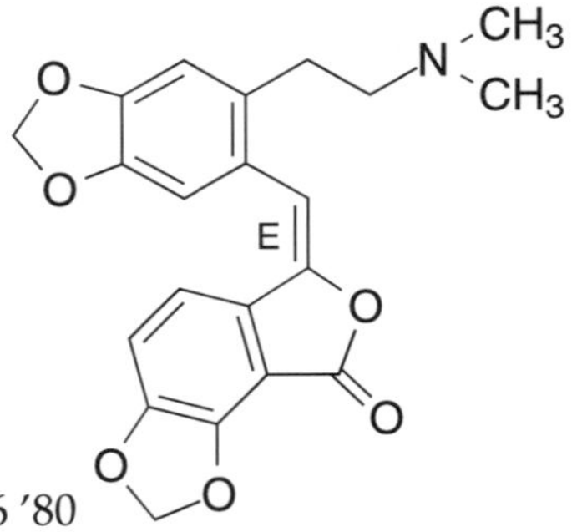

Corydalis lutea (Papaveraceae) pm 33, 396 '78
Corydalis sempervirens (Papaveraceae)
  phy 12, 2513 '73
Fumaria schrammii (Papaveraceae) pm 40, 156 '80
Papaver rhoeas (Papaveraceae) phy 12, 2513 '73

as the trans enol lactone:

Aobamidine

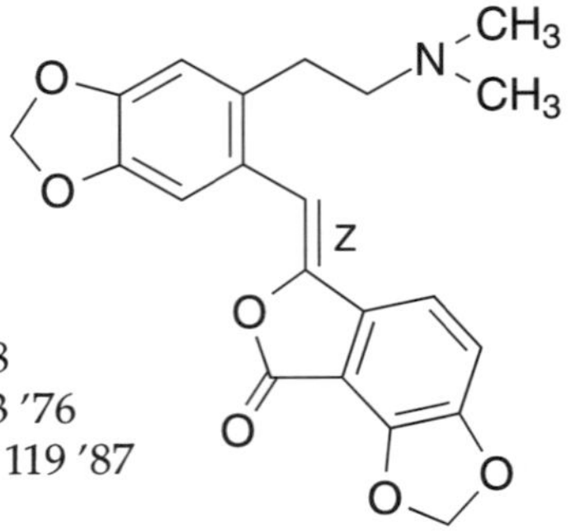

Corydalis lutea (Papaveraceae) pm 33, 396 '78
Corydalis ochotensis (Papaveraceae) het 4, 723 '76
Fumaria macrosepala (Papaveraceae) aqsc 83, 119 '87

Structural Index - 6,7-MDO-Substituted

with hydration of the double bond:

Narlumicine

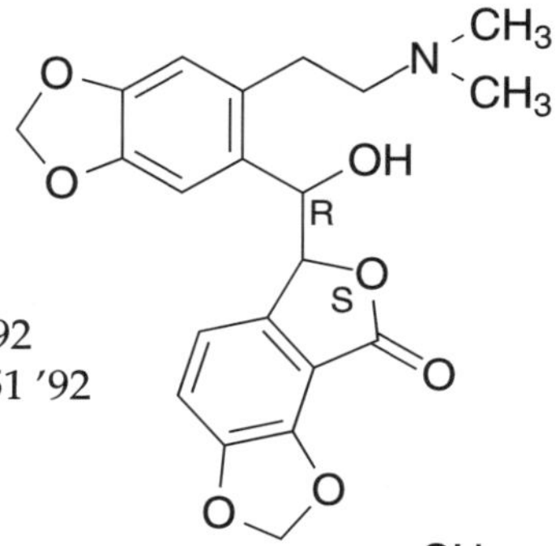

Fumaria indica (Papaveraceae) phy 31, 2188 '92
Fumaria vaillantii (Papaveraceae) pms 58, a651 '92

and rearrangement to a pyranolactone, and reduction:

(-)-Peshawarine

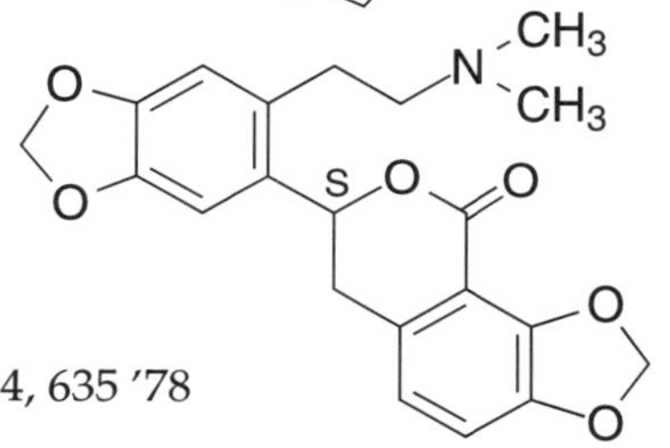

Hypecoum parviflorum (Papaveraceae) tet 34, 635 '78

as Adlumidiceine, but with a carbonyl group adjacent to the existing carbonyl:

Bicucullinine
Narceimine

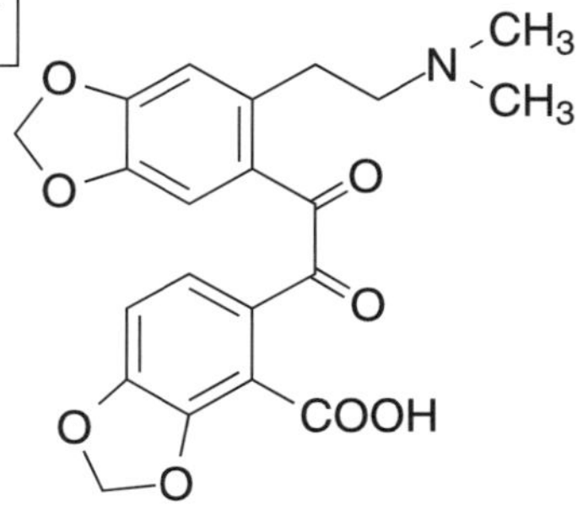

Corydalis bulbosa (Papaveraceae)
 pm 50, 136 '84
Corydalis ochroleuca (Papaveraceae)
 cjc 54, 471 '76
Fumaria indica (Papaveraceae) ci 21, 744 '79
Fumaria schrammii (Papaveraceae) dban 34, 43 '81

with conversion to an alcohol, and formation of a lactone ring:

Narlumidine

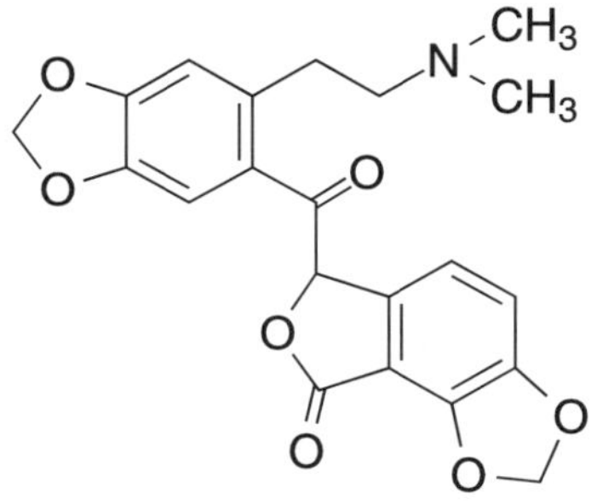

Fumaria indica (Papaveraceae) ci 21, 744 '79

as Adlumidiceine, but with the substitution of an imine group, and cyclization:

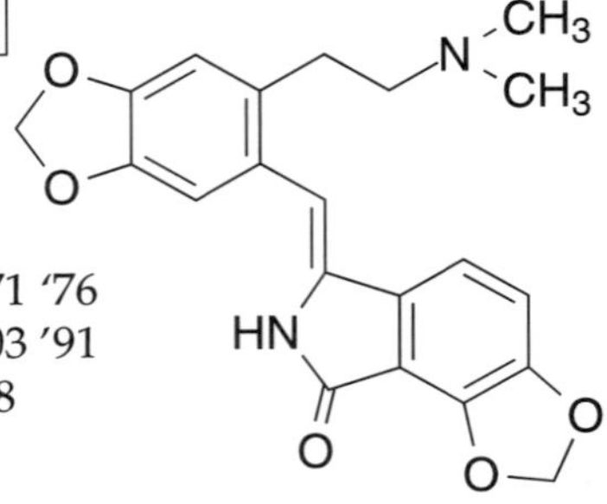

Fumaramine
Adlumidiceine imide

Corydalis ochroleuca (Papaveraceae) cjc 54, 471 '76
Corydalis thyrsiflora (Papaveraceae) yx 26, 303 '91
Fumaria parviflora (Papaveraceae) kps 194 '68

with hydration of the double bond:

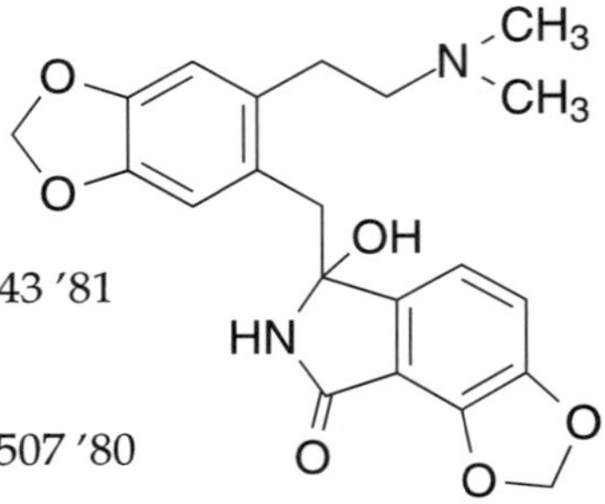

Fumschleicherine

(+)-isomer:
Fumaria schrammii (Papaveraceae) dban 34, 43 '81

isomer not specified:
Fumaria schleicheri (Papaveraceae) phy 19, 2507 '80

6,7-MDO
6',7'-MDO-isobenzofuranone, 3'-yl, HO
Me,Me+ THIQ

Compound unknown

with a 1,2 seco,
and the methyl ester of the
carboxy group of the lactone ring:

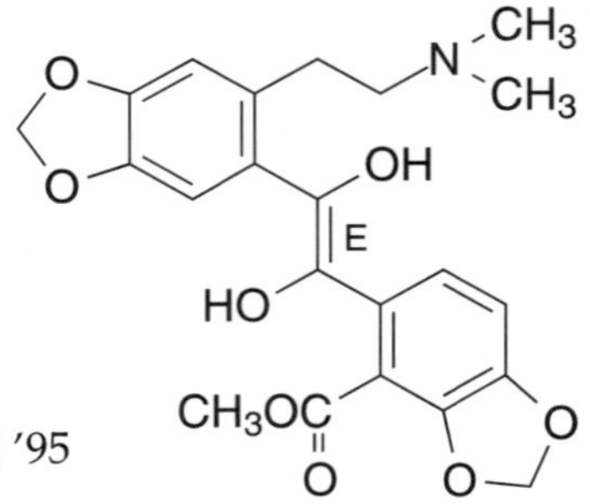

Paprafumine

Fumaria vaillantii (Papaveraceae) phy 40, 591 '95

6,8-SUBSTITUTED ISOQUINOLINES

6-HO	8-HO
=O	
H	THIQ

Compound unknown

---

with a 3,4-ene: **Siaminine B**

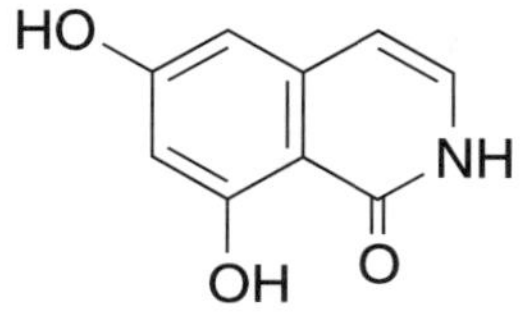

Cassia spp. (Fabaceae) bps 8, 12 '85
Cassia siamea (Fabaceae) jnp 47, 708 '84

---

with a 3-methyl group, and a 3,4-ene: **Siamine**

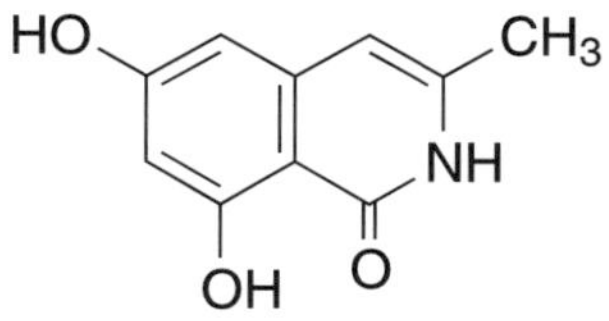

Cassia siamea (Fabaceae) tl 11, 821 '76

---

with a 3-methyl and 4-methyl, and a 3,4-ene:

Siaminine A

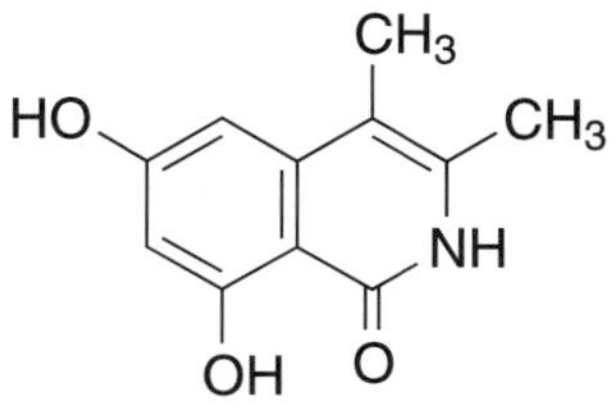

Cassia siamea (Fabaceae) jnp 47, 708 '84

6-HO	8-MeO
Me	
Me,Me+	THIQ

Compound unknown

---

with a 3-Me: **Gentryamine B**

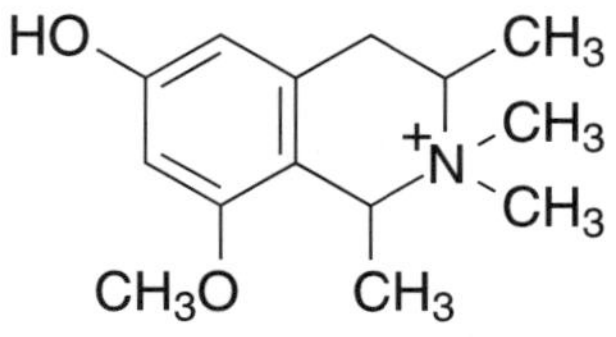

Ancistrocladus korupensis (Ancistrocladaceae)
  joc 64, 7184 '99

6-MeO	8-HO	Compound unknown
3,5-HO,MeO-benzyl		
Me	THIQ	

with a (2,8-HO) attack: **Fissistigine B**

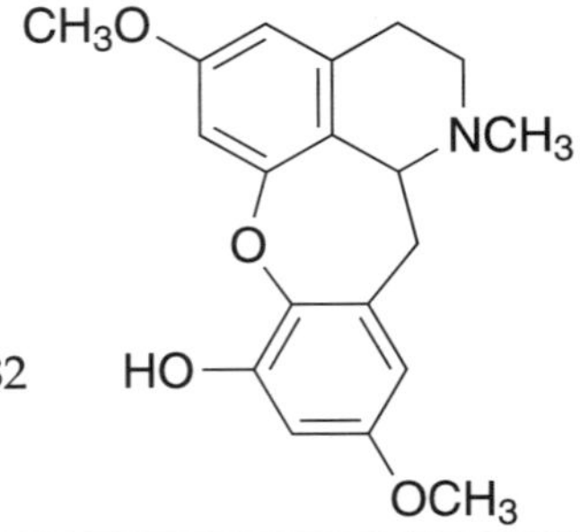

Fissistigma oldhamii (Annonaceae) cytp 7, 30 '82

6-MeO	8-MeO	Compound unknown
Me		
H	IQ	

with a 3-Me:

6,8-Dimethoxy-1,3-dimethylisoquinoline

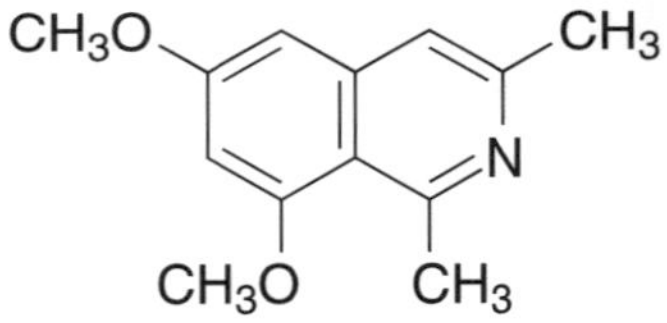

Ancistrocladus tectorius (Ancistrocladaceae)
phy 39, 701 '95

with a 3-HOCH$_2$- :

6,8-Dimethoxy-1-methyl-3-hydroxymethylisoquinoline

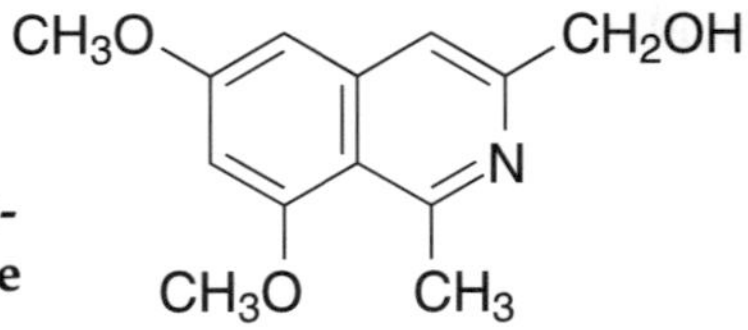

Ancistrocladus tectorius (Ancistrocladaceae) phy 39, 701 '95

6-MeO	8-MeO	Compound unknown
Me		
Me	THIQ	

with a 3-Me: **Gentryamine A**

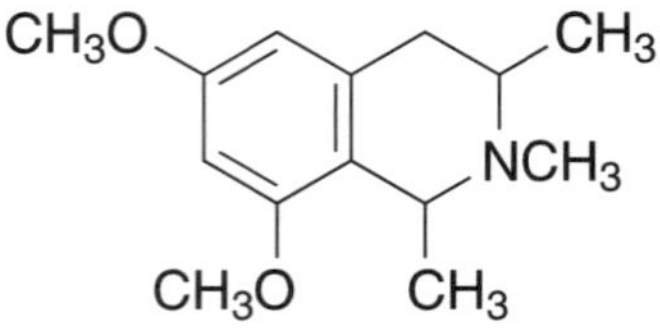

Ancistrocladus korupensis (Ancistrocladaceae)
joc 64, 7184 '99

7,8-HO,HO-SUBSTITUTED ISOQUINOLINES

7-HO	8-HO
3,4-HO,MeO-benzyl	
Me	THIQ

Compound unknown

with a (2,8-HO) attack: (+)-**Claviculine**

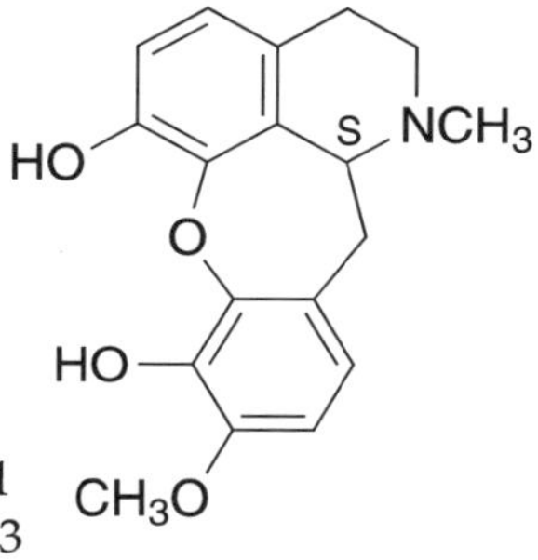

Ceratocapnos palaestinus (Papaveraceae)
  jnp 53, 1006 '90
Corydalis claviculata (Papaveraceae)
  jnp 53, 1280 '90
Sarcocapnos baetica (Papaveraceae) phy 30, 1175 '91
Sarcocapnos crassifolia (Papaveraceae) tl 24, 2303 '83

with a (6,8-HO) attack: (+)-**Culacorine**
  (+)-**Breoganine**

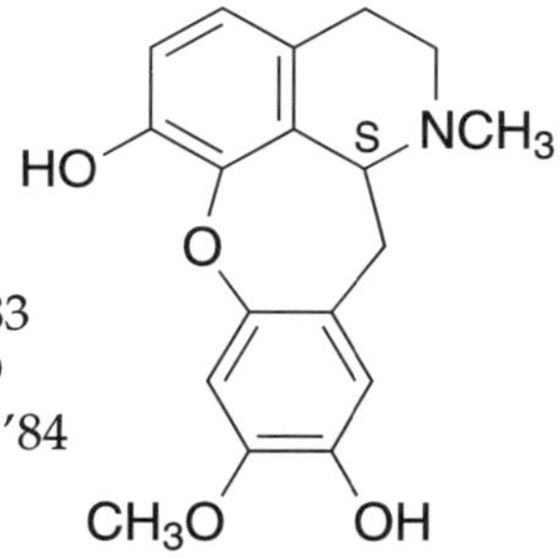

Corydalis claviculata (Papaveraceae) jnp 46, 881 '83
Sarcocapnos baetica (Papaveraceae) aqsc 85, 48 '89
Sarcocapnos crassifolia (Papaveraceae) jnp 47, 753 '84

7-HO	8-HO
3,4-MeO,HO-benzyl	
Me	THIQ

Compound unknown

with a (6,8-HO) attack: (+)-**Celtisine**

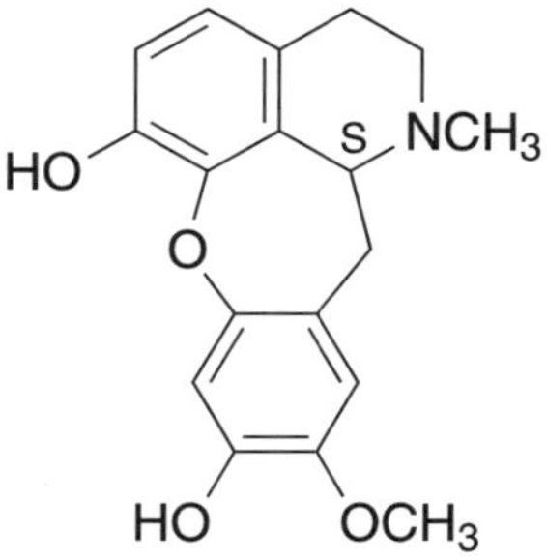

Sarcocapnos crassifolia speciosa (Papaveraceae)
  phy 28, 251 '88
Sarcocapnos enneaphylla (Papaveraceae)
  jnp 47, 753 '84

7-HO	8-HO
3,4-MeO,MeO-benzyl	
H	THIQ

Compound unknown

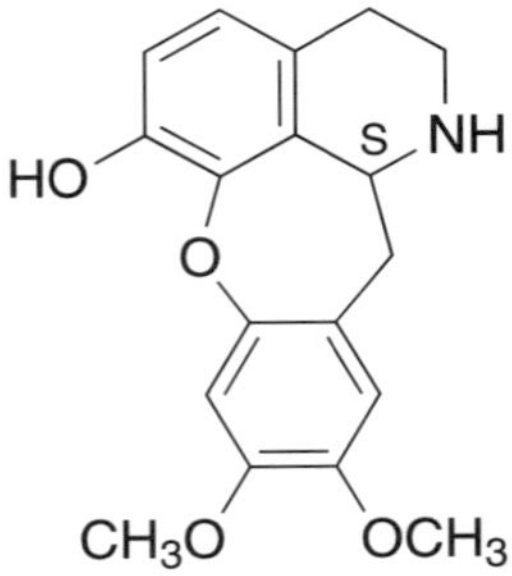

with a (6,8-HO) attack:

(+)-Norcularidine

Corydalis claviculata (Papaveraceae) het 22, 107 '84

7-HO	8-HO
3,4-MeO,MeO-benzyl	
Me	THIQ

Compound unknown

with a (2,8-HO) attack: **(+)-Sarcophylline**

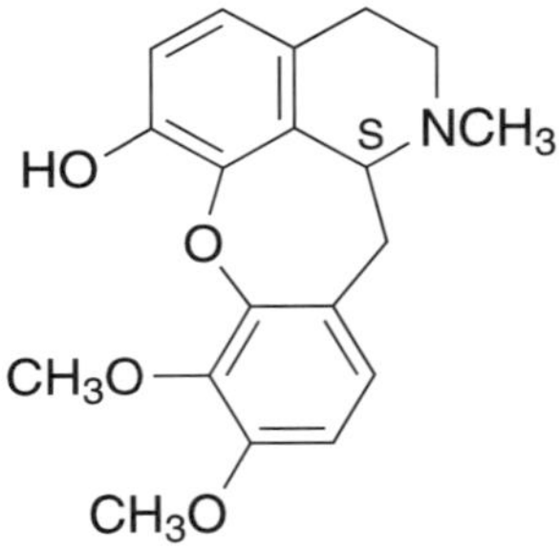

Sarcocapnos baetica (Papaveraceae)
  phy 30, 1175 '91
Sarcocapnos crassifolia speciosa (Papaveraceae)
  phy 28, 251 '88
Sarcocapnos enneaphylla (Papaveraceae)
  phy 30, 1175 '91

with a (6,8-HO) attack: **(+)-Cularidine**

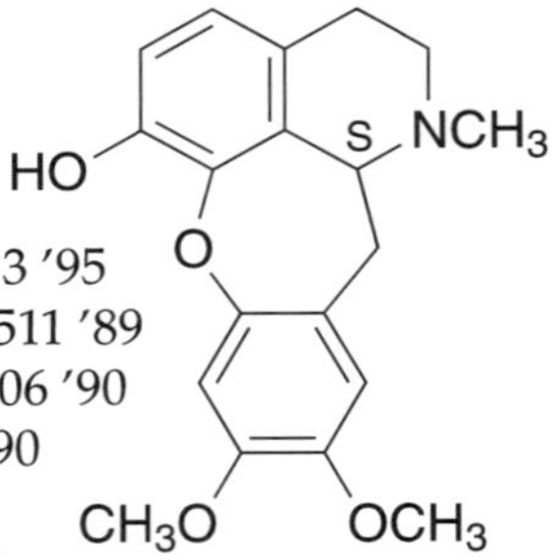

Ceratocapnos claviculata (Papaveraceae) phy 38, 113 '95
Ceratocapnos heterocarpa (Papaveraceae) phy 28, 3511 '89
Ceratocapnos palaestinus (Papaveraceae) jnp 53, 1006 '90
Corydalis claviculata (Papaveraceae) jnp 53, 1280 '90
Dicentra cucullaria (Papaveraceae) jnp 47, 753 '84
Sarcocapnos baetica (Papaveraceae) phy 38, 113 '95
Sarcocapnos crassifolia ssp. *crassifolia* (Papaveraceae) phy 38, 113 '95
Sarcocapnos enneaphylla (Papaveraceae) phy 38, 113 '95
Sarcocapnos saetabensis (Papaveraceae) phy 38, 113 '95

Structural Index - 7,8-HO,HO-Substituted

the N-oxide: **trans-Cularidine-N-oxide**
cis-Cularidine-N-oxide

Ceratocapnos heterocarpa (Papaveraceae) het 41, 11 '95

and a 4-hydroxy group:

(+)-Limousamine

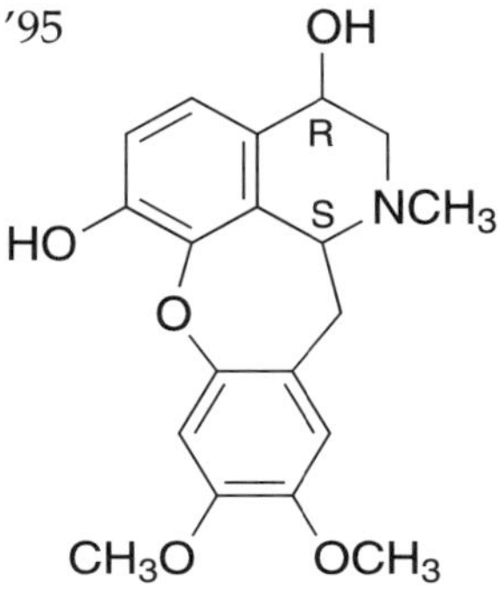

Corydalis claviculata (Papaveraceae)
jnp 53, 1280 '90

and a 1,2 seco:

Norsecocularidine

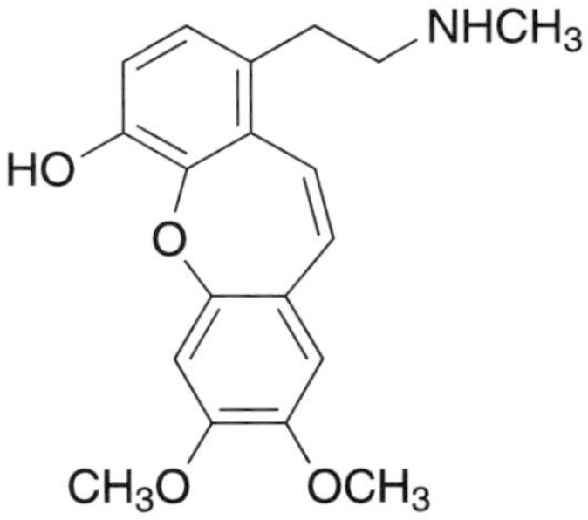

Sarcocapnos crassifolia speciosa (Papaveraceae)
phy 28, 251 '88

7-HO   8-HO
3,4-MeO,MeO-benzyl
Me,Me+ THIQ

Compound unknown

with a (6,8-HO) attack,
and a 1,2 seco:

Secocularidine

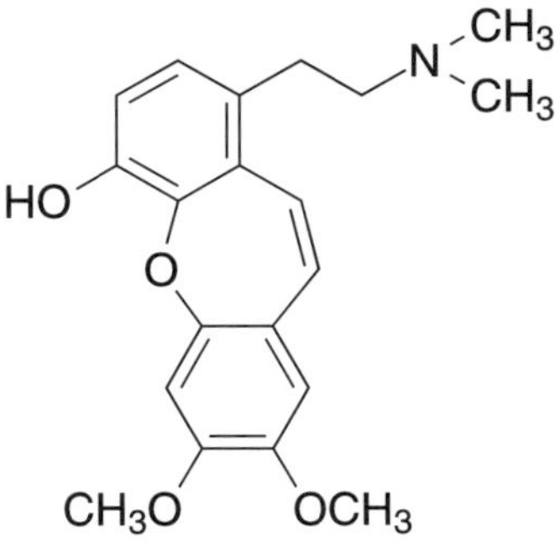

Corydalis claviculata (Papaveraceae)
jnp 47, 753 '84
Sarcocapnos crassifolia speciosa (Papaveraceae)
phy 28, 251 '88

7-HO	8-HO	
3,4-MeO,MeO-α-keto-benzyl		
H	IQ	

Compound unknown

| with a (2,8-HO) attack: | **Oxosarcophylline** |

Sarcocapnos baetica (Papaveraceae) aqsc 85, 48 '89
Sarcocapnos crassifolia speciosa (Papaveraceae)
   phy 28, 251 '88
Sarcocapnos enneaphylla (Papaveraceae)
   jnp 47, 753 '84

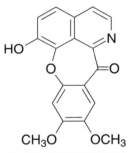

| with a (6,8-HO) attack: |

Oxocularidine

Sarcocapnos crassifolia speciosa (Papaveraceae)
   phy 28, 251 '88

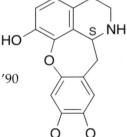

7-HO	8-HO	
3,4-MDO-benzyl		
H	THIQ	

Compound unknown

| with a (6,8-HO) attack: | **(+)-Norcularicine** |

Ceratocapnos palaestinus (Papaveraceae) jnp 53, 1006 '90
Corydalis claviculata (Papaveraceae) jnp 46, 881 '83
Sarcocapnos baetica ssp. *integrifolia* (Papaveraceae)
   aqsc 85, 48 '89

Structural Index - 7,8-HO,HO-Substituted

7-HO	8-HO
3,4-MDO-benzyl	
Me	THIQ

Compound unknown

with a (6,8-HO) attack:

(+)-Cularicine

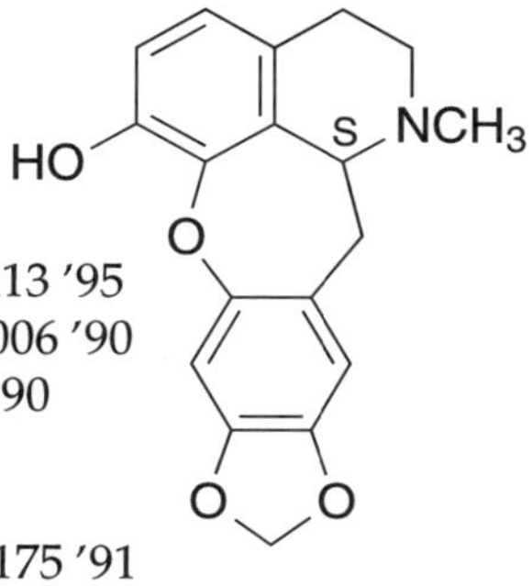

Ceratocapnos heterocarpa (Papaveraceae) phy 38, 113 '95
Ceratocapnos palaestinus (Papaveraceae) jnp 53, 1006 '90
Corydalis claviculata (Papaveraceae) jnp 53, 1280 '90
Sarcocapnos baetica var. *integrifolia* (Papaveraceae)
    phy 30, 1175 '91
Sarcocapnos enneaphylla (Papaveraceae) phy 30, 1175 '91

and a 4-hydroxy group:

(+)-Corycularicine

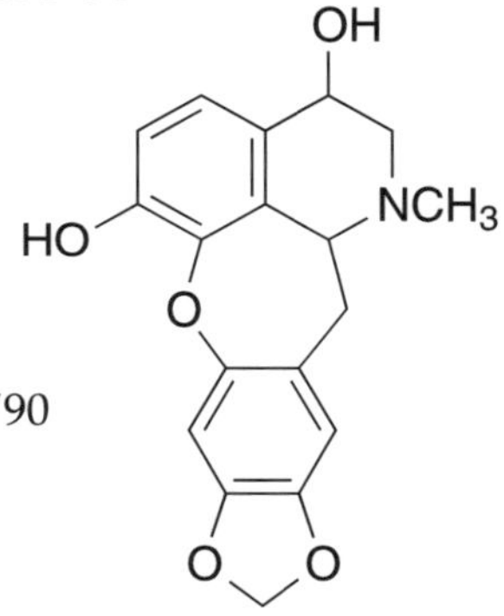

Corydalis claviculata (Papaveraceae) jnp 53, 1280 '90

7-HO	8-HO
3,4-MDO-α-keto-benzyl	
H	IQ

Compound unknown

with a (6,8-HO) attack:

Oxocularicine

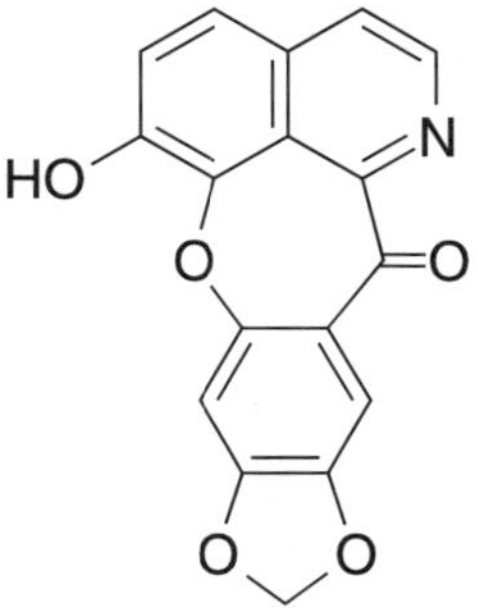

Corydalis claviculata (Papaveraceae) jnp 53, 1280 '90

7,8-MeO,HO-SUBSTITUTED ISOQUINOLINES

| 7-MeO 8-HO |
| H |
| Me   THIQ |

Turcamine

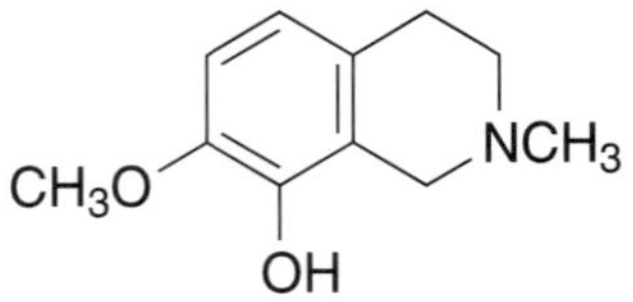

Berberis turcomannica (Berberidaceae) kps 6, 894 '96
Ceratocapnos palaestinus (Papaveraceae) jnp 53, 1006 '90

| 7-MeO 8-HO |
| Me |
| H   THIQ |

Arizonine

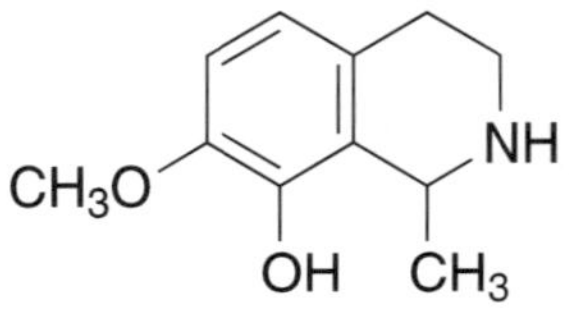

Carnegiea gigantia (Cactaceae) llyd 39, 197 '76
Pachycereus pecten-aboriginum (Cactaceae) aps 15, 127 '78

| 7-MeO 8-HO |
| 4-HO-benzyl |
| H   THIQ |

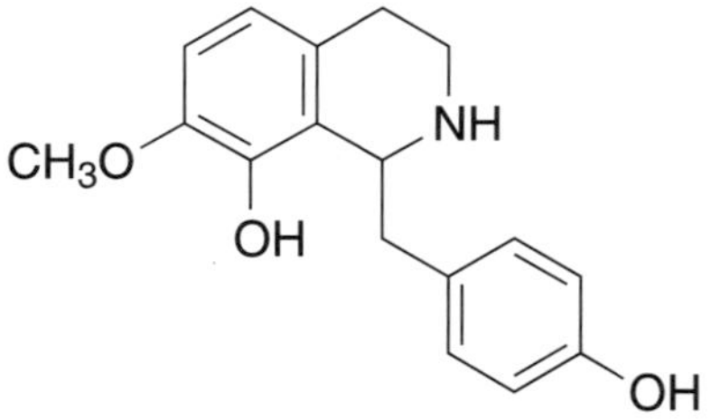

Norjuziphine
Norjusiphine
Noryuziphine

(S)(+)-isomer:
Corydalis bulleyana (Papaveraceae) pm 52, 193 '83
Nectandra salicifolia (Lauraceae) jnp 59, 576 '96
Neolitsea villosa (Lauraceae) cpj 47, 69 '95
Pachygone ovata (Menispermaceae) jnp 47, 459 '84

(R)(-)-isomer:
Aniba canelilla (Lauraceae) cjc 71, 1128 '93
Corydalis solida ssp. *brachyloba* (Papaveraceae) guefd 5, 9 '88
Fumaria vaillantii (Papaveraceae) phy 22, 2073 '83
Phoebe minutiflora (Lauraceae) cpj 49, 217 '97

(dl):
Leontice leontopetalum (Berberidaceae) jnp 49, 726 '86
Polyalthia acuminata (Annonaceae) jnp 45, 471 '82

isomer not specified:
Corydalis bungeana (Papaveraceae) pm 53, 418 '87
Corydalis tashiroi (Papaveraceae) pm 67, 423 '01
Fumaria parviflora (Papaveraceae) cnc 18, 608 '82
Litsea acuminata (Lauraceae) cpj 46, 299 '94
Phoebe formosana (Lauraceae) jca 667, 322 '94
Porcelia macrocarpa (Annonaceae) jnp 64, 240 '01
Stephania cepharantha (Menispermaceae) cpb 45, 545 '97

7-MeO	8-HO
4-HO-benzyl	
Me	THIQ

Juziphine
Yuziphine

(R)(+)-isomer:
Berberis vulgaris (Berberidaceae) kps 1, 128 '90
Corydalis bungeana (Papaveraceae) pm 53, 418 '87
Corydalis claviculata (Papaveraceae) jnp 53, 1280 '90
Corydalis gortschakovii (Papaveraceae) cnc 13, 702 '77
Fumaria bastardii (Papaveraceae) nps 4, 257 '98
Fumaria vaillantii (Papaveraceae) phy 22, 2073 '83
Litsea acuminata (Lauraceae) cpj 46, 299 '94
Neolitsea villosa (Lauraceae) cpj 47, 69 '95
Phoebe formosana (Lauraceae) jca 667, 322 '94
Stephania cepharantha (Menispermaceae) cpb 45, 470 '97
Ziziphus jujuba (Rhamnaceae) kps 13, 239 '77

(S)(-)-isomer:
Guatteria goudotiana (Annonaceae) phy 30, 2781 '91
Nectandra salicifolia (Lauraceae) jnp 59, 576 '96

(dl):
Leontice leontopetalum (Berberidaceae) jnp 49, 726 '86
Phoebe minutiflora (Lauraceae) cpj 49, 217 '97
Polyalthia acuminata (Annonaceae) jnp 45, 471 '82

isomer not specified:
Ceratocapnos palaestinus (Papaveraceae) jnp 53, 1006 '90
Corydalis pseudoadunca (Papaveraceae) cnc 21, 807 '86
Corydalis stricta (Papaveraceae) kps 19, 461 '83
Tiliacora dinklagei (Menispermaceae) jnp 46, 342 '83

the N-oxide: **(R)-Juziphine N-oxide**

Corydalis gortschakovii (Papaveraceae) cnc 13, 702 '77

7-MeO 8-HO
4-HO-benzyl
Me,Me+ THIQ

Oblongine

(R)(-)-isomer:
Leontice leontopetalum (Berberidaceae) jnp 49, 726 '86
Litsea cubeba (Lauraceae) jnp 56, 1971 '93
Zanthoxylum chalybeum (Rutaceae) jnp 59, 316 '96
Zanthoxylum usambarense (Rutaceae) jnp 59, 316 '96

(dl):
Magnolia obovata (Magnoliaceae) nm 50, 413 '96
Magnolia officinalis (Magnoliaceae) nm 50, 413 '96
Stephania pierrei (Menispermaceae) jnp 56, 1468 '93

isomer not specified:
Aristolochia triangularis (Aristolochiaceae) jcps 6, 8 '97
Berberis baluchistanica (Berberidaceae) jnp 46, 342 '83
Berberis heteropoda (Berberidaceae) cnc 28, 523 '93
Berberis oblonga (Berberidaceae) jnp 46, 342 '83
Fagara macrophylla (Rutaceae) fit 72, 538 '01
Stephania cepharantha (Menispermaceae) cpb 48, 370 '00
Stephania tetrandra (Menispermaceae) nm 52, 124 '98
Tiliacora dinklagei (Menispermaceae) jnp 46, 342 '83
Tiliacora funifera (Menispermaceae) jnp 46, 342 '83

Structural Index - 7,8-MeO,HO-Substituted

with a 1,2 seco:

Leonticine
Petaline methine

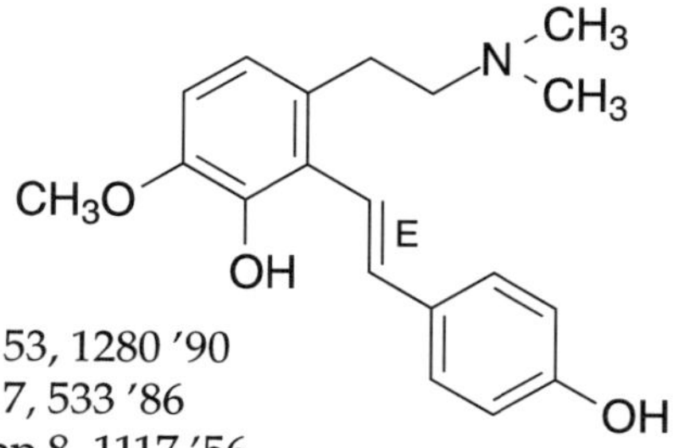

Corydalis claviculata (Papaveraceae) jnp 53, 1280 '90
Corydalis yanhusuo (Papaveraceae) cty 17, 533 '86
Leontice leontopetalum (Berberidaceae) jpp 8, 1117 '56

with an (α,8-HO) attack:

Quettamine

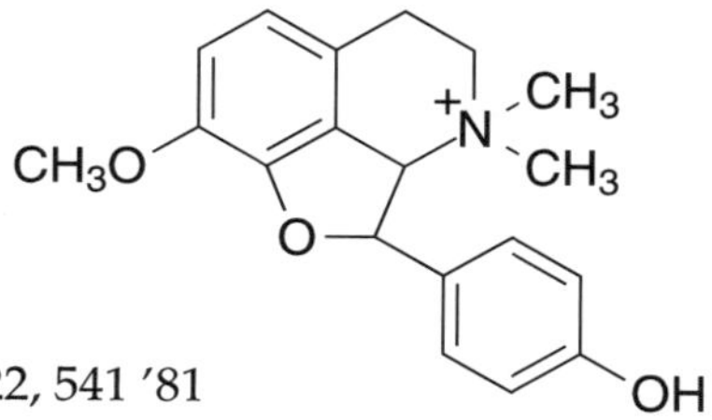

Berberis baluchistanica (Berberidaceae) tl 22, 541 '81

and a 1,2 seco:

Secoquettamine

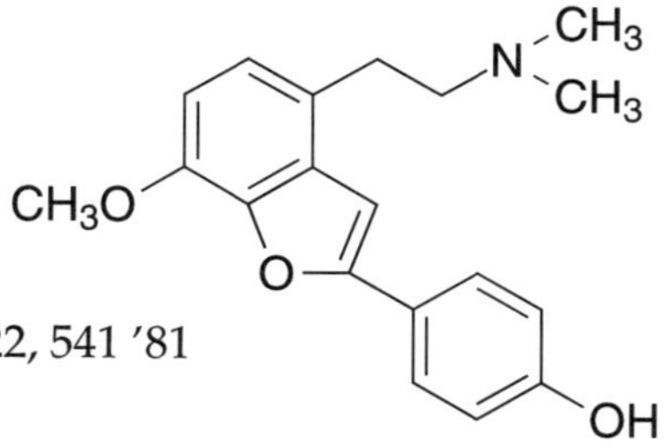

Berberis baluchistanica (Berberidaceae) tl 22, 541 '81

and hydrogenation of the double bond:

Dihydrosecoquettamine

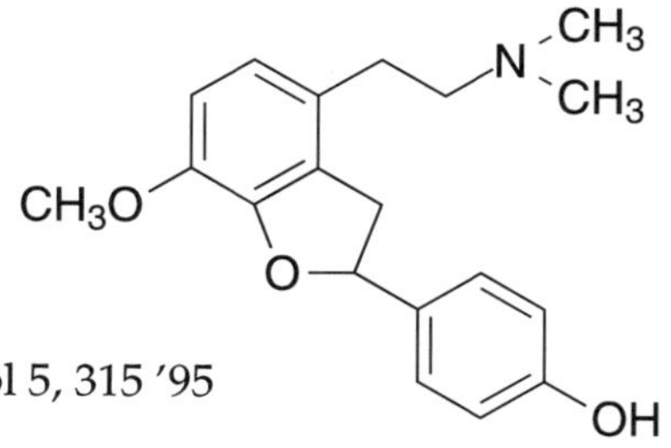

(+)-isomer:
Leontice leontopetalum (Berberidaceae) npl 5, 315 '95

(dl):
Berberis baluchistanica (Berberidaceae) tl 22, 541 '81

7-MeO	8-HO
4-MeO-benzyl	
H	THIQ

(-)-Magnococline
Norgorchacoine

Magnolia coco (Magnoliaceae) jccs 18, 91 '71
Monodora junodii (Annonaceae) nm 54, 338 '00

7-MeO	8-HO
4-MeO-benzyl	
Me	THIQ

Gortschakoine
(R)-Gorchacoine

Corydalis gortschakovii (Papaveraceae) cnc 13, 702 '77
Tiliacora dinklagei (Menispermaceae) jnp 46, 342 '83

7-MeO	8-HO
4-MeO-benzyl	
Me,Me+	THIQ

Petaline

(-)-isomer:
Leontice leontopetalum (Berberidaceae) jnp 49, 726 '86

isomer not specified:
Tiliacora dinklagei (Menispermaceae) jnp 46, 342 '83

with an (α,8-HO) attack,
a 1,2 seco, and hydrogenation
of the double bond:

(+)-O-Methyldihydrosecoquettamine

Leontice leontopetalum (Berberidaceae) npl 5, 315 '95

Structural Index - 7,8-MeO,HO-Substituted

7-MeO	8-HO
3,4-HO,MeO-benzyl	
H	THIQ

Norcrassifoline
Not a natural product.
tet 46, 4421 '90

with a (2,8-HO) attack:

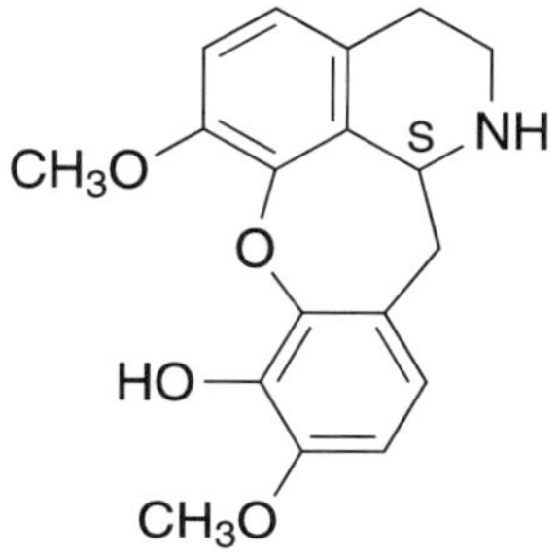

Norsarcocapnidine

Sarcocapnos crassifolia speciosa (Papaveraceae)
   phy 28, 251 '88
Sarcocapnos spp. (Papaveraceae) het 26, 29 '87

7-MeO	8-HO
3,4-HO,MeO-benzyl	
Me	THIQ

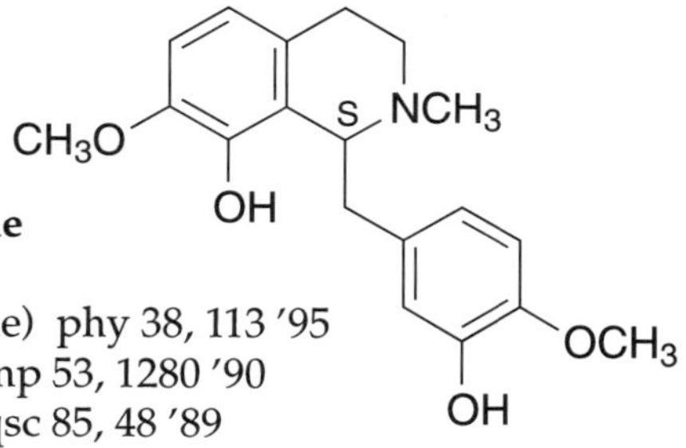

(S)(+)-Crassifoline

Ceratocapnos heterocarpa (Papaveraceae) phy 38, 113 '95
Corydalis claviculata (Papaveraceae) jnp 53, 1280 '90
Sarcocapnos baetica (Papaveraceae) aqsc 85, 48 '89
Sarcocapnos crassifolia speciosa (Papaveraceae) phy 28, 251 '88
Sarcocapnos saetabensis (Papaveraceae) phy 30, 2071 '91

with a (2,N-Me) attack:

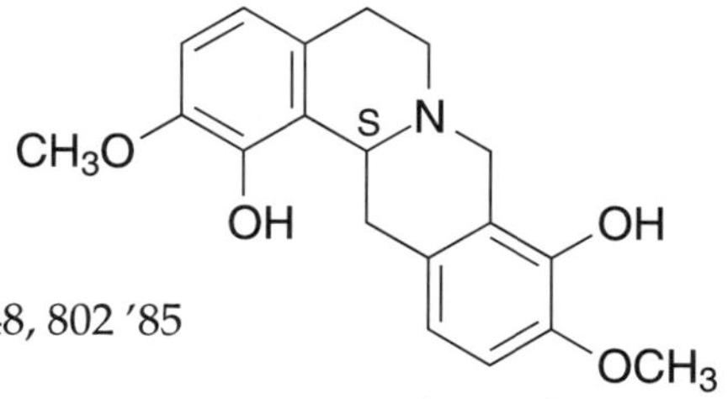

Clarkeanidine

Corydalis clarkei (Papaveraceae) jnp 48, 802 '85

with a (2,8-HO) attack:

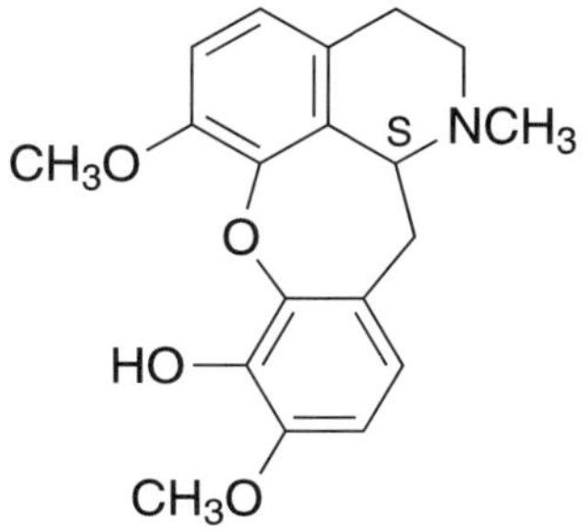

(+)-Sarcocapnidine

Ceratocapnos palaestinus (Papaveraceae)
   jnp 53, 1006 '90
Corydalis claviculata (Papaveraceae)
   phy 24, 585 '85

Sarcocapnos baetica ssp. *baetica* (Papaveraceae) aqsc 85, 48 '89
Sarcocapnos crassifolia (Papaveraceae) phy 28, 251 '88
Sarcocapnos enneaphylla (Papaveraceae) phy 30, 1175 '91
Sarcocapnos saetabensis (Papaveraceae) phy 30, 2071 '91

the N-oxide: **Sarcocapnidine N-oxide**

Sarcocapnos baetica ssp. *integrifolia* (Papaveraceae) het 27, 2783 '88

and a 1,2 seco: **Norsecosarcocapnidine**

Sarcocapnos crassifolia speciosa (Papaveraceae)
  phy 28, 251 '88
Sarcocapnos enneaphylla (Papaveraceae)
  het 26, 591 '87

with a 4-hydroxy group:

(+)-4-Hydroxysarcocapnidine

Sarcocapnos saetabensis (Papaveraceae)
  phy 30, 2071 '91

with a (6,8-HO) attack:

(+)-Enneaphylline
(+)-3'-O-Demethylcularine

Ceratocapnos palaestinus (Papaveraceae) jnp 53, 1006 '90
Corydalis claviculata (Papaveraceae) jnp 53, 1280 '90
Sarcocapnos crassifolia (Papaveraceae) het 26, 29 '87
Sarcocapnos enneaphylla (Papaveraceae) het 26, 29 '87
Sarcocapnos spp. (Papaveraceae) het 26, 29 '87

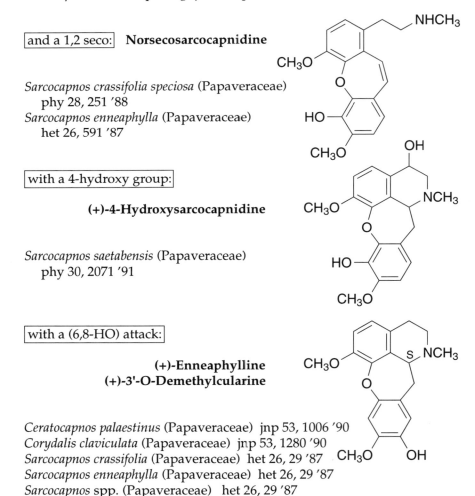

Structural Index - 7,8-MeO,HO-Substituted

7-MeO 8-HO
3,4-HO,MeO-benzyl
Me,Me+ THIQ

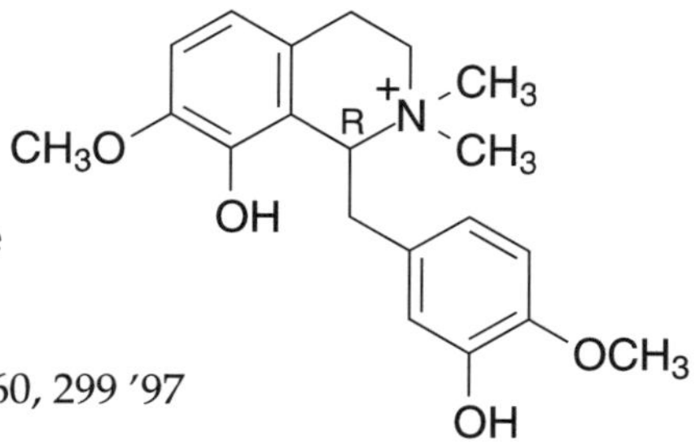

(+)-Isotembetarine

Zanthoxylum nitidum (Rutaceae) jnp 60, 299 '97

with a 1,2 seco:

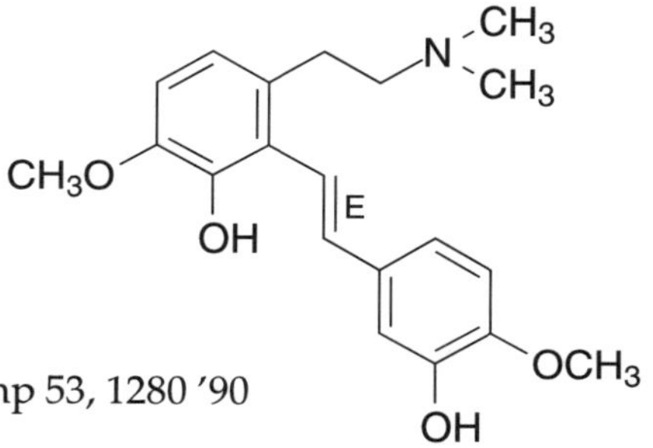

Crassifoline methine

Corydalis claviculata (Papaveraceae) jnp 53, 1280 '90

with a (2,8-HO) attack:

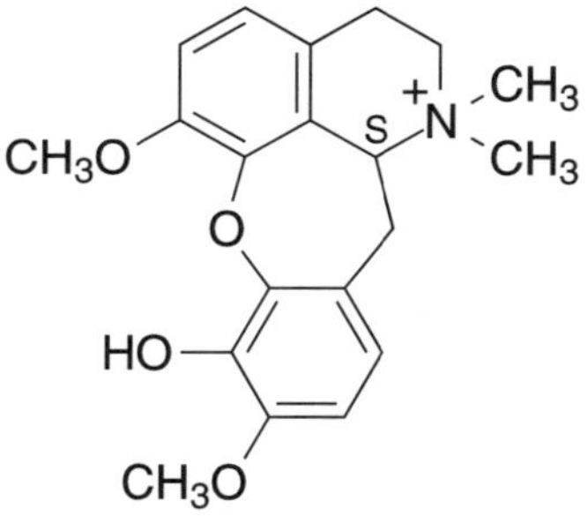

(+)-N-Methylcularine

Sarcocapnos baetica (Papaveraceae)
   het 27, 2783 '88

and a 1,2 seco:

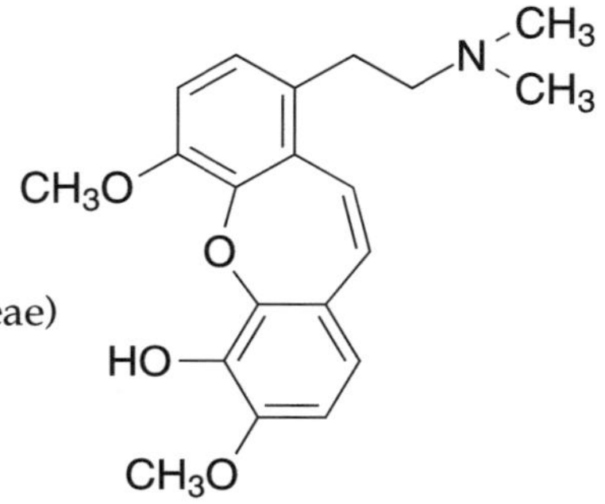

Secosarcocapnidine

Sarcocapnos crassifolia speciosa (Papaveraceae)
   phy 28, 251 '88
Sarcocapnos enneaphylla (Papaveraceae)
   het 26, 591 '87

| 7-MeO 8-HO |
| 3,4-HO,MeO-α-keto-benzyl |
| H   IQ |

Not a natural product.
jhc 28, 2071 '91

with a (2,8-HO) attack:

Oxosarcocapnidine

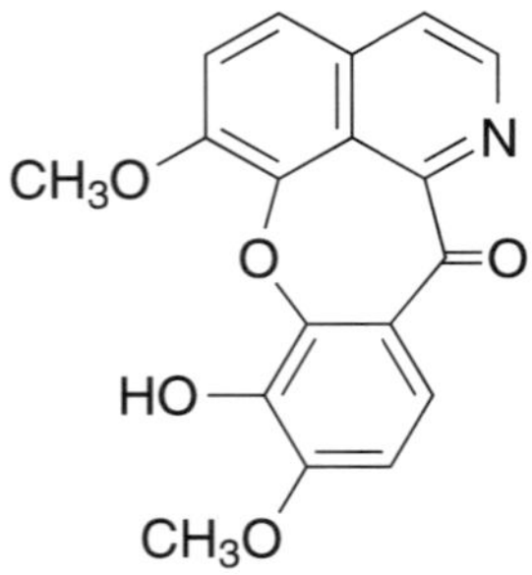

Corydalis rutifolia (Papaveraceae) pjps 5, 111 '92
Corydalis solida (Papaveraceae) guefd 5, 9 '88
Sarcocapnos crassifolia speciosa (Papaveraceae)
  phy 28, 251 '88
Sarcocapnos saetabensis (Papaveraceae) phy 30, 2071 '91

| 7-MeO 8-HO |
| 3,4-MeO,HO-benzyl |
| Me   THIQ |

(S)-Isocrassifoline
Not a natural product.
jnp 58, 1475 '95

with a (6,N-Me) attack:

Caseamine

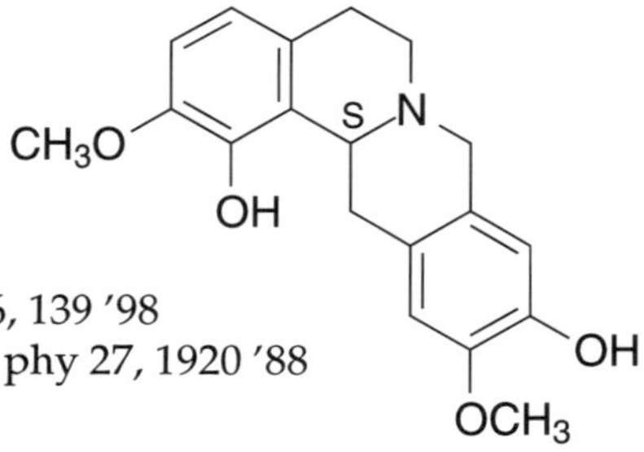

Anomianthus dulcis (Annonaceae) bse 26, 139 '98
Ceratocapnos heterocarpa (Papaveraceae) phy 27, 1920 '88

the N-oxide: **cis (-)-Caseamine N-oxide**

Ceratocapnos heterocarpa (Papaveraceae) phy 34, 559 '93

with a (6,3) attack: **(-)-Munitagine**

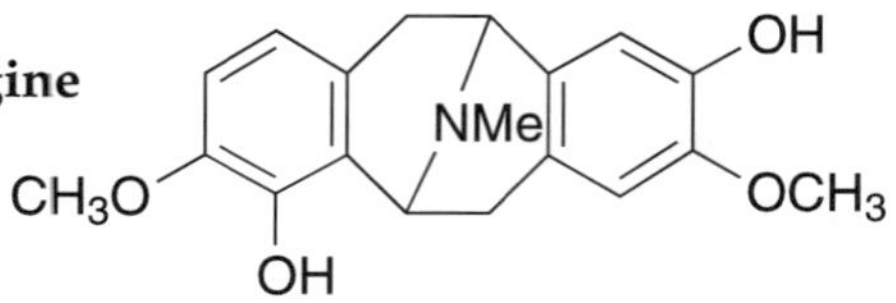

Argemone gracilenta (Papaveraceae) jnp 46, 293 '83
Argemone hybrida (Papaveraceae) cnc 22, 189 '86

Structural Index - 7,8-MeO,HO-Substituted

Argemone munita (Papaveraceae) jnp 46, 293 '83
Argemone platyceras (Papaveraceae) kfz 22, 580 '88
Argemone pleiacantha (Papaveraceae) phy 8, 611 '69

also under: 6,7 MeO HO R Me THIQ
R= 3,4-HO,MeO-benzyl   (2,3) attack

---

with a (6,8-HO) attack:

(+)-Celtine

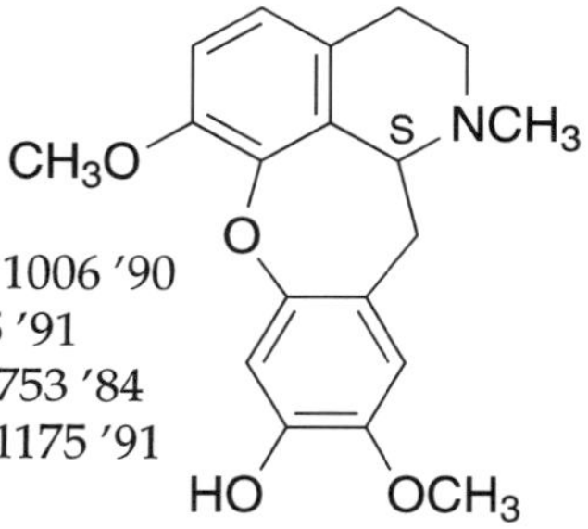

Ceratocapnos palaestinus (Papaveraceae) jnp 53, 1006 '90
Sarcocapnos baetica (Papaveraceae) phy 30, 1175 '91
Sarcocapnos enneaphylla (Papaveraceae) jnp 47, 753 '84
Sarcocapnos saetabensis (Papaveraceae) phy 30, 1175 '91

7-MeO	8-HO
3,4-MeO,MeO-benzyl	
H	THIQ

Not a natural product.
tl 36, 1315 '95

with a (2,8-HO) attack:

(+)-Norsarcocapnine
Norisocularine

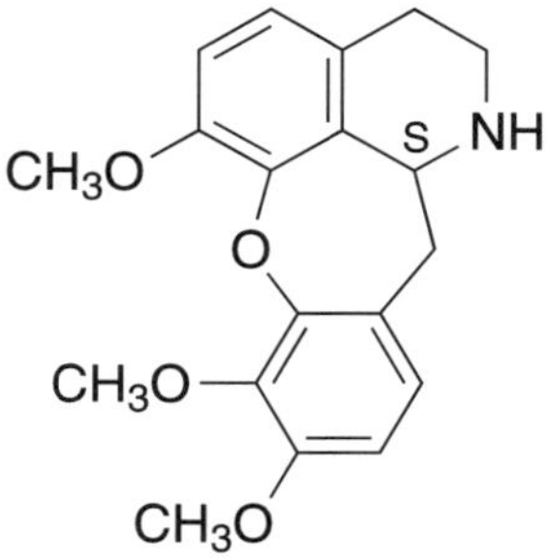

Ceratocapnos heterocarpa (Papaveraceae)
  phy 28, 3511 '89

with a (6,8-HO) attack:

(+)-Cularimine

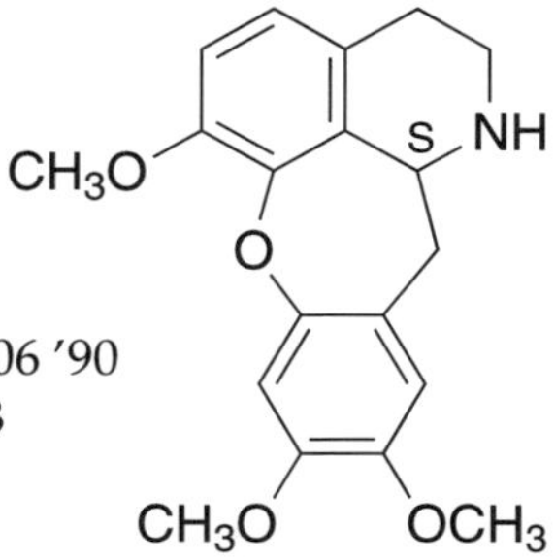

Ceratocapnos palaestinus (Papaveraceae) jnp 53, 1006 '90
Corydalis claviculata (Papaveraceae) jnp 46, 881 '83
Dicentra eximia (Papaveraceae) jnp 38, 275 '75

7-MeO 8-HO
3,4-MeO,MeO-benzyl
Me   THIQ

Not a natural product.
jhc 28, 2071 '91

with a (2,N-Me) attack:

Caseanidine
Caseanadine

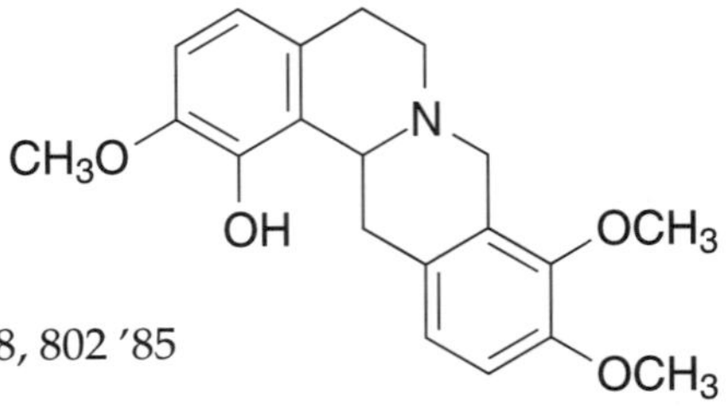

Corydalis clarkei (Papaveraceae) jnp 48, 802 '85

with a (2,8-HO) attack:

(+)-Sarcocapnine
Isocularine

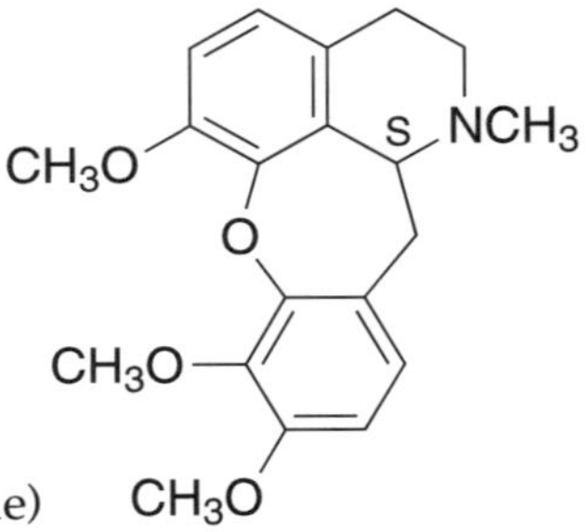

(S)(+)-isomer:
Ceratocapnos palaestinus (Papaveraceae)
   jnp 53, 1006 '90
Sarcocapnos baetica var. *integrifolia* (Papaveraceae)
   phy 30, 1175 '91
Sarcocapnos enneaphylla (Papaveraceae) jnp 47, 753 '84

the N-oxide: **(+)-cis-Sarcocapnine N-oxide**

Ceratocapnos heterocarpa (Papaveraceae) phy 43, 1389 '96

and a 1,2 seco:

Norsecosarcocapnine

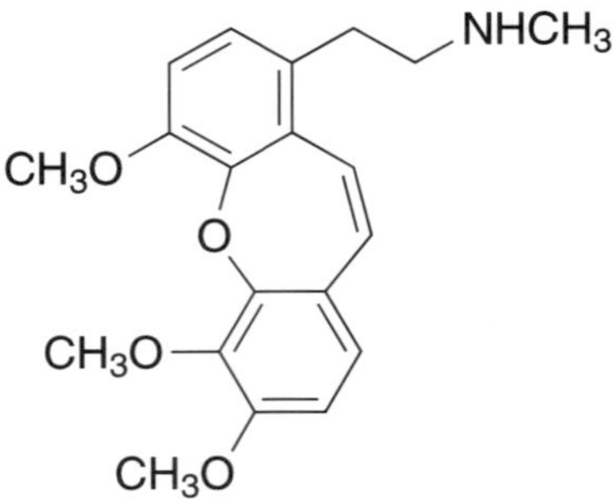

Sarcocapnos crassifolia (Papaveraceae)
   het 26, 591 '87
Sarcocapnos enneaphylla (Papaveraceae)
   phy 30, 1005 '91

Structural Index - 7,8-MeO,HO-Substituted

with a 4-hydroxy group:

(+)-4-Hydroxysarcocapnine

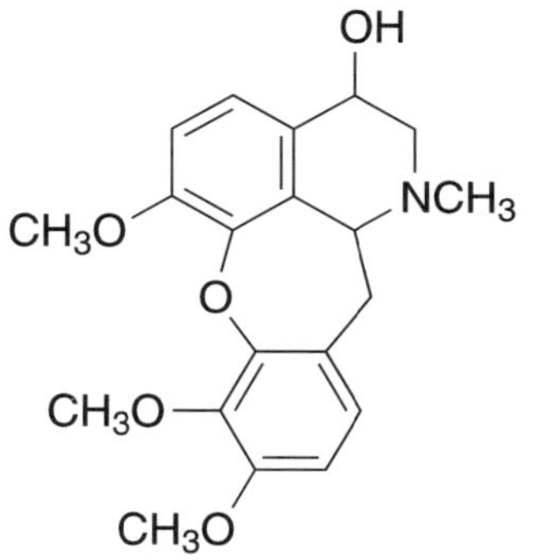

Sarcocapnos baetica (Papaveraceae)
  het 27, 2783 '88
Sarcocapnos enneaphylla (Papaveraceae)
  tl 25, 4573 '84
Sarcocapnos saetabensis (Papaveraceae)
  phy 30, 1175 '91

with a (6,N-Me) attack: **(-)-Caseadine**

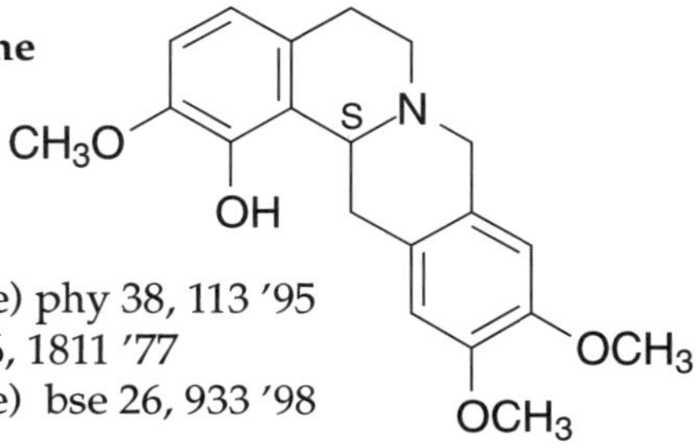

Ceratocapnos heterocarpa (Papaveraceae) phy 38, 113 '95
Corydalis caseana (Papaveraceae) het 6, 1811 '77
Dasymaschalon sootepense (Annonaceae) bse 26, 933 '98

the N-oxide: **cis (-)-Caseadine N-oxide**

Ceratocapnos heterocarpa (Papaveraceae) phy 34, 559 '93

with aromatization of the c-ring:

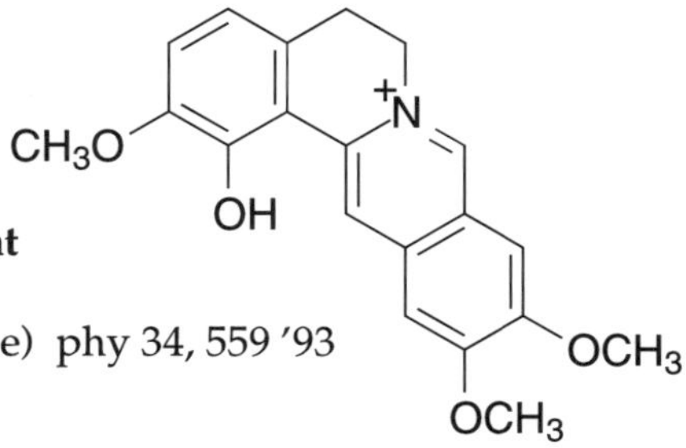

Caseadinium quat

Ceratocapnos heterocarpa (Papaveraceae) phy 34, 559 '93

with a (6,3) attack:

(-)-Platycerine

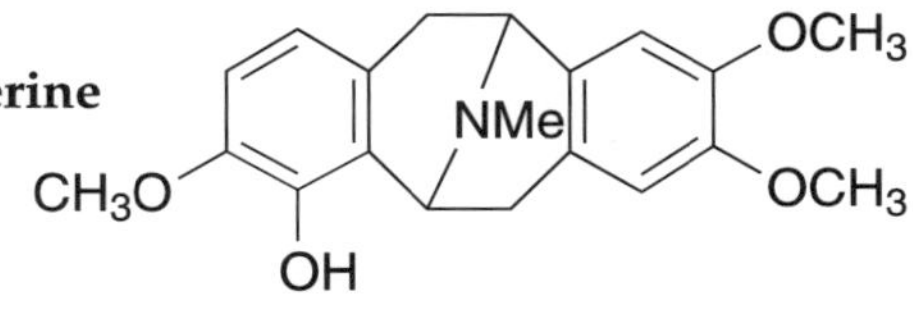

Argemone gracilenta (Papaveraceae) jnp 46, 293 '83

Argemone platyceras (Papaveraceae) jnp 46, 293 '83
Thalictrum revolutum (Ranunculaceae) jnp 46, 293 '83

also under: 6,7 MeO MeO R Me THIQ
R= 3,4-HO,MeO-benzyl   (2,3) attack

| with a (6,8-HO) attack: | (+)-Cularine

Ceratocapnos palaestinus (Papaveraceae)
   jnp 53, 1006 '90
Corydalis claviculata (Papaveraceae)
   jnp 46, 881 '83
Papaver rhopalothece (Papaveraceae)
   pm 56, 232 '90
Sarcocapnos crassifolia var. *speciosa* (Papaveraceae) phy 30, 1175 '91
Sarcocapnos enneaphylla (Papaveraceae) phy 30, 1175 '91
Sarcocapnos saetabensis (Papaveraceae) phy 30, 1175 '91

| the N-oxide: | (+)-cis-Cularine N-oxide

Ceratocapnoss heterocarpa (Papaveraceae) phy 43, 1389 '96

| with a 1,2 seco: | **Norsecocularine**

Corydalis claviculata (Papaveraceae)
   het 24, 3359 '86
Sarcocapnos enneaphylla (Papaveraceae)
   het 26, 591 '87
Sarcocapnos saetabensis (Papaveraceae)
   het 26, 591 '87

| 7-MeO 8-HO | Compound unknown
| 3,4-MeO,MeO-benzyl |
| Me,Me+ THIQ |

Structural Index - 7,8-MeO,HO-Substituted

with a (2,8-HO) attack, and a 1,2 seco:

Secosarcocapnine

Sarcocapnos crassifolia speciosa (Papaveraceae)
  het 26, 591 '87
Sarcocapnos enneaphylla (Papaveraceae)
  het 26, 591 '87

with a (6,3) attack:

(−)-N-Methylplatycerinium quat

Argemone platyceras (Papaveraceae) jnp 46, 293 '83

also under: 6,7 MeO MeO R Me,Me+ THIQ
R= 3,4-HO,MeO-benzyl   (2,3) attack

with a (6,8-HO) attack, and a 1,2 seco:

Secocularine

Sarcocapnos crassifolia speciosa (Papaveraceae)
  phy 28, 251 '88
Sarcocapnos enneaphylla (Papaveraceae)
  phy 30, 1005 '91

7-MeO 8-HO
3,4-MeO,MeO-α-keto-benzyl
H   IQ

Not a natural product.
jhc 24, 613 '87

with a (2,8-HO) attack:	**Oxosarcocapnine**

Ceratocapnos heterocarpa (Papaveraceae)
  phy 28, 3511 '89
Sarcocapnos enneaphylla (Papaveraceae)
  phy 30, 1005 '91

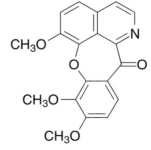

The Simple Plant Isoquinolines

with a (6,8-HO) attack:

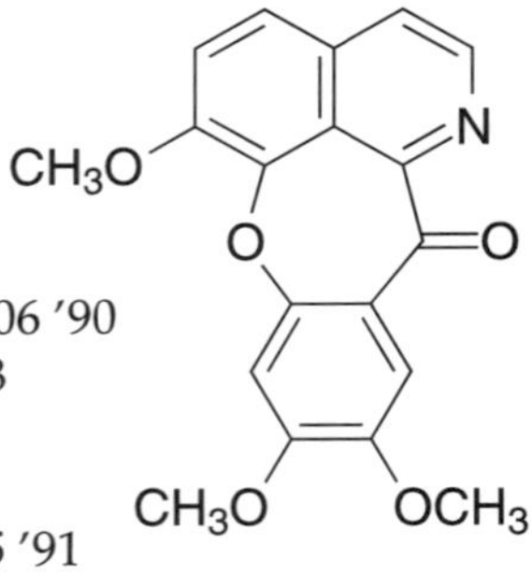

Oxocularine

Ceratocapnos palaestinus (Papaveraceae) jnp 53, 1006 '90
Corydalis claviculata (Papaveraceae) jnp 46, 881 '83
Corydalis rutifolia (Papaveraceae) pjps 5, 111 '92
Corydalis solida (Papaveraceae) guefd 5, 9 '88
Sarcocapnos crassifolia (Papaveraceae) phy 30, 1175 '91
Sarcocapnos saetabensis (Papaveraceae) phy 30, 1175 '91

| 7-MeO 8-HO |
| 3,4-MDO-benzyl |
| Me   THIQ |

Compound unknown

with a (6,3) attack: **(-)-Neocaryachine**

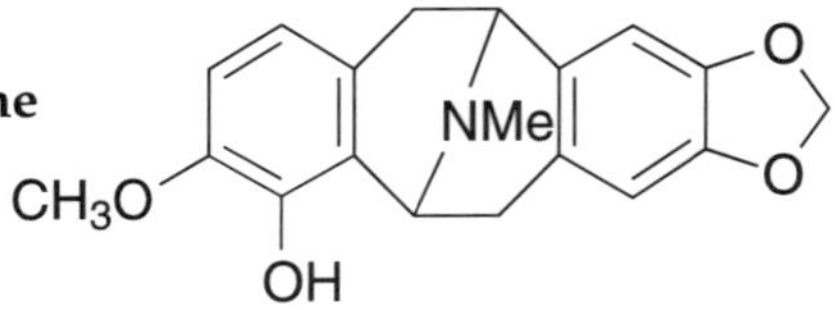

Cryptocarya chinensis (Lauraceae)
  jnp 53, 1267 '90

also under: 6,7 MDO R Me THIQ
R= 3,4-HO,MeO-benzyl   (2,3) attack

with a (6,8-HO) attack:

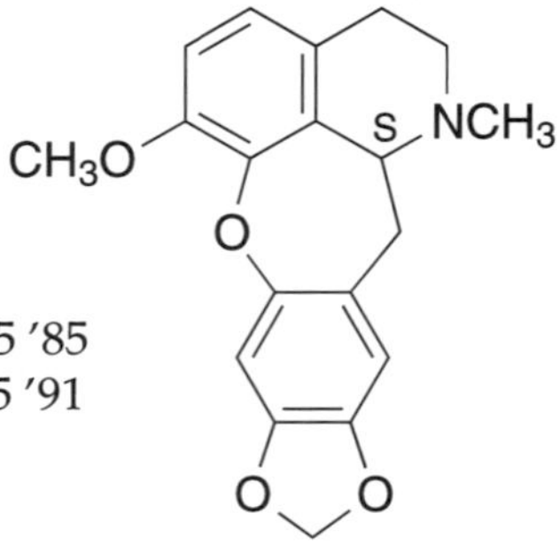

(+)-O-Methylcularicine

Corydalis claviculata (Papaveraceae) phy 24, 585 '85
Sarcocapnos baetica (Papaveraceae) phy 30, 1175 '91

| 7-MeO 8-HO |
| 3,4-MDO-benzyl |
| Me,Me+ THIQ |

Compound unknown

Structural Index - 7,8-MeO,HO-Substituted

with a (6,3) attack:

(-)-N-Methylneocaryachine quat

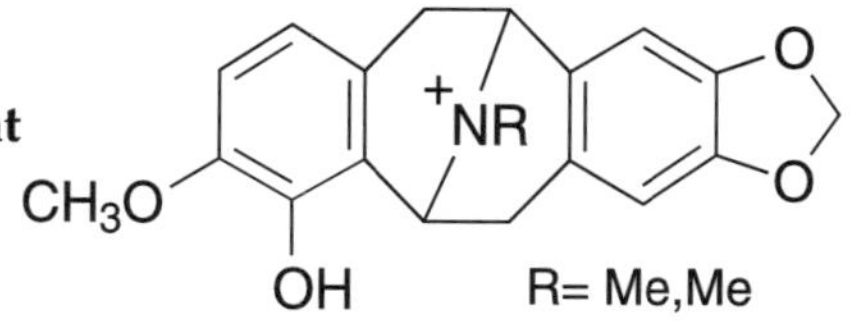

Cryptocarya chinensis (Lauraceae)
phy 48, 119 '98

also under: 6,7 MDO R Me,Me+ THIQ
R= 3,4-HO,MeO-benzyl   (2,3) attack

| 7-MeO   8-HO |
| 3,4-MDO-α-keto-benzyl |
| H   IQ |

Compound unknown

with a (6,8-HO) attack:

Oxocompostelline

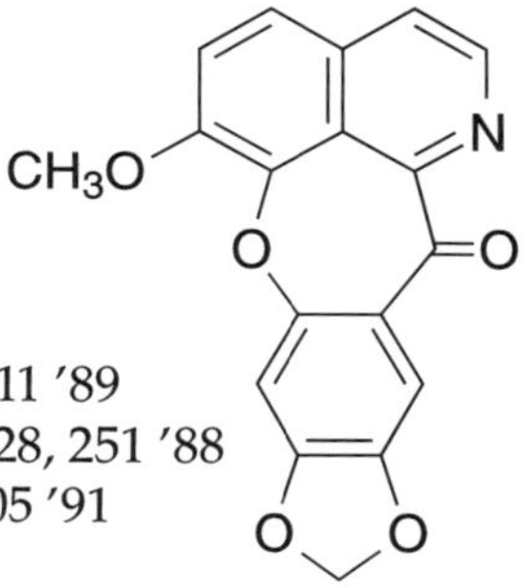

Ceratocapnos heterocarpa (Papaveraceae) phy 28, 3511 '89
Sarcocapnos crassifolia speciosa (Papaveraceae) phy 28, 251 '88
Sarcocapnos enneaphylla (Papaveraceae) phy 30, 1005 '91

7,8-MeO,MeO-SUBSTITUTED ISOQUINOLINES

7-MeO	8-MeO
H	
H	THIQ

Lemaireocereine

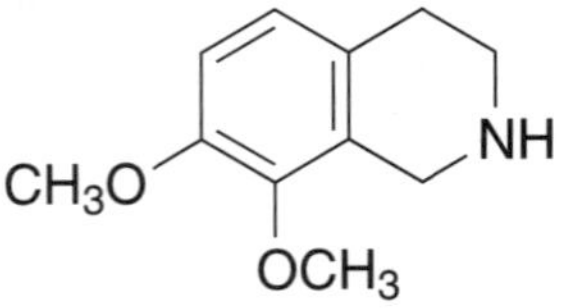

Backebergia militaris (Cactaceae) jnp 44, 408 '81
Pachycereus pringlei (Cactaceae) pm 38, 180 '80
Pachycereus weberi (Cactaceae) phy 19, 673 '80

7-MeO	8-MeO
H	
H	DHIQ

1,2-Dehydrolemaireocereine

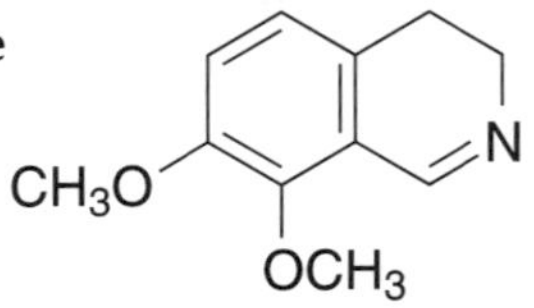

Backebergia militaris (Cactaceae) jnp 47, 839 '84
Pachycereus weberi (Cactaceae) ac 57, 109 '85

7-MeO	8-MeO
H	
H	IQ

Isobackebergine

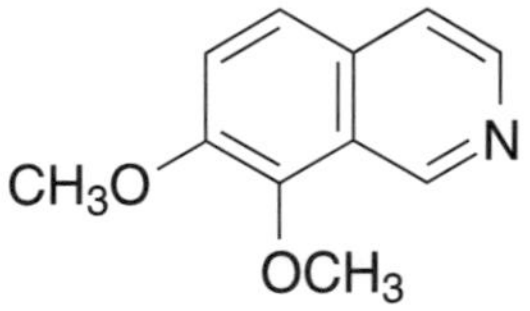

Backebergia militaris (Cactaceae) jnp 47, 839 '84
Pachycereus weberi (Cactaceae) ac 57, 109 '85

7-MeO	8-MeO
4-HO-benzyl	
Me	THIQ

Longifolidine

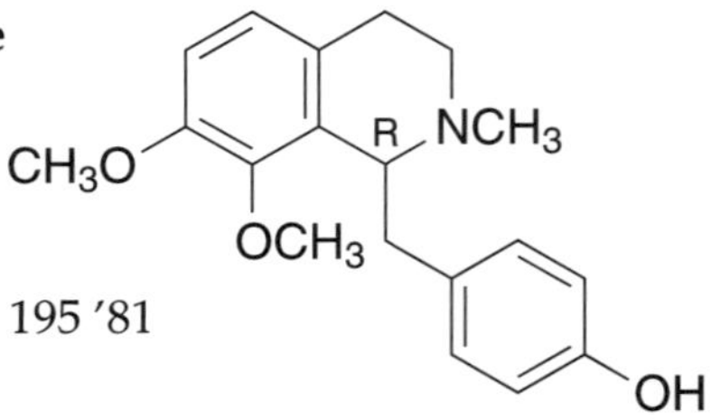

Cryptocarya longifolia (Lauraceae) ajc 34, 195 '81

Structural Index - 7,8-MeO,MeO-Substituted

| 7-MeO 8-MeO |
| 4-HO-benzyl |
| Me,Me+ THIQ |

(-)-8-O-Methyloblongine

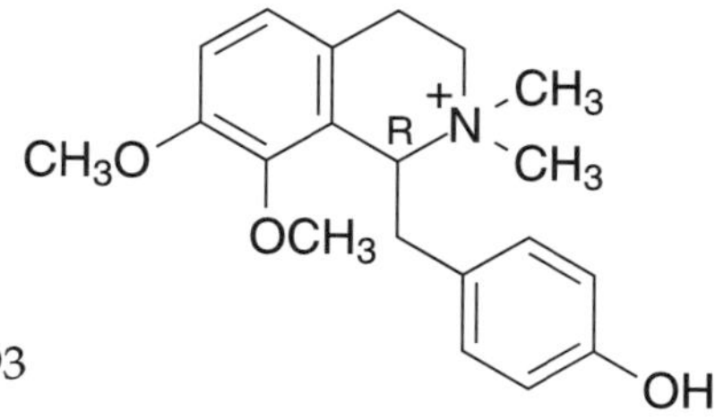

Litsea cubeba (Lauraceae) jnp 56, 1971 '93

| 7-MeO 8-MeO |
| 3,4-MeO,MeO-benzyl |
| Me THIQ |

Not a natural product.
het 22, 107 '84

---

with a (6,3) attack:

O-Methylplatycerine
O,O-Dimethylmunitagine

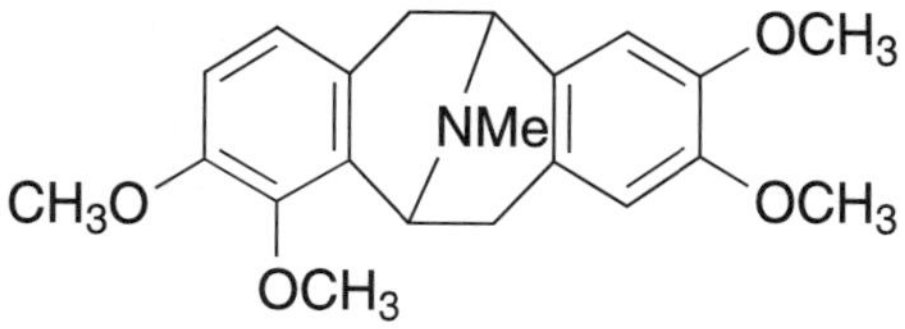

Argemone platyceras (Papaveraceae) cnc 22, 189 '86

also under: 6,7 MeO MeO R Me THIQ
R= 3,4-MeO,MeO-benzyl   (2,3) attack

| 7-MeO 8-MeO |
| Me |
| Me THIQ |

Tepenine

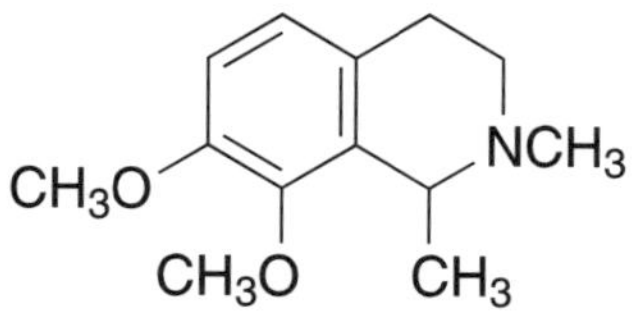

Pachycereus tehauntepecanus (Cactaceae) book 6

5,6,7-HO,MeO,HO-SUBSTITUTED ISOQUINOLINES

| 5-HO 6-MeO 7-HO |
| benzyl |
| Me,Me+   THIQ |

Compound unknown

| with a (2,8) attack, |
| and a 1,2 seco: |

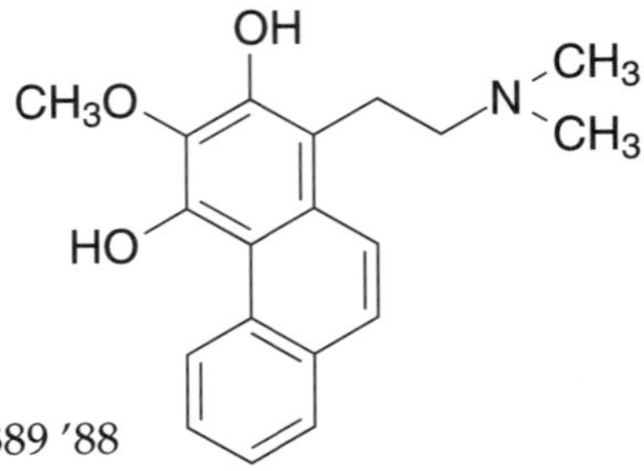

Stipitatine

Unonopsis stipitata (Annonaceae) jnp 51, 389 '88

5,6,7-HO,MeO,MeO-SUBSTITUTED ISOQUINOLINES

| 5-HO 6-MeO 7-MeO |
| H |
| Me   THIQ |

Compound unknown

| with a 1-HOCH$_2$ group: |

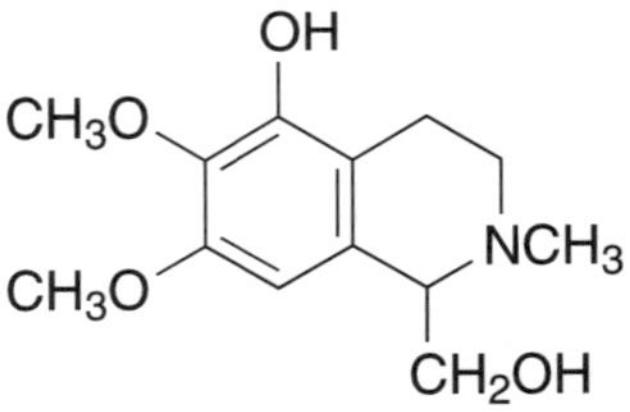

Deglucopterocereine

Pterocereus gaumeri (Cactaceae) jnp 48, 142 '85

| the N-oxide: | **Deglucopterocereine N-oxide**

Pterocereus gaumeri (Cactaceae) phy 21, 2375 '82

| the glucoside: | **Pterocereine**

Pterocereus gaumeri (Cactaceae) jnp 48, 142 '85

Structural Index - 5,6,7-HO,MeO,MeO-Substituted

5-HO	6-MeO	7-MeO
Me		
Me		THIQ

Gigantine

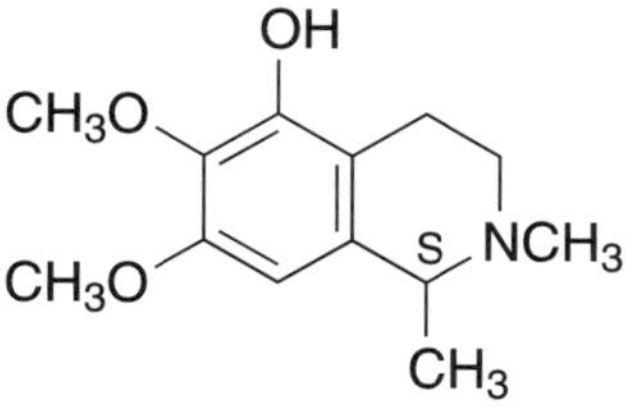

Carnegia gigantia (Cactaceae) jnp 45, 277 '82

5-HO	6-MeO	7-MeO
benzyl		
H		THIQ

Compound unknown

---

with a (2,8) attack:

3-Hydroxynornuciferine
1,2-Dimethoxy-3-hydroxynoraporphine

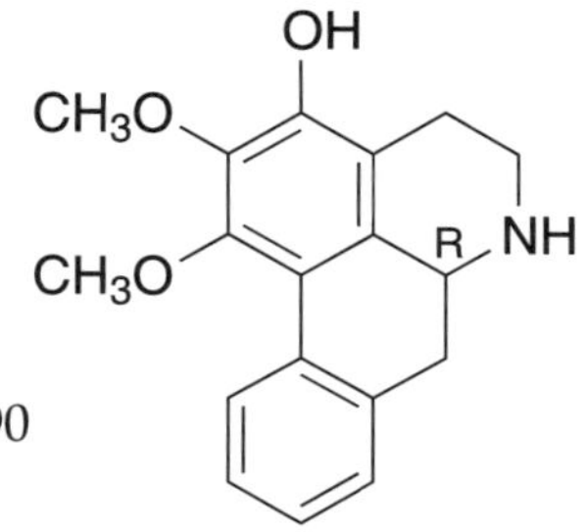

Annona spp. (Annonaceae) tyhtc 39, 195 '87
Artabotrys maingayi (Annonaceae) jnp 53, 503 '90
Duguetia spixiana (Annonaceae) jnp 50, 674 '87
Guatteria foliosa (Annonaceae) jnp 57, 890 '94
Guatteria melosma (Annonaceae) jnp 45, 476 '83
Guatteria sagotiana (Annonaceae) jnp 49, 1078 '86
Guatteria spp. (Annonaceae) daib 45, 3514 '85
Hexalobus crispiflorus (Annonaceae) lac 6, 1132 '82
Hexalobus spp. (Annonaceae) jnp 46, 761 '83
Polyalthia acuminata (Annonaceae) jnp 46, 761 '83

---

and a 3-carbonyl group:

1,2-Dimethoxy-3-hydroxy-5-oxonoraporphine

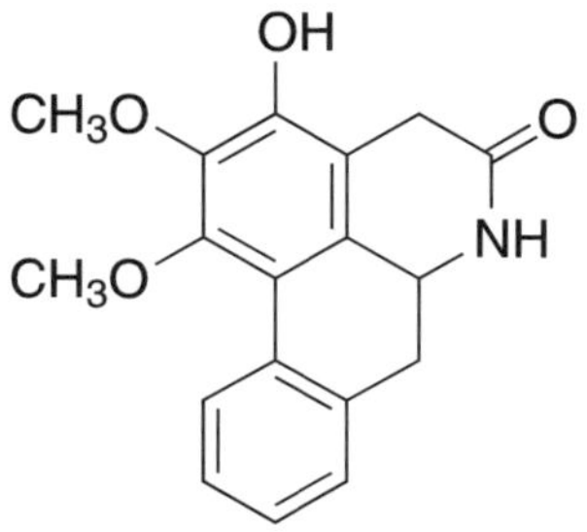

Mitrephora cf. *maingayi* (Annonaceae)
  jnp 62, 1158 '99

5-HO 6-MeO 7-MeO
benzyl
Me   THIQ

Compound unknown

---

with a (2,8) attack:

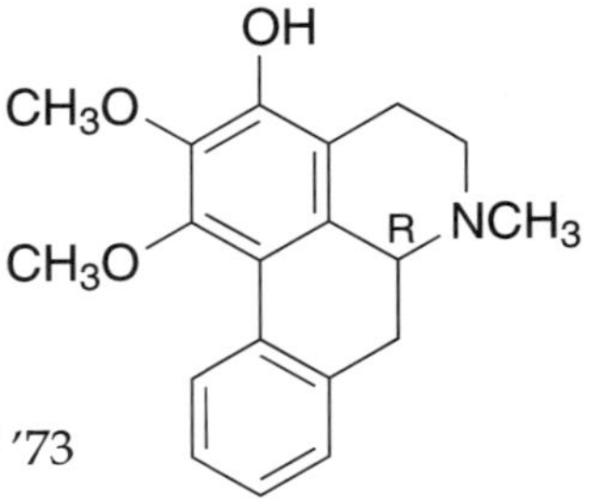

(-)-3-Hydroxynuciferine
(-)-Lirinine

Guatteria ouregou (Annonaceae) jnp 49, 878 '86
Liriodendron tulipifera (Magnoliaceae) kps 9, 67 '73
Ocotea benesii (Lauraceae) ijp 34, 145 '96
Ocotea holdrigiana (Lauraceae) ijp 32, 406 '94
Phoebe tonduzii (Lauraceae) pptp 27, 65 '93

Pre-1975 the structure for Lirinine was believed to be:
6,7 MeO HO R Me THIQ
R= 3-MeO-benzyl   ortho (6,8) attack

the N-oxide: **Lirinine N-oxide**

Liriodendron tultipfera (Magnoliaceae) jnp 41, 385 '78

and an α,1-ene:

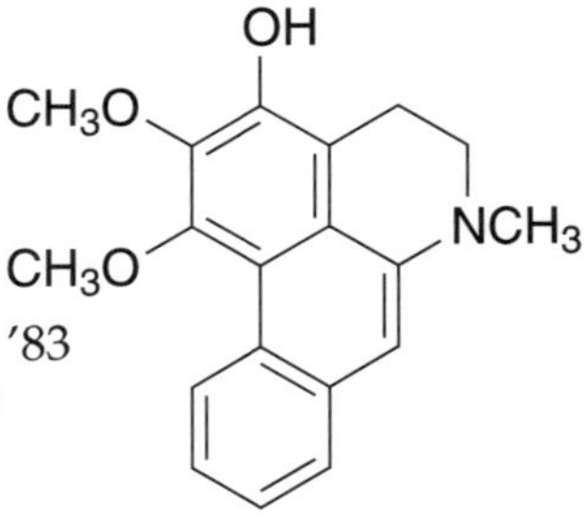

3-Hydroxy-6α,7-dehydronuciferine

Hexalobus crispiflorus (Annonaceae) jnp 46, 761 '83
Isolona maitlandii (Annonaceae) phy 40, 967 '95
Ocotea benesii (Lauraceae) ijp 34, 145 '96

5-HO 6-MeO 7-MeO
benzyl
Ac   THIQ

Compound unknown

with a (2,8) attack, and a 5-Ac:

N,O-Diacetyl-3-hydroxynornuciferine

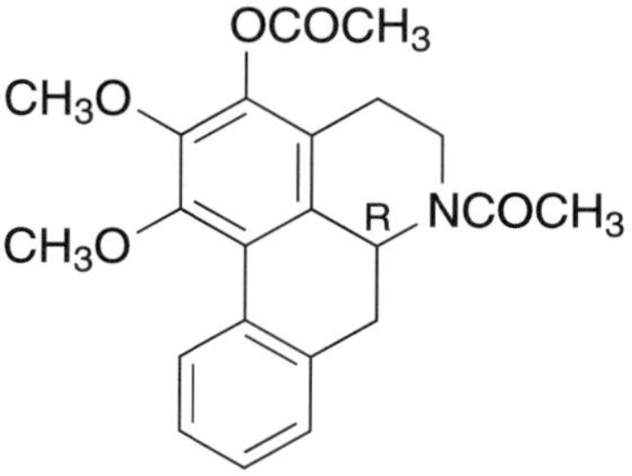

Polyalthia acuminata (Annonaceae)
jnp 45, 471 '83

5-HO	6-MeO	7-MeO
α-keto-benzyl		
H	IQ	

Compound unknown

with a (2,8) attack:

Isomoschatoline

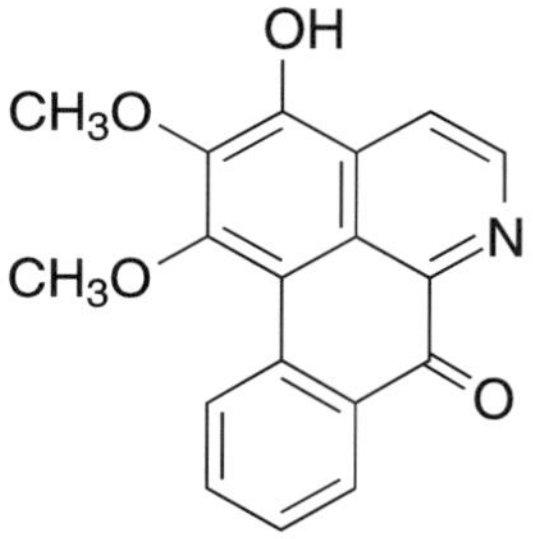

Aquilegia oxysepala (Ranunculaceae) zh 30, 8 '99
Cleistopholis patens (Annonaceae) jnp 45, 476 '83
Guatteria dielsiana (Annonaceae) phy 25, 1691 '86
Guatteria melosma (Annonaceae) jnp 45, 476 '83
Uvaria mocoli (Annonaceae) phy 47, 1387 '98

5-HO	6-MeO	7-MeO
α-HO-benzyl		
H	THIQ	

Compound unknown

with a (2,8) attack:

(-)-Rurrebanidine

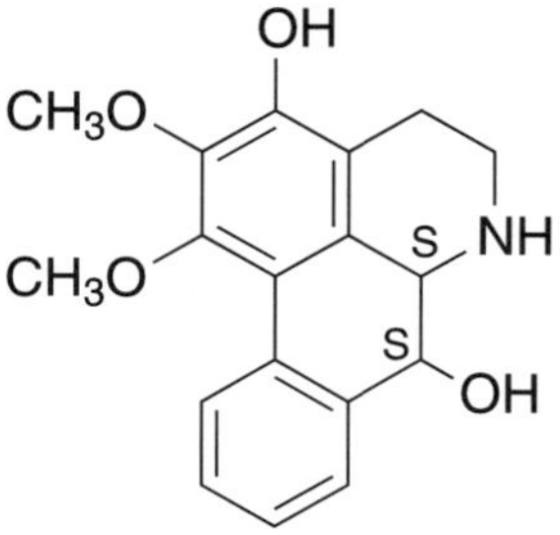

Duguetia spixiana (Annonaceae) jnp 50, 674 '87

5-HO	6-MeO	7-MeO
3-HO-benzyl		
H		THIQ

Compound unknown

with a (6,8) attack:

(+)-Norguattevaline
3,9-Dihydroxynornuciferine

Guatteria foliosa (Annonaceae) jnp 57, 1033 '94

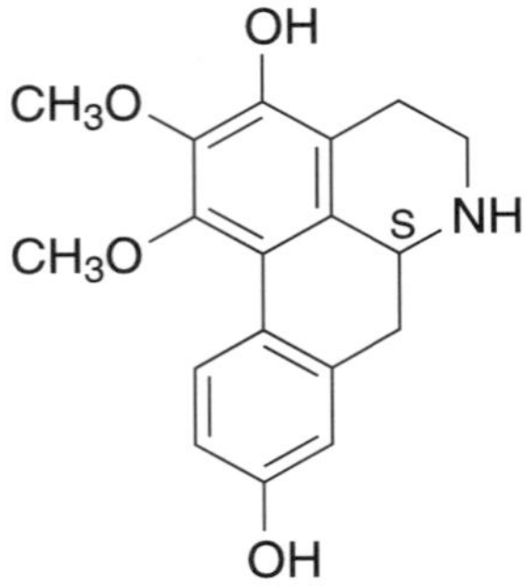

5-HO	6-MeO	7-MeO
3-HO-α-Me-benzyl		
Me		THIQ

Compound unknown

with a (6,8) attack, and an α,1-ene:

Goudotianine

Guatteria goudotiana (Annonaceae) jnp 51, 389 '88

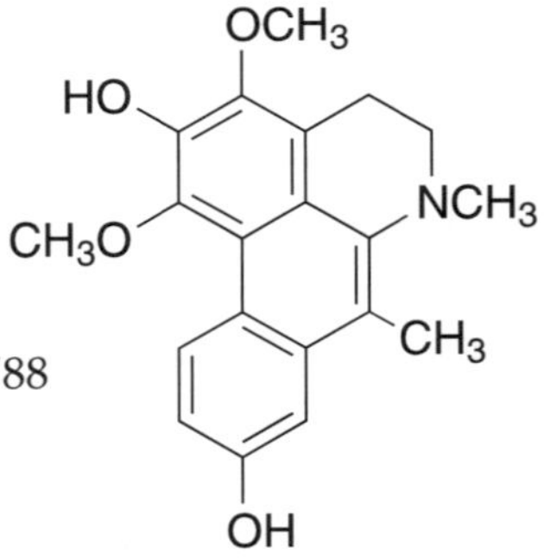

5-HO	6-MeO	7-MeO
4-MeO-benzyl		
H		THIQ

Anomuricine

Annona muricata (Annonaceae) pm 42, 37 '81

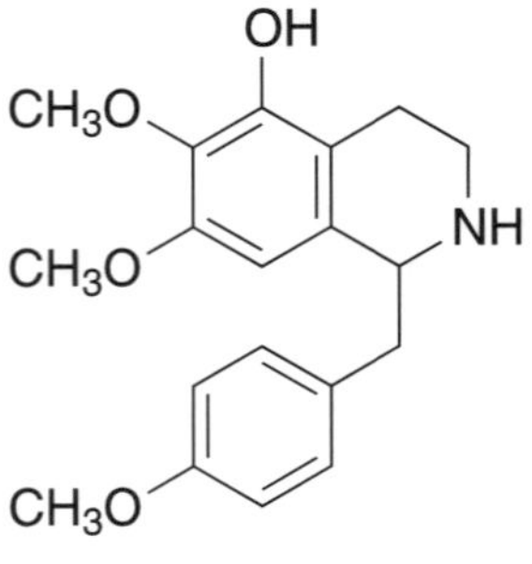

Structural Index - 5,6,7-HO,MeO,MeO-Substituted

5-HO	6-MeO	7-MeO
3,4-HO,MeO-benzyl		
H		THIQ

Compound unknown

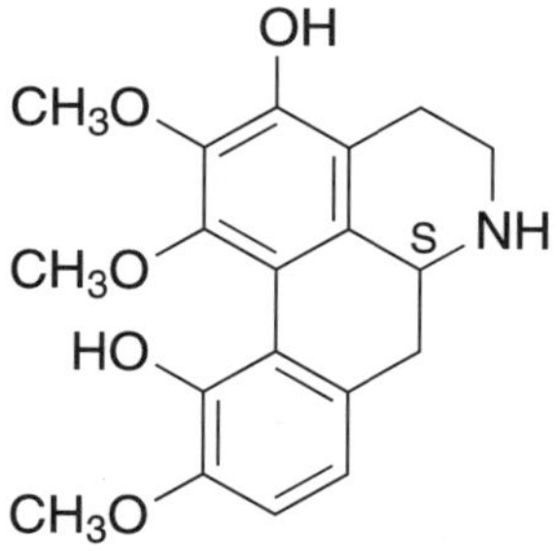

with a (2,8) attack: **(+)-Danguyelline**

Thalictrum pedunculatum (Ranunculaceae)
   jnp 52, 428 '89
Xylopia danguyella (Annonaceae)
   jnp 44, 551 '81

In jnp 46, 761 '83, the structure is given as 5,6,7 MeO HO MeO, but the article mentions that the structure as above "cannot be excluded," meaning, they weren't sure of the structure.

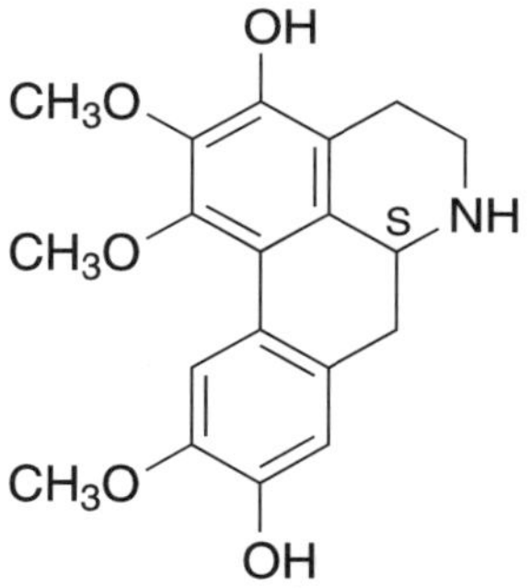

with a (6,8) attack:

Nordelporphine

Phoebe valeriana (Lauraceae) jnp 49, 1036 '86

5-HO	6-MeO	7-MeO
3,4-HO,MeO-benzyl		
Me		THIQ

Not a natural product.
jcsc 21, 3617 '71

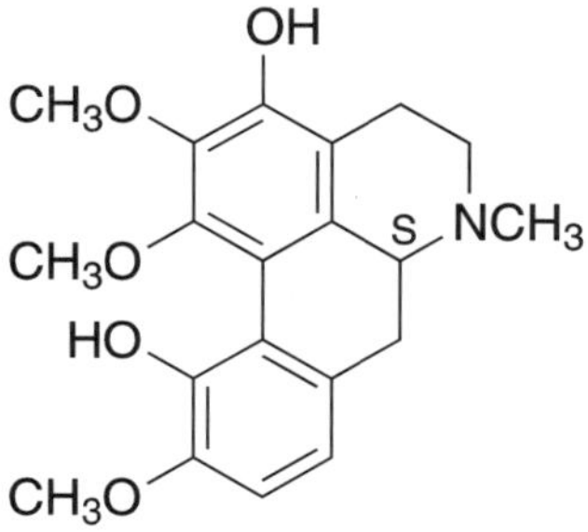

with a (2,8) attack:

(+)-N-Methyldanguyelline

Thalictrum pedunculatum (Ranunculaceae)
   jnp 52, 428 '89

with a (6,8) attack:

Delporphine

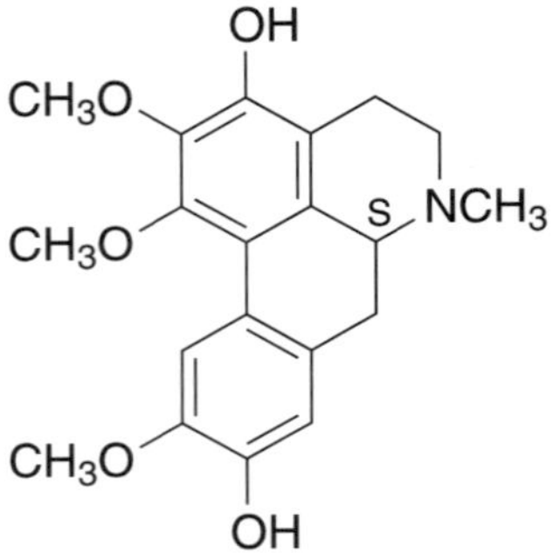

Consolida glandulosa (Ranunculaceae)
   guefd 5, 125 '88
Delphinium dictyocarpum (Ranunculaceae)
   jnp 42, 325 '79
Thalictrum isopyroides (Ranunculaceae) abs 9

5-HO 6-MeO 7-MeO
3,4-MeO,HO-benzyl
Me   THIQ

Not a natural product.
jcsc 21, 3617 '71

---

with a (2,N-Me) attack:

(-)-Thaipetaline

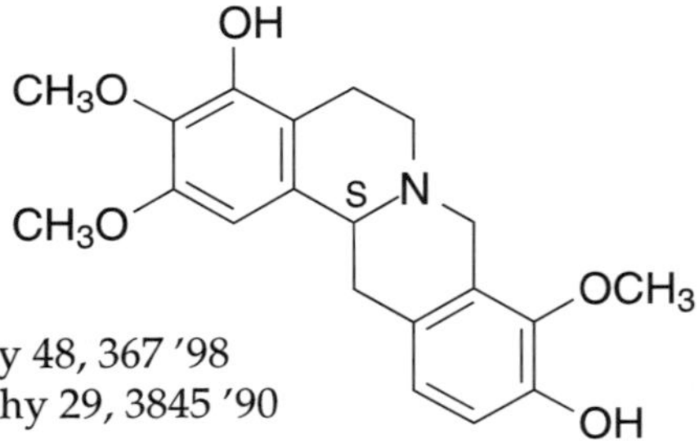

Fissistigma balansae (Annonaceae) phy 48, 367 '98
Polyalthia stenopetala (Annonaceae) phy 29, 3845 '90

and aromatization of the c-ring:

Fissisaine

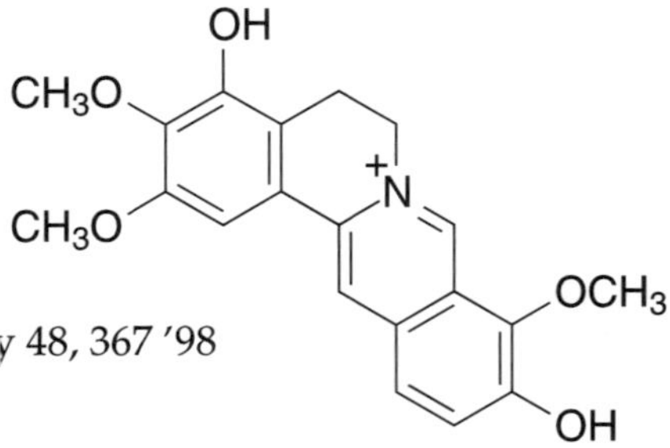

Fissistigma balansae (Annonaceae) phy 48, 367 '98

5-HO 6-MeO 7-MeO
3,4-MeO,MeO-benzyl
H   THIQ

Compound unknown

Structural Index - 5,6,7-HO,MeO,MeO-Substituted

with a (6,8) attack:

Thalbaicaline

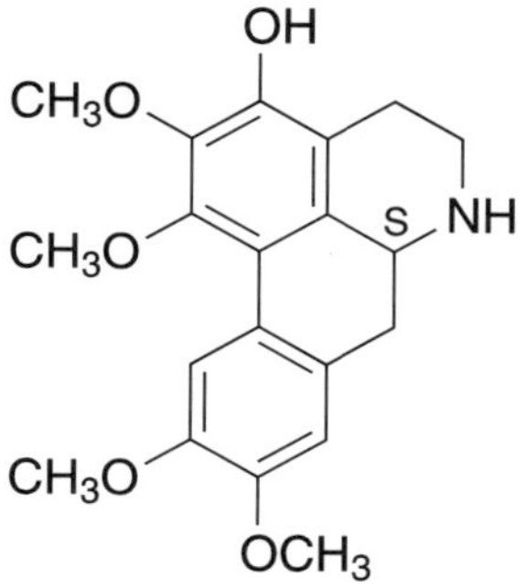

Thalictrum baicalense (Ranunculaceae)
jnp 51, 389 '88

| 5-HO 6-MeO 7-MeO |
| 3,4-MeO,MeO-benzyl |
| Me   THIQ |

Compound unknown

with a (2,N-Me) attack:

(-)-Thaicanine

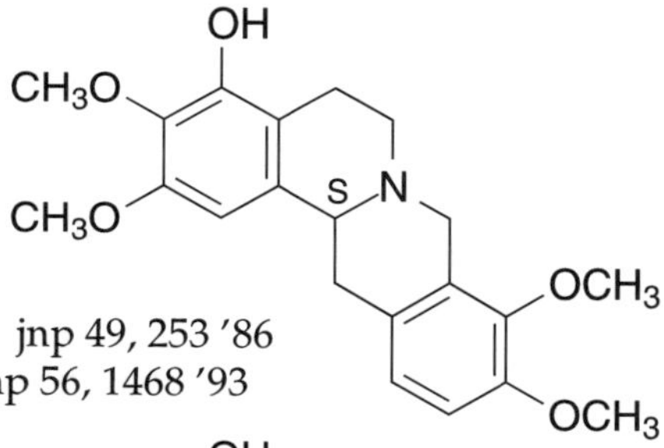

Parabaena sagittata (Menispermaceae) jnp 49, 253 '86
Stephania pierrei (Menispermaceae) jnp 56, 1468 '93

and aromatization of the c-ring:

Lincangenine

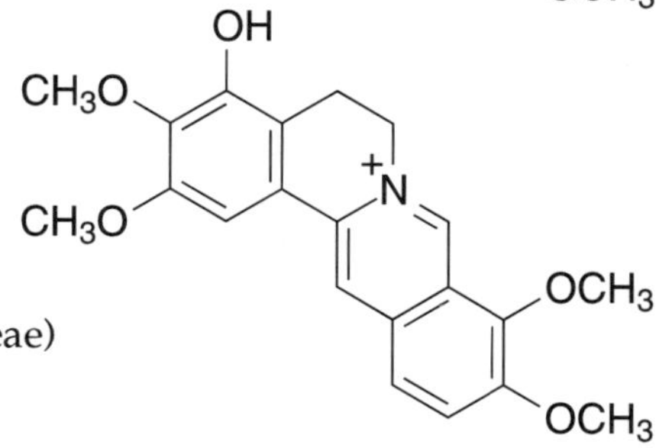

Stephania lincangensis (Menispermaceae)
cwhp 33, 552 '91

with a carbonyl group
on the original N-Me group:

(-)-8-Oxothaicanine

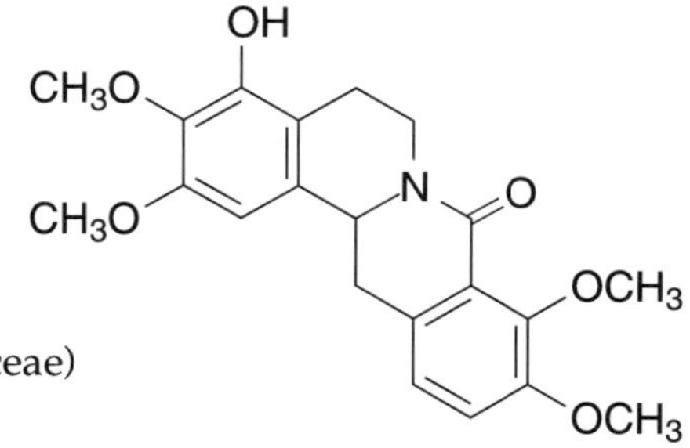

Coscinium fenestratum (Menispermaceae)
phy 31, 1403 '92

with a (6,8) attack:

Thalbaicalidine
3-Hydroxyglaucine
N-Methylthalbaicaline

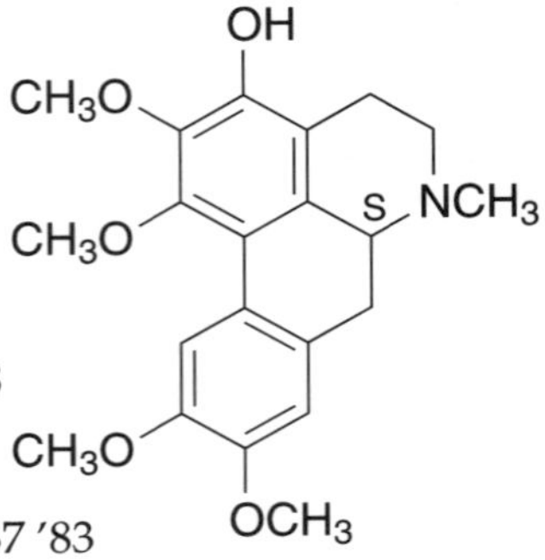

Annona purpurea (Annonaceae) jnp 61, 1457 '98
Ocotea bucherii (Lauraceae) jnp 51, 389 '88
Phoebe valeriana (Lauraceae) jnp 49, 1036 '86
Thalictrum baicalense (Ranunculaceae) kps 4, 537 '83

| 5-HO 6-MeO 7-MeO |
| 3,4-MeO,MeO-benzyl |
| Me,Me+ THIQ |

Compound unknown

with a (2,N-Me) attack:

(-)-N-Methylthaicanine

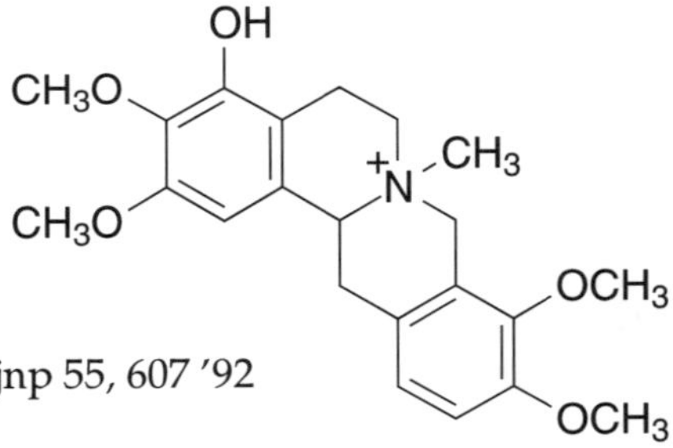

Anisocycla cymosa (Menispermaceae) jnp 55, 607 '92

| 5-HO 6-MeO 7-MeO |
| 3,4-MDO-benzyl |
| H   THIQ |

Compound unknown

with a (6,8) attack:

3-Hydroxynornantenine

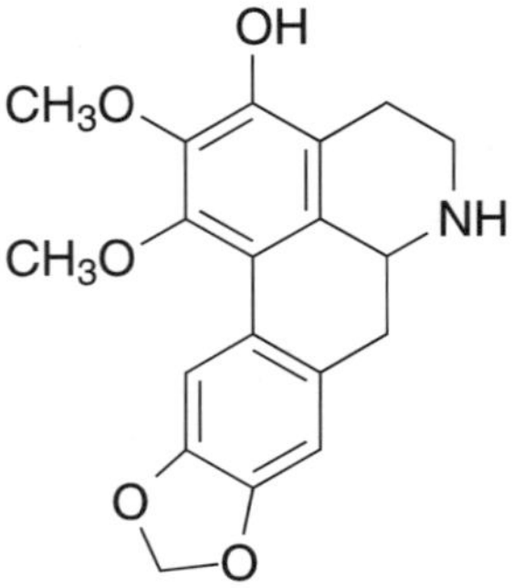

Phoebe valeriana (Lauraceae) jnp 51, 389 '88

5-HO 6-MeO 7-MeO
3,4-MDO-benzyl
Me   THIQ

Compound unknown

with a (6,8) attack:

3-Hydroxynantenine

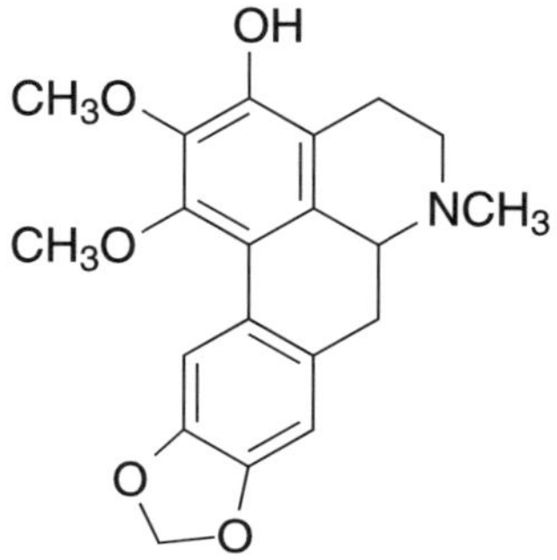

Phoebe valeriana (Lauraceae) jnp 51, 389 '88

5,6,7-HO,MDO-SUBSTITUTED ISOQUINOLINES

5-HO	6-OCH₂O-7
benzyl	
H	THIQ

Compound unknown

with a (2,8) attack:

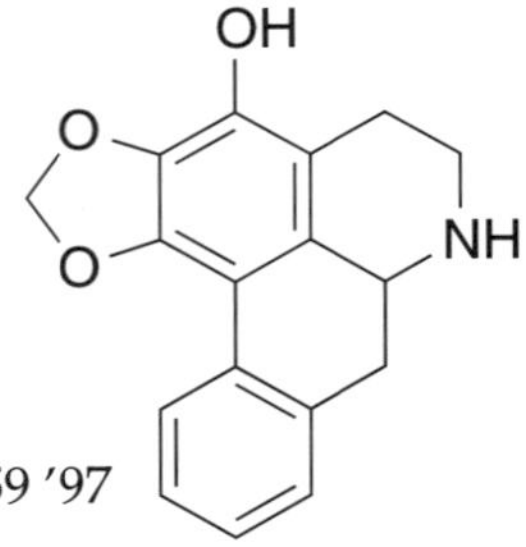

(+)-Cissaglaberrimine

Cissampelos glaberrima (Menispermaceae) phy 44, 959 '97

5-HO	6-OCH₂O-7
3,4-HO,HO-benzyl	
H	THIQ

Compound unknown

with a (2,8) attack:

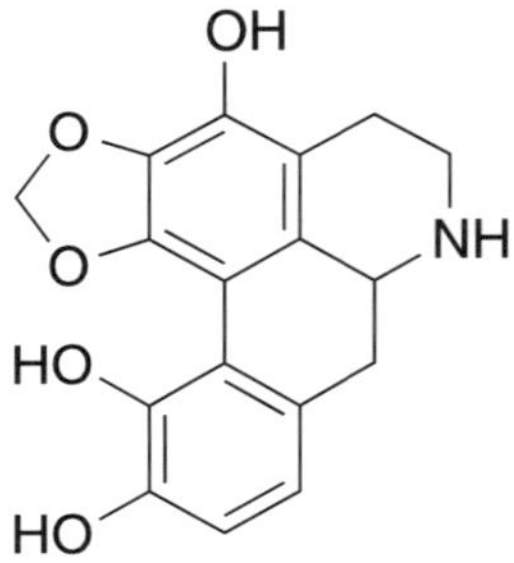

3,10,11-Trihydroxy-1,2-methylenedioxy-noraporphine

Polyalthia suberosa (Annonaceae) jbas 16, 99 '92

5-HO	6-OCH₂O-7
3,4-MeO,MeO-benzyl	
Me	THIQ

Compound unknown

with a (6,3) attack:

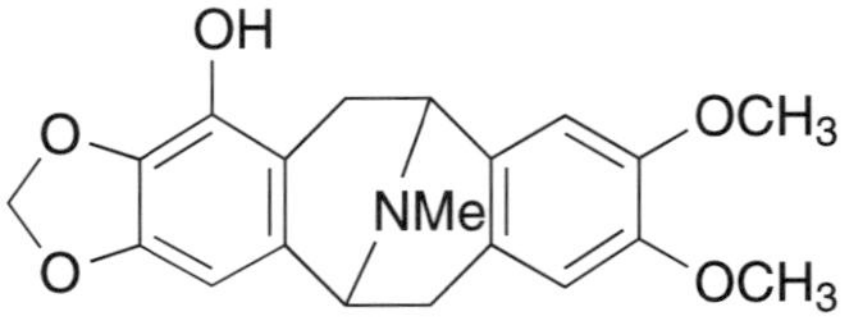

4-Hydroxyeschscholtzidine

Thalictrum minus (Ranunculaceae) pm 63, 533 '97

also under: 6,7 MeO MeO R Me THIQ
R= 2,3,4-HO,MDO-benzyl   (6,3) attack

5,6,7-MeO,HO,MeO-SUBSTITUTED ISOQUINOLINES

5-MeO	6-HO	7-MeO
benzyl		
H	THIQ	

Compound unknown

with a (2,8) attack:

(−)-Norliridinine

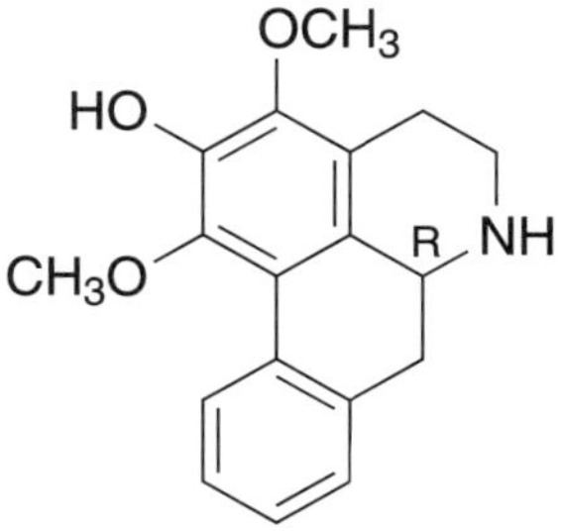

Polyalthia acuminata (Annonaceae) jnp 45, 471 '82

5-MeO	6-HO	7-MeO
benzyl		
Me	THIQ	

Compound unknown

with a (2,8) attack:

(−)-Liridinine

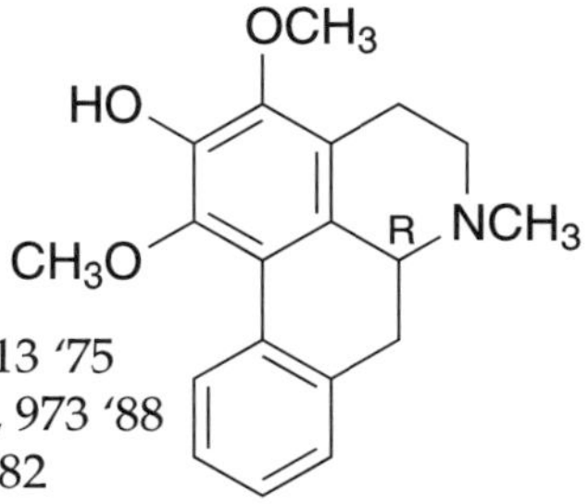

Liriodendron tulipifera (Magnoliaceae) kps 11, 813 '75
Neostenanthera gabonensis (Annonaceae) jnp 51, 973 '88
Polyalthia acuminata (Annonaceae) jnp 45, 471 '82

5-MeO	6-HO	7-MeO
α-keto-benzyl		
H	IQ	

Compound unknown

with a (2,8) attack:

Moschatoline

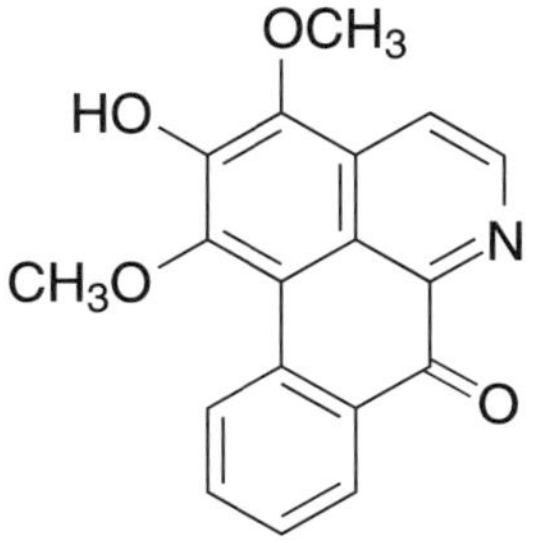

Atherosperma spp. (Monimiaceae) tl 4655 '65

5-MeO	6-HO	7-MeO
3-HO-α,α-HO,Me-benzyl		
H	DHIQ	

Compound unknown

with a (6,8) attack:

Isoguattouregidine

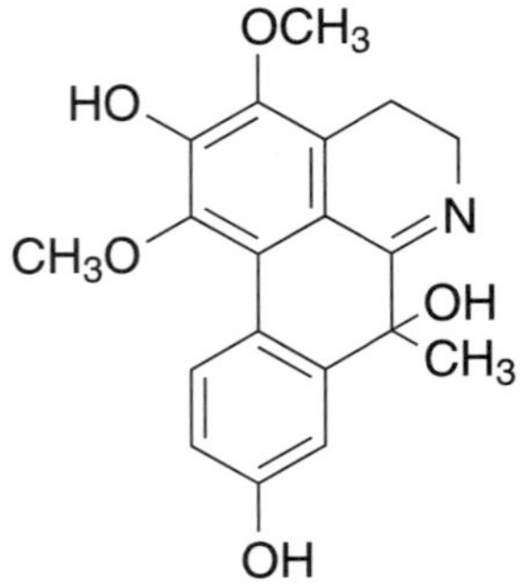

Guatteria foliosa (Annonaceae) jnp 57, 890 '94
Guatteria melosma (Annonaceae) jnp 51, 389 '88

5-MeO	6-HO	7-MeO
3,4-MDO-benzyl		
H	THIQ	

Compound unknown

with a (6,8) attack:

Xyloguyelline

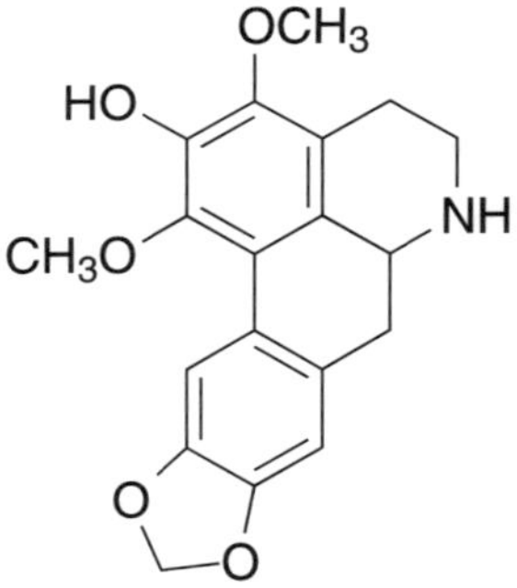

Polyalthia acuminata (Annonaceae) jnp 45, 471 '83
Xylopia danguyella (Annonaceae) jnp 46, 761 '83

5,6,7-MeO,MeO,HO-SUBSTITUTED ISOQUINOLINES

5-MeO	6-MeO	7-HO
benzyl		
H	THIQ	

Compound unknown

with a (2,8) attack:

(-)-Isopiline

Artabotrys odoratissimus (Annonaceae) fit 65, 92 '94
Duguetia flagellaris (Annonaceae) rbp 3, 23 '01
Guatteria spp. (Annonaceae) jnp 49, 878 '86
Isolona pilosa (Annonaceae) pm 50, 23 '84
Neostenanthera gabonensis (Annonaceae) jnp 51, 973 '88
Polyalthia acuminata (Annonaceae) jnp 45, 471 '82

5-MeO	6-MeO	7-HO
benzyl		
Me	THIQ	

Compound unknown

with a (2,8) attack:

N-Methylisopiline

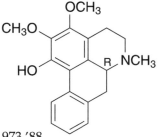

Guatteria ouregou (Annonaceae) jnp 49, 878 '86
Neostenanthera gabonensis (Annonaceae) jnp 51, 973 '88

5-MeO	6-MeO	7-HO
benzyl		
Ac	THIQ	

Compound unknown

with a (2,8) attack, and a 7-Ac:

N,O-Diacetylisopiline

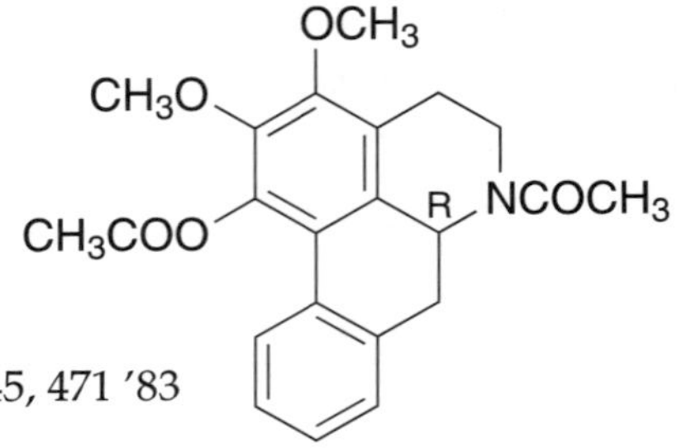

Polyalthia acuminata (Annonaceae) jnp 45, 471 '83

| 5-MeO 6-MeO 7-HO |
| α-keto-benzyl |
| Me+   IQ |

Compound unknown

with a (2,8) attack:

Teliglazine

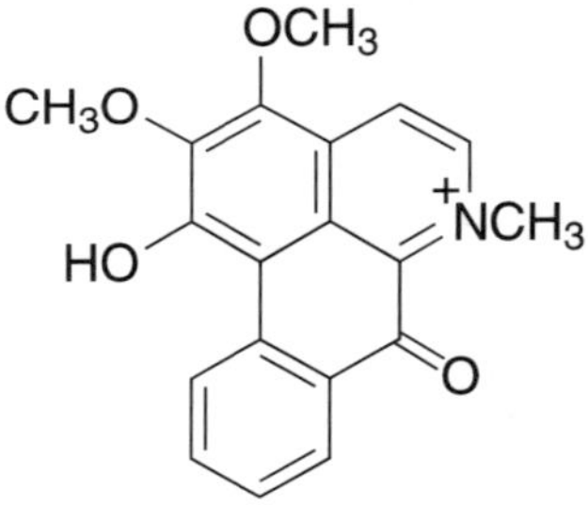

Telitoxicum glaziovii (Menispermaceae)
jnp 60, 1328 '97

| 5-MeO 6-MeO 7-HO |
| 3-HO-benzyl |
| H   THIQ |

Compound unknown

with a (6,8) attack:

Oureguattidine

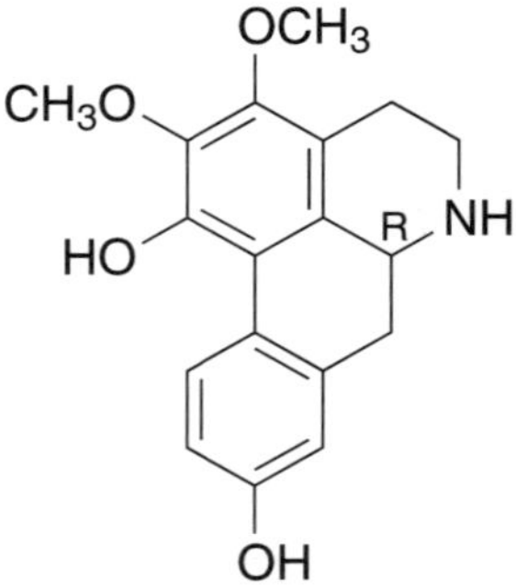

Guatteria ouregou (Annonaceae) pm 48, 234 '83

Structural Index - 5,6,7-MeO,MeO,HO-Substituted

5-MeO	6-MeO	7-HO
3-HO-α,α-Me,Me-benzyl		
H	DHIQ	

Compound unknown

with a (6,8) attack:

Dihydromelosmine

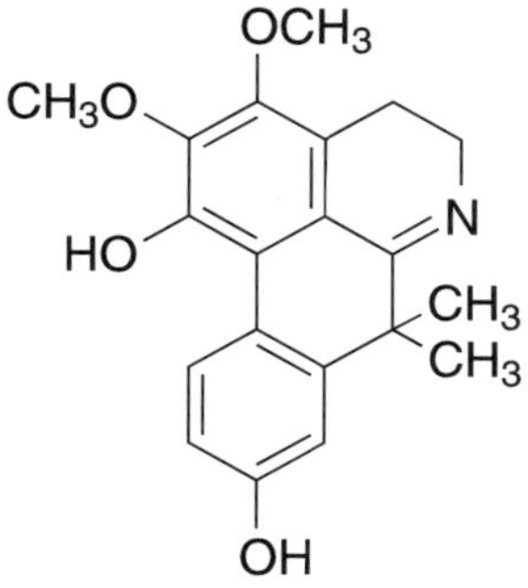

Guatteria ouregou (Annonaceae) pm 48, 234 '83

5-MeO	6-MeO	7-HO
3-HO-α,α-Me,Me-benzyl		
H	IQ	

Compound unknown

with a (6,8) attack:

Melosmine

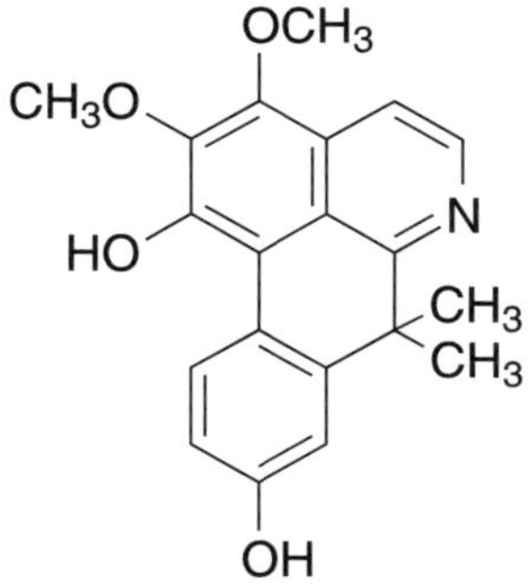

Guatteria melosma (Annonaceae) daib 41, 2128 '80
Guatteria ouregou (Annonaceae) pm 48, 234 '83

5-MeO	6-MeO	7-HO
3-HO-α,α-Me,HO-benzyl		
H	DHIQ	

Compound unknown

with a (6,8) attack:

Guattouregidine

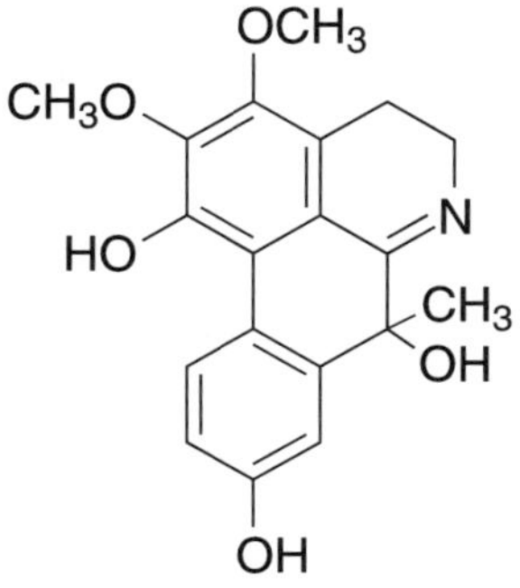

Guatteria ouregou (Annonaceae) pm 48, 234 '83

5-MeO	6-MeO	7-HO
3-MeO-α,α-Me,HO-benzyl		
H	DHIQ	

Compound unknown

with a (6,8) attack:

Guattouregine

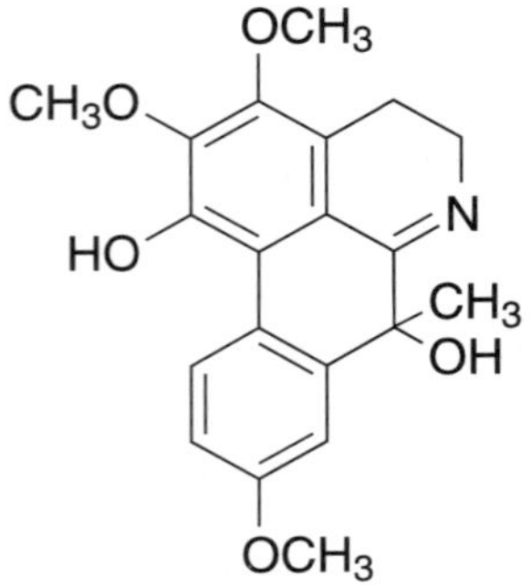

Guatteria ouregou (Annonaceae) pm 48, 234 '83

5-MeO	6-MeO	7-HO
4-HO-benzyl		
H	THIQ	

(+)-Anomoline

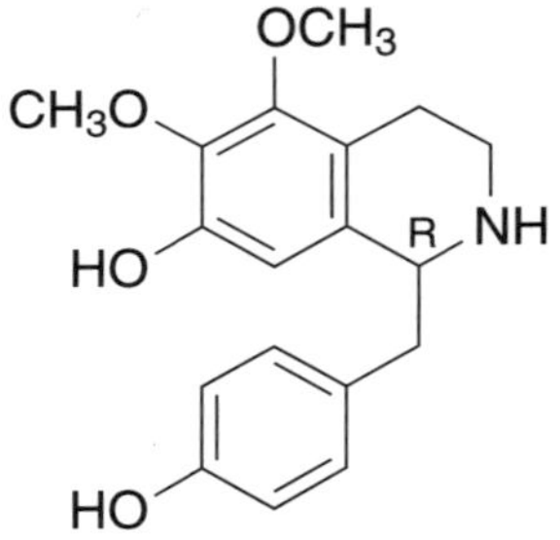

Annona cherimolia (Annonaceae) zyz 43, 457 '91

5-MeO	6-MeO	7-HO
4-HO-benzyl		
Me	THIQ	

Annonelliptine

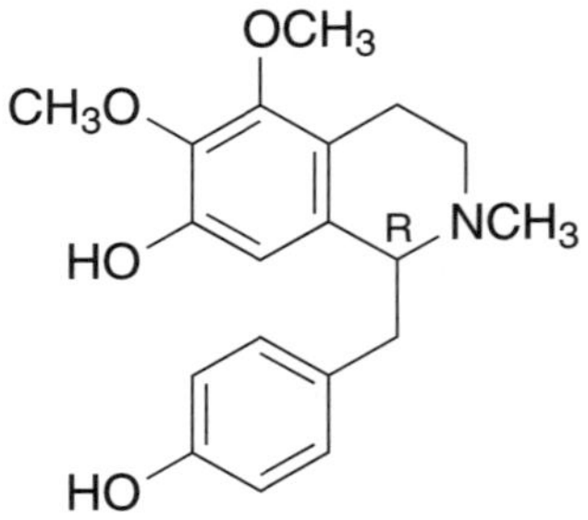

Annona elliptica (Annonaceae)
  phy 24, 375 '85

5-MeO	6-MeO	7-HO
3,4-MeO,MeO-benzyl		
H	THIQ	

Compound unknown

Structural Index - 5,6,7-MeO,MeO,HO-Substituted

| with a (6,8) attack: |

Norpreocoteine

Phoebe mollicella (Lauraceae) jnp 46, 913 '83

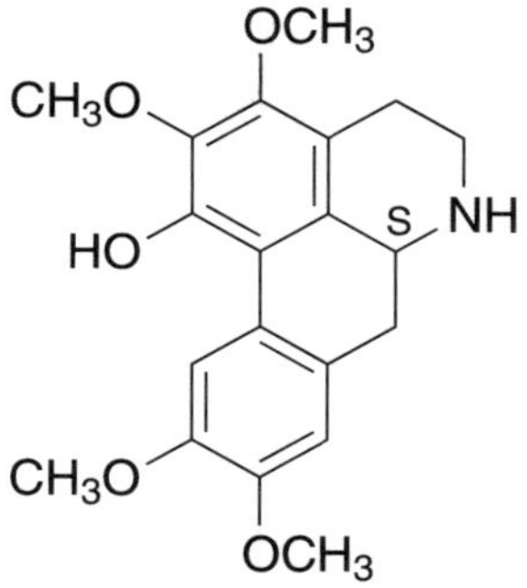

| 5-MeO 6-MeO 7-HO |
| 3,4-MeO,MeO-benzyl |
| Me   THIQ |

Compound unknown

| with a (2,8) attack: |

Isooconovine

Ocotea minarum (Lauraceae) fes 34, 829 '79
Saccopetalum prolificum (Annonaceae)
　ccl 11, 129 '00

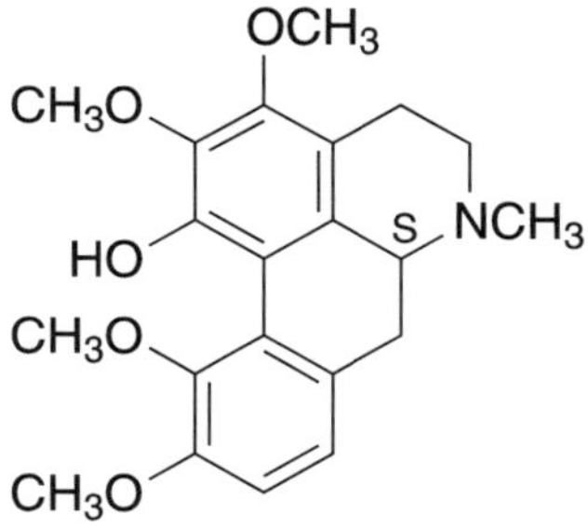

| with a (6,8) attack: |

Preocoteine

Elatostema sinuata (Urticaceae) acrc 7, 41 '98
Ocotea gomezii (Lauraceae) pcl 61, 589 '95
Phoebe molicella (Lauraceae) jnp 46, 913 '83
Thalictrum fendleri (Ranunculaceae) llyd 33s, 1 '70
Thalictrum isopyroides (Ranunculaceae) phy 25, 935 '86
Thalictrum simplex (Ranunculaceae) phy 42, 435 '96
Thalictrum strictum (Ranunculaceae) cnc 12, 507 '76

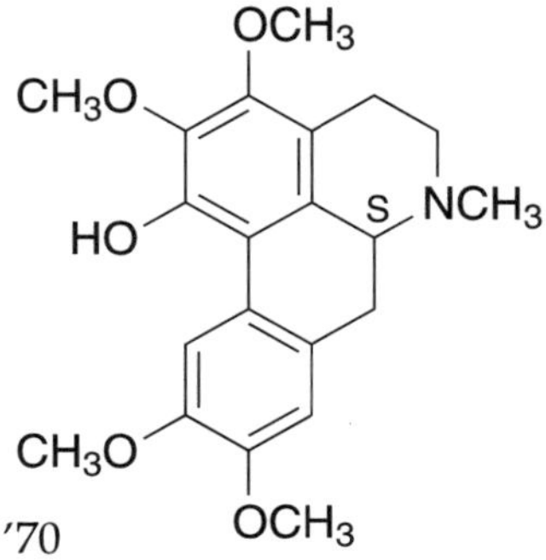

| the N-oxide: | **Preocoteine N-oxide**

Thalictrum minus (Ranunculaceae) jnp 41, 385 '78
Thalictrum simplex (Ranunculaceae) phy 42, 435 '96

5-MeO	6-MeO	7-HO
3,4-MDO-benzyl		
H	THIQ	

Compound unknown

with a (6,8) attack:

3-Methoxynordomesticine

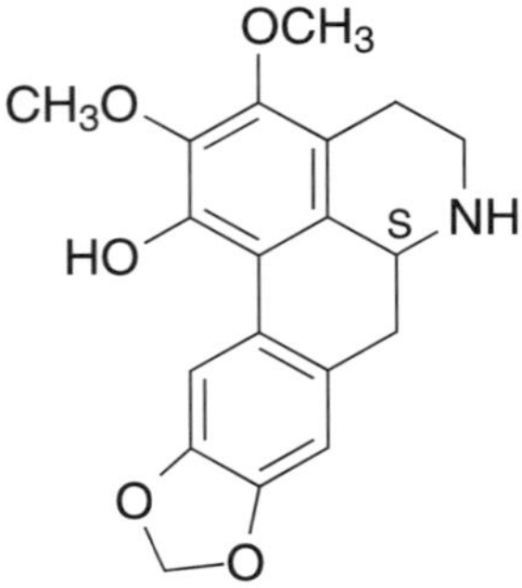

Nectandra sinuata (Lauraceae) fit 62, 72 '91

5,6,7-MeO,MeO,MeO-SUBSTITUTED ISOQUINOLINES

5-MeO	6-MeO	7-MeO
H		
H	THIQ	

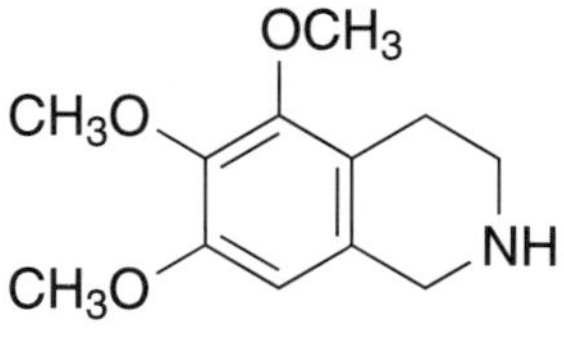

Nortehuanine

Pachycereus weberi (Cactaceae) phy 19, 673 '80

5-MeO	6-MeO	7-MeO
H		
H	DHIQ	

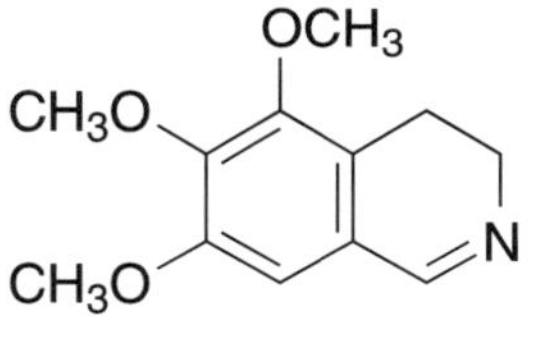

1,2-Dehydronortehuanine

Pachycereus weberi (Cactaceae) ac 57, 109 '85

5-MeO	6-MeO	7-MeO
H		
H	IQ	

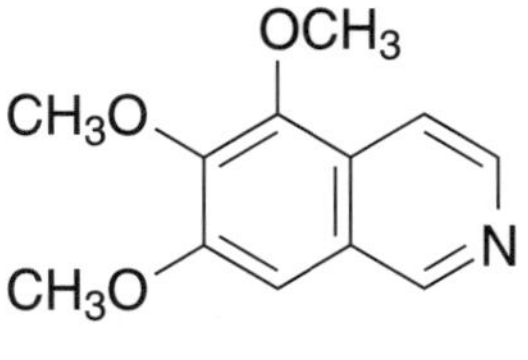

Isonortehuanine

Pachycereus weberi (Cactaceae) ac 57, 109 '85

5-MeO	6-MeO	7-MeO
H		
Me	THIQ	

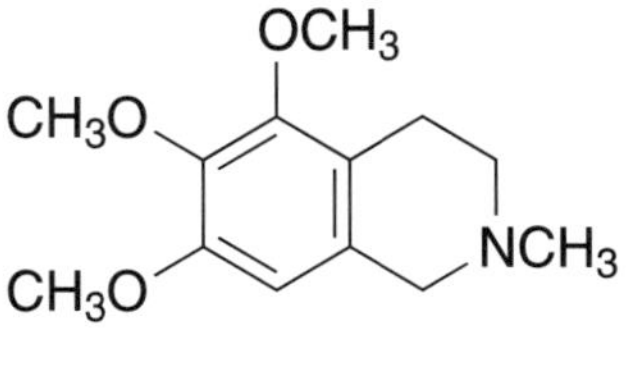

Tehuanine

Pachycereus pringlei (Cactaceae) pm 38, 180 '80
Pachycereus tehauntepecanus (Cactaceae) book 6
Pachycereus weberi (Cactaceae) ac 57, 109 '85

the N-oxide: **Tehuanine N-oxide**

Pachycereus pringlei (Cactaceae) phy 21, 2375 '82

5-MeO	6-MeO	7-MeO
H		
Me+	IQ	

5,6,7-Trimethoxy-N-methylisoquinolinium quat

No trivial name.
Isopyrum thalictroides (Ranunculaceae) cp 42, 841 '88

5-MeO	6-MeO	7-MeO
Me		
H	DHIQ	

3,4-Dihydro-1-methyl-5,6,7-trimethoxyisoquinoline

No trivial name.
Pachycereus weberi (Cactaceae) ac 57, 109 '85

5-MeO	6-MeO	7-MeO
3-HO-phenyl		
H	IQ	

Not a natural product.
tet 48, 7185 '92

with a (6,8) attack:

Norrufescine

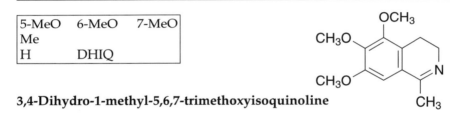

Abuta imene (Menispermaceae) tet 31, 1667 '75
Abuta refescens (Menispermaceae) tet 31, 1667 '75
Cissampelos pareira (Menispermaceae) cpb 41, 1307 '93
Telitoxicum peruvianum (Menispermaceae) jnp 50, 726 '87

Structural Index - 5,6,7-MeO,MeO,MeO-Substituted

5-MeO	6-MeO	7-MeO	Compound unknown
3-MeO-phenyl			
H		IQ	

with a (6,8) attack:

Rufescine

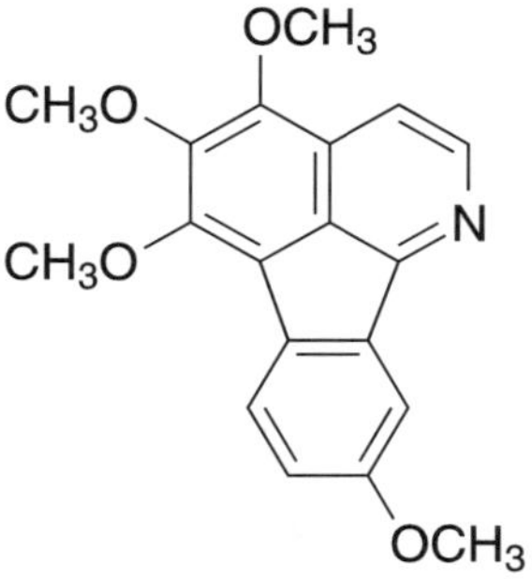

Abuta imene (Menispermaceae) tet 31, 1667 '75
Abuta refescens (Menispermaceae) tet 31, 1667 '75

5-MeO	6-MeO	7-MeO	Compound unknown
2,3-MeO,HO-phenyl			
H		IQ	

with a (6,8) attack:

Norimeluteine
9-O-Demethylimeluteine

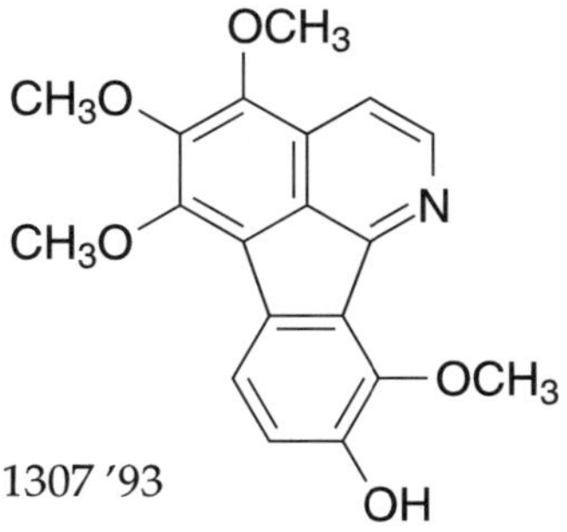

Cissampelos pareira (Menispermaceae) cpb 41, 1307 '93

5-MeO	6-MeO	7-MeO	Not a natural product.
2,3-MeO,MeO-phenyl			tet 48, 7185 '92
H		IQ	

with a (6,8) attack:

Imeluteine

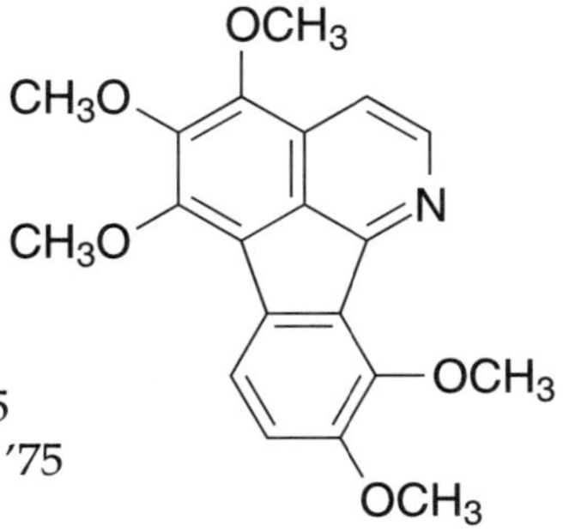

Abuta imene (Menispermaceae) tet 31, 1667 '75
Abuta refescens (Menispermaceae) tet 31, 1667 '75

5-MeO	6-MeO	7-MeO	Compound unknown
benzyl			
H	THIQ		

with a (2,8) attack:

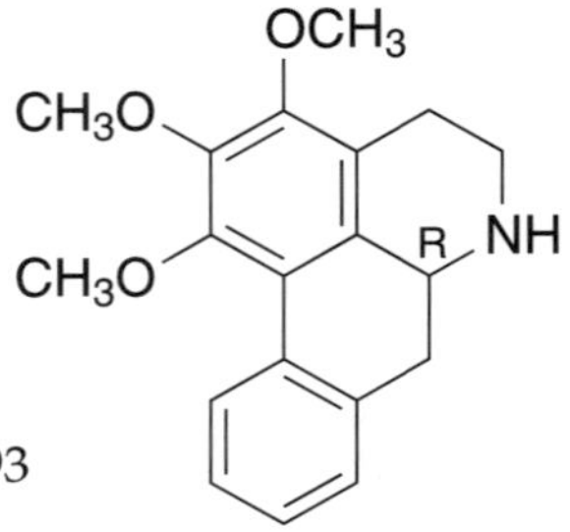

(-)-O-Methylisopiline

Duguetia flagellaris (Annonaceae)   rbp 3, 23 '01
Duguetia spixiana (Annonaceae)   jnp 50, 674 '87
Guatteria diospyroides (Annonaceae)   pm 59, 191 '93
Guatteria ouregou (Annonaceae)   pm 48, 234 '83
Guatteria scandens (Annonaceae)   jnp 46, 335 '83
Isolona pilosa (Annonaceae)   crhs 285, 447 '77
Liriodendron tulipifera (Magnoliaceae)   phy 17, 779 '78
Neostenanthera gabonensis (Annonaceae)   jnp 51, 973 '88
Polyalthia acuminata (Annonaceae)   jnp 45, 471 '82

and an α,1-ene:

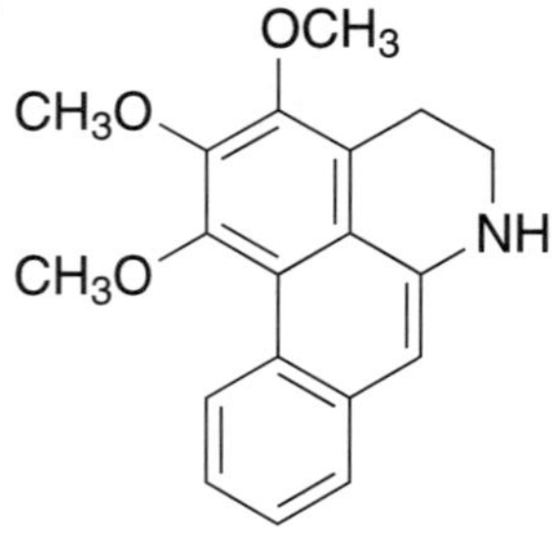

O-Methyldehydroisopiline

Guatteria ouregou (Annonaceae)   jnp 49, 254 '85

and a 3-carbonyl:

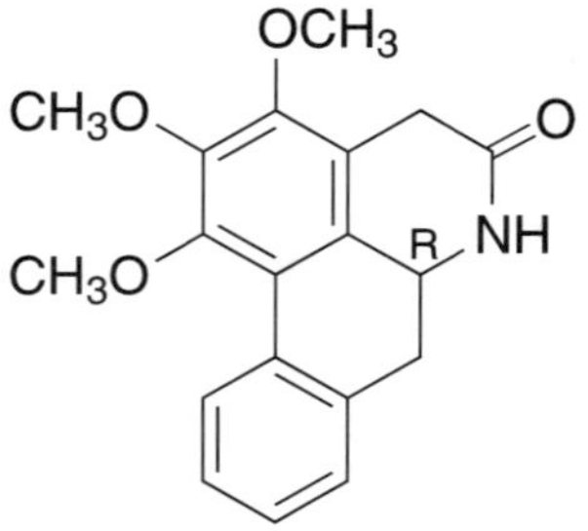

(-)-1,2,3-Trimethoxy-5-oxonoraporphine

Mitrephora cf. *maingayi* (Annonaceae)
   jnp 62, 1158 '99

5-MeO	6-MeO	7-MeO	Not a natural product.
benzyl			cpb 34, 66 '86
Me	THIQ		

Structural Index - 5,6,7-MeO,MeO,MeO-Substituted   395

with a (2,8) attack:

3-Methoxynuciferine
O-Methyllirinine

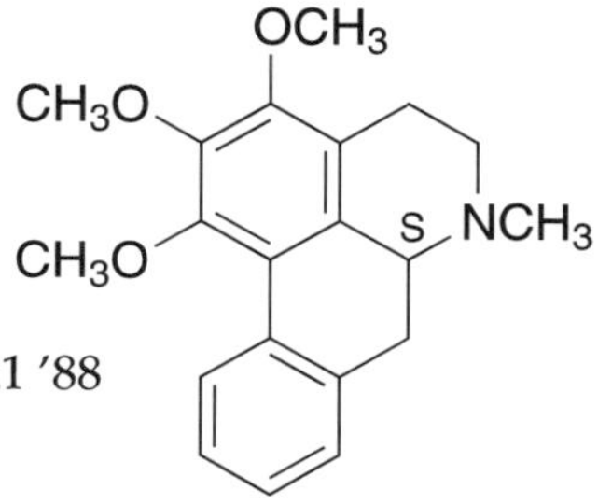

Guatteria ouregou (Annonaceae) jnp 49, 878 '86
Liriodendron tulipifera (Magnoliaceae) cnc 23, 521 '88
Ocotea holdrigiana (Lauraceae) ijp 32, 406 '94
Phoebe tonduzii (Lauraceae) pptp 27, 65 '93
Polyalthia acuminata (Annonaceae) jnp 45, 471 '82

5-MeO	6-MeO	7-MeO
benzyl		
Me,Me+	THIQ	

Compound unknown

with a (2,8) attack, and a 1,2 seco:

Methoxyatherosperminine

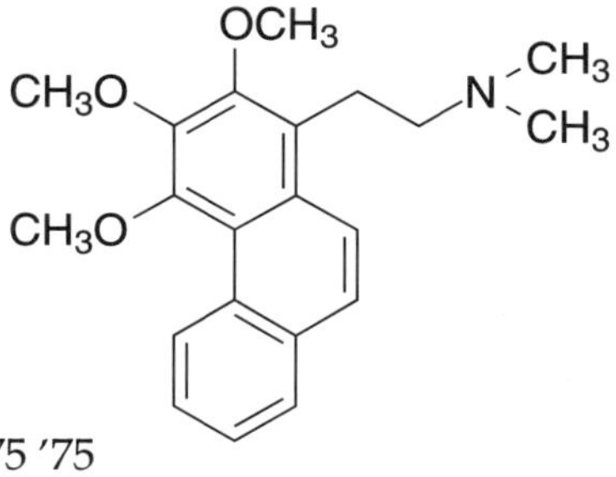

Atherosperma moschatum (Monimiaceae) tl 2399 '65
Meiocarpidium sp. (Annonaceae) jnp 38, 275 '75

the N-oxide: **Methoxyatherosperminine N-oxide**

Meiocarpidium lepidotum (Annonaceae) pmp 11, 284 '77

5-MeO	6-MeO	7-MeO
benzyl		
CHO	THIQ	

Compound unknown

with a (2,8) attack:

Formouregine

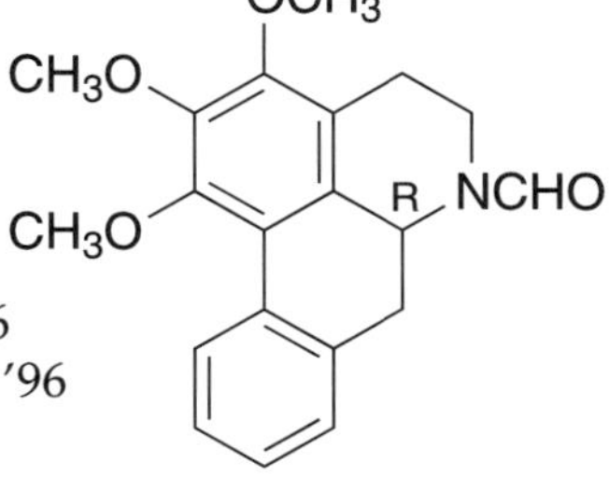

Guatteria ouregou (Annonaceae) jnp 49, 878 '86
Piper argyrophyllum (Piperaceae) phy 43, 1355 '96

and an α,1-ene:

Dehydroformouregine

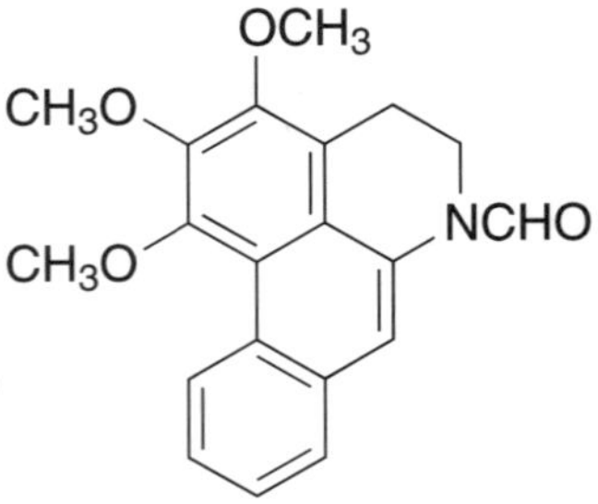

Guatteria ouregou (Annonaceae) jnp 49, 878 '86

5-MeO	6-MeO	7-MeO
benzyl		
Ac	THIQ	

with a (2,8) attack:

Tuliferoline
N-Acetyl-3-methoxynornuciferine

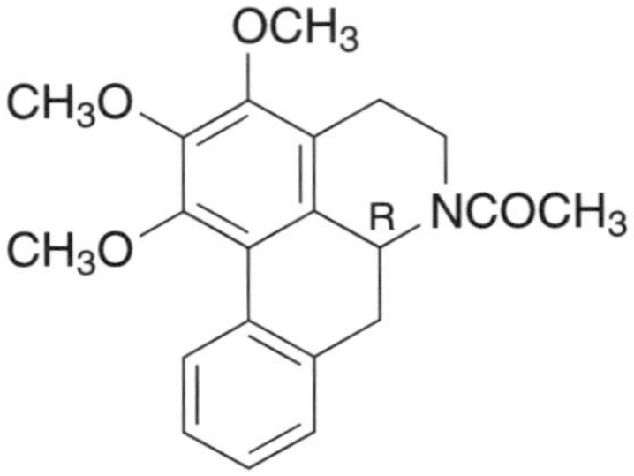

Compound unknown

Liriodendron tulipifera (Magnoliaceae) phy 15, 1169 '76

5-MeO	6-MeO	7-MeO
α-HO-benzyl		
H	THIQ	

with a (2,8) attack:

(-)-Rurrebanine

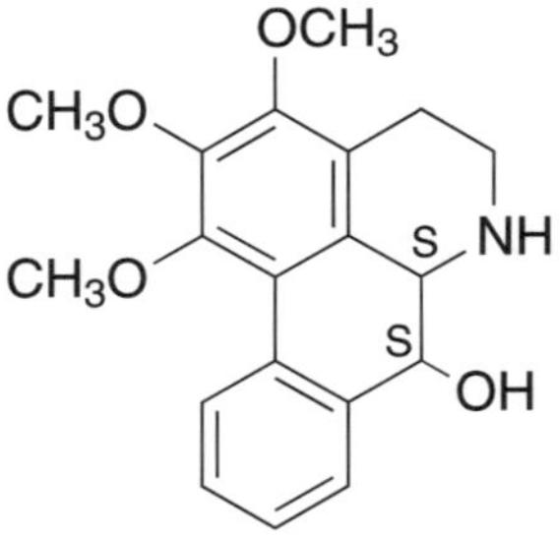

Compound unknown

Duguetia spixiana (Annonaceae) jnp 50, 674 '87

5-MeO	6-MeO	7-MeO
α-keto-benzyl		
H	IQ	

with a (2,8) attack: **O-Methylmoschatoline**
Liridine
Homomoschatoline
O-Methylisomoschatoline

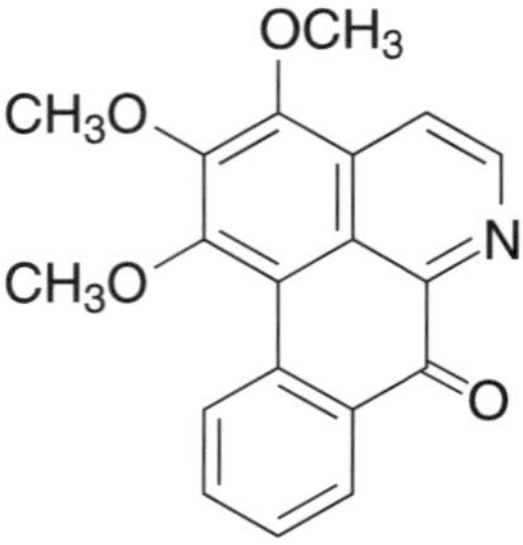

Compound unknown

Abuta imene (Menispermaceae) tet 31, 1667 '75

Structural Index - 5,6,7-MeO,MeO,MeO-Substituted

Abuta refescens (Menispermaceae) cjc 57, 1642 '79
Annona acuminata (Annonaceae) abs 2
Aquilegia oxysepala (Ranunculaceae) zh 30, 8 '99
Guatteria amplifolia (Annonaceae) phzi 55, 867 '00
Guatteria saffordiana (Annonaceae) rlq 15, 67 '84
Liriodendron tulipifera (Magnoliaceae) cnc 11, 829 '75
Phoebe valeriana (Lauraceae) pptp 27, 65 '93
Polyalthia insignis (Annonaceae) tl 38, 1253 '97
Telitoxicum glaziovii (Menispermaceae) jnp 51, 1283 '88
Xylopia aethiopica (Annonaceae) jnp 57, 68 '94
Xylopia championi (Annonaceae) phy 42, 170 '96

5-MeO	6-MeO	7-MeO
α-keto-benzyl		
H	DHIQ	

Compound unknown

with a (2,8) attack,
and a 4-methoxy group:

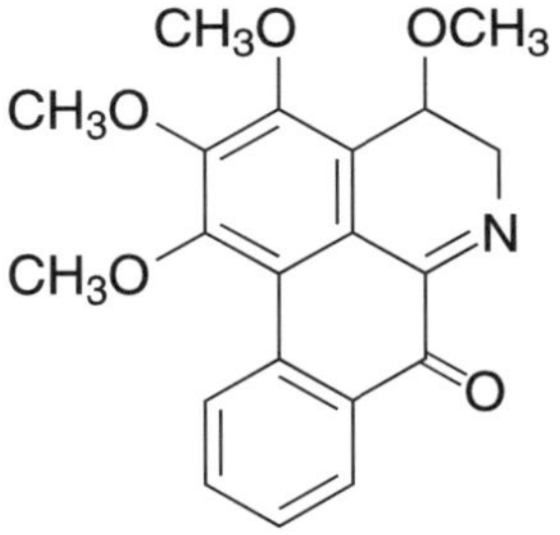

Dihydroimenine

Abuta sp. (Menispermaceae) jcs 20, 1217 '69

5-MeO	6-MeO	7-MeO
α-keto-benzyl		
H	IQ	

Compound unknown

with a (2,8) attack,
with a 4-methoxy group:

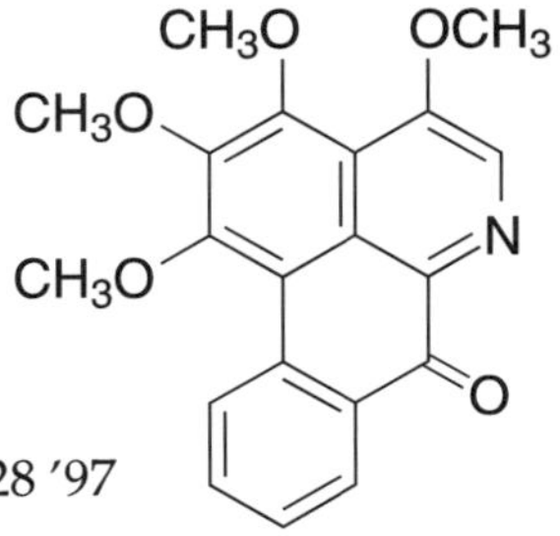

Imenine

Abuta refescens (Menispermaceae) cjc 57, 1642 '79
Telitoxicum glaziovii (Menispermaceae) jnp 60, 1328 '97

5-MeO	6-MeO	7-MeO
3-HO-benzyl		
H	THIQ	

with a (2,8) attack:

Stenantherine

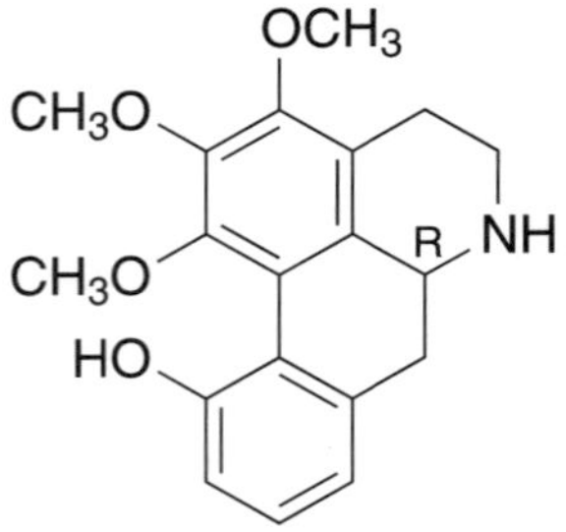

Compound unknown

Neostenanthera gabonensis (Annonaceae)
  jnp 57, 1033 '94

5-MeO	6-MeO	7-MeO
3-HO-benzyl		
Me	THIQ	

with a (2,8) attack:

(-)-N-Methylstenantherine

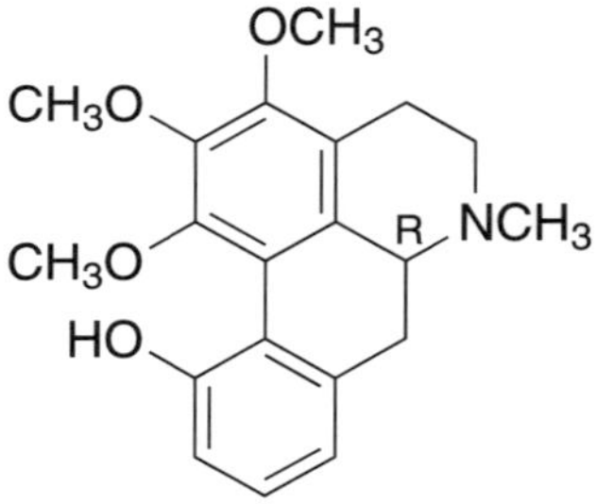

Compound unknown

Neostenanthera gabonensis (Annonaceae)
  jnp 51, 973 '88

5-MeO	6-MeO	7-MeO
3-HO-α-keto-benzyl		
H	IQ	

with a (6,8) attack:

Subsessiline
Splendaboline

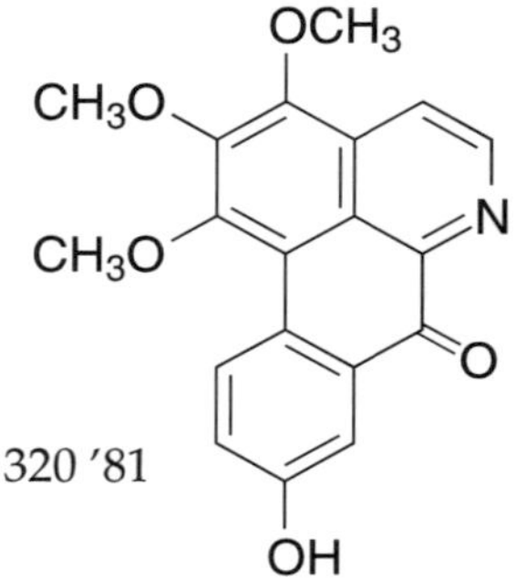

Compound unknown

Guatteria subsessilis (Annonaceae) acv 23, 165 '72
Guatteria ouregou (Annonaceae) jnp 49, 878 '86
Telitoxicum peruvianum (Menispermaceae) jnp 44, 320 '81

(In an earlier article [jnp 38, 275 '75], the structure for this compound was stated to have a 5-HO group on the isoquinoline ring, and a 3-MeO group on the benzyl.)

5-MeO	6-MeO	7-MeO
3-HO-α,α-Me,Me-benzyl		
H	IQ	

Compound unknown

with a (6,8) attack:

Melosmidine

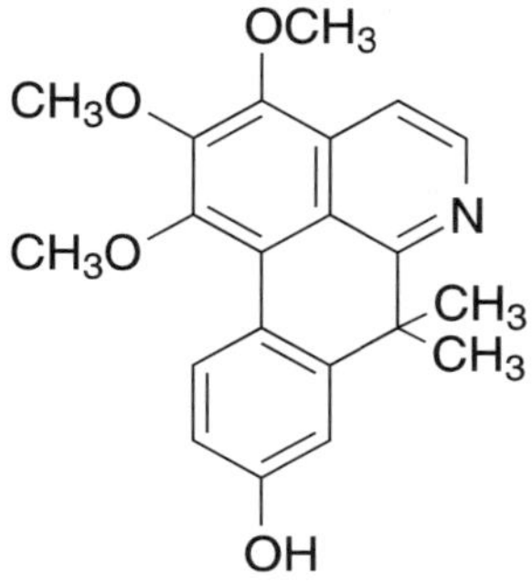

Guatteria melosma (Annonaceae) jnp 45, 94 '82

5-MeO	6-MeO	7-MeO
4-HO-benzyl		
Me	THIQ	

Thalifendlerine

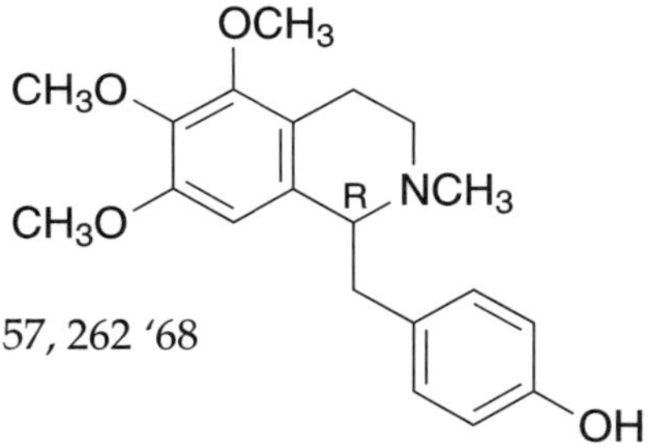

Thalictrum fendleri (Ranunculaceae) jps 57, 262 '68

the rhamnoside:

(−)-Veronamine

Thalictrum fendleri (Ranunculaceae) tl 56, 4951 '69

5-MeO	6-MeO	7-MeO
4-MeO-benzyl		
H	THIQ	

Anomurine

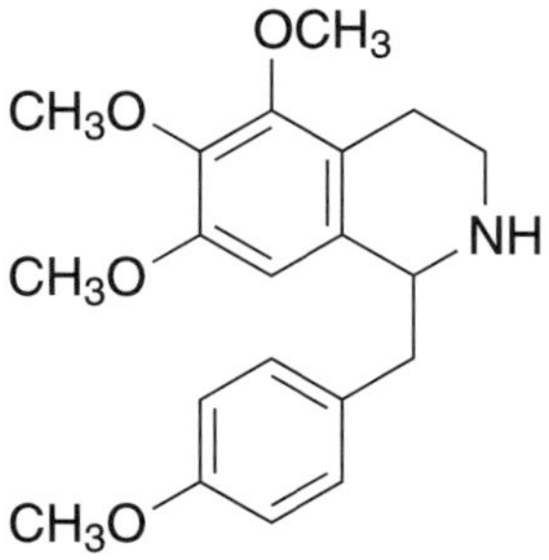

Annona muricata (Annonaceae) pm 42, 37 '81

5-MeO	6-MeO	7-MeO
4-MeO-benzyl		
Me	IQ	

Takatonine

Thalictrum minus var. *microphyllum* (Ranunculaceae)
    jnp 45, 704 '82
Thalictrum thunbergii (Ranunculaceae)
    joc 31, 516 '66

5-MeO	6-MeO	7-MeO
4-MeO-α-keto-benzyl		
H	IQ	

Thalimicrinone

Thalictrum minus var. *microphyllum* (Ranunculaceae)
    jnp 45, 704 '82

5-MeO	6-MeO	7-MeO
3,4-HO,MeO-benzyl		
H	THIQ	

Not a natural product.
joc 36, 2409 '71

with a (2,8) attack: **(+)-Noroconovine**

Polyalthia oligosperma (Annonaceae)
    pmp 12, 166 '78
Thalictrum pedunculatum (Ranunculaceae)
    jnp 52, 428 '89

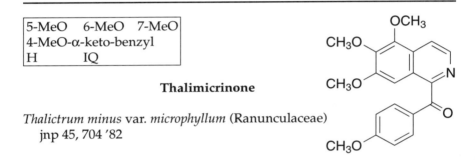

5-MeO	6-MeO	7-MeO
3,4-HO,MeO-benzyl		
Me	THIQ	

Not a natural product.
joc 36, 2409 '71

| with a (2,8) attack: | (+)-Oconovine |

Thalictrum fauriei (Ranunculaceae)
  jnp 62, 803 '99
Thalictrum pedunculatum (Ranunculaceae)
  jnp 52, 428 '89
Thalictrum urbainii (Ranunculaceae)
  tyhtc 28, 121 '77

| with a (6,8) attack: |

Thalisopynine

Thalictrum sp. (Ranunculaceae)
  cnc 14, 400 '78

5-MeO	6-MeO	7-MeO
3,4-MeO,MeO-benzyl		
H	THIQ	

Not a natural product.
cpb 17, 1051 '69

| with a (6,8) attack: | **Norpurpureine** |

Annona purpurea (Annonaceae) phy 49, 2015 '98
Nectandra salicifolia (Lauraceae) jnp 59, 576 '96
Phoebe mollicella (Lauraceae) jnp 46, 913 '83
Phoebe pittieri (Lauraceae) pptp 27, 65 '93

5-MeO	6-MeO	7-MeO
3,4-MeO,MeO-benzyl		
Me	THIQ	

Not a natural product.
tl 28, 543 '87

with a (2,N-Me) attack:

(-)-O-Methylthaicanine

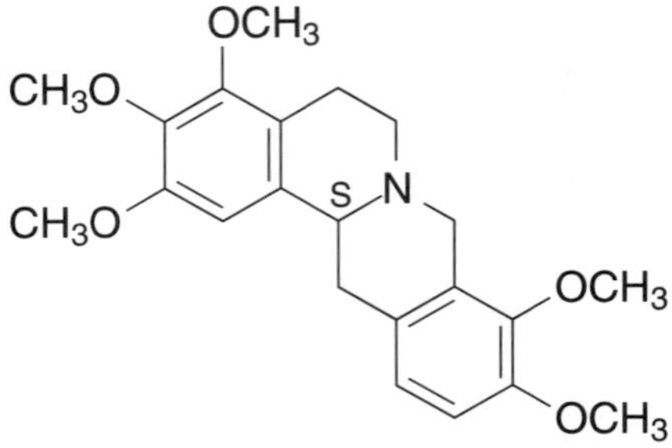

Parabaena sagittata (Menispermaceae)
  jnp 49, 253 '86

with a (6,8) attack:
  Purpureine
  Thalicsimidine
  O-Methylpreocoteine
  3-Methoxyglaucine

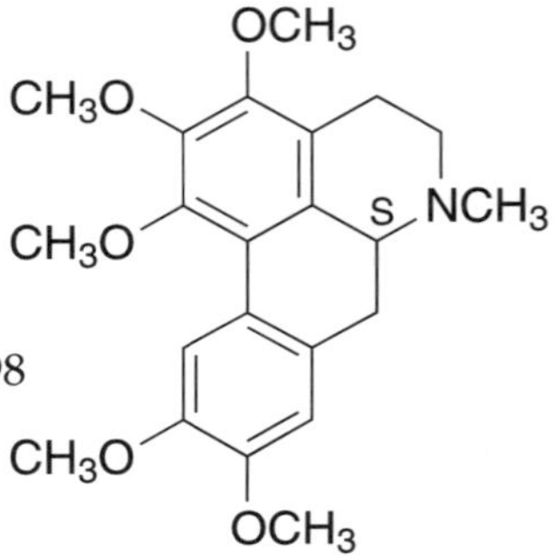

Annona purpurea (Annonaceae) phy 49, 2015 '98
Elatostema sinuata (Urticaceae) acrc 7, 41 '98
Phoebe mollicella (Lauraceae) jnp 46, 913 '83
Rollinia mucosa (Annonaceae) jnp 59, 904 '96
Thalictrum filamaentosum (Ranunculaceae) kps 6, 788 '76
Thalictrum flavum (Ranunculaceae) apn 4, 57 '92
Thalictrum ichangense (Ranunculaceae) sz 43, 195 '89
Thalictrum longipedunculatum (Ranunculaceae) kps 2, 260 '84
Thalictrum microgynum (Ranunculaceae) syx 9, 22 '92
Thalictrum simplex (Ranunculaceae) phy 42, 435 '96
Thalictrum strictum (Ranunculaceae) kps 4, 560 '76

and an α,1-ene:

Dehydrothalicsimidine

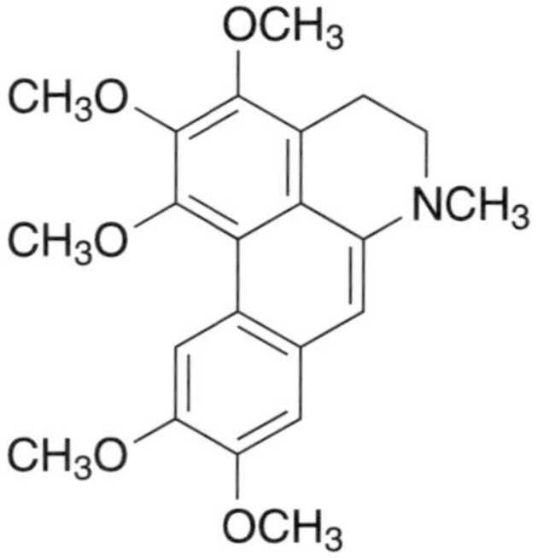

Thalictrum ichangense (Ranunculaceae)
  sz 43, 195 '89

Structural Index - 5,6,7-MeO,MeO,MeO-Substituted

with a 1,2 seco:

Thalicpureine

Annona purpurea (Annonaceae)
jnp 61, 1457 '98

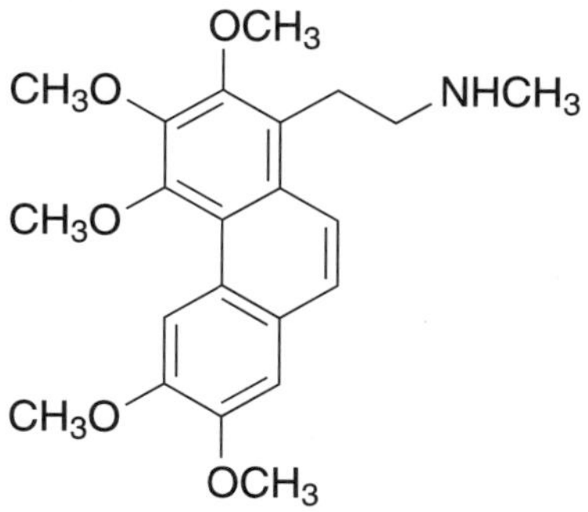

5-MeO	6-MeO	7-MeO
3,4-MeO,MeO-benzyl		
Me+	THIQ	

Not a natural product.
tet 48, 7185 '92

with a (2,N-Me) attack, and aromatization of the c-ring:

Anisocycline
4-Methoxypalmatine

Anisocycla cymosa (Menispermaceae) jnp 56, 618 '93

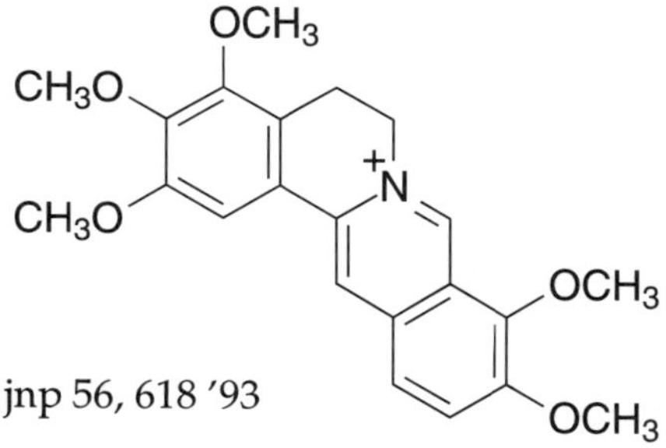

5-MeO	6-MeO	7-MeO
3,4-MeO,MeO-benzyl		
Me,Me+	THIQ	

Compound unknown

with a (2,N-Me) attack:

(-)-N,O-Dimethylthaicanine

Anisocycla cymosa (Menispermaceae)
jnp 55, 607 '92

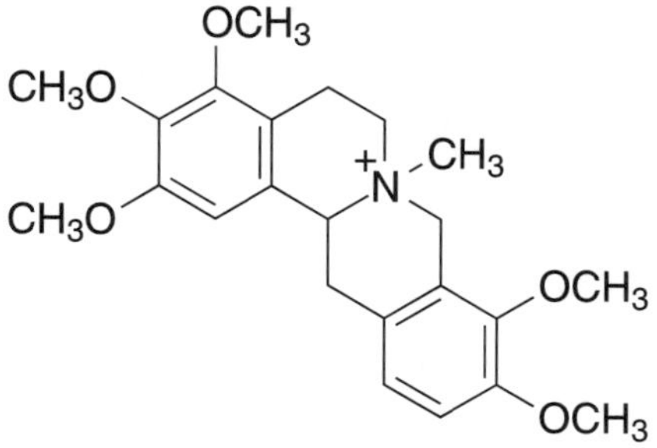

5-MeO	6-MeO	7-MeO
3,4-MeO,MeO-benzyl		
CHO	THIQ	

Compound unknown

with a (6,8) attack:

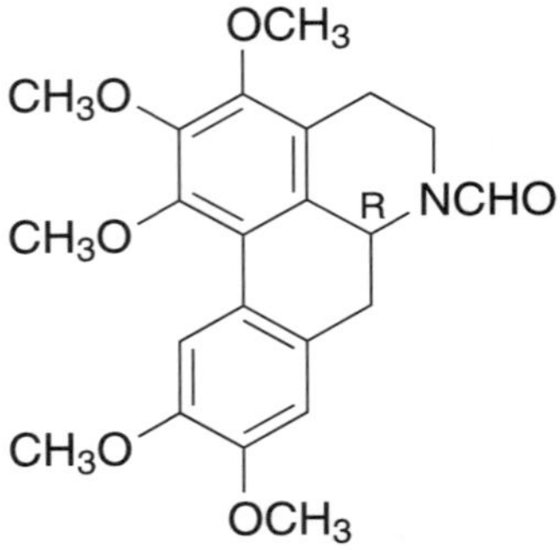

(-)-N-Formylpurpureine

Annona purpurea (Annonaceae)
  jnp 61, 1457 '98

5-MeO	6-MeO	7-MeO
3,4-MeO,MeO-benzyl		
CO₂Me	THIQ	

Compound unknown

with a (6,8) attack:

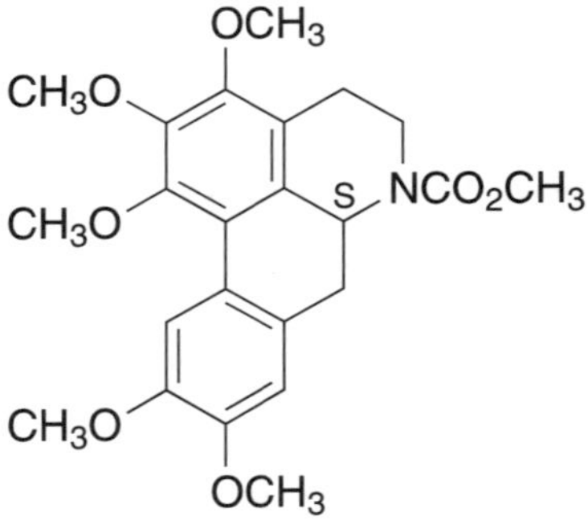

(+)-Romucosine G

Annona purpurea (Annonaceae)
  jnp 63, 746 '00

5-MeO	6-MeO	7-MeO
3,4-MeO,MeO-α-keto-benzyl		
H	IQ	

Compound unknown

with a (6,8) attack:

Oxopurpureine

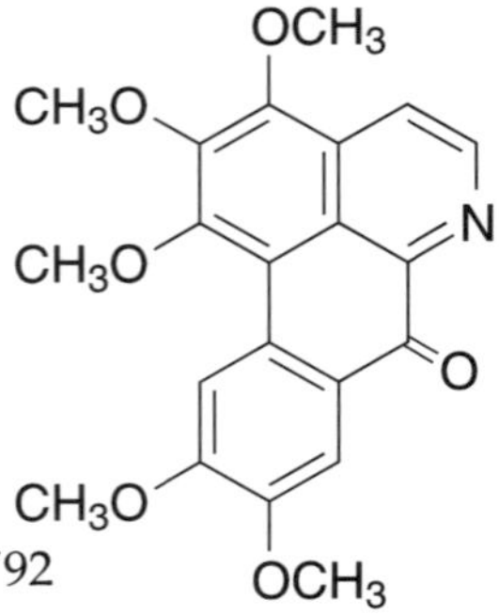

Annona purpurea (Annonaceae) jnp 61, 1457 '98
Phoebe cinnamomifolia (Lauraceae) pm 54, 361 '88
Rollinia mucosa (Annonaceae) jnp 59, 904 '96
Thalictrum microgynum (Ranunculaceae) syx 9, 22 '92

Structural Index - 5,6,7-MeO,MeO,MeO-Substituted

5-MeO	6-MeO	7-MeO
3,4-MeO,MeO-α-CHO-benzyl		
Me		THIQ

Compound unknown

with a (6,8) attack,
and an α,1-ene:

7-Formyldehydrothalicsimidine

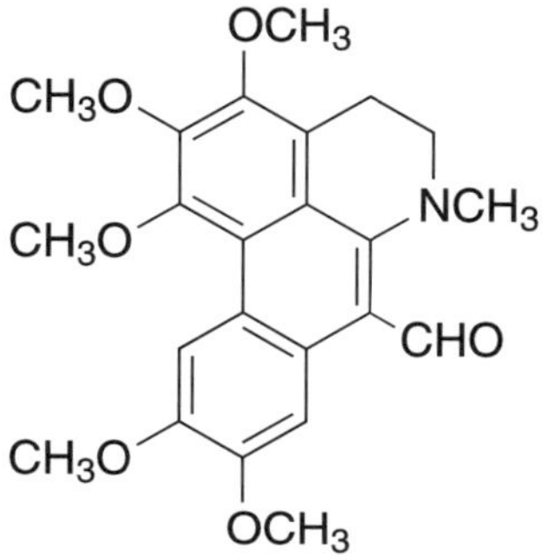

Annona purpurea (Annonaceae)
  jnp 61, 1457 '98

5-MeO	6-MeO	7-MeO
3,4-MDO-benzyl		
H		THIQ

Not a natural product.
jacs 102, 6513 '80

with a (2,8) attack:

Polygospermine

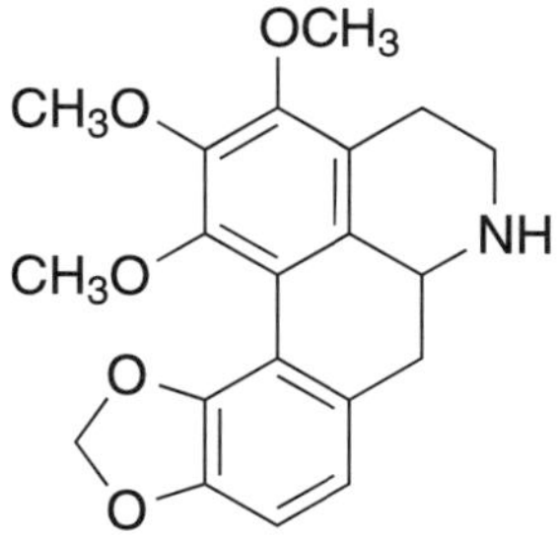

Polyalthia oligosperma (Annonaceae)
  pmp 12, 166 '78

with a (6,8) attack:

Norphoebine

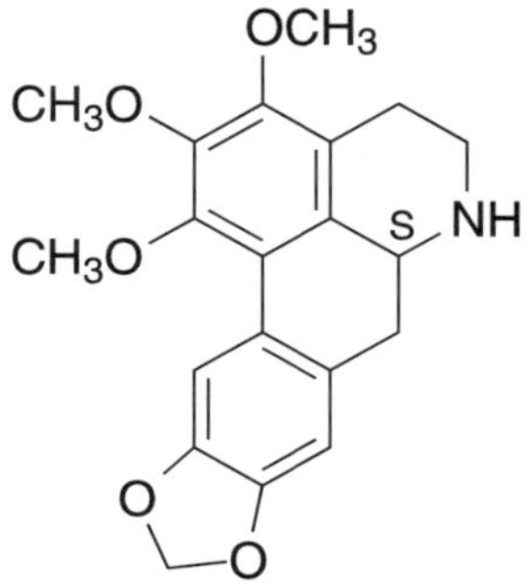

Nectandra sinuata (Lauraceae) pptp 27, 65 '93
Phoebe pittieri (Lauraceae) jnp 51, 389 '88
Phoebe valeriana (Lauraceae) jnp 49, 1036 '86

5-MeO	6-MeO	7-MeO
3,4-MDO-benzyl		
Me	THIQ	

Compound unknown

with a (6,8) attack:

(+)-Phoebine

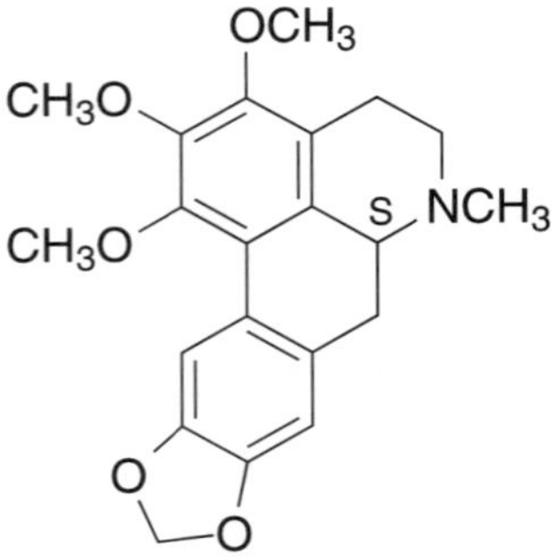

Nectandra sinuata (Lauraceae) pptp 27, 65 '93
Phoebe valeriana (Lauraceae) jnp 49, 1036 '86

and an α,1-ene:

Dehydrophoebine

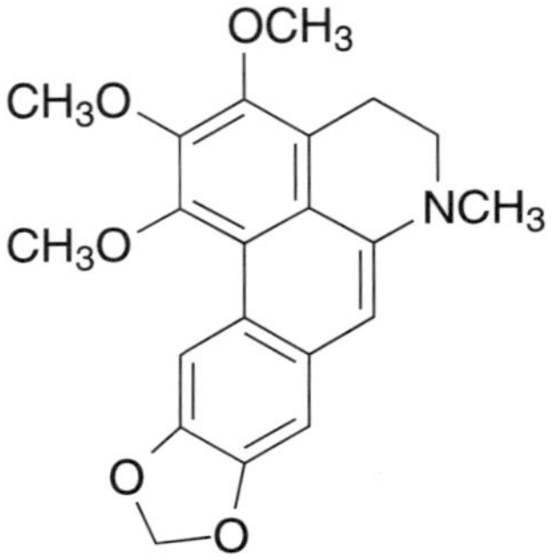

Phoebe valeriana (Lauraceae) jnp 49, 1036 '86

with a 1,2 seco:

Secophoebine

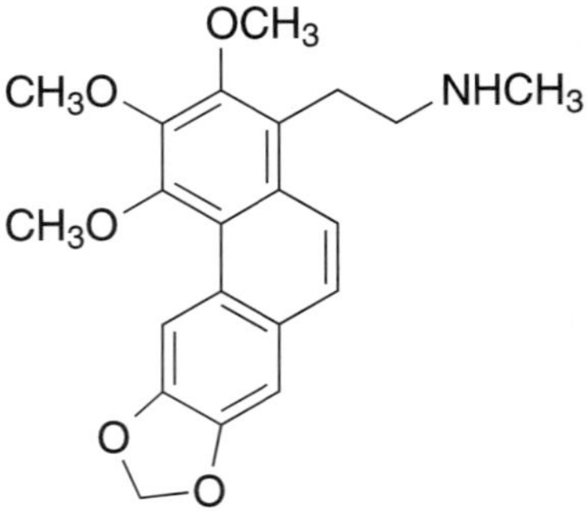

Phoebe valeriana (Lauraceae)
jnp 49, 1036 '86

5-MeO	6-MeO	7-MeO
3,4-MDO-benzyl		
Ac	THIQ	

Not a natural product.
jacs 102, 6513 '80

Structural Index - 5,6,7-MeO,MeO,MeO-Substituted   407

with a (6,8) attack:

(+)-N-Acetyl-3-methoxynornantenine

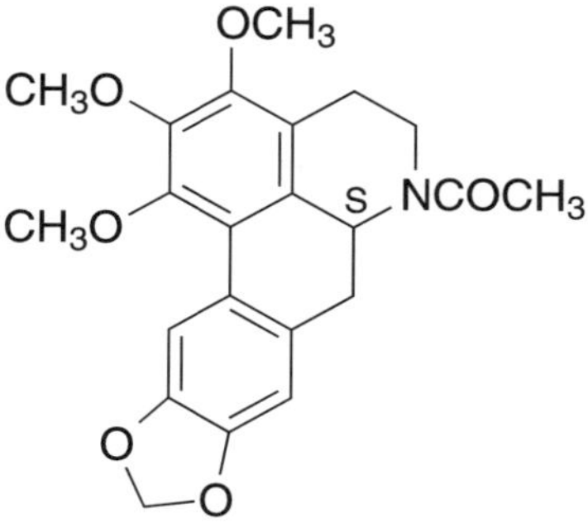

Liriodendron tulipifera (Magnoliaceae)
  jps 63, 1338 '74

5-MeO	6-MeO	7-MeO
3,4-MDO-benzyl		
Me,Me+	THIQ	

with a (6,8) attack, and a 1,2 seco:

Thalihazine

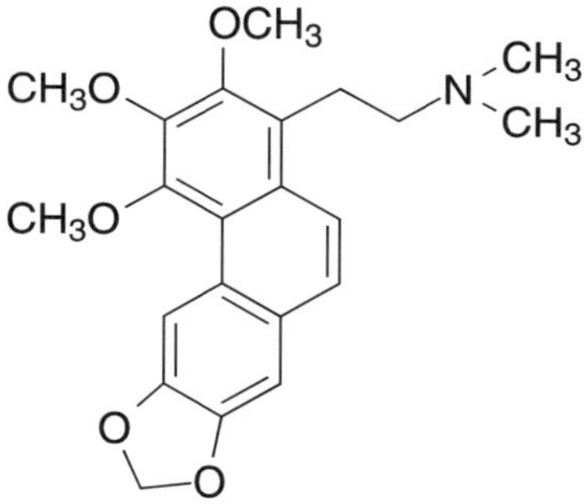

Thalictrum hazarica (Ranunculaceae)
  jnp 50, 757 '87

5-MeO	6-MeO	7-MeO
3,4-MDO-α-keto-benzyl		
H	IQ	

with a (6,8) attack:

Oxophoebine

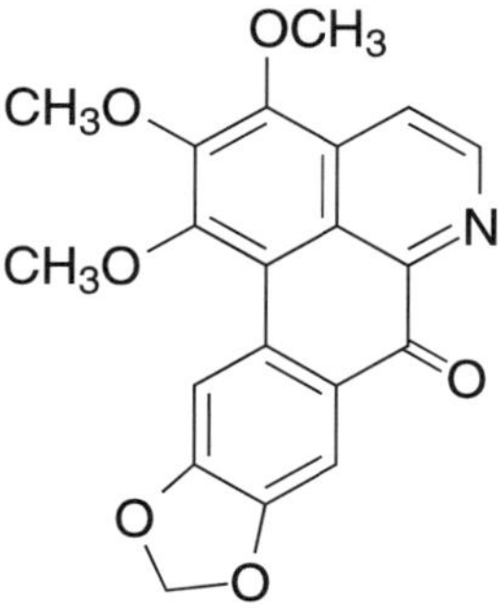

Phoebe valeriana (Lauraceae) jnp 49, 1036 '86
Xylopia aethiopica (Annonaceae) jnp 57, 68 '94

5-MeO	6-MeO	7-MeO
=O		
Me	THIQ	

N-Methylthalidaldine

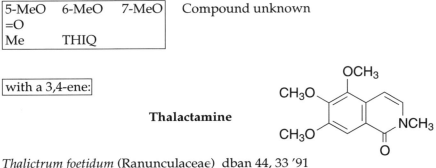

Thalictrum fendleri (Ranunculaceae) jnp 45, 377 '82

5-MeO	6-MeO	7-MeO
=O		
Me	THIQ	

Compound unknown

with a 3,4-ene:

Thalactamine

Thalictrum foetidum (Ranunculaceae) dban 44, 33 '91
Thalictrum minus (Ranunculaceae) jnp 45, 704 '82

5,6,7-MeO,MDO-SUBSTITUTED ISOQUINOLINES

5-MeO	6-OCH$_2$O-7	Compound unknown
benzyl		
H	THIQ	

with a (2,8) attack:

Norstephalagine
N-Demethylstephalagine

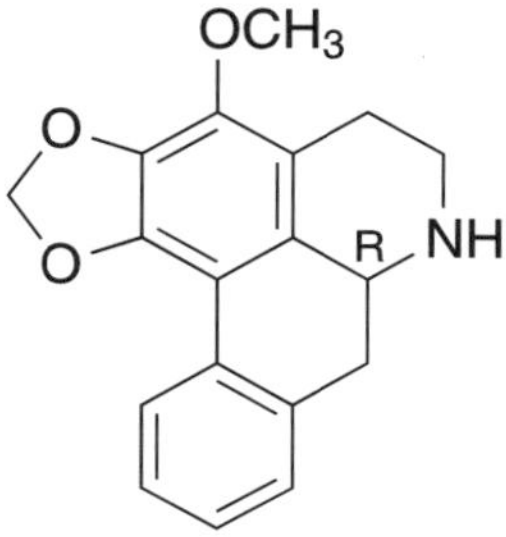

(-)-isomer:
Annona cherimolia (Annonaceae) jccs 46, 77 '99
Artabotrys venustus (Annonaceae) jnp 49, 602 '86
Guatteria foliosa (Annonaceae) jnp 57, 890 '94

isomer not specified:
Artabotrys grandifolius (Annonaceae) mjs 9, 77 '87
Artabotrys maingayi (Annonaceae) jnp 53, 503 '90
Artabotrys odoratissimus (Annonaceae) fit 65, 92 '94
Hexalobus crispiflorus (Annonaceae) lac 1623 '82
Isolona maitlandii (Annonaceae) phy 40, 967 '95
Xylopia buxifolia (Annonaceae) jnp 44, 551 '81

5-MeO	6-OCH$_2$O-7	Compound unknown
benzyl		
Me	THIQ	

with a (2,8) attack:

Stephalagine

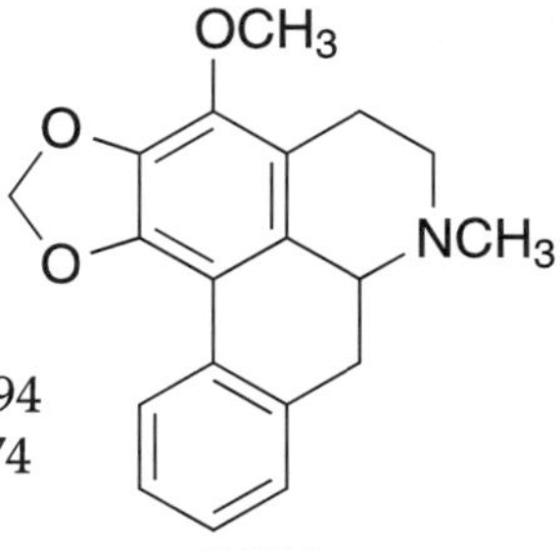

Stephania abyssinica (Menispermaceae) fit 65, 90 '94
Stephania dinklagei (Menispermaceae) llyd 37, 6 '74

and an α,1-ene:

Dehydrostephalagine

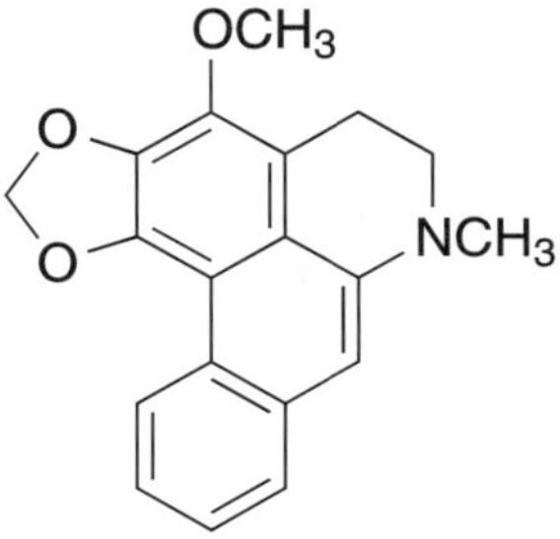

Guatteria sagotiana (Annonaceae) jnp 49, 1078 '86

410   The Simple Plant Isoquinolines

| 5-MeO 6-OCH₂O-7 |
| α-HO-benzyl |
| H   THIQ |

Compound unknown

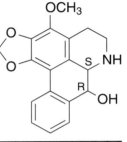

| with a (2,8) attack: |

Artabonatine B

Annona cherimolia (Annonaceae) phy 56, 753 '01
Artabotrys uncinatus (Annonaceae) jnp 62, 1192 '99

| 5-MeO 6-OCH₂O-7 |
| α-HO-benzyl |
| Me   THIQ |

Compound unknown

| with a (2,8) attack: | **Guatterine**

Greenwayodendron suaveolens (Annonaceae)
    pm 33, 243 '78
Guatteria psilopus (Annonaceae) llyd 40, 152 '77
Guatteria spp. (Annonaceae) llyd 33s, 1 '70
Pachypodanthium confine (Annonaceae) apf 35, 65 '77
Polyalthia suaveolens (Annonaceae) pm 33, 243 '78

| the N-oxide: | **Guatterine N-oxide**
               N-Oxyguatterine

Guatteria sagotiana (Annonaceae) jnp 49, 1078 '86
Pachypodanthium sp. (Annonaceae) jnp 42, 325 '79

| 5-MeO 6-OCH₂O-7 |
| α-keto-benzyl |
| H   IQ |

Compound unknown

Structural Index - 5,6,7-MeO,MDO-Substituted

with a (2,8) attack:	**Atherospermidine**
	Psilopine

Annona cherimolia (Annonaceae) jccs 44, 313 '97
Annona purpurea (Annonaceae) fit 67, 181 '96
Artabotrys grandifolius (Annonaceae) mjs 9, 77 '87
Artabotrys odoratissimus (Annonaceae) fit 65, 92 '94
Artabotrys uncinatus (Annonaceae) phy 28, 2191 '89
Artabotrys zeylanicus (Annonaceae) phy 42, 170 '96
Atherosperma moschatum (Monimiaceae) ajc 9, 111 '56
Desmos longiflorus (Annonaceae) fit 66, 463 '95
Enantia chlorantha (Annonaceae) bfs 18, 21 '89
Fissistigma glaucescens (Annonaceae) jccs 47, 1251 '00
Guatteria psilopus (Annonaceae) joc 30, 432 '65
Guatteria sp. (Annonaceae) jnp 38, 275 '75
Pseuduvaria indochinensis (Annonaceae) phy 27, 4004 '88
Rollinia sericea (Annonaceae) jnp 46, 437 '83
Stephania abyssinica (Menispermaceae) joc 35, 1682 '70

5-MeO	6-OCH$_2$O-7	Compound unknown
3-HO-benzyl		
H	THIQ	

with a (2,8) attack:	**Elmerrillicine**

Elmerrillia sp. (Magnoliaceae) ajc 29, 2003 '76
Guatteria sagotiana (Annonaceae) jnp 49, 1078 '86

5-MeO	6-OCH$_2$O-7	Compound unknown
3-HO-benzyl		
Me	THIQ	

with a (2,8) attack:	
	(-)-N-Methylelmerrillicine

Guatteria sagotiana (Annonaceae) jnp 49, 1078 '86

5-MeO 6-OCH$_2$O-7	Compound unknown
3-HO-α,α-HO,Me-benzyl	
H DHIQ	

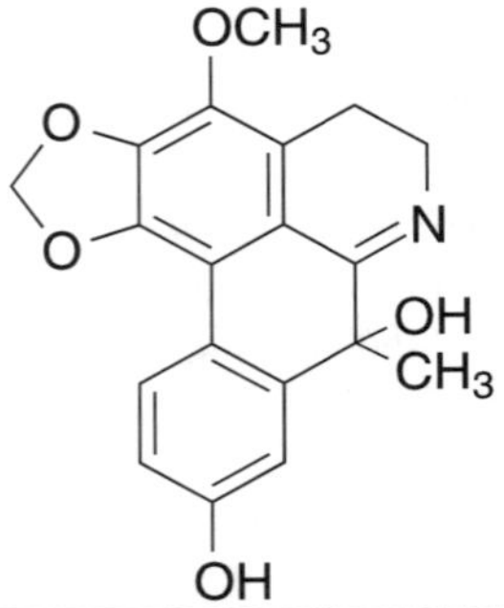

with a (6,8) attack:

3-Methoxyguattescidine

Guatteria foliosa (Annonaceae) jnp 57, 890 '94

5-MeO 6-OCH$_2$O-7	Compound unknown
3-MeO-benzyl	
H THIQ	

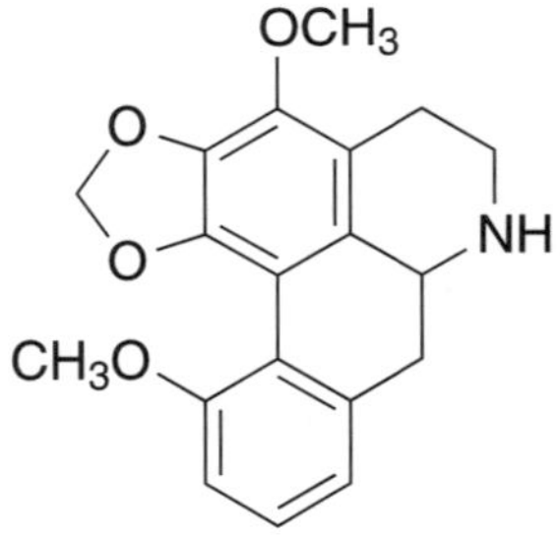

with a (2,8) attack:

O-Methylelmerrillicine
3-Methoxyputerine

Guatteria foliosa (Annonaceae) jnp 57, 890 '94

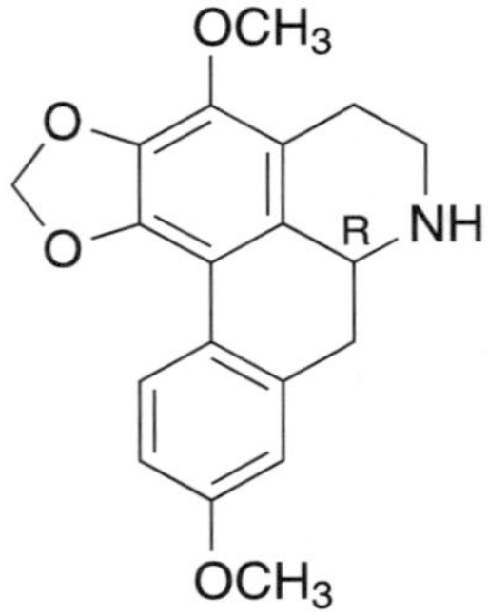

with a (6,8) attack:

(-)-Buxifoline

Duguetia obovata (Annonaceae) jnp 46, 862 '83
Xylopia buxifolia (Annonaceae) jnp 44, 551 '81

5-MeO 6-OCH$_2$O-7	Compound unknown
3-MeO-benzyl	
Me THIQ	

Structural Index - 5,6,7-MeO,MDO-Substituted

boxed: with a (6,8) attack:

(-)-N-Methylbuxifoline

Duguetia obovata (Annonaceae) jnp 46, 862 '83

5-MeO	6-OCH₂O-7
3-MeO-benzyl	
CHO	THIQ

Compound unknown

boxed: with a (6,8) attack:

N-Formylbuxifoline

Duguetia obovata (Annonaceae) jnp 46, 862 '83

5-MeO	6-OCH₂O-7
3-MeO-α-HO-benzyl	
Me	THIQ

Compound unknown

boxed: with a (6,8) attack:

Polyalthine

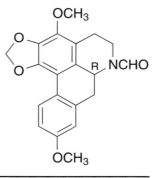

Greenwayodendron suaveolens (Annonaceae)
   pm 33, 243 '78
Polyalthia suaveolens (Annonaceae) pm 33, 243 '78

5-MeO 6-OCH_2O-7
3-MeO-α-keto-benzyl
H IQ

Compound unknown

with a (2,8) attack:

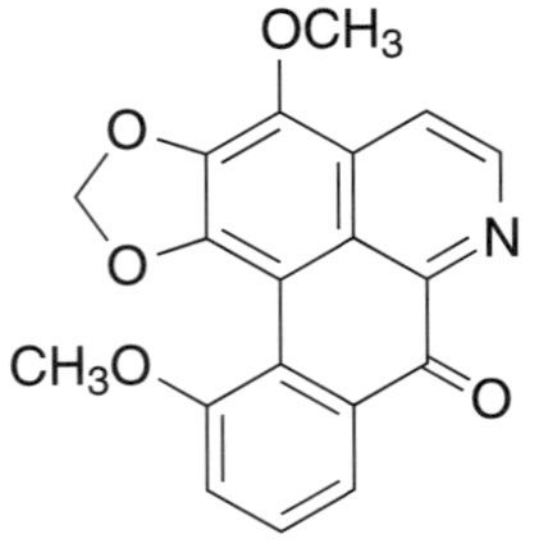

3-Methoxyoxoputerine

Guatteria foliosa (Annonaceae) jnp 57, 890 '94

with a (6,8) attack:

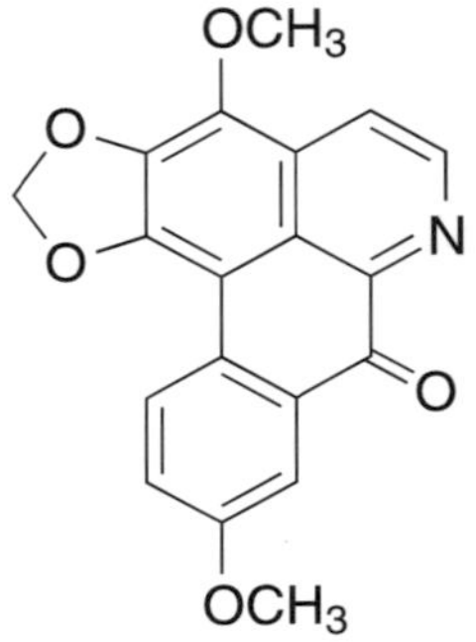

Oxobuxifoline

Artabotrys zeylanicus (Annonaceae) phy 42, 170 '96
Duguetia glabriuscula (Annonaceae) qn 24, 185 '01
Duguetia obovata (Annonaceae) jnp 46, 862 '83

5-MeO 6-OCH_2O-7
2,3-MeO,MeO-α-keto-benzyl
H IQ

Compound unknown

with a (6,8) attack:

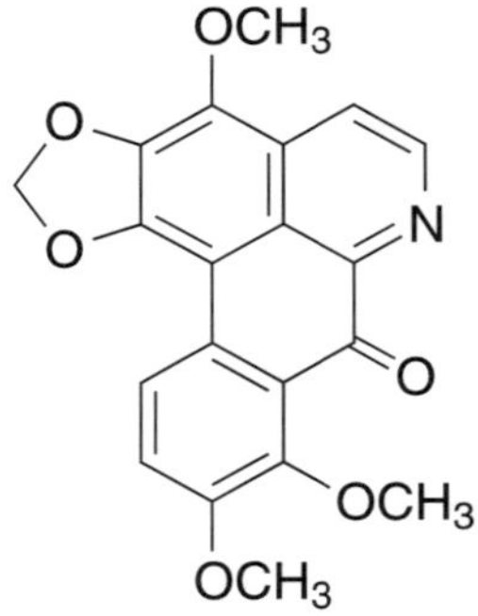

Kuafumine

Fissistigma glaucescens (Annonaceae) het 26, 9 '87

5-MeO 6-OCH_2O-7
3,4-HO,MeO-benzyl
H THIQ

Compound unknown

Structural Index - 5,6,7-MeO,MDO-Substituted

with a (2,8) attack:

(+)-Cassyformine

Cassytha filiformis (Lauraceae) jnp 61, 863 '98

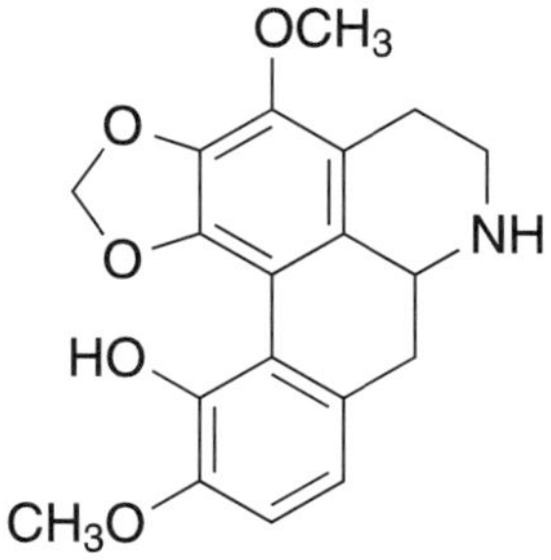

with a (6,8) attack:

Cassythine
Cassyfiline

Cassytha americana (Lauraceae) het 9, 903 '78
Cassytha filiformis (Lauraceae) phy 46, 181 '97

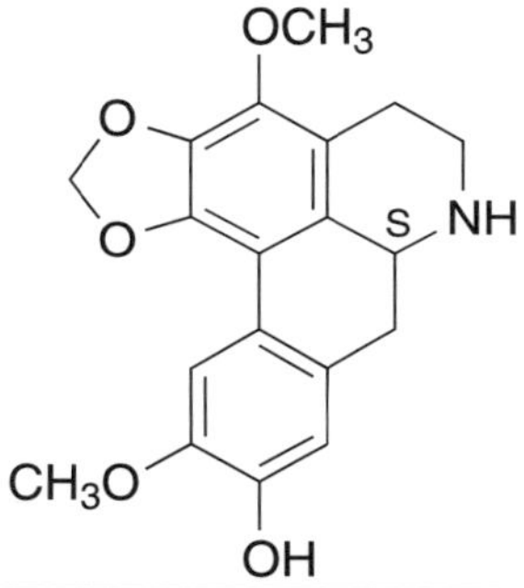

5-MeO	6-OCH$_2$O-7
3,4-HO,MeO-benzyl	
Me	THIQ

Compound unknown

with a (6,8) attack:

N-Methylcassythine
N-Methylcassyfiline

Thalictrum isopyroides (Ranunculaceae)
  phy 25, 935 '86

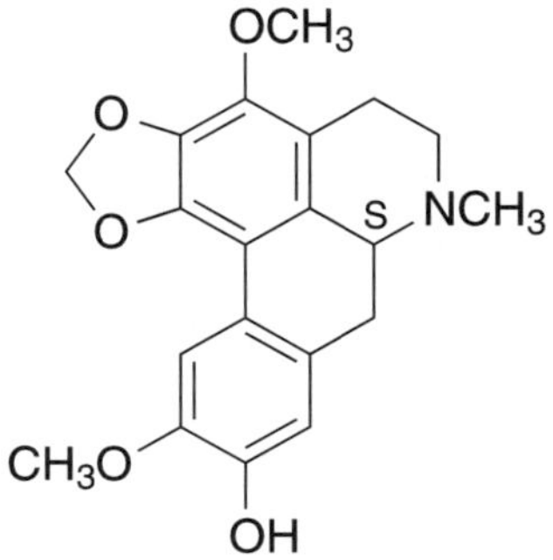

5-MeO	6-OCH$_2$O-7
3,4-MeO,HO-α-keto-benzyl	
H	IQ

Compound unknown

with a (6,8) attack:

Filiformine

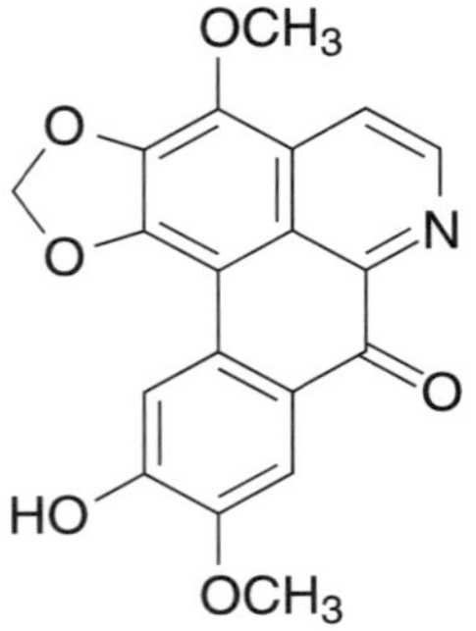

Cassytha filiformis (Lauraceae) jnp 61, 863 '98

5-MeO 6-OCH$_2$O-7	Not a natural product.
3,4-MeO,MeO-benzyl	tl 27, 1465 '86
H THIQ	

with a (6,8) attack: **O-Methylcassythine**
O-Methylcassyfiline
Hexahydrothalicminine
Northalicmine

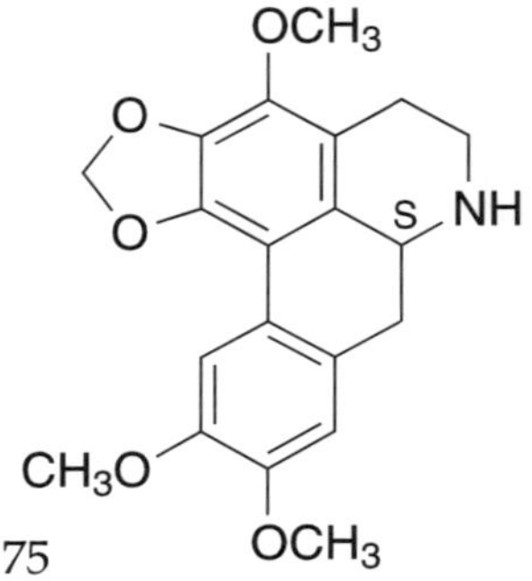

Cassytha americana (Lauraceae) het 9, 903 '78
Ocotea velloziana (Lauraceae) phy 39, 815 '95
Thalictrum strictum (Ranunculaceae) cnc 11, 568 '75

5-MeO 6-OCH$_2$O-7	Not a natural product.
3,4-MeO,MeO-benzyl	tl 27, 1465 '86
Me THIQ	

with a (6,3) attack:

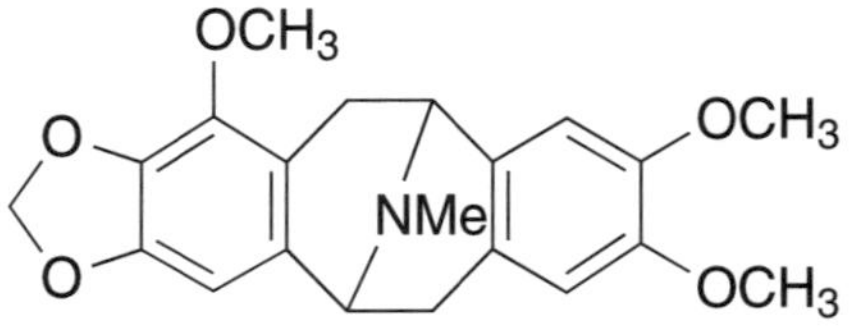

2,3-Methylenedioxy-4,8,9-trimethoxy-N-methylpavinane
2,3,7-Trimethoxy-8,9-methylenedioxy-N-methylpavinane

Thalicrum strictum (Ranunculaceae) kps 4, 560 '76

also under: 6,7 MeO MeO R Me THIQ
R= 2,3,4-MeO,MDO-benzyl   (6,3) attack

with a (6,8) attack:

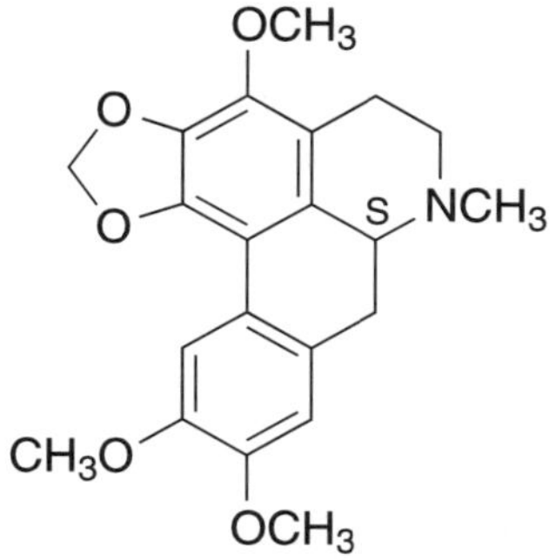

(+)-Ocoteine
Thalicmine
N,O-Dimethylcassyfiline

Cassytha filiformis (Lauraceae) jnp 61, 863 '98
Nectandra sp. (Lauraceae) jnp 38, 275 '75
Ocotea minarum (Lauraceae) fes 34, 829 '79
Ocotea velloziana (Lauraceae) phy 39, 815 '95
Phoebe porfiria (Lauraceae) jnp 46, 913 '83
Thalictrum buschianum (Ranunculaceae) iang 22, 66 '96
Thalictrum delavayi (Ranunculaceae) pm 67, 189 '01
Thalictrum isopyroides (Ranunculaceae) kps 4, 394 '68
Thalictrum minus (Ranunculaceae) pm 45, 39 '82
Thalictrum simplex (Ranunculaceae) kps 6, 224 '70
Thalictrum strictum (Ranunculaceae) kps 4, 560 '76
Thalictrum thalictroides (Ranunculaceae) jnp 38, 275 '75

and an α,1-ene:

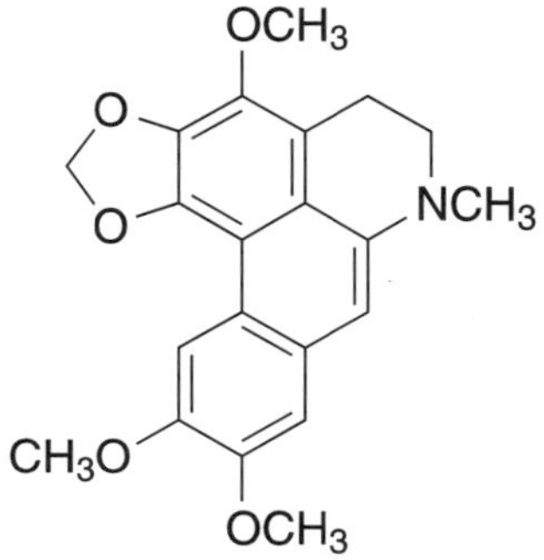

Dehydroocoteine
Dehydrothalicmine

Nectandra saligna (Lauraceae) llyd 35, 300 '72
Ocotea puberula (Lauraceae) exp 28, 875 '72
Thalictrum isopyroides (Ranunculaceae)
  kps 7, 381 '71

with an α,1-ene and a 3,4-ene:

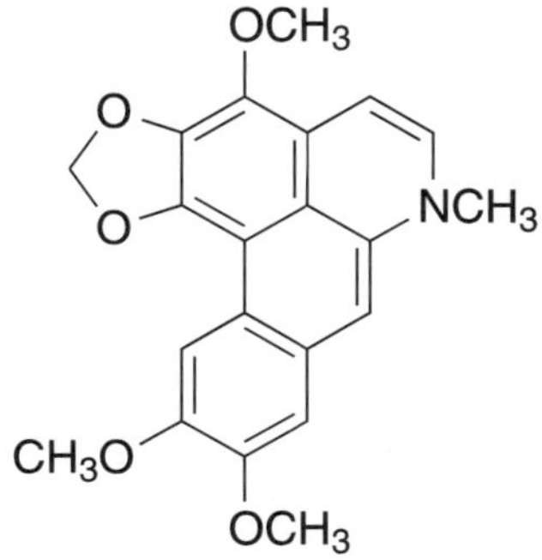

Didehydroocoteine

Ocotea puberula (Lauraceae) exp 28, 875 '72

5-MeO   6-OCH₂O-7
3,4-MeO,MeO-α-keto-benzyl
H   IQ

Compound unknown

with a (6,8) attack:

Thalicminine

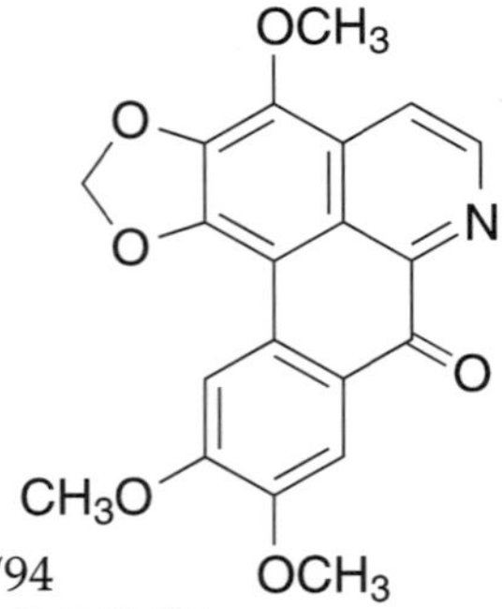

Ocota minarum (Lauraceae) fes 34, 829 '79
Ocotea puberula (Lauraceae) phy 12, 948 '73
Thalictrum dioicum (Ranunculaceae) rlq 12, 61 '81
Thalictrum isopyroides (Ranunculaceae) ajps 8, 195 '94
Thalictrum longipedunculatum (Ranunculaceae) kps 2, 260 '84
Thalictrum minus (Ranunculaceae) kps 5, 631 '72
Thalictrum simplex (Ranunculaceae) kps 6, 224 '70
Thalictrum strictum (Ranunculaceae) kps 1, 116 '76

5-MeO   6-OCH₂O-7
3,4-MDO-benzyl
H   THIQ

Compound unknown

with a (2,8) attack:

Oduocine

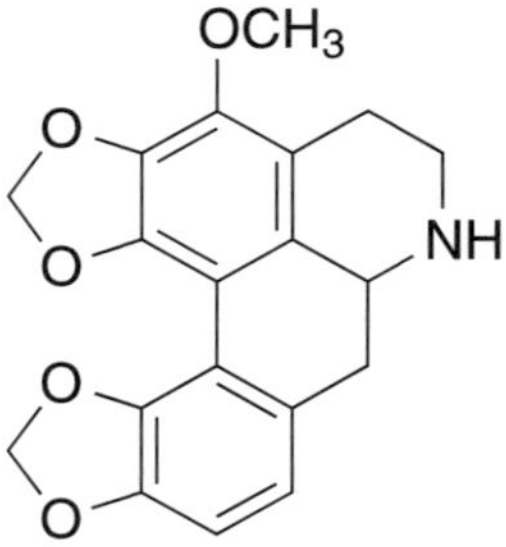

Lindera myrrha (Lauraceae) phy 35, 1363 '94

with a (6,8) attack:

Cassythidine

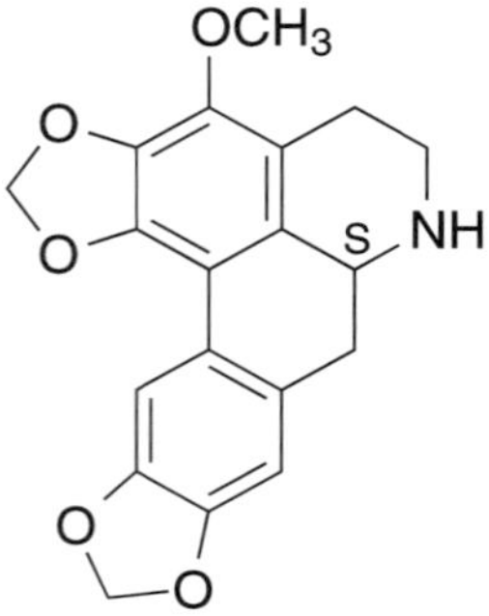

Cassytha americana (Lauraceae) joc 33, 2443 '68

Structural Index - 5,6,7-MeO,MDO-Substituted

5-MeO 6-OCH$_2$O-7	
3,4-MDO-α-keto-benzyl	
H IQ	

Compound unknown

with a (2,8) attack:

Oxoduocine

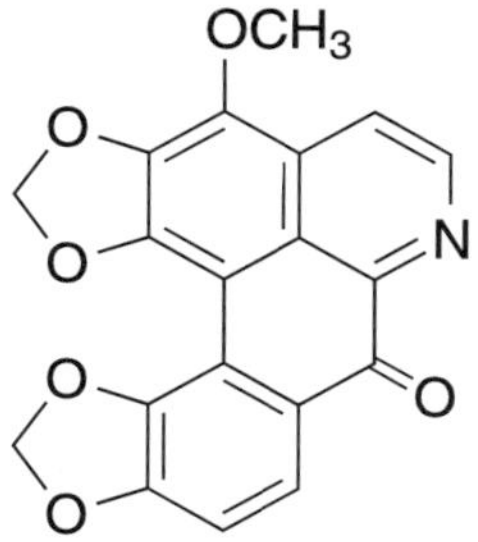

Lindera myrrha (Lauraceae) phy 35, 1363 '94

with a (6,8) attack:

Cassamedine

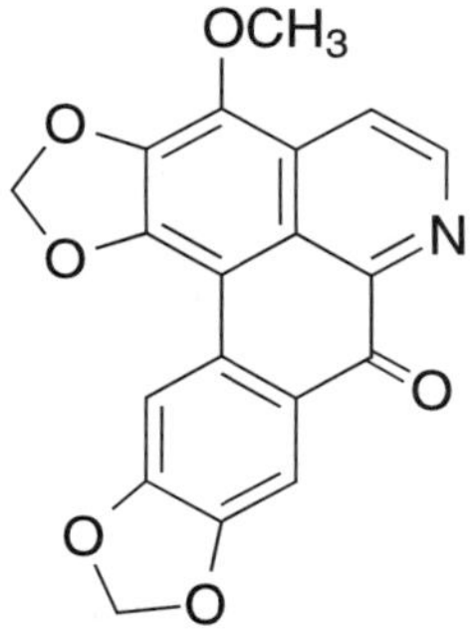

Cassytha americana (Lauraceae) joc 33, 2443 '68
Cassytha filiformis (Lauraceae) phy 46, 181 '97

5-MeO 6-OCH$_2$O-7	
3,5-HO,MeO-benzyl	
H THIQ	

Compound unknown

with a (2,8) attack:

(-)-Duguevanine

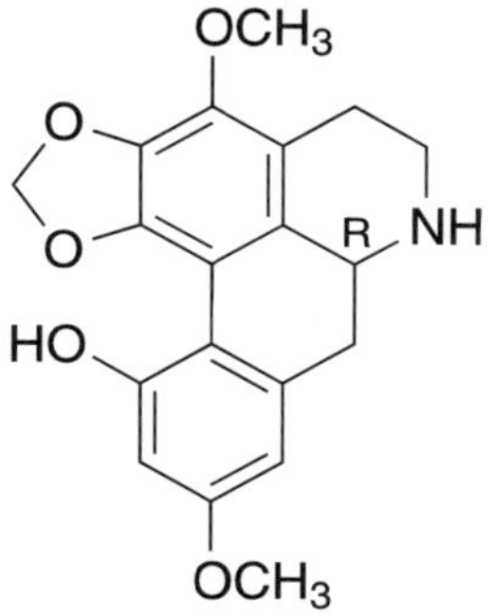

Duguetia flagellaris (Annonaceae) rbp 3, 23 '01
Duguetia obovata (Annonaceae) jnp 46, 862 '83

5-MeO 6-OCH$_2$O-7	
3,5-HO,MeO-benzyl	
Me THIQ	

Compound unknown

| with a (2,8) attack: |

(−)-N-Methylduguevanine

Duguetia obovata (Annonaceae) jnp 46, 862 '83

| 5-MeO 6-OCH₂O-7 |
| 3,5-HO,MeO-benzyl |
| CHO   THIQ |

Compound unknown

| with a (2,8) attack: |

(−)-N-Formylduguevanine

Duguetia obovata (Annonaceae) jnp 46, 862 '83

| 5-MeO 6-OCH₂O-7 |
| 2,3,4-HO,MeO,MeO-benzyl |
| Me   THIQ |

Compound unknown

| with a (6,8) attack: |

Ocoxylonine

Ocotea leucoxylon (Lauraceae) het 7, 927 '77

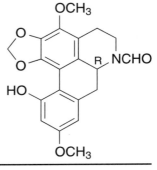

5-MeO	6-OCH₂O-7
2,3,4-MeO,MeO,MeO-benzyl	
H	THIQ

Compound unknown

<u>with a (6,8) attack:</u>

Norleucoxylonine

Ocotea minarum (Lauraceae) fes 34, 829 '79

5-MeO	6-OCH₂O-7
2,3,4-MeO,MeO,MeO-benzyl	
Me	THIQ

Not a natural product.
joc 49, 3220 '84

<u>with a (6,8) attack:</u>

Leucoxylonine

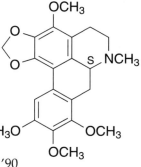

Ocotea leucoxylon (Lauraceae) het 7, 927 '77
Ocotea minarum (Lauraceae) fes 34, 829 '79
Ocotea velloziana (Lauraceae) phy 39, 815 '95
Thalictrum delavayi (Ranunculaceae) phy 29, 1895 '90
Thalictrum simplex (Ranunculaceae) phy 39, 683 '95

<u>the N-oxide:</u> **Leucoxylonine N-oxide**

Thalictrum simplex (Ranunculaceae) phy 39, 683 '95

5-MeO	6-OCH$_2$O-7
2,3,4-MeO,MeO,MeO-α-keto-benzyl	
H	IQ

Compound unknown

with a (6,8) attack:

Ocominarone

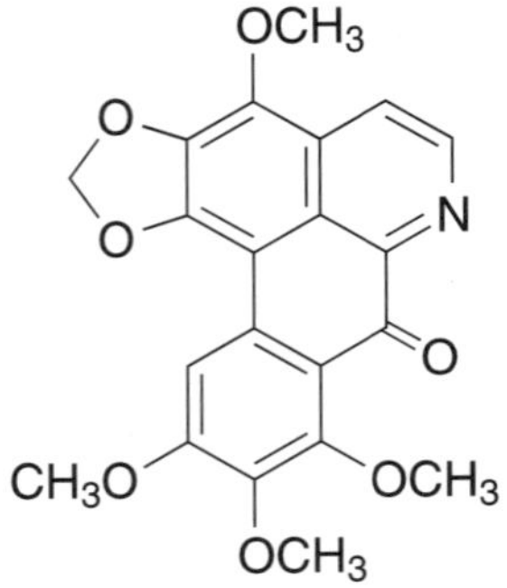

Ocotea minarum (Lauraceae) fes 34, 829 '79

5-MeO	6-OCH$_2$O-7
2,3,4-MDO,MeO-benzyl	
Me	THIQ

Compound unknown

with a (6,8) attack:

Ocotominarine

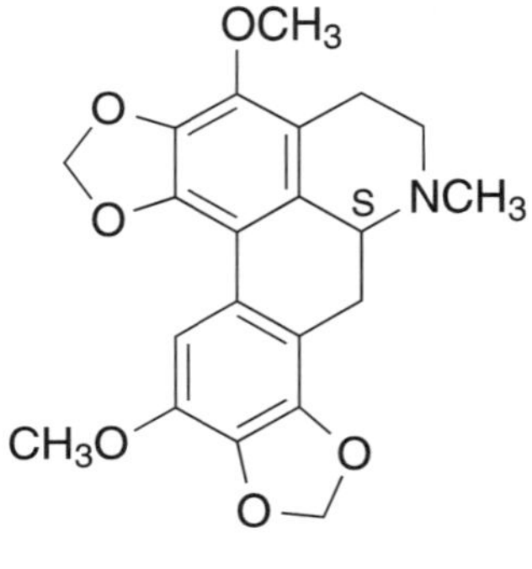

Ocotea minarum (Lauraceae) fes 34, 829 '79

5,6,7-MDO,HO-SUBSTITUTED ISOQUINOLINES

5-OCH₂O-6	7-HO
3,4-MeO,MeO-benzyl	
Me	THIQ

Compound unknown

with a (6,3) attack:

(-)-2-Demethylthalimonine

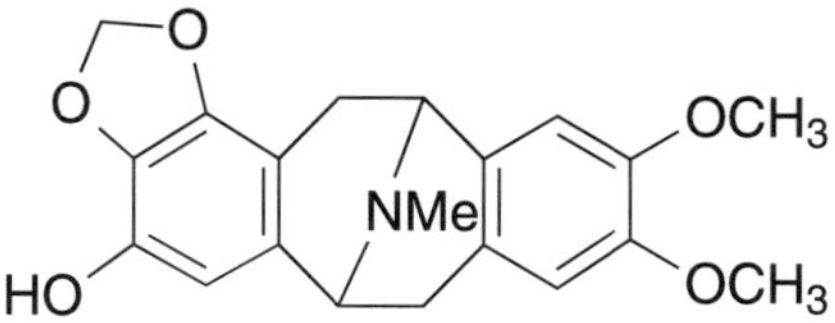

Thalictrum simplex (Ranunculaceae) pm 59, 262 '93

also under: 6,7 MeO MeO R Me THIQ
R= 2,3,4-MDO,HO-benzyl   (6,3) attack

5,6,7-MDO,MeO-SUBSTITUTED ISOQUINOLINES

5-OCH₂O-6	7-MeO
3,4-HO,MeO-benzyl	
Me	THIQ

Compound unknown

with a (2,8) attack:

(+)-Ocokryptine

Ocotea sp. (Lauraceae) tl 20, 2437 '68

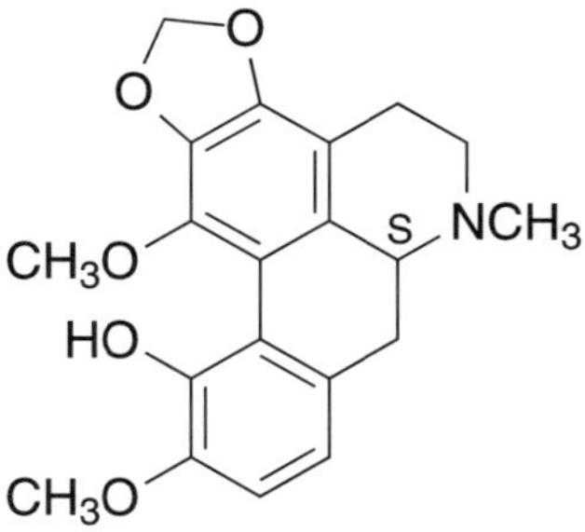

with a (6,3) attack:

(-)-9-Demethylthalimonine

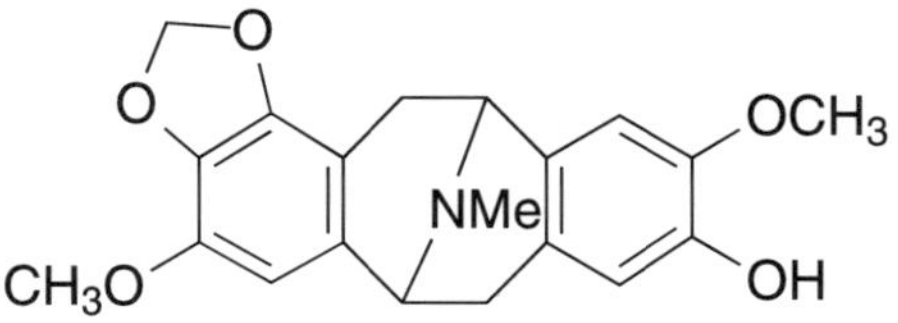

Thalictrum simplex (Ranunculaceae) pm 59, 262 '93

also under: 6,7 HO MeO R Me THIQ
R= 2,3,4-MDO,MeO-benzyl   (6,3) attack

5-OCH$_2$O-6   7-MeO
3,4-MeO,MeO-benzyl
H   THIQ

Not a natural product.
het 45, 1751 '97

with a (6,8) attack:

Baicaline

Geoffroea decorticans (Fabaceae)
   afb 18, 217 '99
Thalictrum baicalense (Ranunculaceae) kps 2, 227 '82

5-OCH$_2$O-6   7-MeO
3,4-MeO,MeO-benzyl
Me   THIQ

Not a natural product.
kps 4, 460 '86

with a (6,3) attack:

Thalimonine

Thalictrum simplex (Ranunculaceae) pr 10, 414 '96

also under: 6,7 MeO MeO R   Me   THIQ
R= 2,3,4-MDO,MeO-benzyl   (6,3) attack

the N-oxide (α and β):

Thalimonine N-oxide

Thalictrum simplex (Ranunculaceae) phy 39, 683 '95

Structural Index - 5,6,7-MDO,MeO-Substituted

5-OCH₂O-6	7-MeO
3,4-MeO,MeO-α-keto-benzyl	
H	IQ

Not a natural product.
kps 6, 818 '85

with a (6,8) attack:

7-Oxobaicaline

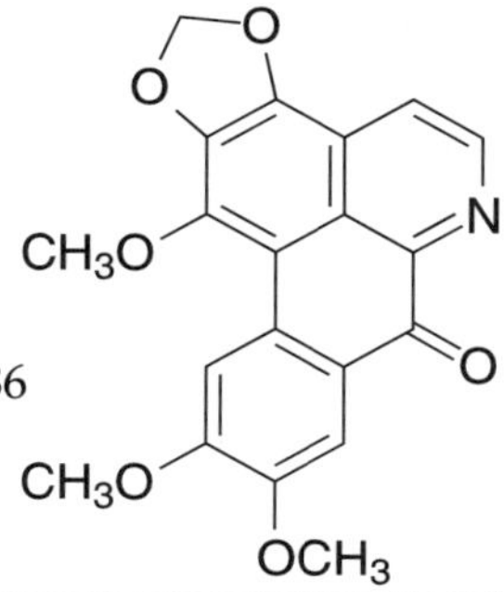

Thalictrum baicalense (Ranunculaceae) kps 2, 251 '86

5-OCH₂O-6	7-MeO
=O	
Me	THIQ

Thalflavine

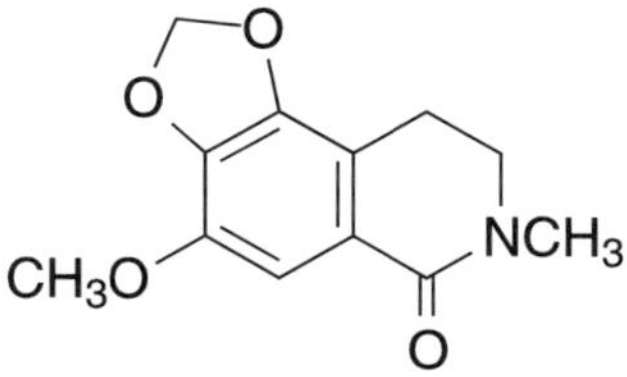

Thalictrum flavum (Ranunculaceae) kps 6, 444 '70
Thalictrum foetidum (Ranunculaceae) kps 21, 416 '85
Thalictrum minus (Ranunculaceae) bse 20, 255 '92

5,6,8-SUBSTITUTED ISOQUINOLINES

5-HO	6-HO	8-MeO
3,4-HO,MeO-benzyl		
H	THIQ	

Compound unknown

with a (2,4a) attack,
and a diacetyl on the 5,6-positions,
and a 5,6 dihydro:

FK-3000

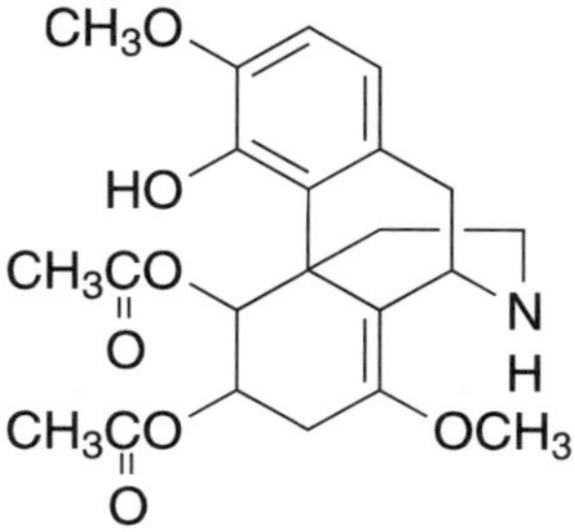

Stephania cepharantha (Menispermaceae)
 cpb 45, 470 '97

6,7,8-HO,HO,MeO-SUBSTITUTED ISOQUINOLINES

6-HO	7-HO	8-MeO
3,4-HO,MeO-benzyl		
H	THIQ	

Not a natural product.
jcspt I, 2030 '81

with a (2,4a) attack, and reduction of the 7-oxo and the 5,6-ene:

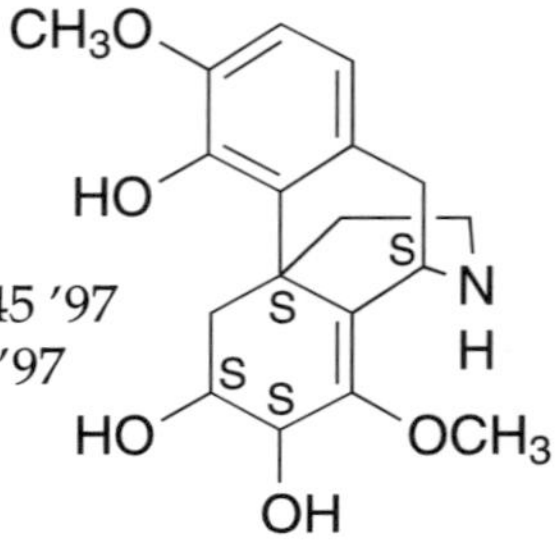

Sinococuline

Stephania cepharantha (Menispermaceae) cpb 45, 545 '97
Stephania excentrica (Menispermaceae) jnp 60, 294 '97
Stephania sutchuenensis (Menispermaceae)
   pm 61, 99 '95

6-HO	7-HO	8-MeO
3,4-HO,MeO-benzyl		
Me	THIQ	

Not a natural product.
jcspt I, 2030 '81

with a (2,4a) attack, and reduction of the 7-oxo and the 5,6-ene:

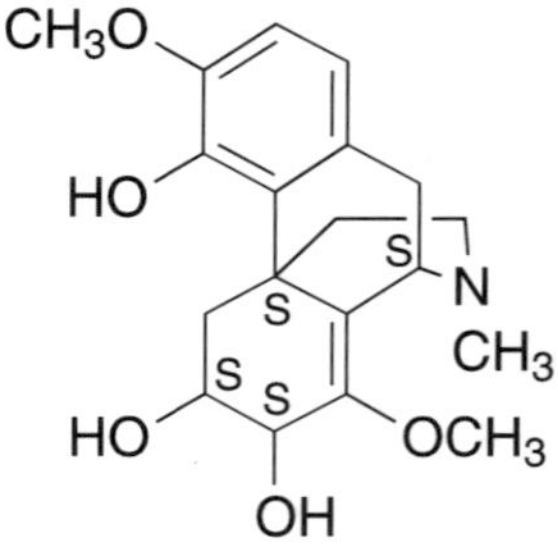

(−)-Cephasugine

Stephania cepharantha (Menispermaceae)
   cpb 45, 545 '97

and a diacetate on the 6,7-position:

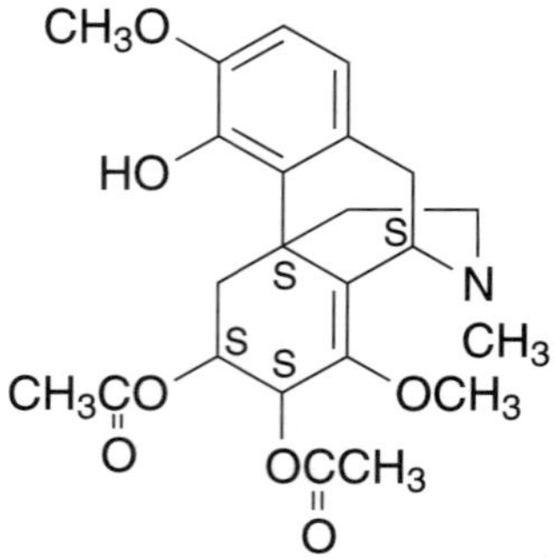

(+)-Cephakicine

Stephania cepharantha (Menispermaceae)
   jnp 59, 476 '96

6,7,8-HO,MeO,MeO-SUBSTITUTED ISOQUINOLINES

6-HO	7-MeO	8-MeO
H		
H	THIQ	

Isoanhalamine

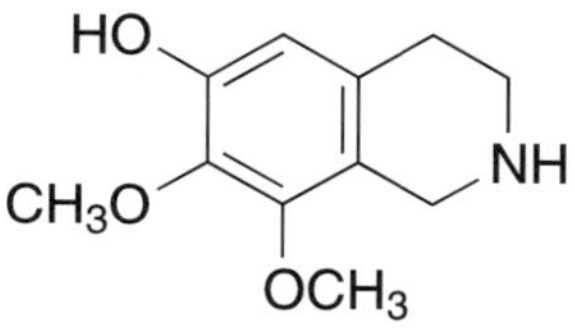

Lophophora williamsii (Cactaceae) acs 26, 1295 '72

6-HO	7-MeO	8-MeO
H		
Me	THIQ	

Isoanhalidine

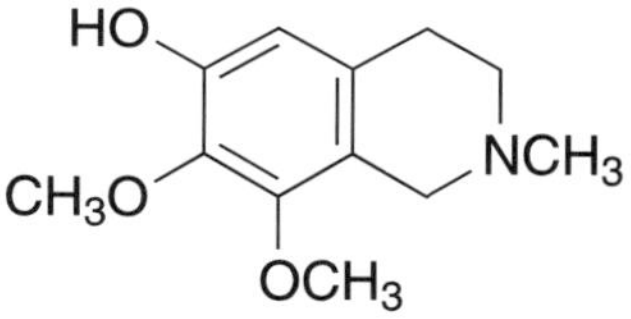

Lophophora williamsii (Cactaceae) acs 26, 1295 '72

6-HO	7-MeO	8-MeO
Me		
H	THIQ	

Isoanhalonidine

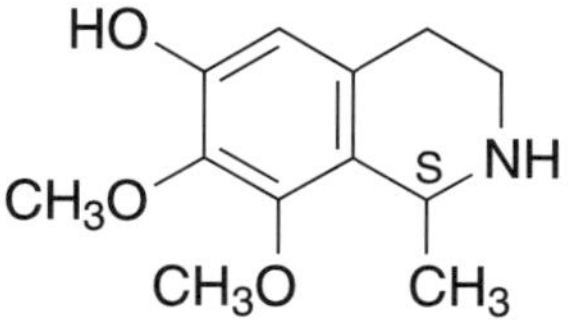

Lophophora williamsii (Cactaceae) acs 26, 1295 '72

6-HO	7-MeO	8-MeO
Me		
Me	THIQ	

Isopellotine

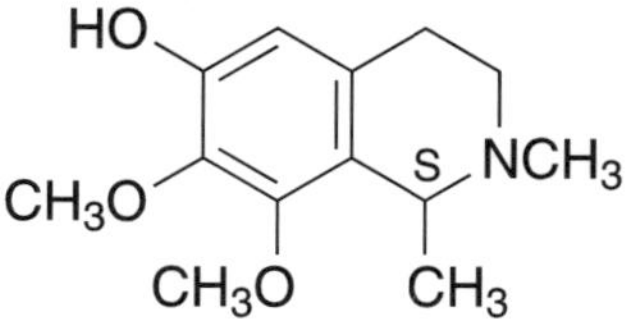

Lophophora diffusa (Cactaceae) jc 623, 381 '92
Lophophora williamsii (Cactaceae) jc 623, 381 '92

6-HO	7-MeO	8-MeO
3,4-HO,MeO-benzyl		
Me	THIQ	

Not a natural product.
jcspt I, 2016 '81

with a (2,4a) attack:

(−)-Cephamonine

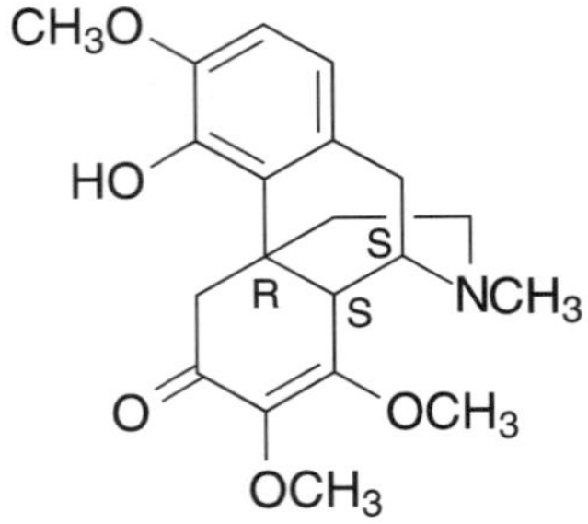

Stephania cepharantha (Menispermaceae)
cpb 42, 2452 '94

(−)-Cephamuline

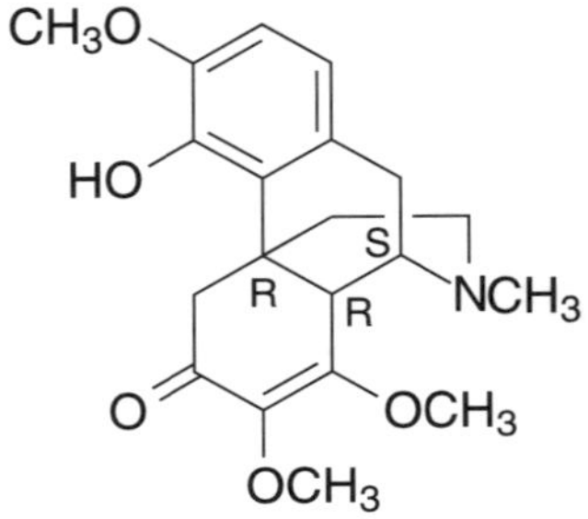

Stephania cepharantha (Menispermaceae)
cpb 42, 2452 '94

with a (6,4a) attack:

(+)-Zippelianine

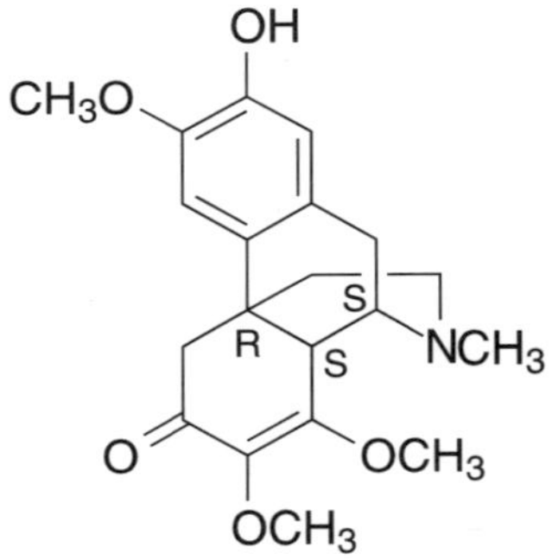

Stephania cepharantha (Menispermaceae)
cjc 67, 1257 '89

| 6-HO 7-MeO 8-MeO |
| 3,4-MeO,MeO-benzyl |
| Me   THIQ |

Compound unknown

with a (6,4a) attack:

(+)-Tannagine

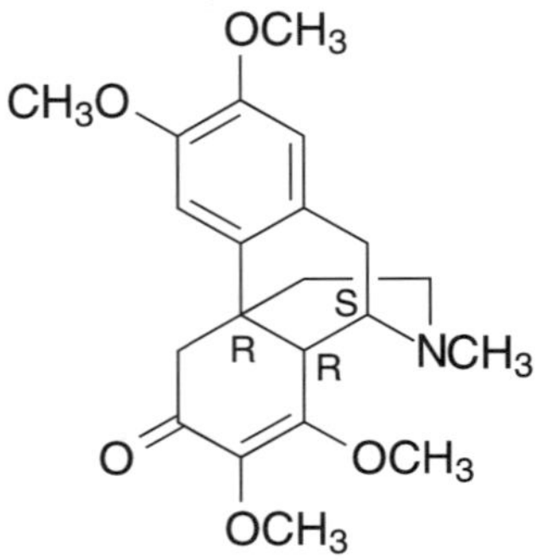

Stephania cepharantha (Menispermaceae)
cjc 67, 1257 '89

(+)-Stephodeline

Stephania cepharantha (Menispermaceae)
cjc 67, 1257 '89

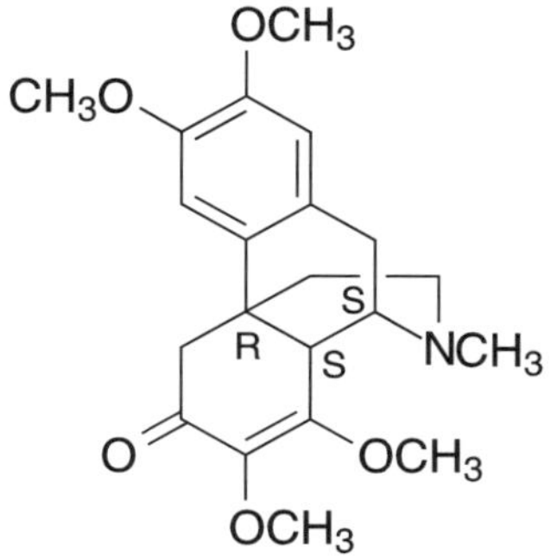

6,7,8-MeO,HO,MeO-SUBSTITUTED ISOQUINOLINES

6-MeO 7-HO 8-MeO
=O
Me   THIQ

Compound unknown

with a 3,4-ene: **Cherianoine**

Annona cherimolia (Annonaceae)   phy 56, 753 '01

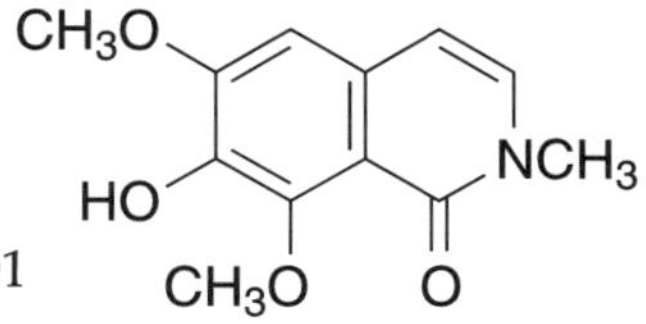

6,7,8-MeO,MeO,HO-SUBSTITUTED ISOQUINOLINES

6-MeO 7-MeO 8-HO
H
H   THIQ

Anhalamine

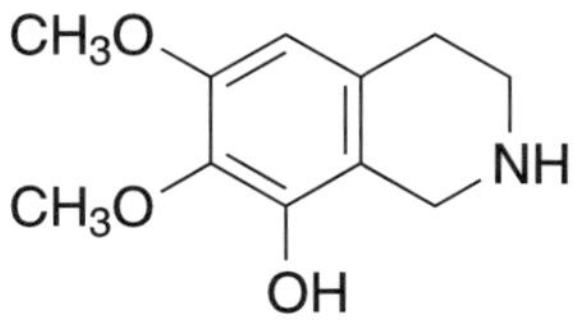

Acacia berlandieri (Fabaceae)   phy 46, 249 '97
Acacia rigidula (Fabaceae)   phy 49, 1377 '98
Gymnocalycium achirasense (Cactaceae)   book 6
Gymnocalycium asterium (Cactaceae)   book 6
Gymnocalycium baldianum (Cactaceae)   bs&e 24, 85 '96
Gymnocalycium calochlorum (Cactaceae)   bs&e 24, 85 '96
Gymnocalycium carminanthum (Cactaceae)   book 6

430   The Simple Plant Isoquinolines

Gymnocalycium comarapense (Cactaceae) chem 34, 33 '95
Gymnocalycium denudatum (Cactaceae) book 6
Gymnocalycium gibbosum (Cactaceae) bs&e 25, 363 '97
Gymnocalycium mesopotamicum (Cactaceae) book 6
Gymnocalycium monvillei (Cactaceae) bs&e 25, 363 '97
Gymnocalycium moserianum (Cactaceae) book 6
Gymnocalycium netrelianum (Cactaceae) aup 34, 33 '95
Gymnocalycium nigriareolatum (Cactaceae) book 6
Gymnocalycium oenanthemum (Cactaceae) bs&e 25, 363 '97
Gymnocalycium paraguayense (Cactaceae) book 6
Gymnocalycium pflanzii (Cactaceae) bs&e 24, 85 '96
Gymnocalycium riograndense (Cactaceae) aup 34, 33 '95
Gymnocalycium saglionis (Cactaceae) aup 34, 33 '95
Gymnocalycium schickendtzii (Cactaceae) bs&e 24, 85 '96
Gymnocalycium stellatum (Cactaceae) bs&e 25, 363 '97
Gymnocalycium striglianum (Cactaceae) chem 34, 33 '95
Gymnocalycium tillianum (Cactaceae) aup 34, 33 '95
Gymnocalycium uebelmannianum (Cactaceae) bs&e 25, 363 '97
Gymnocalycium valnicekianum (Cactaceae) aup 34, 33 '95
Lophophora diffusa (Cactaceae) llyd 32, 395 '69
Lophophora fricii (Cactaceae) book 6
Lophophora jourdaniana (Cactaceae) book 6
Lophophora williamsii (Cactaceae) jc 623, 381 '92

6-MeO	7-MeO	8-HO
H		
H		DHIQ

1,2-Dehydroanhalamine

Lophophora williamsii (Cactaceae) yz 92, 482 '72

6-MeO	7-MeO	8-HO
H		
CHO		THIQ

N-Formylanhalamine

Lophophora williamsii (Cactaceae) jcs 24, 1688 '68

6-MeO	7-MeO	8-HO
H		
Ac	THIQ	

N-Acetylanhalamine

Lophophora williamsii (Cactaceae) jcs 24, 1688 '68

6-MeO	7-MeO	8-HO
H		
Me	THIQ	

Anhalidine

Acacia berlandieri (Fabaceae) phy 46, 249 '97
Acacia rigidula (Fabaceae) phy 49, 1377 '98
Aztekium ritteri (Cactaceae) book 6
Gymnocalycium anisitsii (Cactaceae) bs&e 24, 85 '96
Gymnocalycium asterium (Cactaceae) book 6
Gymnocalycium baldianum (Cactaceae) bs&e 24, 85 '96
Gymnocalycium calochlorum (Cactaceae) bs&e 24, 85 '96
Gymnocalycium comarapense (Cactaceae) aup 34, 33 '95
Gymnocalycium denudatum (Cactaceae) book 6
Gymnocalycium gibbosum (Cactaceae) bs&e 25, 363 '97
Gymnocalycium monvillei (Cactaceae) bs&e 25, 363 '97
Gymnocalycium moserianum (Cactaceae) book 6
Gymnocalycium netrelianum (Cactaceae) aup 34, 33 '95
Gymnocalycium oenanthemum (Cactaceae) bs&e 25, 363 '97
Gymnocalycium ragonesii (Cactaceae) book 6
Gymnocalycium riograndense (Cactaceae) chem 34, 33 '95
Gymnocalycium saglionis (Cactaceae) chem 34, 33 '95
Gymnocalycium schickendtzii (Cactaceae) bs&e 24, 85 '96
Gymnocalycium striglianum (Cactaceae) chem 34, 33 '95
Gymnocalycium tillianum (Cactaceae) chem 34, 33 '95
Gymnocalycium triacanthum (Cactaceae) book 6
Gymnocalycium uebelmannianum (Cactaceae) bs&e 25, 363 '97
Gymnocalycium valnicekianum (Cactaceae) aup 34, 33 '95
Gymnocalycium vatteri (Cactaceae) bs&e 24, 85 '96
Lophophora diffusa (Cactaceae) book 6
Lophophora fricii (Cactaceae) book 6
Lophophora jourdaniana (Cactaceae) book 6

Lophophora williamsii (Cactaceae) bull 1
Pachycereus weberi (Cactaceae) ac 57, 109 '85
Pelecyphora aselliformis (Cactaceae) sci 176, 1131 '72
Stetsonia coryne (Cactaceae) llyd 34, 183 '71

6-MeO	7-MeO	8-HO
H		
Me+	DHIQ	

1,2-Dehydroanhalidinium quat

Lophophora williamsii (Cactaceae) yz 92, 482 '72

6-MeO	7-MeO	8-HO
H		
Me,Me+	THIQ	

Anhalotine
N-Methylanhalidine quat

Lophophora williamsii (Cactaceae) jps 57, 54 '68

6-MeO	7-MeO	8-HO
Me		
H	THIQ	

(+)-Anhalonidine

Acacia rigidula (Fabaceae) phy 49, 1277 '98
Gymnocalycium albispinum (Cactaceae) bs&e 25, 363 '97
Gymnocalycium anisitsii (Cactaceae) bs&e 24, 85 '96
Gymnocalycium asterium (Cactaceae) book 6
Gymnocalycium baldianum (Cactaceae) bs&e 24, 85 '96
Gymnocalycium bayrianum (Cactaceae) bs&e 24, 85 '96
Gymnocalycium boszingianum (Cactaceae) bs&e 24, 85 '96
Gymnocalycium calochlorum (Cactaceae) bs&e 24, 85 '96
Gymnocalycium cardenansianum (Cactaceae) bs&e 24, 85 '96
Gymnocalycium carminanthum (Cactaceae) book 6
Gymnocalycium chubutense (Cactaceae) bs&e 25, 363 '97
Gymnocalycium comarapense (Cactaceae) aup 34, 33 '95

Structural Index - 6,7,8-MeO,MeO,HO-Substituted

Gymnocalycium curvispinum (Cactaceae) bs&e 24, 85 '96
Gymnocalycium delaetii (Cactaceae) bs&e 24, 85 '96
Gymnocalycium denudatum (Cactaceae) book 6
Gymnocalycium gibbosum (Cactaceae) bs&e 25, 363 '97
Gymnocalycium megalotheles (Cactaceae) bs&e 24, 85 '96
Gymnocalycium mesopotamicum (Cactaceae) book 6
Gymnocalycium monvillei (Cactaceae) bs&e 25, 363 '97
Gymnocalycium moserianum (Cactaceae) book 6
Gymnocalycium nigriareolatum (Cactaceae) book 6
Gymnocalycium oenanthemum (Cactaceae) bs&e25, 363 '97
Gymnocalycium paraguayense (Cactaceae) book 6
Gymnocalycium pflanzii (Cactaceae) bs&e 24, 85 '96
Gymnocalycium quehlianum (Cactaceae) bs&e 25, 363 '97
Gymnocalycium ragonesii (Cactaceae) book 6
Gymnocalycium riograndense (Cactaceae) chem 34, 33 '95
Gymnocalycium saglionis (Cactaceae) chem 34, 33 '95
Gymnocalycium stellatum (Cactaceae) bs&e 25, 363 '97
Gymnocalycium striglianum (Cactaceae) chem 34, 33 '95
Gymnocalycium tillianum (Cactaceae) chem 34, 33 '95
Gymnocalycium triacanthum (Cactaceae) book 6
Gymnocalycium uebelmannianum (Cactaceae) bs&e 25, 363 '97
Gymnocalycium valnicekianum (Cactaceae) chem 34, 33 '95
Gymnocalycium vatteri (Cactaceae) bs&e 24, 85 '96
Lophophora diffusa (Cactaceae) jc 623, 381 '92
Lophophora fricii (Cactaceae) book 6
Lophophora jourdaniana (Cactaceae) book 6
Lophophora williamsii (Cactaceae) jc 623, 381 '92
Pachycereus weberi (Cactaceae) ac 57, 109 '85
Stetsonia coryne (Cactaceae) llyd 34, 183 '71
Trichocereus pachanoi (Cactaceae) llyd 32, 40 '69
Turbinicarpus lophophoroides (Cactaceae) book 6
Turbinicarpus pseudomacrochele (Cactaceae) book 6
Turbinicarpus schmiedeckianus (Cactaceae) book 6

6-MeO	7-MeO	8-HO
Me		
H		DHIQ

1,2-Dehydroanhalonidine

Lophophora williamsii (Cactaceae) yz 92, 482 '72

6-MeO	7-MeO	8-HO
CO₂H		
H		THIQ

Peyoxylic acid

Lophophora williamsii (Cactaceae) llyd 33, 492 '70

6-MeO	7-MeO	8-HO
Me, CO₂H		
H		THIQ

Peyoruvic acid

Lophophora williamsii (Cactaceae) llyd 33, 492 '70

6-MeO	7-MeO	8-HO
Me		
Me		THIQ

(+)-Pellotine
Peyotline
N-Methylanhalonidine

Aztekium ritteri (Cactaceae) book 6
Gymnocalycium albispinum (Cactaceae) bs&e 25, 363 '97
Gymnocalycium asterium (Cactaceae) book 6
Gymnocalycium baldianum (Cactaceae) bs&e 24, 85 '96
Gymnocalycium bayrianum (Cactaceae) bs&e 24, 85 '96
Gymnocalycium boszingianum (Cactaceae) bs&e 24, 85 '96
Gymnocalycium calochlorum (Cactaceae) bs&e 24, 85 '96
Gymnocalycium cardenansianum (Cactaceae) bs&e 24, 85 '96
Gymnocalycium chubutense (Cactaceae) bs&e 25, 363 '97
Gymnocalycium comarapense (Cactaceae) chem 34, 33 '95
Gymnocalycium curvispinum (Cactaceae) bs&e 24, 85 '96
Gymnocalycium delaetii (Cactaceae) bs&e 24, 85 '96
Gymnocalycium gibbosum (Cactaceae) bs&e 25, 363 '97
Gymnocalycium horridispinum (Cactaceae) bs&e 24, 85 '96
Gymnocalycium monvillei (Cactaceae) bs&e 25, 363 '97
Gymnocalycium moserianum (Cactaceae) book 6
Gymnocalycium netrelianum (Cactaceae) chem 34, 33 '95

Structural Index - 6,7,8-MeO,MeO,HO-Substituted

Gymnocalycium oenanthemum (Cactaceae) bs&e 25, 363 '97
Gymnocalycium pflanzii (Cactaceae) bs&e 24, 85 '96
Gymnocalycium quehlianum (Cactaceae) bs&e 25, 363 '97
Gymnocalycium ragonesii (Cactaceae) book 6
Gymnocalycium riograndense (Cactaceae) chem 34, 33 '95
Gymnocalycium saglionis (Cactaceae) chem 34, 33 '95
Gymnocalycium schickendtzii (Cactaceae) bs&e 24, 85 '96
Gymnocalycium stellatum (Cactaceae) bs&e 25, 363 '97
Gymnocalycium striglianum (Cactaceae) chem 34, 33 '95
Gymnocalycium tillianum (Cactaceae) chem 34, 33 '95
Gymnocalycium uebelmannianum (Cactaceae) bs&e 25, 363 '97
Gymnocalycium valnicekianum (Cactaceae) chem 34, 33 '95
Gymnocalycium vatteri (Cactaceae) bs&e 24, 85 '96
Islaya minor (Cactaceae) jc 189, 79 '80
Lophophora diffusa (Cactaceae) jnp 32, 395 '69.
Lophophora fricii (Cactaceae) bio 43, 246 '78
Lophophora jourdaniana (Cactaceae) bio 43, 246 '78
Lophophora williamsii (Cactaceae) jc 623, 381 '92
Pachycereus weberi (Cactaceae) ac 57, 109 '85
Pelecyphora aselliformis (Cactaceae) sci 176, 1131 '72
Trichocereus pachanoi (Cactaceae) sci 176, 1131 '72
Turbinicarpus alonsoi (Cactaceae) book 6
Turbinicarpus lophophoroides (Cactaceae) book 6
Turbinicarpus pseudomacrochele (Cactaceae) book 6
Turbinicarpus schmiedeckianus (Cactaceae) book 6

6-MeO	7-MeO	8-HO
Me		
Me+	DHIQ	

1,2-Dehydropellotinium quat

Lophophora williamsii (Cactaceae) yz 92, 482 '72

6-MeO	7-MeO	8-HO
Me		
Me,Me+	THIQ	

Peyotine quat
N-Methylpellotine quat

Lophophora williamsii (Cactaceae) jps 57, 254 '68

436   The Simple Plant Isoquinolines

6-MeO	7-MeO	8-HO
Me		
CHO	THIQ	

N-Formylanhalonidine

Lophophora williamsii (Cactaceae) joc 24, 1688 '68

6-MeO	7-MeO	8-HO
4-MeO-benzyl		
Me,Me+	THIQ	

(+)-Miltanthaline

Papaver triniaefolium (Papaveraceae) pm 63, 575 '97

6-MeO	7-MeO	8-HO
3,4-HO,MeO-benzyl		
Me	THIQ	

Compound unknown

with a (6,N-Me) attack:

(-)-Stephabinamine

Stephania suberosa (Menispermaceae) phy 26, 547 '87

6-MeO	7-MeO	8-HO
3,4-MeO,HO-benzyl		
Me	THIQ	

Compound unknown

with a (2,N-Me) attack:

(-)-Capaurimine

Anomianthus dulcis (Annonaceae) bse 26, 139 '98
Corydalis impatiens (Papaveraceae) patent 3

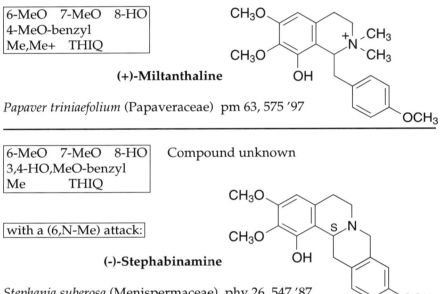

Structural Index - 6,7,8-MeO,MeO,HO-Substituted

Corydalis pallida var. *sparsimamma* (Papaveraceae) phy 28, 1245 '89
Corydalis speciosa (Papaveraceae) yz 95, 838 '75
Stephania suberosa (Menispermaceae) phy 26, 547 '87

and aromatization of the c-ring:

Dehydrocapaurimine

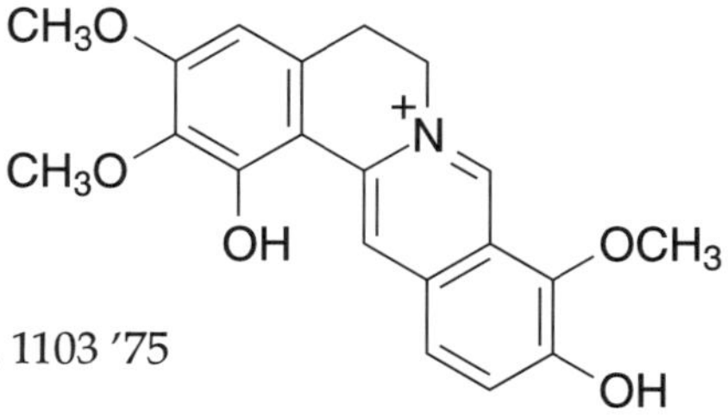

Corydalis pallida (Papaveraceae) yz 95, 1103 '75

| 6-MeO 7-MeO 8-HO |
| 3,4-MeO,MeO-benzyl |
| Me   THIQ |

Compound unknown

with a (2,N-Me) attack:

(-)-Capaurine

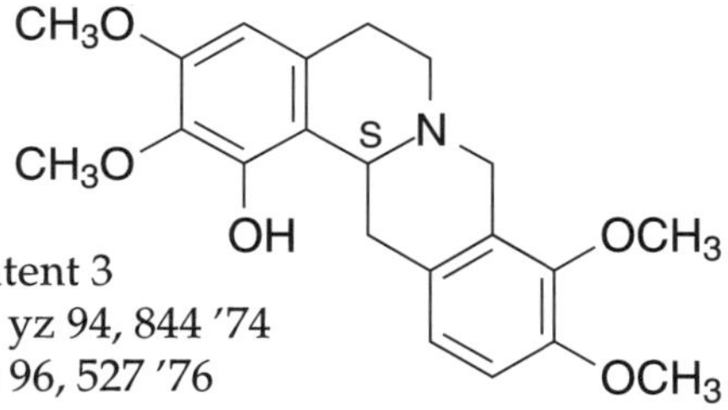

Corydalis impatiens (Papaveraceae) patent 3
Corydalis koidzumiana (Papaveraceae) yz 94, 844 '74
Corydalis nokoensis (Papaveraceae) yz 96, 527 '76
Corydalis spp. (Papaveraceae) yz 96, 527 '76
Stephania disciflora (Menispermaceae) zh 19, 392 '88
Stephania kwangsiensis (Menispermaceae) yhhp 15, 532 '80
Stephania micrantha (Menispermaceae) nyx 7, 13 '87
Stephania spp. (Menispermaceae) yhhp 16, 557 '81

the N-oxide: **Capaurine N-oxide**
Nokoensine

Corydalis nokoensis (Papaveraceae) jnp 41, 385 '78

with aromatization of the c-ring:

Tetradehydrocapaurine

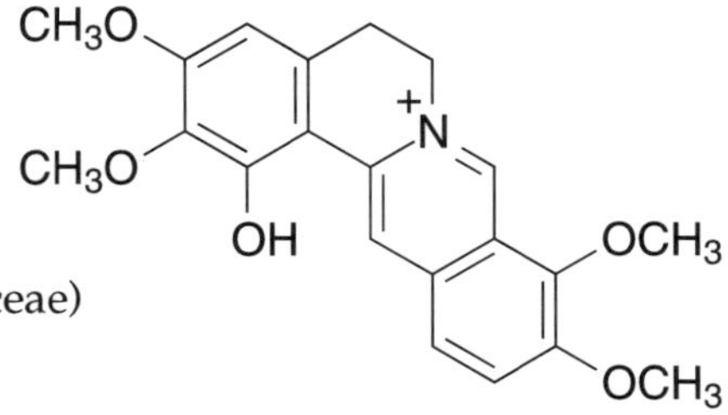

Corydalis pallida var. *tenuis* (Papaveraceae)
  yz 95, 1103 '75

The Simple Plant Isoquinolines

with a (6,N-Me) attack:

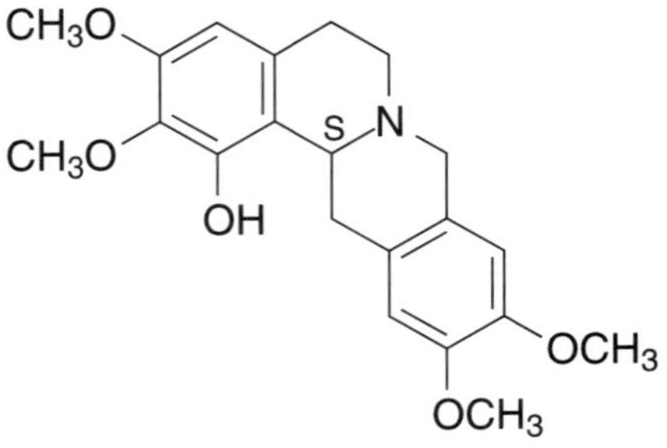

(-)-Tetrahydrostephabine

Stephania pierrei (Menispermaceae)
  jnp 56, 1468 '93
Stephania suberosa (Menispermaceae)
  phy 26, 547 '87

and aromatization of the c-ring:

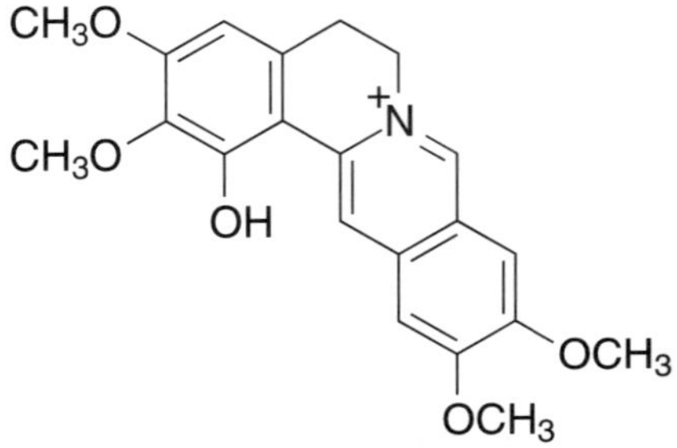

Stephabine

Stephania suberosa (Menispermaceae)
  phy 26, 547 '87

**with a (6,4a) attack,
and an 8a-hydroxyl group:**

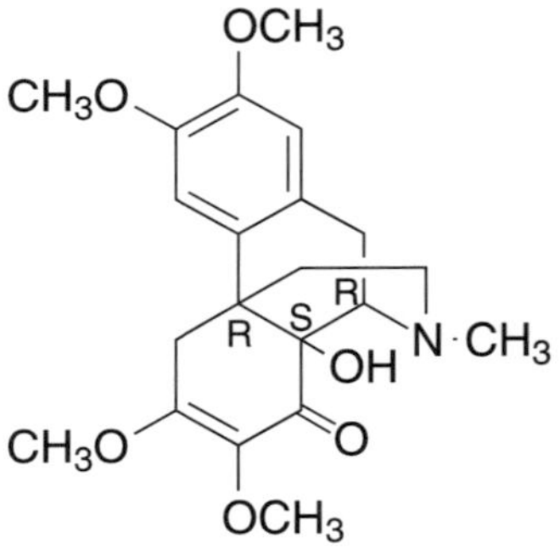

(+)-Tridictyophylline

Triclisia dictyophylla (Menispermaceae)
  jnp 44, 160 '81

6-MeO	7-MeO	8-HO
R-R		THIQ

R-R= CH_2CH_2CO

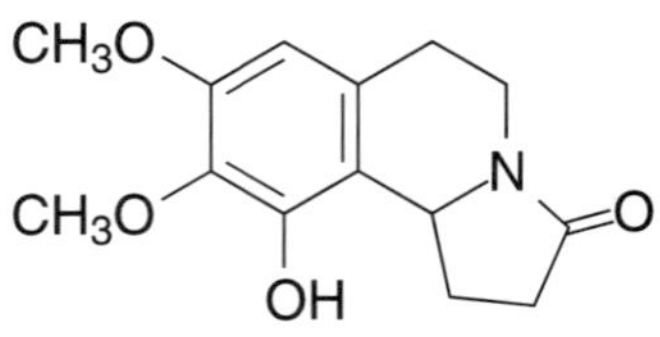

Peyoglutam

Lophophora williamsii (Cactaceae) llyd 31, 431 '68

6,7,8-MeO,MeO,MeO-SUBSTITUTED ISOQUINOLINES

6-MeO	7-MeO	8-MeO
H	H	
H	THIQ	

Anhalinine

Gymnocalycium albispinum (Cactaceae) bs&e 25, 363 '97
Gymnocalycium anisitsii (Cactaceae) bs&e 24, 85 '96
Gymnocalycium baldianum (Cactaceae) bs&e 24, 85 '96
Gymnocalycium bayrianum (Cactaceae) bs&e 24, 85 '96
Gymnocalycium boszingianum (Cactaceae) bs&e 24, 85 '96
Gymnocalycium calochlorum (Cactaceae) bs&e 24, 85 '96
Gymnocalycium cardenansianum (Cactaceae) bs&e 24, 85 '96
Gymnocalycium comarapense (Cactaceae) aup 34, 33 '95
Gymnocalycium curvispinum (Cactaceae) bs&e 24, 85 '96
Gymnocalycium delaetii (Cactaceae) bs&e 24, 85 '96
Gymnocalycium denudatum (Cactaceae) book 6
Gymnocalycium gibbosum (Cactaceae) bs&e 25, 363 '97
Gymnocalycium horridispinum (Cactaceae) bs&e 24, 85 '96
Gymnocalycium megalotheles (Cactaceae) bs&e 24, 85 '96
Gymnocalycium monvillei (Cactaceae) bs&e 25, 363 '97
Gymnocalycium moserianum (Cactaceae) book 6
Gymnocalycium netrelianum (Cactaceae) aup 34, 33 '95
Gymnocalycium pflanzii (Cactaceae) bs&e 24, 85 '96
Gymnocalycium quehlianum (Cactaceae) bs&e 25, 363 '97
Gymnocalycium ragonesii (Cactaceae) book 6
Gymnocalycium riograndense (Cactaceae) chem 34, 33 '95
Gymnocalycium saglionis (Cactaceae) aup 34, 33 '95
Gymnocalycium schickendtzii (Cactaceae) bs&e 24, 85 '96
Gymnocalycium stellatum (Cactaceae) bs&e 25, 363 '97
Gymnocalycium striglianum (Cactaceae) chem 34, 33 '95
Gymnocalycium tillianum (Cactaceae) chem 34, 33 '95
Gymnocalycium triacanthum (Cactaceae) book 6
Gymnocalycium uebelmannianum (Cactaceae) bs&e 25, 363 '97
Gymnocalycium valnicekianum (Cactaceae) chem 34, 33 '95
Gymnocalycium vatteri (Cactaceae) bs&e 24, 85 '96
Lophophora diffusa (Cactaceae) eb 28, 353 '74
Lophophora fricii (Cactaceae) book 6
Lophophora jourdaniana (Cactaceae) book 6

Lophophora williamsii (Cactaceae) eb 28, 353 '74
Pelecyphora pseudopectinata (Cactaceae) book 6
Turbinicarpus lophophoroides (Cactaceae) book 6
Turbinicarpus pseudomacrochele (Cactaceae) book 6
Turbinicarpus pseudopectinatus (Cactaceae) bse 27, 839 '99
Turbinicarpus schmiedeckianus (Cactaceae) book 6

6-MeO	7-MeO	8-MeO
H		
Me		THIQ

O-Methylanhalidine

Gymnocalycium asterium (Cactaceae) book 6
Gymnocalycium carminanthum (Cactaceae) book 6
Gymnocalycium chubutense (Cactaceae) bs&e 25, 363 '97
Gymnocalycium denudatum (Cactaceae) book 6
Gymnocalycium gibbosum (Cactaceae) bs&e 25, 363 '97
Gymnocalycium monvillei (Cactaceae) bs&e 25, 363 '97
Gymnocalycium moserianum (Cactaceae) book 6
Gymnocalycium nigriareolatum (Cactaceae) book 6
Gymnocalycium oenanthemum (Cactaceae) bs&e 25, 363 '97
Gymnocalycium ragonesii (Cactaceae) book 6
Gymnocalycium uebelmannianum (Cactaceae) bs&e 25, 363 '97
Gymnocalycium triacanthum (Cactaceae) book 6
Pelecyphora pseudopectinata (Cactaceae) book 6
Turbinicarpus lophophoroides (Cactaceae) book 6
Turbinicarpus pseudomacrochele (Cactaceae) book 6
Turbinicarpus pseudopectinatus (Cactaceae) bse 27, 839 '99
Turbinicarpus schmiedeckianus (Cactaceae) book 6

6-MeO	7-MeO	8-MeO
H		
CHO		THIQ

N-Formylanhalinine

Lophophora williamsii (Cactaceae) joc 24, 1688 '68

6-MeO	7-MeO	8-MeO
Me		
H		THIQ

(+)-O-Methylanhalonidine

Gymnocalycium albispinum (Cactaceae) bs&e 25, 363 '97
Gymnocalycium chubutense (Cactaceae) bs&e 25, 363 '97
Gymnocalycium denudatum (Cactaceae) book 6
Gymnocalycium gibbosum (Cactaceae) bs&e 25, 363 '97
Gymnocalycium monvillei (Cactaceae) bs&e 25, 363 '97
Gymnocalycium moserianum (Cactaceae) book 6
Gymnocalycium oenanthemum (Cactaceae) bs&e 25, 363 '97
Gymnocalycium quehlianum (Cactaceae) bs&e 25, 363 '97
Gymnocalycium ragonesii (Cactaceae) book 6
Gymnocalycium stellatum (Cactaceae) bs&e 25, 363 '97
Gymnocalycium uebelmannianum (Cactaceae) bs&e 25, 363 '97
Lophophora williamsii (Cactaceae) aps 8, 275 '71
Pachycereus weberi (Cactaceae) jacs 93, 6248 '71

6-MeO	7-MeO	8-MeO
CO$_2$H		
H		THIQ

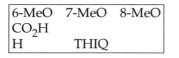

O-Methylpeyoxylic acid

Lophophora williamsii (Cactaceae) jhc 10, 135 '73

6-MeO	7-MeO	8-MeO
Me,CO$_2$H		
H		THIQ

O-Methylpeyoruvic acid

Lophophora williamsii (Cactaceae) jhc 10, 135 '73

6-MeO	7-MeO	8-MeO
Me		
Me	THIQ	

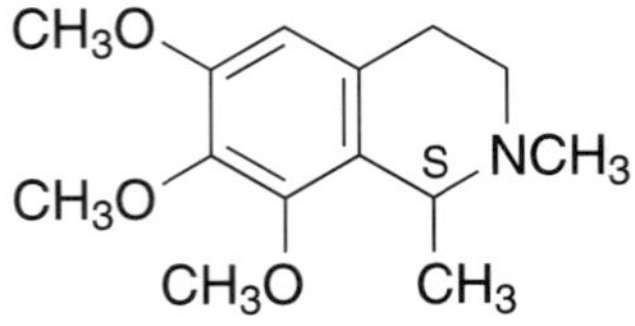

O-Methylpellotine

Lophophora diffusa (Cactaceae) phy 14, 1442 '75
Pachycereus weberi (Cactaceae) ac 57, 109 '85

6-MeO	7-MeO	8-MeO
Me		
CHO	THIQ	

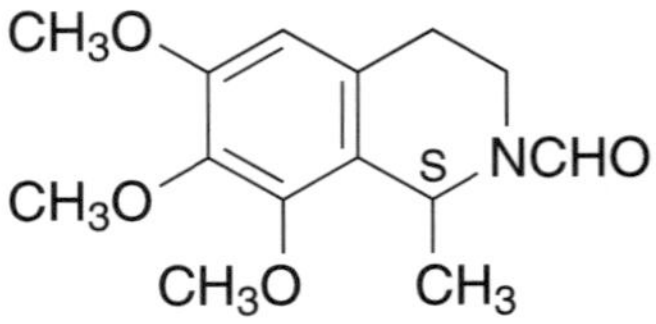

N-Formyl-O-methylanhalonidine

Lophophora williamsii (Cactaceae) jcs 24, 1688 '68

6-MeO	7-MeO	8-MeO
3,4-MeO,MeO-benzyl		
Me	THIQ	

Not a natural product.
tet 30, 931 '74

with a (2,N-Me) attack:

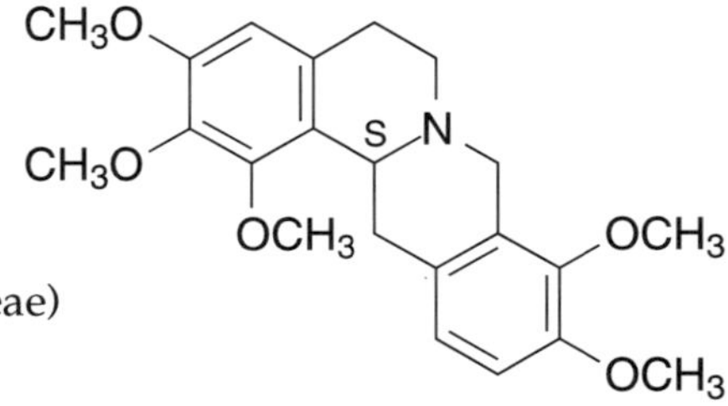

O-Methylcapaurine

Stephania lincangensis (Menispermaceae)
   cwhp 33, 552 '91

6-MeO	7-MeO	8-MeO
R-R	THIQ	

Mescalotam

R-R= CH$_2$CH$_2$CO

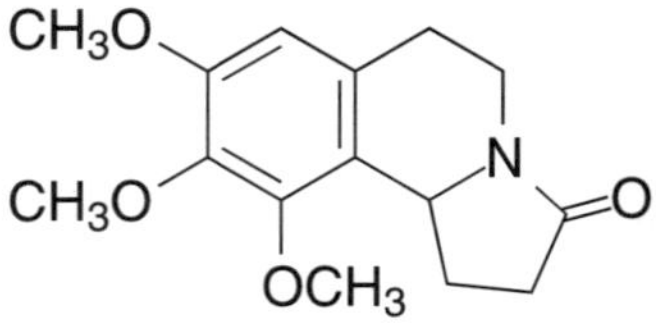

Lophophora williamsii (Cactaceae) llyd 31, 431 '68

6,7,8-MeO,MDO-SUBSTITUTED ISOQUINOLINES

6-MeO	7-OCH$_2$O-8
Me	
H	THIQ

Anhalonine

Gymnocalycium albispinum (Cactaceae) bs&e 25, 363 '97
Gymnocalycium asterium (Cactaceae) book 6
Gymnocalycium baldianum (Cactaceae) bs&e 24, 85 '96
Gymnocalycium bayrianum (Cactaceae) bs&e 24, 85 '96
Gymnocalycium boszingianum (Cactaceae) bs&e 24, 85 '96
Gymnocalycium chubutense (Cactaceae) bs&e 25, 363 '97
Gymnocalycium comarapense (Cactaceae) aup 34, 33 '95
Gymnocalycium curvispinum (Cactaceae) bs&e 24, 85 '96
Gymnocalycium gibbosum (Cactaceae) bs&e 25, 363 '97
Gymnocalycium leeanum (Cactaceae) abs 15
Gymnocalycium monvillei (Cactaceae) bs&e 25, 363 '97
Gymnocalycium moserianum (Cactaceae) book 6
Gymnocalycium netrelianum (Cactaceae) aup 34, 33 '95
Gymnocalycium oenanthemum (Cactaceae) bs&e 25, 363 '97
Gymnocalycium pflanzii (Cactaceae) bs&e 24, 85 '96
Gymnocalycium quehlianum (Cactaceae) bs&e 25, 363 '97
Gymnocalycium riograndense (Cactaceae) chem 34, 33 '95
Gymnocalycium saglionis (Cactaceae) chem 34, 33 '95
Gymnocalycium schickendtzii (Cactaceae) bs&e 24, 85 '96
Gymnocalycium stellatum (Cactaceae) bs&e 25, 363 '97
Gymnocalycium striglianum (Cactaceae) chem 34, 33 '95
Gymnocalycium uebelmannianum (Cactaceae) bs&e 25, 363 '97
Gymnocalycium tillianum (Cactaceae) aup 34, 33 '95
Gymnocalycium valnicekianum (Cactaceae) chem 34, 33 '95
Gymnocalycium vatteri (Cactaceae) bs&e 24, 85 '96
Lophophora diffusa (Cactaceae) book 5, pg. 96
Lophophora fricii (Cactaceae) book 5, pg. 97
Lophophora jourdaniana (Cactaceae) book 5, pg. 97
Lophophora williamsii (Cactaceae) jc 623, 381 '92
Trichocereus terscheckii (Cactaceae) jacs 73, 1767 '51

6-MeO	7-OCH$_2$O-8
Me	
Me	THIQ

Lophophorine

Gymnocalycium albispinum (Cactaceae) bs&e 25, 363 '97
Gymnocalycium asterium (Cactaceae) book 6
Gymnocalycium baldianum (Cactaceae) bs&e 24, 85 '96
Gymnocalycium bayrianum (Cactaceae) bs&e 24, 85 '96
Gymnocalycium boszingianum (Cactaceae) bs&e 24, 85 '96
Gymnocalycium chubutense (Cactaceae) bs&e 25, 363 '97
Gymnocalycium comarapense (Cactaceae) aup 34, 33 '95
Gymnocalycium gibbosum (Cactaceae) bs&e 25, 363 '97
Gymnocalycium leeanum (Cactaceae) abs 15
Gymnocalycium monvillei (Cactaceae) bs&e 25, 363 '97
Gymnocalycium moserianum (Cactaceae) book 6
Gymnocalycium netrelianum (Cactaceae) aup 34, 33 '95
Gymnocalycium oenanthemum (Cactaceae) bs&e 25, 363 '97
Gymnocalycium pflanzii (Cactaceae) bs&e 24, 85 '96
Gymnocalycium quehlianum (Cactaceae) bs&e 25, 363 '97
Gymnocalycium riograndense (Cactaceae) chem 34, 33 '95
Gymnocalycium saglionis (Cactaceae) chem 34, 33 '95
Gymnocalycium schickendtzii (Cactaceae) bs&e 24, 85 '96
Gymnocalycium stellatum (Cactaceae) bs&e 25, 363 '97
Gymnocalycium striglianum (Cactaceae) chem 34, 33 '95
Gymnocalycium tillianum (Cactaceae) aup 34, 33 '95
Gymnocalycium uebelmannianum (Cactaceae) bs&e 25, 363 '97
Gymnocalycium valnicekianum (Cactaceae) chem 34, 33 '95
Gymnocalycium vatteri (Cactaceae) bs&e 24, 85 '96
Lophophora diffusa (Cactaceae) llyd 32, 395 '69
Lophophora fricii (Cactaceae) book 6
Lophophora jourdaniana (Cactaceae) book 6
Lophophora williamsii (Cactaceae) eb 28, 353 '74

6-MeO	7-OCH$_2$O-8
Me	
Me,Me+	THIQ

(-)-Lophotine salt
N-Methyllophophorine quat

Lophophora williamsii (Cactaceae) jcs 24, 1688 '68

6-MeO	7-OCH₂O-8
Me	
Et	THIQ

Peyophorine

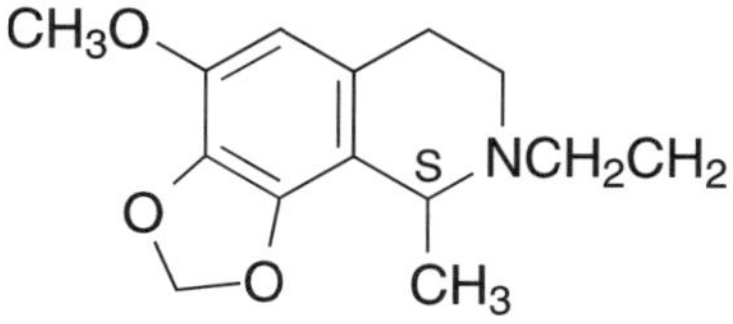

Acacia rigidula (Fabaceae) phy 46, 249 '97
Lophophora williamsii (Cactaceae) eb 28, 353 '74

6-MeO	7-OCH₂O-8
Me	
CHO	THIQ

N-Formylanhalonine

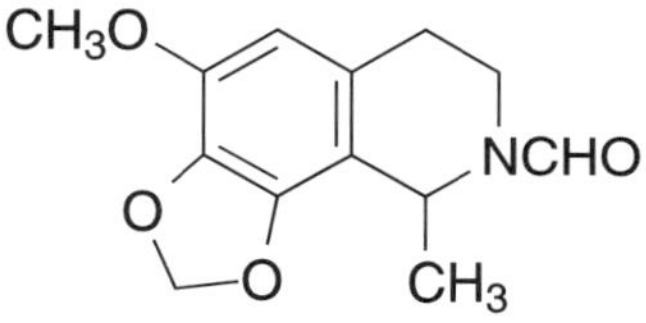

Lophophora williamsii (Cactaceae) jcs 24, 1688 '68

6-MeO	7-OCH₂O-8
Me	
Ac	THIQ

(+)-N-Acetylanhalonine

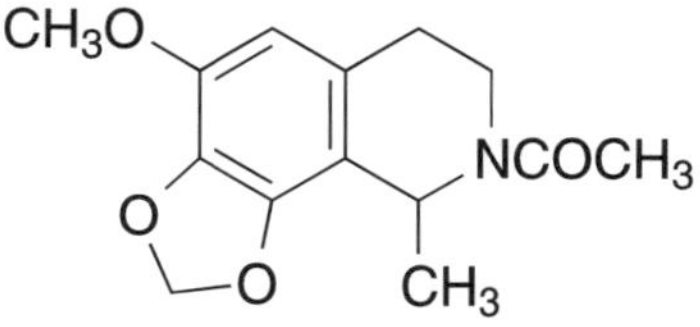

Lophophora williamsii (Cactaceae) jcs 24, 1688 '68

6,7,8-MDO,HO-SUBSTITUTED ISOQUINOLINES

6-OCH₂O-7	8-HO
H	
Me+	DHIQ

Cotarnoline

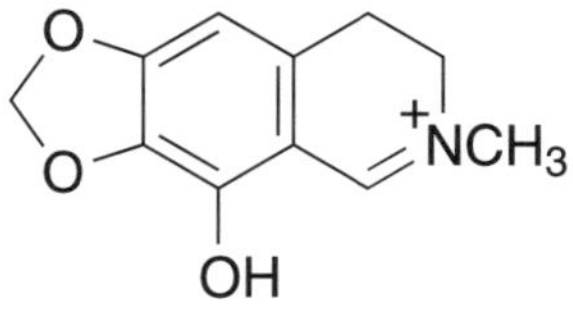

Papaver pseudo-orientale (Papaveraceae) jnp 53, 1302 '90
Papaver somniferum (Papaveraceae) hh 7, 27 '68

6-OCH$_2$O-7	8-HO	Compound unknown
3,4-MDO-benzyl		
Ac	THIQ	

with a (2,8-HO) attack,
and an α,1-ene and a 3,4-ene:

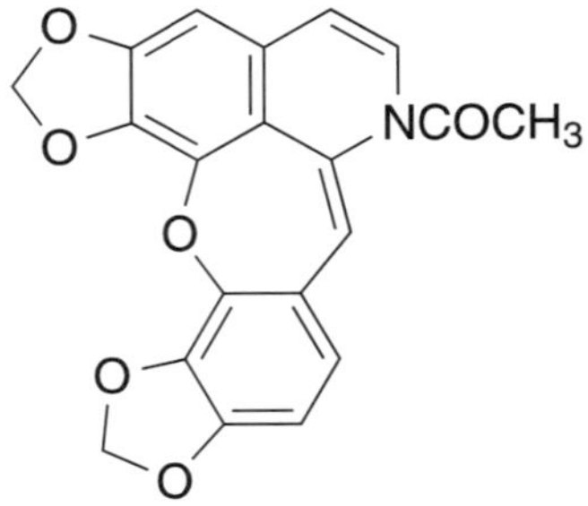

Henderine

Corydalis hendersonii (Papaveraceae)
   cwhp 28, 91 '86

6-OCH$_2$O-7	8-HO	
2,3,4-HOCH$_2$,MeO,MeO-benzyl		
Me	THIQ	

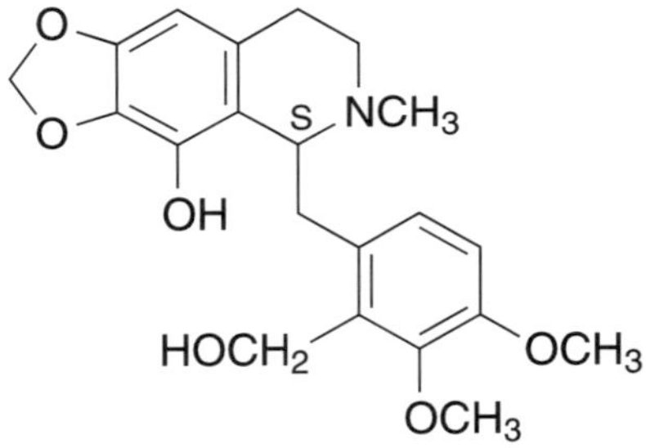

(−)-Narcotolinol

Papaver pseudo-orientale (Papaveraceae)
   phy 25, 2403 '86

6-OCH$_2$O-7	8-HO	
6',7'-MeO,MeO-isobenzofuranone, 3'-yl		
Me	THIQ	

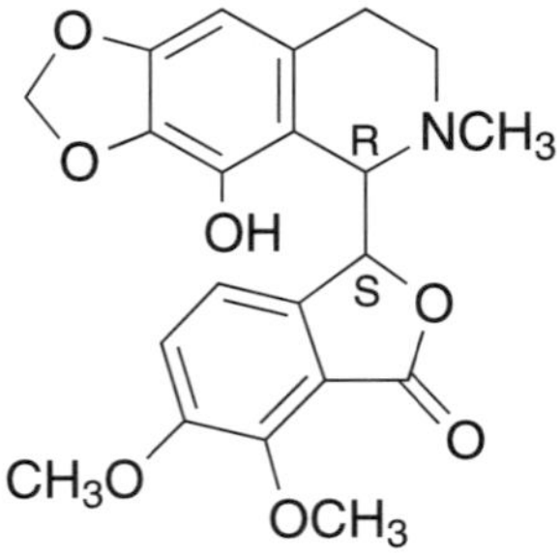

(−)-Narcotoline
Desmethylnarcotine

Papaver setigerum (Papaveraceae)
   jnp 45, 105 '82
Papaver somniferum (Papaveraceae)
   phy 28, 2085 '89

6,7,8-MDO,MeO-SUBSTITUTED ISOQUINOLINES

6-OCH$_2$O-7	8-MeO
H	
Me	THIQ

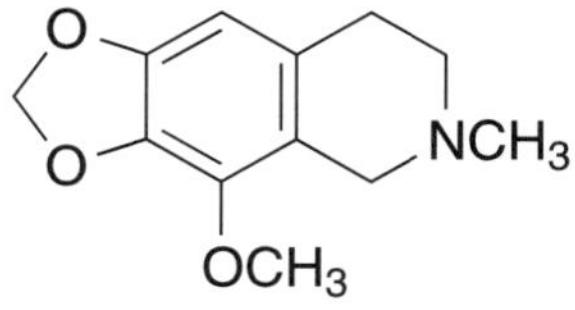

Hydrocotarnine

Corydalis ochotensis (Papaveraceae) ap 320, 693 '87
Corydalis ophiocarpa (Papaveraceae) ap 320, 693 '87
Corydalis platycarpa (Papaveraceae) ap 320, 693 '87

6-OCH$_2$O-7	8-MeO
HO	
Me	THIQ

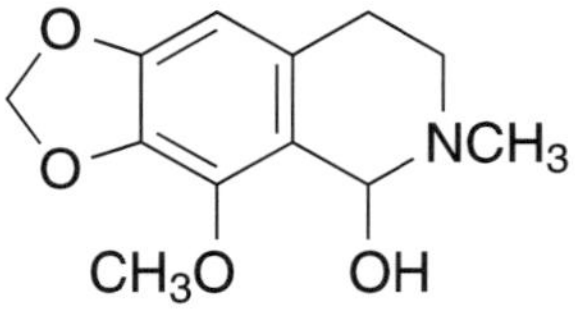

Cotarnine

Eschscholzia douglasii (Papaveraceae) cccc 51, 1743 '86
Papaver pseudo-orientale (Papaveraceae) jnp 53, 1302 '90

6-OCH$_2$O-7	8-MeO
3,4-MeO,MeO-benzyl	
Me	THIQ

Compound unknown

| with a (2,N-Me) attack, |
| and aromatization of the c-ring: |

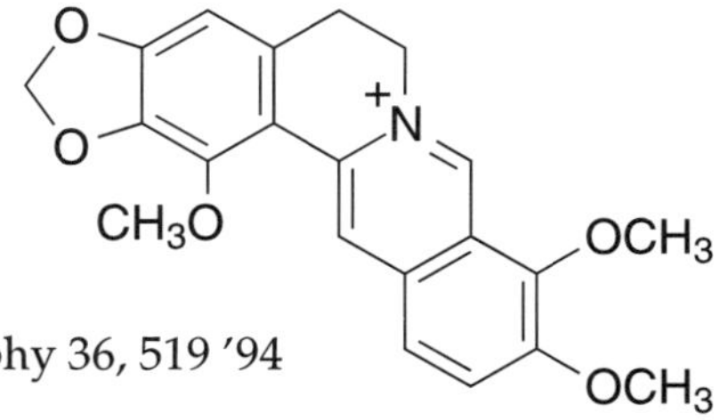

1-Methoxyberberine

Dactylicapnos torulosa (Papaveraceae) phy 36, 519 '94

6-OCH$_2$O-7	8-MeO
3,4-MeO,MeO-α-HO-benzyl	
Me,Me+	THIQ

Compound unknown

448   The Simple Plant Isoquinolines

| with a (2,N-Me) attack: |

(-)-α-N-Methopapaverberbine

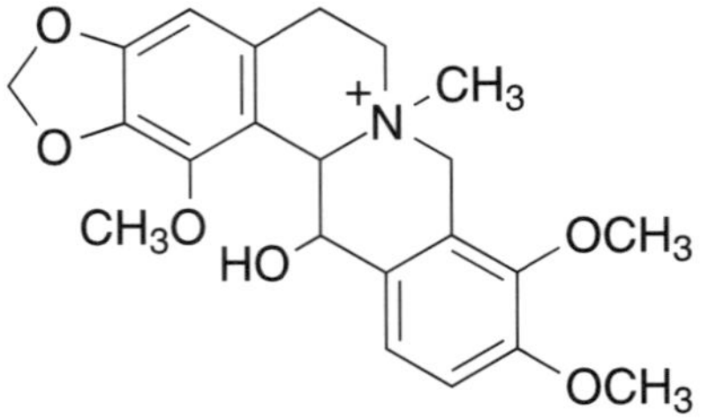

Papaver pseudo-orientale (Papaveraceae)
  jnp 53, 1302 '90

| 6-OCH₂O-7   8-MeO |
| 3,4-MDO-α-keto-benzyl |
| Me,Me+   THIQ |

Compound unknown

| with a (2,N-Me) attack: |

Coulteroberbinone

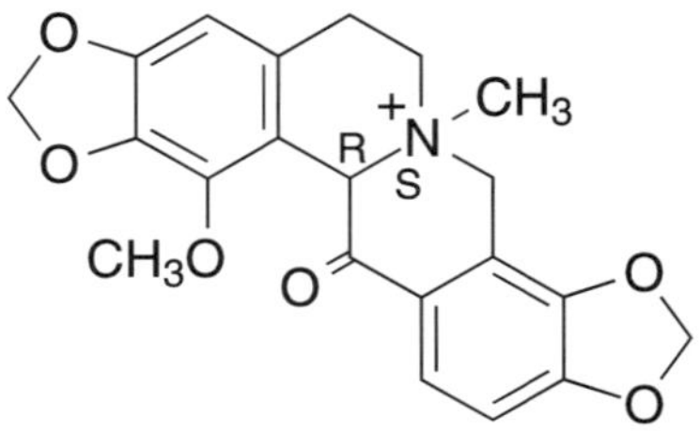

Romneya coulteri (Papaveraceae)
  phy 51, 1157 '99

| 6-OCH₂O-7   8-MeO |
| 3,4-MDO-benzyl, HO |
| Me,Me+   THIQ |

Compound unknown

| with a (2,N-Me) attack: |

Coulteropine

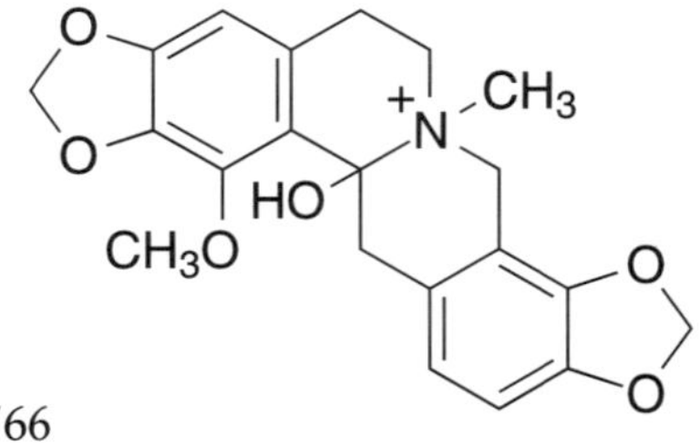

Papaver rhoeas (Papaveraceae)
  pm 55, 488 '89
Romneya sp. (Papaveraceae) tet 22, 1095 '66

| 6-OCH₂O-7   8-MeO |
| 3,4-MDO-benzyl, HOCH₂ |
| Me   THIQ |

Compound unknown

Structural Index - 6,7,8-MDO,MeO-Substituted

with a (2,N-Me) attack:

Zijinlongine

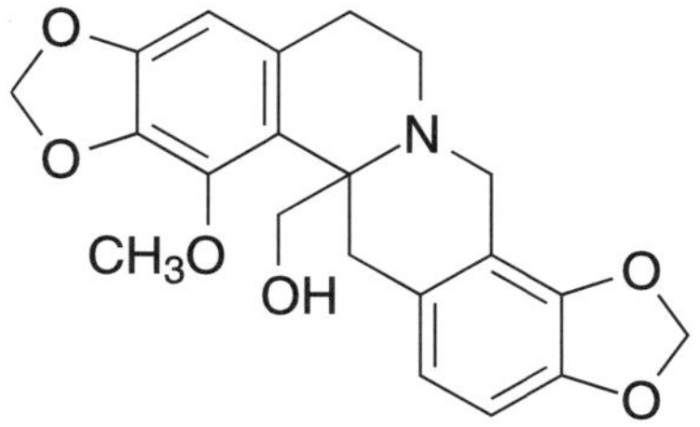

Dactylicapnos torulosa (Papaveraceae)
 yx 25, 604 '90

6-OCH₂O-7   8-MeO
2,3,4-CO₂H,MeO,MeO-benzyl
Me   THIQ

(-)-Macrantoridine

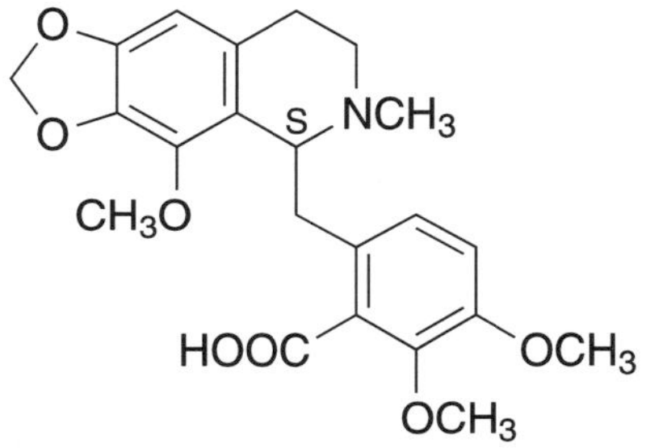

Papaver pseudo-orientale (Papaveraceae)
 phy 16, 2009 '77

6-OCH₂O-7   8-MeO
2,3,4-HOCH₂,HO,MeO-benzyl
Me   THIQ

Compound unknown

with a (6,N-Me) attack:

Aryapavine

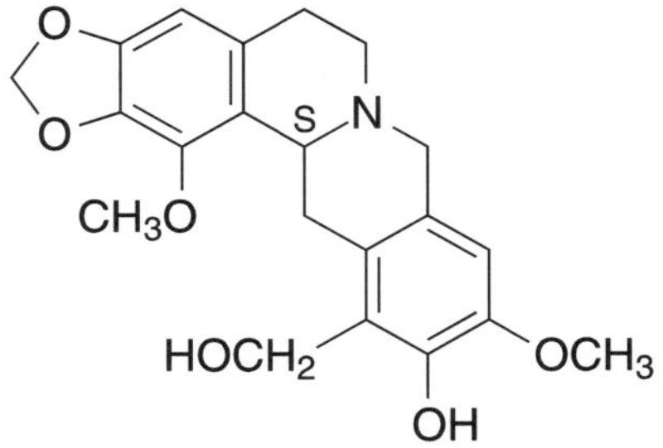

Papaver pseudo-orientale (Papaveraceae)
 jps 64, 1570 '75

6-OCH₂O-7   8-MeO
2,3,4-HOCH₂,MeO,MeO-benzyl
Me   THIQ

(+)-Macrantaline

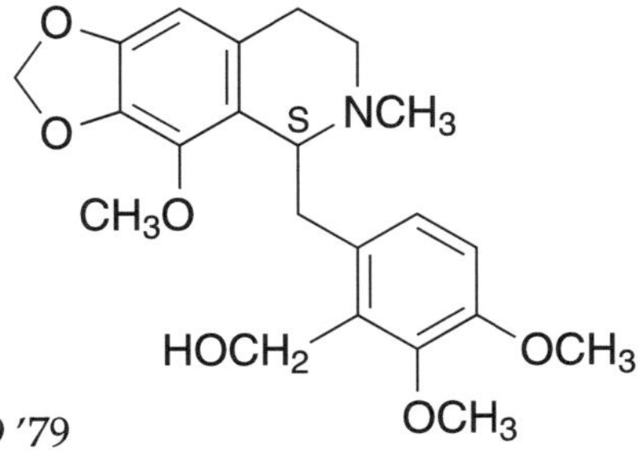

Papaver lateritium (Papaveraceae)
 pm 64, 582 '98
Papaver lisae (Papaveraceae) kps 15, 209 '79
Papaver pseudo-orientale (Papaveraceae) jnp 53, 1302 '90

with a (6,N-Me) attack:

(−)-Mecambridine
(−)-Oreophiline

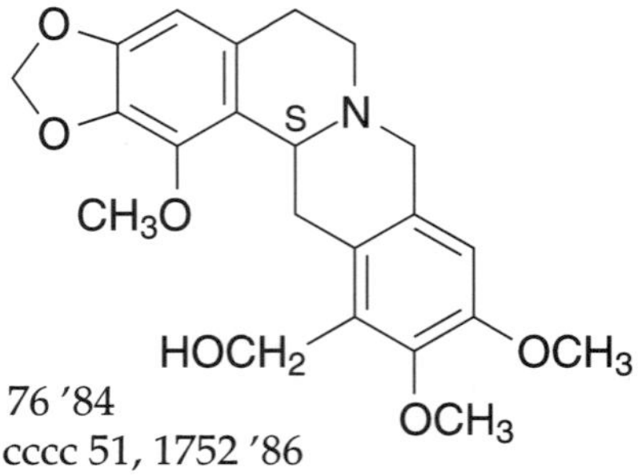

Meconopsis cambrica (Papaveraceae)
  cccc 61, 185 '96
Papaver orientale (Papaveraceae) cnc 20, 76 '84
Papaver pseudo-orientale (Papaveraceae) cccc 51, 1752 '86

and aromatization of the c-ring:

Alborine

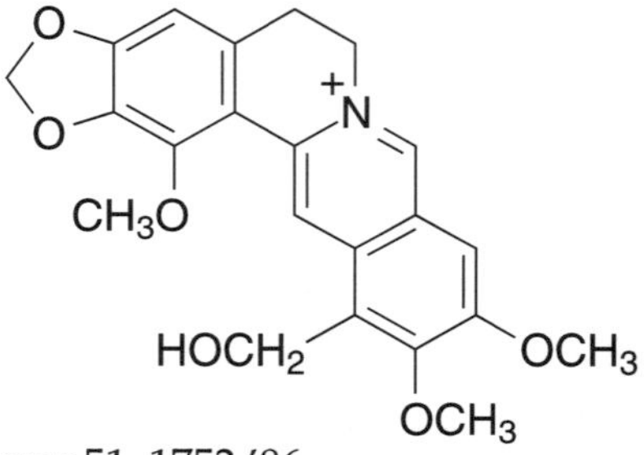

Meconopsis punicea (Papaveraceae)
  bcmm 11, 40 '86
Papaver kerneri (Papaveraceae)
  cccc 50, 1745 '85
Papaver pseudo-orientale (Papaveraceae) cccc 51, 1752 '86

| 6-OCH$_2$O-7   8-MeO |
| 2,3,4-HOCH$_2$,MeO,MeO-benzyl |
| Me,Me+   THIQ |

Compound unknown

with a (6,N-Me) attack:

(−)-N-Methylmecambridine
N-Methyloreophiline salt

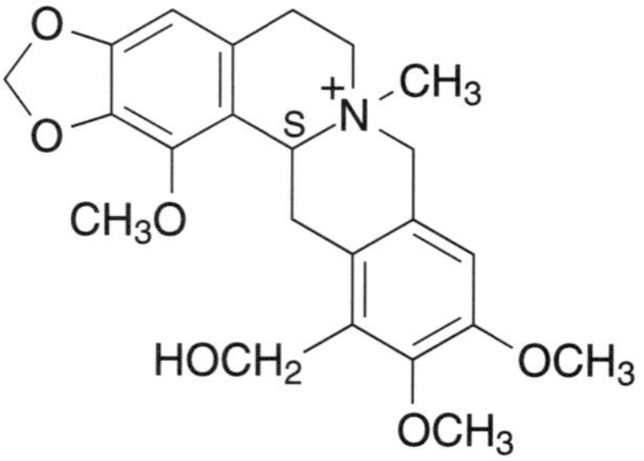

Meconopsis cambrica (Papaveraceae)
  cccc 61, 1815 '96

Structural Index - 6,7,8-MDO,MeO-Substituted

6-OCH₂O-7   8-MeO
2,3,4-HOCH₂,MeO,MeO-α-HO-benzyl
Me   THIQ

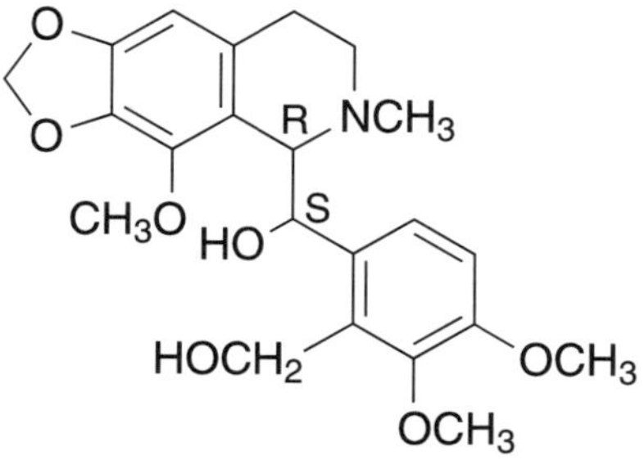

(−)-Narcotinediol

Papaver pseudo-orientale (Papaveraceae)
jnp 51, 802 '88

6-OCH₂O-7   8-MeO
2,3,4-HOCH₂,MeO,MeO-α-AcO-benzyl
Me   THIQ

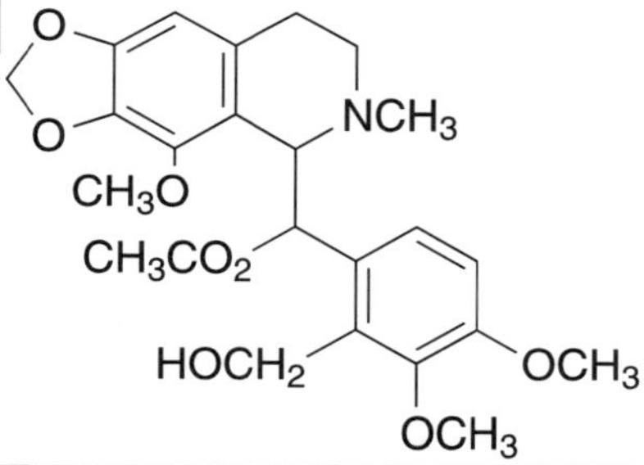

Papaveroxinoline

(−)-isomer:
Papaver pseudo-orientale (Papaveraceae)
jnp 51, 802 '88

6-OCH₂O-7   8-MeO
2,3,4-CHO,MeO,MeO-benzyl
Me   THIQ

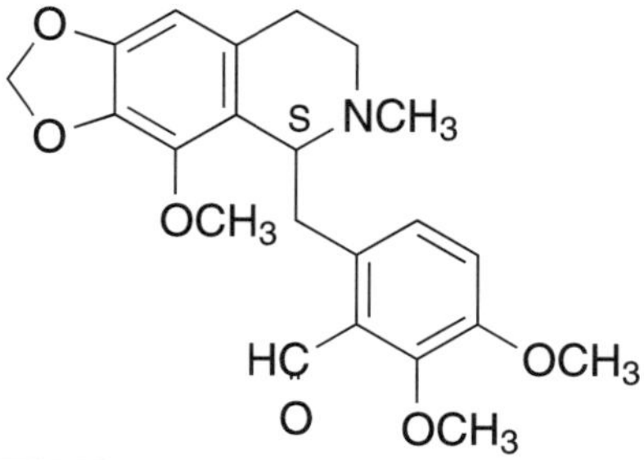

(+)-Macrantaldehyde

Papaver pseudo-orientale (Papaveraceae)
jnp 53, 1302 '90

6-OCH₂O-7   8-MeO
2,3,4-CHO,MeO,MeO-α-AcO-benzyl
Me   THIQ

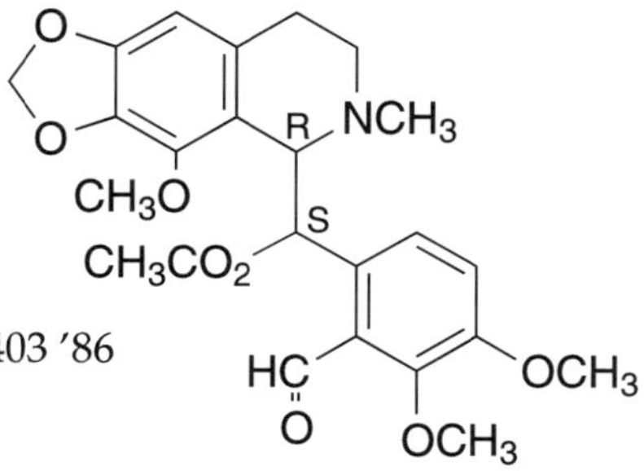

(−)-Papaveroxine

Papaver fugax (Papaveraceae) phy 25, 2403 '86
Papaver pseudo-orientale (Papaveraceae)
jnp 51, 802 '88

6-OCH₂O-7	8-MeO
2,3,4-CO₂H,MeO,MeO-α-AcO-benzyl	
Me	THIQ

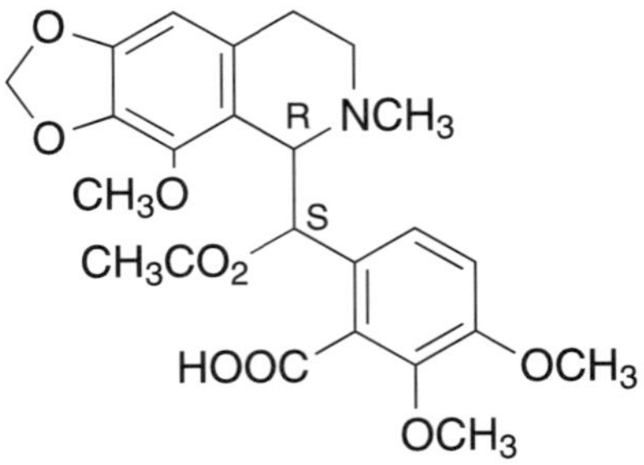

(-)-Papaveroxidine

Papaver pseudo-orientale (Papaveraceae)
  jnp 51, 802 '88

6-OCH₂O-7	8-MeO
6',7'-MeO,MeO-isobenzofuranol, 3'-yl	
Me	THIQ

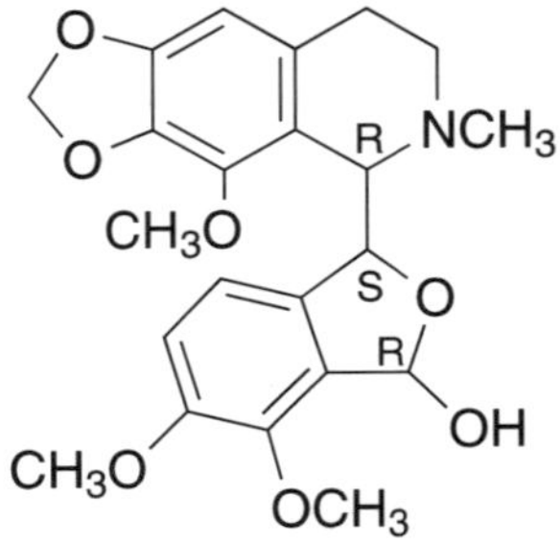

(-)-Noscopine hemiacetal
(-)-Narcotine hemiacetal

Papaver fugax (Papaveraceae) phy 25, 2403 '86
Papaver pseudo-orientale (Papaveraceae) phy 25, 2403 '86
Papaver spp. (Papaveraceae) phy 25, 2403 '86

6-OCH₂O-7	8-MeO
6',7'-MeO,MeO-isobenzofuranone, 3'-yl	
Me	THIQ

Noscapine
α-Noscapine
Gnoscapine
Methoxyhydrastine
O-Methylnarcotoline
Narcosine
Narcotine
α-Narcotine
Noscapalin
Opian
Opianine

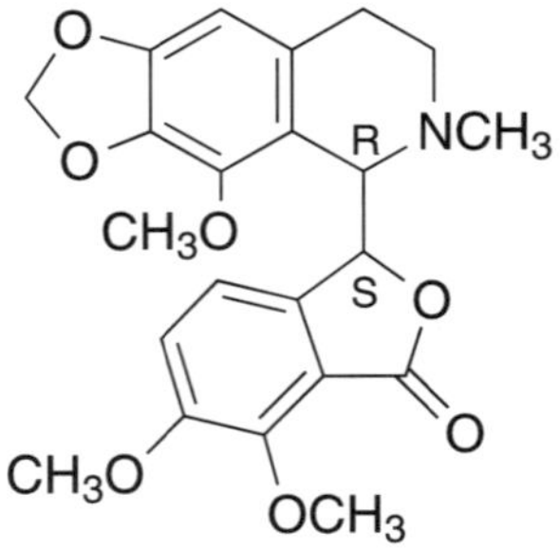

Brassica oleracea (Brassicaceae) bull 1
Chelidonium majus (Papaveraceae) jcspt I, 1147 '75
Corydalis bulbosa (Papaveraceae) cjc 47, 1103 '69

Structural Index - 6,7,8-MDO,MeO-Substituted

Corydalis cava (Papaveraceae) jnp 45, 105 '82
Corydalis ochotensis var. *raddeana* (Papaveraceae) ap 320, 693 '87
Corydalis ophiocarpa (Papaveraceae) ap 320, 693 '87
Corydalis platycarpa (Papaveraceae) ap 320, 693 '87
Corydalis tuberosa (Papaveraceae) jnp 45, 105 '82
Papaver armeniacum (Papaveraceae) dsa 7, 93 '83
Papaver cylindricum (Papaveraceae) pm 39, 216b '80
Papaver decaisnei (Papaveraceae) cccc 45, 2706 '80
Papaver fugax (Papaveraceae) phy 25, 2403 '86
Papaver oreophilum (Papaveraceae) cnc 22, 234 '86
Papaver orientale (Papaveraceae) hh 13, 115 '74
Papaver paeonifolium (Papaveraceae) jnp 45, 105 '82
Papaver persicum (Papaveraceae) jnp 45, 105 '82
Papaver pseudo-orientale (Papaveraceae) jfp 13, 171 '77
Papaver rhoeas (Papaveraceae) ijeb 45, 954 '77
Papaver rhopalothece (Papaveraceae) pm 56, 232 '90
Papaver setigerum (Papaveraceae) jnp 45, 105 '82
Papaver somniferum (Papaveraceae) pm 52, 157 '86
Papaver tauricolum (Papaveraceae) pm 41, 105 '81
Papaver triniaefolium (Papaveraceae) pm 63, 575 '97
Roemeria carica (Papaveraceae) het 24, 1227 '86

(-)-β-Narcotine

Corydalis ochotensis var. *raddeana* (Papaveraceae)
  ap 320, 693 '87
Corydalis ophiocarpa (Papaveraceae)
  ap 320, 693 '87
Corydalis platycarpa (Papaveraceae)
  ap 320, 693 '87

with a 1,2 seco:

Nornarceine
Oxynarcotine

Papaver somniferum (Papaveraceae)
  jnp 53, 1302 '90

| 6-OCH$_2$O-7   8-MeO |
| 6',7'-MeO,MeO-isobenzofuranone, 3'-yl |
| Me,Me+   THIQ |

(+)-N-Methyl-α-narcotine

Papaver cyclindricum (Papaveraceae)
   jnp 53, 1302 '90

| with a 1,2 seco: |

Narceine

Papaver rhopalothece (Papaveraceae)
   pm 56, 232 '90
Papaver somniferum (Papaveraceae)
   jnp 53, 1302 '90
Papaver triniaefolium (Papaveraceae)
   pm 63, 575 '97
Weigela florida (Caprifoliaceae) bull 1

| with the oxidation of the |
| β-methylene to a carbonyl gives: |

Narceinone

Papaver somniferum (Papaveraceae)
   phy 28, 2002 '89

| the trans cyclic imide: |

Narceine imide

Papaver somniferum (Papaveraceae)
   llyd 35, 61 '72

5,6,7,8-SUBSTITUTED ISOQUINOLINES

5-HO	6-MeO	7-MeO	8-MeO
H			
Me		THIQ	

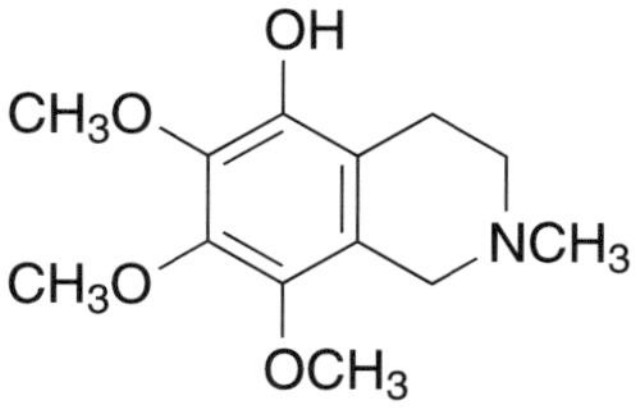

O-Desmethylweberine

Pachycereus weberi (Cactaceae) ac 57, 109 '85

5-MeO	6-MeO	7-HO	8-HO
3-HO-α,α-Me,Me-benzyl			
H		IQ	

Compound unknown

with a (6,8-HO) attack:

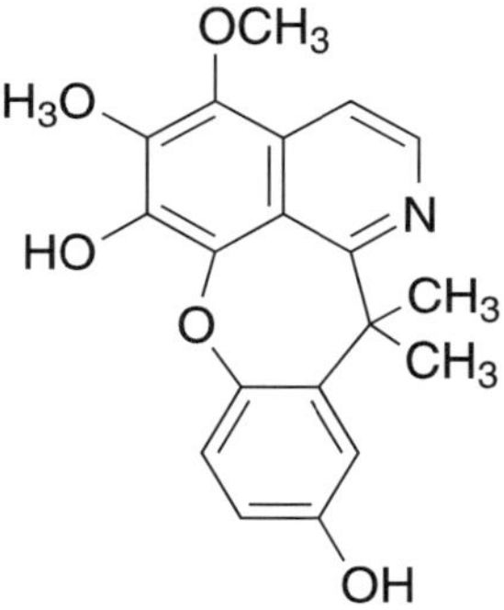

Gouregine

Guatteria ouregou (Annonaceae) jnp 46, 881 '83

5-MeO	6-MeO	7-MeO	8-MeO
H			
H		THIQ	

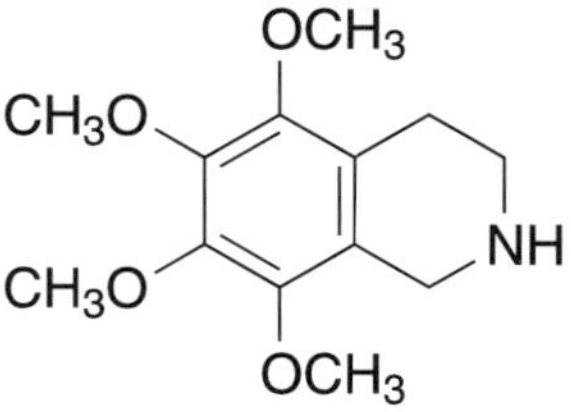

Norweberine

Pachycereus weberi (Cactaceae) ac 57, 109 '85

5-MeO	6-MeO	7-MeO	8-MeO
H			
H		DHIQ	

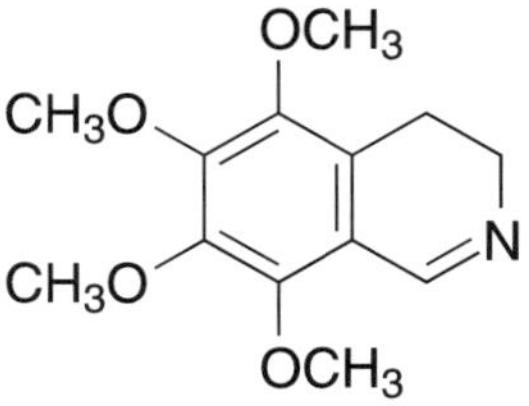

1,2-Dehydronorweberine

Pachycereus weberi (Cactaceae) ac 57, 109 '85

5-MeO	6-MeO	7-MeO	8-MeO
H			
H		IQ	

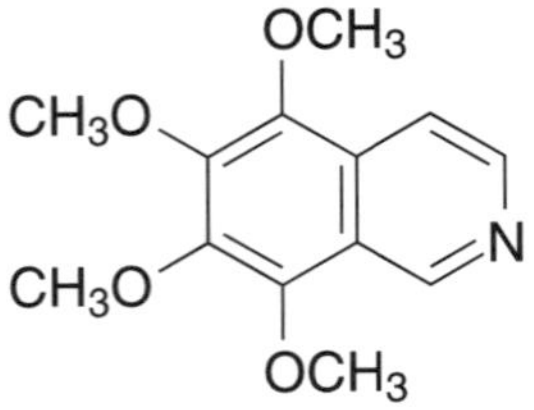

Isonorweberine

Pachycereus weberi (Cactaceae) ac 57, 109 '85

5-MeO	6-MeO	7-MeO	8-MeO
H			
Me		THIQ	

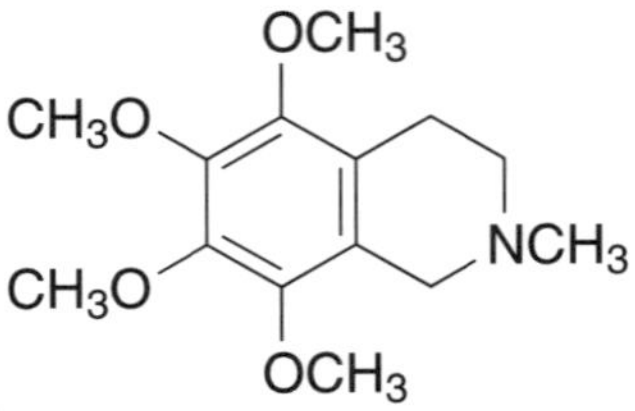

Weberine

Pachycereus pringlei (Cactaceae) pm 38, 180 '80
Pachycereus weberi (Cactaceae) phy 19, 673 '80

5-MeO	6-MeO	7-MeO	8-MeO
Me			
H		THIQ	

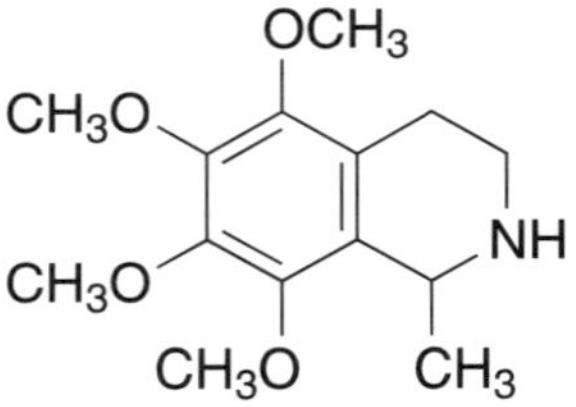

Pachycereine

Pachycereus weberi (Cactaceae) ac 57, 109 '85

5-MeO	6-MeO	7-MeO	8-MeO
Me			
H		DHIQ	

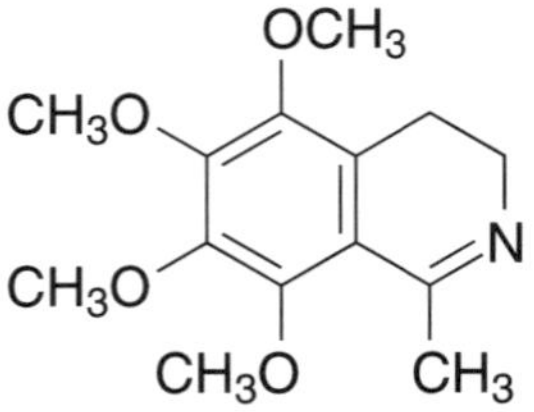

1,2-Dehydropachycereine

Pachycereus weberi (Cactaceae) ac 57, 109 '85

Structural Index - 5,6,7,8-Substituted

5-MeO	6-MeO	7-MeO	8-MeO
Me			
H		IQ	

Isopachycereine
1,2,3,4-Dehydropachycereine

Pachycereus weberi (Cactaceae) ac 57, 109 '85

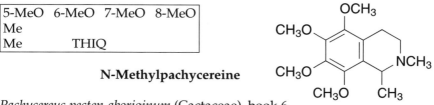

5-MeO	6-MeO	7-MeO	8-MeO
Me			
Me		THIQ	

N-Methylpachycereine

Pachycereus pecten-aboriginum (Cactaceae) book 6
Pachycereus weberi (Cactaceae) ac 57, 109 '85

TAXON NAME	ISOQUINOLINES PRESENT
Abuta imene (Menispermaceae)	Imeluteine
	O-Methylmoschatoline
	Norrufescine
	Rufescine
Abuta pahni	Sanjoinine K
	Stepharine
	Thalifoline
Abuta refescens	Imeluteine
	Imenine
	O-Methylmoschatoline
	Norrufescine
	Rufescine
	Splendidine
Abuta sp.	Dihydroimenine
	Splendidine
Acacia berlandieri (Fabaceae)	Anhalamine
	Anhalidine
Acacia concinna	Calycotomine
Acacia rigidula	Anhalamine
	Anhalidine
	Anhalonidine
Achyranthes japonica (Amaranthaceae)	
	Berberine
Aconitum callibotryon (Ranunculaceae)	
	Magnoflorine
Aconitum carmichaelii	Fuzitine
	Higenamine
	Salsolinol
Aconitum fimbrilligerum	Glaunidine
Aconitum japonicum	Higenamine
Aconitum karakolicum	Isoboldine
Aconitum koreanum	Higenamine
Aconitum kusnezoffii	Higenamine
Aconitum leucostomum	N-Demethylcolletine
	Glaunidine
	O-Methylarmepavine
	O-Methylarmepavine N-oxide

Taxon Index

Aconitum napiforme	Higenamine
Aconitum sanyoense	Isoboldine
Aconitum saposhnikovii	Isoboldine
Aconitum tokii	Glaucine
	Isoboldine
Aconitum vulparia	Magnoflorine
Aconitum yezoense	Glaucine
Aconitum zeravschanicum	Reticuline
Aconitum spp.	Corydine
	Corytuberine
	Magnoflorine
	N-Methyllaurotetanine
Actaea spicata (Ranunculaceae)	Corytuberine
	Magnoflorine
Actinodaphne nitida (Lauraceae)	Isoboldine
Actinodaphne ocutivena	Isoboldine
Actinodaphne sesquipedalis	Dicentrine
Actinodaphne spp.	Actinodaphnine
	Boldine
	Laurotetanine
	N-Methyllaurotetanine
Adlumia cirrhosa (Papaveraceae)	Adlumine
	Adlumidine
	Bicuculline
Adlumia fungosa	Adlumine
	Adlumidine
	Bicuculline
Adonis aestivalis (Ranunculaceae)	
	Magnoflorine
Adonis vernalis	Magnoflorine
Adonis spp.	Corytuberine
Alangium lamarckii (Alangiaceae)	
	Bharatamine
	Salsoline
Alhagi pseudalhagi (Fabaceae)	N-Norcarnegine
	Salsolidine

Alphonsea mollis (Annonaceae)	Liriodenine
	Oxostephanine
Alphonsea sclerocarpa	Anonaine
	Crotsparine
	Isoboldine
	Laurotetanine
	Magnoflorine
	Norushinsunine
	Sparsiflorine
	Stepharine
	Stepholidine
	Ushinsunine
Alphonsea ventricosa	Norglaucine
Alseodaphne archboldiana (Lauraceae)	
	Coclaurine
	Norarmepavine
	Reticuline
	Sanjoinine K
Alseodaphne hainanensis	Armepavine
	Doryafranine
	6,7-Methylendioxy-1-(4-methoxybenzyl)-THIQ
	Xylopinine
Alseodaphne perakensis	N-Methyl-2,3,6-trimethoxy-morphinandien-7-one N-oxide
Alseodaphne semicarpifolia	Srilankine
Alstonia macrophylla (Apocynaceae)	
	Berberine
Anamirta cocculus (Menispermaceae)	
	Berberine
	Columbamine
	Magnoflorine
	8-Oxotetrahydropalmatine
	Oxypalmatine
	Palmatine
	Stepharine
Anaxagorea spp. (Annonaceae)	Anaxagoreine
	Asimilobine

Taxon Index

Ancistrocladus korupensis (Ancistrocladaceae)
    Gentryamine A
    Gentryamine B
Ancistrocladus tectorius   6,8-Dimethoxy-1,3-
        dimethylisoquinoline
    6,8-Dimethoxy-1-methyl-3-
        hydroxymethylisoquinoline

Andira inermis (Fabaceae)   Berberine

Aniba burchellii (Lauraceae)   Laudanosine
    N-Methylcoclaurine
Aniba canelilla   Anibacanine
    Anicanine
    Apoglaziovine
    Canelilline
    Coclaurine
    Glaziovine
    Isoboldine
    Manibacanine
    α-8-Methylanibacanine
    N-Methylcoclaurine
    Noranicanine
    Norcanelilline
    Norisocorydine
    Norjuziphine
    Pseudoanibacanine
    Pseudomanibacanine
    Reticuline
Aniba cylindriflora   Laudanosine
    N-Methylcoclaurine
Aniba muca   Isoboldine
    N-Methylcoclaurine
    Reticuline
Aniba simulans   N-Methylcoclaurine
Aniba spp.   Reticuline

Anisocycla cymosa (Menispermaceae)
    Anisocycline
    N,O-Dimethylthaicanine
    N-Methyltetrahydropalmatine
    N-Methylthaicanine

	Palmatine
	Roemrefidine
	Stephenanthrine
Anisocycla jollyana	Roemrefidine
Annona acuminata (Annonaceae)	
	O-Methylmoschatoline
Annona cacans	Stepharine
Annona cherimolia	Annocherine A
	Annocherine B
	Anolobine
	Anomoline
	Anonaine
	Asimilobine
	Atherospermidine
	Cherianoine
	Corydalmine
	Corydine
	Corypalmine
	Corytuberine
	Dehydroroemerine
	Discretamine
	Doryphornine
	N-Formylanonaine
	Glaziovine
	Isoboldine
	Isocorydine
	Lanuginosine
	Laurotetanine
	Liriodenine
	Lysicamine
	N-Methylasimilobine
	N-Methyllaurotetanine
	Norisocorydine
	Nornantenine
	Norstephalagine
	Norushinsunine
	Nuciferine
	Orientaline
	Oxoanolobine
	Oxoasimilobine
	Oxoglaucine

	Pronuciferine
	Reticuline
	Roemerine
	Romucosine
	Romucosine H
	Stepharine
	Stepholidine
	Tetrahydropalmatine
	Thalifoline
	Ushinsunine
	Xylopine
Annona elliptica	Annonelliptine
Annona glabra	Isoboldine
	N-Methylactinodaphnine
	Phanostenine
Annona hayesii	Litseferine
	Nordomesticine
Annona montana	Annolatine
	Argentinine
	Coclaurine
	Isoboldine
Annona muricata	Anomuricine
	Anomurine
	Atherosperminine
	Sanjoinine K
Annona paludosa	Dihydropalmatine
	Scoulerine
	Tetrahydropalmatine
Annona purpurea	Atherospermidine
	Dehydrolirinidine
	7-Formyldehydrothalicsimidine
	N-Formylpurpureine
	Glaucine
	Glaziovine
	7-Hydroxydehydroglaucine
	Lirinidine
	Lysicamine
	N-Methyllaurotetanine
	Norpurpureine
	Oxopurpureine
	Predicentrine
	Promucosine

	Purpureine
	Romucosine G
	Stepharine
	Thalbaicalidine
	Thalicpureine
Annona reticulata	Coclaurine
	Corydine
	Discretamine
	Glaucine
	Higenamine
	Lanuginosine
	Liriodenine
	Norcorydine
	Norreticuline
	Oxonantenine
	Xylopine
Annona salzmanii	Isoboldine
	Norisoboldine
Annona senegalensis	Isoboldine
Annona spinescens	Bracteoline
	Norbracteoline
	Nordomesticine
	Pessoine
	Spinosine
Annona squamosa	Anonaine
	Asimilobine
	Glaucine
	Higenamine
	Lanuginosine
	Liriodenine
	O-Methylarmepavine
	N-Methylcoclaurine
	Nornuciferine
	Reticuline
Annona spp.	Anolobine
	Anonaine
	Asimilobine
	Coreximine
	Corydine
	Glaucine
	3-Hydroxynornuciferine
	Isoboldine

Isocorydine
N-Methylasimilobine
Nornuciferine
Norushinsunine
Roemerine
Stepharine

Anomianthus dulcis (Annonaceae)
Anolobine
Anonaine
Capaurimine
Caseamine
Discretamine
Isoboldine
N-Methylcrotonosine
N-Methyllaurotetanine
Nornuciferine
Pronuciferine
Reticuline
Roemerine
Stepharine

Anomianthus spp.
Asimilobine

Antizoma angustifolia (Menispermaceae)
Salutaridine

Aquilegia oxysepala (Ranunculaceae)
Isomoschatoline
Lysicamine
O-Methylmoschatoline
Oxostephanine

Aquilegia spp.
Berberine
Coptisine
Corytuberine
Magnoflorine

Arcangelisia flava (Menispermaceae)
Berberine
Columbamine
Dehydrocorydalmine
Jatrorrhizine
Oxyberberine

	Palmatine
	Pycnarrhine
	Thalifendine
Arcangelisia gusanlung	Gusanlung A
	Gusanlung B
	Gusanlung C
	Gusanlung D
	8-Oxoberberrubine
	Oxyberberine
	8-Oxythalifendine

Arctomecon californica (Papaveraceae)
    Allocryptopine
    Protopine

Arctomecon humile	Allocryptopine
	Armepavine
	Reticuline
	Tetrahydropalmatine
Arctomecon humilis	Protopine
Arctomecon merriami	Allocryptopine
	Protopine
	Pseudolaudanine
Arctomecon spp.	N-Methyltetrahydropalmatine

Argemone alba (Papaveraceae)	Scoulerine
Argemone albiflora	Protopine
	Reticuline
	Scoulerine
	β-Cyclanoline
Argemone brevicornuta	Norargemonine
Argemone echinata	Berberine
	Cryptopine
Argemone fructicosa	Allocryptopine
	Hunnemanine
Argemone gracilenta	Argemonine
	Argemonine metho hydroxide
	Argemonine N-oxide
	Isonorargemonine
	Laudanidine
	Munitagine
	Platycerine
	Reticuline

Argemone grandiflora	Cheilanthifoline
	Codamine
	Corypalmine
	Laudanosine
Argemone hispida	Argemonine
Argemone hybrida	Cheilanthifoline
	Munitagine
	Scoulerine
Argemone mexicana	Acetonyl-reframidine
	Cheilanthifoline
	β-Cyclanoline
	Dihydropalmatine
	Isocorydine
	α-N-Methylstylopinium quat
	Muramine
	Oxyhydrastinine
	Protopine
	Reticuline
	Scoulerine
	Thalifoline
Argemone munita	Argemonine
	2,9-Dimethoxy-3-hydroxypavinane
	Isonorargemonine
	Munitagine
	Tetrahydropalmatine
Argemone orchroleuca	Canadine
	Cheilanthifoline
	α-N-Methylstylopinium quat
	β-N-Methylstylopinium quat
	Protopine
	Reticuline
	Scoulerine
	Tetrahydropalmatine
Argemone platyceras	Argemonine
	Argemonine metho hydroxide
	Canadine
	Corysamine
	Cyclanoline
	Magnoflorine
	O-Methylplatycerine
	N-Methylplatycerinium quat
	α-N-Methylstylopinium quat

	β-N-Methylstylopinium quat
	Munitagine
	Nororientaline
	Norreticuline
	Platycerine
	Stylopine
	Tetrahydropapaverine
Argemone pleiacantha	Munitagine
Argemone polyanthemos	Scoulerine
Argemone racilenta	Reticuline
Argemone sanguinea	Argemonine
Argemone turnerae	Armepavine
	Tetrahydropalmatine
Argemone spp.	Allocryptopine
	Berberine
	Bisnorargemonine
	Coptisine
	Corydine
	Cryptopine
	Reticuline

Aristolochia argentina (Aristolochiaceae)
	Argentinine
Aristolochia bracteolata	N-Acetylnornuciferine
Aristolochia brevipes	N-Formylnornantenine
Aristolochia chilensis	Glaziovine
Aristolochia clematitis	Corytuberine
Aristolochia constricta	Constrictosine
	5,6-Dihydroconstrictosine
	5,6-Dihydro-3,5-di-O-methylconstrictosine
	3,5-Di-O-methylconstrictosine
	3-O-Methylconstrictosine
Aristolochia debilis	Cyclanoline
Aristolochia triangularis	N,N-Dimethyllindcarpine
	Oblongine
Aristolochia spp.	Magnoflorine

Arnebia decumbens (Boraginaceae)
	Carnegine
	Hydrohydrastinine
	N-Methylheliamine

Aromadendron elegans (Magnoliaceae)
    N-Acetylanonaine
    N-Acetylnornuciferine
    N-Acetyl-seco-N-methyllaurotetanine
    Predicentrine

Artabotrys grandifolius (Annonaceae)
    Atherospermidine
    Cryptaustoline
    Norstephalagine
    Xylopinine

Artabotrys lastourvillensis
    Boldine
    Bracteoline
    Glaucine
    Isoboldine
    Lastourvilline
    Liriotulipiferine
    Suaveoline

Artabotrys maingayi
    Discretamine
    3-Hydroxynornuciferine
    Norstephalagine
    Ushinsunine

Artabotrys monteiroae
    Anonaine
    Norisoboldine
    Reticuline
    Wilsonirine

Artabotrys odoratissimus
    Atherospermidine
    Isopiline
    N-Methylcoclaurine
    Norstephalagine

Artabotrys suaveolens
    Isocorydine
    Suaveoline

Artabotrys uncinatus
    Artabonatine A
    Artabonatine B
    Atherospermidine
    Liriodenine
    Salutaridine
    Stepharine

Artabotrys venustus
    Artavenustine
    10-O-Demethyldiscretine
    Discretamine
    Lirinidine

	Norcorydine
	Norstephalagine
	Norushinsunine
	Nuciferine
	Reticuline
Artabotrys zeylanicus	Atherospermidine
	Isocorydine
	Lanuginosine
	Liriodenine
	Oxobuxifoline
	Oxocrebanine
Artabotrys spp.	Anonaine
	Asimilobine
	Nornuciferine
	Suaveoline

Arthrocnemum glaucum (Chenopodiaceae)
- Carnegine
- Isosalsolidine
- 1-Methylcorypalline
- Salsolidine

Asiasarum heterotropoides (Aristolochiaceae)
- Higenamine

Asiasarum sieboldii   Higenamine

Asimina triloba (Annonaceae)	Coreximine
Asimina spp.	Anolobine
	Asimilobine
	Liriodenine
	Norushinsunine
	Ushinsunine

Atherosperma moschatum (Monimiaceae)

	Atherospermidine
	Methoxyatherosperminine
Atherosperma spp.	Atheroline
	Liriodenine
	Moschatoline
Aztekium ritteri (Cactaceae)	Anhalidine
	Pellotine

Taxon Index

Backebergia militaris (Cactaceae) Backebergine
    1,2-Dehydroheliamine
    1,2-Dehydrolemaireocereine
    Heliamine
    Isobackebergine
    Lemaireocereine
    N-Methylheliamine

Beilschmiedia elliptica (Lauraceae)
    Isoboldine
Beilschmiedia oreophila Oreobeiline
    6-Epioreobeiline
Beilschmiedia podagrica Glaucine
    Isoboldine
    Predicentrine
Beilschmiedia tawa Isoboldine
Beilschmiedia sp. Norisoboldine

Berberis actinacantha (Berberidaceae)
    Berbithine
    Corydine
    Dihydrorugosinone
    Glaucine
    Magnoflorine
    N-Methylcoclaurine
    O-Methylpallidine
    Norargemonine
    Oxyberberine
Berberis aggregata Laudanosine
    Norreticuline
    Tetrahydropalmatine
Berberis amurensis Coptisine
    Pseudopalmatine
Berberis aquifolium β-Hydrastine
Berberis aristata Norreticuline
    Oxyberberine
Berberis baluchistanica Armepavine
    Corydaldine
    Dehydrocorybulbine
    Dihydrosecoquettamine
    6,7-Dimethoxy-2-methylisocarbostyril
    Gandharamine

	N-Methylarmepavine
	Oblongine
	Palmatrubine
	Quettamine
	Secoquettamine
Berberis barandana	Tetrahydropalmatine
Berberis beaniana	Norreticuline
	Tetrahydroprotoberberine
Berberis boliviana	Dihydrorugosinone
	N-Methylcoclaurine
	Noroxyhydrastinine
	Thalifoline
Berberis brandisiana	Apoglaziovine
	Isoboldine
	Thalifoline
Berberis bulimeafolia	Protopine
Berberis buxifolia	Argemonine
	O-Methylpallidine
	Norargemonine
	Oxyberberine
	Salutaridine
Berberis chitria	Dihydropalmatine
	Lambertine
	O-Methylcorydine N-oxide
Berberis congestiflora	Thalifendine
Berberis crataegina	Jatrorrhizine
Berberis cretica	Corydine methine
	Glaucine
	Isoboldine
	Magnoflorine
	O-Methylisoboldine
	Oxyberberine
Berberis darwinii	Dihydrorugosinone
	13-Methoxy-8-oxyberberine
	O-Methylprechilenine
	Oxyberberine
	Prechilenine
	Prepseudopalmanine
	Rugosinone
	Thalifendine
Berberis densiflora	Densiberine
	N-Methylheliamine

Berberis empetrifolia	N-Methylcorydaldine
	Oxyberberine
Berberis floribunda	Corydaline
Berberis heteropoda	Laudanosine
	N-Methyldihydroberberine quat
	Oblongine
	8-Oxoberberrubine
	Pseudopalmatine
Berberis horrida	Cyclanoline
Berberis ilicifolia	Salutaridine
Berberis iliensis	N-Methylcoclaurine
	N-Methylcorypalmine
Berberis integerrima	Armepavine
	Heliamine
	Intebrimine
	Intebrine
	Isoboldine
	Isocorydine N-oxide
	Thalicmidine N-oxide
Berberis julianae	Corypalmine
	Glaucine
Berberis koetineana	Norreticuline
Berberis laurina	β-Hydrastine
	Protopine
Berberis lycium	Berberilycine
	Glaziovine
	N-Methylcoclaurine
Berberis nummularia	Bernumicine
	Bernumidine
	Bernumine
	Corypalline
	Isoboldine
	Laudanosine
	N-Methylcoclaurine
	Nummularine
Berberis oblonga	Isocorypalline
	Oblongine
Berberis ottawensis	Oxyberberine
Berberis poiretii	Coptisine
Berberis polymorpha	Cyclanoline
	Thalifendine
Berberis sibirica	8-Oxoberberrubine

Berberis stenophylla	Oxyberberine
	Pronuciferine
	N-Methylcanadine
Berberis stolonifera	Norreticuline
Berberis thunbergii	Lambertine
	Oxyberberine
Berberis turcomannica	Armepavine
	Corypalline
	Epiberberine
	N-Methylcorydaldine
	Papaverine
	Turcamine
	Turcomanidine
	Turcomanine
Berberis valdiviana	Armepavine
	Corypalline
	Dihydrorugosinone
	Isoboldine
	N-Methylcoclaurine
	N-Methylcorydaldine
	Nandinine
	Oxyberberine
	Polyberbine
	Polycarpine
	Rugosinone
	Scoulerine
	Thalifoline
Berberis virgetorum	Berbervirine
Berberis vulgaris	Juziphine
	Lambertine
	Magnoflorine
	Oxyberberine
	Thalifoline
Berberis wilsoniae	Norreticuline
Berberis spp.	Berberine
	Berberrubine
	Canadine
	Columbamine
	Corydine
	Glaucine
	Isocorydine
	Jatrorrhizine

Magnoflorine
O-Methylisoboldine
Palmatine
Reticuline

Bocconia frutescens (Papaveraceae)
    Canadine
    Coptisine
    Corysamine
    Isocorypalmine
Bocconia spp.   Allocryptopine
    Protopine

Bongardia chrysogonum (Berberidaceae)
    Codamine
    N-Methylcoclaurine
    Palmatrubine
    Reticuline
    Sanjoinine K

Bragantia sp. (Aristolochiaceae)   N-Methylisocorydine

Brassica oleracea (Brassicaceae)   Noscapine

Burasaia australis (Menispermaceae)
    Columbamine
    Jatrorrhizine
Burasaia congesta   Columbamine
    6,7-Dimethoxy-N-N-dimethyl-1-
        (2-methoxy-4-hydroxybenzyl)-
           THIQ
    Jatrorrhizine
Burasaia gracilis   Jatrorrhizine
Burasaia madagascariensis   Berberine
    Columbamine
Burasaia spp.   Palmatine

Caltha leptosepala (Ranunculaceae)
    N,N-Dimethyllindcarpine
Caltha palustris   Corytuberine
    Magnoflorine

Calystegia hederacea (Convolvulaceae)
    Palmatine

Camptorrhiza strumosa (Liliaceae)
    Isocorydine

Cananga odorata (Annonaceae)
    N-Acetylnornuciferine
    Anaxagoreine
    Asimilobine
    Coreximine
    Liriodenine
    Lysicamine
    Nornuciferine
    Norushinsunine
    Oliveroline β-N-oxide
    Reticuline
    Roemerine
    Ushinsunine

Cananga spp.
    Anonaine

Cardiopetalum calophyllum (Annonaceae)
    Anonaine
    6,7-Dimethoxy-2-methylisocarbostyril
    Isoboldine
    Pallidine
    Ushinsunine

Cardiopetalum spp.
    Asimilobine

Carnegiea gigantia (Cactaceae)
    Arizonine
    Backebergine
    Carnegine
    1,2-Dehydroheliamine
    1,2-Dehydrosalsolidine
    Gigantine
    Heliamine
    N-Norcarnegine
    Salsolidine

Caryomene olivascens (Menispermaceae)
    Coclaurine
    Coreximine
    10-O-Demethyldiscretine

	Discretine
	N-Formylstepharine
	Govadine
	Pronuciferine
	Pseudopalmatine
	Sanjoinine K
	Stepharine
	Xylopinine
Cassia siamea (Fabaceae)	Siaminine A
	Siaminine B
	Siamine
Cassia spp.	Siaminine B
Cassytha americana (Lauraceae)	Bulbocapnine
	Cassamedine
	Cassythidine
	Cassythine
	Dicentrine
	Launobine
	O-Methylcassythine
	Neolitsine
	Nuciferine
Cassytha filiformis	Cassamedine
	Cassyformine
	Cassythine
	Filiformine
	Isoboldine
	Ocoteine
	Predicentrine
	Pronuciferine
	Stepharine
Cassytha pubescens	Domesticine
	Isoboldine
	Nordomesticine
	Norisoboldine
	Salutaridine
Cassytha racemosa	Isoboldine
	N-Methyllaurotetanine
	Norisoboldine
	Nornantenine
	Sanjoinine K

Cassytha spp.   Actinodaphnine
                                    Cassameridine
                                    Domestine
                                    Laurotetanine
                                    N-Methylactinodaphnine
                                    Oxonantenine

Caulophyllum robustum (Berberidaceae)
                                    Magnoflorine
Caulophyllum thalictroides   Berberine
                                    Magnoflorine

Ceratocapnos claviculata (Papaveraceae)
                                    Cularidine
                                    Glaucine
Ceratocapnos heterocarpa   Capnosine
                                    Capnosinine
                                    Caseadine
                                    cis-Caseadine N-oxide
                                    Caseadinium quat
                                    Caseamine
                                    Caseamine N-oxide
                                    Crassifoline
                                    Cularicine
                                    Cularidine
                                    Cularidine N-oxide
                                    cis-Cularine N-oxide
                                    Glaucine
                                    Isosendaverine
                                    Norsarcocapnine
                                    Oxocompostelline
                                    Oxosarcocapnine
                                    Protopine
                                    cis-Sarcocapnine N-oxide
                                    Sendaverine
Ceratocapnos palaestinus   Bicuculline
                                    Celtine
                                    Claviculine
                                    Cularicine
                                    Cularidine
                                    Cularimine
                                    Cularine

                        Enneaphylline
                        Flavinantine
                        Glaucine
                        Isoboldine
                        Juziphine
                        N-Methylcoclaurine
                        O-Methylisoboldine
                        O-Methylpallidine
                        Norcularicine
                        Norglaucine
                        Oxocularine
                        Pallidine
                        Reticuline
                        Salutaridine
                        Sarcocapnidine
                        Sarcocapnine
                        Sebiferine
                        Turcamine

Ceratocapnos sp.   Corgoine

Chasmanthera dependens (Menispermaceae)
                        Anonaine
                        Bisnorargemonine
                        Columbamine
                        Coreximine
                        O,O-Dimethylcorytuberine
                        Glaucine
                        Govanine
                        Jatrorrhizine
                        Magnoflorine
                        Norglaucine
                        Nornuciferine
                        Pallidine
                        Palmatine
                        Pseudocolumbamine
                        Tetrahydropalmatine
                        Xylopine

Chelidonium majus (Papaveraceae)
                        Allocryptopine
                        Berberine
                        Canadine

	Coptisine
	Corydine
	Corysamine
	Corytuberine
	Dihydrocoptisine
	Hydrastinine
	Magnoflorine
	α-N-Methylstylopinium quat
	β-N-Methylstylopinium quat
	Norcorydine
	Norreticuline
	Noscapine
	8-Oxycoptisine
	Reticuline
	Scoulerine
	Stylopine
Chelidonium sp.	Protopine
Cinnamomum camphora (Lauraceae)	
	Isoboldine
	Reticuline
Cinnamomum spp.	Cinnamolaurine
	Corydine
	Norcinnamolaurine
	Reticuline
Cinnamosma madagascariensis (Canellaceae)	
	N-Methylisocorydine
Cistanche salsa (Orobanchaceae)	Isoquinoline
Cissampelos fasciculata (Menispermaceae)	
	Corydine
Cissampelos glaberrima	Cissaglaberrimine
	Magnoflorine
Cissampelos pareira	Bulbocapnine
	Corytuberine
	Cyclanoline
	Dehydrodicentrine
	Dicentrine
	Laudanosine
	Magnoflorine
	Norimeluteine

Taxon Index 481

        Norreticuline
        Norrufescine
        Nuciferine
        Palmatine
        Tetrahydropalmatine

Cleistopholis patens (Annonaceae)
        3-Hydroxynuciferine
        Isomoschatoline
        Liriodenine

Clematis recta (Ranunculaceae) Corytuberine
        Magnoflorine
Clematis vitalba   Magnoflorine

Cocculus carolinus (Menispermaceae)
        Magnoflorine
        Palmatine
        Salutaridine
Cocculus hirsutus   Coclaurine
        Magnoflorine
Cocculus laurifolius   Bisnorargemonine
        Cavidine
        Corlumine
        Isoboldine
        Isocorydine
        Laudanidine
        Laurifoline
        Magnoflorine
        N-Methylcoclaurine
        O-Methylflavinantine
        N-Methylisocorydine
        Norisoboldine
        Palmatine
        Pronuciferine
        Reticuline
        Sanjoinine K
        Sebiferine
        Sinactine
        Stepharine
        Stepholidine
        Tetrahydropalmatine

Cocculus pendulus	Coclaurine
	Ophiocarpinone
	Palmatine
	Sinactine
Cocculus trilobus	Isoboldine
Cocculus spp.	Boldine
	Cocsarmine
	Dicentrine
	N,O-Dimethylisocorydine
	Magnoflorine
	N-Methylboldine
Colchicum luteum (Liliaceae)	Colletine
	Isocorydine
	Luteidine
Colchicum ritchii	Isoautumnaline
Colchicum szovitsii	Colchiethanamine
	Colchiethine
Colletia hystix (Rhamnaceae)	Magnocurarine
Colletia spinosissima	Colletine
	Magnocurarine

Colubrina faralaotra (Rhamnaceae)

	Dehydronuciferine
	Glaucine
	Lysicamine
	Magnoflorine
	N-Methyllaurotetanine
	Norglaucine
	Nornuciferine
	Roemerine
	Sanjoinine K
	Stepharine
	Steporphine
Colubrina spp.	Anonaine
	Lysicamine
	N-Methylasimilobine
	Nuciferine

Consolida glandulosa (Ranunculaceae)

	Delporphine
	Isoboldine

Consolida hellespontica	Corydine
Consolida hohenackeri	Isoboldine
Consolida regalis	Corytuberine
	Magnoflorine
Coptis chinensis (Ranunculaceae)	
	Berberastine
	Dehydrocheilanthifoline
	Epiberberine
	Magnoflorine
	Worenine
Coptis deltoides	Berberastine
	Dehydrocheilanthifoline
	Magnoflorine
Coptis groenlandica	Dehydrocheilanthifoline
	Isocoptisine
Coptis japonica	Berberastine
	Dehydrocheilanthifoline
	Epiberberine
	Magnoflorine
	Oxyberberine
	Scoulerine
	Thalifendine
	Worenine
Coptis quinquefolia	Berberastine
	Dehydrocheilanthifoline
	Magnoflorine
	Thalifaurine
	Thalifendine
Coptis teeta	Berberastine
	Corypalmine
	Stylopine
	Tetrahydropalmatine
	Worenine
Coptis teetoides	Berberastine
Coptis trifolia	Dehydrocheilanthifoline
	Epiberberine
Coptis spp.	Berberine
	Columbamine
	Coptisine
	Jatrorrhizine
	Magnoflorine
	Palmatine

Corispermum leptopyrum (Chenopodiaceae)
    Salsolidine
    Salsoline

Corydalis ambigua (Papaveraceae)
    Cavidine
    Corybulbine
    Corydaline
    Dehydrocorybulbine
    Dehydroglaucine
    Didehydroglaucine
    Isocorypalmine
    Isoscoulerine
    1-Methylcorypalline
    8-Oxycoptisine
    Oxydehydrocorybulbine
    Oxypalmatine
    Sinactine

Corydalis aurea Bicuculline
Corydalis bulbosa Adlumidiceine
    Adlumidine
    Bicuculline
    Bicucullinine
    Bulbodoine
    Canadine
    Columbamine
    Corydine
    Corysamine
    Dehydroglaucine
    Domesticine
    Domestine
    Glaucine
    7-Hydroxydehydroglaucine
    Isocorypalmine
    O-Methylisoboldine
    Nandazurine
    Noscapine
    8-Oxycoptisine
    Sinactine
    Thalictricavine

Corydalis bulleyana Corycavamine
    Norjuziphine
    Protopine

Taxon Index 485

	Scoulerine
Corydalis bungeana	Adlumidine
	Bicuculline
	Corycavamine
	Juziphine
	Norjuziphine
	Protopine
	Tetrahydrocorysamine
Corydalis caseana	Caseadine
Corydalis caucasica	Adlumidine
	Bicuculline
	Corydalidzine
	Dehydrocavidine
	Fumariline
	Fumaritine
	β-Hydrastine
	Norisocorydine
	Ochotensimine
	Ophiocarpine
	Scoulerine
	Sibiricine
Corydalis cava	Adlumidiceine
	Adlumidine
	Bulbocapnine
	Canadine
	Corybulbine
	Corysamine
	Domestine
	Isocorypalmine
	N-Methylbulbocapnine
	Norreticuline
	Noscapine
	Predicentrine
	Protopine
	Stylopine
	Thalictricavine
Corydalis cheilanthifolia	Canadine
	13β-Hydroxystylopine
	Ophiocarpine
	Stylopine
Corydalis clarkei	Caseanidine
	Clarkeanidine

Corydalis claviculata	Bicuculline
	Claviculine
	Corlumine
	Corycularicine
	Crassifoline
	Crassifoline methine
	Culacorine
	Cularicine
	Cularidine
	Cularimine
	Cularine
	Enneaphylline
	Glaziovine
	Hypecoumine
	Juziphine
	Leonticine
	Limousamine
	O-Methylcularicine
	O-Methylisoboldine
	Norcularicine
	Norcularidine
	Norsecocularine
	Oxocularicine
	Oxocularine
	8-Oxycoptisine
	Pallidine
	Protopine
	Rugosinone
	Sarcocapnidine
	Sauvagnine
	Scoulerine
	Secocularidine
	Stylopine
	Viguine
Corydalis dasyptera	Corysamine
	Corytuberine
Corydalis decumbens	Adlumidine
	Allocryptopine
	Bicuculline
	Bisnorargemonine
	Bulbocapnine
	Corlumidine
	Corydalmine

Taxon Index

	Corydecumbine
	Corytensine
	Cryptopine
	Decumbenine
	Egenine
	Humosine-A
	N-Methylisocorydine
	Muramine
	Protopine
	Scoulerine
	Tetrahydropalmatine
Corydalis esquirolii	Bicuculline
	Isocorypalmine
	Stylopine
Corydalis fimbrillifera	α-Hydrastine
	β-Hydrastine
Corydalis flexuosa	Isocorypalmine
Corydalis gigantea	Adlumidine
	Adlumine
	Bicuculline
	Ophiocarpine
	Scoulerine
Corydalis gortschakovii	Adlumidine
	Adlumine
	Bicuculline
	Bracteoline
	Coclaurine
	Corunnine
	Corydine
	Corytuberine
	Domesticine
	Gortschakoine
	β-Hydrastine
	Juziphine
	Juziphine N-oxide
	N-Methylcoclaurine
	O-Methylisoboldine
	Protopine
	Scoulerine
	Sendaverine
	Sendaverine N-oxide
	Stylopine

Corydalis govaniana	Bicuculline
	Corlumine
	Corygovanine
	Govadine
	Govanine
	Isocorydine
	Protopine
	Yenhusomine
Corydalis hendersonii	Henderine
	Stylopine
Corydalis hsuchowensis	Adlumidine
	Bicuculline
	Coryximine
	Humosine-A
	Scoulerine
	Sibiricine
	Stylopine
Corydalis humosa	Bicuculline
	Cryptopine
	Dehydrocheilanthifoline
	Humosine-A
	Protopine
	Stylopine
Corydalis impatiens	Capaurimine
	Capaurine
	Corydalmine
	Dehydrocorydaline
	Scoulerine
	Sendaverine
Corydalis incisa	Adlumidine
	Corycavamine
	Corydalisol
	Corydalispirone
	Scoulerine
Corydalis intermedia	Berberine
	Bicuculline
	Bulbocapnine
	Canadine
	Coptisine
	Corydaline
	Dehydrocorydaline
	Isoboldine

Taxon Index

	Magnoflorine
	Palmatine
	Protopine
	Scoulerine
	Stylopine
	Tetrahydropalmatine
Corydalis koidzumiana	Allocryptopine
	Capaurine
	Cheilanthifoline
	Corybulbine
	Corydalidzine
	Corydaline
	Corynoxidine
	Isocorypalmine
	Pallidine
	Protopine
	Salutaridine
	Scoulerine
	Stylopine
	Tetrahydropalmatine
Corydalis ledebouriana	Corledine
	Ledeborine
	Ledecorine
	Raddeanine
Corydalis linarioides	Adlumine
	Bicuculline
	Corlumidine
Corydalis lutea	Adlumidiceine
	Adlumidiceine enol lactone
	Adlumidine
	Aobamidine
	Bicuculline
	Corypalmine
	Corysamine
	Glaufidine
	4β-Hydroxyisocorydine
	Isocorypalmine
	N-Methylhydrasteine
	N-Methylhydrastine
	8-Oxycoptisine
Corydalis majori	Adlumidine
	Bicuculline

Corydalis marschalliana	Salutaridine
	Scoulerine
	Adlumidine
	Bicuculline
	Corydine
	Domesticine
	Domestine
	Glaucine
	Isocorybulbine
	Isocorypalmine
	Marshaline
	O-Methylisoboldine
	Norcorydine
	Sinactine
Corydalis meifolia	Apocavidine
	Cavidine
	Corlumine
	Dehydrocavidine
	Norreticuline
	Sinactine
	Stylopine
	Yenhusomidine
	Yenhusomine
Corydalis mucronifera	Adlumidine
	Adlumine
	Bicuculline
Corydalis nobilis	Adlumidine
	Adlumine
	Allocryptopine
	Bicuculline
	Coptisine
	Corlumine
	Corybulbine
	Corydalidzine
	Corydaline
	Corypalmine
	Corysamine
	Corytuberine
	Cryptopine
	Isoboldine
	Isocorypalmine
	N-Methylstylopinium quat
	Palmatine

	Protopine
	Scoulerine
	Sinactine
	Stylopine
	Tetrahydropalmatine
Corydalis nokoensis	Capaurine
	Capaurine N-oxide
	Corybulbine
	Dehydrocorybulbine
	Protopine
Corydalis ochotensis	Adlumidine
	Aobamidine
	Aobamine
	Bicuculline
	Cheilanthifoline
	Corytenchine
	Corytenchirine
	Corytensine
	Dehydrocheilanthifoline
	Fumaritine
	Hydrocotarnine
	Ledeborine
	β-Narcotine
	Noscapine
	Ochotensimine
	Ochotensine
	Pallidine
	Raddeanamine
	Raddeanine
	Raddeanone
	Salutaridine
	Scoulerine
	Yenhusomidine
	Yenhusomine
Corydalis ochroleuca	Adlumidine
	Bicucullinine
	Fumaramine
	Glaucine
	Scoulerine
	Sinactine
Corydalis omeiensis	Bicuculline
	Corlumine
	Corysamine

	Isocorypalmine
	Palmatrubine
	Scoulerine
	Stylopine
Corydalis ophiocarpa	Adlumine
	Canadine
	Carpoxidine
	Corypalline
	Corysamine
	Dehydrocheilanthifoline
	Hydrocotarnine
	13β-Hydroxystylopine
	Isocorypalmine
	β-Narcotine
	Noroxyhydrastinine
	Noscapine
	Ophiocarpine
	Pycnarrhine
Corydalis pallida	Capaurimine
	Dehydrocapaurimine
	Dehydrocorydalmine
	Tetradehydrocapaurine
	Tetrahydropalmatrubine
Corydalis paniculigera	Adlumidine
	Adlumine
	Bicuculline
	Coclaurine
	Corunnine
	O-Methylisoboldine
	Pancoridine
	Pancorinine
	Protopine
	Sibiricine
	Stylopine
	Wilsonirine
Corydalis platycarpa	Corybulbine
	Hydrocotarnine
	β-Narcotine
	Noscapine
Corydalis pseudoadunca	Adlumidine
	Bicuculline
	Coclaurine
	Corftaline

Taxon Index

	β-Hydrastine
	Juziphine
	Protopine
	Reticuline
	Reticuline N-oxide
	Scoulerine
Corydalis racemosa	Bicuculline
	Corlumine
	Stylopine
Corydalis ramosa	Adlumidine
	Bicuculline
	Protopine
Corydalis remota	Adlumidine
	Allocryptopine
	Bicuculline
	Cavidine
	Corybulbine
	Corycavamine
	Corydaline
	Corymotine
	Protopine
	Sinactine
	Stylopine
	Tetrahydrocorysamine
	Tetrahydropalmatine
Corydalis repens	Adlumidine
	Bicuculline
	Scoulerine
Corydalis rosea	Adlumidine
	Bicuculline
Corydalis rutifolia	Bicuculline
	Bulbocapnine
	Corydalmine
	Coryrutine
	Cryptopine
	Fumaritine
	α-Hydrastine
	N-Methylhydrastine
	Oxocularine
	Oxosarcocapnidine
	Parfumine
	Scoulerine
	Sinactine

Corydalis saxicola	Berberine
	Cavidine
	Dehydrocavidine
	13β-Hydroxystylopine
	Isocorypalmine
	Protopine
	Scoulerine
	Tetrahydropalmatine
Corydalis scouleri	Adlumine
	Bicuculline
	Corlumidine
	Corlumine
	Scoulerine
Corydalis semenovii	Bicuculline
	Corytuberine
	Humosine-A
Corydalis sempervirens	Adlumiceine
	Adlumidiceine
	Adlumidiceine enol lactone
	Adlumine
	Bicuculline
Corydalis severtzovii	Bicuculline
	Corlumine
	Sanjoinine K
	Scoulerine
	Severzine
Corydalis sibirica	Corlumine
	Sibiricine
Corydalis slivenensis	Canadine
	Corydine
	Domesticine
	Sinactine
Corydalis solida	Bicuculline
	Bulbocapnine
	Canadine
	Columbamine
	Corybrachylobine
	Corydaldine
	Corydalidzine
	Corydalmine
	Corysamine
	Fumariline
	Fumaritine

	α-Hydrastine
	Isocorypalmine
	Ledeborine
	N-Methylcanadine
	13-Methylcolumbamine
	N-Methylhydrasteine
	N-Methyllaudanidinium iodide
	α-N-Methylstylopinium quat
	Norjuziphine
	Ochotensine
	Ophiocarpine
	Oxocularine
	Oxosarcocapnidine
	Parfumine
	Protopine
	Scoulerine
	Sinactine
	Stylopine
Corydalis speciosa	Capaurimine
	Corypalline
Corydalis stewartii	Adlumidine
	Corystewartine
	Cryptopine
	Domesticine
	Ochotensidine
	Ochotensimine
	Ochotensine
	Protopine
	Raddeanamine
	Salutaridine
	Scoulerine
Corydalis stricta	Adlumidine
	Bicuculline
	Corypalline
	α-Hydrastine
	β-Hydrastine
	Isocorypalline
	Isocorypalmine
	Juziphine
	2-Methylcorypallinium
	α-N-Methylstylopinium quat
	Pancoridine
	Pancorinine

	Protopine
	Pycnarrhine
	Scoulerine
	Stylopine
	Wilsonirine
Corydalis suaveolens	Bicuculline
	Corytuberine
	Domesticine
Corydalis taliensis	Adlumidine
	Bicuculline
Corydalis tashiroi	Corydalmine
	Corydalmine N-oxide
	cis-Isocorypalmine N-oxide
	Norjuziphine
	Protopine
	Scoulerine
	Sendaverine
Corydalis ternata	Glaucine
Corydalis thalictrifolia	Adlumidine
	Adlumine
Corydalis thyrsiflora	Adlumidine
	Bicuculline
	Cavidine
	Corlumine
	Fumaramine
	Protopine
	Sibiricine
	Sinactine
	Stylopine
Corydalis tuberosa	Corybulbine
	Domestine
	Isocorypalmine
	Noscapine
	Thalictricavine
Corydalis turtschaninovii	Allocryptopine
	Canadine
	Columbamine
	Corybulbine
	Corydaline
	Dehydrocorydaline
	Dehydroglaucine
	Domestine
	Glaucine

	Isocorypalmine
	Lirioferine
	N-Methyllaurotetanine
	O-Methylisoboldine
	Norglaucine
	Palmatine
	Protopine
	Stylopine
	Tetrahydropalmatine
	Yuanhunine
Corydalis vaginans	Adlumidine
	Adlumine
	Bicuculline
	N-Methylcanadine
	Scoulerine
Corydalis yanhusuo	Columbamine
	Domestine
	Glaucine
	Isocorypalmine
	Leonticine
	Norglaucine
	Secoglaucine
Corydalis spp.	Allocryptopine
	Adlumidine
	Adlumine
	Berberine
	Bulbocapnine
	Canadine
	Capaurine
	Capnosine
	Capnosinine
	Cheilanthifoline
	Coptisine
	Coreximine
	Corgoine
	Corycavidine
	Corydaline
	Cryptopine
	Dehydrocorydaline
	Dehydronantenine
	Glaucine
	Isoboldine
	Isocorydine

Isosendaverine
Jatrorrhizine
N-Methyllaurotetanine
Palmatine
Predicentrine
Reticuline
Tetrahydrocorysamine
Tetrahydropalmatine

Coscinium fenestratum (Menispermaceae)
Berberine
Berberrubine
Canadine
N,N-Dimethyllindcarpine
Jatrorrhizine
Noroxyhydrastinine
8-Oxocanadine
8-Oxoisocorypalmine
8-Oxotetrahydrothalifendine
8-Oxothaicanine
Oxyberberine
Oxypalmatine
Palmatine
Thalifendine

Coscinium usitatum   Berberine

Croton balsamifera (Euphorbiaceae)
Flavinantine
Flavinine
Norsinoacutine
Salutaridine

Croton bonplandianus   Apoglaziovine
Crotsparine
Crotsparinine
4,6-Dihydroxy-3-methoxy-
    morphinandien-7-one
N-Methylcrotsparine
N-Methylcrotsparinine
Nornuciferine I
Norsinoacutine
Sparsiflorine

Croton celtidifolius   Isoboldine

	Laudanidine
	Reticuline
Croton chilensis	Isocorydine
	Isosalutaridine
	Flavinantine
	O-Methylflavinantine
Croton cumingii	Crotonosine
	N-Methylcrotonosine
Croton discolor	Crotonosine
	8,14-Dihydrosalutaridine
	Discolorine
	Jaculadine
	Jacularine
	Linearisine
	N-Methylcrotonosine
Croton draconoides	Glaucine
	O-Methylisoboldine
Croton echinocarpus	8,14-Dihydronorsalutaridine
	8,14-Dihydrosalutaridine
	Jacularine
Croton flavens	Crotsparine
	Flavinantine
	Flavinine
	Norsinoacutine
	Salutaridine
	Sparsiflorine
Croton hemiargyreus	α-Dehydroreticuline
	Glaucine
	Hemiargyrine
	Norsalutaridine
	Reticuline
Croton lechleri	Salutaridine
Croton linearis	Crotonosine
	8,14-Dihydronorsalutaridine
	8,14-Dihydrosalutaridine
	N,O-Dimethylhernovine
	Flavinantine
	Flavinine
	Hernovine
	Jacularine
	Linearisine
	N-Methylcrotonosine

	N-Methylhernovine
	Norsinoacutine
	Salutaridine
Croton plumieri	Crotonosine
	8,14-Dihydronorsalutaridine
	8,14-Dihydrosalutaridine
	Discolorine
	Flavinantine
	Flavinine
	Jaculadine
	Jacularine
	Linearisine
	N-Methylcrotonosine
	Norsinoacutine
	Salutaridine
Croton ruizianus	Crotsparine
	Flavinantine
	Jacularine
	O-Methylflavinantine
Croton salutaris	Salutaridine
Croton sparsiflorus	Apoglaziovine
	Crotsparine
	Jacularine
	Nornuciferine I
Croton stenophyllus	8,14-Dihydrosalutaridine
Croton turumiquirensis	Magnoflorine
Croton wilsonii	N,O-Dimethylhernovine
	Hernovine
	10-O-Methylhernovine
	N-Methylhernovine
	Wilsonirine
Croton spp.	Apocrotonosine
	Pronuciferine
	Salutaridine
Cryptocarya angulata (Lauraceae)	
	N-Methylisocorydine
	Roemerine
Cryptocarya bowiei	Cryptaustoline
	Cryptowoline
Cryptocarya chinensis	Californidine
	Caryachine
	Caryachine methiodide

	Cryprochine
	Eschscholtzidine
	Eschscholtzine
	N-Methylneocaryachine quat
	Neocaryachine
	Romneine
Cryptocarya konishii	Crykonisine
	1α-Hydroxymagnocurarine
	Norarmepavine
Cryptocarya longifolia	Bisnorargemonine
	Coclaurine
	Isoboldine
	Laurolitsine
	Longifolidine
	N-Methylcoclaurine
	Norargemonine
	Norisocorydine
	Reticuline
	Scoulerine
	Thalifoline
Cryptocarya odorata	Cryptodorine
	Isocorydine
Cryptocarya phyllostemon	Cryptowolidine
	Cryptowoline
	Cryptowolinol
	Phyllocryptine
	Phyllocryptonine
Cryptocarya pleurosperma	Cryptopleurospermine
Cryptocarya strictifolia	Lysicamine
Cryptocarya triplinervis	N-Methylisocorydine
Cryptocarya velutinosa	O,O-Dimethyllongifolonine
	Isovelucryptine
	Longifolonine
	Velucryptine
Cryptocarya spp.	Laurotetanine
	N-Methylisocorydine
	N-Methyllaurotetanine
	Reticuline
Cryptostylis erythroglossa (Orchidaceae)	
	Cryptostyline I
	Cryptostyline II
	Cryptostyline III

	6,7-Dimethoxy-1-(3,4-methylene-dioxyphenyl)-2-methyl-DHIQ
	6,7-Dimethoxy-1-(3,4-methylene-dioxyphenyl)-2-methyl-IQ
Cryptostylis fulva	Cryptostyline I
	Cryptostyline II
	Cryptostyline III
Cyclea atjehensis (Menispermaceae)	
	Argemonine
	N-Formylnornantenine
	Laurotetanine
	Norargemonine
	Nornantenine
Cyclea barbata	Cyclanoline
	β-Cyclanoline
	Sanjoinine K
Cyclea hainanensis	Cyclanoline
	α-Hainanine
Cyclea hypoglauca	Cyclanoline
Cyclea laxiflora	Dicentrine
Cyclea peltata	Cyclanoline
	β-Cyclanoline
	Magnoflorine
	Sanjoinine K
	N-Methylcoclaurine
Cyclea tonkinensis	Cyclanoline
Cymbopetalum brasiliense (Annonaceae)	
	Colletine
	Magnoflorine
	N-Methyltetrahydrocolumbamine
	Norushinsunine
	Reticuline
	Tembetarine
Cymbopetalum spp.	Asimilobine
Cytisus proliferus (Fabaceae)	Calycotomine
Dactylicapnos torulosa (Papaveraceae)	
	Adlumidine
	Apocavidine
	Bicuculline

Taxon Index

	Cheilanthifoline
	Fumaridine
	Hunnemanine
	α-Hydrastine
	β-Hydrastine
	Hydrastinine
	Isoapocavidine
	Isocorydine
	1-Methoxyberberine
	N-Methylhydrasteine
	α-N-Methylstylopinium quat
	Protopine
	Zijinlongine
Dactylicpanos sp.	Allocryptopine
Dasymaschalon rostratum (Annonaceae)	
	Oxoasimilobine
Dasymaschalon sootepense	Caseadine
	Dasymachaline
	Dicentrine
	N-Methyllaurotetanine
	Norlaureline
	Nornuciferine
	Sinactine
	Xylopinine
Dehaasia kurzii (Lauraceae)	Boldine
	Dehassiline
	Laurolitsine
Dehaasia triandra	Atheroline
	Corytuberine
	3,4-Dehydroisocorydione
	Domestine
	Isoboldine
	Isocorydione
	Laurotetanine
	N-Methyllaurotetanine
	N-Methyllindcarpine
	Norisocorydione
	Secoxanthoplanine
	Xanthoplanine
Dehaasia spp.	Isocorydine
	Norisocorydine

Delphinium brownii (Ranunculaceae)
           Magnoflorine
Delphinium confusum   Isoboldine
Delphinium dictyocarpum Delporphine
           Isoboldine
           N-Methyllaurotetanine
Delphinium fangshanense Magnoflorine
           O-Methylarmepavine N-oxide
Delphinium grandiflorum Magnoflorine
Delphinium ternatum   Glaucine

Desmodium cephalotes (Fabaceae)
           N-Norcarnegine
Desmodium tiliaefolium   Salsolidine
           Salsoline

Desmos cochinchinensis (Annonaceae)
           Stepholidine
Desmos dasymachalus   Dasymachaline
Desmos longiflorus   Atherospermidine
           Discretamine
           Lanuginosine
           Liriodenine
           Xylopine
Desmos tiebaghiensis   Boldine
           Discretamine
           Glaziovine
           Isoboldine
           Laurotetanine
           N-Methylcoclaurine
           N-Methyllaurotetanine
           Norushinsunine
           Pallidine
           Reticuline
           Stepholidine
Desmos yunnanensis   5,6-Dimethoxy-2,2-dimethyl-
            1-(4-hydroxybenzyl)-
             1,2,3,4-THIQ quat
           Isococlaurine
           N-Methylisococlaurine
           Spinosine
           Turcomanidine

Desmos spp.	Anonaine
	Asimilobine
Dicentra canadensis (Papaveraceae)	
	Bulbocapnine
Dicentra cucullaria	Bicuculline
	Cularidine
	Corlumine
Dicentra eximia	Cularimine
Dicentra formosa	Corydine
	Corytuberine
	Glaucine
Dicentra macrocapnos	Stylopine
Dicentra ochroleuca	Bicuculline
Dicentra peregrina	Bicuculline
	Corydine
	Isoboldine
	Isocorydine
	Predicentrine
	Reticuline
	Scoulerine
Dicentra spectabilis	Cheilanthifoline
	Corydine
	Magnocurarine
	N-Methylcanadine
	N-Methylcheilanthifoline quat
	α-N-Methylstylopinium quat
	Palmatine
	Scoulerine
Dicentra spp.	Adlumidine
	Bicuculline
	Cryptopine
	Dicentrine
	Protopine
Dicranostigma franchetianum (Papaveraceae)	
	Corydine
	Corysamine
	Glaucine
	Magnoflorine
	Stylopine
Dicranostigma lactucoides	Berberine
	Magnoflorine

Dicranostigma leptopodum	Corydine
	Magnoflorine
Dicranostigma spp.	Coptisine
	Corytuberine
	Isocorydine
	N-Methylisocorydine

Dioscoreophyllum cumminsii (Menispermaceae)
    Columbamine
    Jatrorrhizine
    Magnoflorine
    Palmatine

Diploclisia glaucescens (Menispermaceae)
    Stepharine

Discaria chacaye (Rhamnaceae)	1,2,11-Trimethoxy-6α-noraporphine
Discaria crenata	Armepavine
	N-Methylcoclaurine
Discaria pubescens	Sanjoinine K
Discaria serratifolia	Armepavine
	Isothebaine
	N-Demethylcolletine
	N-Methylcoclaurine
	O-Methylarmepavine
	1-O-Methylisothebaidine
Discaria toumatou	N-Methylcoclaurine

Disepalum pulchrum (Annonaceae)
    Anonaine
    Scoulerine

Disepalum spp.	Asimilobine

Dolichothele longimamma (Cactaceae)
    Longimammamine
    Longimammatine
    Longimammidine
    Longimammosine

Dolichothele uberiformis	Longimammamine
	Longimammatine
	Longimammidine
	Uberine

Taxon Index

Doryphora aromatica (Monimiaceae)
                      Isocorydine
Doryphora sassafras   Anonaine
                      Corypalline
                      Doryanine
                      Doryphornine
                      2-Methyl-1-(4-methoxybenzyl)-6,7-methylenedioxy-isoquinolinium quat
                      Reticuline
Doryphora spp.   Liriodenine

Dryadodaphne sp. (Monimiaceae)
                      Atheroline
                      Liriodenine

Duguetia calycina (Annonaceae) Atherosperminine
                      10-Demethylxylopinine
                      Discretamine
                      O-Methylpukateine
                      Obovanine
                      Oxoputerine
                      Puterine
                      Xylopine
Duguetia eximia   Oxopukateine
                      Oxoputerine
Duguetia flagellaris   Calycinine
                      Duguetine
                      Duguevanine
                      Isopiline
                      O-Methylisopiline
                      Nornuciferine
                      Oliveridine
                      Oliveroline
                      Pachypodanthine
Duguetia glabriuscula   Oxobuxifoline
Duguetia obovata   Anolobine
                      Buxifoline
                      Discretine
                      Duguevanine
                      N-Formylbuxifoline
                      N-Formylduguevanine
                      N-Formylxylopine

	Isolaureline
	N-Methylbuxifoline
	N-Methylcalycinine
	N-Methylduguevanine
	Oxobuxifoline
	Puterine
	Sebiferine
	Xylopine
	Xylopinine
Duguetia spixiana	Anonaine
	Atherosperminine N-oxide
	Codamine N-oxide
	Duguespixine
	Duguexine
	Duguexine N-oxide
	3-Hydroxynornuciferine
	Lanuginosine
	O-Methylisopiline
	Nornuciferidine
	Nornuciferine
	Noroliveridine
	Noroliveroline
	Norpachyconfine
	Oliveridine
	Oliveridine N-oxide
	Oliveroline β-N-oxide
	N-Oxypachyconfine
	Pachyconfine
	Roemerolidine
	Rurrebanidine
	Rurrebanine
	Spiduxine
	Spixianine
	Spixianine N-oxide
	Tetrahydropalmatine
	Xylopinine
Duguetia stelichantha	Corypalmine
	Oxopukateine
Duguetia spp.	Calycinine
	Dicentrine
	N-Methylasimilobine
	Noratherosperminine
	Oxopukateine

Taxon Index

Dysoxylum lenticellare (Meliaceae)
    Dysoxyline
    Homolaudanosine

Echinocereus merkerii (Cactaceae) Salsoline

Echium humile (Boraginaceae)   Carnegine

Elatostema sinuata (Urticaceae)   Amurine
    O-Methylisoboldine
    Preocoteine
    Purpureine
    Wilsonirine

Elmerrillia papuana (Magnoliaceae)
    N-Methylushinsunine
    Norushinsunine
Elmerrillia sp.   Elmerrillicine

Enantia chlorantha (Annonaceae) Argentinine
    Atherospermidine
    Atherosperminine
    Columbamine
    Corypalmine
    Isocorypalmine
    Jatrorrhizine
    Palmatine
    Tetrahydropalmatine
Enantia pilosa   Lanuginosine
    Liriodenine
    Oliveridine
    Oliveridine N-oxide
    Oliverine
    Oliverine N-oxide
Enantia polycarpa   Anonaine
    Corydaldine
    Isoboldine
    Isocorydine
    Magnoflorine
    N-Methylisocorydine
    N-Methyllaurotetanine
    Nornuciferine
    Oxypalmatine

	Palmatine
	Polycarpine
	Pseudopalmatine
Enantia spp.	Berberine
Eomecon chinanthia (Papaveraceae)	
	Allocryptopine
Epimedium versicolor (Berberidaceae)	
	Magnoflorine
Eranthis hiemalis (Ranunculaceae)	
	Corytuberine
Erythrina abyssinica (Fabaceae)	Orientaline
Erythrina arborescens	Nororientaline
	Reticuline
Erythrina crista-galli	Cristadine
	Nororientaline
Erythrina herbacea	Nororientaline
Erythrina poeppigiana	Nororientaline
Erythrina X bidwilli	Nororientaline
Erythrina lithosperma	Norprotosinomenine
	Protosinomenine
Eschscholzia californica (Papaveraceae)	
(also in the literature as	Allocryptopine
Eschscholtzia)	Californidine
	Caryachine
	Caryachine methiodide
	Cheilanthifoline
	Corydine
	Corytuberine
	Escholamidine
	Escholamine
	Escholidine
	Escholinine
	Eschscholtzidine
	Eschscholtzine
	Eschscholtzine N-oxide
	Hunnemanine
	Isonorargemonine

Taxon Index 511

	Magnoflorine
	N-Methylcanadine
	α-N-Methylstylopinium quat
	Norreticuline
	Reticuline
	Scoulerine
	Stylopine
Eschscholzia douglasii	Californidine
	Caryachine
	Caryachine methiodide
	Corydine
	Corytuberine
	Cotarnine
	Escholamidine
	Escholamine
	Escholidine
	Eschscholtzine
	Isonorargemonine
	Magnoflorine
	N-Methylcanadine
Eschscholzia glauca	Allocryptopine
	Californidine
	Caryachine
	Caryachine methiodide
	Corydine
	Corytuberine
	Escholamidine
	Escholamine
	Escholidine
	Eschscholtzine
	Isonorargemonine
	Magnoflorine
Eschscholzia lobbii	Corydine
	Corysamine
	Norreticuline
	Scoulerine
Eschscholzia oregana	Californidine
	Corydine
	Escholamidine
	Escholamine
	α-N-Methylstylopinium quat
	Scoulerine

Eschscholzia tenuifolia	Tetrahydropapaverine
Eschscholzia spp.	Berberine
	Bisnorargemonine
	Canadine
	Coptisine
	Isocorydine
	N-Methyllaurotetanine
	Norargemonine
	Protopine
Euodia daniellii (Rutaceae)	Gandharamine
	Isocorydine
	Palmatine
	Pseudopalmatine
Euodia hortensis	Berberine
Euodia rutaecarpa	Higenamine
Euodia trichotoma	Magnocurarine
Euonymus europaeus (Celastraceae)	
	Armepavine
Eupomatia laurina (Annonaceae)	Norushinsunine
Eupomatia sp.	Liriodenine
Fagara capensis (Rutaceae)	N-Methyltetrahydropalmatine
Fagara chalybea	Jatrorrhizine
Fagara chiloperone	Magnoflorine
Fagara coco	Berberine
	Magnoflorine
	Palmatine
Fagara hiemalis	Magnoflorine
	Tembetarine
Fagara macrophylla	Oblongine
	Magnoflorine
	Tembetarine
Fagara mayu	Magnoflorine
	Pseudorine
	Tembetarine
Fagara naranjillo	Magnoflorine
Fagara nigrescens	N-Methylcorydine
	Xanthoplanine
Fagara pterota	Magnoflorine
Fagara rhoifolia	Magnoflorine

Taxon Index 513

Fagara vitiensis   Pseudoprotopine
Fagara spp.   N-Methylisocorydine
                                       Tembetarine

Fibraurea chloroleuca (Menispermaceae)
                                       Berberine
                                       Berberrubine
                                       Columbamine
                                       Corypalmine
                                       Dehydrocorydalmine
                                       Dehydrodiscretine
                                       Jatrorrhizine
                                       Magnoflorine
                                       Palmatine
                                       Palmatrubine
                                       Pseudocolumbamine
                                       Tetrahydropalmatine
                                       Thalifendine
Fibraurea recisa   Jatrorrhizine
                                       Palmatine
                                       Pseudocolumbamine
Fibraurea tinctoria   Tetrahydropalmatine
                                       Palmatine
Fibraurea spp.   Columbamine
                                       Palmatine

Ficus pachyrrachis (Moraceae)   Norreticuline
                                       Reticuline

Fissistigma balansae (Annonaceae)
                                       Columbamine
                                       Corydalmine
                                       Dehydrodiscretamine
                                       Fissilandione
                                       Fissisaine
                                       Norfissilandione
                                       Thaipetaline
Fissistigma glaucescens   N-Acetylxylopine
                                       Atherospermidine
                                       Atherosperminine
                                       Discretamine
                                       Fissiceine
                                       Fissicesine

	Fissicesine N-oxide
	Kuafumine
	Lanuginosine
	Liriodenine
	O-Methylflavinantine
	Oxocrebanine
	Palmatine
	Tetrahydropalmatine
	Xylopine
Fissistigma oldhamii	Discretamine
	Fissistigine B
	O-Methylflavinantine
	Palmatine
	Tetrahydropalmatine
	2,3,6-Trimethoxy-N-normorphinandien-7-one
	Xylopine
Fissistigma spp.	Anolobine
	Anonaine
	Asimilobine
	Calycinine
	Crebanine
	Norannuradhapurine
Fumaria agraria (Papaveraceae)	Adlumiceine
	Corytuberine
Fumaria asepala	Adlumidine
	Bicuculline
	Scoulerine
	Stylopine
Fumaria bastardii	Bicuculline
	Bisnorargemonine
	Corlumine
	Corydaldine
	Fumariline
	Fumaritine
	β-Hydrastine
	Juziphine
	O-Methylfumarophycine
	Oxyhydrastinine
	Protopine
	Stylopine

	Tetrahydropalmatine
Fumaria bella	Adlumidine
	Adlumine
	Bicuculline
	Cheilanthifoline
	Isoboldine
	Scoulerine
	Stylopine
Fumaria bracteosa	Adlumidine
	Bicuculline
	α-Hydrastine
	Protopine
Fumaria capreolata	Adlumiceine
	Adlumidiceine
	Adlumidine
	Bicuculline
	Cheilanthifoline
	Dehydrocheilanthifoline
	Magnoflorine
	N-Methylcoclaurine
	Pallidine
	Reticuline
	Scoulerine
	Stylopine
Fumaria cilicica	Corydaline
Fumaria densiflora	Adlumiceine
	Adlumidiceine
	Bicuculline
	Cheilanthifoline
	Coptisine
	Corytuberine
	Cryptopine
	Fumaflorine
	Fumaflorine methyl ester
	Fumaricine
	Fumaridine
	Fumariline
	Fumaritine
	α-Hydrastine
	13β-Hydroxy-N-methylstylopine quat
	Isosalutaridine

	N-Methylhydrasteine
	N-Methylhydrastine
	α-N-Methylstylopinium quat
	Palmatine
	Parfumine
	Protopine
	Scoulerine
	Sinactine
	Stylopine
Fumaria gaillardotii	Bicuculline
	Fumaricine
	N-Methylhydrastine
	Stylopine
Fumaria indica	Adlumidine
	Bicuculline
	Bicucullinine
	Dehydrocheilanthifoline
	Dihydrocoptisine
	Fumaritine N-oxide
	Fumarizine
	Lastourvilline
	N-Methylcorydaldine
	N-Methylcorydaline quat
	Narlumicine
	Narlumidine
	Noroxyhydrastinine
	Oxyhydrastinine
	Papracine
	Papracinine
	Papraine
	Papraline
	Parfumine
	Pseudoprotopine
Fumaria judaica	Adlumidine
	Adlumine
	Bicuculline
	Scoulerine
	Stylopine
Fumaria kralikii	Adlumidiceine
	Adlumine
	Berberine
	Bicuculline

	Canadine
	Coptisine
	Cryptopine
	Fumaritine N-oxide
	O-Methylfumarophycine
	N-Methylhydrasteine
	Norfumaritine
	Scoulerine
	Stylopine
Fumaria macrocarpa	Adlumine
	Bicuculline
	Sinactine
Fumaria macrosepala	Adlumidine
	Aobamidine
	Bicuculline
	Fumaritine
	Glaucine
	Protopine
	Stylopine
Fumaria microcarpa	N-Methyloxohydrasteine
Fumaria muralis	Adlumidine
	Bicuculline
	Fumariline
	Fumaritine
	Parfumine
	Stylopine
Fumaria officinalis	Adlumiceine
	Adlumidine
	Corydaline
	Corytuberine
	Cryptopine
	Fumaricine
	Fumariline
	Fumaritine
	N-Methylcanadine
	O-Methylfumarophycine
	N-Methylhydrasteine
	N-Methylhydrastine
	N-Methyloxohydrasteine
	N-Methylsinactine
	Parfumidine
	Parfumine

Fumaria parviflora	Protopine
Scoulerine
Sinactine
Tetrahydroprotoberberine
Adlumiceine
Adlumidiceine
Adlumidine
Adlumine
Bicuculline
Cheilanthifoline
Coclaurine
Coptisine
Corledine
Corlumidine
Corlumine
Cryptopine
6,7-Dimethoxy-1-(6',7'-methylenedioxy-isobenzofuranol, 3'-yl)-2,2-dimethyl-1,2,3,4-THIQ
Fumaramidine
Fumaramine
Fumaridine
Fumariline
Hydrastidine
α-Hydrastine
β-Hydrastine
Isoboldine
Isohydrastidine
Izmirine
N-Methyladlumine
N-Methylhydrasteine
N-Methylhydrastine
N-Methyl-β-Hydrastine
Norjuziphine
Noroxyhydrastinine
Norreticuline
8-Oxycoptisine
Palmatine
Parfumidine
Parfumine
Scoulerine
Stylopine

Fumaria petteri	Scoulerine
	Sinactine
Fumaria rostellata	Adlumine
	Cryptopine
	Fumariline
	Parfumine
	Protopine
	Sinactine
	Stylopine
Fumaria schleicheri	Bicuculline
	Fumaridine
	Fumschleicherine
	α-Hydrastine
	β-Hydrastine
	N-Methylhydrasteine
	N-Methylhydrastine
	Oxyhydrastinine
	Sinactine
Fumaria schrammii	Adlumiceine
	Adlumiceine enol lactone
	Adlumidiceine
	Adlumidiceine enol lactone
	Adlumine
	Bicucullinidine
	Bicucullinine
	Fumaricine
	Fumschleicherine
	Protopine
	Sinactine
	Stylopine
Fumaria spicata	Adlumiceine
Fumaria vaillantii	Adlumiceine
	Adlumidiceine
	Adlumidine
	Adlumine
	Bicuculline
	Cheilanthifoline
	Coclaurine
	Corledine
	6,7-Dimethoxy-1-(6',7'-methylenedioxy-isobenzofuranol, 3'-yl)-2,2-dimethyl-1,2,3,4-THIQ

	Egenine
	Fumaridine
	Fumariline
	α-Hydrastine
	β-Hydrastine
	Isoboldine
	Isocorydine
	Juziphine
	Ledecorine
	N-Methyladlumine
	N-Methylcorydaldine
	N-Methylhydrasteine
	N-Methylhydrastine
	N-Methylstylopinium quat
	Narlumicine
	Norjuziphine
	Norpallidine
	8-Oxycoptisine
	Pallidine
	Paprafumine
	Papraline
	Protopine
	Reticuline
	Scoulerine
	Stylopine
	Vaillantine
Fumaria spp.	Adlumine
	Coptisine
	Corytuberine
	Fumaritine
	Isoboldine
	N-Methyl-β-hydrastine
	Scoulerine
Genista anatolica (Fabaceae)	Calycotomine
Genista burdurensis	Calycotomine
Genista involucrata	Calycotomine
Genista purgens	Salsolidine
	Salsoline
Genista sessilifolia	Calycotomine
Geoffroea decorticans (Fabaceae)	Baicaline

Taxon Index

Glaucium arabicum (Papaveraceae)
    Isoboldine
    Jatrorrhizine
    Magnoflorine
    O-Methylisoboldine
    Oxyberberine
    Palmatine
    Thalifendine

Glaucium corniculatum
    Canadine
    Dehydrocorydine
    Dehydroglaucine
    Glaufidine
    Isocorydine N-oxide
    N-Methylcorydine
    O-Methylisoboldine
    O-Methylflavinantine
    N-Methylstylopinium quat
    Norbracteoline

Glaucium contortuplicatum
    Salutaridine

Glaucium fimbrilligerum
    Bulbocapnine N-oxide
    Columbamine
    Dehydrocorydine
    Glaufidine
    Glaufine
    Hernagine
    Isoboldine
    Isocorypalmine
    Magnoflorine
    N-Methylcoclaurine
    O-Methylisoboldine
    α-N-Methylstylopinium quat
    Norcorydine
    Norisocorydine
    Reticuline
    Salutaridine
    Scoulerine

Glaucium flavum
    Adlumidine
    Arosinine
    Cataline
    Corunnine
    Dehydroglaucine
    6,6α-Dehydronorglaucine

	Didehydroglaucine
	Glaucine
	Glaunine
	Isoboldine
	O-Methylflavinantine
	O-Methylisoboldine
	Salutaridine
Glaucium grandiflorum	Allocryptopine
	Berbithine
	Corypalmine
	N-Methylcanadine
	Protopine
	Reticuline
	Tetrahydropalmatine
Glaucium leiocarpum	Allocryptopine
	Glaucine
	Lastourvilline
	N-Methylcoclaurine
	N-Methylglaucine
	Oxoglaucine
	Predicentrine
	Protopine
	Secoglaucine
Glaucium oxylobum	Corysamine
	Dehydrocorydine
	Domesticine
	Domestine
	Glaufidine
	Isoboldine
	Magnoflorine
	N-Methylcanadine
	N-Methylcoclaurine
	N-Methyldomesticinium
	β-N-Methylstylopinium quat
	Norisocorydine
	Scoulerine
Glaucium paucilobum	Allocryptopine
	Bulbocapnine
	Corydine
	Glaunidine
	4-Hydroxybulbocapnine
	4β-Hydroxyisocorydine
	Isocorydine

	N-Methyllindcarpine
	Protopine
Glaucium squamigerum	Allocryptopine
	Berberine
	Canadine
	Corydine
	Corysamine
	Magnoflorine
	N-Methylcanadine
	α-N-Methylstylopinium quat
	β-N-Methylstylopinium quat
	N-Methyltetrahydrocolumbamine
	N-Methyltetrahydropalmatine
	Protopine
	Scoulerine
	Stylopine
Glaucium vitellinum	Glaucine
	4-Hydroxybulbocapnine
	O-Methylisoboldine
	Tetrahydropalmatine
Glaucium spp.	Allocryptopine
	Berberine
	Bulbocapnine
	Canadine
	Coptisine
	Corydine
	Corytuberine
	Dehydrodicentrine
	Dehydronorglaucine
	Dicentrine
	Glaucine
	Glaunidine
	Isocorydine
	Isocorytuberine
	N-Methyllaurotetanine
	N-Methyllindcarpine
	Muramine
	Predicentrine
	Reticuline
	Salutaridine
	Scoulerine
	Stylopine

Glossocalyx brevipes (Monimiaceae)
        Domestine
        Flavinantine
        Isoboldine
        Isocorydine
        Laurotetanine
        N-Methyllaurotetanine
        N-Methyllaurotetanine N-oxide
        O-Methylnorarmepavine
        Norisodomesticine
        Orientaline
        Pronuciferine
        Reticuline
        Stepharine
        Tuduranine
Glossocalyx spp.   Asimilobine

Gnetum parvifolium (Gnetaceae) Higenamine
        N-Methylhigenamine
        N-Methylhigenamine N-oxide

Goniothalamus amuyon (Annonaceae)
        Calycinine
        Crebanine
        Discretamine
        O-Methylflavinantine
        Norannuradhapurine
        Palmatine
        Tetrahydropalmatine
        Xylopine
Goniothalamus spp.   Anolobine
        Anonaine
        Asimilobine

Greenwayodendron oliveri (Annonaceae)
        Uvariopsamine
Greenwayodendron suaveolens Guatterine
        Noroliverine
        Oliveridine
        Oliveridine N-oxide
        Oliverine
        Oliverine N-oxide

Taxon Index 525

	Oliveroline
	Pachypodanthine
	Polyalthine
	Polysuavine
Guatteria amplifolia (Annonaceae)	
	Corydine
	Isocorytuberine
	Liriodenine
	O-Methylmoschatoline
Guatteria calva	Oxostephanine
Guatteria chrysopetala	Codamine
	O,N-Dimethylliriodendronine
	Isoboldine
	Lanuginosine
Guatteria cubensis	Corydine
Guatteria dielsiana	Isomoschatoline
Guatteria diospyroides	O-Methylisopiline
Guatteria discolor	Argentinine
	Atherosperminine
	Atherosperminine N-oxide
	Corypalmine
	10-O-Demethyldiscretine
	Discoguattine
	Discretamine
	Discretine
	Guacolidine
	Guacoline
	Guadiscidine
	Guadiscine
	Guadiscoline
	Isocalycinine
	O-Methylpukateine
	Oxoisocalycinine
	Puterine
	Saxoguattine
Guatteria elata	Lauterine
	Oxoputerine
	Puterine
Guatteria foliosa	Argentinine
	3-Hydroxynornuciferine
	Isoguattouregidine

	3-Methoxyguattescidine
	3-Methoxyoxoputerine
	O-Methylelmerrillicine
	Norguattevaline
	Norstephalagine
Guatteria goudotiana	Argentinine
	Corytuberine
	Dehydronantenine
	Dehydroneolitsine
	Goudotianine
	Isoboldine
	Isodomesticine
	Juziphine
	Liriodenine
	Neolitsine
	Norisodomesticine
	Pallidine
	Reticuline
Guatteria lehmannii	Cryptodorine
Guatteria melosma	3-Hydroxynornuciferine
	3-Hydroxynuciferine
	Isoboldine
	Isoguattouregidine
	Isomoschatoline
	Liriodenine
	Melosmidine
	Melosmine
	Oxoanolobine
	Pallidine
Guatteria moralessi	Corydine
Guatteria oliviformis	Isocorydine
Guatteria ouregou	Dehydroformouregine
	Dihydromelosmine
	Dehydronornuciferine
	10-Demethylxylopinine
	Formouregine
	N-Formylnornuciferine
	Gouregine
	Guattouregidine
	Guattouregine
	3-Hydroxynuciferine
	Melosmine
	3-Methoxynuciferine

	O-Methyldehydroisopiline
	N-Methylisopiline
	O-Methylisopiline
	Nuciferine
	Oureguattidine
	Subsessiline
Guatteria psilopus	Atherospermidine
	Guatterine
Guatteria saffordiana	O-Methylmoschatoline
Guatteria sagotiana	Armepavine
	Dehydroroemerine
	Dehydrostephalagine
	Duguespixine
	Elmerrillicine
	Glaziovine
	Guatterine N-oxide
	3-Hydroxynornuciferine
	Lauterine
	Lirinidine
	N-Methylcoclaurine
	N-Methylelmerrillicine
	O-Methylpukateine
	Norlaureline
	Noroliveroline
	Nuciferidine
	Obovanine
	Oliveroline
	Oliveroline β-N-oxide
	Oxoanolobine
	Oxoputerine
	Pachyconfine
	Pukateine
	Trichoguattine
Guatteria scandens	Actinodaphnine
	Atheroline
	Dicentrinone
	Discretine
	Guattescidine
	Guattescine
	Lanuginosine
	Liriodenine
	O-Methylisopiline
	Nordicentrine

Guatteria schomburgkiana	Norpredicentrine
	Saxoguattine
	Xylopinine
	Belemine
	Corydalmine
	Corydine
	Corytenchine
	Dehydroanonaine
	Dehydroguattescine
	N-Formylputerine
	Guadiscine
	Guattescine
	Isoboldine
	Lanuginosine
	Liriodenine
	O-Methylpukateine
	Norcorydine
	Oxoputerine
	Puterine
	Tetrahydropalmatine
	Xylopinine
Guatteria subsessilis	Subsessiline
Guatteria tonduzii	Roemeroline
Guatteria spp.	Anolobine
	Anonaine
	Asimilobine
	Atherospermidine
	Coreximine
	Guatterine
	3-Hydroxynornuciferine
	Isoboldine
	Isopiline
	Laurotetanine
	N-Methyllaurotetanine
	O-Methylmoschatoline
	Nornuciferine
	Reticuline
	Roemerine
	Xylopine
Gymnocalycium achirasense (Cactaceae)	
	Anhalamine

Taxon Index

Gymnocalycium albispinum	Anhalinine
	Anhalonidine
	Anhalonine
	Lophophorine
	O-Methylanhalonidine
	Pellotine
Gymnocalycium anisitsii	Anhalidine
	Anhalinine
	Anhalonidine
Gymnocalycium asterium	Anhalamine
	Anhalidine
	Anhalonidine
	Anhalonine
	Lophophorine
	O-Methylanhalidine
	Pellotine
Gymnocalycium baldianum	Anhalamine
	Anhalidine
	Anhalinine
	Anhalonidine
	Anhalonine
	Lophophorine
	Pellotine
Gymnocalycium bayrianum	Anhalinine
	Anhalonidine
	Anhalonine
	Lophophorine
	Pellotine
Gymnocalycium boszingianum	Anhalinine
	Anhalonidine
	Anhalonine
	Lophophorine
	Pellotine
Gymnocalycium calochlorum	Anhalamine
	Anhalidine
	Anhalinine
	Anhalonidine
	Pellotine
Gymnocalycium cardenansianum	Anhalinine
	Anhalonidine
	Pellotine
Gymnocalycium carminanthum	Anhalamine

	Anhalonidine
	O-Methylanhalidine
Gymnocalycium chubutense	Anhalonidine
	Anhalonine
	Lophophorine
	O-Methylanhalidine
	O-Methylanhalonidine
	Pellotine
Gymnocalycium comarapense	Anhalamine
	Anhalidine
	Anhalinine
	Anhalonidine
	Anhalonine
	Lophophorine
	Pellotine
Gymnocalycium curvispinum	Anhalinine
	Anhalonidine
	Anhalonine
	Pellotine
Gymnocalycium delaetii	Anhalinine
	Anhalonidine
	Pellotine
Gymnocalycium denudatum	Anhalamine
	Anhalidine
	Anhalinine
	Anhalonidine
	O-Methylanhalidine
	O-Methylanhalonidine
Gymnocalycium gibbosum	Anhalamine
	Anhalidine
	Anhalinine
	Anhalonidine
	Anhalonine
	Lophophorine
	O-Methylanhalidine
	O-Methylanhalonidine
	Pellotine
Gymnocalycium horridispinum	Anhalinine
	Pellotine
Gymnocalycium leeanum	Anhalonine
	Lophophorine
Gymnocalycium megalotheles	Anhalinine
	Anhalonidine

Taxon Index 531

Gymnocalycium mesopotamicum   Anhalamine
                                               Anhalonidine
Gymnocalycium monvillei   Anhalamine
                                               Anhalidine
                                               Anhalinine
                                               Anhalonidine
                                               Anhalonine
                                               Lophophorine
                                               O-Methylanhalidine
                                               O-Methylanhalonidine
                                               Pellotine
Gymnocalycium moserianum   Anhalamine
                                               Anhalidine
                                               Anhalinine
                                               Anhalonidine
                                               Anhalonine
                                               Lophophorine
                                               O-Methylanhalidine
                                               O-Methylanhalonidine
                                               Pellotine
Gymnocalycium netrelianum   Anhalamine
                                               Anhalidine
                                               Anhalinine
                                               Anhalonidine
                                               Anhalonine
                                               Lophophorine
                                               Pellotine
Gymnocalycium nigriareolatum   Anhalamine
                                               Anhalonidine
                                               O-Methylanhalidine
Gymnocalycium oenanthemum   Anhalamine
                                               Anhalidine
                                               Anhalonidine
                                               Anhalonine
                                               Lophophorine
                                               O-Methylanhalidine
                                               O-Methylanhalonidine
                                               Pellotine
Gymnocalycium paraguayense   Anhalamine
                                               Anhalonidine
Gymnocalycium pflanzii   Anhalamine
                                               Anhalinine
                                               Anhalonidine

	Anhalonine
	Lophophorine
	Pellotine
Gymnocalycium quehlianum	Anhalinine
	Anhalonidine
	Anhalonine
	Lophophorine
	O-Methylanhalonidine
	Pellotine
Gymnocalycium ragonesii	Anhalidine
	Anhalinine
	Anhalonidine
	O-Methylanhalidine
	O-Methylanhalonidine
	Pellotine
Gymnocalycium riograndense	Anhalamine
	Anhalidine
	Anhalinine
	Anhalonidine
	Anhalonine
	Lophophorine
	Pellotine
Gymnocalycium saglionis	Anhalamine
	Anhalidine
	Anhalinine
	Anhalonidine
	Anhalonine
	Lophophorine
	Pellotine
Gymnocalycium schickendtzii	Anhalamine
	Anhalidine
	Anhalinine
	Anhalonine
	Lophophorine
	Pellotine
Gymnocalycium stellatum	Anhalamine
	Anhalinine
	Anhalonidine
	Anhalonine
	Lophophorine
	O-Methylanhalonidine
	Pellotine
Gymnocalycium striglianum	Anhalamine

	Anhalidine
	Anhalinine
	Anhalonidine
	Anhalonine
	Lophophorine
	Pellotine
Gymnocalycium tillianum	Anhalamine
	Anhalidine
	Anhalinine
	Anhalonidine
	Anhalonine
	Lophophorine
	Pellotine
Gymnocalycium triacanthum	Anhalidine
	Anhalinine
	Anhalonidine
	O-Methylanhalidine
Gymnocalycium uebelmannianum	Anhalamine
	Anhalidine
	Anhalinine
	Anhalonidine
	Anhalonine
	Lophophorine
	O-Methylanhalidine
	O-Methylanhalonidine
	Pellotine
Gymnocalycium valnicekianum	Anhalamine
	Anhalidine
	Anhalinine
	Anhalonidine
	Anhalonine
	Lophophorine
	Pellotine
Gymnocalycium vatteri	Anhalidine
	Anhalinine
	Anhalonidine
	Anhalonine
	Lophophorine
	Pellotine

Gymnospermium smirnovii (Berberidaceae)
                        Argemonine

Gyrocarpus americanus (Hernandiaceae)
    Domesticine
    N-Methylcoclaurine
    Pronuciferine
    Reticuline

Haliclona sp. (Haliclonidae)
    1-Hydroxymethyl-7-methoxyisoquinolin-6-ol

Haloxylon articulatum (Chenopodiaceae)
    Carnegine
    1-Methylcorypalline
Haloxylon salicornicum
    Carnegine
Haloxylon scoparium
    Carnegine
    1,2-Dehydrosalsolidine
    Isosalsolidine
    N-Methylcorydaline quat
    Salsolidine

Hammada articulata (Chenopodiaceae)
    Carnegine
    Corydaldine
    1,2-Dehydrosalsolidine
    Isosalsoline

Hedycarya angustifolia (Monimiaceae)
    Boldine
    Corydaline
    Corydine
    6,6α-Dehydronorlaureline
    Glaucine
    Isosevanine
    Isouvariopsine
    Laureline
    Laurotetanine
    O-Methylcinnamolaurine

Helleborus viridis (Ranunculaceae)
    Magnoflorine
Helleborus spp.
    Corytuberine

Heptacyclum zenkeri (Menispermaceae)
    Dehydrodiscretine

Taxon Index

Hernandia cordigera (Hernandiaceae)
  Hernagine
  Isoboldine
  Isocorydine
  Laurotetanine
  N-Methylactinodaphnine
  Nandigerine
  Neolitsine
  Norisocorydine
  Nornantenine
  Ovigerine
Hernandia guianensis
  Hernovine
  N-Methylhernovine
  Reticuline
Hernandia jamaicensis
  Catalpifoline
Hernandia nymphaeifolia
  7-O-Desmethylisosalsolidine
  7-Formyldehydrohernangerine
  N-Formylhernangerine
  N-Formylnornantenine
  N-Formylovigerine
  Hernagine
  Hernovine
  N-Hydroxyhernangerine
  N-Hydroxyovigerine
  Magnoflorine
  N-Methylcorydaldine
  N-Methylhernovine
  N-Methylovigerine
  Northalifoline
  Thalifoline
Hernandia ovigera
  6,7-Dimethoxy-2-methylisocarbostyril
  Hernagine
  Hernovine
  N-Methylcorydaldine
Hernandia peltata
  Hernagine
  N-Methylhernovine
  Laetine
Hernandia sonora
  Atheroline
  Backebergine
  Corytuberine
  6,7-Dimethoxy-2-methylisocarbostyril
  Norisocorydione
  Isocorydione

Hernandia voyronii	Laetanine
	Laudanosine
	Lindcarpine
	Norisocorydine
	Norpredicentrine
	Ocobotrine
	Pallidine
Hernandia spp.	Actinodaphnine
	Catalpifoline
	Dehydroocopodine
	O,O-Dimethylcorytuberine
	Hernandonine
	Isocorydine
	Laurotetanine
	N-Methyllaurotetanine
	N-Methylnandigerine
	N-Methylovigerine
	Nandigerine
	Nornantenine
	Ovigerine
	Oxocrebanine
	Reticuline
	Xanthoplanine
Hexalobus crispiflorus (Annonaceae)	
	Anonaine
	N-Carbamoylanonaine
	N-Carbamoylasimilobine
	N-Formylanonaine
	3-Hydroxy-6α,7-dehydronuciferine
	3-Hydroxynornuciferine
	Nornuciferine
	Norstephalagine
Hexalobus monopetalus	N-Formylanonaine
	Nuciferine
	Roemerine
Hexalobus spp.	Asimilobine
	N-Formylanonaine
	3-Hydroxynornuciferine
Hordeum vulgare (Poaceae)	Corydine
	Dicentrine
	Glaucine

Hunnemannia fumariaefolia (Papaveraceae)
    Allocryptopine
    Berberine
    Coptisine
    Corysamine
    Cyclanoline
    Escholidine
    Hunnemanine
    Oxyhydrastinine
    Protopine
    Scoulerine

Hydrastis canadensis (Ranunculaceae)
    Berberastine
    Berberine
    Canadaline
    Canadine
    Canadinic acid
    Corypalmine
    Hydrastidine
    α-Hydrastine
    β-Hydrastine
    Hydrastinine
    Isocorypalmine
    Isohydrastidine
    Jatrorrhizine
    8-Oxotetrahydrothalifendine
    Reticuline

Hylomecon vernalis (Papaveraceae)
    Berberine
    Canadine
    Coptisine
    Stylopine
Hylomecon sp.   Allocryptopine
    Protopine

Hymenodictyon floribundum (Rubiaceae)
    Berberine

Hypocoum chinensis (Papaveraceae)
    Allocryptopine
Hypecoum erectum N-Methylcanadine

Hypecoum imberbe	Bulbocapnine
	Oxyhydrastinine
Hypecoum leptocarpum	Allocryptopine
	Corydine
	Doryanine
	Hypecoumine
	Magnoflorine
	β-N-Methylstylopinium quat
	Oxyhydrastinine
Hypecoum parviflorum	Peshawarine
Hypecoum procumbens	Allocryptopine
	Corydalisol
	Corydine
	Glaucine
	Hunnemanine
	Magnoflorine
	β-N-Methylstylopinium quat
	13-Oxoprotopine
	Scoulerine
Hypecoum spp.	Coptisine
	Isocorydine
Illigera luzonensis (Hernandiaceae)	
	Bulbocapnine
	Dicentrine
	Dicentrinone
	Hernovine
	Liriodenine
	N-Methylactinodaphnine
	O-Methylbulbocapnine
Illigera parviflora	Hernovine
	Litseferine
	Reticuline
Illigera pentaphylla	Atheroline
	Boldine
	Lanuginosine
	Laurolitsine
	Lindcarpine
	N-Methyllindcarpine
	Nordicentrine
	Norisoboldine
	Thaliporphine methine

Taxon Index

Illigera spp.　　　　　　　　　Actinodaphnine
　　　　　　　　　　　　　　　　Launobine
　　　　　　　　　　　　　　　　Laurotetanine

Islaya minor (Cactaceae)　　　Corypalline
　　　　　　　　　　　　　　　　Pellotine

Isolona campanulata (Annonaceae)
　　　　　　　　　　　　　　　　Oliveridine
　　　　　　　　　　　　　　　　Oliverine
　　　　　　　　　　　　　　　　Oliverine N-oxide
Isolona maitlandii　　　　　　3-Hydroxy-6α,7-dehydronuciferine
　　　　　　　　　　　　　　　　Norstephalagine
Isolona pilosa　　　　　　　　Caaverine
　　　　　　　　　　　　　　　　Isopiline
　　　　　　　　　　　　　　　　O-Methylisopiline
　　　　　　　　　　　　　　　　Pronuciferine
　　　　　　　　　　　　　　　　Roemerine
　　　　　　　　　　　　　　　　Zenkerine
Isolona zenkeri　　　　　　　　Lirinidine
　　　　　　　　　　　　　　　　N-Methylcrotsparine
　　　　　　　　　　　　　　　　Zenkerine
Isolona spp.　　　　　　　　　Anonaine
　　　　　　　　　　　　　　　　Nornuciferine

Isopyrum thalictroides (Ranunculaceae)
　　　　　　　　　　　　　　　　Corytuberine
　　　　　　　　　　　　　　　　Dehydropseudocheilanthifoline
　　　　　　　　　　　　　　　　Magnoflorine
　　　　　　　　　　　　　　　　5,6,7-Trimethoxy-N-
　　　　　　　　　　　　　　　　　　　methylisoquinolinium quat
　　　　　　　　　　　　　　　　Pseudoberberine
　　　　　　　　　　　　　　　　Pseudocolumbamine
　　　　　　　　　　　　　　　　Pseudocoptisine

Jatrorrhiza palmata (Menispermaceae)
　　　　　　　　　　　　　　　　Berberine
　　　　　　　　　　　　　　　　Columbamine
　　　　　　　　　　　　　　　　Jatrorrhizine
　　　　　　　　　　　　　　　　Palmatine

Jeffersonia dubia (Berberidaceae)　Jatrorrhizine

Juglans regia (Juglandaceae)   Berberine

Kolobopetalum auriculatum (Menispermaceae)
                         Corydine
                         Corytuberine
                         Magnoflorine
                         N-Methylcorydine
                         O-Methylflavinantine

Laurelia novae-zelandiae (Monimiaceae)
                         Berberine
                         Boldine
                         Corydine
                         Laureline
                         Laurepukine
                         Obovanine
                         Oxoputerine
                         Pukateine
                         Romneine
Laurelia philippiana   Anonaine
                         Asimilobine
                         Atheroline
                         Berberine
                         4-Hydroxyanonaine
                         4-Hydroxynornantenine
                         Norcorydine
                         Nornantenine
                         Reticuline
                         Romneine
Laurelia sempervirens   Anonaine
                         Atheroline
                         Dehydroanonaine
                         4-Hydroxynornantenine
                         Nornantenine
                         Nornuciferine
                         Norushinsunine
                         Stepharine
Laurelia spp.   Corydine
                         Laurotetanine
                         Mecambroline

Laurobasidium lauri (Exobasidiaceae)
                         Reticuline

Taxon Index

Laurus nobilis (Lauraceae)	Boldine
	Cryptodorine
	Isodomesticine
	Launobine
	N-Methylactinodaphnine
	Nandigerine
	Neolitsine
	Norisodomesticine
	Reticuline
Laurus spp.	Actinodaphnine
	Dicentrine

Legnephora moorei (Menispermaceae)
    Dehydrocorydalmine
    Laurifoline
    Magnoflorine
    Stepharine
Legnephora spp.   N-Methylisocorydine

Lemaireocereus weberi (see *Pachycereus weberi*)

Leontice leontopetalum (Berberidaceae)
    Dihydrosecoquettamine
    Juziphine
    Leonticine
    Magnocurarine
    O-Methyldihydrosecoquettamine
    Norjuziphine
    Oblongine
    Petaline
    Reticuline
Leontice smirnovii   Argemonine

Limacia oblonga (Menispermaceae)
    Stepharine

Limaciopsis loangensis (Menispermaceae)
    Oxypalmatine

Licaria armeniaca (Lauraceae)   Bracteoline
    α-Dehydroreticuline

Lindera glauca (Lauraceae)   Norcinnamolaurine

Lindera megaphylla	Dehydrodicentrine
	Dicentrine
	Dicentrinone
	N-Methylhernovine
	N-Methylnandigerine
	Northalifoline
Lindera myrrha	Corydine
	Hernagine
	Hernovine
	Nandigerine
	Oduocine
	Ovigerine
	Oxoduocine
Lindera oldhamii	Magnocurarine
	N-Methylhernovine
	O-Methylnorarmepavine
	N-Methylovigerine
	Nordicentrine
Lindera pipericarpa	Isocorydine
	Lindcarpine
	Norisocorydine
Lindera reflexa	Laurolitsine
	Lindcarpine
Lindera sericea	Isoboldine
Lindera strychnifolia	Isoboldine
Lindera umbellata	Isoboldine
Lindera spp.	Boldine
	Dicentrine
	Isoboldine
	Launobine
	Laurotetanine
	O-Methylbulbocapnine
	N-Methyllaurotetanine
	N-Methylnandigerine
	Reticuline

Liriodendron tulipifera (Magnoliaceae)

  N-Acetylanonaine
  N-Acetylasimilobine
  N-Acetyl-3-methoxynornantenine
  N-Acetylnornantenine
  N-Acetylnornuciferine
  Anonaine

	Apoglaziovine
	Caaverine
	Corytuberine
	Dehydroglaucine
	Dehydroisolaureline
	Dehydroroemerine
	Glaucine
	3-Hydroxynuciferine
	Isocorypalmine
	Isolaureline
	Liridinine
	Lirinidine
	Lirinine N-oxide
	Liriodendronine
	Lirioferine
	Liriotulipiferine
	Magnoflorine
	3-Methoxynuciferine
	N-Methylcrotsparine
	O-Methylisoboldine
	N-Methyllaurotetanine
	O-Methylmoschatoline
	Nornuciferine
	Norushinsunine
	Nuciferine
	Predicentrine
	Roemerine
	Roemerine N-oxide
	Stepholidine
Liriodendron spp.	Asimilobine
	Caaverine
	Dehydroisolaureline
	4-Hydroxynornantenine
	Liriodenine
	Lysicamine
	O-Methylisopiline
	Oxoglaucine
	Tuliferoline
Litsea acuminata (Lauraceae)	Juziphine
	Lindcarpine
	N-Methylcoclaurine
	Norisoboldine

	Norjuziphine
	Pallidine
Litsea cubeba	Glaziovine
	Liriotulipiferine
	Magnocurarine
	N-Methyllindcarpine
	8-O-Methyloblongine
	Oblongine
Litsea deccanensis	Corytuberine
	Magnoflorine
Litsea glutinosa	N-Acetyllaurelliptine
	Coclaurine
	Litseferine
	Protosinomenine
	Sebiferine
Litsea hayatae	Ushinsunine
Litsea laeta	Dicentrinone
	Glaucine
	Laetanine
	Laetine
	Nordicentrine
Litsea laurifolia	Glaziovine
	N-Methylnandigerine
	Nandigerine
Litsea lecardii	Coclaurine
	Litseferine
	Pallidine
Litsea nitida	Litsedine
Litsea rotundifolia	N-Acetyllaurolitsine
	Laurolitsine
Litsea triflora	Corydine
	Glaucine
	Isoboldine
	N-Methylcoclaurine
	Norisoboldine
	Predicentrine
	Sanjoinine K
Litsea wightiana	Glaucine
	Norcorydine
Litsea spp.	N-Acetyllaurolitsine
	Actinodaphnine
	Boldine
	Dicentrine

Taxon Index 545

	Isocorydine
	Isodomesticine
	Laurolitsine
	Laurotetanine
	Liriodenine
	N-Methylactinodaphnine
	N-Methyllaurotetanine
	Nordicentrine
	Norisoboldine
	Norisocorydine
	Reticuline
	Xanthoplanine
Lophocereus australis (Cactaceae)	Pilocereine
Lophocereus schottii	Lophocereine
	Pilocereine
Lophophora diffusa (Cactaceae)	Anhalamine
	Anhalidine
	Anhalinine
	Anhalonidine
	Anhalonine
	Lophophorine
	Pellotine
Lophophora fricii	Anhalamine
	Anhalidine
	Anhalinine
	Anhalonidine
	Anhalonine
	Lophophorine
	Pellotine
Lophophora gatesii	Isopellotine
	Pilocereine
Lophophora jourdaniana	Anhalidine
	Anhalinine
	Anhalonidine
	Anhalonine
	Lophophorine
	Pellotine
Lophophora williamsii	N-Acetylanhalamine
	N-Acetylanhalonine
	Anhalamine
	Anhalidine

	Anhalinine
	Anhalonidine
	Anhalonine
	Anhalotine
	1,2-Dehydroanhalamine
	1,2-Dehydroanhalidinium quat
	1,2-Dehydroanhalonidine
	1,2-Dehydropellotinium quat
	N-Formylanhalamine
	N-Formylanhalinine
	N-Formylanhalonidine
	N-Formylanhalonine
	N-Formyl-O-methylanhalonidine
	Isoanhalamine
	Isoanhalidine
	Isoanhalonidine
	Isopellotine
	Lophophorine
	Lophotine salt
	Mescalotam
	O-Methylanhalonidine
	O-Methylpellotine
	O-Methylpeyoruvic acid
	O-Methylpeyoxylic acid
	Pellotine
	Peyoglutam
	Peyophorine
	Peyoruvic acid
	Peyotine iodide quat
	Peyoxylic acid
Lysichiton sp. (Araceae)	Liriodenine
	Lysicamine
Machilus acuminatissima (Lauraceae)	
	Coclaurine
	Crykonisine
	Norarmepavine
Machilus arisanensis	Laudanidine
	Norarmepavine
Machilus duthei	Boldine
	Isoboldine
	Laurolitsine

Taxon Index

	Laurotetanine
	Reticuline
Machilus glaucesens	Atheroline
	Machigline
Machilus kusanoi	Coclaurine
	Norarmepavine
Machilus obovatifolia	Laudanidine
	Norarmepavine
Machilus pseudolongifolia	Norarmepavine
Machilus thunbergii	Norarmepavine
	Reticuline
Machilus zuihoensis	Norarmepavine
Macleaya sp. (Papaveraceae)	Allocryptopine
	Coptisine
	Protopine
Magnolia acuminata (Magnoliaceae)	
	Anolobine
	Magnocurarine
	Magnoflorine
	N-Methyllindcarpine
Magnolia anglietia	Magnocurarine
Magnolia biondii	Magnoflorine
Magnolia champaca	Magnoflorine
	Ushinsunine
Magnolia coco	N-Acetylanolobine
	Magnococline
Magnolia fargesii	Juzirine
	N-Methylcoclaurine
	Sanjoinine K
Magnolia grandiflora	Magnoflorine
Magnolia kachirachirai	Glaucine
	Norarmepavine
Magnolia kobus	Magnoflorine
	Roemerine
Magnolia liliflora	Sanjoinine K
Magnolia obovata	N-Acetylanonaine
	Anonaine
	Isolaureline N-oxide
	Lanuginosine
	Liriodenine
	Magnocurarine

	N-Methylglaucine
	Oblongine
	Obovanine
	Roemerine
	Xanthoplanine
Magnolia officinalis	Magnocurarine
	Oblongine
	Xanthoplanine
Magnolia rostrata	Magnocurarine
Magnolia salicifolia	Coclaurine
	Juzirine
	N-Methylcoclaurine
	Reticuline
	Reticuline N-oxide
	Sanjoinine K
Magnolia sieboldii	Magnoporphine
Magnolia soulangeana	Lauterine
	Magnoflorine
Magnolia sprengeri	Magnocurarine
Magnolia szechuanica	Magnocurarine
Magnolia wilsonii	Magnocurarine
Magnolia spp.	Anonaine
	Asimilobine
	N,N-Dimethyllindcarpine
	Lanuginosine
	Laurifoline
	Lauterine
	Liriodenine
	Magnoflorine
	N-Methylisocorydine
	Norushinsunine
	Oxoglaucine
	Reticuline

Mahonia aquifolium (Berberidaceae)

Columbamine
Corydine
Corytuberine
Isoboldine
Jatrorrhizine
Magnoflorine
Oxyberberine
Scoulerine

Mahonia gracilipes	Columbamine
	Oxyberberine
Mahonia japonica	Columbamine
	Coptisine
	Magnoflorine
Mahonia repens	Columbamine
	Corydine
	Glaucine
	Magnoflorine
	O-Methylisoboldine
Mahonia spp.	Berberine
	Isocorydine
	Jatrorrhizine
	Palmatine
Manglietia chingii (Magnoliaceae)	
	Magnocurarine
Manglietia duclouxii	Magnocurarine
Manglietia insignis	Magnocurarine
Manglietia szechuanica	Magnocurarine
Manglietia yuyuanensis	Magnocurarine
Meconopsis betonicifolia (Papaveraceae)	
	Corysamine
Meconopsis cambrica	Allocryptopine
	Amurine
	Corysamine
	Flavinantine
	Glaziovine
	Isosalutaridine
	Magnoflorine
	Mecambridine
	Mecambrine
	Mecambroline
	N-Methylcrotonosine
	Pronuciferine
	Protopine
	Roemerine
	Roemeroline
Meconopsis napaulensis	Corysamine
	Magnoflorine
Meconopsis paniculata	Corysamine
	Magnoflorine

Meconopsis punicea	Alborine
Meconopsis robusta	Allocryptopine
	Corysamine
	Cryptopine
	Magnoflorine
	Protopine
Meconopsis rudis	Magnoflorine
Meconopsis speciosa	Amurine
	Reframoline
Meconopsis spp.	Coptisine
	Corytuberine

Meiocarpidium lepidotum (Annonaceae)
	Methoxyatherosperminine N-oxide
Meiocarpidium sp.	Methoxyatherosperminine

Meiogyne virgata (Annonaceae)	Anonaine
	Corydalmine
	Corytuberine
	Dehydrocorydalmine
	Discretamine
	Norushinsunine
	Stepharine
	Stepholidine
Meiogyne spp.	Asimilobine
	Berberine

Melodorum punctulatum (Annonaceae)
	Norushinsunine
Melodorum spp.	Asimilobine
	Liriodenine
	Norushinsunine

Menispermum canadense (Menispermaceae)
	Dehydrocheilanthifoline
	Magnoflorine
	N-Methyllindcarpine
Menispermum dauricum	Cheilanthifoline
	Corypalline
	Dauricoside
	Stepharine
	Stepholidine
Menispermum sp.	N-Methylisocorydine

Mezilaurus synandra (Lauraceae) Coclaurine
Corytuberine

Michelia cathcartii (Magnoliaceae)
Lanuginosine
Michelia lanuginosa Lanuginosine
Liriodenine
Michelanugine
Michelia sp. Michepressine
Norushinsunine
Ushinsunine

Miliusa cf. *banacea* (Annonaceae)
10-Hydroxyliriodenine
Lauterine

Mitrephora cf. *maingayi* (Annonaceae)
1,2-Dimethoxy-3-hydroxy-5-
oxonoraporphine
1,2,3-Trimethoxy-5-oxonoraporphine

Mollinedia costaricensis (Monimiaceae)
Mollinedine

Monimia rotundifolia (Monimiaceae)
Atheroline
Boldine
Isoboldine
Laurotetanine
N-Methyllaurotetanine
Norglaucine

Monocyclanthus vignei (Annonaceae)
Argentinine
Argentinine N-oxide
8-Hydroxystephenanthrine
8-Hydroxystephenanthrine N-oxide
Oxoasimilobine
Reticuline
Stephenanthrine
Stephenanthrine N-oxide
Monocyclanthus spp. Asimilobine
N-Methylasimilobine

Monodora brevipes (Annonaceae)	Crotsparine
Monodora crispata	Mocrispatine
	Pallidine
Monodora junodii	Magnococline
Monodora tenuifolia	Anonaine
	Magnoflorine
	Norisoboldine
	Sparsiflorine
	Stepharine
Monodora spp.	Anolobine
	Stepharine
	Wilsonirine
Musa paradisiaca (Musaceae)	Salsolinol

Nandina domestica (Berberidaceae)

Berberastine
Berberine
Columbamine
Coptisine
Dehydrocheilanthifoline
Dehydrodiscretamine
Dehydroisoboldine
Dehydronantenine
Deoxythalidastine
Discretamine
Domesticine
Domestine
Epiberberine
Hydroxynantenine
Isoboldine
Isocorydine
Isodomesticine
Jatrorrhizine
Magnoflorine
N-Methylisocorydine
Nandazurine
Nandinine
Nornantenine
Palmatine
Pseudocolumbamine
Salutaridine
Scoulerine

Taxon Index 553

	Thalidastine
	Thalifendine
	Zizyphusine
Nandina sp.	N-Methylisocorydine
Nectandra grandiflora (Lauraceae)	
	Boldine
	Isoboldine
Nectandra membranacea	Apoglaziovine
	Glaziovine
	Isoboldine
Nectandra pichurium	Isoboldine
	Isocorydine
Nectandra rigida	Norisoboldine
Nectandra salicifolia	Coclaurine
	Glaziovine
	Isoboldine
	Juziphine
	Laurolitsine
	N-Methylcoclaurine
	N-Methyllaurotetanine
	Norisocorydine
	Norjuziphine
	Norpurpureine
	Reticuline
	Sebiferine
Nectandra saligna	Dehydroocoteine
Nectandra sinuata	3-Methoxynordomesticine
	Nordomesticine
	Norlirioferine
	Norphoebine
	Phoebine
Nectandra spp.	Laurotetanine
Nelumbo lutea (Nymphaeaceae)	Armepavine
	Norarmepavine
Nelumbo nucifera	Anonaine
	Armepavine
	Dehydroanonaine
	Dehydronuciferine
	Dehydroroemerine
	Higenamine
	Lirinidine

Nelumbo spp.	Lotusine
	N-Methylheliamine
	N-Methylisococlaurine
	Norarmepavine
	Nornuciferine
	Nuciferine
	Pronuciferine
	Roemerine
	Anonaine
	Asimilobine
	Liriodenine
	N-Methylasimilobine
	Nornuciferine
	Nuciferine
	Ocoteine
	Roemerine
Nemuaron vieillardii (Monimiaceae)	
	Atheroline
Neolitsea aurata (Lauraceae)	Anonaine
	Isoboldine
	Laurolitsine
	Litsericine
	N-Methyllitsericine
	Roemerine
Neolitsea buisanensis	Isoboldine
	Laurolitsine
	Litsericine
Neolitsea fuscata	Isoboldine
Neolitsea konishii	Corydine
	N-Methylcrotsparine
Neolitsea parvigemma	Glaucine
Neolitsea pubescens	Isoboldine
Neolitsea pulchella	Neolitsine
Neolitsea sericea	Isoboldine
	Litsericine
	Nuciferine
Neolitsea variabillima	Hernovine
	N-Methylhernovine
	Nandigerine
Neolitsea villosa	Isoboldine
	Isodomesticine

	Juziphine
	Norjuziphine
	Pallidine
	Sanjoinine K
Neolitsea zeylanica	Isoboldine
	Norisoboldine
Neolitsea spp.	Actinodaphnine
	Anonaine
	Boldine
	Laurotetanine
	Liriodenine
	N-Methylactinodaphnine
	N-Methyllaurotetanine
	Reticuline
	Roemerine

Neostenanthera gabonensis (Annonaceae)
    Caaverine
    3-Hydroxynuciferine
    Isopiline
    Liridinine
    Lirinidine
    N-Methylcrotsparine
    N-Methylisopiline
    O-Methylisopiline
    N-Methylstenantherine
    Stenantherine

Nicotiana tabacum (Solanaceae)   Isoquinoline

Nigella damascena (Ranunculaceae)
    Magnoflorine
Nigella sativa   Isosalsolidine
    Isosalsolidine N-oxide

Nothaphoebe konishii (Lauraceae)	Laudanidine
	Norarmepavine
Nothaphoebe umbelliferae	Laurotetanine
Nothaphoebe sp.	Actinodaphnine

Nymphaea stellata (Nymphaeaceae)
    Coclaurine

Ocotea acutangula (Lauraceae)	O-Methylpallidine
	O-Methylpallidinine
	Pallidine
	Pallidinine
Ocotea atirrensis	Norarmepavine
Ocotea benesii	3-Hydroxy-6α,7-dehydronuciferine
	3-Hydroxynuciferine
Ocotea brachybotra	Dicentrine
	14-Episinomenine
	Glaziovine
	Leucoxine
	N-Methylactinodaphnine
	Ocobotrine
	Ocopodine
	Pallidine
	Salutaridine
	Tetrahydrosinacutine
Ocotea bucherii	Thalbaicalidine
Ocotea caesia	Isoboldine
	N-Methylzenkerine
	Norisoboldine
	Nororientinine
	Zenkerine
Ocotea glaziovii	Caaverine
	Crotsparine
	Glaziovine
	Pronuciferine
Ocotea gomezii	Dehydroglaucine
	Preocoteine
Ocotea holdrigiana	Corytuberine
	O,O-Dimethylcorytuberine
	3-Hydroxynuciferine
	Laurotetanine
	3-Methoxynuciferine
	Norisocorydine
Ocotea insularis	3-O-Demethylthalicthuberine
	Laudanidine
	Thalicthuberine
Ocotea leucoxylon	Dicentrinone
	Leucoxylonine
	Ocoxylonine
Ocotea macrophylla	Dehydronantenine
	6,7-Dimethoxy-1-(4-methoxybenzyl)-IQ

	Domestine
	Glaucine
	Lirinidine
	6,7-Methylendioxy-1- (4-methoxybenzyl)-IQ
Ocotea macropoda	Dehydrodicentrine
	Dehydroocopodine
	Ocopodine
Ocotea minarum	Dicentrine
	Dicentrinone
	4-Hydroxydicentrine
	Isooconovine
	Leucoxine
	Leucoxylonine
	Norleucoxylonine
	Ocominarine
	Ocominarone
	Ocopodine
	Ocoteine
	Ocotominarine
	Thalicminine
Ocotea puberula	Dehydroocoteine
	Didehydroocoteine
	Thalicminine
Ocotea pulchella	6,7-Methylendioxy-1- (4-methoxybenzyl)-IQ
	6,7-Methylenedioxy-1-(4-methoxy- α-hydroxybenzyl)-3,4-DHIQ
Ocotea teleiandra	Hernovine
	Laetanine
	Laetine
	Ovigerine
Ocotea variabilis	Domestine
	Glaziovine
Ocotea velloziana	Corydine
	Glaucine
	Leucoxylonine
	O-Methylcassythine
	Nordicentrine
	Ocominarine
	Ocopodine
	Ocoteine
	Reticuline

Ocotea spp.	Apoglaziovine
	Asimilobine
	Caaverine
	Corydine
	Dehydrodicentrine
	6,7-Dimethoxy-1-(4-methoxybenzyl)-IQ
	Glaucine
	Hernandonine
	Isoboldine
	Isocorydine
	6,7-Methylendioxy-1-(4-methoxybenzyl)-IQ
	Nandigerine
	Ocokryptine
	Predicentrine
	Reticuline
Oncodostigma monosperma (Annonaceae)	Anonaine
	Corytuberine
	Discretamine
	Nornuciferine
	Norushinsunine
	Stepharine
	Stepholidine
Oncodostigma spp.	Asimilobine
Orixa japonica (Rutaceae)	Berberine
Orophea hexandra (Annonaceae)	Isoboldine
	N-Methylcrotonosine
	N-Methyllaurotetanine
	Nornuciferine
	Pronuciferine
	Reticuline
Orophea spp.	Asimilobine
Oxandra major (Annonaceae)	Anonaine
	Nornuciferine
	Reticuline
Oxymitra velutina (Annonaceae)	Atherosperminine
	Atherosperminine N-oxide

	Govanine
	Ushinsunine
Oxymitra spp.	N-Methylasimilobine

Pachycereus bracteatum (Cactaceae)
	N-Methylheliamine
Pachycereus marginatus	Lophocereine
	Pilocereine
Pachycereus pecten-aboriginum	Arizonine
	Heliamine
	Isosalsolidine
	Isosalsoline
	N-Methylpachycereine
	Salsolidine
	Salsoline
Pachycereus pringlei	Carnegine
	Heliamine
	Lemaireocereine
	N-Methylheliamine
	Tehuanine
	Tehuanine N-oxide
	Weberine
Pachycereus tehauntepecanus	Tehuanine
	Tepenine
Pachycereus weberi	Anhalidine
	Anhalonidine
	Backebergine
	Carnegine
	1,2-Dehydroheliamine
	1,2-Dehydrolemaireocereine
	1,2-Dehydronortehuanine
	1,2-Dehydronorweberine
	1,2-Dehydropachycereine
	1,2-Dehydrosalsolidine
	O-Desmethylweberine
	3,4-Dihydro-1-methyl-5,6,7-trimethoxyisoquinoline
	Heliamine
	Isobackebergine
	Isonortehuanine
	Isonorweberine
	Isopachycereine
	Isosalsolidine

Lemaireocereine
O-Methylanhalonidine
N-Methylheliamine
N-Methylpachycereine
O-Methylpellotine
1-Methyl-1,2,3,4-tetrahydroisoquinoline
Nortehuanine
Norweberine
Pachycereine
Pellotine
Tehuanine
Weberidine
Weberine

Pachygone ovata (Menispermaceae)
Coclaurine
Coreximine
N,O-Dimethylisocorydine
Isoboldine
Magnoflorine
N-Methylcrotsparine
Norjuziphine
Reticuline
Reticuline N-oxide
Stepholidine

Pachypodanthium confine (Annonaceae)
Corypalmine
Guatterine
Isocorypalmine
Oliveroline
Pachyconfine
Tetrahydropalmatine

Pachypodanthium staudtii
Corypalmine
Discretine
Isocorypalmine
N-Methylpachypodanthine
Norpachystaudine
Oliverine
Pachypodanthine
Pachystaudine

Pachypodanthium sp.
Guatterine N-oxide

Taxon Index 561

Papaver albiflorum (Papaveraceae)
        Canadine
        Corysamine
        Mecambrine
        α-N-Methylstylopinium quat
Papaver alpinum   Nudaurine
Papaver anomalum Reframidine
Papaver apokrinomenon Dehydroglaucine
        Dehydroroemerine
        Glaucine
        N-Methyllaurotetanine
Papaver arenarium Cheilanthifoline
        Sevanine
Papaver argemone Allocryptopine
        Scoulerine
Papaver armeniacum Armepavine
        Cryptopine
        Floripavidine
        Mecambrine
        Noscapine
        Papaverine
Papaver atlanticum Cryptopine
        13β-Hydroxy-N-methylstylopine quat
        Isothebaine
        Muramine
        Protopine
        Scoulerine
        Stylopine
Papaver bracteatum Bracteoline
        Corypalline
        Isoboldine
        Isothebaine
        N-Methylcorydaldine
        O-Methylflavinantine
        N-Methylheliamine
        N-Methylisothebainium cation
        Orientalinone
        Reticuline
        Salutaridine
        Salutaridine N-oxide
        Scoulerine
Papaver californicum Latericine

Papaver caucasicum	Armepavine
	Glaziovine
	Liriodenine
	Lysicamine
	Mecambrine
	Nornuciferine
	Nuciferine
	Nuciferoline
	Pavine
Papaver commutatum	Cheilanthifoline
	N-Methylstylopinium quat
	Papaverine
	Roemerine
Papaver confine	Corysamine
	Scoulerine
Papaver croceum	Nudaurine
Papaver curviscapum	Allocryptopine
Papaver cylindricum	Armepavine
	Cheilanthifoline
	N-Methyl-α-narcotine
	Noscapine
	Papaverine
	Scoulerine
Papaver decaisnei	Noscapine
	Papaverine
Papaver dubium	Mecambrine
	Oxyhydrastinine
Papaver fugax	Amurensine
	Armepavine
	Cheilanthifoline
	Floripavidine
	Mecambrine
	N-Methylcrotonosine
	Narcotine hemiacetal
	Noscapine
	Papaveroxine
	Pavine
	Roemeroline
	Roemrefidine
	Salutaridine
	Scoulerine
Papaver glaucum	Allocryptopine
	Cryptopine

Taxon Index 563

	Protopine
Papaver kerneri	Alborine
	N-Methyltetrahydropalmatine
	Nudaurine
Papaver lacerum	Mecambrine
Papaver lateritium	Macrantaline
	N-Methyltetrahydropalmatine
Papaver lecoquii	Canadine
	Hexahydromecambrine
	Mecambrine
	α-N-Methylstylopinium quat
	Scoulerine
Papaver lisae	Macrantaline
	Oridine
Papaver litwinowii	Corysamine
	Mecambrine
	Roemerine
	Scoulerine
Papaver macrostomum	Sevanine
Papaver nudicaule	Isothebaine
	α-N-Methylstylopinium quat
Papaver oreophilum	Allocryptopine
	Armepavine
	N,O-Dimethyloridine
	Noscapine
	Oridine
Papaver orientale	Alkaloid PO-3
	Bracteoline
	Dehydroisothebaine
	Isoboldine
	Isothebaidine
	Isothebaine
	Mecambridine
	Orientalinone
	Orientidine
	Orientine
	Orientinine
	Noscapine
	Salutaridine
	Scoulerine
	Tetrahydropapaverine
Papaver paeonifolium	Noscapine
Papaver pannosum	Nudaurine

Papaver pavoninum	Allocryptopine
Papaver persicum	Armepavine
	Noscapine
	Pronuciferine
Papaver pilosum	Amurine
	Dehydroroemerine
	Dihydronudaurine
	Glaucine
	Mecambrine
	Roemerine
Papaver pinnatifidum	Allocryptopine
	Isoboldine
	Scoulerine
Papaver polychaetum	Armepavine
Papaver pseudo-orientale	Alborine
	Allocryptopine
	Aryapavine
	Bracteoline
	Caaverine
	Cotarnine
	Cotarnoline
	Isothebaine
	Mecambridine
	Macrantaldehyde
	Macrantaline
	Macrantoridine
	α-N-Methopapaverberbine
	N-Methylisothebainium cation
	Narcotine hemiacetal
	Narcotinediol
	Narcotolinol
	Norsalutaridine
	Noscapine
	Nuciferine
	Papaveroxidine
	Papaveroxine
	Papaveroxinoline
	Protopine
	Pseudorine
	Pseudoronine
	Salutaridine
Papaver radicatum	O-Methylthalisopavine

Papaver rhoeas	Adlumidiceine
	Adlumidiceine enol lactone
	Allocryptopine
	Corydine
	Corysamine
	Coulteropine
	Isoboldine
	Mecambrine
	β-N-Methylstylopinium quat
	Noscapine
	Roemerine
	Scoulerine
	Sinactine
Papaver rhopalothece	Cryptopine
	Cularine
	Glaufidine
	4β-Hydroxyisocorydine
	Narceine
	Noscapine
	Protopine
	Roemerine
Papaver rupifragum	Corysamine
Papaver setigerum	Isoboldine
	Isothebaine
	Laudanosine
	Narcotoline
	Noscapine
	Papaverine
	Scoulerine
	Setigeridine
	Setigerine
	Stylopine
Papaver somniferum	Codamine
	Cotarnoline
	Cryptopine
	α-Hydrastine
	Isocorypalmine
	Isopacodine
	Isoquinoline
	Isothebaine
	Laudanidine
	Laudanosine

	Laudanosoline
	N-Methylcanadine
	Narceine
	Narceine imide
	Narceinone
	Narcotoline
	Nornarceine
	Norreticuline
	Noscapine
	Pacodine
	Palaudine
	Papaveraldine
	Papaverine
	Reticuline
	Salutaridine
	Stepholidine
	Tetrahydropalmatine
Papaver spicatum	Flavinantine
	Mecambrine
	N-Methylglaucine
	Roemrefidine
Papaver stevenianum	Mecambrine
	Scoulerine
Papaver strictum	Flavinantine
	Roemeramine
Papaver syriacum	Corysamine
	Mecambrine
	β-N-Methylstylopinium quat
Papaver tatricum	N-Methyltetrahydropalmatine
Papaver tauricolum	Armepavine
	Cryptopine
	Domestine
	Floripavidine
	Mecambrine
	Noscapine
	Protopine
	Scoulerine
	Sinactine
Papaver triniaefolium	Armepavine
	Cheilanthifoline
	Mecambrine
	N-Methylcrotonosine
	Miltanthaline

	Narceine
	Noscapine
	Papaverine
	Pronuciferine
	Salutaridine
	Scoulerine
	Sinactine
Papaver urbanianum	Corydaldine
	N-Methylcorydaldine
Papaver spp.	Amurensine
	Amurensinine
	Amurine
	Berberine
	Coptisine
	Corydine
	Corytuberine
	Dehydroglaucine
	Didehydroroemerine
	Isocorydine
	Lirinidine
	Magnoflorine
	Mecambroline
	N-Methylasimilobine
	Narcotine hemiacetal
	Nuciferine
	13-Oxocryptopine
	13-Oxomuramine
	13-Oxoprotopine
	Palmatine
	Pronuciferine
	Reframine
	Reticuline
	Roemerine N-oxide
	Salutaridine
	Stylopine
Parabaena megalocarpa (Menispermaceae)	
	Palmatine
Parabaena sagittata	Berberine
	O-Methylthaicanine
	Palmatine
	Tetrahydropalmatine
	Thaicanine

Parabaena tuberculata	Palmatine
Parabaena spp.	Tembetarine

Parabenzoin praecox (Lauraceae) Nandigerine

Paraquilegia anemonoides (Ranunculaceae)
  Magnoflorine

Pelecyphora aselliformis (Cactaceae)
  Anhalidine
  Pellotine
Pelecyphora pseudopectinata Anhalinine
  O-Methylanhalidine

Penianthus zenkeri (Menispermaceae)
  Berberine
  Dehydrodiscretine
  Jatrorrhizine
  N-Methylisocorydine
  Palmatine
  Pseudopalmatine

Pergularia pallida (Asclepiadaceae)
  Pallidine

Peumus boldus (Monimiaceae)	Coclaurine
	Dehydroboldine
	Isoboldine
	Isocorydine
	Isocorydine N-oxide
	Laurolitsine
	N-Methyllaurotetanine
	Norisocorydine
	Pronuciferine
	Reticuline
	Salutaridine
	Sanjoinine K
Peumus spp.	Boldine

Phaeanthus vietnamensis (Annonaceae)
  Argentinine
  Atherosperminine
  6,7-Dimethoxy-2-methylisocarbostyril

Taxon Index 569

	N-Methylcorydaldine
	N-Methylcorydaline quat
Phellodendron amurense (Rutaceae)	
	Berberrubine
	Coptisine
	N-Methylhigenamine, 7-O-β-d-glucopyranoside
	Palmatine
	Phellodendrine
Phellodendron chinense	Coptisine
	Palmatine
	Phellodendrine
Phellodendron wilsonii	Columbamine
	Palmatine
	Phellodendrine
	Thalifendine
	Thalphenine
Phellodendron spp.	Berberine
	Jatrorrhizine
	Magnoflorine
Phoebe chekiangensis (Lauraceae)	Norarmepavine
Phoebe cinnamomifolia	Oxopurpureine
Phoebe clemensii	Isoboldine
	Laurolitsine
	Mecambroline
	N-Methyllindcarpine
Phoebe formosana	Coreximine
	Isoboldine
	Juziphine
	Lauformine
	Laurolitsine
	Liriodenine
	N-Methyllauformine
	Norjuziphine
	Proaporphine
	Roemerine
	Ushinsunine
Phoebe grandis	Boldine
	Laurolitsine
	Lindcarpine
Phoebe minutiflora	Armepavine

	Coclaurine
	Corytuberine
	Isoboldine
	Juziphine
	Laudanidine
	Laurolitsine
	N-Methylheliamine
	N-Methylisococlaurine
	N-Methylsecoglaucine
	Norarmepavine
	Norisocorydine
	Norjuziphine
	Reticuline
Phoebe mollicella	Norpreocoteine
	Norpurpureine
	Preocoteine
	Purpureine
Phoebe pittieri	Lirioferine
	Norlirioferine
	Norphoebine
	Norpurpureine
Phoebe porfiria	Ocoteine
Phoebe tonduzii	O,O-Dimethylcorytuberine
	3-Hydroxynuciferine
	3-Methoxynuciferine
Phoebe valeriana	Dehydrophoebine
	Domestine
	3-Hydroxynantenine
	3-Hydroxynornantenine
	O-Methylisoboldine
	O-Methylmoschatoline
	Nordelporphine
	Norphoebine
	Oxophoebine
	Phoebine
	Secophoebine
	Thalbaicalidine
Phoebe spp.	Asimilobine
	Isoboldine
	Isocorydine
	Laurotetanine
	Phoebe Base II
	Reticuline

Taxon Index

Phoenicanthus obliqua (Annonaceae)
       Glaucine
       N-Methylsecoglaucine
       Pseudocolumbamine

Phylica rogersii (Rhamnaceae) Isocorydine
       N-Methyllaurotetanine
       Reticuline

Pilosocereus guerreronis (Cactaceae)
       N-Methylheliamine

Piper argyrophyllum (Piperaceae) Formouregine
       N-Formylnornuciferine

Piptostigma fugax (Annonaceae) Nornuciferine
       Stepharanine

Platycapnos saxicola (Papaveraceae)
       Glaucine
       Salutaridine
Platycapnos spicata   Corunnine
       Dehydroglaucine
       Dehydronantenine
       Domesticine
       Domestine
       Glaucine
       Isodomesticine
       O-Methylisoboldine
       N-Methyllaurotetanine
       N-Methylsecoglaucine
       Oxonantenine
       Predicentrine
       Protopine
       Thalicthuberine
       Thalicthuberine N-oxide
Platycapnos tenuilobus Domestine
Platycapnos spp.   Glaucine

Polyalthia acuminata (Annonaceae)
       Anolobine
       Caaverine
       N,O-Diacetyl-3-hydroxynornuciferine

	N,O-Diacetylisopiline
	N,O-Diacetylnoroliveroline
	3-Hydroxynornuciferine
	Isoboldine
	Isopiline
	Juziphine
	Liridinine
	3-Methoxynuciferine
	N-Methylcoclaurine
	O-Methylisopiline
	Norannuradhapurine
	Norjuziphine
	Norliridinine
	Nornuciferine
	Noroliveroline
	Norushinsunine
	Reticuline
	Sanjoinine K
	Stepharine
	Stepholidine
	Tuduranine
	Xyloguyelline
Polyalthia cauliflora	Boldine
	Dehydropredicentrine
	Norstephanine
	Predicentrine
	Sebiferine
Polyalthia cerasoides	Cerasodine
	Cerasonine
Polyalthia insignis	Liriodenine
	Methoxypolysignine
	O-Methylmoschatoline
	Oxostephanine
	Polysignine
Polyalthia longifolia	Lanuginosine
	Liriodenine
	O-Methylbulbocapnine N-oxide
	N-Methylnandigerine β-N-oxide
	Norlirioferine
	Noroliveroline
	Oliveroline β-N-oxide
	8-Oxopolyalthiaine
Polyalthia macropoda	Coclaurine

Polyalthia nitidissima	Oliveroline Oliveroline β-N-oxide Norushinsunine Protosinomenine Reticuline Stepholidine
Polyalthia oligosperma	Noroconovine Polygospermine Xylopinine
Polyalthia oliveri	N-Methylcorydine N-Methylpachypodanthine N-oxide Noroliveridine Oliveridine Oliverine Oliveroline Oliveroline β-N-oxide Pachypodanthine
Polyalthia suaveolens	Guatterine Lysicamine Noroliverine Oliveridine Oliverine Oliveroline Oxostephanine Pachypodanthine Polyalthine Polysuavine
Polyalthia stenopetala	Discretamine Thaipetaline
Polyalthia suberosa	Asimilobine Lanuginosine Liriodenine Oxostephanine 3,10,11-Trihydroxy-1,2- methylenedioxynoraporphine
Polyalthia spp.	Anonaine Corydalmine 10-Hydroxyliriodenine N-Methylpachypodanthine Oliveridine Polysuavine
Polygala tenuifolia (Polygalaceae)	Isocorypalmine

Popowia pisocarpa (Annonaceae)	Argentinine
	Armepavine
	Corydine
	4-Hydroxywilsonirine
	Isopycnarrhine
	Liriodenine
	O-Methylisoboldine
	Norcorydine
	Nornuciferine
	Norushinsunine
	Pancoridine
	Pseudorine
	Sanjoinine K
	Stepharanine
	Wilsonirine
Popowia spp.	Asimilobine
	Corydine
Porcelia macrocarpa (Annonaceae)	
	Norjuziphine
Pseudoxandra sclerocarpa (Annonaceae)	
	Luxandrine
	Ushinsunine
Pseuduvaria indochinensis (Annonaceae)	
	Atherospermidine
	Tetradehydroscoulerine
Pseuduvaria sp.	Liriodenine
Pteridophyllum racemosum (Papaveraceae)	
	Corydalispirone
	Isocorydine
	Magnoflorine
Pteridophyllum spp.	Protopine
Pterocereus gaumeri (Cactaceae)	Deglucopterocereine
	Deglucopterocereine N-oxide
	Pterocereine
Pycnarrhena longifolia (Menispermaceae)	
	Pycnarrhine
Pycnarrhena novoguineensis	Magnoflorine

Taxon Index

Pycnarrhena sp.   Liriodenine

Ranunculus serbicus (Ranunculaceae)
                               Berberine
                               Columbamine
                               Magnoflorine
                               Palmatine

Ravensara aromatica (Lauraceae)   N-Methylisocorydine

Retanilla ephedra (Rhamnaceae)   Armepavine
                               Boldine
                               Coclaurine
                               Isocorydine
                               Laurolitsine
                               O-Methylarmepavine
                               N-Methylcoclaurine
                               Norarmepavine
                               Roemerine

Rhigiocarya racemifera (Menispermaceae)
                               Magnoflorine
                               O-Methylflavinantine
                               N-Methylisocorydine
                               Palmatine

Roemeria carica (Papaveraceae)   Noscapine
                               Roemecarine
                               Roemecarine N-oxide
Roemeria hybrida   Coptisine
                               8,9-Dihydroisoroemerialinone
                               Dihydroorientalinone
                               Isocorypalmine
                               Isoorientalinone
                               Isoroemerialinone
                               Mecambrine
                               Orientalinone
                               Roehybrine
                               α-Roemehybrine
                               Roemerialinone
Roemeria refracta   Amurine
                               Armepavine
                               Eschscholtzinone

	Flavinantine
	N-Methylcoclaurine
	Noramurine
	Norreframidine
	Pseudolaudanine
	Reframidine
	Reframine
	Reframoline
	Remrefine
	Roefractine
	Roemecarine
	Sanjoinine K
Roemeria rhoeadiflora	Coptisine
Roemeria spp.	Liriodenine
	Protopine
	Roemeroline
	Roemrefidine
Rollinia emarginata (Annonaceae)	
	Reticuline
Rollinia leptopetala	Anonaine
	Corypalmine
	Discretamine
	Roemerine
Rollinia mucosa	Anonaine
	Berberine
	Canadine
	N-Formylanonaine
	Glaucine
	Lanuginosine
	Liriodenine
	Oxopurpureine
	Pallidine
	Purpureine
	Romucosine
Rollinia papilionella	Lanuginosine
	Liriodenine
	Lysicamine
Rollinia sericea	Atherospermidine
Rollinia ulei	Nornuciferine
	Roemerine
Rollinia spp.	Anonaine
	Asimilobine

Romneya coulteri (Papaveraceae) Coulteroberbinone
Escholinine
Romneya sp. Coulteropine

Rupicapnos africana (Papaveraceae)
Glaucine

Saccopetalum prolificum (Annonaceae)
(Saccopetalum = Miliusa) Discretamine
Isooconovine
Liriodenine

Salsola arbuscula (Chenopodiaceae)
Salsolidine
Salsoline
Salsola kali Salsolidine
Salsoline
Salsola pestifera Salsolidine
Salsoline
Salsola richteri Salsolidine
Salsoline
Salsola ruthenica Salsolidine
Salsola soda Salsolidine

Sanguinaria canadensis (Papaveraceae)
Berberine
Canadine
Coptisine
N-Methylcanadine
Stylopine

Sapranthus palanga (Annonaceae)
Sebiferine

Sarcocapnos baetica (Papaveraceae)
Celtine
Claviculine
Crassifoline
Culacorine
Cularicine
Cularidine
4-Hydroxysarcocapnine
O-Methylcularicine

Sarcocapnos crassifolia	N-Methylcularine
	Norcularicine
	Oxosarcophylline
	Pallidine
	Sarcocapnidine
	Sarcocapnidine N-oxide
	Sarcocapnine
	Sarcophylline
	Celtisine
	Claviculine
	Corunnine
	Crassifoline
	Culacorine
	Cularidine
	Cularine
	Isoboldine
	Enneaphylline
	N-Methyllaurotetanine
	Norsecocularidine
	Norsecosarcocapnidine
	Oxocompostelline
	Oxocularidine
	Oxocularine
	Oxoglaucine
	Oxosarcocapnidine
	Oxosarcophylline
	Pallidine
	Protopine
	Salutaridine
	Secocularine
	Norsarcocapnidine
	Norsecosarcocapnine
	Sarcocapnidine
	Sarcophylline
	Scoulerine
	Secocularidine
	Secosarcocapnidine
	Secosarcocapnine
Sarcocapnos enneaphylla	Celtine
	Celtisine
	Corunnine
	Cularicine
	Cularidine

	Cularine
	Dehydroglaucine
	Enneaphylline
	4-Hydroxysarcocapnine
	O-Methylpallidine
	O-Methylpallidine N-oxide
	N-Methylsecoglaucine
	Norsecocularine
	Norsecosarcocapnidine
	Norsecosarcocapnine
	Oxocompostelline
	Oxosarcocapnine
	Oxosarcophylline
	Sarcocapnidine
	Sarcocapnine
	Sarcophylline
	Scoulerine
	Secosarcocapnidine
	Secosarcocapnine
	Secocularine
Sarcocapnos saetabensis	Celtine
	Crassifoline
	Cularidine
	Cularine
	Dehydroglaucine
	4-Hydroxysarcocapnidine
	4-Hydroxysarcocapnine
	O-Methylpallidine
	N-Methylviguine
	Norsecocularine
	Oxocularine
	Oxosarcocapnidine
	Protopine
	Salutaridine
	Sarcocapnidine
	Scoulerine
Sarcocapnos spp.	Enneaphylline
	Glaucine
	Isocorydine
	Norsarcocapnidine

Sarcopetalum harveyanum (Menispermaceae)
                Stepharine

Sassafras albidum (Lauraceae) Boldine
　　　　　　　　　　　　　　　　Cinnamolaurine
　　　　　　　　　　　　　　　　Isoboldine
　　　　　　　　　　　　　　　　Reticuline

Sauropus androgynus (Euphorbiaceae)
　　　　　　　　　　　　　　　　Papaverine

Schefferomitra subaequalis (Annonaceae)
　　　　　　　　　　　　　　　　Corydalmine
　　　　　　　　　　　　　　　　Discretamine
　　　　　　　　　　　　　　　　Tetrahydropalmatrubine

Sciadotenia eichleriana (Menispermaceae)
　　　　　　　　　　　　　　　　Sanjoinine K
　　　　　　　　　　　　　　　　Stepharine

Sinomenium acutum (Menispermaceae)
　　　　　　　　　　　　　　　　　　Dehydrodiscretine
　　　　　　　　　　　　　　　　　　8,14-Dihydrosalutaridine
　　　　　　　　　　　　　　　　　　Epiberberine
　　　　　　　　　　　　　　　　　　N-Formyldehydronornuciferine
　　　　　　　　　　　　　　　　　　Laurifoline
　　　　　　　　　　　　　　　　　　Magnoflorine
　　　　　　　　　　　　　　　　　　N-Methylisocorydine
　　　　　　　　　　　　　　　　　　Palmatine
　　　　　　　　　　　　　　　　　　Salutaridine
　　　　　　　　　　　　　　　　　　Sinactine
　　　　　　　　　　　　　　　　　　Sinomendine
　　　　　　　　　　　　　　　　　　Stepharanine
　　　　　　　　　　　　　　　　　　Stepholidine
Sinomenium spp.　　　　　　　　　　Norushinsunine
　　　　　　　　　　　　　　　　　　Tuduranine

Siparuna dresslerana (Monimiaceae)
　　　　　　　　　　　　　　　　Flavinantine
　　　　　　　　　　　　　　　　O-Methylflavinantine
Siparuna griseo-flavescens　　Domestine
　　　　　　　　　　　　　　　　Isocorydine
Siparuna pauciflora　　　　　　Domestine
　　　　　　　　　　　　　　　　Noroliveroline
Siparuna tonduziana　　　　　　Anonaine
　　　　　　　　　　　　　　　　Domestine

	Laurotetanine
	Liriodenine
	Nornantenine
	Oxonantenine
	Reticuline
Siparuna spp.	Asimilobine
	N-Methyllaurotetanine

Sparattanthelium amazonum (Hernandiaceae)

	Roemrefidine
Sparattanthelium uncigerum	Actinodaphnine
	Launobine
	Laurotetanine
	Nordomesticine
	Norisocorydine
	Reticuline
	Sanjoinine K

Sphenocentrum jollyanum (Menispermaceae)

	Jatrorrhizine
	Palmatine

Spigelia anthelmia (Loganiaceae)   Isoquinoline

Stephania abyssinica (Menispermaceae)

	Atherospermidine
	Corydine
	Crebanine
	Dicentrine
	Dicentrinone
	Lanuginosine
	Roemerine
	Stephalagine
	Stephanine
Stephania aculeata	Amurine
	Laudanidine
Stephania bancroftii	Ayuthianine
	Sebiferine
	Stephanine
Stephania brachyandra	Crebanine
	Dicentrine
	8,14-Dihydrosalutaridine
	Isoboldine

Stephania cephalantha	Salutaridine
	Stephanine
	Anolobine
	Cephakicine
	Cephamonine
	Cephamuline
	Cephasugine
	Corydine
	Corypalline
	Crebanine
	Cyclanoline
	Dehydrocrebanine
	Dehydrostephanine
	14-Episinomenine
	FK-3000
	Isoboldine
	Isocorypalline
	Isocorytuberine
	Isolaureline
	Juziphine
	Laudanidine
	Litseferine
	N-Methylasimilobine
	N-Methylasimilobine glucoside
	N-Methylcoclaurine
	N-Methylcrotsparine
	N-Methylisocorydine
	Norjuziphine
	Nuciferine
	Oblongine
	Palmatine
	Pronuciferine
	Protosinomenine
	Reticuline
	Roemerine
	Salutaridine
	Sanjoinine K
	Scoulerine
	Sinococuline
	Sinomenine
	Stephanine
	Stephodeline
	Stesakine

Taxon Index 583

	Stesakine-9-O-β-D-glucopyranoside
	Tannagine
	Zippelianine
Stephania dicentzinifeza	8-Hydroxydehydroroemerine
	Salutaridine
Stephania dielsiana	Crebanine
	Dehydrostephanine
	Salutaridine
	Stephanine
	Tetrahydropalmatine
	Xylopinine
Stephania dinklagei	Corydine
	O,N-Dimethylliriodendronine
	Isocorydine
	N-Methylcorydine
	N-Methylglaucine
	Roemerine
	Stephalagine
Stephania disciflora	Capaurine
	Dehydroroemerine
	Dicentrine
	Isocorydine
	Roemerine
	Tetrahydropalmatine
Stephania elegans	Cyclanoline
	Isosinoacutine
	Magnoflorine
	N-Methylcorydalmine quat
	Salutaridine
Stephania epigaea	Dehydrodicentrine
	Dehydrostephanine
	Dicentrine
	N-Methylactinodaphnine
	Oliveroline
	Salutaridine
	Sinomenine
	Stephanine
	Tetrahydropalmatine
Stephania excentrica	Isoboldine
	N-Methylcoclaurine
	Oxoanolobine
	Oxoputerine
	Roemerine

Stephania glabra	Sanjoinine K
	Sinococuline
	Columbamine
	Corydalmine
	Corynoxidine
	Dehydrocorydalmine
	Jatrorrhizine
	Magnoflorine
	Palmatrubine
	Pronuciferine
	Stepharanine
	Tetrahydropalmatine
Stephania gracilenta	Isosinoacutine
	Papaverine
	Salutaridine
Stephania hainanensis	Corydalmine
	Crebanine
	Dehydrocrebanine
	Isoscoulerine
	Oxocrebanine
	Palmatine
	Stepharine
	Tetrahydropalmatine
Stephania hernandifolia	Magnoflorine
Stephania intermedia	Dehydrocorydalmine
	Dehydrodiscretamine
	Discretamine
	Jatrorrhizine
	Stepharanine
Stephania japonica	Cyclanoline
	Lanuginosine
	Magnoflorine
	Oxostephanine
	Stephanine
Stephania kwangsiensis	Capaurine
	Dehydroroemerine
	Dehydrostephanine
	Dihydropalmatine
	Isocorydine
	Palmatine
	Roemerine
	Stephanine
	Tetrahydropalmatine

Stephania lincangensis	Lincangenine
	O-Methylcapaurine
Stephania mashanica	Corypalmine
	Isocorypalmine
Stephania micrantha	Capaurine
	Corypalmine
	Dehydroisolaureline
	Dehydroroemerine
	Dehydrostephanine
	Isocorypalmine
	Laudanidine
	Salutaridine
	Sinomenine
	Stephanine
	Xylopinine
Stephania miyiensis	Corydalmine
	Demethyleneberberine
	Jatrorrhizine
	Palmatine
	Stepharanine
	Stepharine
	Tetrahydropalmatine
Stephania officinarum	Salutaridine
Stephania pierrei	Asimilobine glucoside
	Coclaurine
	Codamine
	Isolaureline
	Magnoflorine
	N-Methylcoclaurine
	N-Methyltetrahydropalmatine
	Nordicentrine
	Oblongine
	Phanostenine
	Roemeroline
	Salutaridine
	Tetrahydrostephabine
	Thaicanine
	Xylopinine
Stephania sasakii	N-Acetylstepharine
	Dehydrocrebanine
	Dehydrophanostenine
	Dehydroroemerine
	Dehydrostesakine

	6,7-Dimethoxy-2-methylisocarbostyril
	4-Hydroxycrebanine
	Lysicamine
	Oxocrebanine
	Papaveraldinium quat
	Roemeroline
	Stesakine
Stephania suberosa	Capaurimine
	Coreximine
	Corydalmine
	Corytenchine
	Discretine
	Pseudopalmatine
	Stephabinamine
	Stephabine
	Tetrahydropalmatrubine
	Tetrahydrostephabine
	Xylopinine
	Xylopinine N-oxide
Stephania succifera	Corydalmine
	Corypalmine
	Crebanine
	Crebanine N-oxide
	Dehydrocorydalmine
	Dehydrocrebanine
	Discretamine
	Oxocrebanine
	Palmatine
	Phanostenine
	Tetrahydropalmatine
Stephania sutchuenensis	Pronuciferine
	Sinococuline
Stephania tetrandra	Cyclanoline
	Domestine
	Stephenanthrine
Stephania venosa	O-Acetylsukhodianine
	Apoglaziovine
	Ayuthianine
	N-Carboxamidostepharine
	Corydalmine
	Crebanine
	Dehydrocrebanine
	4-Hydroxycrebanine

	Kamaline
	Mecambroline
	O-Methylstepharinosine
	Nuciferoline
	Oblongine
	Oliveroline β-N-oxide
	Oxostephanosine
	Stephadiolamine-β-N-oxide
	Stepharinosine
	Stesakine
	Sukhodianine
	Sukhodianine N-oxide
	Tuduranine
	Ushinsunine
Stephania viridiflavens	Jatrorrhizine
	Pseudopalmatine
	Xylopinine
Stephania yunnanensis	Corydalmine
	Dehydrocorydalmine
	Roemerine
	Salutaridine
	Stephanine
	Stepharanine
	Stepharine
	Stepholidine
	Tetrahydropalmatine
Stephania zippeliana	Corydine
	Glaufidine
	4-Hydroxydicentrine
Stephania spp.	Anonaine
	Asimilobine
	Capaurine
	Corydalmine
	Corydine
	Corytuberine
	Dehydrodicentrine
	Dehydrophanostenine
	Dicentrine
	4-Hydroxycrebanine
	Isocorydine
	Lindcarpine
	Magnoflorine
	N-Methylactinodaphnine

	N-Methyllaurotetanine
	Oxocrebanine
	Palmatine
	Reticuline
	Roemerine
	Stepharine
	Stepholidine
	Steporphine
	Tetrahydropalmatine
	Thailandine
	Tuduranine
	Uthongine
	Xylopine
Stetsonia coryne (Cactaceae)	Anhalidine
	Anhalonidine
Strychnopsis thouarsii (Menispermaceae)	
	Isocorydine
	Liriotulipiferine
	N-Methyllindcarpine
	Predicentrine
	Salutaridine
Stylomecon heterophylla (Papaveraceae)	
	Berberine
	α-Hydrastine
	β-Hydrastine
	Magnoflorine
Stylomecon sp.	Cryptopine
	Protopine
Stylophorum diphyllum (Papaveraceae)	
	Allocryptopine
	Corydine
	Corysamine
	Isoboldine
	Magnoflorine
	β-N-Methylstylopinium quat
	Scoulerine
	Stylopine
Stylophorum lasiocarpum	Allocryptopine

	Corysamine
	Isoboldine
	Magnoflorine
	α-N-Methylstylopinium quat
	β-N-Methylstylopinium quat
	Scoulerine
	Stylopine
Stylophorum spp.	Berberine
	Coptisine
	Corytuberine

Symplocos celastrinea (Symplocaceae)
    Caaverine
    Isoboldine
Symplocos spp.   Caaverine

Talauma betongensis (Magnoliaceae)
    Norushinsunine
Talauma gitingensis   Anonaine
    Xylopine
Talauma hodgsoni   Lanuginosine
    Liriodenine
Talauma obovata   Xylopine
Talauma ovata   N-Acetylanolobine
    N-Acetylxylopine
Talauma spp.   Anolobine
    Asimilobine

Talguenea quinquenervis (Rhamnaceae)
    Armepavine

Telitoxicum glaziovii (Menispermaceae)
    Imenine
    Lysicamine
    O-Methylmoschatoline
    Splendidine
    Teliglazine
    Telitoxine
Telitoxicum krukovii   Telikovine
Telitoxicum peruvianum   Norrufescine
    Peruvianine
    Subsessiline

	Telazoline
	Telitoxine
	Triclisine
Tetradium glabrifolium (Rutaceae)	Berberine
Tetradium trichotomum	Allocryptopine
Tetranthera intermedia (Lauraceae)	
	Laurotetanine
Thalictrum acutifolium (Ranunculaceae)	
	Acutifolidine
	Oxyberberine
	Trilobinine
Thalictrum alpinum	6,7-Dimethoxy-2-methylisocarbostyril
	O-Methylisoboldine
	Noroxyhydrastinine
	Oxyberberine
Thalictrum amurense	Thalictricine
Thalictrum baicalense	Baicaline
	7-Oxobaicaline
	Thalbaicalidine
	Thalbaicaline
Thalictrum buschianum	Ocoteine
Thalictrum cultratum	Magnoflorine
	Thalidastine
Thalictrum dasycarpum	Bisnorargemonine
	Corypalline
	Laudanidine
	Norargemonine
	Thalisopavine
Thalictrum delavayi	Leucoxylonine
	Magnoflorine
	Ocoteine
	Pseudoprotopine
	Thalicthuberine
Thalictrum dioicum	Berberrubine
	Corydine
	Isocorypalmine
	N-Methylcoclaurine
	N-Methylheliamine
	Pallidine
	Thalicminine

	Thalidicine
	Thalidine
Thalictrum dipterocarpum	Norreticuline
Thalictrum fauriei	Corydine
	Dehydrodiscretine
	Ocobotrine
	Oconovine
	Thalifaurine
Thalictrum fendleri	N-Methylcorydaldine
	N-Methylthalidaldine
	Preocoteine
	Thalidastine
	Thalifendlerine
	Veronamine
Thalictrum filamaentosum	Glaucine
	Purpureine
Thalictrum flavum	Corunnine
	Glaunine
	Norreticuline
	Purpureine
	Thalflavine
Thalictrum foeniculaceum	6,7-Dimethoxy-2-methylisocarbostyril
	N-Methylcorydaline quat
Thalictrum foetidum	Argemonine
	Argemonine N-oxide
	Corunnine
	Glaucine
	O-Methylisoboldine
	Norreticuline
	Oxoglaucine
	Oxyberberine
	Salutaridine
	Thalactamine
	Thalflavine
Thalictrum foliolosum	Dehydrodiscretamine
	Noroxyhydrastinine
	Oxyberberine
	Sparsiflorine
	Tembetarine
	Thalidastine
	N,O,O-Trimethylsparsiflorine
	Xanthoplanine

Thalictrum glandulosissimum	Berberrubine
	Dehydrocheilanthifoline
	8-Oxycoptisine
Thalictrum glaucum	1,2-Dihydro-6,7-methylenedioxy-1-oxoisoquinoline
Thalictrum hazarica	Thalicthuberine
	Thalihazine
Thalictrum ichangense	Dehydroglaucine
	Dehydrothalicsimidine
	O-Methylisoboldine
	Purpureine
Thalictrum isopyroides	Dehydroocoteine
	Delporphine
	6,7-Dimethoxy-2-methylisocarbostyril
	N-Methylcassythine
	O-Methylisoboldine
	Ocoteine
	Preocoteine
	Tembetarine
	Thalicminine
Thalictrum javanicum	Demethyleneberberine
	Oxyberberine
Thalictrum longipedunculatum	Purpureine
	Thalicminine
Thalictrum longistylum	N-Methylcoclaurine
Thalictrum microgynum	Oxopurpureine
	Purpureine
Thalictrum minus	Argemonine
	Argemonine metho hydroxide
	Corunnine
	Deoxythalidastine
	O,O-Dimethyllongifolonine
	Domesticine
	Domestine
	Eschscholtzidine
	Glaucine
	4-Hydroxyeschscholtzidine
	Isonorargemonine
	N-Methylcanadine
	N-Methylcorydaldine
	1,2-Dihydro-6,7-methylenedioxy-1-oxoisoquinoline
	O-Methylisoboldine

Taxon Index 593

	Noroxyhydrastinine
	Ocoteine
	Preocoteine N-oxide
	Reticuline
	Takatonine
	Thalactamine
	Thalflavine
	Thalicmidine N-oxide
	Thalicminine
	Thalicthuberine
	Thalidastine
	Thalifoline
	Thalimicrinone
	Thalphenine
Thalictrum omeiensis	Oxyberberine
Thalictrum orientale	Fuzitine
Thalictrum pedunculatum	Danguyelline
	N-Methyldanguyelline
	Noroconovine
	Oconovine
	Pronuciferine
	Reticuline
Thalictrum petaloideum	6,7-Dimethoxy-2-methylisocarbostyril
	Magnoflorine
Thalictrum polygamum	Berberrubine
	Deoxythalidastine
	N-Methylpalaudium quat
Thalictrum przewalskii	6,7-Dimethoxy-2-methylisocarbostyril
	Gandharamine
	8-Hydroxypseudocoptisine
	Magnoflorine
	N-Methylnantenine
	N-Methylpalaudium quat
	Papaveraldinium quat
	Pseudocoptisine
	Thalprzewalskiinone
Thalictrum revolutum	Argemonine
	Argemonine metho hydroxide
	Armepavine
	Deoxythalidastine
	6,7-Dimethoxy-2-methylisoquinolium quat
	Eschscholtzidine

	Eschscholtzidine methiodide
	2'-Hydroxylaudanosine
	Isonorargemonine
	Laudanidine
	N-Methylarmepavine
	N-Methylcoclaurine
	Platycerine
Thalictrum rugosum	Corypalline
	Deoxythalidastine
	1,2-Dihydro-6,7-methylenedioxy-1-oxoisoquinoline
	Noroxyhydrastinine
	Norreticuline
	Oxyberberine
	Protothalipine
	Rugosinone
Thalictrum sachalinense	Domestine
Thalictrum simplex	Argemonine
	2-Demethylthalimonine
	9-Demethylthalimonine
	N-Hydroxynorthalicthuberine
	Leucoxylonine
	Leucoxylonine N-oxide
	Magnoflorine
	O-Methylisoboldine
	Northalicthuberine
	Ocoteine
	Preocoteine
	Preocoteine N-oxide
	Purpureine
	Thalicmidine N-oxide
	Thalicminine
	Thalictricine
	Thalimonine
	Thalimonine N-oxide
Thalictrum strictum	Argemonine
	O-Methylcassythine
	2,3-Methylenedioxy-4,8,9-trimethoxy-N-methylpavinane
	Ocoteine
	Preocoteine
	Purpureine
	Thalicminine

	Thalicthuberine
Thalictrum sultanabadense	Thalifoline
Thalictrum thalictroides	Ocoteine
Thalictrum thunbergii	Takatonine
	Thalidastine
Thalictrum triternatum	Allocryptopine
Thalictrum tuberosum	Scoulerine
	Tetradehydroscoulerine
Thalictrum uchiyamai	Corypalline
	Deoxythalidastine
	Protothalipine
Thalictrum urbainii	Oconovine
Thalictrum wangii	Magnoflorine
Thalictrum spp.	1-Benzylisoquinoline
	Berberine
	Columbamine
	Coptisine
	Corydine
	Cryptopine
	Glaucine
	Isoboldine
	Isocorydine
	Jatrorrhizine
	Magnoflorine
	N-Methyllaurotetanine
	Palmatine
	Protothalipine
	Reticuline
	Thalictricine
	Thalifendine
	Thalisopynine
Theobroma cacao (Sterculiaceae)	4,6-Dihydroxy-2-methyl-tetrahydroisoquinoline
	Longimammidine
	Salsolinol
Tiliacora dinklagei (Menispermaceae)	
	Gortschakoine
	Juziphine
	Oblongine
	Petaline
Tiliacora funifera	Oblongine

Tiliacora racemosa	Lotusine
	Magnocurarine
	Magnoflorine
	N-Methylcoclaurine
Tiliacora triandra	Magnoflorine

Tinomiscium tonkinense (Menispermaceae)

	Isocorypalmine
	Magnoflorine

Tinospora capillipes (Menispermaceae)

	Columbamine
	Dehydrodiscretamine
	Magnoflorine
	N-Methylisocorydine
	Stepharanine
Tinospora cordifolia	Magnoflorine
	Tetrahydropalmatine
Tinospora crispa	N-Acetylnornuciferine
	N-Formylnornuciferine
Tinospora hainanensis	Columbamine
	β-Cyclanoline
	N-Methyltetrahydrocolumbamine quat
Tinospora malabarica	N-Formylanonaine
	Magnoflorine
Tinospora spp.	Berberine
	Jatrorrhizine
	Palmatine
	Tembetarine
Toddalia asiatica (Rutaceae)	Isocoreximine
	Magnoflorine
Trichocereus pachanoi (Cactaceae)	Anhalonidine
	Pellotine
Trichocereus terscheckii	Anhalonine

Triclisia dictyophylla (Menispermaceae)

	Tridictyophylline
Triclisia gilletii	Triclisine
Triclisia subcordata	Magnoflorine
	Palmatine

Trivalvaria macrophylla (Annonaceae)
    Anonaine
    Boldine
    Isoboldine
    Isocorytuberine
    Norcorydine
    Norisocorytuberine
    Nornuciferine

Turbinicarpus alonsoi (Cactaceae)   Pellotine
Turbinicarpus lophophoroides   Anhalinine
    Anhalonidine
    O-Methylanhalidine
    Pellotine
Turbinicarpus pseudomacrochele   Anhalinine
    Anhalonidine
    O-Methylanhalidine
    Pellotine
Turbinicarpus pseudopectinatus   Anhalinine
    O-Methylanhalidine
Turbinicarpus schmiedeckianus   Anhalinine
    Anhalonidine
    O-Methylanhalidine
    Pellotine

Unonopsis stipitata (Annonaceae)   Stipitatine

Uvaria acuminata (Annonaceae)   Anonaine
Uvaria chamae   Glaucine
    Glaziovine
    Isoboldine
    O-Methylisoboldine
    Pronuciferine
Uvaria lucida   Discretamine
Uvaria mocoli   Isomoschatoline
Uvaria spp.   Anolobine
    Asimilobine
    Reticuline

Uvariopsis quineensis (Annonaceae)
    Liriodenine
    8-Methoxyuvariopsine

	Noruvariopsamine
	Uvariopsamine
	Uvariopsamine N-oxide
Uvariopsis solheidii	Uvariopsine
Weigela florida (Caprifoliaceae)	Narceine
Xanthorhiza simplicissima (Ranunculaceae)	
	Berberine
	Jatrorrhizine
	Palmatine
	Magnoflorine
Xylopia aethiopica (Annonaceae)	Crebanine
	Liriodenine
	Lysicamine
	O-Methylmoschatoline
	Oxoglaucine
	Oxophoebine
	Stephanine
Xylopia brasiliensis	O-Methylarmepavine
Xylopia buxifolia	Buxifoline
	Discretamine
	O-Methylnorarmepavine
	Norstephalagine
	Pronuciferine
	Xylopinine
Xylopia championi	Dicentrinone
	O-Methylmoschatoline
Xylopia danguyella	Corydine
	Danguyelline
	Isoboldine
	Laurotetanine
	Norcorydine
	Norisocorydine
	Norisodomesticine
	Xyloguyelline
Xylopia discreta	Discretamine
	Discretine
	Xylopinine
Xylopia frutescens	Laurotetanine
	N-Methyllaurotetanine
	Nornuciferine

	Reticuline
Xylopia pancheri	Armepavine
	N-Demethylcolletine
	Laudanidine
	O-Methylarmepavine
	O-Methylarmepavine N-oxide
	N-Methylcoclaurine
	O-Methylnorarmepavine
	Norcorydine
Xylopia papuana	Anolobine
	Anonaine
	Coclaurine
	Lanuginosine
	Reticuline
	Xylopine
Xylopia vieillardi (or *vieillardii*)	Backebergine
	Calycinine
	Coreximine
	Corydalmine
	Corypalline
	Corypalmine
	Corytenchine
	Corytuberine
	Dehydrocorytenchine
	Dehydrodiscretine
	Dehydroxylopine
	10-O-Demethyldiscretine
	Discretine
	Govadine
	Isoboldine
	Isocoreximine
	Magnoflorine
	N-Methylcoclaurine
	Norglaucine
	Pseudopalmatine
	Tetrahydropalmatine
	Xylopinine
Xylopia spp.	Anolobine
	Anonaine
	Asimilobine
	Berberine
	Corydine
	Isoboldine

	N-Methylasimilobine
	Nornantenine
	Reticuline
	Roemerine
	Xylopine
Zanthoxylum brachyacanthum (Rutaceae)	
	Canadine
	Isocanadine
Zanthoxylum bungeanum	N-Acetylanonaine
Zanthoxylum chalybeum	Jatrorrhizine
	Magnoflorine
	N-Methylcanadine
	Oblongine
	Palmatine
Zanthoxylum conspersipunctatum	Pseudoprotopine
Zanthoxylum coreanum	Armepavine
	Corynoxidine
Zanthoxylum coriaceum	N-Methylcanadine
Zanthoxylum dipetalum	Thalictricine
Zanthoxylum elephantiasis	Laurifoline
Zanthoxylum fagara	Laurifoline
Zanthoxylum inerme	Armepavine
Zanthoxylum integrifoliolum	Allocryptopine
	Canadine
	Pseudoprotopine
Zanthoxylum nitidum	Isotembetarine
	Magnoflorine
	N-Methylcanadine
Zanthoxylum ocumarense	Laurifoline
Zanthoxylum oxyphyllum	Corydine
	Zanoxyline
	Zanthoxyphylline
Zanthoxylum parviflorum	Canadine
Zanthoxylum piperitum	Laurifoline
Zanthoxylum punctatum	Corydine
	Magnoflorine
	N-Methylcorydine
Zanthoxylum sarasinii	Colletine
Zanthoxylum simulans	N-Acetylanonaine
	N-Acetylasimilobine
	N-Acetylnornuciferine
Zanthoxylum usambarense	Magnoflorine

Taxon Index

	N-Methylcanadine
	Oblongine
Zanthoxylum williamsii	Laurifoline
Zanthoxylum wutaiense	N-Methyltetrahydropalmatine
	Thalifoline
Zanthoxylum spp.	Berberine
	Canadine
	Isocorydine
	Magnoflorine
	N-Methylisocorydine
	Tembetarine
Ziziphus amphibia (Rhamnaceae)	Nuciferine
Ziziphus fructus	Zizyphusine
Ziziphus jujuba	Caaverine
	Coclaurine
	Isoboldine
	Juziphine
	Juzirine
	Lysicamine
	Magnoflorine
	Norisoboldine
	Sanjoinine K
	Stepharine
	Zizyphusine
Ziziphus mucronata	N-Methylcoclaurine
Ziziphus rugosa	Norcorypalline
Ziziphus spinosus	Caaverine
	Coclaurine
	Zizyphusine
Ziziphus vulgaris	Coclaurine
	Sanjoinine K
Ziziphus spp.	Asimilobine
	N-Methylasimilobine
	Norisocorydine
	Nornuciferine
	Nuciferine

Plant Families Appendix

FAMILIES	GENERA
Alangiaceae	*Alangium*
Amaranthaceae	*Achyranthes*
Ancistrocladaceae	*Ancistrocladus*
Annonaceae	*Alphonsea*
	Anaxagorea
	Annona
	Anomianthus
	Artabotrys
	Asimina
	Cananga
	Cardiopetalum
	Cleistopholis
	Cymbopetalum
	Dasymaschalon
	Desmos
	Disepalum
	Duguetia
	Enantia
	Eupomatia
	Fissistigma
	Goniothalamus
	Greenwayodendron
	Guatteria
	Hexalobus
	Isolona
	Meiocarpidium
	Meiogyne
	Melodorum
	Miliusa
	Mitrephora

	Monocyclanthus
	Monodora
	Neostenanthera
	Oncodostigma
	Orophea
	Oxandra
	Oxymitra
	Pachypodanthium
	Phaeanthus
	Phoenicanthus
	Piptostigma
	Polyalthia
	Popowia
	Porcelia
	Pseudoxandra
	Pseuduvaria
	Rollinia
	Saccopetalum (= *Miliusa*)
	Sapranthus
	Schefferomitra
	Trivalvaria
	Unonopsis
	Uvaria
	Uvariopsis
	Xylopia
Apocynaceae	*Alstonia*
Araceae	*Lysichiton*
Aristolochiaceae	*Aristolochia*
	Asiasarum
	Bragantia
Asclepiadaceae	*Pergularia*
Berberidaceae	*Berberis*
	Bongardia
	Caulophyllum
	Epimedium
	Gymnospermium
	Jeffersonia
	Leontice

	Mahonia
	Nandina
Boraginaceae	*Arnebia*
	Echium
Brassicaceae	*Brassica*
Cactaceae	*Aztekium*
	Backebergia
	Carnegiea (Carnegia)
	Dolichothele
	Echinocereus
	Gymnocalycium
	Islaya
	Lophocereus
	Lophophora
	Pachycereus (Lemaireocereus)
	Pelecyphora
	Pilosocereus
	Pterocereus
	Stetsonia
	Trichocereus
	Turbinicarpus
Canellaceae	*Cinnamosma*
Caprifoliaceae	*Weigela*
Celastraceae	*Euonymus*
Chenopodiaceae	*Arthrocnemum*
	Corispermum
	Haloxylon
	Hammada
	Salsola
Convolvulaceae	*Calystegia*
Euphorbiaceae	*Croton*
	Sauropus
Exobasidiaceae	*Laurobasidium*

Plant Families Appendix

Fabaceae	*Acacia*
	Alhagi
	Andira
	Cassia
	Cytisus
	Desmodium
	Erythrina
	Genista
	Geoffroea
Fumariaceae	(see Papaveraceae)
Gnetaceae	*Gnetum*
Haliclonidae	*Haliclona*
Hernandiaceae	*Gyrocarpus*
	Hernandia
	Illigera
	Sparattanthelium
Juglandaceae	*Juglans*
Lauraceae	*Actinodaphne*
	Alseodaphne
	Aniba
	Beilschmiedia
	Cassytha
	Cinnamomum
	Cryptocarya
	Dehaasia
	Laurus
	Licaria
	Lindera
	Litsea
	Machilus
	Mezilaurus
	Nectandra
	Neolitsea
	Nothaphoebe
	Ocotea
	Parabenzoin
	Phoebe

	Ravensara
	Sassafras
	Tetranthera
Leguminosae	(see Fabaceae)
Liliaceae	*Camptorrhiza*
	Colchicum
Loganiaceae	*Spigelia*
Magnoliaceae	*Aromadendron*
	Elmerrillia
	Liriodendron
	Magnolia
	Manglietia
	Michelia
	Talauma
Meliaceae	*Dysoxylum*
Menispermaceae	*Abuta*
	Anamirta
	Anisocycla
	Antizoma
	Arcangelisia
	Burasaia
	Caryomene
	Chasmanthera
	Cissampelos
	Cocculus
	Coscinium
	Cyclea
	Dioscoreophyllum
	Diploclisia
	Fibraurea
	Heptacyclum
	Jatrorrhiza
	Kolobopetalum
	Legnephora
	Limacia
	Limaciopsis
	Menispermum

	Pachygone
	Parabaena
	Penianthus
	Pycnarrhena
	Rhigiocarya
	Sarcopetalum
	Sciadotenia
	Sinomenium
	Sphenocentrum
	Stephania
	Strychnopsis
	Telitoxicum
	Tiliacora
	Tinomiscium
	Tinospora
	Triclisia
Monimiaceae	*Atherosperma*
	Doryphora
	Dryadodaphne
	Glossocalyx
	Hedycarya
	Laurelia
	Mollinedia
	Monimia
	Nemuaron
	Peumus
	Siparuna
Moraceae	*Ficus*
Musaceae	*Musa*
Nymphaeaceae	*Nelumbo*
	Nymphaea
Orchidaceae	*Cryptostylis*
Orobanchaceae	*Cistanche*
Papaveraceae (Fumariaceae)	*Adlumia*
	Arctomecon
	Argemone

	Bocconia
	Ceratocapnos
	Chelidonium
	Corydalis (old name, *Capnoides*)
	Dactylicapnos
	Dicentra
	Dicranostigma
	Eomecon
	Eschscholzia
	Fumaria
	Glaucium
	Hunnemannia
	Hylomecon
	Hypecoum
	Macleaya
	Meconopsis
	Papaver
	Platycapnos
	Pteridophyllum
	Roemeria
	Romneya
	Rupicapnos
	Sanguinaria
	Sarcocapnos
	Stylomecon
	Stylophorum
Piperaceae	*Piper*
Poaceae	*Hordeum*
Polygalaceae	*Polygala*
Ranunculaceae	*Aconitum*
	Actaea
	Adonis
	Aquilegia
	Caltha
	Clematis
	Consolida
	Coptis
	Delphinium

	Eranthis
	Helleborus
	Hydrastis
	Isopyrum
	Nigella
	Paraquilegia
	Ranunculus
	Thalictrum
	Xanthorhiza
Rhamnaceae	*Colletia*
	Colubrina
	Discaria
	Phylica
	Retanilla
	Talguenea
	Ziziphus
Rubiaceae	*Hymenodictyon*
Rutaceae	*Euodia*
	Fagara
	Orixa
	Phellodendron
	Tetradium
	Toddalia
	Zanthoxylum
Solanaceae	*Nicotiana*
Sterculiaceae	*Theobroma*
Symplocaceae	*Symplocos*
Urticaceae	*Elatostema*

Isobenzofuranone Nomenclature

Within the structural index there are some compounds which are called isofuranones, and isofuranols. In the poppy world there are many compounds that are simple and attractive within the tetrahydroisoquinoline half of the molecule, but which go wonky with their substituents at the THIQ 1-position. Some have a substituted benzyl at that position and these are easily handled in the book by describing the benzyl group's substituents. But the isofuranones are important, and they are monsters to name chemically.

As an example, take the poppy alkaloid Egenine. If you were to search for a listing in either the chemical name section, or the structure name section of the Chemical Abstracts for this name, you would have no hits. In the tetrahydroisoquinoline, x,y,z substituted section of the structure collection, nothing. However, if by some divine inspiration you were to look under the empirical index section at $C_{20}H_{19}NO_6$ you would see: furo[3,4-e]-1,3-benzodioxol-8-ol, 6,8-dihydro-6-(5,6,7,8-tetrahydro-6-methyl-1,3-dioxolo[4,5-g]isoquinolin-5-yl)-, [6R-[6α(S*),8α]]- CA registry number [6883-44-9]. This is the way these alkaloids are entered. I have fought this through to a good understanding of the nomenclature rules, so let me share them with you in this one example.

Let me construct the structure of this alkaloid a piece at a time from this horrid chemical name. Here again is the name, having been split up into pieces that can be handled one at a time, in fragments:

furo[3,4-
e]-1,3-benzodioxol-
8-ol,
6,8-dihydro-
6-
(5,6,7,8-tetrahydro-6-methyl-1,3-dioxolo[4,5-g]isoquinolin-
5-yl)-,
[6R-[6α(S*),8α]]-

furo[3,4- is the prefix of the three-part name which represents the defining part of this molecule. This part is the three first lines above ending with the comma, which is used to separate the primary parent molecule (all that precedes the comma) from the substituents (all that follows the

Isobenzofuranone Appendix

comma). Let me show the individual parts and how they are fused together: The furan is a ring, and the direction of naming (furo → benzodioxol) requires that the shared bond be defined by identifying the two appropriate (numbered) vertices on the furo, and the assigned single (lettered) bond on the benzodioxol.

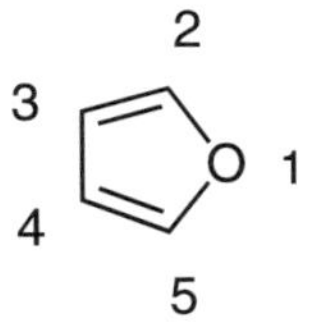

This is the furan ring, and the shared bond will be at positions 3 and 4, numbering from the hetero-atom

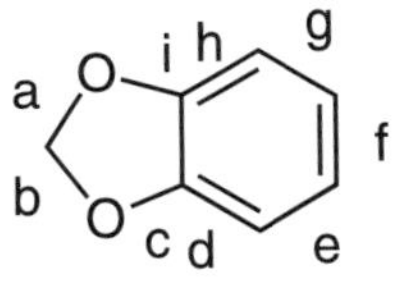

This is the 1,3-benzodioxol ring, and the shared bond will be the e bond, lettered from the first hetero-atom

These two structures, when fused between the 3,4-bond and the e bond become furo[3,4-e]1,3-benzodioxol, with it's own numbering code:

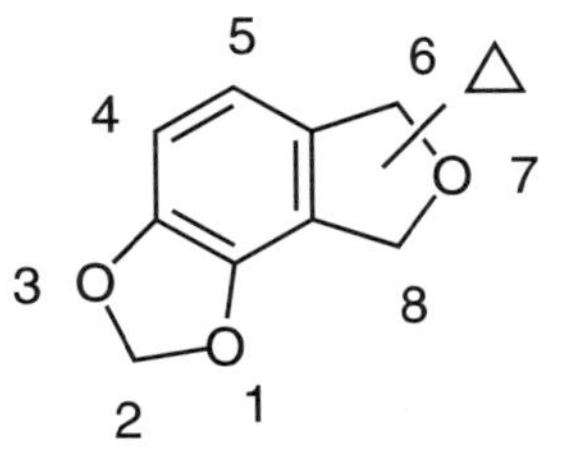

After resolving the undrawable 6,8-double bond, placing a hydroxy group on the 8-position, and alerting the reader that there will be something on the 6-position, this becomes

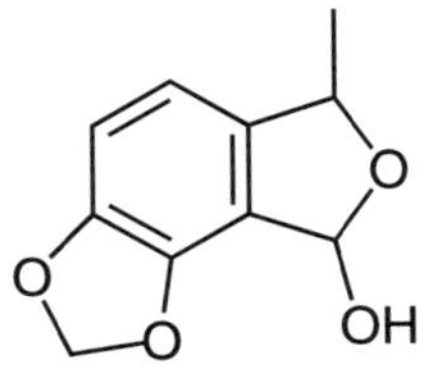

furo[3,4-e]1,3-benzodioxol-8-ol,6,8-dihydro-6-

What would rationally be called a 6,7-methylenedioxyisoquinoline must again be named as the fusion of two rings. Again the dioxol is a ring, and the direction of naming (furo → isoquinoline) requires that the shared bond be defined by identifying the two appropriate (numbered) vertices on the dioxo, and the assigned single (lettered) bond on the isoquinoline.

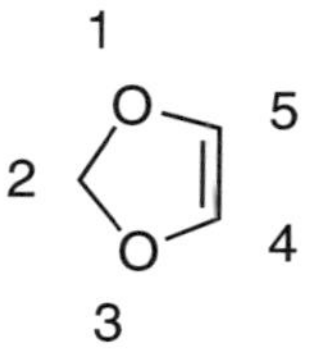

This is the dioxole ring, and the shared bond will be at positions 4 and 5, numbering from the hetero-atom

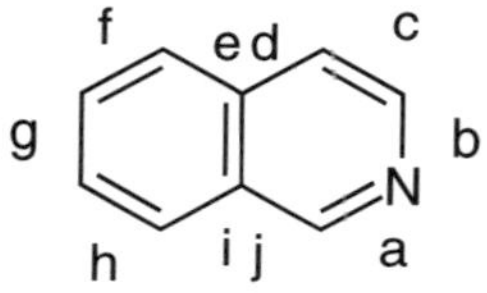

This is the isoquinoline ring, and the shared bond will be the g bond, lettered from the hetero-ring.

These two structures, when fused between the 4,5-bond and the g bond become 1,3-dioxolo[4,5-g]isoquinoline, with its own numbering code:

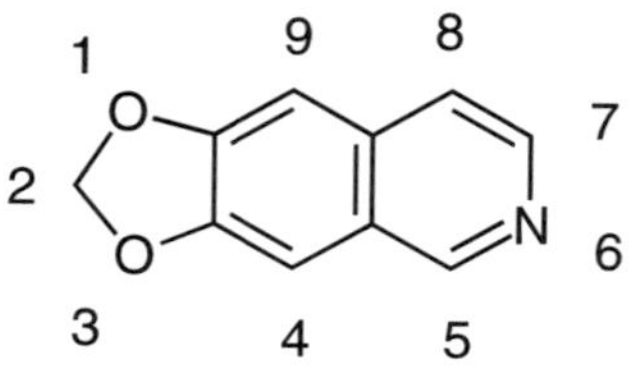

After meeting the substitution demands of 5,6,7,8-tetrahydro, 6-methyl, and a 5-yl indicating the location of attachment, this becomes

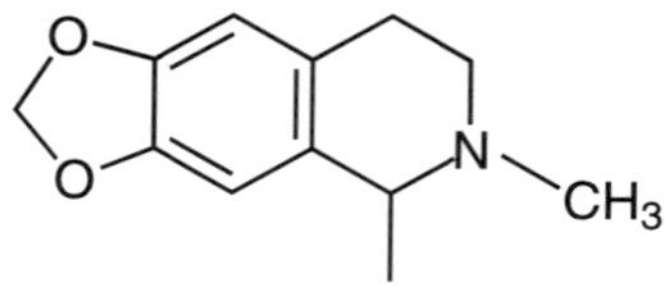

5,6,7,8-tetrahydro-6-methyl-1,3-dioxolo[4,5-g]isoquinolin-5-yl

When the two parts are brought together by connecting the respective bonding radicals, and with the respect paid to the stereo-configuration at the three chiral centers (the isoquinoline-5 and the furobenzodioxol-6-and 8-, all encoded by the mysterious [6R-[6α(S*),8α]]-) one ends up with the following isoquinoline:

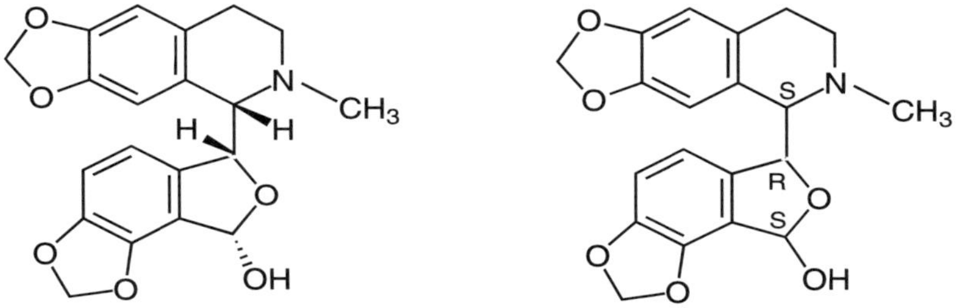

Furo[3,4-e]-1,3-benzodioxol-8-ol, 6,8-dihydro-6-(5,6,7,8-tetrahydro-6-methyl-1,3-dioxolo[4,5-g]isoquinolin-5-yl)-, [6R-[6α(S*),8α]]-

or

Egenine (or Decumbensine)

The large majority of isobenzofuranoisoquinolines are substituted on the isobenzofuran ring with a dimethoxy or a methylenedioxy group, as shown in the above example, and with a hydroxy or a ketone group on the furan ring. Rather than use this mountain of bracketed nomenclature for each entry in the structural index, a simple numbering convention based on the isobenzofuran ring is used, as shown below. The first term is (approximately) the Chemical Abstracts terminology, the second is a more rational naming, which is used in this text. Hopefully this will make comparisons simpler and more rapid.

Chemical Abstracts terminology:

A. furo[3,4e]-1,3-benzodioxol-8-ol, 6,8-dihydro-6-
B. furo[3,4e]-1,3-benzodioxol-8-(6H)-one-6-
C. 6,7-dimethoxy-1(3H)-isobenzofuranol-3-
D. 6,7-dimethoxy-1(3H)-isobenzofuranone-3-

Terminology used in this book:

A. 6,7-methylenedioxyisobenzofuranol, 3-yl
B. 6,7-methylenedioxyisobenzofuranone, 3-yl
C. 6,7-dimethoxyisobenzofuranol, 3-yl
D. 6,7-dimethoxyisobenzofuranone, 3-yl

A final comment is needed regarding the conventions used for the absolute orientation of the chiral centers.

Two distinct methods have been commonly used in the literature. One I have usually called the dotties and the wedgies. At a carbon atom junction that is chiral, two of the attached atoms (usually two carbons, a carbon and a nitrogen, or a carbon and an oxygen) are drawn so as to represent the plane of the paper. Of the two additional atoms attached, one is connected by a flared bond that is either a solid wedge or a wedge made up of small dots. If it is solid, then the attached atom is above the plane of the paper. If it is dotted, then it is below the plane of the paper.

An alternate convention employs a lettering convention, which I have called the R's and S's. For this, the four different attached groups are ranked as to their relative mass (by a series of rules that are well-known, quite complex, and not to be repeated here). By placing the lightest group away from you, the remaining three groups can be seen as a triangle with substituents in decreasing mass in either a clockwise or a counterclockwise order. The former is named R (for rectus) and the latter is named S (for sinister). These two conventions are illustrated above for the structure of Egenine. The second of these conventions is employed exclusively in this book.

All of this provides an eloquent argument for using trivial names, rather than chemical names, for natural products. With time, Chemical Abstracts will have to concede more and more to the use of trivial names or to some equally arbitrary code of nomenclature. This is already a present reality in the area of complex synthetic polypeptides and polysaccharides. It will be this way soon in the alkaloid area.

Journal Names Appendix

CODE	JOURNAL NAME
aa	Acta Amazonica
aabc	Anales Acad. Brasil Cienc.
aajps	Al-Azhar Journal of Pharm. Sci.
aaqa	An. Asoc. Quimica Argentina
abb	Arch. Biochem. Biophys.
abc	Agr. Biol. Chem.
abf	Ann. Bot. Fenn.
abs	(see ABSTRACTS below)
ac	Anal. Chem.
acc	Acta Crystallog., Commun.
accc	Acta Crystallog., Sec. C Commun.
acr	Anticancer Research
acrc	Acgc Chem. Res. Commun.
acs	Acta Chimica Scandinav.
acssb	Acta Chimica Scandinav., Ser. B
acv	Acta Cient. Venze.
adq	Anales De Quimica
afb	Acta Farm. Bonaerense
aim	Annals of Internal Medicine
ajb	American Journal of Botany
ajc	Australian Journal of Chemistry
ajps	Alexandria Journal of Pharm. Sci.
akz	Arm. Khim. Zh.
al	Acta Leidensia
ap	Arch. Pharm. (Germany)
apf	Ann. Pharm. France
apj	Acta Pharm. Jugosl.
apn	Acta Pharm. Nord.
app	Acta Pol. Pharm. (Poland)
apr	Archives of Pharm. Res.
aps	Acta Pharm. Suecica
apt	Acta Pharm. Turc.
apw	Arch Pharm. (Weinheim)
aq	An. Quim.
aqsc	An. Quim. Ser. C

arch	Arch. Androl.
aua	Ann. Univ. Abidjan Ser. C
aup	Acta Univ. Palacki. Olomuc., Fac. Rerum Nat., Chem.
babf	Bol. Assoc. Brasil Farm.
bbb	Biosci. Biotech. Biosci.
bc	Biomed. Chromatography
bcmm	Bull. Chinese Materia Medica
bcsj	Bull. Chem. Soc. Japan
ber	Chemische Berichte
bfs	Bull. Fac. Sci., Assiut University
bgac	Bulletin Georgian Acad. Sci.
bio	Biokhimiya
bkcs	Bulletin Korean Chem. Soc.
bmcl	Bioorg. Med. Chem. Letters
bmnh	Bull. Mus. Natl. Hist. Nat. Sect. B
book	(see BOOKS below)
bp	Biochem. Pharmacology
bpb	Biol. Pharm. Bulletin
bps	Bull. Pharm. Sci. Assiut Univ.
br	Brain Res.
bs	Biosciences
bscq	Biol. Soc. Chil. Quim.
bs&e	Biochem. Systematics & Ecol.
bscf	Bull. Soc. Chim. Fr.
bscq	Bull. de la Soc. Chilena de Quimica
bsp	Bull. Sci. Pharmacology
bsrs	Bull. Soc. R. Sci. Leige
bull	(see BULLETINS below)
bydx	Beijing Yike Daxue Xuebao
CA	Chemical Abstracts
cb	Chem. Ber.
cc	Chem. Communications
cccc	Coll. Czec. Chem. Comm.
ccl	Chinese Chem. Letters
cct	Contrib. Cient. Tecnol. (Univ. Tec. Estado, Santiago)
cf	Cesk. Farm.
chem	Chemica
chim	Chimia
chr	Chromatographia
chy	Chung-Hua Yao Hsueh Tsa Chih
ci	Chem. Ind. (London)
cjc	Canadian Journal of Chemistry
cjr	Canadian Journal of Research

cl	Chem. Letters
cnc	Chem. Nat. Comp.
cp	Chem. Pap.
cpb	Chem. Pharm. Bulletin
cpj	Chinese Pharmaceut. Journal
cra	C. R. Acad. Sci., Ser. C
crab	C. R. Acad. Bulg. Sci.
crhs	C. R. Hebd. Seances Acad. Sci., Ser. C
crt	Chem. Res. Toxicol.
ct	Clinical Toxicology
cty	Chung Ts'ao Yao
cwf	Chih Wu Fen Lei Hsueh Pao
cwhp	Chih Wu Hsueh Pao
cytp	Chung Yao T'ung Pao
cz	Chem. Zvesti
daib	Dissertation Abstracts Int. b
dant	Dokl. Akad. Nauk Tadzh. SSR
dban	Dokl. Bolg. Akad. Nauk
diss	(see DISSERTATIONS below)
dmd	Drug Metab. Dispos.
dsa	Doga Seri A
duj	Dirasat-Univ. Jordan Ser. b
eb	Economic Botany
ejcp	Eur. J. Clin. Pharmacology
ejps	Egypt Journal of Pharm. Sci.
exp	Experientia
fes	Farmaco Ed. Sci.
ffbd	Fabad. Farm. Bilimler Derg.
fit	Fitoterapia
fm	Folia Med.
frm	Farmatsiya (Moscow)
fzs	Faming Zhuanli Shenqing Gongkai Shoumingshu
gci	Gazetta Chimica Italiana
go	Garcia Orta
gp	General Pharmacology
guefd	Gazi. Univ. Eczacilik Fak. Derg.
hca	Helvetica Chimica Acta
het	Heterocycles
hh	Herba Hung
hhhp	Hua Hsueh Hsueh Pao
hkkuc	Hwahak Kwa Kongop Ui Chinbo
hue	Hacettepe Univ. Eczacilik Fak. Derg.
hx	Huaxue Xuebao

hyz	Huaxi Yaoxue Zazhi
iang	Izv. Akad. Nauk Gruz., Ser. Khim.
ians	Izv. Akad. Nauk SSSR Ser. Khim.
iant	Izv. Akad. Nauk Tadzh. SSR Otd. Fiz. Mat. Khim. Geol. Nauk
id	Indian Drugs
ijc	Indian Journal of Chem. Sec. B
ijcdr	Int. Journal of Crude Drug Res.
ijcs	Indian Journal of Chem. Soc.
ijeb	Indian Journal of Exp. Biol.
ijhc	Indian Journal of Heterocycl. Chem.
ijnp	Indian Journal of Natural Products
ijp	Int. Journal of Pharmacognosy
ijps	Indian Journal Pharm. Sci.
ik	Iyakuhin Kenkyu
izk	Izv. Khim.
jacs	Journal of American Chemical Society
jafc	Journal of Agric. & Food Chem.
jap	Journal of Amer. Pharm. Ass. Sci. Ed.
jbas	Journal of Bangladesh Acad. Sci.
jc	Journal of Chromatography
jca	Journal of Chromatography A
jcc	Journal of Chem. Crystal.
jccs	Journal of Chin. Chem. Soc. (Taipei)
jcp	Journal of the Chem. Soc. of Pakistan
jcps	Journal of Chinese Pharm. Science
jcpu	Journal of Chinese Pharm. University
jcr	Journal of Chemical Research
jcrs	Journal of Chemical Research Synop.
jcsc	Journal of the Chemical Society-C
jcscc	Journal of the Chemical Society-Chem. Communications
jcsp	Journal of Chem. Soc. Pakistan
jcspt	Journal of the Chemical Society-Perkins Transactions
jcsr	Journal of Crystallographic & Spectroscopic Res.
je	Journal of Ethnopharmacology
jfp	Journal of Fac. Pharm. Istanbul Univ.
jhc	Journal of Heterocyclic Chem.
jic	Journal of Inst. Chem. (Calcutta)
jics	Journal of the Indian Chem. Soc.
jnp	Journal of Natural Products
jnr	Journal of Neuroscience Research
jnsc	Journal of Natl. Sci. Council Sri Lanka
joc	Journal of Organic Chemistry

joe	Journal of Ethnopharmacology
jp	Journal of Pharm.
jpic	Journal of Proc. Inst. Chem. (India)
jpp	Journal of Pharm. Pharmacol.
jpps	Journal of Pharm. Pharmacol. Suppl.
jps	Journal of Pharmaceutical Science
jpsj	Journal of Pharm. Society Japan
jrim	Journal of Res. Indian Med. Yoga Homeopathy
jscs	Journal of Serb. Chem. Soc.
jsiri	Journal of Sci. Islamic Repub. Iran
kdr	Kagoshima Daigaku Rigakubu Kiyo Sugaku Butsurigaku Kagaku
kfz	Khim. Farm. Zh.
kjp	Korean Journal of Pharmacognosy
kps	Khimiya Prirodnykh Soedinenii
lac	Liebigs Ann. Chem.
llyd	Lloydia
lr	Lekarstv. Rasteniya
ls	Life Science
mjps	Mansoura Journal of Pharm Sci.
mjs	Malaysian Journal of Science
nasb	National Applied Science Bulletin
nat	Nature
ncyh	Nan-Ching Yao Hsueh Yuan Hsueh Pao
nei	Neirokhimiya
nl	Neuroscience Letters
nm	Natural Medicine
nmt	Natural Medicine, Tokyo
npl	Natural Products Letters
nps	Natural Products of Science
nr	no reference
nyx	Nanjing Yixueyuan Xuebao
oiz	Okayama Igakkai Zasshi
ojc	Orient. Journal of Chemistry
omr	Org. Magn. Reson.
pa	Phytochemical Analysis
patent	(see PATENTS below)
paz	Pazhoohandeh (Tehran)
pb	Pharm. Bull.
pbl	Pharm. Biol. (Netherlands)
pcbr	Prog. Clin. Biol. Res.
pcj	Pharm. Chem. Journal
pcl	Pharmacologist

Journal Names Appendix

pcr	Plant Cell Rep.
pcs	Proceedings of the Chemical Society
pct&oc	Plant Cell Tissue & Organ Culture
pert	Pertanika
phy	Phytochemistry
phymed	Phytomedicine
phzi	Pharmazie
pjps	Pakistan Journal of Pharm. Sci.
pjsr	Pakistan Journal of Sci. Res.
pm	Planta Medica
pmj	Pahlavi Med. Journal
pmp	Planta Medica Phytother.
pms	Planta Medica Supp.
pnsc	Proceedeings of the National Sci. Council, Rep. China
pp	Plant Physiology
pptp	Phytochem. Potential Trop. Plants
pr	Phytotherapy Research
prs	Phytotherapy Research Supp.
psj	Pharm. Soc. Japan
ptn	Phyton (Horn, Austria)
pw	Pharm Weekbl. (Sci. Ed.)
qn	Quim. Nova
rbf	Rev. Brasil Farm
rbp	Rev. Brasil Plant Med.
rbq	Rev. Boliv. Quimica
rcf	Rev. Cubana Farm.
rcq	Rev. Colomb. Quimica
rlq	Rev. Latinoam. Quimica
rr	Rastit. Resur.
ryz	Redai Yaredai Zhiwu Xuebao
san	Soobshch. Akad. Nauk Gruz. SSR
sci	Science
sh	Saengyak Hakhoechi
sp	Sci. Pharm.
svs	Sb. Vys. Sk. Zemed. Praze, Fak. Agron., Rada A
sy	Synth. Commun.
syn	Synthesis
syx	Shenyang Yaoxueyuan Xuebao
sz	Shoyakugaku Zasshi
taxon	Taxon
tcdh	Tap Chi Duoc Hoc
tcyyk	Tianran Chanwu Yanjiu Yu Kaifa
tet	Tetrahedron

teta	Tetrahedron-Asymmetry
tjc	Turkish Journal of Chemistry
tl	Tetrahedron letters
tox	Toxicon
tyhtc	Taiwan Yao Hsueh Tsa Chih
ws	Wakanyaku Shinpojumu
yfz	Yaowu Fenxi Zazhi
yg	Yiyao Gongye
yh	Youji Huaxue
yhc	Yakhak Hoe Chi
yhhp	Yao Hsueh Hsueh Pao
yhtp	Yao Hsueh T'ung Pao
yt	Yaoxue Tongbao
yx	Yaoxue Xuebao
yz	Yakugaku Zasshi
zh	Zhongcaoyao
zk	Zhongyaocao Keji
zpf	Z Pflanzenphysiol
zpn	Zb. Prir. Nauke
zx	Zhiwu Xuebao
zydx	Zhonggou Yaoke Daxue Xuebao
zyhz	Zhonggou Yaowu Huaxue Zazhi
zyz	Zhonghua Yaoxue Zazhi
zzz	Zhongguo Zhongyao Zazhi

ABSTRACTS

abs 1	Abstr 23rd Annual Meeting American Society of Pharmacognosy, Aug. 1-5 (1982) Pittsburgh, PA: Abstr-26
abs 2	Abstr Joint Meeting American Society of Pharmacognosy and Society for Economic Botany, July 13-17 (1981) Boston, MA :31-
abs 3	Abstr Internat Res Cong Nat Prod Coll Pharm UNC Chapel Hill, NC, July 7-12 (1985): Abstr-19
abs 4	Proc 1st Int Conf Chem Biotechnol Biol Act Nat Prod (1981) B Atanasova(Ed) Bulgarian Acad Sci Sofia, 3 1:74-
abs 5	Proceedings of the 38th Asms Conference on Mass Spectrometry and Allied Topics: (1990)

Journal Names Appendix

abs 6   Int Conf Chem Biotechnol Biol Act Nat Prod (Proc) 1st 3 1:95-97 (1981)

abs 7   Plant Tissue Cult Proc Int Congr Plant Tissue Cell Cult 5th (1982) :315-316

abs 8   Tezisy Dokl Molodezhnaya Konf Org Sint Bioorg Khim (1976):59-60

abs 9   Abstr Internat Res Cong Nat Prod Coll Pharm, UNC Chapel Hill, NC, July 7-12 (1985):Abstr-61

abs 10   Proc Fifth Asian Symposium on Medicinal Plants and Spices, Seoul, Korea, Aug. 20-24 (1984) Bh Han Ds Han Yn Han and Ws Woo(Eds) 5:509-518

abs 11   Abstr 4th Asian Symp Med Plants Spices, Bangkok, Thailand, Sept. 15-19 (1980):170-

abs 12   Proc Int Symp Recent Adv Nat Prod Res, Seoul, Korea, Dec. 14-16 (1979):18-23

abs 13   Proc 25th Symp on the Chem of Nat Prod, Tokyo (1982) 25:353-360

abs 14   Biochem. Physiol. Alkaloide, Int. Symposium, 4th, (1972) Meeting Date 1969, 275-8. Publisher: Akad.-Verlag, Berlin, E. Germany.

abs 15   Revista de la Facultad de Ciencias Quimicas Universidad Nacional de la Plata 6, 75 (1930)

abs 16   Abstr 27th Annual Meeting American Society of Pharmacognosy, July 27-30 (1986), Ann Arbor, MI: Abstr-49

BOOKS

book 1   Scientific Basis of Traditional Chinese Medicine, Y. Lau & J.P. Fowler (Eds) p. 45 (1982)

book 2	Chinese Herbal Medicine. US Dept. of Health, Education and Welfare, Publ. No. (NIH) 75-732, Washington,DC Li,Cp: Book (1974)
book 3	Adv Nat Prod Chem-Extraction & Isolation of Biologically Active Compounds. S. Natori, N. Ikekawa, M. Suzuki (Eds.), Wiley, NY.:240-248 (1981)
book 4	Opium Poppy. Botany, Chemistry, and Pharmacology. Kapoor, L.D., Hayworth Press (1995)
book 5	Sacred Cacti. K. Trout, Better Days Publication (1999)
book 6	Cactus Alkaloids. K. Trout, Better Days Publication, in press

BULLETINS

bull 1	Ars, Usda, Tech Bull 1234, Supt Documents, Govt Print Office, Washington DC (1961)

DISSERTATIONS

diss 1	Dissertation-Ph.D.-Univ Illinois Medical Center (1979): pp 171-

PATENTS

patent 1	Patent-Japan Kokai Tokkyo Koho-08 208,651: 7pp-.(1996) Ca 125:257165y
patent 2	Patent-USSR-721,101:1pp-(1980) Gindarine
patent 3	Faming Zhuanli Shenqing Gongkai Shoumingshu (2001) CA 135:142208
patent 4	Faming Zhuanli Shenqing Gongkai Shoumingshu (2000) CA 134:120918